Rudolf Kippenhahn   Abenteuer Weltall

Rudolf Kippenhahn

Abenteuer Weltall

Deutsche Verlags-Anstalt
Stuttgart

CIP-Titelaufnahme der Deutschen Bibliothek

Kippenhahn, Rudolf:
Abenteuer Weltall / Rudolf Kippenhahn.
[Zeichn.: Jutta Winter]. –
Stuttgart : Deutsche Verlags-Anstalt, 1991
ISBN 3-421-02759-5

Lektorat: Margot Adrion und Wolfram Knapp
Zeichnungen: Jutta Winter
Typografische Gestaltung: Günter Saur
Satz: Setzerei Lihs, Ludwigsburg
Druck und Bindearbeit:
Mohndruck Graphische Betriebe GmbH, Gütersloh
Printed in Germany

Inhalt

Einleitung 9

1. Die Rätsel der Venus

Kopernikus kam nicht bis Lemgo 11
Die Phasen der Venus 14
Der verhüllte Planet 17
Raumsonden 19
Die Luft der Venus 22
Radarkontrolle 23
Die merkwürdige Rotation 27
Der Blick unter die Hüllen der Venus 30
Öde Landschaften 34
Wie der Planet zu seinem Klima kam 35

2. Der Rote Planet

Die Tragödie der sowjetischen PHOBOS-Mission .. 38
Mars in Opposition 39
Flecken und Kanäle 40
Radiobotschaften von den Marsbewohnern? 43
Mars, von der Nähe aus gesehen 46
Das verschwundene Wasser 47
Die dünne Luft des Roten Planeten 48
War Mars früher wohnlicher? 48
Leben auf dem Mars? 50
Acht Steine vom Roten Planeten 53
Die Reisen zum Mars 54

3. Aus dem Logbuch der VOYAGER-Sonden

Raumflugkörper auf Schleuderkurs 57
Die beiden VOYAGER-Sonden 61
Die Begegnung mit Jupiter 63
Nahaufnahmen vom Ringplaneten 66
Uranus 71
Neptun, der Blaue Planet 74

4. Das Schicksal von Sonne und Sternen

Der ägyptische Sonnengott 81
Wer speist das Kraftwerk Sonne? 81
Die Farben des Regenbogens und die chemische Analyse der Sonne 84
Der Kernreaktor Sonne 87
Wie lange leben die Sterne? 88
Die Sterne und die Eintagsfliege Mensch 89
Normalbürger und Aussteiger 90
Wie Sterne geboren werden 91
Wie altert ein Stern? 93
Sternhaufen – Schulklassen von Sternen 94
Wenn die Sonne alles Leben töten wird 95

5. Der Friedhof der Sterne

Sirius und sein Begleiter 98
Ein Stern legt sein Inneres frei 101
Das unzuverlässige Gleichgewicht der Weißen Zwerge 103
Exotische Sternleichen 103
Die Supernova vom 23. Februar 1987 106
Explodierende Sterne 109
Spuren vergangener Explosionen 110

6. Sterne, die man hören kann

Eine junge Studentin macht eine Entdeckung 114
Pulse aus einer Explosionswolke 117
Was sind Pulsare? 119
Wie groß ist ein Pulsar? 120
Pulsare als Leuchtfeuer 122
Hunderte von Pulsen in der Sekunde 123
Blutjunge Pulsare und steinalte Sternhaufen 124

7. Röntgensterne und Schwarze Löcher

Der Röntgenstern im Herkules 129
Der Amateur, der Profi wurde 131
Der von außen beheizte Stern 134
Der Neutronenstern als Röntgenquelle 135
Das Schwarze Loch von Hollywood 137
Das Tempo des Lichtes 138
Gefangenes Licht 140
Das Ende der Sterne 141

8. Im Reich der Galaxien

Nebelflecken zwischen den Sternen ... 143
Ein englischer Gelehrter erklärt die Milchstraße ... 146
Ein deutscher Philosoph erklärt die Nebelflecken ... 147
Die Große Debatte ... 148
Edwin Powell Hubble erklärt den Andromedanebel . 150
Der Zoo der Galaxien ... 151
Der Trompeter auf dem Eisenbahnwagen und die Bewegung der Sterne ... 154
Die Geschwindigkeit der Galaxien und der Rosinenkuchen ... 157
Die fehlende Materie der Welt ... 161
Das Rätsel der Spiralarme ... 161
Die exotischen Kerne der Galaxien ... 163

9. Radiosender des Himmels

Pionierzeit des Radios ... 164
Radiostörungen aus dem Weltall ... 167
Der Radiospiegel im Hinterhof ... 171
Das Unternehmen »Cerberus« im Zweiten Weltkrieg . 173
Die Fenster in der Atmosphäre ... 175
Galaxien mit geheimnisvollen Kernen ... 177

10. Fremdes Leben in der Milchstraße?

Die Angst vor den Außerirdischen ... 179
Planeten mit Leben? ... 182
Lebenszonen ... 184
Körper, die kein Leben tragen können ... 185
Nachrichten zu den Schwestern und Brüdern im All . 186
Die Lauscher ... 187
Die Sickerstrahlung der Erde ... 189
Wie weit ist es zur nächsten Zivilisation? ... 191

11. Alarm aus dem Weltall

Spionagesatelliten auf Abwegen ... 195
Der Gammablitz vom 5. März 1979 ... 197
Die energiereichen Gammastrahlen ... 199
Sind wieder Neutronensterne im Spiel? ... 200
Wer bombardiert den Neutronenstern? ... 202
Wo im Raum stehen die Gammaquellen? ... 203

12. Quasare

Radiosterne 210
Der Mond bedeckt 3C273 211
Die unverständlichen Spektren der Radiosterne 212
Der Geistesblitz des Maarten Schmidt 213
Quasare und ihre Phantombilder 214
Das Kraftwerk im Quasar 215
Ein Quasar, aus der Nähe betrachtet 218

13. Der Anfang der Welt

Das Rätsel des dunklen Nachthimmels 221
Der Blick in die Jugend des Kosmos 223
Der Urknall am Anfang 226
Die Strahlung des Urknalls 227
Ein Gedankenexperiment 228
Der Beginn der Großen Durchsichtigkeit 231
Die ersten Sekunden 234
Was war davor? 235

Register 237

Einleitung

Meine bisherigen astronomischen Sachbücher haben sich an einen Leserkreis mit ausgeprägten Interessen für diesen Themenkomplex und gewissen Vorkenntnissen gewandt. Die Idee, nun ein Buch für Leser zu schreiben, denen die Welt der Astronomie überhaupt erst erschlossen werden sollte, geht auf das Konzept der privaten Buchreihe »Wir in unserer Welt« zurück, die von der Baufirma Heitkamp in Herne gepflegt wird. Der Vorschlag faszinierte mich, denn die Aufgabe unterschied sich doch erheblich von den Zielen, die ich mit meinen anderen Büchern bisher verfolgt hatte. Ich konnte ja weder erwarten, daß meine neuen Leser bereit sein würden, längeren Argumentationen zu folgen, noch auch voraussetzen, daß ihnen manches Wesentliche aus der Astronomie und Physik bereits bekannt sei. Ich hatte also bei dieser Gratwanderung meine Leser eher auf der leichteren Seite des Hanges, nicht entlang des Grates, zu führen und etwas mehr von den Gestalten zu erzählen, denen wir die erregenden astronomischen Ergebnisse verdanken, über die berichtet wird.

Was den Themenkreis betrifft, so hatte ich nicht lange nachzudenken. Das Buch mußte ein Querschnitt durch die moderne Astronomie werden, in dem von Sonne und Planeten erzählt wird, von den Sternen, den fernen Sternsystemen; und es mußte auf die Fragen eingehen, die dem Astronomen immer wieder gestellt werden: nach fremdem Leben im Kosmos und nach dem Anfang und der Entfaltung des Weltalls. Zwangsläufig mußte sich so der Stoff auch mit Themen meiner früheren Bücher überlappen. Ich habe deshalb versucht, früher bereits behandelte Dinge möglichst mit anderem Ansatz darzustellen, vor allem neuere Erkenntnisse mit einzubauen: die Supernova des Jahres 1987 etwa oder die rätselhaften Gamma-Strahlungsquellen im Weltall. Gleichwohl habe ich gelegentlich Hilfsmittel zur Erklärung, die ich schon früher benutzt hatte, auch diesmal wieder verwendet. Wer etwa die Situation der Astronomen bei der Erforschung der Alterungsprozesse der Sterne verstehen will, dem hilft das Gleichnis von der Eintagsfliege am besten, und den Doppler-Effekt versteht man am leichtesten über die Geschichte vom Brieftaubenzüchter. Ich konnte darauf also nicht verzichten.

Bei der Herstellung des ursprünglichen Heitkamp-Buches hat mir vor allem Herr Meier-Faust von der Firma MMB in Bochum sehr geholfen. Ein Teil der Computer-Grafiken, welche die Firma von Kannen und Partner (Düsseldorf) nach meinen Wünschen anfertigte, konnte in den vorliegenden Band übernommen werden. Wolfgang Duschl hat große Teile kritisch gelesen und mir geholfen, Fehler zu beseitigen. Ich danke allen Beteiligten, vor allem aber den Firmen Heitkamp und Kanoldt (Höchstadt), die die finanziellen Mittel für die Ausstattung des ursprünglichen Bandes bereitstellten.

Die Deutsche Verlags-Anstalt legt hier nun eine aktualisierte Fassung des Werkes für die Öffentlichkeit vor. Ich danke dem Team des Verlages für die große Hilfe bei der Neugestaltung und der Grafikerin Jutta Winter, mit der ich nun schon beim fünften Buch zusammenarbeite.

Ich hoffe sehr, daß ich mit diesem Buch einen neuen, noch breiteren Leserkreis gewinnen kann, der bisher nur wenig mit der Astronomie in Berührung gekommen ist.

München, im November 1990 Rudolf Kippenhahn

1. Die Rätsel der Venus

Oft erzähle ich in Buchhandlungen von den Sternen, von Planeten und von den Vorgängen in den fernsten Winkeln des Weltalls. Den Verkaufsraum mit seinen bis zur Decke reichenden Bücherregalen hat man dann für den Abend in einen kleinen Vortragssaal verwandelt. »Vater ist wieder auf Dichterlesung«, spotten meine Kinder. Ich liebe den hautnahen Kontakt mit den Lesern. So habe ich Städte kennengelernt, die ich wahrscheinlich sonst nie besucht hätte. Kürzlich kam ich nach Lemgo, einer alten Hansestadt mit jahrhundertealten Baudenkmälern. Gleich bei der Ankunft drückte Frau Spethmann, meine Gastgeberin, in deren Buchhandlung ich am Abend über die Venus dichterlesen sollte, meiner Frau und mir einen Stadtführer in die Hand. So zogen wir los, um Lemgo zu erobern. Doch schon nach wenigen Schritten blieben wir beim Planetenhaus hängen.

Kopernikus kam nicht bis Lemgo

Das Planetenhaus in Lemgo (vgl. Tafel 1.1) stammt aus dem Jahre 1576. Seine Fassade zeigt in allegorischen Figuren die damals bekannten Planeten. Genauer gesagt, es zeigt alle Himmelskörper, welche die alten Griechen dafür hielten. Daran hatte sich auch im Mittelalter nichts geändert. Nach wie vor kreisten Sonne, Mond, Merkur, Venus, Mars, Jupiter und Saturn um die Erde, dem wichtigsten Körper im Weltall. Der Himmel mit all seinen Sternen war eigentlich nur eine Art Verzierung des Weltgebäudes, das dafür geschaffen war, die Erde und mit ihr die Menschen zu beherbergen. Das Weltall enthielt außer der Erde nur noch einige recht nutzlose Körper, die in großen Höhen ihre Bahnen um uns ziehen. Allein die Sonne hatte eine sinnvolle Aufgabe: Durch ihre Wärme ermöglichte sie das Leben auf der Erde.

Es ging recht geheimnisvoll da oben zu, denn die Körper bewegten sich in komplizierten Bahnen. Nur Sonne und Mond wanderten einigermaßen regelmäßig über den Himmel. Die Bewegungen der anderen

Tafel 1.1: An der Fassade des 1576 erbauten Planetenhauses in Lemgo zählt die Sonne noch zu den Planeten, die nach dem alten griechischen Weltbild die Erde umkreisen (Aufnahme E. Porck).

waren dafür um so rätselhafter. Aus irgendwelchen Gründen hielten sich Merkur und Venus immer in der Nähe der Sonne auf. Manchmal eilten sie ihr etwas voraus und blieben dann wieder hinter ihr zurück. Mars, Jupiter und Saturn zogen merkwürdige Schleifenbahnen. Niemand wußte diese Bewegungen zu deuten. In jener Zeit begnügte man sich, die Pfade der Planeten am Himmel nur zu beschreiben. Fast niemand fragte, *warum* sie so und nicht anders verlaufen. Bei Dingen, die sich da oben abspielten, fragte man nicht nach dem Warum.

Man hatte auch längst verdrängt, daß etwa 300 Jahre vor Christi Geburt Aristarch, ein griechischer Gelehrter, die Himmelsräume anders gesehen hatte. Bei ihm war die Erde kein ausgezeichneter Körper, um den sich das ganze Weltall drehte. Für ihn war sie ein Planet, der sich wie alle anderen um die Sonne bewegte. Damit verwies Aristarch die Erde in die Lakaienschar der die Sonne umkreisenden Körper. Doch selbst im alten Griechenland wurde Aristarch nicht besonders ernst genommen. Andere Gelehrte verkündeten ihre Lehren, bei denen die Erde in der Mitte der Welt stand. Sie bestimmten das Weltbild des alten Griechenland, das man dann in Mitteleuropa mehr als ein Jahrtausend lang brav nachbetete.

Das Mittelalter war für die Naturwissenschaften eine dunkle Periode. Kritiklos übernahm man die Lehren der großen griechischen Denker wie Platon und Aristoteles, denen die Erde das Zentrum der Welt war. Auch als Kolumbus Indien suchte und Amerika fand, herrschte in Europa noch der Glaube, die Sonne würde sich um die Erde bewegen.

Dann aber, etwa ein halbes Jahrhundert nachdem Kolumbus den Boden Amerikas betreten hatte, trat Nikolaus Kopernikus, der Domherr zu Frauenburg, mit seiner neuen Lehre auf den Plan. Doch ganz so nagelneu war sie nicht. Im Prinzip war es der nunmehr schon 1800 Jahre alte Gedanke des Aristarch: Die Sonne steht in der Mitte, und alle Planeten, einschließlich der Erde, umkreisen sie.

Das Buch, in dem Kopernikus seine Lehre darlegte, erschien im Jahre 1543 in einer Auflage von 500 Exemplaren. Letztlich überzeugte es alle Gelehrten, doch das brauchte seine Zeit. Der italienische Physiker und Astronom Galileo Galilei geriet noch im Jahre 1633 mit den Kirchenbehörden in Schwierigkeiten, weil er der Lehre des Kopernikus anhing. Öffentlich mußte er der inzwischen neunzig Jahre alt gewordenen Lehre des Kopernikus abschwören.

Als man das Planetenhaus in Lemgo baute, war das Buch des Kopernikus seit dreiunddreißig Jahren auf dem Markt. Aber niemand scheint diesem neumodischen Zeug getraut zu haben. Man hielt sich beim Entwurf der Fassade lieber an das alte griechische Weltall mit der Erde als wichtigstem Körper in der Mitte.

Die Baudenkmäler von Lemgo sind typisch für die damaligen Verhältnisse in Europa. Auch als man im Jahre 1612 in Lemgo am sogenannten Apotheker-Erker die zehn größten Naturforscher verewigte, fehlte der Domherr aus Frauenburg. Das Buch des Kopernikus war 69 Jahre vorher erschienen, längst war eine zweite Auflage davon gedruckt worden. Man konnte sich aber im 16. und selbst im 17. Jahrhundert noch schwer damit abfinden, daß die Erde nur einer von mehreren Planeten ist, die an die Sonne gefesselt sind. Dem menschlichen Selbstbewußtsein war das lange Zeit zuwider. Nur ein schlagkräftiger Beweis hätte das noch im Geist des Mittelalters gefangene Abendland zum Umdenken bewegen können. Doch als dieser Nachweis schließlich im Jahre 1610 erbracht wurde, hat ihn offensichtlich zuerst kaum jemand begriffen.

Heute wissen wir, daß Kopernikus recht hatte, daß nur der Mond um die Erde wandert, während die Planeten ihre Bahnen um die Sonne ziehen. Geht man von der Sonne nach außen, kommen der Reihe nach Merkur, Venus, Erde, Mars, Jupiter und Saturn. Mehr kannte man zur Zeit des Kopernikus nicht. Heute wissen wir, daß noch Uranus, Neptun und Pluto sich weiter außen um die Sonne bewegen. Pluto hat man übrigens erst im Jahre 1930 entdeckt. Für die Reihenfolge der Planeten von innen nach außen benutze ich oft den einfachen, wenn auch sonst recht dümmlichen Merkvers, bei dem die Anfangsbuchstaben der Wörter mit denen der Planetennamen übereinstimmen: **M**ein **V**ater **e**rklärt **m**ir **j**eden **S**onntag **u**nsere **n**eun **P**laneten.

Die Degradierung der Erde zu einem unscheinbaren Himmelskörper, der nur noch den Mond an sich bindet, mißfiel nicht nur der katholischen Kirche. Auch Martin Luther hielt nichts davon. Selbst Tycho Brahe, der kaiserliche Astronom und Mathematiker am Hofe Rudolfs II. in Prag, wie auch der Ingolstädter Jesuitenpater Christian Scheiner, einer der Entdecker der Sonnenflecken, konnten sich nicht für die Lehre von der die Sonne umkreisenden Erdkugel erwärmen.

Die Phasen der Venus

Als Galilei im Januar 1610 als erster ein Fernrohr zum Himmel richtete und die Venus vergrößert sah, bemerkte er, daß sie nicht immer als runde Scheibe erscheint. Einmal ist sie voll, einmal halb, und manchmal erscheint sie nur als schmale Sichel. Die Venus zeigt Phasen wie der Mond. Das lieferte endlich den Beweis für die Richtigkeit des Weltbildes von Kopernikus.

Betrachten wir dazu noch einmal die Venus im alten griechischen Weltsystem in der Tafel 1.2, oben. Da Merkur und Venus von der Erde aus gesehen am Himmel immer in der Nähe der Sonne bleiben, mußten sie bei den Griechen notwendigerweise mit etwa der gleichen Umlaufzeit wie die Sonne um die Erde herumgehen. Wenn nun die Venus ihr

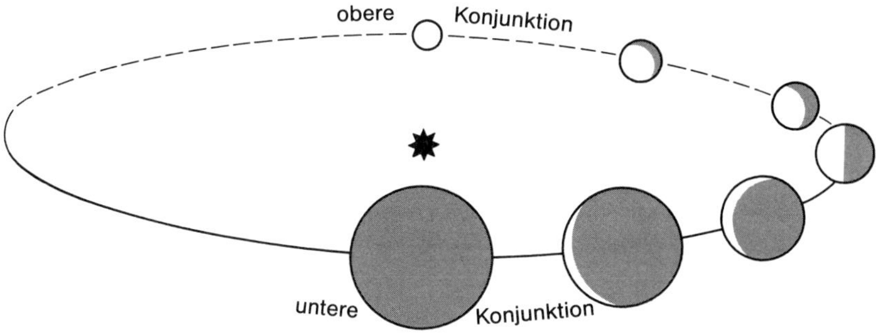

Abb. 1.1: Die Venusbahn um die Sonne, von der Erde aus betrachtet. Bei ihrem Umlauf erscheint die erleuchtete Seite des Planeten einem Beobachter von der Erde aus einmal »voll«, einmal »halb« und einmal als Sichel. Die volle Venus ist weiter von der Erde entfernt als die »Neuvenus«. Sie erscheint uns deshalb voll kleiner, als Sichel größer.

Licht von der Sonne bekommt, muß sie im griechischen Weltsystem immer als Sichel erscheinen. Sie steht ja immer nahezu »vor« ihr, man blickt also hauptsächlich auf ihre unbeleuchtete Seite. Höchstens am Rand sollte sich ein von der Sonne beschienener Streifen von Sichelform bemerkbar machen. Wenn die Venus nicht selbst leuchtet, mußte sie also im griechischen System *immer* die Form einer schmalen Sichel zeigen. Es wäre aber auch denkbar gewesen, daß die Venus selbst leuchtet und nicht auf das Licht der Sonne angewiesen ist. Dann hätte man sie *immer* als helle, volle Kreisscheibe sehen müssen. Ein Wechsel zwischen voller Scheibe und Sichel war im griechischen System unmöglich.

Anders aber im System des Kopernikus der Tafel 1.2, unten. Da wandern Merkur und Venus innerhalb der Erdbahn um die Sonne. Von der Erde aus betrachtet stehen sie deshalb immer in Sonnennähe, weil sie in engeren Bahnen umlaufen. Aus demselben Grund müssen sie wechselnde Phasen – ähnlich wie beim Mond – zeigen, einmal voll, einmal halb, einmal Sichel, denn wir blicken einmal mehr auf ihre beleuchtete, einmal mehr auf ihre unbeleuchtete Seite (vgl. Abb. 1.1). Gerade das aber hatte Galilei in seinem Fernrohr erkennen können. Damit war das System des Kopernikus bewiesen. Man lernte daraus auch weiter, daß der Planet nicht selbst leuchtet, sondern sein Licht von der Sonne erhält.

Aber das System des Kopernikus ließ noch eine Voraussage zu. Die volle Venus muß kleiner erscheinen als die sichelförmige, denn sie ist ja weiter von uns entfernt und steht gewissermaßen hinter der Sonne. In

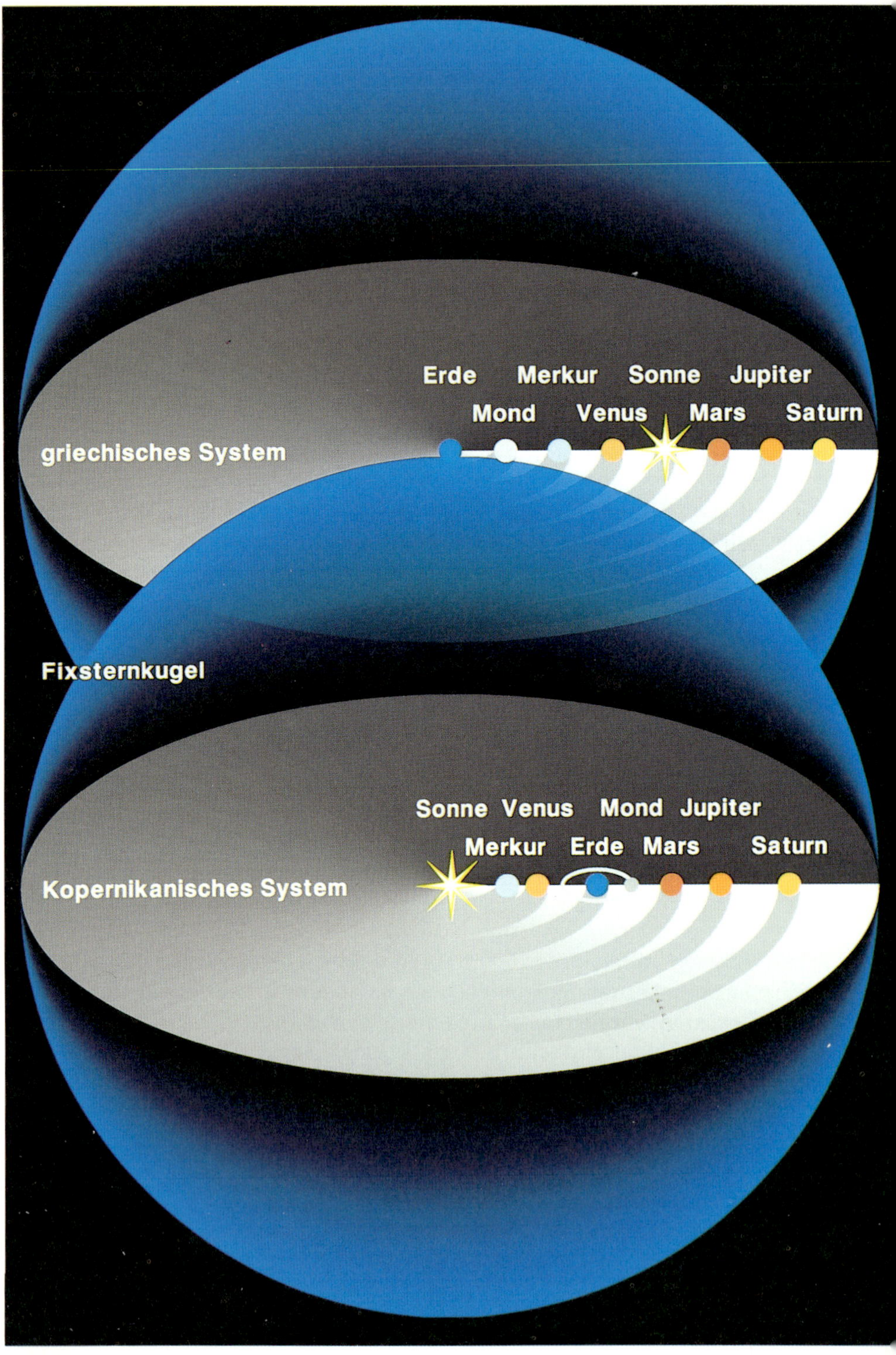
Erde
Merkur
Sonne
Jupiter
Mond
Venus
Mars
Saturn
griechisches System
Fixsternkugel
Sonne
Venus
Mond
Jupiter
Merkur
Erde
Mars
Saturn
Kopernikanisches System

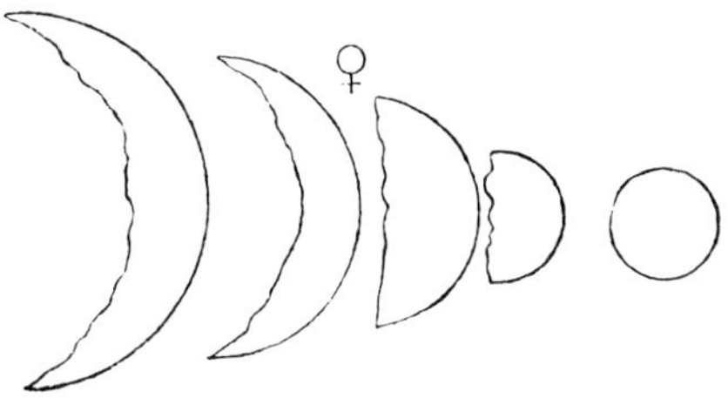

Abb. 1.2: Venuszeichnungen von Galileis Hand. Die Venus im Fernrohr zeigt Phasen, und ihre Größe wechselt, so wie nach der Abb. 1.1 zu erwarten ist. Das war eine Bestätigung des kopernikanischen Systems.

der Abbildung 1.1 ist das gezeigt. Auch das hat Galilei mit seinen Beobachtungen bestätigen können, wie seine Zeichnungen in der Abbildung 1.2 zeigen.

So hat der Planet Venus in der Vergangenheit bei der Entschlüsselung der rätselhaften Bewegungen am Himmel eine wichtige Rolle gespielt. Doch als man in späteren Jahrhunderten die Venus genauer untersuchte, stellte sie uns vor neue Rätsel.

Der verhüllte Planet

Die Venus, die die Sonne in 225 Erdentagen umläuft, ist etwas kleiner als die Erde und vereinigt in sich nur etwa 81 Prozent der Erdmasse. Wenn sie auch an Masse und Radius von der Erde übertroffen wird, in einem kann unser Planet nicht mithalten: Venus besitzt eine viel mächtigere Atmosphäre. Das weiß man seit mehr als 200 Jahren von einem Mann, dessen Name vielen geläufig ist, ohne daß sie wahrscheinlich ahnen, daß er sich auch als Astronom betätigt hat.

Im Jahre 1761 beobachtete der russische Gelehrte und Dichter Michael Lomonossow – seinen Namen trägt heute die Moskauer Universität – einen Vorübergang der Venus vor der Sonne. Da sich die Venus innerhalb der Erdbahn bewegt, steht sie von Zeit zu Zeit zwi-

Tafel 1.2: Das griechische System (oben) mit der Erde in der Mitte wurde im 16. Jahrhundert durch das kopernikanische abgelöst (unten). Zogen im alten Bild Sonne, Mond und Planeten ihre Kreisbahnen um die Erde, so steht bei Kopernikus die Sonne in der Mitte. Nur der Mond kreist um die Erde.

schen uns und der Sonne. Dann haben wir »Neuvenus«, denn wir blikken nur auf ihre unbeleuchtete Hälfte. Da wir von der Erde aus meist schräg auf die Bahn der Venus schauen, zieht sie für uns entweder oberhalb oder unterhalb an der Sonnenscheibe vorbei. Sie steht dann am hellen Taghimmel, und man kann sie höchstens mit dem Fernrohr finden. Gelegentlich sieht man sie aber als einen schwarzen Punkt über die Sonnenscheibe wandern. Man spricht von einem *Venusdurchgang*. Er kommt recht selten vor. Erst in den Jahren 2004 und 2012 wird man das nächste Mal die Venus vor der Sonne vorbeiziehen sehen.

Ein anderer berühmter Mann, von dem meist auch nicht bekannt ist, daß er sich mit den Sternen mehr befaßt hat, als für die Navigation notwendig ist, hatte die Venus auch auf seinem Beobachtungsprogramm: Captain James Cook. Er beobachtete auf der ersten seiner großen Reisen in den Pazifik im Jahre 1769 einen Vorübergang der Venus vor der Sonne von Tahiti aus. Noch heute heißt sein Beobachtungsplatz dort Point Venus.

Doch zurück zu Lomonossow. Er bemerkte, daß der Planet zu Beginn des Vorüberganges, als er bereits halb vor der Sonnenscheibe und noch halb vor dem Himmelshintergrund stand, von einem Halo, einem leuchtenden Ring, umgeben ist, wie von einem Heiligenschein. Er schloß daraus, daß Venus eine dichte Lufthülle besitzen muß, die vielleicht mächtiger ist als die der Erde. Man bemerkt ihre dichte Atmosphäre auch heute gelegentlich im Fernrohr, wenn die Venus sich als schmale Sichel zeigt, so etwa wie der Mond kurz vor oder nach Neumond. Dann nämlich greifen ihre beiden Hörner manchmal weit um den unbeleuchteten Teil herum (vgl. Abb. 1.3). Bisweilen berühren sie sich, und um die dunkle Scheibe der Venus schließt sich ein heller Ring: Lomonossows Halo. Die Erscheinung rührt daher, daß das Licht in der

Abb. 1.3: Die dichte Atmosphäre der Venus läßt um die Zeit von Neuvenus die Hörner der schmalen Sichel weit über die Mitte hinübergreifen, ein Zeichen für die dichte Atmosphäre des Planeten.

Atmosphäre des Planeten gestreut und gebrochen wird und wie bei einer irdischen Fata Morgana über den Horizont hinweg von der beleuchteten auf die unbeleuchtete Seite gelangt.

Als 1962 amerikanische Raumsonden nahe an der Venus vorüberflogen, da bestätigte sich, was Lomonossow als erster erkannt hatte: Die Venus besitzt eine dicke, undurchsichtige Wolkenhülle. Ihre Wärmestrahlen ließen auf Temperaturen von über 200 °C schließen. Das überraschte nicht allzusehr, denn bereits in den fünfziger Jahren hatten Radioastronomen von der Erde aus die Wärmestrahlen der Venus bemerkt. Die ersten Nahaufnahmen der Venusatmosphäre zeigten sich rasch ändernde Wolkenstrukturen. Auf der Venus herrschen Stürme, deren Gewalt wir uns auf der Erde nicht vorstellen können.

Raumsonden

Die Venus war in den letzten Jahrzehnten ein bevorzugtes Ziel amerikanischer und sowjetischer Raumflugkörper. Die beste Gelegenheit, eine Sonde zur Venus zu senden, bietet sich immer, wenn der Planet zwischen Sonne und Erde steht. Das ist alle 19 Monate der Fall. Die Flugzeit beträgt dann nur etwa 90 Tage. Diese günstigsten Zeiten werden oft genutzt. So flogen allein im Dezember 1978 zehn wissenschaftliche Sonden zur Venus.

Aber schon lange vorher waren die Sowjets am Zug. Im Oktober 1967 drang eine ihrer Sonden in die Venusatmosphäre ein und funkte, während sie am Fallschirm zum Boden glitt, 94 Minuten lang die Werte von Temperatur, Luftdruck und chemischer Beschaffenheit der Atmosphäre zur Erde. Zu 97 Prozent besteht die Luft der Venus aus Kohlendioxid. Wasser und reiner Sauerstoff spielen nahezu keine Rolle.

In den darauffolgenden Jahren gelang es sowjetischen Wissenschaftlern, mehrere Sonden weich auf der Venus zu landen. Viele Minuten lang funkten sie Meßdaten vom Venusboden. Die sowjetischen Sonden VENERA 9 und 10 erreichten im Oktober 1975 die Venus. Jede bestand aus zwei Teilen. Während der eine dazu bestimmt war, durch die Venusatmosphäre zur Oberfläche des Planeten vorzudringen, sollte der andere in einer Umlaufbahn um die Venus kreisen und die schwachen Funksignale des Landegeräts verstärken und zur Erde weiter vermitteln.

Mit etwa 10 km/s tauchte zuerst die zur Landung bestimmte Kapsel von VENERA 9 in schrägem Winkel in die Lufthülle der Venus ein. Die beim Eindringen in die dichte Atmosphäre entstehende Wärme wurde von einem Hitzeschild aufgenommen, das die Geräte im Inneren vor dem Verglühen schützte. Zuerst bremsten die Gasmassen der Atmosphäre den Fall. Später öffneten sich zusätzlich Fallschirme und verlangsamten den Abstieg. Schließlich begann die Sonde mit den Aufgaben, die ihr Monate zuvor einprogrammiert worden waren. Ihre Fotozellen untersuchten die umgebenden Wolken, prüften, wieviel Licht reflektiert wird, wenn die Sonde einen Lichtblitz aussendet, und stellten fest, daß die Sichtweite bei einigen Kilometern liegt. Die Sonde glitt durch Wolken von Schwefelsäure hinab. Die Meßdaten bestätigten, daß die Atmosphäre hauptsächlich aus Kohlendioxid besteht.

Sowohl das Kohlendioxid wie auch die Schwefelsäure hatte man schon vorher von der Erde aus beim Studium des von der Venusatmosphäre reflektierten Sonnenlichtes bemerkt. Das Kohlendioxid hatte man 1932, die Schwefelsäure 1972 gefunden.

Doch zurück zur sowjetischen Sonde. Sie senkte sich schließlich mit etwa 7 m/s auf einen nach Osten hin abfallenden Berghang (vgl. Abb. 1.4). Die Stelle lag etwa 1000 Meter über dem mittleren Niveau der Venusoberfläche. Der Luftdruck draußen lag bei 90 Bar. Das entspricht bei uns dem Druck in einer Wassertiefe von 900 Metern. Die Außentemperatur betrug 460 °C. Nicht ganz eine Stunde lang hielt die Sonde das aus, dann verstummte sie.

Zu den wichtigsten Daten, die uns die VENERA-Sonden übermittelten, gehörten die Fernsehbilder von der Landestelle. Es war ein trostloser Anblick, der sich der sowjetischen Kamera bot. Das VENERA-Foto der Abbildung 1.5 zeigt ein Geröllfeld von scharfkantigen flachen Gesteinsbrocken, etwa einen halben Meter im Durchmesser und zehn bis zwanzig Zentimeter dick. Einige Brocken sind offensichtlich Bruchstücke eines größeren Steines, denn ihre Formen passen aneinander. Ist dort, von irgendwoher geschleudert, ein Stein beim Aufprall in mehrere Stücke zersplittert? Einige Brocken sind halb im Venusboden eingebettet. Auf einigen kleineren Steinen liegen Krümel. Was war dort geschehen? Der Astronom fühlt sich in die Rolle des Kommissars versetzt, der nur mit Fotos vom Tatort den Fall klären soll.

Drei Tage später setzte an einer etwa 2000 Kilometer entfernten Stelle die nächste sowjetische Sonde auf, VENERA 10. Auch von ihr haben wir Bilder des Venusbodens. Die Aufnahmen zeigen wieder eine unwirtliche Gegend. Inzwischen haben die Sowjets bessere Bilder vom Venusgeröll gewonnen. Die scharfkantigen Steine auf den Bildern veranlassen zum Nachdenken. Sollten nicht eigentlich die Stürme auf der

Venus alle Unregelmäßigkeiten der Planetenoberfläche mit Sand zugeweht, sollten nicht längst die Säuredämpfe der nahezu 500 °C heißen Atmosphäre den Stein angegriffen haben? Oder handelt es sich um relativ junges Material, das erst kürzlich aus dem Innern des Planeten zur Oberfläche gebracht worden ist? Wie steht es überhaupt mit dem Vulkanismus auf der Venus? Gibt es Gebirge, Vulkankrater und mit Lava ausgefüllte Regionen wie auf dem Mond? Die spärlichen Venusfotos der Sowjets konnten uns keine Auskunft geben.

Da kam die Stunde der Amerikaner. Im Jahre 1978 starteten zwei ihrer Sonden vom Typ PIONEER VENUS zu unserem Nachbarplaneten und warfen Meßgeräte in seine dichte Atmosphäre. Eines der Raumfahrzeuge wurde auf eine Umlaufbahn gebracht. Die Venus erhielt nun einen künstlichen amerikanischen Mond, der in einer langgestreckten Ellipsenbahn um den Planeten lief. Das andere stieß vier Sonden aus, die in die Venusatmosphäre hinabflogen.

Weich gelandete Sonden bestätigten die Ergebnisse der sowjetischen Messungen. Neben Einzelheiten über Temperaturen, Windverhältnisse

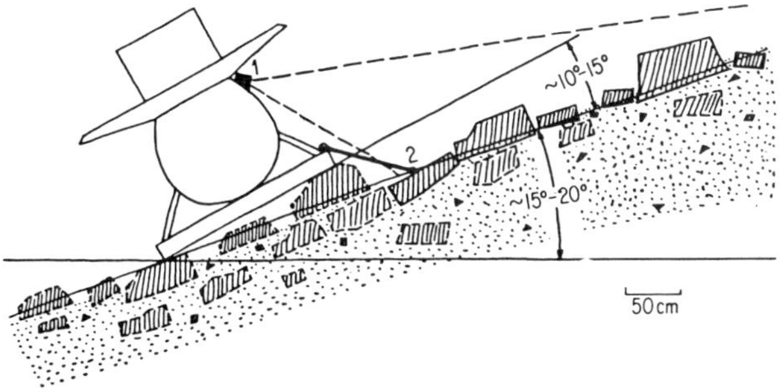

Abb. 1.4: Die sowjetische Sonde VENERA 9 war in einem schräg abfallenden Geröllfeld gelandet und machte von hier aus Aufnahmen vom Venusboden.

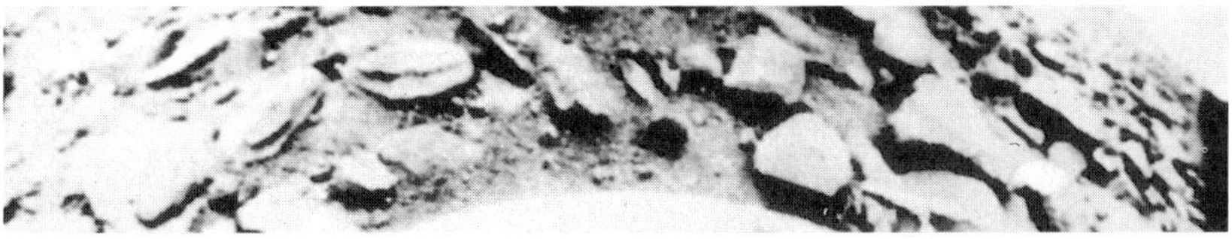

Abb. 1.5: Aufnahmen von VENERA 9 vom Venusboden zeigen eine öde, trockene Steinwüste.

und chemische Bestandteile der Atmosphäre lernte man, daß die Venus ein kaum meßbares Magnetfeld besitzt. Anfangs hatten Meßdaten der sowjetischen Sonden darauf hingedeutet, daß auf der Venus Gewitter toben und aktive Vulkane Schwefelgase an die Atmosphäre abgeben. Die amerikanischen Sonden konnten das nicht bestätigen. Wahrscheinlich hatte man die Meßergebnisse falsch gedeutet. Keine der weich gelandeten Sonden konnte wesentlich länger als etwa eine Stunde arbeiten.

Der künstliche amerikanische Venusmond aber zieht noch heute seine Bahn. Er heißt jetzt VENUS ORBITER. Man schätzt, daß er erst 1992 in die Venusatmosphäre eindringen und verglühen wird. VENUS ORBITER untersuchte inzwischen die Atmosphäre und die darunterliegende Oberfläche und stellte fest, daß Wasserstoff von der Schwerkraft des Planeten nicht gehalten werden kann, denn die Venus ist bis in Höhen von einigen tausend Kilometern von einer Hülle in den Raum entweichenden Wasserstoffs umgeben.

Die Luft der Venus

Tatsächlich scheint die Venus bereits in der Vergangenheit den Großteil ihres Wasserstoffs an den Weltraum verloren zu haben. Man kennt zwei Arten dieses leichten Gases. Den normalen Wasserstoff und eine andere Art, deren Atome doppelt so schwer sind, den *schweren Wasserstoff*. Er ist auf der Erde recht selten. Unter 10000 Wasserstoffatomen findet man nur ein bis zwei Atome von der schweren Sorte. Auf der Venus sind die schweren Wasserstoffatome hundertmal häufiger. Wahrscheinlich war anfangs das Verhältnis leichter/schwerer Wasserstoff überall im Sonnensystem so wie wir es heute noch auf der Erde finden. Während sich aber in den höchsten Schichten der Venusatmosphäre Wasserstoff in den Raum verflüchtigte, entschwand vor allem der leichte, während der schwerere zurückblieb und sich in der Atmosphäre langsam anreicherte.

Die Venus steht der Sonne näher als die Erde, sie empfängt daher mehr Sonnenwärme. Ihre Wolken reflektieren aber auch viel Sonnenlicht, sicher mehr als die der Erdatmosphäre. Also sollte es auf der Venus eigentlich nicht viel heißer sein als bei uns. Obwohl die Venus weiter von der Sonne entfernt ist als Merkur, ist es auf ihrer Oberfläche wesentlich heißer. Woher kommen die hohen Temperaturen, welchen die Venussonden auf der Planetenoberfläche nur eine Stunde widerstehen konnten? Die Hitze der Venus rührt von einer besonderen Eigenschaft der Gase in ihrer Atmosphäre her.

Die hauptsächlich als sichtbares Licht von der Sonne kommende Energie dringt trotz der starken Rückstrahlung der Wolken in die Venusatmosphäre ein und erwärmt die Planetenoberfläche. Der Venusboden gibt diese Energie in Form von Wärmestrahlen wieder ab. Aber die Venusatmosphäre besteht hauptsächlich aus Kohlendioxid. Dieses Gas ist für Wärmestrahlen undurchsichtig. Die von der Sonne eingefangene Energie gelangt nicht wieder nach außen und wird wie in einem irdischen Treibhaus gespeichert.

Während bei uns eine erwärmte Wiese die von der Sonne empfangene Energie wieder abstrahlen kann und deshalb selbst eine nur mäßige Temperatur behält, wird in einem Treibhaus durch die geschlossenen Glasfenster die Abstrahlung behindert. Die Temperatur im Glashaus ist höher, weil die durch die Fenster hereingekommene Energie gefangen ist. Die von der Sonne auf die Venus gekommene Energie ist gefangen, weil die Atmosphäre Wärmestrahlen kaum durchläßt. Deshalb ist es auf der Venus heiß. Es ist dieser *Treibhauseffekt*, der die Venus zu so hohen Temperaturen aufheizt.

Die vieldiskutierte Gefahr für unser irdisches Klima, der Treibhauseffekt auf der Erde, funktioniert genau so: Die Anreicherung an Kohlendioxid durch die Verbrennung von Kohle, Öl und Gas hält die Sonnenwärme bei uns fest. Es wird wärmer bei uns, was zu entscheidenden Klimaänderungen führt: Das Eis in den Polargegenden kann abschmelzen und weite Landstriche unter Wasser setzen.

Man kann von der Erde aus selbst mit den besten Teleskopen keine Einzelheiten auf der Venus sehen. Und doch hat man von hier aus, ohne auch nur einen Fleck zu erkennen, an dem sich das Auge festhalten kann, herausgefunden, wie die Venus rotiert. Das ging mit *Radar*.

Radarkontrolle

Die Technik des Radars wurde kurz vor dem Zweiten Weltkrieg entwikkelt. Danach hat man sie benutzt, um feindliche Schiffe und Flugzeuge mit Hilfe von Radiowellen im Wellenlängenbereich von einigen Dezimetern zu orten. Viele Materialien, vor allem Metalle, reflektieren die Wellen. Das zurückgeworfene Signal wird am Sendeort mit einem empfindlichen Empfänger über dieselbe Antenne, von der es ausgesandt wurde, wieder aufgenommen. Aus der Richtung, aus der das Echo kommt, erkennt man die Richtung, in der sich der reflektierende Gegenstand befindet. Aus dem Unterschied zwischen Sende- und Empfangszeit findet man die Entfernung. Denn das Signal bewegt sich sowohl auf dem Hin- wie auf dem Rückweg mit Lichtgeschwindigkeit. Es legt also in jeder Sekunde 300000 Kilometer zurück. Kommt das Echo nach einer tausendstel Sekunde, wurde es von einem Gegenstand in 150 Kilometer Entfernung zurückgeworfen.

Unmittelbar nach dem Zweiten Weltkrieg gelang es, Radarsignale von der Erde zum Mond zu schicken. Das Echo kam nach etwa 2,5 Sekunden wieder zurück. Nachdem man die Technik verbessert hatte, konnte man Radarechos von Venus, Merkur und von der Sonne erhalten. Das Echo der Sonne trifft knapp 17 Minuten nach dem Sendezeitpunkt bei uns ein. Mit Radarechos konnte man also die Abstände im Planetensystem bestimmen. Natürlich handelte es sich nur um die Bestätigungen bereits bekannter Zahlenwerte, denn die Astronomen haben die Abstände im Planetensystem bereits seit langem mit anderen Methoden ausgemessen. Doch die Radarechos enthalten mehr Information über den reflektierenden Gegenstand als nur seine Entfernung. Das liegt daran, daß Radarstrahlen Wellen sind.

Wenn wir Radio hören, streichen vom Sender abgestrahlte Wellen über unsere Antenne. In ihrem Metall sind zahllose kleine elektrisch geladene Teilchen, die Elektronen. Die mit Lichtgeschwindigkeit vorbeieilende Welle übt elektrische Kräfte auf die Elektronen aus, die daraufhin zu schwingen beginnen. Je nachdem wie die Welle beschaffen ist, bewegen sich die Elektronen in der empfangenden Antenne mehr oder weniger rasch hin und her. Schwingen sie in der Sekunde tausendmal, so sagt man, die Welle habe die Frequenz von tausend Hertz oder von einem Kilohertz. Damit ehrt man den deutschen Physiker Heinrich Hertz, der in der zweiten Hälfte des vorigen Jahrhunderts die elektromagnetischen Wellen als erster untersuchte. Die Frequenz unserer Mittelwellensender liegt bei einigen hundert Kilohertz, die unserer UKW-Sender bei etwa 100 Millionen Hertz, man spricht von 100 Megahertz. Die Elektronen in der Antenne schwingen dann in jeder Sekunde hun-

Tafel 1.3: Wellenberge eines Radarpulses (in der Abbildung oben schematisch dargestellt) treffen auf die Scheibe eines rotierenden Planeten. Die linke Hälfte der Planetenscheibe (Mitte) kommt auf den Sender zu, die rechte bewegt sich von ihm weg. Jeder Quadratmeter der Planetenoberfläche wirkt wie ein Spiegel. Bewegt sich aber eine reflektierende Fläche vom Sender weg (unten), ist das Echo (blaue Wellenlinie) langwelliger, bewegt sie sich auf ihn zu, ist es kurzwelliger.

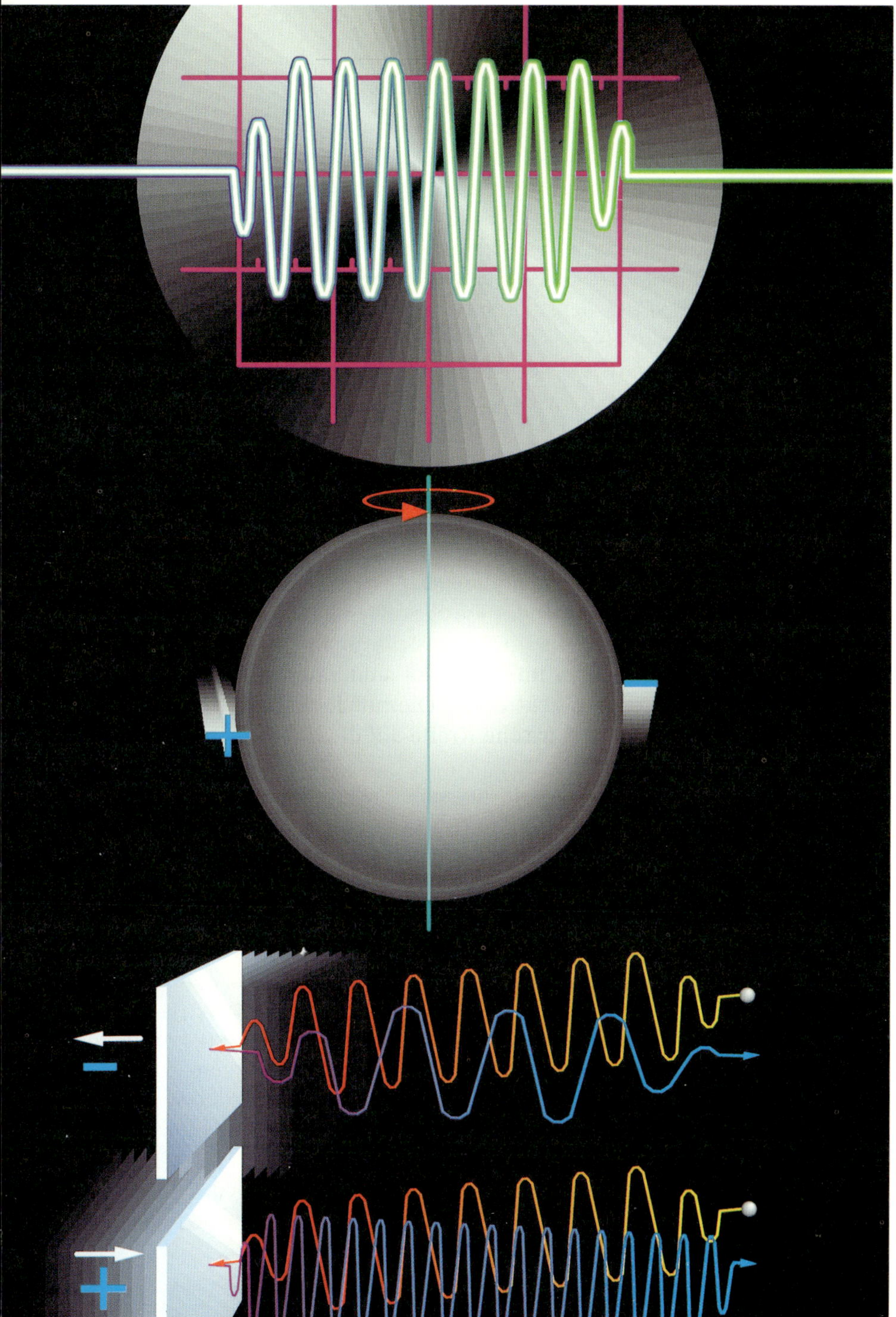

dertmillionenmal hin und her. Solch eine Leistung ist die Rundfunkgebühren schon wert!

Die Welle selbst können wir uns der Einfachheit halber wie die Welle auf einer Wasseroberfläche vorstellen. Der Abstand von Wellenberg zu Wellenberg heißt die *Wellenlänge*. Die Zahl der an einer festen Stelle in jeder Sekunde ankommenden Wellenberge nennt man die *Frequenz*. Je größer die Frequenz, um so kleiner die Wellenlänge, denn bei hoher Frequenz folgen die Wellenberge in kurzem Abstand aufeinander. Das ist auch bei Radiowellen so und auch bei Radarwellen, die ja nur kürzer (von höherer Frequenz) sind.

Stellen wir uns nun vor, es würde von einem Sender ein kurzer Radarpuls ausgesandt. Wie alle Radiowellen besteht er aus einer Folge von Wellenbergen und Wellentälern. Bei Radarsignalen kommen in der Sekunde Milliarden von Wellenbergen. Auch das Echo eines Pulses besteht aus einer Folge von Wellenbergen. Man kann mit dem Empfänger prüfen, ob das Echo dieselbe Frequenz hat wie der ausgesandte Puls oder ob sich die Frequenz bei der Reflexion geändert hat.

Wenn der scharfe Sendeimpuls bei einer bestimmten Frequenz zu einem Körper hin abgestrahlt wird, muß man erwarten, daß auch das Echo mit genau dieser Frequenz zurückkommt. Das ist aber nur wahr, wenn der Gegenstand sich nicht relativ zum Sender bewegt. Sonst wird alles anders. Dazu wollen wir ein einfaches Gedankenexperiment machen. Der Grundgedanke ist in der Tafel 1.3 skizziert. Stellen wir uns vor, der Sender würde einen kurzen Radarpuls aussenden. Wie alle elektromagnetischen Signale besteht dieser Puls aus Tausenden von einzelnen Wellenbergen (Tafel 1.3, oben). Der Puls falle nun auf einen Spiegel. Solange dieser sich nicht relativ zur Radaranlage bewegt, treffen die Wellenberge im gleichen Rhythmus auf dem Spiegel auf, in dem sie ausgesandt worden sind. Sie werden reflektiert und kommen im gleichen Rhythmus wieder zurück.

Anders aber, wenn sich der Spiegel wie in der Tafel 1.3, unten, auf die Radaranlage zu bewegt. Dann kommen die Wellenberge in kürzerem Zeitabstand zurück als sie ausgesandt wurden, denn jeder Wellenberg hat einen kürzeren Weg zurückzulegen als sein Vorgänger. Die Frequenz des Echos ist höher als die des ursprünglichen Pulses.

Wenn sich der Spiegel von der Station entfernt, kommen die Wellenberge in größerem Abstand an. Ihre Frequenz ist dann niedriger als die Sendefrequenz. Aus der gegenüber dem Ausgangssignal veränderten Frequenz des Echos kann man die Geschwindigkeit des Spiegels bestimmen.

Diesen Effekt benutzt die Polizei, um mit Hilfe von Radar Überschreitungen von Geschwindigkeitsbeschränkungen zu ermitteln. Man ahnt gar nicht, welch physikalisch hochinteressantem Vorgang man eine Strafanzeige zu verdanken hat.

Die merkwürdige Rotation

Kehren wir nun zurück zur Venus. Sie dreht sich wie alle Himmelskörper um ihre Achse, und ein von ihr zurückgespiegeltes Radarecho kommt sowohl von Stellen der Oberfläche, die sich infolge der Rotation

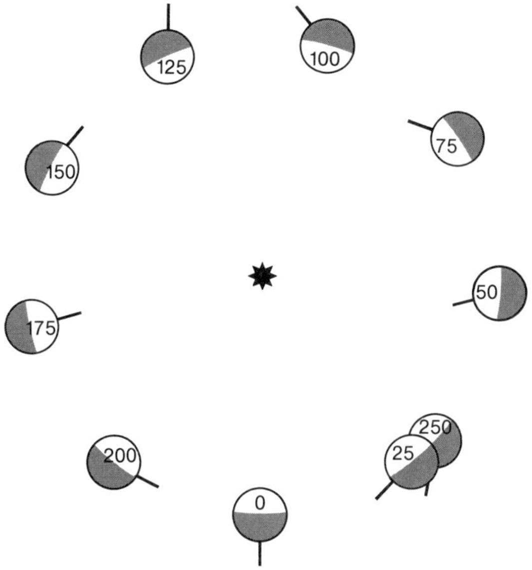

Abb. 1.6: Die Bahn der Venus senkrecht zur Bahnebene betrachtet. Der Planet bewegt sich entgegen dem Uhrzeigersinn um die Sonne. In die jeweilige Planetenscheibe sind die Erdentage eingetragen, die seit der Stellung Null (im Bild unten) verstrichen sind. Nach 225 Tagen hat die Venus einen Umlauf vollendet. Ihre Rotation wird im Bild durch eine auf ihrem Äquator angebrachte »Fahnenstange« angedeutet, die in der Stellung Null gerade von der Sonne wegweist. Für die Stange herrscht also in der Stellung Null gerade Mitternacht. Während ihres Umlaufes dreht sich die Venus um ihre Achse. 25 Tage nach der Stellung Null geht für die Stange die Sonne auf. Nach etwa 60 Tagen weist sie auf die Sonne, für sie herrscht dann Mittag. Während eines Umlaufes geht die Stange zweimal durch die Mittagsstellung hindurch. Das Venusjahr beträgt etwas weniger als zwei Venustage.

auf uns zu bewegen, wie von solchen, die durch die Rotation des Planeten sich von uns entfernen (Tafel 1.3, Mitte). Im ersten Fall ist die Frequenz des Echos höher als die des ausgesandten Signals, im anderen niedriger. Man hat mit scharfer Frequenz gesendet, zurück kommt ein Wellensalat. Das Echo enthält Frequenzen, die höher und solche, die niedriger sind als die des ursprünglich ausgestrahlten Signals. Je rascher der Planet rotiert, um so breiter der Bereich, über den die Frequenzen des Echos verteilt sind.

Mit Radarechos konnte man die Rotationsgeschwindigkeit der Venus bestimmen. Das folgende äußerst merkwürdige Ergebnis erhielt man bereits im Jahre 1964 aus Echos von der Erde ausgesandter Radarpulse. Es ist in der Abbildung 1.6 dargestellt. Die Venus dreht sich gegenüber den Fixsternen in 243 Tagen einmal um ihre Achse. Aber anders als etwa die Erde rotiert sie *entgegen* der Richtung ihres Umlaufes um die Sonne. Die Sonne läuft über den Venushimmel »falsch herum«: von West nach Ost. Ein Venusjahr währt nicht ganz zwei Venustage. Auf der Venus sind die Kalender dünn. Wie diese eigenwillige Rotation zustande kam, hat man bis heute noch nicht verstanden.

Auch ihre Atmosphäre ist uns ein Rätsel. Ein ständiger Sturm bläst in Höhen von 60 km mit Geschwindigkeiten von 470 km/h von Osten nach Westen. Die Venus selbst dreht sich langsam entgegen ihrer Umlaufrichtung um ihre Achse, also auch von Ost nach West. Die Wolken der Venusatmosphäre eilen also der Rotation voraus (vgl. Tafel 1.4). Während man sonst glaubt, daß die Atmosphäre eines Planeten vom festen Planetenkörper gezwungen wird, sich mit ihm zu drehen, rotiert die Venusatmosphäre sechzigmal schneller als der feste Venuskörper. Welcher Mechanismus hält diesen ständigen Sturm aufrecht? Wir kennen die endgültige Antwort noch nicht, doch wir sind sicher, daß die Sonne dabei ihre Hand im Spiel hat. Denn sie erwärmt die ihr jeweils zugewandte Seite des Planeten. Warme Gasmassen steigen dort auf und sinken auf der kühleren Nachtseite wieder ab. Diese Zirkulation im Zusammenspiel mit der Rotation des Planeten erzeugt ein kompliziertes Strömungssystem, das für die »Überrotation« der Venusatmosphäre verantwortlich sein könnte.

Tafel 1.4: Die Wolkenschichten der Venus rotieren 60mal so rasch wie der feste Venuskörper. Man spricht von der *Überrotation* der Venusatmosphäre. Diese Aufnahmen, im Abstand von wenigen Tagen nacheinander aufgenommen, zeigen die raschen Veränderungen in der Venusatmosphäre (Aufnahme JPL/NASA).

Strecken und Service/Routes and Service

LH 400 D10	Frankfurt 10.00 (8:20) 12.20 **New York**
LH 401 D10	New York 18.30 (7:25) 07.55 **Frankfurt**
LH 402 313	Frankfurt 13.30 (8:55) 16.25 **New York**
LH 403 313	New York 17.15 (7:45) 07.00 **Frankfurt**
LH 404 747	Frankfurt 17.30 (8:20) 19.50 **New York**
LH 405 747	New York 21.35 (7:25) 11.00 **Frankfurt**
LH 406 313	Hamburg 11.15 (8:45) 14.00 **New York**
LH 407 313	New York 19.00 (7:35) 08.35 **Hamburg**

Abb. 1.7: Der Flugplan der Lufthansa zeigt, daß der Flug von New York nach Frankfurt je nach Maschinentyp 55 beziehungsweise 70 Minuten länger dauert als der Flug von Frankfurt nach New York. Die Flugzeiten sind jeweils in Klammern angegeben.

Übrigens zeigt die Erdatmosphäre etwas Ähnliches, wenn auch viel weniger ausgeprägt. In großen Höhen gibt es starke Strömungen in Richtung der Erdrotation, also von West nach Ost. Davon kann man sich leicht anhand des Flugplanes der Lufthansa überzeugen. Ein Flugzeug von Frankfurt nach New York braucht länger als eine den Atlantik in umgekehrter Richtung überfliegende Maschine, weil diese in großen Höhen in dem in Richtung der Erdrotation wehenden Jetstrom mit Rückenwind fliegt (Abb. 1.7).

Der Blick unter die Hüllen der Venus

Von der Öffentlichkeit weit weniger beachtet als die Landungen von Raumsonden war noch ein weiterer erfolgreicher Angriff auf den Planeten. Bereits 1974 war es gelungen, von der Erde aus einen Blick unter die undurchsichtige Wolkenschicht der Venus zu werfen und Strukturen bis hinab zu 10 Kilometer Durchmesser zu erkennen. Der Blick unter die Hüllen der Venus gelang wieder mit Radar, denn Radarwellen durchdringen die Wolken und werden vom Boden reflektiert.

Im Echo eines zur Venus ausgesandten Radarpulses steckt wesentlich mehr Information als nur die Auskunft über die Drehung des Planeten. Es enthält in verschlüsselter Form ein Bild der Venusoberfläche mit all ihren Bergen, Hochplateaus und Schluchten. Um den Code zu knacken und die Radarechos in wirkliche Bilder umzuwandeln, bedarf es nur eines komplizierten Computerprogramms.

Um mit diesem raffinierten Verfahren Bilder von der in Wolken gehüllten Venusoberfläche zu erhalten, mußte man keine Raumsonden losschicken. Das gelang schon von der Erdoberfläche aus. Allerdings

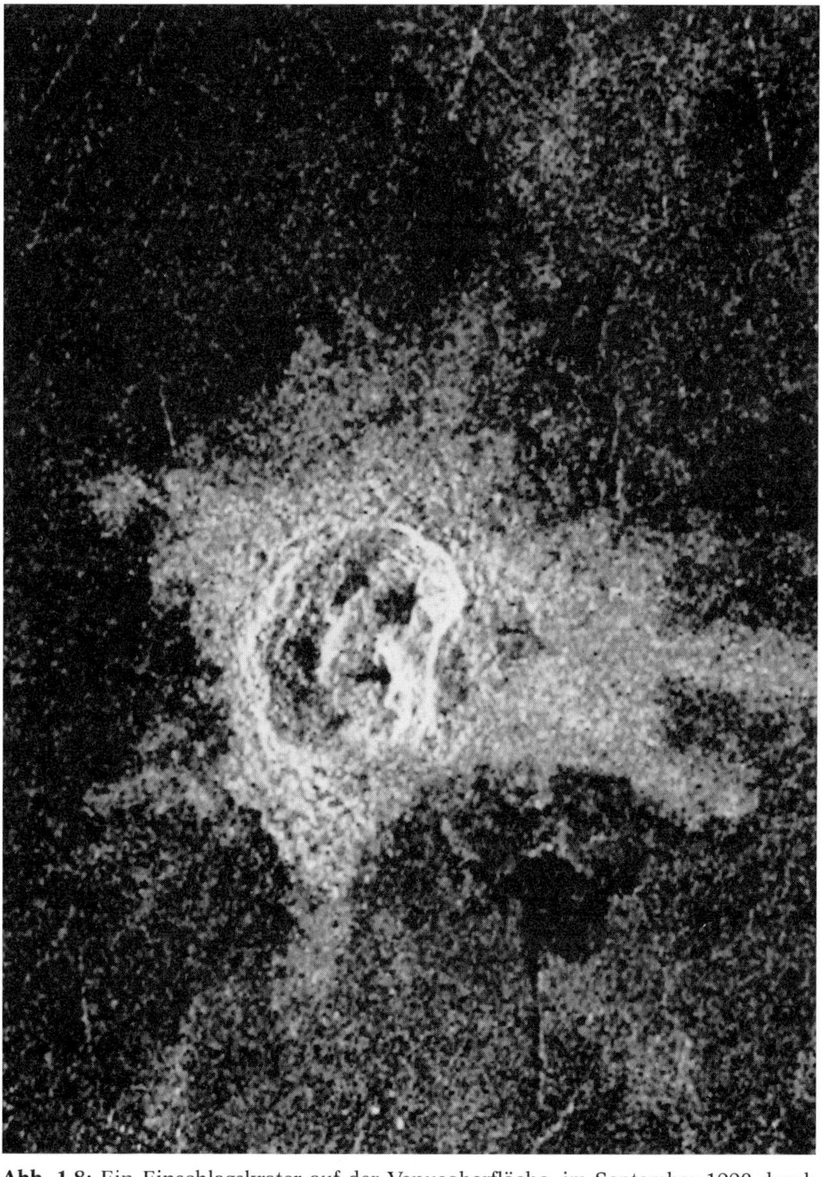

Abb. 1.8: Ein Einschlagskrater auf der Venusoberfläche, im September 1990 durch die dicke Wolkenschicht hindurch von der Raumsonde MAGELLAN mit Hilfe von Radar aufgenommen. Der Kraterrand zeigt Nierenform und umgibt ein Gebiet von etwa 8 mal 11 Kilometern. Das Bild zeigt weiter geradlinige Rillen von etwa 400 Meter Breite.

mußte man riesige Antennenanlagen benutzen. Die ersten Bilder der Venusoberfläche lieferte das größte Radioteleskop der Welt. In einem Tal auf der Karibik-Insel Puerto Rico, nahe der Stadt Arecibo, steht der in Tafel 1.5 wiedergegebene Reflektorspiegel mit einem Durchmesser von 300 Metern. Natürlich kann man diese riesige Antenne nicht auf jede beliebige Stelle des Himmels richten. Man kann ja schließlich das Tal nicht bewegen. Doch durch die tägliche Drehung der Erde überstreicht das Teleskop ohnehin jeden Tag einen Streifen des Himmels. Durch geeignetes Versetzen des Empfängers, der hoch oben über der riesigen Antennenschüssel an Seilen hängt, kann man die Blickrichtung etwas verändern. Damit wird ein breiter Streifen des Himmels der Antenne zugänglich. Wenn die Venus in diesem Streifen steht, kann man Radarpulse zu ihr senden und die Echos wieder auffangen. Das lieferte Mitte der sechziger Jahre die ersten Bilder des Venusbodens. Man konnte Gebirge, Bergmassive und Vulkankrater ausmachen. Eine von VENUS ORBITER mitgeführte Radaranlage lieferte später mehr Einzelheiten als das Arecibo-Teleskop. Doch die Radarbilder der sowjetischen VENERA-Sonden 15 und 16 zeigten noch mehr Details.

Beide Sonden wurden im Oktober 1983 in eine langgestreckte elliptische Bahn um die Venus gebracht. Während ihres 24stündigen Umlaufes kamen sie der Planetenoberfläche bis auf 1000 Kilometer nahe, um sich danach wieder bis auf 65 000 Kilometer von der Venus zu entfernen. Die Bahnebenen standen senkrecht zur Äquatorebene des Planeten. Jede Sonde tastete deshalb während ihrer Planetennähe einen Meridianstreifen ab. Wenn sie sich dann nach 24 Stunden wieder der Venus auf 1000 Kilometer näherte, hatte sich der Planet inzwischen etwas gedreht, und bot der Sonde nun einen benachbarten Meridianstreifen dar. So wurde im Laufe der Zeit die Venus von jeder Sonde in Streifen abgetastet.

Was geschah bei jedem Vorübergang in Planetennähe? Während die Sonde in 1000 Kilometer Höhe entlang eines Meridians in Nord-Süd-Richtung flog, sandte ihre Antenne Radarstrahlen von acht Zentimeter Wellenlänge zum Venusboden. Das Echo wurde empfangen und ausgewertet. Aus ihm erhielt man die »Radarhelligkeit«, also das Reflexions-

Tafel 1.5: Das Arecibo-Teleskop, von amerikanischen Astronomen in Puerto Rico gebaut, füllt mit seinem Durchmesser von 300 Metern ein Tal aus. Der Empfänger schwebt an Seilen darüber. Mit diesem Gerät wurden die ersten Radarbilder der Venus gewonnen (Aufnahme Arecibo Observatory).

vermögen für Radarstrahlen, an jedem Punkt des bestrahlten Gebietes. Der Computer konstruierte daraus Bilder der unter der undurchsichtigen Wolkenhülle dem Auge verborgenen Landschaften. So hat man die Venus kartographiert. Aus Höhen von 1000 bis 2000 km konnten die VENERA-Sonden Einzelheiten bis hinab zu ein bis zwei Kilometer sichtbar machen. Natürlich können die Venuskarten vorläufig noch nicht mit dem Shell-Atlas mithalten.

Der nächste Schritt war die Sonde MAGELLAN, die mit einem noch besseren Radargerät die Venus kartographieren soll. Ihr Start mußte wegen der CHALLENGER-Katastrophe verschoben werden. Doch am Freitag, den 5. Mai 1989 um 1^h Weltzeit entließen die Astronauten Mark Lee und Mary Cleave die 3,4 Tonnen schwere Venussonde aus der Ladeluke der Raumfähre ATLANTIS. Am 10. August 1990 schwenkte MAGELLAN in eine Umlaufbahn um die Venus ein und begann die Oberfläche des Planeten neu zu kartographieren. Eines der MAGELLAN-Bilder ist in der Abbildung 1.8 wiedergegeben.

Während Bilder im sichtbaren Licht vor allem neben den Gebirgsformationen etwas über die *chemische* Beschaffenheit der Stoffe verraten, ist das Reflexionsvermögen im Radarbereich durch die *physikalischen* Eigenschaften des Bodens bestimmt. Die Materialien reflektieren in porösem Zustand anders als in kompakter Form. Das ist auch für die Untersuchung unseres eigenen Planeten vom Raum aus wichtig. In Satelliten umkreisen heute Radarsysteme die Erde, und aus den Echos ihrer Radarpulse entstehen in Computern Radarbilder. Ausgetrocknete und vom Sand zugewehte Flußläufe sind im Sonnenlicht kaum zu erkennen, treten aber im Radarbild deutlich hervor. So können Radarbilder von der Erde für die Archäologie wichtig sein.

Das MAGELLAN-Team untersuchte während der verlängerten Wartezeit auf den Start in den Wüsten Kaliforniens, wie sich geologische Strukturen im Radarbild widerspiegeln. Das wird helfen, die von MAGELLAN gelieferten Bilder zu verstehen. Was zeigen die neuen MAGELLAN-Aufnahmen von den Landschaften der Venus?

Öde Landschaften

Der größte Teil der Venuslandschaft wird von einem weiten Hügelland eingenommen, in dem man zahlreiche Einschlagskrater findet. Zwei Gebirge ragen heraus. Eigentlich sind es Hochplateaus. Am Äquator erreicht Aphrodite Terra, benannt nach der griechischen Göttin der

Liebe, Höhen bis zu 4000 Metern. Im Norden fand man Ishtar Terra, benannt nach der babylonischen Göttin vom gleichen Ressort. Zu diesem Gebirgszug gehören auch die Maxwell-Montes, die bis zu elf Kilometern hochragen.

Während alle anderen Berge der Venus die Namen berühmter Frauen tragen – man findet Lise Meitner dort und Colette –, so verdanken die Maxwell-Montes ihren Namen einem Mann, dem englischen Physiker James Clerk Maxwell. Kürzlich sagte mir nach einem Vortrag ein Zuhörer, die Bayerische Akademie wolle nun diesen Mißstand beseitigen und die Maxwell-Montes umbenennen, in Lola Montez.

Die Maxwell-Berge sind erloschene Vulkane. Tiefere Gebiete der Venusoberfläche zeigen keine Kraterstrukturen. Möglicherweise sind sie vor nicht allzu langer Zeit mit Lava aufgefüllte Becken, arm an Einschlagskratern.

Wie der Planet zu seinem Klima kam

Es gibt keine Meere auf der Venus. Im Vergleich zu diesem wasserlosen, heißen Planeten scheint unsere gute Erde wie für den Menschen geschaffen, so richtig im Gleichgewicht zwischen Hitze und Kälte. Wasser kann in flüssiger Form bestehen.

Wir glauben, daß Venus, Erde und Mars zur gleichen Zeit aus der gleichen Materie gebildet wurden. Doch nur die Erde scheint Wasser in flüssiger Form zu besitzen. Warum ist heute auf der Venus alles Wasser verschwunden? Manche Wissenschaftler vermuten, daß sich ihr Klima in der Vorzeit nicht allzusehr von dem der Erde unterschieden hat. Vielleicht war es in der Vergangenheit auch auf der Venus feucht, ja vielleicht hat sie sogar Ozeane besessen. Es mag bereits Kohlendioxid in der Atmosphäre gegeben haben, doch nur wenig, zu wenig, um die Temperaturen über 100 °C zu bringen. Im Prinzip hätte Leben, wenn auch vielleicht nur in primitiver Form, existieren können.

Dazu ein Blick auf das in der Tafel 1.6 skizzierte Schema des Kohlendioxid-Kreislaufes auf einem Planeten, der der Erde ähnelt. Der Vulkanismus liefert Kohlendioxid in die Atmosphäre, doch dieses wird durch den Regen wieder auf die Oberfläche gebracht. Der saure Regen greift dort die Silikatgesteine an. Bei dieser Verwitterung wird das Kohlendioxid gebunden. Der Regen sorgt dafür, daß sich der Kohlendioxidgehalt in der Atmosphäre in Grenzen hält und keinen allzu starken Treibhauseffekt hervorruft. Doch auf der Venus wurde in den höchsten Schichten

CO_2
CO_2
Verwitterung
Muschelkalk
Kalkspat

der Atmosphäre das Wasser im Laufe der Zeit durch die starke Sonnenstrahlung in Sauerstoff und Wasserstoff zerlegt. Der Wasserstoff entwich in den Raum. Der Sauerstoff vereinigte sich teilweise mit dem Gestein, teilweise mit den Stoffen, die der Vulkanismus der Venus an die Oberfläche gebracht hat, zum Beispiel mit dem Schwefel. Das Schwefeldioxid durchläuft auf der Venus noch heute verschiedene Reaktionen, bei denen Schwefelsäure ein wichtiges Zwischenprodukt ist. Schließlich wurde das Wasser knapp. Die Verwitterung im sauren Regen hörte auf. Doch der Vulkanismus lieferte weiterhin Kohlendioxid in die Venusatmosphäre, das nun nicht mehr abgebaut wurde. Der Kohlendioxidgehalt stieg an und mit ihm der Treibhauseffekt. Die Venus erhielt ihr heutiges Klima. Wir werden im Kapitel über den roten Planeten sehen, daß sich an dem Bild vom Kreislauf des Kohlendioxids auch das kalte Klima des Mars erklären läßt.

Die Venus scheint durch das *natürliche* Überhandnehmen von Kohlendioxid in ihrer Atmosphäre innerhalb von Jahr*millionen* zur heißen, trockenen Hölle geworden zu sein. Auf der Erde sind wir auf dem besten Wege, das Kohlendioxid in der Atmosphäre innerhalb von Jahr*zehnten künstlich* anzureichern. Nach einer neueren Studie der amerikanischen Weltraumbehörde NASA reicht bereits die seit der Mitte des letzten Jahrhunderts von der Menschheit in die Erdatmosphäre geblasene Menge an Kohlendioxid aus, um in den nächsten 15 Jahren die durchschnittliche Temperatur um ein halbes Grad zu erhöhen. Dieser Anstieg wäre selbst dann zu erwarten, wenn es uns gelänge, ab sofort allen Ausstoß an Kohlendioxid zu unterbinden. Wenn wir weiter fossile Brennstoffe wie Kohle und Erdöl verheizen, entweicht noch mehr Kohlendioxid in die Atmosphäre. Dann müssen vielleicht unsere Nachkommen erfahren, wie sich die Erde durch den Treibhauseffekt erwärmt und sich das irdische Klima langsam dem der Venus zu nähern beginnt.

Tafel 1.6: Der Kreislauf des Kohlendioxids auf einem erdähnlichen Planeten. Das Gas wird durch die Vulkane in die Atmosphäre geblasen, vom Regen heruntergewaschen, bei der Verwitterung wieder im Boden gebunden und wieder den Vulkanen zugeführt. Wenn auf dem Planeten Leben herrscht, dann geht ein Teil des Kohlendioxids, das mit dem Wasser ins Meer gespült wird, über den Kalk von Muscheln in den Boden zurück. Wird dieser Kreislauf dadurch unterbrochen, daß sich der Wasservorrat verringert, dann reichert sich das Kohlendioxid der Atmosphäre an, und der Treibhauseffekt läßt die Temperaturen steigen. Wird der Kreislauf aber unterbrochen, weil der Vulkanismus erlahmt, dann wird alles Kohlendioxid aus dem Boden gewaschen, der Treibhauseffekt verringert sich, und die Atmosphäre kühlt ab.

2. Der Rote Planet

Mars ist unser äußerer Nachbar. Zählt man die Planeten von innen nach außen, steht er an vierter Stelle. Zwar kommt er der Erde niemals so nahe wie unser innerer Anrainer, die Venus, doch ist er viel besser zu beobachten. Zum Unterschied von der Venus steht er nicht nur in der Nachbarschaft der Sonne am Himmel, außerdem verdeckt keine dichte Wolkenhülle seine Oberfläche.

Die Babylonier hielten ihn für heiß – wohl wegen seiner Farbe – und ordneten ihn ihrem Pest- und Totengott zu. Seither hat der Planet auf der Erde eine schlechte Reputation. Die Römer gaben ihm den Namen ihres Kriegsgottes. Das war auch nicht viel besser. Der schlechte Ruf hängt dem Mars auch heute noch an: Tyrannei, Absolutismus, Aufruhr und Brutalität sind einige Symbole, die ihm die Show-Astrologin Elisabeth Teissier zuordnet. Glück hat er auch den Sowjets nicht gebracht, als sie im Jahre 1988 zwei Raumflugkörper zu ihm abschickten.

Die Tragödie der sowjetischen PHOBOS-Mission

Jahre harter Arbeit von Forschergruppen aus dreizehn Ländern waren plötzlich nutzlos geworden, als die Katastrophe hereinbrach. Am glimpflichsten kamen Professor Susan McKenna-Lawlor und ihre Mitarbeiter in Irland davon. Die Iren hatten im letzten Augenblick noch die Strahlungsgürtel des Mars entdecken können, in denen sich – ähnlich wie in den Strahlungsgürteln der Erde – elektrisch geladene Teilchen ansammeln.

Im Juli 1988 hoben im sowjetischen Raumfahrtzentrum Baikonur am Aralsee zwei Raketen ab, die zwei nahezu identische Raumsonden auf den Weg zum Mars schickten: PHOBOS 1 und PHOBOS 2. Mars wird von zwei Monden umkreist, einer heißt Phobos. Ihn sollten die Sonden genauer untersuchen, daher der Name der beiden Raumflugkörper.

Bald sollte sich herausstellen, daß es gut war, zwei Sonden zu schikken und beide möglichst mit gleichen Meßinstrumenten auszustatten, denn im Herbst 1988 ging PHOBOS 1 durch einen dummen Fehler verloren. Während ihres Fluges zum Roten Planeten wurden die Meßgeräte mit Strom versorgt, den ihre Sonnenzellen lieferten. Um genügend Sonnenenergie einzufangen, mußten die mit Zellen ausgelegten Flächen, die sogenannten Sonnenpaddel, auf die Sonne gerichtet sein. Die Zellen füllten dann die Batterien auf, aus denen die Meßgeräte ihren Strom bezogen. Durch einen falschen Befehl an PHOBOS 1 wurde die Orientierung der Sonde so verändert, daß die Zellen kein Sonnenlicht mehr erhielten. Noch ehe man den Fehler beheben und das Aggregat der Sonnenzellen wieder auf die Sonne ausrichten konnte, hatten die Meßinstrumente an Bord die Batterien leergesogen. Ohne Strom konnte die Sonde keine Kommandos von der Erde mehr empfangen und ausführen. PHOBOS 1 war verloren.

Doch noch hatte man die Schwestersonde unter Kontrolle. Auf ihrem Flug sandte sie Meßdaten über elektrisch geladene Teilchen, die von der Sonne ausgestoßen werden, zur Erde. Im Dezember setzte der Sender von PHOBOS 2 aus, und man mußte auf einen Reservesender an Bord umschalten. Am 29. Januar 1989 schwenkte die Sonde in eine Umlaufbahn um den Mars ein. Während der darauffolgenden Wochen umkreiste sie den Planeten, fand die Strahlungsgürtel und näherte sich langsam dem Marsmond Phobos. Am 1. April sollte sie in nur 50 Meter Abstand vorbeifliegen und ein Gerät ausstoßen, das auf Phobos landen sollte. Am 27. März wurde die Sonde, die vorher Bilder von der Marsoberfläche gesendet hatte, auf den Marsmond gedreht, man wollte seine Bahn genauer kennenlernen, um Daten für das Vorbeiflugmanöver zu erhalten. Die Meldung, die Drehung sei ausgeführt, kam noch zur Erde. Das war die letzte Nachricht von PHOBOS 2. Man vermutet, daß entweder der Bordcomputer ausgefallen ist oder der Sender. Welches der beiden Instrumente die jahrelangen Arbeiten von Forschern zunichte machte, wird man wohl niemals erfahren.

Die PHOBOS-Katastrophe ist eines der letzten Ereignisse, mit denen der Rote Planet von sich reden machte. Seine geheimnisumwitterte Welt hat schon immer das Interesse der Menschen geweckt.

Mars in Opposition

Am Himmel beschreibt Mars wie alle Planeten eine komplizierte Bahn. Einmal läuft er im Tierkreis vorwärts, dann wieder zurück. Nachdem Kopernikus die Menschen gelehrt hatte, daß sich die Erde mit den anderen Planeten um die Sonne bewegt, erkannte man, daß wir den Mars von der die Sonne umlaufenden Erde aus betrachten, und daß uns deshalb seine Bahn am Himmel komplizierter erscheint als sie wirklich ist.

In Wahrheit ist sie eine einfache Ellipse. Mars bewegt sich langsamer um die Sonne als die Erde. Hat sie gerade einen Umlauf vollendet, hat er erst etwas mehr als die Hälfte seiner Bahn zurückgelegt. Gehen wir von einem Augenblick aus, zu dem sich die Erde auf einer geraden Linie zwischen Sonne und Mars befindet. Dann sind die beiden Planeten einander besonders nahe. Von da an dauert es etwa 780 Tage, bis sie sich wieder so gegenüberstehen. Man spricht dann von einer *Marsopposition*. Zu dieser Zeit haben die Marsbeobachter auf der Erde immer Hochsaison, denn dann kann man hoffen, im Fernrohr mehr als sonst von den Einzelheiten auf der Marsscheibe zu erkennen.

Die Bahnellipse des Mars weicht beträchtlich von einem Kreis ab. Die Bahnen von Erde und Mars haben deshalb nicht immer den gleichen Abstand voneinander. Nicht alle Marsoppositionen sind daher gleich gut. Nur etwa alle 15 Jahre findet dort eine statt, wo sich die beiden Bahnen nahe kommen. Am 28. September 1988 waren Erde und Mars in einer besonders günstigen Opposition. Dabei kamen sie einander bis auf 57 Millionen Kilometer nahe. Sie können sich im günstigsten Fall bis auf 55 Millionen Kilometer einander nähern. Sie können aber auch bei ungünstigen Oppositionen in nahezu der doppelten Entfernung voneinander bleiben.

Flecken und Kanäle

Im Jahre 1610 bemerkte Galilei, daß Mars im Fernrohr nicht als Punkt erscheint, sondern als kleine Scheibe. Er erkannte auf ihr noch keine Details. Erst als man bessere Teleskope zum Mars richtete, sah man die ersten Flecken. Man glaubte auch zu erkennen, daß die Farbe der Flecken im Laufe eines Marsjahres wechselt. Dann fielen die weißen Polkappen auf, die im Rhythmus der Mars-Jahreszeiten wachsen und schrumpfen.

Tafel 2.1: Marskanäle, wie sie der Astronom Schiaparelli zu sehen glaubte, ziehen sich geradlinig, oft parallel zueinander, über die Planetenscheibe (Remeis-Sternwarte Bamberg).

IX

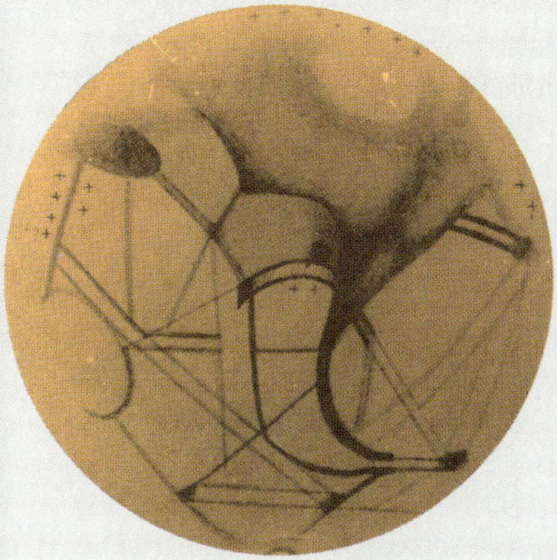

1890 Giugno 25 ω = 270°

XI

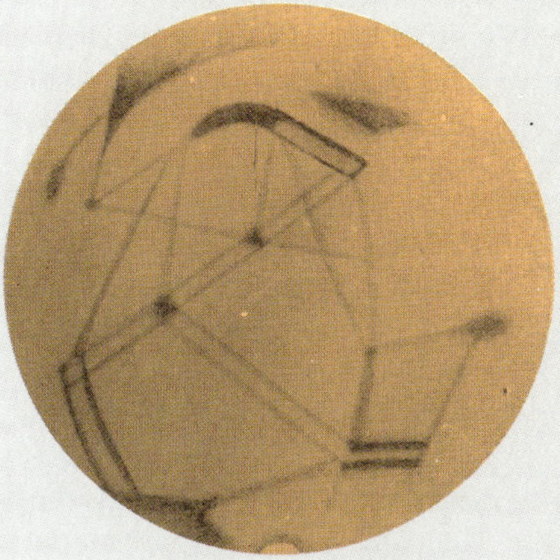

1890 Luglio 9 ω = 150°

X

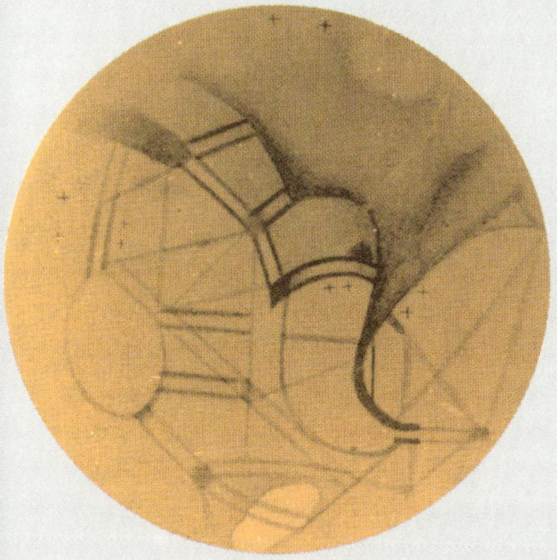

1890 Giugno 26 ω = 260°

XII

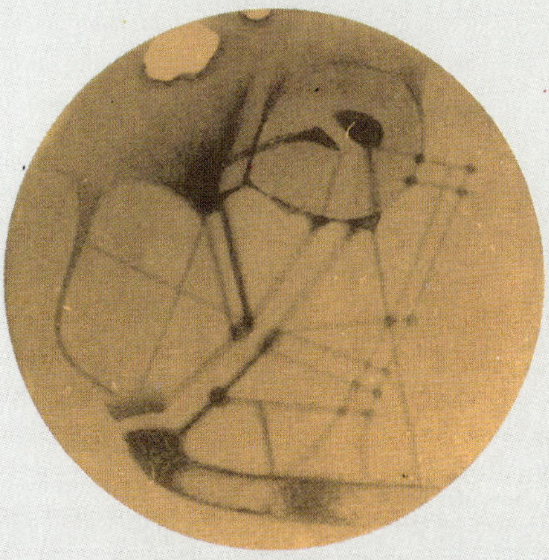

1890 Luglio 15 ω = 70°

Eis und Schnee an den Polen, Schneeschmelze im Frühling, bisweilen auch grünliche Gebiete, vielleicht Vegetation, die im Laufe der Jahreszeiten ihr Aussehen ändert: das erscheint uns vertraut. Schließlich entdeckte man auch noch Sandstürme, die über die Marslandschaft hinwegfegen. Bald stellte sich heraus, daß die dunklen Flecken allerdings keine Meere sein können, denn bei Marsoppositionen hätte man das von der Wasseroberfläche gespiegelte Licht der Sonne bemerken müssen.

Im 18. Jahrhundert hatte man am Kommen und Gehen verschiedener Flecken erkannt, daß der Mars rotiert. Ein Marstag ist nur 40 Minuten länger als ein Tag auf der Erde. Da der Mars infolge seiner Rotation einem Beobachter im Laufe der Zeit alle seine Seiten zuwendet, konnte man frühzeitig mit dem Entwurf einer Marskarte beginnen. Bei diesem Unterfangen glaubte im Jahre 1877 Giovanni Schiaparelli, der Direktor der Sternwarte von Mailand, zarte, feine Linien zu erkennen, die sich von den dunklen Flecken über die hellen Bereiche hinziehen. Einige von Schiaparellis Originalzeichnungen sind in Tafel 2.1 wiedergegeben. Er nannte die Gebilde »canali«, was sowohl einen mit Wasser gefüllten Kanal, wie auch eine Rille bedeuten kann. Das war die Geburt der Marskanäle, die von nun an die menschliche Phantasie beflügelten.

Sie müssen künstlich geschaffen worden sein, meinte man, denn solche geometrisch regelmäßigen Gebilde können kaum von selbst in der Natur entstehen. Sollten am Mars vielleicht intelligente Lebewesen auf ihrem mit Wasser nicht gerade gesegneten Planeten durch ein großartig angelegtes Kanalisationssystem die Wüsten bewässern? Versuchten etwa die Marsbewohner das anscheinend an den abschmelzenden Polkappen frei werdende Wasser über die Planetenoberfläche zu verteilen?

Waren die Berufsastronomen relativ zurückhaltend, so bewegte der Gedanke an Marsmenschen die Laien um so mehr. Der Astronom Percival Lowell, der einer Familie reicher Geschäftsleute aus Boston entstammte, zog sich den Unwillen vieler Fachkollegen in Amerika zu, als er mit großem Geschick und mit Erfolg seine phantasievollen Ansichten über intelligente Lebewesen auf dem Mars verbreitete. Er gründete eigens eine Sternwarte zum Studium der Planeten. Das Observatorium, das er im Jahre 1894 in Flagstaff/Arizona baute, ist schließlich doch noch eine angesehene Sternwarte geworden. An ihr wurden später viele wichtige Entdeckungen gemacht, nicht nur solche, die sich auf das Planetensystem beziehen. Am Lowell-Observatorium wurde im Jahre 1930 auch der Planet Pluto entdeckt.

Je mehr Beobachter aber nach den Marskanälen Ausschau hielten, um so widersprüchlicher wurden die Ergebnisse. Lowell sah sie extrem dünn. Sein Assistent hatte bei ihm einen schweren Stand, denn ihm erschienen die Marskanäle viel breiter. Andere Beobachter konnten beim besten Willen nichts bemerken, was nach Kanälen aussah. Die ersten Zweifel an ihrer Realität kamen auf, als sich herausstellte, daß man bei besserer Sicht weniger von den Kanälen erkennen konnte. Je mehr Details in den immer besser werdenden Teleskopen auf der Marsscheibe sichtbar wurden, um so weniger sah man von den Kanälen. Von der Erde aus aufgenommene Marsbilder zeigten niemals welche. So kamen die Marskanäle in den zwanziger Jahren dieses Jahrhunderts aus der Mode.

Doch Fotos von Planeten leiden darunter, daß infolge der Unruhe der irdischen Luft das Bild auf den Fotoplatten sich unregelmäßig bewegt. Die Kreisscheibe des Planetenbildes wackelt und bekommt Beulen, die Einbuchtungen Platz machen. Das Auge kann dem wogenden und schwankenden Fleck folgen und in einem kurzzeitig ruhenden Bild rasch Einzelheiten registrieren. Auf der längere Zeit belichteten Fotoplatte dagegen erhält man nur ein verwaschenes Bild. Von der Erde aus aufgenommene Fotografien waren sicher nicht das geeignete Mittel, dem Glauben an die Marsbewohner endgültig den Todesstoß zu versetzen. Erst im Zeitalter der Raumfahrt lernte man, daß die Kanäle eine optische Täuschung sind.

Radiobotschaften von den Marsbewohnern?

Die Marsbewohner haben in der Vergangenheit oft bei Marsoppositionen die Gemüter erregt. Während man heute von den Detailbildern verwöhnt ist, die von Raumsonden aus der Nähe, wenn nicht gar vom Marsboden aus, aufgenommen worden sind, so war in der Vergangenheit eine Opposition die einzige Gelegenheit, mehr über den geheimnisvollen Roten Planeten zu erfahren. Nachdem Schiaparelli auf die angeblichen Marskanäle aufmerksam gemacht hatte, wurde das Jahr 1892 mit besonderer Spannung erwartet. Der große amerikanische Erfinder Thomas Alva Edison, dem wir unter anderem den Phonographen und damit den Plattenspieler verdanken, vernahm während dieser günstigen Opposition merkwürdige Geräusche in über weite Strecken reichenden Telefonleitungen, die er sich nicht erklären konnte. Sollte das Magnetfeld der Erde, das weit in den Raum hinausreicht, Schallsignale vom Mars zur Erde herableiten? Belauschte Edison die Gespräche der Marsbewohner? Das war kurz bevor es dem Italiener

Guglielmo Marconi gelang, den ersten Radiokontakt zwischen zwei Stationen auf der Erde herzustellen. Auch er nahm bei seinen Rundfunkübertragungen Geräusche wahr, die seiner Ansicht nach möglicherweise aus dem Weltall kommen könnten. Einmal hörte er sogar deutlich das Morsezeichen für den Buchstaben V. Es schien, als wäre man nahe daran, mit den Marsmenschen Kontakt aufzunehmen. Davon beflügelt, stiftete Clara Guguet, eine reiche französische Witwe, einen Preis von 100000 Franc für denjenigen, dem die erste Radioverbindung mit einem anderen Planeten als Mars gelingt. Der Kontakt zu Mars schien ihr zu einfach und daher nicht preiswürdig zu sein.

Während der nächsten Opposition schlug ein Physiker vor, in einer Wüstengegend eine große Anzahl von horizontalen, drehbar gelagerten Walzen aufzustellen, die zur Hälfte weiß, zur Hälfte schwarz gestrichen waren. Man konnte einmal alle weißen Hälften nach oben drehen, einmal alle schwarzen, um in einer Art Morsecode zum Mars zu signalisieren: weiß, schwarz, schwarz, Pause, schwarz .... In einer Zeitschrift wurde aber auch vorgeschlagen, daß 5000 Männer mit Rasierspiegeln im Abstand von jeweils drei Metern irgendwo in den weiten Ebenen von Texas das Sonnenlicht im Rhythmus von Morsezeichen zum Mars spiegeln sollten.

Als im August des Jahres 1924 Mars der Erde näher kam als jeweils sonst während der letzten Jahrtausende, da glaubte man auch auf mehreren Funkstationen der amerikanischen Marine Signale wahrzunehmen. Doch selbst der für das Entziffern verschlüsselter Nachrichten zuständige Experte der Armee, William Friedman, konnte aus den Signalen keinen Sinn herauslesen. Übrigens, Friedman wurde doch noch berühmt, aber nicht, weil er kurz vor dem Zweiten Weltkrieg den Code der Marsmenschen, wohl aber den des japanischen diplomatischen Funkverkehrs knackte. Einem Mr. Mansfield Robinson gebührt die Ehre, die erste Funkbotschaft zum Mars geschickt zu haben. Er ging in London auf das Telegrafenamt und gab den Auftrag, bei der Opposition am 27. Oktober 1926 bei einer Wellenlänge von 18240 Metern eine von ihm selbst verschlüsselte Nachricht auszusenden. Er glaubte zu wissen, daß die Marsbewohner seinen Code verstehen würden. Das

Tafel 2.2: Die Oberfläche des Mars, von einer VIKING-Sonde aus einer Umlaufbahn aufgenommen, zeigt erloschene Vulkane, Einschlagskrater, Wüstenflecken und Cañons. Im unteren Teil der lange Graben des Valle Marineris (Aufnahme JPL/NASA).

Telegrafenamt setzte für jedes Wort 18 Pennies in Rechnung. Das war die Gebühr für Auslandstelegramme.

Was auch immer die Funkstörungen waren, die Edison, Marconi und andere wahrgenommen hatten, von den Marsmenschen stammten sie jedenfalls nicht.

Mars, von der Nähe aus gesehen

Daß es die Marskanäle nicht wirklich gibt, erfuhr man erst mit Sicherheit im Juli 1965. Damals flog die amerikanische Sonde MARINER 4 in etwa 10000 Kilometer Abstand am Mars vorüber und funkte 22 Bilder von seiner Oberfläche zur Erde. Es waren die ersten Nahaufnahmen von einem fremden Planeten. Bereits Bild Nr. 1 zeigte eine Gegend, die eigentlich vom Marskanal Hades durchschnitten werden sollte. Doch davon war keine Spur zu erkennen. Das nächste Bild zeigte Krater und Rillen, wie wir sie von der Mondoberfläche kennen.

Vier Jahre später näherten sich die amerikanischen Sonden MARINER 6 und 7 dem Mars auf nur 3200 Kilometer und sandten Bilder. Der Höhepunkt der Marsforschung aber kam 1976, als die amerikanischen Sonden VIKING 1 und 2 nach zehnmonatigem Flug sanft auf dem Planeten landeten. Gleichzeitig untersuchten und kartographierten ihre Mutterfahrzeuge von Umlaufbahnen aus den Planeten.

Den VIKING-Sonden verdanken wir viele neue Informationen über den Mars. Die Polkappen, deren Wachsen und Schrumpfen man schon von der Erde aus bemerkt hatte, waren reich an Details. Die Bilder aus den Umlaufbahnen gaben die erste detaillierte Marskarte. Die nördliche Halbkugel des Planeten ist von Lava überflutet. Anscheinend sind nahezu alle Meteorkrater von ihr aufgefüllt worden. Im Süden sieht man riesige Einschlagsbecken wie Hellas, Argyre und Isidis. Es gibt zahlreiche kleinere Vulkankegel, in deren unmittelbarer Nachbarschaft kaum Krater zu sehen sind. Wahrscheinlich wurden sie von der ausströmenden Lava überschwemmt. Am Krater Yuti sieht man, wie bei einem Meteoreinschlag die Lava herausgeschwappt ist, ehe sie erstarrte.

Von den Bodenformen fällt vor allem der Berg Olympus auf. Mit seiner Höhe von 30000 Metern über dem mittleren Niveau der Marsoberfläche ist dieser erloschene Vulkan der höchste Berg im Sonnensystem, ein mächtiger Dreißigtausender.

Die Marsoberfläche zeigt aber auch breite Gräben. Der auffallendste ist der Cañon des Valle Marineris, das sich auf der Tafel 2.2 unten an der Grenze von Hell und Dunkel horizontal erstreckt. Man könnte denken, daß man hier nun endlich einen Marskanal gefunden hat, doch dieser gigantische Graben hat nichts mit den Kanälen zu tun.

Das verschwundene Wasser

Es scheint, daß früher auf dem Mars viel Wasser geflossen ist. Die künstlichen amerikanischen Marsmonde entdeckten die »Flüsse des Mars«. Wie irdische Flüsse winden sie sich durch die Landschaft. Kleinere münden in größere und fließen um stromlinienförmige Inseln.

Im Vergleich zu irdischen Flüssen fehlt ihnen eigentlich nur eines: die Flüssigkeit. Sie sind ausgetrocknete Flußbetten. Was ist da in der Vergangenheit geflossen: Wasser oder vielleicht Lava?

Vieles spricht dafür, daß es Wasser war. Dazu ein Ausflug in die Geschichte des Mars. Seine Vulkane und Einschlagskrater geben uns die Möglichkeit, etwas darüber zu erfahren. Denn aus neu entstandenen Vulkanen floß Lava und deckte ältere Krater halb zu. So lernte man, Formationen ihrem Alter nach zu ordnen. Wenn eine Fläche erst kürzlich von Lava überschwemmt worden ist, ist sie noch glatt und zeigt keine Einschlagskrater. Von Jahrmillion zu Jahrmillion fallen aber immer mehr Meteoriten ein und verunstalten die Fläche. Deshalb kann man abschätzen, vor wie langer Zeit ein Lavaausfluß stattfand. Ähnlich der Erdgeschichte konnte man so die Geschichte der Marsoberfläche in verschiedene Perioden einteilen: vor 400 Millionen Jahren war das späte Amazonium, das mittlere war noch einmal eine Milliarde Jahre früher. Das geht bis ins Noachium vor 4½ Milliarden Jahren. Doch zurück zum Wasser des Mars.

Man weiß, wieviel Lava die Vulkane zu bestimmten Zeiten ausgeworfen haben, sie liegt ja noch am Marsboden herum. Von der Erde her weiß man, daß mit Lava auch Wasserdampf aus einem Planetenkörper kommt, und man kann abschätzen, wieviel davon früher aus den Vulkanen in die Marsatmosphäre gelangt sein muß. Wäre heute alles Wasser noch da, man könnte den Mars in eine 40 Meter dicke Wasserschicht hüllen! Das meiste Wasser trat zur Zeit der größten vulkanischen Aktivität des Planeten aus, zur Zeit des Hespaniums, vor 3½ Milliarden Jahren. Doch es ist verschwunden. Würde man heute alles Wasser aus der Marsatmosphäre nehmen und gleichmäßig verteilen, man könnte den Planeten nur mit einer hauchdünnen Schicht benetzen. Wo ist das Wasser des Mars geblieben?

Die dünne Luft des Roten Planeten

Doch nicht nur eine rätselhafte und inzwischen verschwundene Flüssigkeit hat dem Marsboden ihre Spuren aufgeprägt. Daß Mars eine Atmosphäre besitzt, weiß man seit langem. Gelegentlich verschleiern Sandstürme weite Flächen der Marsscheibe. Auch die Atmosphäre veränderte die Marslandschaft. Das erfuhr man durch die VIKING-Sonden. Weite Sandflächen zeigen Dünenstrukturen, in deren Formen man manchmal erkennt, daß die im Wind fliegenden Sandkörner gelegentlich einen Krater vollständig zugeweht haben.

Man beobachtet auch dunkle Streifen, die sich geradlinig durch die Landschaft ziehen. Unbeeinflußt von geologischen Formen gehen sie über Ebenen, Gräben oder Bergrücken. Man glaubt, daß sie die Spuren von Wirbelwinden sind, so wie man sie in den Wüsten der Erde beobachtet.

Die Atmosphäre des Mars ist dünn. Der Luftdruck auf dem Marsboden entspricht dem der Erdatmosphäre in der vierfachen Höhe des Mt. Everest. Kohlendioxid ist der Hauptbestandteil der Luft des Mars. Dann folgen Stickstoff und das Edelgas Argon. Sauerstoff ist nur in Spuren vorhanden.

Die Landefähren der beiden VIKING-Sonden sind im Abstand von mehreren tausend Kilometern voneinander sanft gelandet und haben Bilder von der Marsoberfläche zur Erde gefunkt. Wie die Aufnahme der Tafel 2.3 zeigen sie Wüstenlandschaften mit im Sand liegenden Steinbrocken, auf die sich im Marswinter oft eine dünne Rauhreifschicht legt. Als die Sonden auf der Nordhalbkugel des Mars niedergingen, herrschte dort Sommer. Die Mittagstemperaturen lagen bei –30 °C. Im Winter zeigen die Thermometer um die –140 °C an. Da kann es kein Wasser in flüssigem Zustand geben.

War Mars früher wohnlicher?

So kalt war es wohl nicht immer. Die Flüsse legen nahe, daß die mittlere Temperatur am Mars früher einmal über dem Schmelzpunkt des Wassers gelegen haben muß. Das wäre möglich, wenn die Kohlendioxid-Atmosphäre damals dichter war. Kohlendioxid hält die von der Sonne auf einen Planeten fallende Energie zurück. Deshalb ist die mittlere Temperatur auf der Erde glücklicherweise nicht –18 °C, sondern – dank des Kohlendioxids in unserer Luft – bei erträglichen Werten. Wir fürch-

Tafel 2.3: Winterliche Marslandschaft. Die Sonde VIKING 2 nahm die Umgebung ihres Landeplatzes auf. Zwischen den Steinen erkennt man eine dünne Rauhreifschicht, die im Winter für etwa 100 Tage liegenbleibt (Aufnahme JPL/NASA).

ten aber auch, daß der Kohlendioxidgehalt der Luft durch die Dünste der menschlichen Zivilisation weiter anwächst. Dann wird es auf der Erde heiß werden. Denken wir doch an die Venus. Wegen ihrer Kohlendioxid-Atmosphäre herrschen dort Temperaturen, bei denen Blei schmelzen würde. Auf dem Mars ist heute der Treibhauseffekt unbedeutend. Die dünne Kohlendioxid-Atmosphäre erhöht die mittlere Temperatur heute nur um 5 °C.

Gehen wir noch einmal zurück zum Schema des Kohlendioxid-Kreislaufes auf einem Planeten, wie wir es schon in der Tafel 1.6 gesehen haben. Vielleicht hat in der Vergangenheit eine dichte Kohlendioxid-Atmosphäre den Mars warm und feucht gehalten. Wahrscheinlich haben die Vulkane des Mars mit dem Wasserdampf auch genügend Kohlendioxid in die Atmosphäre geblasen. Später aber, als der Vulkanismus nachließ, wurde das Kohlendioxid durch den Regen auf die Oberfläche gebracht und bei der Verwitterung des Marsgesteins aufgebraucht. Ohne Nachschub aus dem Planeteninneren verschwand nahezu die gesamte Kohlendioxid-Atmosphäre des Mars. Mit dem Ende des Treibhauseffektes sanken die Temperaturen rasch ab. Alles Wasser gefror. Heute ist es wahrscheinlich tief im Marsboden als ewiges Eis verborgen.

So dünn die Marsatmosphäre auch ist, in ihr bilden sich Wolken. Oft bestehen sie aus Kristallen gefrorenen Kohlendioxids. Stürme von 200 km/h wirbeln Sandkörner hoch. Solche Orkane entstehen vor allem auf der Südhalbkugel des Planeten, wenn er sich in der Nähe des sonnennächsten Punktes seiner Bahn befindet. Die Landefähre von VIKING 1 hat solch einen Sandsturm erlebt und Bilder desselben Geröllfeldes vorher, während des Sturmes und danach aufgenommen. Allzuviel Schaden scheint der Orkan nicht angerichtet zu haben.

Die hohen Marsberge sind dem Sturm ein Hindernis. Dunkle Streifen, die sich wie von den Berggipfeln ausgehende Fahnen über den Marsboden ziehen, zeugen von Luftwirbeln, die sich an der Leeseite der Berge gebildet, den Sand weggeblasen und den eigentlichen dunklen Marsboden freigelegt haben.

Leben auf dem Mars?

Haben Luft, wenn auch heute für Menschen tödlich, und Wasser, wenn auch heute nur in Spuren vorhanden, früher einmal Leben auf dem Mars ermöglicht?

Am 29. Juli 1976 stand die Landefähre von VIKING 1 schon acht Tage auf dem Marsboden, die ersten Farbbilder waren bereits übermittelt. Da bewegte sich ein Greifarm aus dem Gerät heraus und tastete vorsichtig in das Geröll. Das war der Beginn der von den VIKING-Landefähren auf dem Mars ausgeführten Experimente. Dem Marsboden wurde die erste Probe entnommen und im Innern der Sonde chemisch und physikalisch untersucht. Sie enthielt Stoffe, wie wir sie vom Erdboden kennen, hauptsächlich Silizium. Anders als auf der Erde gibt es im Marsgestein relativ viel Eisen. Irgend etwas muß bei der Geburt des Mars anders abgelaufen sein als bei der Erde. Wir glauben, daß bei uns nahezu alles Eisen am Anfang zum Zentrum unseres Planeten abgesunken ist, so daß die Erde heute einen Kern aus Nickel und Eisen besitzt. Bei Mars scheint das Eisen mehr an der Oberfläche geblieben zu sein. Dem Eisenrost verdankt der Mars seine rötliche Farbe.

Die dem Marsboden entnommenen Proben wurden nicht nur auf ihre geologische Bedeutung hin untersucht. Das brennendere und natürlich viel publikumswirksamere Problem war die Frage nach möglichem Leben auf dem Mars. Doch wie soll ein im Geröllfeld zwischen den Dünen herumstehender Roboter auf dem Mars Leben erkennen? Auf den direkt von den Sonden übermittelten Landschaftsbildern waren keine Spuren davon zu erkennen. Auch zeugten keine Überreste von Bauwerken von einer vergangenen Kultur. Sollten zumindest Spuren primitiven Lebens vorhanden sein, Einzeller, Bakterien, Viren?

Man suchte in den aufgesammelten Bodenstoffen nach einer Lebensform, die der irdischen ähnlich ist. Das heißt, man suchte nach Leben, das auf der Basis der chemischen Verbindungen des Elements Kohlenstoff beruht. Es gibt gute Gründe dafür, daß diese Verbindungen die beste Möglichkeit zur Entwicklung organisierter, sich selbst vermehrender Strukturen bieten. Solches Leben sollte wie unsere Pflanzen Kohlendioxid aus der Luft aufnehmen und atmen, also die umgebende Atmosphäre mit Stoffen anreichern, die vorher noch nicht in ihr waren. Oder es sollte Nahrung aufnehmen und andere Stoffe ausscheiden. Man kennzeichnete daher die in Prüfkammern den eventuellen Marsmikroben zugeführten Stoffe, indem man ihnen statt gewöhnlichen Kohlenstoff eine radioaktive Kohlenstoffsorte, den Kohlenstoff 14, unterschob. Aber die Marsmikroben rührten weder die ihnen dargebotene Kohlendioxid-Atemluft an, noch verzehrten sie sonst irgendwelche ihnen vor die Nase gesetzten Leckerbissen.

Man hat aber nur an zwei Stellen nach Leben gefahndet. Vielleicht wäre ein ausgetrocknetes Flußbett ergiebiger und würde zumindest

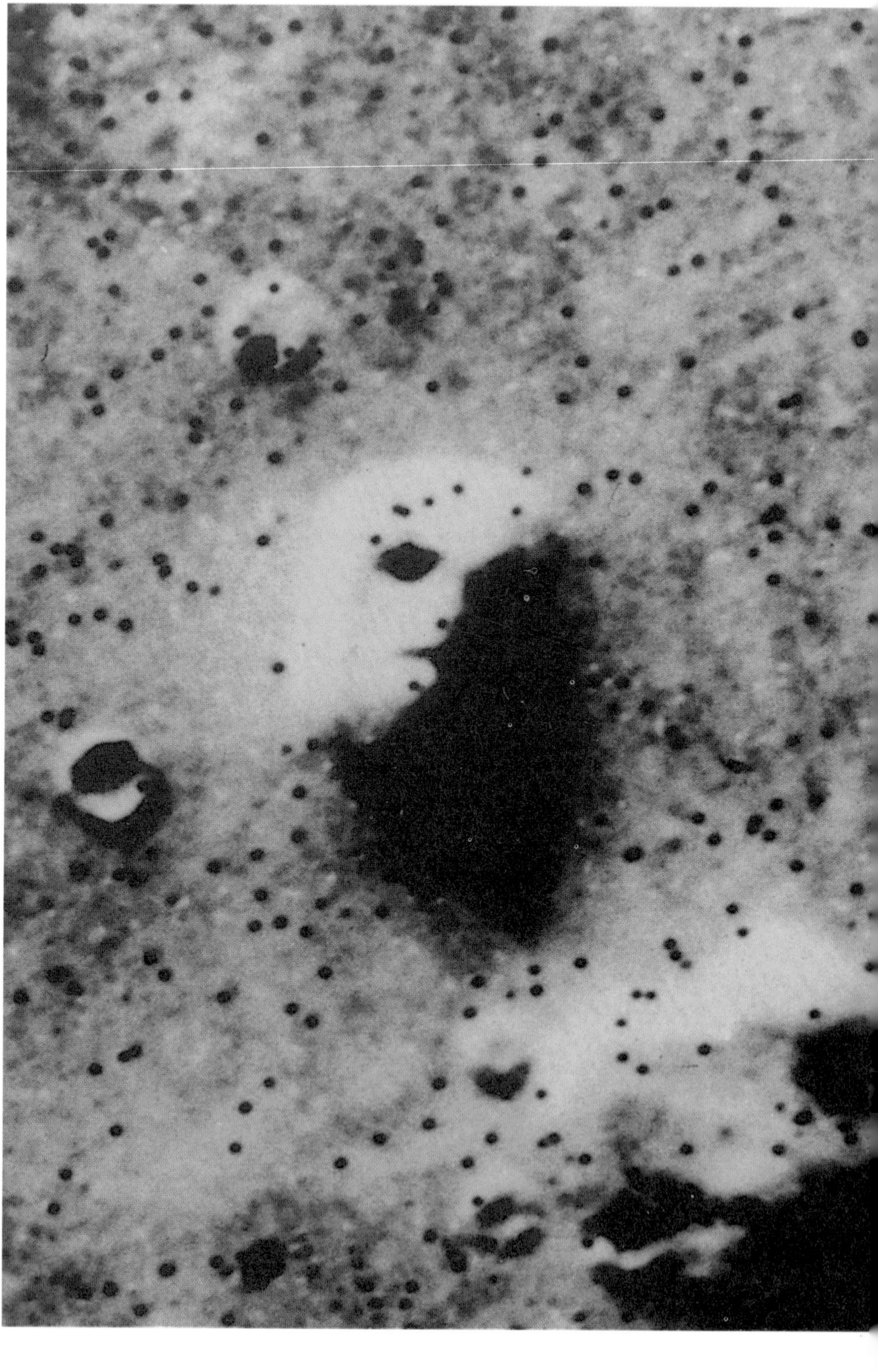

Spuren vergangenen Lebens zeigen. Zum Nachweis müßte man sich allerdings neue Tests ausdenken. Bis jetzt haben wir noch nicht den leisesten Hinweis auf Leben auf dem Mars erhalten.

Daran ändert auch der Hügel nichts, der im Bild der Tafel 2.4 die Form eines menschlichen Gesichtes zeigt. Hier handelt es sich um eine bei geeignetem Sonnenstand zufällig an ein menschliches Gesicht erinnernde Form. Wir kennen auf der Erde viele solche zufälligen Formen. Als ich vor einigen Jahren auf Hawaii die Straße zum Sonnenobservatorium auf dem Mauna Loa hochfuhr, zeigte mir ein amerikanischer Kollege in der erstarrten Lava sowohl eine wie von einem Künstler geschaffene Plastik einer Schildkröte wie auch das Gesicht von Charles de Gaulle. Unter den vielen Formen, die uns die Natur zeigt, gibt es immer welche, die aussehen, als wären sie von Menschen geschaffen. Das Marsgesicht haben Autoren in den USA und in der Bundesrepublik ausgeschlachtet, um in Bestsellern zu verbreiten, daß dort früher menschenähnliche Wesen gelebt und sogar vom Mars aus die Erde besiedelt haben. Ich enthalte mich eines Kommentars. In jüngster Zeit hat man ein zweites Gesicht am Mars gefunden. Das ist nicht weiter verwunderlich. Wenn man danach Ausschau hält und Tausende von Formationen der Marslandschaft prüft, glaubt man natürlich immer wieder Gesichter zu entdecken. Man denke nur an den Formenreichtum unserer Wolken. Oft zeigt eine Wolke eine Form, die man mit etwas Phantasie als ein menschliches Gesicht deuten kann. Das erste Marsgesicht mußte auch für eine Serie in einer deutschen Rundfunk- und Fernsehzeitschrift herhalten, deren Autor uns von den Marsbewohnern abstammen ließ. Nun hat er das zweite Gesicht.

Acht Steine vom Roten Planeten

In den Bildern aus der Welt des Mars blicken wir in eine uns vorläufig unerreichbare Welt. Wird ein Mensch jemals einen Stein vom Mars aufheben? Wahrscheinlich muß man dazu gar nicht erst zum Mars reisen. Auf der Erde hat man bis heute acht Steine gefunden, die im Verdacht stehen, vom Mars gekommen zu sein – ohne einen Pfennig Transportkosten.

Tafel 2.4: Das »Gesicht am Mars«, eine zufällige Landschaftsform, die an ein menschliches Gesicht erinnert (Aufnahme JPL/NASA).

Wenn Meteoriten aus dem Weltall auf einen Planeten oder einen Mond einschlagen, spritzt Materie nach oben. Ist die Geschwindigkeit der ausgeschleuderten Brocken hinreichend groß – bei Mars müssen es fünf Kilometer pro Sekunde sein – dann fallen sie nicht mehr zurück. Marsmaterie kann so durch Meteoriteneinschlag in den Raum geschleudert werden.

Es kann dann geschehen, daß gelegentlich solch ein ausgeworfener Marsstein von der Erde aufgesammelt wird. Von den etwa 10000 Meteoriten, die man auf der Erde gefunden hat, unterscheiden sich acht chemisch von der Erd- und Mondmaterie. Noch mehr aber unterscheiden sie sich von den anderen Meteoriten. Die in ihnen eingeschlossenen Gase haben die gleichen chemischen Bestandteile wie sie die VIKING-Sonden auch in der Marsatmosphäre gefunden haben. Wir haben also mit großer Wahrscheinlichkeit auf der Erde acht Steine, die vom Mars gekommen sind.

Mars wird von zwei Monden umkreist. Man kennt sie seit dem letzten Jahrhundert. Phobos ist keine Kugel. Mit etwa 20 mal 27 Kilometern im Durchmesser ist er unregelmäßig geformt wie eine Kartoffel. In knapp acht Stunden umkreist er den Roten Planeten, etwa dreimal so rasch wie Mars für eine Umdrehung benötigt. Während für einen Beobachter am Mars die Sonne wie bei uns im Osten auf und im Westen untergeht, so geht Phobos im Westen auf und bewegt sich nach Osten. Die VIKING-Sonden haben uns seine pockennarbige, von Einschlagskratern verunstaltete, aber auch von rätselhaften Schrammen zerfurchte Oberfläche gezeigt. Nach der gescheiterten sowjetischen PHOBOS-Mission werden die Furchen auch weiter ein Rätsel bleiben. Der Marsmond Deimos kreist wesentlich langsamer um den Planeten. Er ist kleiner und zeigt gleichfalls Einschlagskrater.

Die Reisen zum Mars

Von Zeit zu Zeit liest man, in der Sowjetunion würde man sich auch auf eine bemannte Mission zum Mars vorbereiten. Die nächstbeste Gelegenheit dazu wäre im Jahre 2003. Bis dahin haben die Sowjets Zeit, ihre Experimente weiterzuführen, bei denen Menschen möglichst lange Zeit in einem Raumschiff leben – vielleicht Vorübungen für die lange Fahrt zum Mars.

Das stärkt in den USA die Position derer, die sich für einen bemannten US-Flug zum Mars einsetzen. Die Lobby schätzt die Kosten auf

17 Milliarden US-Dollar. Doch sind 50 bis 60 Milliarden wahrscheinlich realistischer.

Tatsächlich müßte man mit einem Gesamtgewicht von etwa 900 Tonnen starten, wenn man Leute samt Lebensmittel und Treibstoff aussenden und der Besatzung die Rückkehr ermöglichen wollte. Mit dieser Last wird in absehbarer Zeit keine Rakete von der Erde abheben können. Selbst die große SATURN V, mit der die APOLLO-Astronauten zum Mond gebracht wurden, schafft nur ein Achtel des Gewichts, das SPACE SHUTTLE gar nur ein Dreißigstel. Man müßte die Lasten erst in Raten zu einer Raumstation schaffen und sie dort zusammensetzen.

Optimisten glauben, daß man in den Jahren zwischen 2010 und 2020 die erste ständig besetzte Station auf dem Mars unterhalten wird. Man hofft, schon vorher Stützpunkte auf den beiden Marsmonden errichten zu können. Es gibt bereits eingehende Studien, wie man die Expeditionsteilnehmer mit dem, was man auf dem Mars findet, am Leben erhalten kann. Mars würde es den Besuchern von der Erde nicht gerade leichtmachen. Wie sollten sie ohne Wasser leben? Wie sollten sie in der Kohlendioxid-Atmosphäre atmen?

Doch im Sonnenschein des nahezu wolkenlosen Marsklimas können in der Kohlendioxid-Atmosphäre Pflanzen gedeihen und Sauerstoff abgeben. Man könnte vielleicht Treibhäuser bauen, die Nahrung und Sauerstoff an die Expeditionsteilnehmer liefern. Für solch ein sich selbst erhaltendes System wäre allerdings Wasser notwendig. Man hofft es im Eis des Marsbodens zu finden.

Sicher wird man nicht auf bemannte Expeditionen warten, um die Rätsel des Mars zu lösen. In der Vergangenheit haben unbemannte Sonden viel mehr wissenschaftliche Ergebnisse über das Weltall geliefert als etwa die Landungen der amerikanischen Astronauten auf dem Mond. Den havarierten PHOBOS-Sonden werden weitere folgen. Einige werden erfolgreich sein.

3. Aus dem Logbuch der VOYAGER-Sonden

Es ist nicht leicht, einen Körper so rasch hochzuwerfen, daß er nicht mehr herunterfällt. Das tapfere Schneiderlein im Märchen hat das auch nur mit einem faulen Trick geschafft. Wem gelingt es schon, einem Geschoß eine Anfangsgeschwindigkeit von 11,2 km/s zu erteilen, etwa so, wie es in Jules Vernes »Reise zum Mond« die Techniker des amerikanischen Gun-Klubs fertigbrachten (vgl. Abb. 3.1). Natürlich überlebten die Insassen des Geschosses den Abschuß, sonst wäre der Roman schnell zu Ende gewesen. Unsere Raketen, die wir auf Umlaufbahnen schicken, erreichen diese Geschwindigkeit erst im Laufe ihres Fluges.

Will man Geräte nicht nur von der Erde weg, sondern sogar in die äußersten Bereiche unseres Sonnensystems entsenden, muß die Sonde nicht nur gegen die Schwerkraft der Erde, sondern auch gegen die der Sonne ankämpfen. Wer Sonden zu den äußeren Planeten schicken will, braucht zusätzlichen Treibstoff. Der wiederum bedeutet mehr Gewicht und noch mehr Treibstoff beim Start. Es gelang trotzdem, eine Sonde nicht nur bis zu dem im Augenblick äußersten Planeten unseres Sonnensystems, dem Neptun, zu schicken, die ihn in verhältnismäßig kurzer Reisezeit erreichte. Sie hatte sogar noch Schwung genug, um die Reise in die Welt der Fixsterne antreten zu können. Das verdanken wir einem genialen Trick, einer Meisterleistung der Himmelsmechanik. Man hat das *kosmische Billardspiel* erfunden, bei dem von der Erde ausgeschickte Körper in den Schwerefeldern der Planeten abgelenkt werden.

Die Sonde VOYAGER 2 wurde von der Erde aus zum Jupiter geschossen, von diesem Planeten zum Saturn geschleudert, der ihr den Schwung gab, mit dem sie den Uranus erreichte, in dessen Schwerefeld sie *die* Energie erhielt, die sie nach einer zwölfjährigen Odyssee in nur 5000 Kilometer Abstand an Neptun vorbeischießen ließ. Von der Begegnung mit Jupiter ab diente der kostbare Treibstoff nur noch für Kurskorrekturen. Die Energie, die die Sonde brauchte, um sich gegen die Anziehung der Sonne nach außen zu bewegen, stammte aus der Energie der Planeten, an denen sie vorbeikam.

Hat die Menschheit bisher vornehmlich Energie von der Sonne bezogen – wenn man von einigen Versuchen absieht, über Gezeitenkraftwerke die Rotationsenergie der Erde anzuzapfen – und hat sie nunmehr Energie aus dem Inneren der Atomkerne zur Verfügung, so beziehen heute Raumsonden ihre Bewegungsenergie auch aus der Bewegung der Planeten. Es klingt wie in einem Science-fiction-Roman.

Raumflugkörper auf Schleuderkurs

1966 erschien in der Zeitschrift »Astronautica Acta« die Arbeit eines bis dahin recht unbekannten Astronomen, Gary A. Flandro. Sie handelte von der Möglichkeit, die äußeren Planeten in verhältnismäßig kurzer Zeit zu erreichen – mit Hilfe der Schwerkraft des Planeten Jupiter.

Um zu zeigen, wie revolutionierend diese Idee war, lassen Sie mich ein wenig ausholen. Als die ersten Pioniere der Weltraumfahrt, Robert

Abb. 3.1: In Jules Vernes Roman »Von der Erde zum Mond« wird ein Projektil von einer gewaltigen Kanone in den Weltraum geschossen. Das Bild zeigt Vorbereitungen für den Start und trägt die Unterschrift: »J. T. Maston war fetter geworden«. Dem Autor war klar, daß Gewichtsprobleme in der Raumfahrt eine bedeutende Rolle spielen werden.

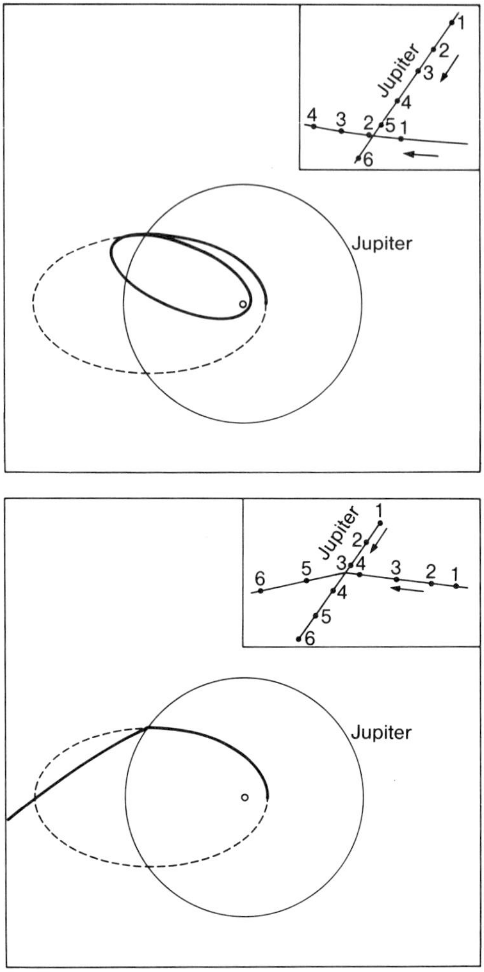

Abb. 3.2: Mit dem Computer berechnete Bahnen zeigen das Prinzip der Schleudertechnik. Von der Erdbahn wird eine Raumsonde in den Raum geschossen. Nach der Beschleunigung beim Start bleibt sie sich selbst überlassen und würde danach eine Ellipsenbahn um die Sonne beschreiben, etwa längs der gestrichelten Linie, die sie bis weit über die Bahn des Jupiter hinaustragen würde. Kommt sie aber dabei diesem Planeten sehr nahe, so lenkt er ihre Bahn ab. Im Prinzip sind zwei Fälle möglich. Entweder sie fliegt knapp *vor* Jupiter vorbei, dann wird ihre Ellipsenbahn so gestört, daß sie sich weniger weit von der Sonne entfernt (oben) als ohne die Störung, oder ihre Bahn führt knapp *hinter* Jupiter vorbei, dann lenkt der Planet sie so ab, daß sie viel weiter nach außen gelangt (unten). In den beiden Bildern ist rechts oben die Begegnung noch einmal im Detail dargestellt, wobei die Ziffern die jeweiligen gleichzeitigen Positionen von Sonde und Jupiter angeben.

H. Goddard in den USA, Hermann Oberth in Deutschland und Konstantin E. Ziolkowski in Rußland, auf die Idee kamen, Raketen als Antrieb für Raumschiffe zu benutzen, da dachte man an Körper, die mit Hilfe eines Raketentriebwerkes den Schwerebereich der Erde verlassen können, dann nur noch dem Schwerefeld der Sonne ausgesetzt sind, so daß sie sich mit dem vom Start mitgebrachten Schwung unter dem Einfluß der Sonnenschwere einem Planeten nähern. Erst zuletzt würde ihre Bahn von der Schwerkraft des Zielplaneten beeinflußt werden. Vor allem Walter Hohmann, der während des Ersten Weltkrieges und danach eine Abteilung der Essener Bauaufsichtsbehörde leitete, hat sich mit der Frage der Bahnen von Raumflugkörpern zwischen den Planetenräumen näher befaßt. Noch heute lernen Astronomiestudenten in den Anfangssemestern die sogenannten »Hohmann-Bahnen« kennen, bei denen man sich mit einem minimalen Einsatz von Raketentreibstoff von Planetenbahn zu Planetenbahn schwingen kann. Der Nachteil dieser Reiserouten besteht in der langen Reisezeit. Von der Erde gestartet benötigt ein Körper für die Reise längs einer Hohmann-Bahn bis zum Neptun 31 Jahre. Die Sonde VOYAGER 2 hat es in weniger als der Hälfte der Zeit geschafft. Dabei hatte sie zwischendurch noch bei Jupiter, Saturn und Uranus vorbeigeschaut. Das war nur mit der von Flandro entdeckten Schleudertechnik möglich geworden.

Die Idee ist recht einfach: Wenn man einen Körper von der Erde in den Raum hinausschießt und ihn dem Schwerefeld der Sonne überläßt, beschreibt er eine Ellipsenbahn und kommt nach einiger Zeit wieder an seinen Ausgangspunkt zurück. Die Erde wird er dort allerdings nicht mehr antreffen, da sie sich inzwischen auch auf ihrer Bahn um die Sonne bewegt hat. Es kann sein, daß unser Geschoß bis hinaus zur Bahn des Jupiter geflogen ist, vielleicht noch etwas weiter. Wenn sich Jupiter selbst aber da gerade an einer anderen Stelle seiner eigenen Bahn um die Sonne befindet, dann beeinflußte seine Schwerkraft den Raumflugkörper nicht. Anders aber, wenn Jupiter nahe an *der* Stelle steht, wo das Geschoß seinen Weg kreuzt. Bei diesem Beinahe-Zusammenstoß lenkt der große Planet den Raumflugkörper ab. Schießt man im geeigneten Augenblick in die richtige Richtung, dann kann man es schaffen, daß Jupiter den Körper dorthin schleudert, wohin man ihn haben will. Das ist in zwei einfachen Fällen in der Abbildung 3.2 gezeigt.

Wenn das Geschoß weiter nach außen geschleudert wird, etwa in Richtung des weiter außen stehenden Saturn, dann muß Energie auf das Geschoß übertragen werden. Woher kommt sie? Sonne und Erde haben nichts damit zu tun. Die Energie kann nur von Jupiter selbst kommen. Er bewegt sich um die Sonne und besitzt einerseits Bewegungsenergie. Zum anderen besitzt er Energie, weil er sich im Schwerefeld der Sonne bewegt. Er kann Energie gewinnen, wenn er sich etwas der Sonne nähert, genau so wie ein Stein, der in der Luft losgelassen, sich der Erde nähert und dabei Energie gewinnt, was einem spätestens dann einleuchtet, wenn man vom Stein getroffen wird. Während Jupiter den Raumflugkörper nach außen schleudert, verliert er selbst Energie und nähert sich etwas der Sonne. Als Jupiter im Sommer 1979 die beiden VOYAGER-Sonden, von denen ich hier erzählen will, hintereinander nach außen geschleudert hatte, war er der Sonne jedesmal etwas näher gerückt. Viel war es nicht, sein Abstand von der Sonne von nahezu 780 Millionen Kilometer hatte sich bei jeder Begegnung um eine Wegstrecke verkürzt, die etwa den Durchmesser eines Atoms ausmacht. Das hängt damit zusammen, daß jede der 825 kg schweren Sonden ein Nichts war im Vergleich zu Jupiter, der in seinem Inneren die Masse von nahezu 320 Erdkugeln birgt. Wenn man also gut zielt, dann kann man Jupiter dazu bringen, Energie an einen Raumflugkörper zu übertragen und ihn weiter nach außen zu schleudern.

Die Schießübungen kann man auf dem Computer simulieren, um herauszufinden, wann man schießen muß und wohin. Geht die Sonde knapp hinter dem Planeten vorbei, dann gibt Jupiter Energie an sie ab, sie wird weiter nach außen gelangen als ohne Zutun des Planeten. Es war die Flandrosche Schleudertechnik, die die Reisen der VOYAGER-Sonden ermöglicht hat. Doch der Trick hat nur Erfolg, wenn die Planeten dem Projekt auch gewogen sind (wenn ich als Astronom einmal diese astrologische Formulierung verwenden darf). Nicht nur, daß Jupiter bei der Ankunft des von der Erde abgefeuerten Geschosses an der richtigen Stelle stehen muß, der Körper, der dann von Jupiter zur Bahn des Saturn geschleudert wird, muß die Saturnbahn gerade *dann* erreichen, wenn dieser Planet auch dort steht. Nach einer zweiten Ablenkung an Saturn muß er sich mit Uranus in dessen Bahn treffen. Das gleiche gilt auch für das Rendezvous mit Neptun. Man hat mehr als zehntausend mögliche Flandro-Bahnen gerechnet und in den sechziger Jahren gefunden, daß eine günstige Gelegenheit unmittelbar vor der Tür stand, eine Gelegenheit, die nicht rasch wiederkommen wird. Im Durchschnitt stehen die äußeren Planeten nur etwa alle 180 Jahre einer solchen Unternehmung günstig. Doch in der Zeitspanne zwischen 1978 und 1979 war das möglich. Danach wird sich die nächste Gelegenheit erst im Jahre 2054 wieder bieten. Deshalb entschloß man sich Anfang der siebziger Jahre, die Gunst des Augenblicks zu nutzen und zwei Sonden für solch eine Schleudertour vorzubereiten. Allerdings mußte man auf eine Begegnung mit dem Planeten Pluto verzichten. Er stand so ungünstig, daß man ihn in das kosmische Billardspiel nicht mit einbeziehen konnte.

Die beiden VOYAGER-Sonden

Man baute zwei identische Raumflugkörper, VOYAGER 1 und VOYAGER 2. Sie trugen eine Parabolantenne, um mit der Erde über Funk zu kommunizieren, Meßinstrumente und Antennen, um kosmische Radiowellen aufzunehmen, und hatten Empfänger für kosmische Strahlen und Geräte zur Messung von Magnetfeldern an Bord. Sie führten optische Meßinstrumente mit, die das ultraviolette und das infrarote Licht messen konnten, und sie hatten eine Kamera mit Teleobjektiv, die im sichtbaren Licht arbeitete.

Alle diese Geräte benötigen Energie. Raumsonden, die sich von der Sonne nicht allzuweit entfernen, können ihren Strom aus dem Sonnenlicht beziehen, das sie in den lichtelektrischen Zellen auf den Flächen ihrer Sonnenpaddel in elektrische Energie umwandeln. Raumflugkörper, die sich in den äußeren Bereich unseres Sonnensystems vorwagen, benötigen eine andere Energieversorgung. Dort, wohin sie geschossen werden, steht die Sonne nur noch als Stern am Himmel, nicht genügend hell, um die nötige Energie zu spenden. Die VOYAGER-Sonden hatten radioaktives Plutonium an Bord, das bei seinem Zerfall Wärme liefert, die in elektrische Energie umgewandelt wird. Das Kernkraftwerk an Bord hatte eine Leistung von etwa 400 Watt. Daneben besaßen die Sonden Triebwerke, mit denen kleine Kurskorrekturen vorgenommen werden konnten und mit denen man sie drehen und wenden und auf ihre jeweiligen Beobachtungsziele ausrichten konnte. Der Treibstoff war Hydrazin.

Im Sommer 1977 wurden die beiden Sonden gestartet. VOYAGER 2 war die erste. (Später, nachdem die als zweite gestartete Sonde VOYAGER 1 sie überholt hatte, rechtfertigte sich die Numerierung.) VOYAGER 2 wurde am 20. August 1977 an der Spitze einer Titan-Centaur-Rakete in den Raum geschossen. Sechzehn Tage später folgte ihr VOYAGER 1 auf einer etwas anderen Bahn, so daß sie später VOYAGER 2 überholen sollte. Die Bahnen der beiden Sonden durch das Planetensystem sind in der Abbildung 3.3 gezeichnet.

Das liegt nun schon weit zurück. Während des langen Fluges der Sonden schritt die Weltgeschichte weiter fort. Um meinen Lesern ein Gefühl für die Reisezeit zu geben, habe ich in alten Jahrgängen einer deutschen Tageszeitung geblättert. Ich will hier auf einige Vorgänge hinweisen, die sich auf der Erde abspielten, während die Sonden ihre Bahnen durch das Reich der äußeren Planeten zogen.

Am Tag des Startes der zweiten Sonde, also VOYAGER 1, eröffnet Erich Honecker die Leipziger Messe, führt ein zehnminütiges, angeblich lockeres Gespräch am Stand der BASF und erklärt, daß nunmehr die Grenze der Leistungsfähigkeit seines Staates erreicht sei – wegen der Vollbeschäftigung in der DDR. Die Siemens-Aktie steht bei 278 DM. Der Hurrikan »Anita« verwüstet Mexikos Küste. An diesem Tag wird in Köln Hanns-Martin Schleyer entführt.

Die beiden VOYAGER-Sonden waren nicht die ersten, die Jupiter besuchten. In den Jahren 1973 und 1974 waren bereits Amerikas PIONEER 10 und 11 dort vorbeigegangen. Nun waren die viel besser ausgestatteten VOYAGER-Sonden auf dem Weg. Wie ihre Vorgänger mußten sie über die Marsbahn hinaus in den Bereich der zahllosen kleinen

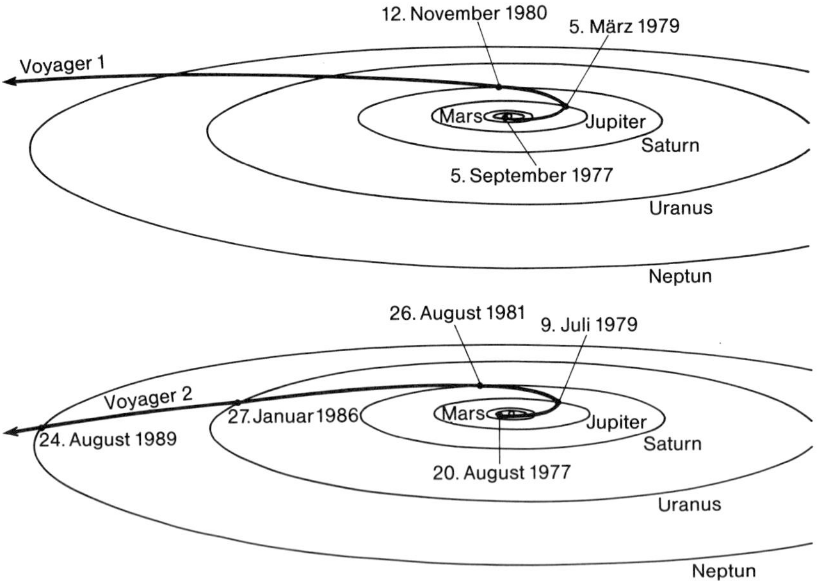

Abb. 3.3: Die Bahnen von VOYAGER 1 (oben) und VOYAGER 2 (unten) mit den zugehörigen Daten ihrer Begegnungen mit äußeren Planeten.

Planetenkörper, von denen die meisten im Durchmesser kleiner als 100 Kilometer sind und die im Bereich zwischen Mars und Jupiter um die Sonne ziehen.

Die Bahnen einiger tausend dieser sogenannten *Planetoiden* kennt man genau. Andere hat man zwar gesehen, aber wieder aus den Augen verloren. Die Gesamtzahl schätzt man auf einige Hunderttausend. Durch diesen Bereich mußten die beiden Raumflugkörper hindurch. Bei den hohen Geschwindigkeiten, mit denen sich Sonden und Kleinkörper bewegen, können bereits Teilchen von weniger als Zentimetergröße tödlich sein. Doch die PIONEER-Sonden hatten den Gürtel der Asteroiden bereits früher durchquert, ohne Schaden zu nehmen. Beim Flug durch diese Gefahrenzone überholte VOYAGER 1 die früher gestartete Schwestersonde VOYAGER 2. Ein Jahr danach näherte sie sich dem größten Planeten unseres Sonnensystems, dem Jupiter.

Die Begegnung mit Jupiter

Er war schon den Babyloniern und den Griechen bekannt. Um die Jahreswende 1609/10 sah Galileo Galilei in seinem Fernrohr, daß Jupiter als eine Scheibe erscheint, also eine Kugel ist, und daß vier Lichtpünktchen den Planeten umkreisen. Die ersten vier Monde des Jupiter waren entdeckt. Sie erhielten in der Reihe ihres Abstandes vom Jupiter die Namen Io, Europa, Ganymed und Callisto. Mit der Verbesserung der Fernrohre kamen neue Monde hinzu. Als die VOYAGER-Sonden sich dem Planeten näherten, kannte man bereits dreizehn seiner Monde.

Man hatte längst von der Erde aus erkannt, daß hellere und dunklere Wolken auf der Jupiterscheibe sich zu Bändern anordnen, die parallel zum Äquator liegen. Schon auf Zeichnungen aus dem Ende des 17. Jahrhunderts findet man die ersten Andeutungen des Großen Roten Flecks, des Wahrzeichens der Jupiteratmosphäre. Ein gewaltiger Hurrikan steht dort seit Jahrhunderten immer an der gleichen Stelle.

Man hatte von der Erde aus die Stoffe der Jupiteratmosphäre chemisch analysiert. Hauptsächlich ist es Wasserstoff, mit Spuren von Ammoniak und Methan. Wir kennen die physikalischen und chemischen Eigenschaften dieser Gase und wissen, daß bei den Bedingungen auf Jupiter diese Stoffe unterhalb der undurchsichtigen Atmosphäre flüssig sein müssen. Es gibt auf Jupiter keine Kontinente. Die Oberfläche des Planeten ist ein einziges Wasserstoffmeer.

Nun nähern sich die beiden VOYAGER-Sonden dem Jupiter. Am 5. März 1979 kommt VOYAGER 1 zum Riesenplaneten, längs dessen Durchmesser man elf Erdkugeln aneinanderreihen kann.

5. März 1979: An diesem Tag wird Karl Carstens von CDU und CSU für die Wahl zum Bundespräsidenten nominiert. Idi Amin sieht sich einer Meuterei der ugandischen Armee gegenüber.

Juli 1979: Das zweite VOYAGER-Gefährt erreicht Jupiter. Franz-Josef Strauß versichert, daß sich die CSU nicht bundesweit ausdehnen wird. Kanzler Helmut Schmidt ist in Privataudienz beim Papst. Man erwartet täglich den Absturz des Weltraumlaboratoriums SKYLAB, dessen verglühte Trümmer wenige Tage danach glücklicherweise in einer unbewohnten Gegend Australiens auf die Erde fallen werden.

Die VOYAGER-Sonden lieferten nahezu 33 000 Bilder von Jupiter und seinen Monden. In der Tafel 3.1 sieht man den Planeten in einer Totalaufnahme. Reihenaufnahmen zeigen, daß das Material im Roten Fleck gegen den Uhrzeigersinn rotiert und daß dort die Materie in sechs Tagen einmal um das Auge des Zyklons gewirbelt wird. Die Wolken in der Atmosphäre zeigen eine erstaunliche Vielfalt an Formen (vgl. Tafel 3.2). Man erkennt weiterhin Blitze auf der unbeleuchteten Nachtseite sowie Polarlichter, und man entdeckt den Ring des Jupiter, genauer gesagt, einen Ringfaden, der knapp 30 Kilometer dick ist und in 128 000 Kilometer Abstand vom Zentrum um den Planeten kreist.

Die größte Überraschung bietet der Jupitermond Io. Auf ihm erkennt man nicht nur acht Vulkane, man beobachtet sogar Vulkanausbrüche, wie etwa den in der Tafel 3.3. Niemand hatte bisher im Sonnensystem andere Vulkane entdeckt als die der Erde.

Es verblüfft, daß ein Körper, nur wenig größer als der Erdmond, in seinem Inneren flüssig sein kann. Tatsächlich scheint Io durch Gezeitenkräfte ständig verformt und durch die dabei entstehende Wärme in seinem Inneren so heiß gehalten zu werden, daß flüssiger Schwefel an seiner Oberfläche herausgeschleudert wird. Wahrscheinlich ist Wärme, die von Gezeiten erzeugt wird, der Grund, weswegen auch der größte der von Galilei entdeckten Monde, Europa, in seinem Inneren flüssig ist, wahrscheinlich steckt unter einer Eiskruste flüssiges Wasser. Er zeigt nämlich an seiner Oberfläche keine Einschlagskrater, dafür aber Risse.

Wir wissen, daß im Laufe von Jahrmillionen die Oberflächen der Körper unseres Planetensystems durch Einschläge von Meteoriten verunstaltet werden. Die Kraterlandschaften des Erdenmondes sind ein Beispiel dafür. Man vermutet, daß auf dem Jupitermond Europa bei

Tafel 3.1: Jupiter, von einer VOYAGER-Sonde aufgenommen, zeigt horizontale Wolkenbänder. Am rechten oberen Rand, an der Grenze zwischen hell und dunkel der große Rote Fleck (Aufnahme JPL/NASA).

Abb. 3.4: Saturn von VOYAGER 2 aus einem Abstand von 21 Millionen Kilometer aufgenommen (Aufnahme JPL/NASA).

jedem Einschlag Wasser austritt, den Krater füllt, ehe es gefriert und die Wunde in der glatten Eiskruste schließt.

Der nahe Vorübergang am größten Planeten des Sonnensystems gibt den beiden VOYAGER-Sonden den Schwung, den sie nach Flandros Berechnungen brauchen, um in den Bereich des Planeten Saturn zu gelangen.

Nahaufnahmen vom Ringplaneten

Obwohl wie Jupiter bereits den Menschen der Vorzeit bekannt, gab Saturn den ersten Beobachtern im Fernrohr sogleich ein Rätsel auf. Sein Bild war keine runde Scheibe, zumindest nicht immer. Galilei schien es, als stünden zwei Sterne in unmittelbarer Nähe unbeweglich links und rechts von ihm, so daß sie ihn fast berührten. Manchmal glaubte man, er wäre eine Kugel mit zwei Henkeln. Erst Mitte des 17. Jahrhunderts löste der Holländer Christiaan Huygens das Rätsel: Der kugelförmige Planet ist von einer Ringscheibe umgeben, die ihn selbst nicht berührt. Im Unterschied zu Jupiter mit seiner reichen und ständig

Abb. 3.5: Die von VOYAGER 2 gewonnenen Bilder zeigten die zahllosen Fäden, in die sich das Ringsystem des Saturn auflöst (Aufnahme JPL/NASA).

wechselnden Wolkenstruktur zeigte die Atmosphäre des Saturn selbst in den immer besser werdenden Fernrohren kaum Strukturen. Bald fand man, daß der Ring in Wahrheit aus drei ineinanderliegenden Ringen besteht.

Im November 1980 erreicht VOYAGER 1 den Planeten. Ronald Reagan wird zum Präsidenten gewählt. Kurt Waldheim beauftragt Olof Palme im Namen der UNO im iranisch-irakischen Konflikt zu vermitteln.

Im August des darauffolgenden Jahres folgt VOYAGER 2. Die westdeutschen Zeitungen schreiben in diesen Tagen über Schlupflöcher von 15 cm Durchmesser, die DDR-Grenzer in den Metallgitterzaun bei Hof geschnitten haben, wahrscheinlich um Kleinwild, das oft die Selbstschußanlagen auslöst, einen Durchschlupf zu gewähren.

Wieder nehmen die Sonden insgesamt etwa 30000 Bilder auf und funken sie zur Erde. Die Abbildung 3.4 zeigt den Planeten in Totalaufnahme. Aus der Nähe kann man erkennen, daß die Saturnatmosphäre der des Jupiter ähnelt, wenn auch die Strukturen blasser sind, die Stürme weniger stark. Wasserstoff ist der Hauptbestandteil der Luft auf dem Ringplaneten. Dann folgt Helium. Methan, Ammoniak und andere

Tafel 3.2 : Wolkenformen am Jupiter, aufgenommen von VOYAGER 1 (Aufnahme JPL/NASA).

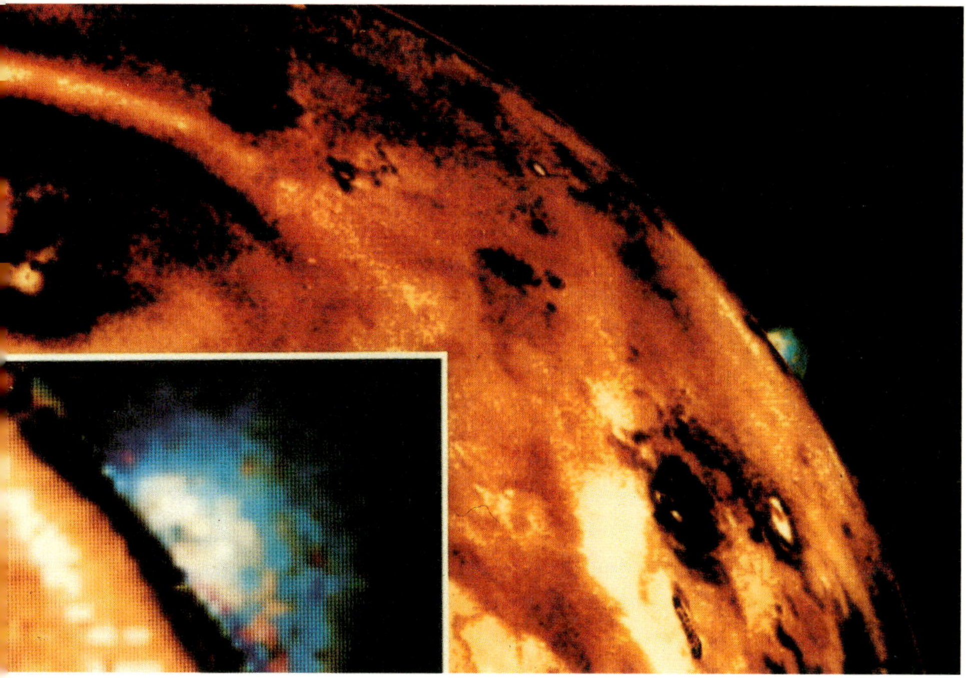

Tafel 3.3: Der Jupitermond Io, hier von VOYAGER 1 aufgenommen, zeigt an seinem Rand einen aktiven Vulkan (rechts). Der entsprechende Teil ist im linken unteren Bildteil noch einmal vergrößert dargestellt (Aufnahme JPL/NASA).

Gase kommen wieder nur in Spuren vor. Die Sonden entdecken Polarlichter und bemerken, daß der Planet Radiostrahlung aussendet.

Die schönsten Bilder aber liefern die Sonden vom Ring, der in Wahrheit nicht aus drei Ringscheiben besteht, sondern aus Tausenden von dünnen Ringfäden. Jeder Faden wird von lose nebeneinanderher fliegenden Eisbrocken gebildet, die im Gänsemarsch den Planeten umkreisen. Beim Betrachten der Abbildung 3.5 fühlt man sich an die Rillen einer Langspielplatte erinnert, so dicht steht Faden an Faden. Wie sich diese Strukturen gebildet haben, hat man bis heute noch nicht verstanden, doch scheinen die Monde des Saturn dabei eine Rolle zu spielen. So gibt es Ringfäden, an deren äußerem und innerem Rand kleine, von der Erde aus nicht erkennbare Monde ihre Bahnen ziehen. Einen davon zeigt die Abbildung 3.6. Durch ihre Schwerkraft bringen sie Eisbrocken wieder in das Innere des Ringfadens zurück, wenn sie – durch irgendwelche Störungen von ihrer Kreisbahn abgelenkt – auszubrechen versuchen. So zwingt der Hund die Schafe zur Ordnung, die ihrer Herde

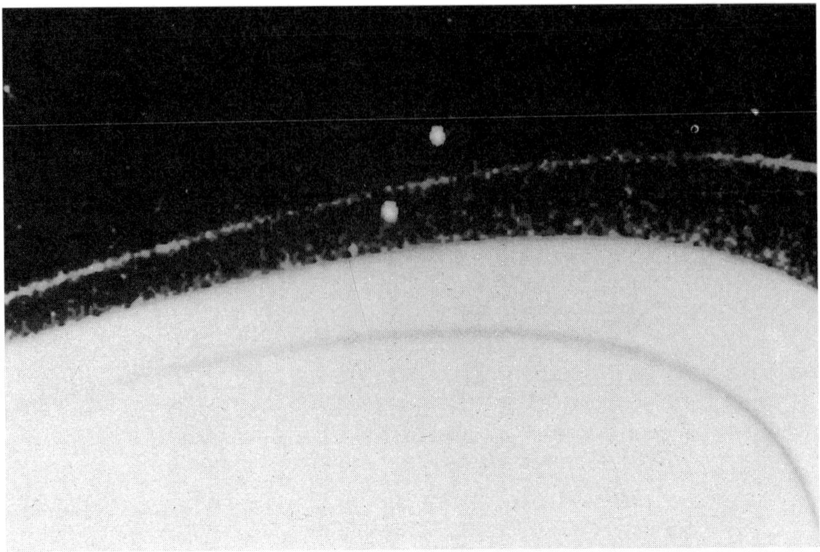

Abb. 3.6: Am 15. August 1981 gelang VOYAGER 2 die Aufnahme eines Ringfadens des Saturn mit seinen beiden Schäferhund-Monden. Die Aufnahme wurde aus 10,6 Millionen Kilometer Entfernung gemacht (JPL/NASA).

entfliehen wollen. Deshalb sprechen die kalifornischen Planetenforscher von *Schäferhund-Monden.*

Die Sonden bringen noch mehr Kunde von den Monden des Saturn. VOYAGER 1 fliegt, einen Tag vor der Begegnung mit dem Planeten selbst, in 4000 Kilometer Abstand an Titan vorbei. Diesen Trabanten hatte Christiaan Huygens entdeckt. Er scheint der einzige Mond im Sonnensystem zu sein, der eine dichte Atmosphäre besitzt. Auf Titan beträgt der Luftdruck das Eineinhalbfache des Luftdruckes der Erdoberfläche. Die Luft besteht hauptsächlich aus Methan und Stickstoff. Das Sonnenlicht erzeugt in der Titanatmosphäre organische Moleküle wie Methylacetylen, Propan, Kohlenmonoxid und Blausäure. Auf Titan riecht es nach bitteren Mandeln. Vielleicht spielt das Methan auf diesem Saturnmond die Rolle, die auf der Erde das Wasser spielt. In der Atmosphäre, die von außen kein Blick durchdringen kann, ist es gasförmig, als Flüssigkeit strömt es in Flüssen in Ozeane und bedeckt als Methaneis die Felsen dieses rätselhaften Mondes. Im Prinzip können sich kompliziertere chemische Moleküle bilden, Aminosäuren, die auf der Erde eine wichtige Rolle für die Entwicklung des Lebens spielten.

Auf dem Titan herrschen allerdings Temperaturen von –180 °C. Da wird sich wohl kein Leben entwickelt haben.

Nachdem VOYAGER 1 in 142 000 Kilometer Entfernung über die Wolken des Saturn gezogen ist, bewegt sich die Sonde aus der flachen Scheibe, die unser Planetensystem ausfüllt, hinaus. Ihre Mission ist beendet, die Kameras und andere Meßinstrumente werden abgeschaltet. Als VOYAGER 2 neun Monate später das Saturnsystem erreicht, kennen die Wissenschaftler auf der Erde schon durch die Fotos von VOYAGER 1 die Belichtungszeiten. Auf den Bildern der Saturnmonde kann man nun Strukturen bis hinab zu einem Kilometer auflösen. Gestochen scharfe Bilder vom Mond Enceladus mit seinen eisbedeckten Felsen und von Japetus erreichen uns. Als VOYAGER 2 von der Erde aus gesehen hinter der Scheibe des Saturn untergeht, da hofft man, mit Radiowellen – die kurz vor dem Verschwinden hinter der Saturnscheibe auf ihrem Weg von der Sonde zur Erde die Planetenatmosphäre durchdringen müssen – noch etwas mehr über die Lufthülle des Ringplaneten zu erfahren. Als die Sonde am anderen Rand der Scheibe wieder zum Vorschein kommt, liefert die Kamera keine Bilder mehr. Es braucht einige Zeit, bis man an einem Ingenieurmodell auf der Erde den Fehler findet und lernt, wie man von nun an die Sonde betreiben muß, damit sie trotzdem arbeitsfähig bleibt. Inzwischen ist die Sonde seit vier Jahren unterwegs und durch die Schwerkraft des Saturn gerade so abgelenkt worden, daß sie 5½ Jahre später den Planeten Uranus erreichen wird. Als sie sich gegen Ende 1985 diesem Ziel nähert, sprechen die Raumfahrtwissenschaftler von einem »gealterten Roboter«, dessen Meßgeräte nun wieder in Betrieb genommen werden müssen. Wenn man sich überlegt, wie sich auf der Erde die elektronische Technik, etwa die in der Computerbranche, innerhalb eines Zeitraumes von neun Jahren weiterentwickelt hat, kann man sich vorstellen, mit welch veralteter Technik VOYAGER 2 nunmehr arbeitete.

Uranus

Dabei hat die Sonde noch große Aufgaben im Bereich der äußeren Planeten vor sich. Von denen ahnten die babylonischen und die griechischen Astronomen nichts. Auch Kepler und Kopernikus wußten nichts von ihrer Existenz. Den Planeten, den VOYAGER 2 nunmehr ansteuert, hatte ein Engländer deutscher Abstammung entdeckt, der seinen Lebensunterhalt als Organist bestritt. Als William Herschel mit 19 Jahren in die königlich hannoversche Militärkapelle eintrat, hieß er noch Wilhelm. Der begabte Musiker hatte nie eine abgeschlossene Schulbildung erhalten. Während der Kriegswirren des Siebenjährigen Krieges war er mit seinem Bruder nach England gekommen und hatte sich durch Notenschreiben über Wasser gehalten. Schließlich erhält er eine Stelle als Organist an der Oktogonkirche in Bath in England. Er beobachtet die Venus, beschreibt in seinem Tagebuch eine von ihm beobachtete Mondfinsternis, leiht sich ein Teleskop, wird zum Hobbyastronomen und beginnt schließlich, selbst Fernrohre zu bauen. Vor allem übt er sich im Schleifen von Teleskopspiegeln. Er arbeitet sich in mathematische Probleme ein und hat bald seine eigene Sternwarte, in der er systematisch den Himmel nach interessanten Objekten absucht. Bei einer seiner Durchmusterungen des Himmels fällt ihm am Dienstag, dem 13. März 1781, zwischen 10 und 11 Uhr abends im Sternbild der Zwillinge ein Stern auf, der vom Durchmesser her größer erscheint als die anderen, punktförmigen Sterne. Zuerst hält er das Objekt für einen Kometen.

Als die Astronomen seine Bewegung am Himmel länger verfolgen, stellen sie fest, daß es ein Planet ist, der außerhalb der Saturnbahn um die Sonne kreist. Der Stern erhält den Namen Uranus. Sechs Jahre nach der Entdeckung bemerkt Herschel zwei Monde, die den Planeten umkreisen. Sie bekommen die Namen Titan und Oberon. Mitte des letzten Jahrhunderts fand man zwei weitere Uranusmonde, Ariel und Umbriel, und etwa hundert Jahre später, 1948, den Uranusmond Miranda.

Im Jahre 1977 bedeckt Uranus bei seinem Weg über den Himmel einen entfernten Fixstern. Man hofft bei dieser Erscheinung, etwas über die Atmosphäre des Planeten zu verraten, da das Licht des Sterns die Uranusatmosphäre durchdringen muß, ehe es zur Erde gelangt, kurz bevor er hinter der Scheibe des Uranus verschwindet und kurz nachdem er wieder zum Vorschein kommt. Deshalb will man diese Erscheinung genauer untersuchen. Dabei stellt sich heraus, daß vor der Bedekkung und danach das Licht des Sterns jeweils fünfmal für einige Sekunden schwächer wurde. Man schließt daraus, daß Uranus von fünf dünnen Ringfäden umgeben ist, von denen jeder einmal vor, einmal nach der Bedeckung vor dem Stern vorübergeht und sein Licht kurzzeitig schwächt. Die genauere Analyse der Daten zeigt schließlich, daß es neun Ringfäden sein müssen.

Im Januar 1986 ist VOYAGER 2 bei Uranus, der von der Sonne neunzehnmal so weit entfernt ist wie die Erde.

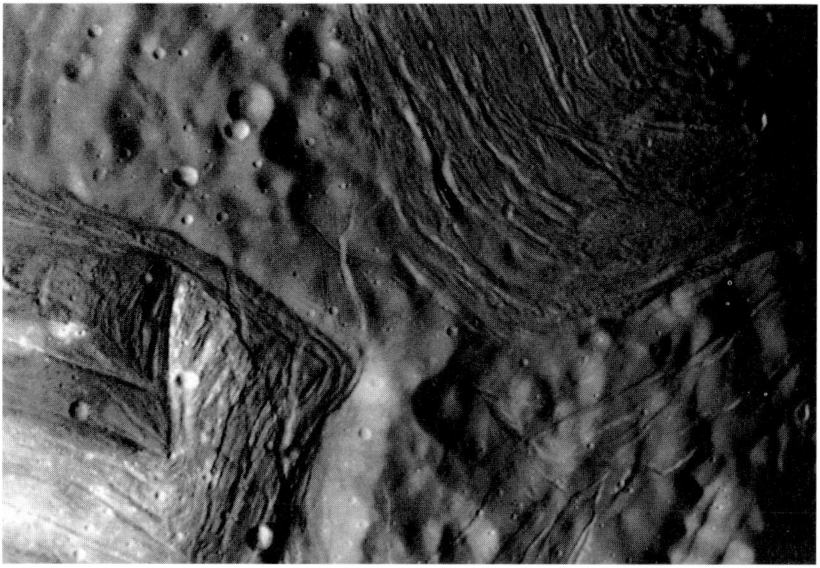

Abb. 3.7: Der Uranus-Mond Miranda von VOYAGER 2 aus einer Entfernung von 42000 Kilometer aufgenommen, zeigt zahlreiche Oberflächenrisse sowie durch Faltung entstandene Strukturen, darüber hinaus viele Einschlagskrater. Viele von ihnen sind im Durchmesser kleiner als fünf Kilometer. Das Bild gestattet Einzelheiten bis zu einem Durchmesser von etwa 600 Meter zu erkennen (Aufnahme JPL/NASA).

Januar 1986: Auf der Erde erwartet man die Annäherung des Halleyschen Kometen. In der Bundesrepublik protestiert man gegen die Wiederaufarbeitungsanlage in Wackersdorf. Wenige Monate danach wird im Kraftwerk Tschernobyl der Block IV außer Kontrolle geraten.

Die Sonde fliegt mit 21 km/s durch den Bereich des Uranus und seiner Monde. Die Begegnung währt nur wenige Stunden, alles muß schnell gehen. Die Belichtungszeiten in der Welt des Uranus liegen bei zehn Sekunden, denn jeder Quadratzentimeter der Uranusoberfläche erhält nur ein 400stel der Sonnenstrahlung, die die Erde empfängt. Alles muß nach vorher in den Bordcomputer eingefütterten Programmen automatisch ablaufen. Von der Erde aus kann man während des Manövers nicht mehr eingreifen, denn jedes Signal braucht 2 Stunden und 49 Minuten, ehe es VOYAGER 2 erreicht.

Während sich die Sonde dem Planeten nähert, kann sie die neun Ringe fotografieren. Ihre Aufnahmen lassen sogar noch einen schwächeren zehnten Ring erkennen. Die Bilder von der Oberfläche des

Planeten selbst aber sind recht enttäuschend. Sie zeigen eine gleichförmige Fläche, auf der nichts zu erkennen ist.

Als VOYAGER 2 das System der Uranus-Monde durchfliegt, kommt die Sonde nahe an den Monden Ariel und Miranda vorüber. Ariels Durchmesser beträgt 1200 Kilometer. Auf seiner Oberfläche erkennt man Einschlagskrater, breite Täler und Gräben, die wahrscheinlich bei Verformungen des Materials auf der Oberfläche entstanden sind.

Die Überraschung bietet Miranda, der Uranusmond von etwa 500 Kilometer Durchmesser, dessen Oberfläche nicht nur Risse und Täler zeigt, sondern auch große Flächen, die sich offensichtlich über dem weicheren Material der Umgebung verschoben haben. Die gerade noch erkennbaren Strukturen liegen bei Größen von einem halben Kilometer (vgl. Abb. 3.7).

Die Schwerkraft des Uranus gibt VOYAGER 2 gerade den rechten Schwung, um in Richtung Neptun zu fliegen. Dieser Abschnitt der Reise währt mehr als drei Jahre. Dann nähert sich VOYAGER 2 dem Planeten, von dessen Existenz wir erst seit 1846 etwas wissen. Lange bevor ihn jemand gesehen hatte, wurde man auf Neptun aufmerksam, denn er hatte sich durch seine Schwerkraft verraten, mit der er seinen inneren Nachbarn, den von Herschel entdeckten Uranus, störte.

Neptun, der Blaue Planet

Bald nachdem man Herschels neuen Planeten ein Stück in seiner Bahn verfolgt hatte, fiel auf, daß er sich nicht genau so bewegte, wie es die Regeln der Himmelsmechanik verlangen. Es waren der Engländer John Couch Adams und der Franzose Urbain Joseph Leverrier, die schließlich das Rätsel der unregelmäßigen Bewegung des Uranus lösten. Beide fragten sich, ob es vielleicht einen unbekannten Himmelskörper im Sonnensystem gibt, der mit seiner Schwerkraft Uranus von seiner eigentlichen Bahn ablenkt. Unabhängig voneinander berechneten sie, wo im Raum sich dieser Planet bewegen müßte, um die beobachteten Abweichungen in der Uranusbewegung hervorzurufen. Beide kamen auf nahezu die gleiche Stelle am Himmel. Leverrier wandte sich nun an einen erfahrenen Beobachter und schrieb an den Astronomen Johann Gottfried Galle in Berlin, der noch in der gleichen Nacht im Fernrohr den Körper an der vorhergesagten Stelle des Himmels fand. Man hatte einen noch nie vorher gesehenen Planeten entdeckt, allein aufgrund seiner Schwerkraft, die er auf einen anderen Planeten ausübt! Das war eine der größten Taten in der Himmelsmechanik. Das dabei benutzte Teleskop steht heute im Deutschen Museum in München.

Lange Zeit war seine Entdeckungsgeschichte das Spannendste, was man von Neptun erzählen konnte – wie man den vorausgesagten und schließlich gefundenen Planeten nannte. Bei genaueren Beobachtungen entdeckte man später zwei schwache Lichtpünktchen, die ihn begleiteten: die Neptunmonde Triton und Nereide.

Im Sommer 1989 näherte sich VOYAGER 2. Am 25. August flog die Sonde in einem Abstand von 5000 Kilometern an Neptun vorbei, der für einen Umlauf um die Sonne 165 Jahre benötigt. Seit seiner Entdeckung hat er also seine Bahn noch nicht vollständig durchlaufen.

25. August 1989: In der Woche zuvor hatte es eine Massenflucht von DDR-Bürgern über die ungarische Grenze gegeben. Für die Flüchtlinge in der auswärtigen Vertretung Bonns in Ost-Berlin und für die in der Deutschen Botschaft in Prag scheint an diesem Tag keine Lösung in Sicht zu sein. Moskau warnt Bonn davor, die DDR-Staatsbürgerschaft zu ignorieren und DDR-Flüchtlinge mit westdeutschen Reisepässen zu versorgen.

An diesem Tag ist VOYAGER 2 bei Neptun. Die Sonde erkennt die Drehung des Planeten. Der Neptuntag dauert 16 Stunden und 7 Minuten. Die Atmosphäre des Planeten, der nahezu keine Strahlung mehr von der Sonne erhält, ist in lebhafter Bewegung. Tornados toben auf seiner blauen Oberfläche (vgl. Tafel 3.4), dunkle Flecken zeugen von Wirbelstürmen. Ein großer Fleck mit einem Durchmesser vom dreifachen Erddurchmesser ähnelt seinem roten Bruder auf dem Jupiter. In seiner Nachbarschaft erreichen die Stürme Geschwindigkeiten von 2000 Kilometern pro Stunde. Die gewaltigen Energien dieser Bewegung scheinen nicht von der Sonne, sondern von der Wärme zu stammen, die aus dem Inneren des Planetenkörpers kommt. Man wußte es schon von Jupiter und Saturn, jetzt bestätigte es sich auch für Neptun: Auf diesen Planeten kommt das Wetter von unten. Die Sonde kann auch die Ringe des Neptun fotografieren und insgesamt sechs neue Monde entdecken, die allerdings alle recht klein und unscheinbar sind.

Die größte Überraschung aber bringen die Bilder des Neptunmondes Triton. Er gehörte wahrscheinlich ursprünglich nicht zu Familie der Neptunmonde, sondern ist erst später eingefangen worden. Gezeitenreibung scheint danach eine wichtige Rolle gespielt zu haben. Die dabei frei werdende Energie hat den Körper vielleicht für eine Milliarde Jahre lang flüssig gehalten. Jetzt ist er erkaltet (vgl. Tafel 3.5). Die Temperaturen liegen bei –235 °C, doch trotz dieser Weltraumkälte zeigt Triton

Tafel 3.4: Neptun, von VOYAGER 2 aus fotografiert, zeigt Wolkenstrukturen. Der dunkle Fleck des Neptun (nahe dem rechten Rand) ist ein Wirbelsturm, der von einzelnen hellen Wolken umgeben ist (Aufnahme JPL/NASA).

Tafel 3.5: Der Neptunmond Triton von VOYAGER 2 am 25. August 1989 aufgenommen. Man erkennt die »zwei Gesichter« des Triton: links eine hügelige Gegend mit Bergen, von denen nach rechts unten schwarze Streifen ausgehen, rechts dagegen eine verhältnismäßig glatte Landschaft, durch die sich Gräben ziehen. Auch auf diesem Planetenmond entdeckte man aktive Vulkane, allerdings speien sie Stickstoff in die Atmosphäre (Aufnahme JPL/NASA).

aktive Vulkane. Wie Geysire sprudeln unsichtbares Stickstoffgas und dunkler Staub mehrere Kilometer nach oben, ehe sie auf den gefrorenen Boden zurückfallen. Triton besitzt eine dünne Atmosphäre von etwa 800 Kilometern Höhe. Gefrorener Stickstoff formt dort wahrscheinlich dünne Wolken.

Die beiden VOYAGER-Sonden haben inzwischen unser Planetensystem verlassen. Sie heißen jetzt »Voyager Interstellar Mission«, denn sie dringen nunmehr in den Bereich ein, in dem das von der Sonne ausströmende Gas, der sogenannte *Sonnenwind*, auf das Gas zwischen den Sternen aufprallt. Wir werden auch in Zukunft noch in schwachen Signalen Meßdaten von den beiden Raumflugkörpern erhalten. Ihr Treibstoff reicht noch bis ins nächste Jahrtausend, um sie auf bestimmte Stellen des Himmels auszurichten. Das Plutonium ihrer Atombatterien wird die Sonden noch bis in das Jahr 2030 mit Strom versorgen. Die beiden Körper werden dann ihre Bahnen zwischen den Sternen geradlinig fortsetzen. In absehbarer Zeit werden sie keinem Stern so nahe kommen, daß seine Schwerkraft sie ablenken könnte.

In diesem Kapitel habe ich nur wenige Bilder wiedergegeben und nur einige der spektakulären Ergebnisse beschrieben. Ich habe nichts von den vielen wissenschaftlichen Details berichtet, mit deren Auswertung und Deutung man noch lange beschäftigt sein wird. Daß die VOYAGER-Bilder noch verborgene Schätze enthalten, zeigte sich im Juli 1990, als NASA-Wissenschaftler – nachdem sie Tausende Bilder des Saturn-Ringsystems durchmustert hatten – einen bis dahin noch unbekannten Satelliten entdeckten: Saturnmond Nr. 18.

Die Fahrten der beiden VOYAGER-Sonden, einschließlich der Startkosten, beliefen sich auf 865 Millionen US-Dollar. Als die Sonden bei Saturn waren, sah ich in einer Zeitung eine Karikatur: Der hagere, lange Uncle Sam, mit Spitzbart und Zylinder, auf dem man die Farben der US-Flagge sieht, hält einem nackten, halb verhungerten schwarzen Kind ein Blatt vor die Augen, das den Planeten Saturn mit den neu entdeckten Ringfäden zeigt. Die Botschaft ist klar: Warum hat man das Geld nicht für etwas ausgegeben, wovon hungernde Menschen satt werden? Die Diskussion um die Kosten von Raumfahrtunternehmungen hält auch heute noch an, zur Zeit ist sie wegen der Frage nach dem Nutzen der sehr viel teureren *bemannten* Raumfahrt besonders aktuell. Demgegenüber waren die VOYAGER-Sonden billig. Propagandisten der Raumfahrt argumentieren, daß das VOYAGER-Programm den einzelnen amerikanischen Bürger nicht mehr gekostet hat als ein Schokoriegel. Ich mag beides nicht, weder die Argumentation, noch den Schokoriegel.

Man kann Staatsausgaben nicht verniedlichen, indem man sie durch die Bevölkerungszahl dividiert.

Trotzdem glaube ich, daß man beachten muß, daß die VOYAGER-Millionen nicht im *Weltraum* ausgegeben wurden, sondern auf der *Erde*. Sie gingen vor allem in Löhne und Gehälter. Der Materialwert der Sonden, die nun unwiederbringlich in den Raum entschwinden, ist demgegenüber nahezu null. Hätte man die Millionen für einen anderen Zweck ausgegeben, so hätte man entweder die am Programm Beteiligten entlassen oder ihnen eine andere Aufgabe geben müssen, für die man etwa den gleichen Betrag benötigt hätte. Sicher muß man über Summen von der hier ausgegebenen Größe nachdenken. Wenn ich aber alle diese Gesichtspunkte berücksichtige, so komme ich doch zu dem Schluß, daß sich dieses große astronomische Abenteuer – vielleicht war es das größte dieses Jahrhunderts – gelohnt hat.

4. Das Schicksal von Sonne und Sternen

In seinem Roman »Die Zeitmaschine« beschreibt der phantasievolle englische Schriftsteller H.G. Wells ein Gerät, mit dem man sich an einen beliebigen Zeitpunkt in der Vergangenheit oder in der Zukunft befördern kann. Stellen wir uns vor, wir könnten mit einer solchen Zeitmaschine Milliarden Jahre in die Zukunft reisen. In welch einer Welt würden wir auftauchen? Welchen Menschen würden wir begegnen? Oder hätte sich vielleicht unsere Nachkommenschaft längst zu völlig anderen Wesen weiterentwickelt? Vielleicht würden sie zu uns wie zu einer Art Affen herabschauen?

Schalten wir die Maschine an, eilen wir acht Milliarden Jahre voraus in die Zukunft, und sehen wir uns in jener fremden Welt um. Nein, wir können uns nicht umsehen, denn die Temperaturen sind so hoch, daß wir nur sekundenlang überleben. Das Wasser der Ozeane ist längst verkocht und hängt als dunkle Wolkenschicht am Himmel. Geben die Wolken für kurze Zeit den Blick frei, dann nimmt ein gewaltiger Sonnenball die Hälfte des Firmaments ein. Gnadenlos strahlt er auf den heißen Erdboden. Rotglühend und drohend steht die Sonne am Himmel. Längst hat sie allem Leben auf der Erde ein Ende gemacht.

Das ist die Vorhersage, die uns die Astronomen für die Zukunft machen. Die Sonne wird zum Riesenstern, der längst die Planeten Merkur und Venus verschlungen hat, der mit seiner Oberfläche der Erde gefährlich nahekommt und alles Leben auf ihr versengt. Glücklicherweise ist es bis dahin noch eine lange Zeit.

Man erzählt sich die Geschichte eines Astrophysikers, der vor einem großen Kreis von Laien über das Schicksal der Sonne gesprochen und auch erwähnt hatte, daß sie in Milliarden Jahren dem Leben auf der Erde ein Ende machen wird. Am nächsten Tag erhielt er den Anruf einer älteren Dame: »Entschuldigen Sie bitte, sagten Sie gestern, daß die Sonne schon in einigen *Millionen* oder erst in einigen *Milliarden* Jahren zum Riesenstern wird?« »Erst in einigen Milliarden Jahren«, sagte der Astrophysiker. »Gott sei Dank«, seufzte sie erleichtert.

Der ägyptische Sonnengott

Die Sonne strahlt Licht und Wärme in den Weltraum. Die 150 Millionen Kilometer entfernte Erde fängt nur einen winzigen Teil der Sonnenstrahlung auf. Die Energie, die sie auf der Tagseite empfängt, strahlt sie nachts nahezu vollständig wieder ab. Dem Wechselspiel zwischen Ein- und Ausstrahlung verdanken wir es, daß die Erdoberfläche auf einer Temperatur gehalten wird, die unseren Planeten bewohnbar macht. Bereits frühzeitig wurde dem Menschen klar, daß er sein Leben der Sonne verdankt. Im alten Ägypten erhob Echnaton, der Gatte der Nofretete und Schwiegervater des Tutanchamun, die Sonne zum Gott. Er hat wohl als erster den Glauben an einen einzigen Gott eingeführt. Das haben ihm die Priester seiner Zeit nicht verziehen. Nach seinem Tod wurde er zum Ketzer erklärt, die Kunstwerke seiner Epoche hat man zerstört. Von vielen sind uns heute nur Bruchstücke erhalten. Sein Name wurde auf den Denkmälern mit dem Meißel entfernt. Steinblöcke, die Bilder von der Verehrung des Sonnengottes zeigen, wurden zerschlagen und die Trümmer als Bausteine weiterverwendet. Einige Bruchstücke sind uns erhalten. Auf ihnen sendet die Sonnenscheibe von oben ihre Strahlen auf den Pharao. Ein Strahl endet vor dem Gesicht des Königs und hält ihm das Hieroglyphenzeichen für das Leben vor die Augen. Der Pharao hat die Hände nach oben gestreckt und bringt der Sonne Brot als Opfergabe entgegen.

Wahrscheinlich war Echnaton der erste Mensch, der klar aussprach, daß die Ströme und Flüsse, der Wind und alles Leben nur durch die Sonne möglich sind. »Du schufst die Erde nach Deinem Begehren, während Du allein warst«, betete er in einer Hymne an die Sonne. »Menschen, alles Vieh, groß und klein; alles, was auf der Erde ist, was einhergeht auf seinen Füßen; alles was hoch droben ist, was mit seinen Flügeln fliegt.« Erst im letzten Jahrhundert wurde den Menschen wieder bewußt, daß sie alles Leben der Sonne verdanken.

Wer speist das Kraftwerk Sonne?

Mit gewaltiger Leistung sendet sie jahraus, jahrein Licht und Wärme und damit Energie in den Weltraum. Wie lange schon und wie lange noch? Solange Menschen die Sonne bewußt beobachten, konnten sie bisher selbst mit den feinsten Meßgeräten keine allmähliche zeitliche Veränderung der Stärke der Sonnenstrahlen feststellen. Auch die Ursachen der Kälteperioden in der Vergangenheit der Erdgeschichte, der Eiszeiten, sind wahrscheinlich eher in Veränderungen in der Bahnbewegung der Erde oder in der Erdatmosphäre zu suchen als in der Sonne, die seit langer Zeit mit unverminderter Kraft strahlt. Dafür sprechen Spuren organischen Lebens in alten Ablagerungen der Erdkruste. Man findet in den Erdschichten Transvaals in Südafrika versteinerte Spuren relativ hoch entwickelter Einzeller, die schon so kompliziert gebaut sind wie unsere heutigen Blaualgen. Diese Zeugen frühesten Lebens auf der Erde sind 3½ Milliarden Jahre alt. Damals muß die Sonne schon etwa die gleiche Strahlungskraft gehabt haben wie heute.

Seit Mitte des letzten Jahrhunderts wissen wir, daß der Energievorrat der Sonne endlich ist. Sie kann nur für eine bestimmte Zeit mit ihrer heutigen Stärke strahlen. Das hängt mit einem der wichtigsten Sätze der Physik zusammen, dem Satz von der Erhaltung der Energie. Nach ihm kann Energie zwar in verschiedenen Formen vorkommen, etwa als Strahlung, wie wir sie von der Sonne erhalten, oder als chemische Energie, die frei wird, wenn wir Kohle verbrennen. Doch Energie kann auch in der Bewegung eines Körpers stecken. Bei der Dampfmaschine wird aus der chemischen Energie der Kohle Wärmeenergie erzeugt und in Bewegungsenergie verwandelt. Bringt man ein rollendes Auto zum Stehen, wird seine Bewegungsenergie in den Bremsbacken zu Wärme. Spätestens seit dem Jahre 1945 weiß jeder, daß in den Atomen Energie steckt. Die Atomkerne sind die besten Energiespeicher. Das hat die Hiroshima-Bombe vom 6. August 1945 auf makabre Weise gezeigt. In unserer Welt muß Energie stets von irgendwoher kommen, auch die Sonnenenergie.

Die Sonne ist ein endlicher Körper. Sie ist zwar groß, aber nicht unendlich groß. Etwa 110 Erdkugeln nebeneinander gelegt ergeben den Durchmesser der Sonne. Sie besteht aus unvorstellbar viel Materie. Man müßte die Masse von 333 000 Erdkugeln nehmen, um die Masse der Sonne aufzuwiegen. Trotzdem ist sie ein endliches Gebilde. Wo immer auch ihre Energie steckt, die Sonne kann nur endlich viel davon enthalten.

Woher kommt die Energie der Sonne, die sie über Jahrmilliarden mit unverminderter Stärke abstrahlt? Können chemische Prozesse dafür verantwortlich sein? Nehmen wir den einfachsten Energie liefernden chemischen Prozeß: die Verbrennung. Bestünde die Sonne aus Steinkohle, ihre Heizenergie würde nur für etwa 5000 Jahre ausreichen. Sie strahlte aber bereits vor Milliarden Jahren. Würde in ihr Kohle verbrannt, der Ofen wäre längst ausgegangen. Wie mit der Verbrennung ist es mit allen chemischen Prozessen; sie sind nicht ergiebig genug, um der Sonne als Kraftquelle zu dienen. Woher also nimmt die Sonne ihre Energie?

Gegen Ende des vorigen Jahrhunderts versuchte man, der Quelle der Sonnenenergie auf die Spur zu kommen. Da chemische Prozesse nicht genügen, fragte man sich, ob die Sonne vielleicht von außen geheizt wird. Unser Sonnensystem ist von kleinen, festen, zwischen den Planeten herumfliegenden Körpern erfüllt, den sogenannten *Meteoriten*. Sie leuchten als Sternschnuppen am Himmel auf, wenn sie in die Erdatmosphäre geraten und verglühen. Manche Meteoriten verdampfen nicht vollständig. Reste von ihnen fallen auf die Erde, Stein- und Eisenbrokken, direkt aus dem Weltall.

Die Sonne mit ihrer gewaltigen Anziehungskraft muß besonders viele dieser Meteoriten auf sich ziehen. Mit großer Geschwindigkeit treffen sie auf und verdampfen in der heißen Sonnenglut. Beim Aufprall wird die Energie ihrer Bewegung zu Wärme. Deckt die Sonne vielleicht ihren Strahlungsverlust mit der Energie aufprallender Meteoritenmaterie? Jedes auf sie fallende Gramm würde eine Energie von etwa 200 Millionen Joule liefern. Das entspricht etwa dem jährlichen Energieverbrauch pro Kopf in einem Entwicklungsland. In jedem Jahr wäre rund ein Hundertstel der Erdmasse an einfallender meteoritischer Materie notwendig, um die Strahlung der Sonne zu bestreiten. Diesen Massenzuwachs müßte man merken. Denn mit wachsender Masse der Sonne würde sich ihre Anziehungskraft im Laufe der Jahrhunderte verstärken und die Bewegung der Erde verändern. Die Jahreslänge müßte sich in den letzten 2000 Jahren merklich verkürzt haben. Wir wissen aber aus den Berichten des Altertums über Finsternisse, daß die Gangarten von Erde und Mond seit Jahrtausenden die gleichen sind. Von wo die Sonne auch immer ihre Energie bekommt: aufstürzende Meteorkörper sind es jedenfalls nicht.

Bereits im vorigen Jahrhundert hat Hermann von Helmholtz, der vielseitige Physiker und Arzt, auf eine andere Möglichkeit hingewiesen. Bliebe die Sonne ohne irgendwelche Energiezufuhr sich selbst überlassen, dann zöge sie sich im Laufe der Zeit zusammen. Ihr Durchmesser verringerte sich und jedes Gramm Sonnenmaterie näherte sich ihrem Zentrum im Zeitlupentempo. Bei diesem stark verzögerten Fallen würde, wie beim Aufprall eines Meteoritenkörpers, Energie frei. Es wäre Energie, die von der Schwerkraft der Sonne herrührt. Ihre Masse, ihre Anziehung auf die Erde und damit die Jahreslänge blieben dabei unverändert. Dieser Prozeß könnte tatsächlich die Strahlungskraft der

Sonne auf etwa zehn Millionen Jahre hinaus decken. Das ist aber nicht einmal ein Hundertstel der Jahrmilliarden, die unsere Sonne bereits strahlt. Auch die eigene Schwerkraft kann also ihren Energieverlust nicht decken.

Wenn man wissen will, woher die Sonne ihre Energie nimmt, muß man den Stern, von dem wir leben, näher kennenlernen. Wie ist die Materie beschaffen, die als gewaltiger heißer Gasball seit Jahrmilliarden Licht und Wärme in das sonst nahezu dunkle Weltall strahlt? Wir haben niemals die Gelegenheit gehabt, auch nur ein Gramm des Sonnenstoffes direkt zu untersuchen. Wir konnten ihn nicht im Reagenzglas chemisch analysieren. Trotzdem wissen wir über die chemische Beschaffenheit der Sonnenmaterie genau Bescheid. Die chemische Fernanalyse der Sonne über 150 Millionen Kilometer hinweg gelang im letzten Jahrhundert. Das Sonnenlicht verriet uns, welche Stoffe dort leuchten.

Die Farben des Regenbogens und die chemische Analyse der Sonne

Goethe wollte nicht glauben, daß das Sonnenlicht aus verschiedenfarbigen Anteilen zusammengesetzt ist. Das hatte zwar der englische Physiker Isaak Newton längst bewiesen, als er mit einem Glasprisma Licht in die Farben des Regenbogens zerlegte, die er danach wieder zu weißem Licht vereinigen konnte. Doch das Ergebnis ging Goethe so wider die Natur, daß er die von einem Jenenser Professor geliehenen Prismen wieder zurückgab, ohne ernsthaft mit ihnen experimentiert zu haben. Heute wissen wir: Hier irrte Goethe. Licht ist eine elektromagnetische Schwingung von der Art, wie wir sie auch mit einem Rundfunkgerät empfangen. Allerdings ist die Wellenlänge wesentlich kürzer. Beträgt im Mittelwellenbereich des Rundfunks der Abstand von Wellenberg zu Wellenberg einige hundert Meter und liegt er im UKW-Bereich bei einigen Metern, so liegt die Wellenlänge des Lichtes bei zehntausendstel Millimetern. Strahlung von sieben zehntausendstel Millimetern erscheint unseren Augen rot. Es ist das langwelligste Licht, das wir sehen können. Licht mit Wellenlängen von etwa vier zehntausendstel Millimetern sehen wir blau oder violett. Das ist die kurzwelligste vom Auge gerade noch wahrnehmbare Strahlung. Weißes Licht ist aus Strahlen verschiedener Wellenlänge, also verschiedener Farbe zusammengesetzt.

Im Regenbogen trennt die Natur die Bestandteile des Lichtes nach ihren Wellenlängen. Bei einem einfachen Regenbogen ist das rote Licht an der Außenseite, das blaue und violette innen. So wie unser Ohr die Wellenlänge eines Schallsignals als Tonhöhe wahrnimmt, so sieht unser Auge die Wellenlänge als Farbe. Wie die Wassertröpfchen im Regenbogen, so trennt auch ein Glasprisma die verschiedenfarbigen Komponenten des Sonnenlichtes. Es gibt Geräte, in denen mit Glasprismen oder mit anderen optischen Hilfsmitteln das Licht fein in seine einzelnen Bestandteile aufgelöst wird. Mit ihnen erhält man aus einem weißen Lichtstrahl einen Streifen verschiedenfarbigen Lichtes. Er ist gewissermaßen ein Schnitt quer durch den Regenbogen, das kurzwellige violette Licht an dem einen Ende, das langwellige rote am anderen. Den so gewonnenen bunten Streifen nennt man das *Spektrum* des Lichtes. Die Instrumente, in denen man das Licht von Himmelskörpern nach seiner Wellenlänge zerlegt, die *Spektrografen*, zählen zu den wichtigsten Werkzeugen der Astrophysiker.

1802 konnte der englische Physiker William Wollaston beim Betrachten des Spektrums der Sonne erkennen, daß es bei bestimmten Wellenlängen, also bei bestimmten Farben, dunkle Querstreifen zeigt. Bei einigen Wellenlängen kommt von der Sonne kein Licht zu uns.

Als nächster studierte der Glasermeistersohn Joseph von Fraunhofer aus Straubing in Niederbayern das Sonnenlicht. Er hatte es vom Glasschleiferlehrling zum größten Optiker seiner Zeit gebracht. Als er das Sonnenspektrum studierte, gab er den dunklen Linien Namen nach den ersten Buchstaben des Alphabets: A, B, C, ... Seither spricht man von den *Fraunhofer-Linien*. Konnte er sie noch an seinen Fingern abzählen, so kennt man heute mehrere tausend solcher Linien im Spektrum der Sonne (vgl. Abb. 4.1). Der Regenbogen zeigt sie nicht, da er das verschiedenfarbige Licht nicht sauber trennt. Würde in ihm das Sonnenlicht fein säuberlich nach den Wellenlängen aufgereiht nebeneinander liegen, man würde die Fraunhofer-Linien als dunkle, sich längs des Regenbogens ziehende schwarze Kreisbögen erkennen. Die Linie D etwa würde als dünne schwarze Linie im gelben Teil des Bogens sich so weit hinziehen, wie der Regenbogen reicht.

Woher kommen die dunklen Linien im Spektrum? Wie jeder Stern sendet die Sonne Licht in allen Regenbogenfarben aus. Die ursprünglich aus dem Sonneninneren kommenden Lichtstrahlen zeigen ein Spektrum, in dem man keine dunklen Linien finden würde. Doch wir erhalten kein Licht direkt aus dem Inneren der Sonne. Alle Strahlung wird erst in ihrer Atmosphäre gefiltert, ehe sie uns erreicht. Die Atome jedes Gases verschlucken Licht bei bestimmten Wellenlängen. Diese sind charakteristisch für die Atome. Bestünde die Atmosphäre der Sonne aus reinem Wasserstoff, dann würden dem auf der Erde ankommenden Sonnenlicht gerade *die* Wellenlängen fehlen, die von den Atomen des Wasserstoffs verschluckt worden sind. Da man von Experimenten im Laboratorium die »Lieblingswellenlängen« des Wasserstoffatoms kennt, wüßte man, daß in der Sonnenatmosphäre Wasserstoff ist. Würde man keine anderen Linien finden, müßte man weiter schließen, daß die Sonnenatmosphäre aus reinem Wasserstoff besteht. In Wahrheit hat man aber die Linien nahezu aller chemischen Elemente im Sonnenspektrum entdeckt. Einige sind kräftig, andere so schwach, daß man sie kaum bemerkt. Aus ihren Stärken kann man erfahren, in welchem Mischungsverhältnis die einzelnen Stoffe auf der Sonne vorkom-

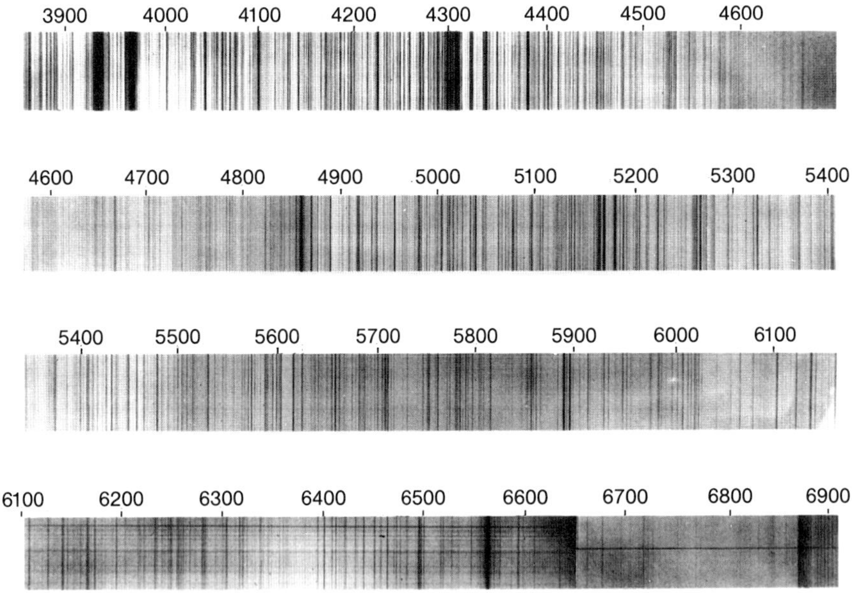

Abb. 4.1: Das Spektrum der Sonne in vier sich aneinander anschließende Teilstreifen zerlegt von den kürzesten Wellenlängen (oberster Streifen links) bis zu den längsten Wellenlängen (unterster Streifen rechts). Die Zahlen über jedem Streifen geben die Wellenlängen in zehnmillionstel Millimetern. Man erkennt die zahllosen dunklen Absorptionslinien, die von den verschiedenen auf der Sonne vorkommenden chemischen Elementen herrühren. Ihre genaue Analyse gestattete, die chemische Zusammensetzung und die Temperatur der Sonnenoberfläche zu bestimmen.

men. Das Gas Helium wurde übrigens zuerst im Spektrum der Sonne entdeckt, ehe man es auch auf der Erde fand. Deshalb nannte man es den »Sonnenstoff«, Helium. Der griechische Sonnengott Helios stand Pate. Die chemische Fernanalyse der Sonnenatmosphäre hatte folgendes Ergebnis: Zu 65,4 Gewichtsprozent besteht das Sonnengas aus Wasserstoff. Das nächsthäufige Element ist das Edelgas Helium mit 32,7 Prozent. Sauerstoff, Kohlenstoff und das Edelgas Neon kommen als nächste mit den Prozentanteilen 1,00, 0,27 und 0,24. Die anderen Stoffe teilen sich in die restlichen 0,39 Prozent. Darunter sind Eisen und Europium, Mangan und Magnesium und nahezu alle anderen bekannten Elemente. Die Erkenntnis, daß die Sonne hauptsächlich aus Wasserstoff besteht, half, die Energiequelle der Sonne zu entdecken.

Der Kernreaktor Sonne

Wir wissen heute, daß die ergiebigste uns bekannte Energiequelle die Kernenergie ist. Ein Teil unseres elektrischen Stroms kommt aus Kernkraftwerken. In ihnen werden schwere Uranatome in leichtere Atome gespalten. Bei Kernspaltungen wird Energie frei. Noch ergiebiger (und hoffentlich sicherer) werden Kernkraftwerke arbeiten, wenn es einmal gelingt, durch das Zusammenschmelzen leichter Atomkerne zu schwereren Atomen nützliche Energie zu gewinnen. Man spricht von der *Kernfusion*. Vor allem die Fusion von Wasserstoffkernen ist ergiebig. Aus vier Atomkernen des Wasserstoffs kann sich über Umwege ein Kern des Elements Helium bilden. Dabei wird Energie frei.

Die Sonne besteht hauptsächlich aus Wasserstoff. Liegt es daher nicht nahe, zu fragen, ob sie nicht vielleicht ihre Abstrahlung aus der Fusion ihres Wasserstoffs deckt? Das ist tatsächlich der Fall. Sie nimmt die Energie, mit der sie das Leben auf der Erde möglich macht, aus der Fusion von Wasserstoff zu Helium. So ist die Sonne das einzige Kernkraftwerk, mit dem auch unsere Grünen zu leben bereit sind. Es steht in sicherer Entfernung. Probleme der Endlagerung werden erst in Milliarden Jahren akut werden.

Wenn Wasserstoff, das häufigste Element im Weltall, sich zu Helium verwandelt, so werden bei der Fusion jedes Gramms 640 Milliarden Joule Energie frei. Das entspricht dem Pro-Kopf-Verbrauch eines Industrielandes über zehn Jahre. Es ist zwanzigmillionenmal mehr, als man beim Verbrennen der gleichen Menge Steinkohle gewinnen könnte. Deshalb reicht die Kernenergie der Sonne auch zwanzigmillionenmal so lange wie ihre chemische Energie. Das sind hundert Milliarden Jahre. Endlich haben wir eine Energiequelle gefunden, die ausreicht, um die Abstrahlung der Sonne über Jahrmilliarden zu decken: die Kernenergie aus der Fusion von Wasserstoff zu Helium. In Wahrheit waren wir etwas zu optimistisch, denn die Sonne besteht nur zu etwa 65 Prozent aus Wasserstoff. Sie hat etwas weniger nuklearen »Brennstoff«, als wir angenommen hatten. Außerdem werden sich die ersten Erschöpfungseffekt bereits bemerkbar machen, wenn die Sonne 10 bis 20 Prozent ihres Wasserstoffs verbraucht haben wird. Wir kommen damit auf eine Zeitspanne von etwa zehn Milliarden Jahren. Das reicht noch, um der Erde für die nächsten sechs Milliarden Jahre die für das Leben nötige Wärme zu spenden.

Es wird noch Milliarden Jahre dauern, bis sich der im Wasserstoff der Sonne gespeicherte Kernenergievorrat erschöpft hat. Was wird dann geschehen? Wir können es der Sonne heute nicht ansehen, denn die Stärke ihrer Strahlen hat sich nicht merklich geändert, von kurzzeitigen, kaum meßbaren Schwankungen abgesehen.

Wie lange leben die Sterne?

Wer etwas über die Zukunft der Sonne erfahren will, der muß nach anderen Sternen Ausschau halten. Die Sonne steht nicht allein im Weltall. Nur weil wir ihr so nahe sind, beherrscht sie unser Leben. Wir können mit dem freien Auge etwa 6000 andere Sterne erkennen. Das Fernrohr zeigt uns noch viele mehr. Auch sie bestehen – von wenigen Ausnahmen abgesehen – hauptsächlich aus Wasserstoff. Das hat man aus den Spektren ihres Lichtes gelernt. Falls sie ihre Abstrahlung genauso aus der Fusion von Wasserstoff zu Helium bestreiten, kann man auch für sie abschätzen, wie lange ihr Kernenergievorrat reicht. Für die Sonne hatten wir zehn Milliarden Jahre erhalten. Man findet aber auch Sterne, deren Wasserstoff viel früher zu Ende gehen wird.

Nehmen wir zum Beispiel Spica, den hellsten Stern im Sternbild der Jungfrau. Etwa die zehnfache Menge an Sternmaterie wie in der Sonne ist in ihm vereinigt. Doch Spica leuchtet zehntausendmal so stark. Der Stern enthält zwar wegen seiner größeren Masse die zehnfache Menge an Kernbrennstoff, er strahlt aber viel mehr ab. Sein Wasserstoffvorrat reicht daher nur für einen Zeitraum von $\frac{1}{1000}$ der Brennzeit der Sonne aus. Der Stern Spica kann also noch nicht wesentlich länger strahlen als einige Millionen Jahre. Das ist für kosmische Vorgänge eine kurze Zeitspanne. Bedenken wir doch, daß es vor einer Million Jahren auf der Erde bereits höhere Säugetiere gab, daß damals schon der Pithekanthropus, der Affenmensch, durch die Wälder Javas stapfte.

Die Sterne und die Eintagsfliege Mensch

Der Kernenergievorrat der Sonne und der anderen Sterne ist zwar groß, aber er erschöpft sich mit der Zeit. Sterne müssen altern. Wie wir gesehen haben, altert Spica schneller als die Sonne. Sind wir direkte Zeugen der Lebensgeschichte der Sterne? Können wir am Himmel verfolgen, wie ein Stern im Laufe der Zeit seinen Energievorrat erschöpft und verlischt? Wie wir oben an den Beispielen von Sonne und Spica gesehen haben, laufen die Alterungseffekte, gemessen an menschlichen Zeiträumen, langsam ab. In der Zeit zwischen seiner Immatrikulation und der Emeritierung zeigt zwar der Astronom im allgemeinen Erschöpfungseffekte, er kann aber keine an einem Stern direkt beobachten. Tatsächlich sind die Eigenschaften der mit freiem Auge sichtbaren Sterne immer noch die gleichen, wie sie schon der griechische Astronom Hipparch 150 Jahre vor Christi Geburt registriert hat. Die Zeitspanne, die seit dem Auftauchen wissenschaftlicher Intelligenz auf unserem Planeten verstrichen ist, war so kurz, daß der Mensch das Altern der Sterne bisher nicht direkt wahrnehmen konnte. Wenn wir aber nur hinreichend lange warten könnten, müßten wir sehen, wie Sterne zu Greisen werden.

Die Rolle, die der Astronom spielt, wenn er die Gesetze des Alterns der Sterne erkennen will, gleicht etwa der einer *Eintagsfliege*, die im Laufe ihres kurzen Lebens die Vorgänge beim Altern einzelner Personen erkennen will. Versetzen wir uns in ihre Lage. Verfolgt sie einen Menschen während ihrer Lebenszeit, also vom Morgen bis zum Abend, so wird sie an ihm kein wesentliches Altern feststellen können. Der Mensch altert eben viel langsamer als eine Eintagsfliege. Die Fliege sieht weibliche Menschen und männliche, kleine und große, hellhäutige und dunkelhäutige. Die Fliege wird aber nicht wissen, ob sie hierbei verschiedene Arten von Menschen beobachtet oder verschiedene Altersstufen ein und derselben Art von Mensch. Sie sieht während ihrer kurzen Lebenszeit nur ein Augenblicksbild und weiß nicht, ob Kleine immer klein bleiben oder ob sich aus Hellhäutigen Dunkelhäutige entwickeln, aus Männern Frauen. Wir sind in der gleichen Lage, wenn wir die Sterne beobachten, denn auch wir sehen nur ein Augenblicksbild.

Normalbürger und Aussteiger

Es gibt eine Vielzahl verschiedener Sterne: helle blaue Sterne und schwache rötliche. Es gibt große rote Sterne, Rote Riesen, und kleine weiße Sterne, Weiße Zwerge. Wie soll man diese Vielfalt zeitlich ordnen?

Die Astronomen haben diese Aufgabe gelöst und das Entwicklungsgesetz der Sterne, zumindest in seinen wesentlichen Zügen, erkannt. Man kann nämlich die Sterne grob in drei Klassen einteilen: in Riesen und Zwerge und in solche mittlerer Größe. Die Riesensterne besitzen oft den hundertfachen Durchmesser der Sonne, die Zwerge dagegen sind viel kleiner, eher mit der Erdkugel vergleichbar. Die meisten Sterne sind von mittlerer Größe, kaum größer als zehn und nicht kleiner als ein Zehntel Sonnendurchmesser. Etwa 90 Prozent aller Sterne zählen zu dieser Klasse. Sie sind gewissermaßen die Normalbürger unter den Sternen, das Mittelmaß. Bei ihnen herrscht Ordnung. Auch die Sonne ist ein Normalstern. Nur die wenigen Riesen- und Zwergsterne sind die Ausnahmen, sie sind gewissermaßen die Aussteiger aus dem Normalbürgertum.

Die Normalsterne zeigen eine wichtige Gesetzmäßigkeit, die mit ihrer Masse zu tun hat. Nur von wenigen Sternen kennt man die Menge Materie, die in ihnen vereinigt ist. Erst wenn sich im Schwerefeld eines Sterns Begleiter bewegen, läßt sich seine Masse einigermaßen zuverlässig bestimmen. So verraten uns die sich um die Sonne bewegenden Planeten, wieviel Materie in unserem Muttergestirn vereinigt ist. Es ist in Tonnen ausgedrückt eine 28stellige Zahl. Für eine Anzahl von Normalsternen gelang es, die Masse zu bestimmen. Dabei zeigte sich, daß die mit der größten Strahlungskraft auch die größte Masse besitzen. Die massereichsten Sterne sind aus dreißig- bis fünfzigmal mehr Materie zusammengesetzt.

Die masseärmsten Fixsterne haben nur einige Zehntel der Sonnenmasse. Normalsterne geringerer Leuchtkraft haben auch wenig Masse. Wir sehen: je größer die Masse eines Sterns, um so stärker strahlt er ab, aber er strahlt mehr ab, als er sich leisten kann. Das gilt allgemein: Die Strahlungskraft eines Sterns größerer Masse ist so stark, daß er sich trotz der größeren Menge Kernbrennstoffes in kürzerer Zeit erschöpft als ein Stern geringerer Masse. Wir haben bereits am Beispiel von Spica gesehen, daß sie über ihre Verhältnisse lebt und mit ihrem Energievorrat viel früher am Ende sein wird als die Sonne. Wer sich, wie ich, ein Leben lang damit befaßt hat, dem fällt immer wieder auf, wieviel

Menschenähnliches die Sterne an sich haben; hier: je größer die Masse, um so geringer die Lebenserwartung.

Das kurze Leben der massereichen Sterne hat den Astronomen geholfen, etwas über die Geburt der Sterne zu erfahren. Wir wollen etwas über das Altern der Sterne wissen, doch zuerst befassen wir uns mit ihrer frühesten Jugend.

Wie Sterne geboren werden

Sterne müssen irgendwann einmal verlöschen, denn sie können nur endliche Zeit strahlen. Wenn Sterne verschwinden, müssen wir daraus schließen, daß die Zahl der Sterne immer mehr abnimmt? Wird in Zukunft ein Stern des Himmels nach dem anderen ausgehen? Oder entstehen laufend neue Sterne und ersetzen die alte Generation? Wie werden Sterne geboren? Wie war es, als vor Milliarden Jahren die Sonne entstand?

Leuchtkräftige Normalsterne können nicht lange leben, denn ihr Kernenergievorrat ist bald zu Ende. Wenn wir also leuchtkräftige Normalsterne sehen – meist sind sie von blauer Farbe – dann wissen wir: Hier sind vor nicht allzu langer Zeit Sterne entstanden. Manchmal sieht man Sterne, die erst eine Million Jahre alt sein können, denn für eine längere Zeit reicht ihr Energievorrat nicht aus. Eine Million Jahre ist aber ein Nichts für das Geschehen im Weltall. Wo vor einer Million Jahren Sterne entstanden sind, können sich genausogut heute welche neu bilden. Wer nach Stellen im Weltall sucht, wo kürzlich Sterne entstanden sind oder vielleicht heute noch welche entstehen, der lasse sich also von den leuchtkräftigsten Normalsternen leiten. Man findet richtige Nester von solchen Objekten am Himmel. Sie stehen meist in Wolken aus Gas und Staub. Der in der Tafel 4.1 abgebildete Orionnebel ist ein solcher Platz. In ihm eingebettet sind leuchtkräftige Normalsterne, die nicht älter sein können als eine Million Jahre. Sie bringen die umgebenden Gasmassen zum Leuchten. Der Orionnebel muß also in einer Zeit entstanden sein, als auf der Erde bereits die Vorläufer der Menschheit gelebt haben.

Wir wissen heute, daß Sterne dadurch entstehen, daß Gas- und Staubmassen, durch ihre eigene Schwerkraft getrieben, in sich zusammenfallen. Dabei erhitzen sie sich und bilden sternartige Verdichtungen, in deren Inneren die Temperaturen auf Millionen Grad ansteigen. Bei dieser Hitze wandelt sich Wasserstoff in Helium um. Die zusam-

menfallende Materie wird so heiß, daß die daraus entstehenden Sterne gleich bei ihrer Geburt zu Kernreaktoren werden. Von außen her betrachtet zeigen die neugeborenen Sterne alle die Eigenschaften der Normalsterne. Da sie ihre Abstrahlung aus der Fusion des Wasserstoffs decken, können wir jetzt vermuten, daß die Normalsterne alle von der Kernenergie des Wasserstoffs leben. Wir wissen bereits, daß dieser Kernbrennstoff zwar über einen langen aber doch nur endlichen Zeitraum reicht. Früher oder später muß er sich erschöpfen. Der Stern muß altern. Was geschieht mit ihm?

Wie altert ein Stern?

Haben wir in den verschiedenen Arten von Sternen verschiedene Altersstufen ein und derselben Sternart vor uns? Ist ein Stern anfangs ein Normalstern? Schrumpft er und endet als Zwerg? Oder beginnt er als Normalstern und endet als Riese? Oder sind die verschiedenen Sternarten gar nicht verschiedene Altersstufen? Bleibt der Riese für immer Riese, der Zwerg für immer Zwerg? Wir sind so ratlos wie die Eintagsfliege, die beim Anblick der verschiedenen Menschen überlegt, ob diese vielleicht alle nur verschiedene Stadien einer Entwicklung sind.

Wir, die wir über den Menschen Bescheid wissen, könnten der Fliege einen Tip geben. Wir könnten ihr verraten, daß Schulklassen Gruppen von Menschen gleichen Alters sind – wenn man vom Lehrer absieht. Mit diesem Wissen könnte die Fliege sofort feststellen, daß Geschlecht und Hautfarbe keine Alterungseffekte sind, daß Menschen verschiedenen Geschlechts und Menschen verschiedener Hautfarbe nicht verschiedene Altersstufen ein und desselben Individuums sein können. Denn in einer Schulklasse können Mädchen und Jungen, Weiße und Schwarze sitzen. Die Fliege würde aber an den Schulklassen erkennen, daß die Körpergröße mit dem Alter zusammenhängt. Manche Klassen bestehen aus kleinen Menschen, andere aus wesentlich größeren.

Der *Astronom* ist in der glücklichen Lage, daß er am Himmel *Schulklassen* von Sternen findet, also Gruppen, die jeweils gleich alt sind.

Tafel 4.1: Der Orionnebel wird von einer Gruppe junger Sterne zum Leuchten angeregt. Sie sind kaum älter als eine Million Jahre. Auch heute entstehen dort noch Sterne (Aufnahme US Naval Obs., Washington/DC).

Sternhaufen – Schulklassen von Sternen

Man kann bereits mit freiem Auge am abendlichen Herbsthimmel das Siebengestirn erkennen, das in der Tafel 4.2 zusammen mit vielen für das unbewaffnete Auge nicht erkennbaren Sternen, die dort beieinanderstehen, abgebildet ist. Das Fernrohr zeigt von dieser Gruppe etwa 120 Sterne, die sich alle im Raum mit gleicher Geschwindigkeit in die gleiche Richtung bewegen. Sie sind offensichtlich gleichen Ursprungs. Man kennt viele solche Gruppen von Sternen und spricht von *Sternhaufen*. Besonders eindrucksvoll sind die sogenannten Kugelsternhaufen, wie der in der Abbildung 4.2, in denen Tausende von Sternen auf engem Raum zusammengedrängt sind.

Wie sind Normalsterne und Aussteiger in diesen »Schulklassen« von Sternen vertreten? Sind in einem Sternhaufen alle Sterne Riesen, in dem anderen alle Normalbürger? Gibt es Haufen, die nur aus Zwergen bestehen?

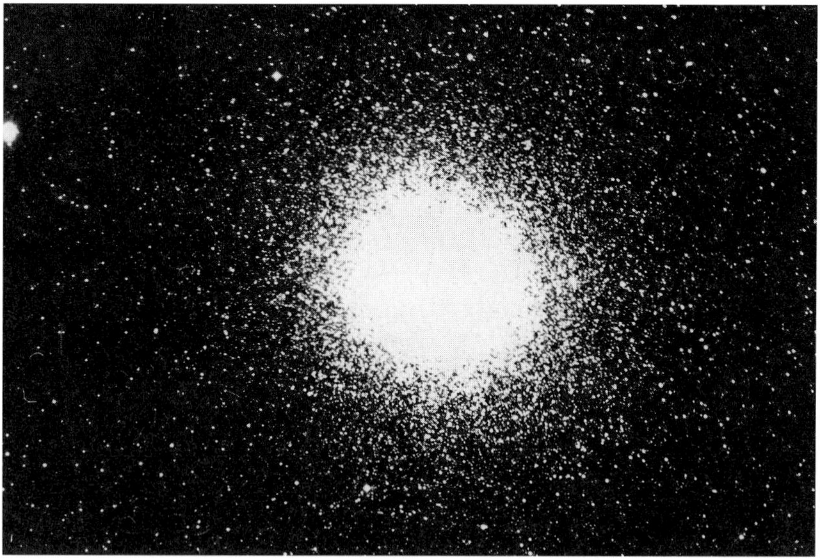

Abb. 4.2: Bei einem Sternhaufen hat man den Eindruck, daß in seinem Inneren die Sterne so dicht stehen, daß sie einander berühren, das liegt jedoch nur an der Unzulänglichkeit der fotografischen Aufnahmetechnik. In Wahrheit werden auch im dichtesten Teil dieses Sternhaufens die einzelnen Sterne durch weite leere Räume voneinander getrennt (Aufnahme Europ. South. Obs., Garching).

Man findet tatsächlich Gruppen, die nur Normalsterne enthalten, doch viel mehr Sternhaufen enthalten Normalbürger nur bis zu einer bestimmten Maximalmasse. Man findet in diesen Sternhaufen keine Normalsterne größerer Masse. Dafür gibt es aber dort oft noch einige Riesensterne. Das wird verständlich, wenn wir uns erinnern, daß massereiche Sterne kurzlebig sind. Stellen wir uns vor, irgendwo im Raum würde plötzlich aus einer Gaswolke eine Gruppe verschiedener Sterne entstehen. Die von großer Masse würden zuerst mit ihrem Energievorrat zu Ende sein und Alterungseffekte zeigen. Derweilen würden die mit weniger Masse weiter brav von ihrem Wasserstoff leben. Das paßt genau zu den Sternen in den Sternhaufen. Die mit wenig Masse sind noch Normalbürger, die mit viel Masse sind bereits Riesen, also Aussteiger. Das bestätigt noch einmal, daß die Normalsterne ihren Energiebedarf aus Kernfusion decken. Wir erhalten also das folgende Bild:

Wenn eine Gruppe von Sternen entsteht, so erschöpfen zuerst die mit viel Masse, das heißt die hellsten, ihren Kernenergievorrat, während die mit wenig Masse noch genügend Energie vorrätig haben. Unter den Normalsternen muß sich daher der Alterungseffekt zuerst bei den massereichsten, das heißt bei den strahlungskräftigsten, bemerkbar machen. Die Sternhaufen legen nahe, daß sie dann zu Riesensternen werden.

Man hat diesen Verdacht bestätigt, denn man kann heute die Lebensgeschichten der Sterne über lange Zeiträume in der Rechenmaschine verfolgen. Man kann gewissermaßen Modellsterne konstruieren und mit dem Computer herausfinden, was mit ihnen geschieht, wenn sie ihren im Wasserstoff gespeicherten Energievorrat erschöpfen. Ich habe den größten Teil meines wissenschaftlichen Lebens damit zugebracht, Sterne im Computer zu simulieren und so die Lebensgeschichte der Sterne zu studieren.

Die Ergebnisse bestätigen unseren Verdacht, der durch die Sternhaufen nahegelegt wurde. In der Tat blähen sich die Sterne nach dem Erschöpfen ihres Wasserstoffvorrats zu Riesensternen auf und vergrößern vorübergehend ihre Strahlungskraft. Aus den Normalbürgern werden im Alter Aussteiger.

Wenn die Sonne alles Leben töten wird

So wird es auch mit unserer Sonne sein. Heute ist sie etwa 4½ Milliarden Jahre alt. Im Alter von 10 Milliarden Jahren wird ihre Leuchtkraft etwa doppelt so groß sein wie heute. Längst ist die Menschheit in klima-

tische Schwierigkeiten gekommen, aber es wird noch schlimmer werden. Im Zentrum wird aller Wasserstoff verbraucht; eine Kugel aus Helium füllt das Zentralgebiet aus.

Der Computer bestätigt, was wir vermuteten, denn gleichzeitig wird der Stern zum Roten Riesen. Der Sonnenball wird größer, und wenn sich seine Oberflächentemperatur auch erniedrigt, seine gesamte Abstrahlung steigt. Im Alter von 13 Milliarden Jahren wird die Sonne den hundertfachen Durchmesser von heute haben. Die Leuchtkraft wird zweitausendmal stärker, die Oberflächentemperatur aber gleichzeitig merklich geringer sein, nur noch 4000 °C, das ist 1800 ° niedriger als heute.

Aber das wird uns auch nicht mehr retten. Die Erde ist zum heißen Ofen geworden, der kein Leben mehr tragen kann. Am Anfang dieses Kapitels haben wir die schaurige Prognose der Astronomen für unseren Planeten bereits erwähnt. Ist sie wirklich wahr?

Die Computer-Rechnungen beschreiben die gegenwärtige Sonne in ihren wesentlichen Eigenschaften richtig. Darf man daraus schließen, daß auch die Zukunft mit all ihren fürchterlichen Folgen richtig vorhergesagt wird? Leider ja, wir haben nämlich einen direkten Beweis dafür. Manche Sternhaufen enthalten Sterne, die etwa ebensoviel Masse besitzen wie unsere Sonne, die ihr aber auf ihrem Lebensweg weit voraus sind. Diese Sterne im Greisenalter sind sämtlich Rote Riesen geworden. Sie haben sich genau so entwickelt, wie es der Computer für unsere Sonne vorhersagt.

Wenn ihr Kernenergievorrat erschöpft ist, blähen sich alle Sterne zu Roten Riesen auf. Auch die Sonne wird da keine Ausnahme machen. Es scheint, daß unseren Nachfahren in Milliarden Jahren nichts erspart bleibt, wenn sie das Erschöpfen des Kernvorrates unserer Sonne überhaupt noch erleben und nicht bereits aus anderen Gründen ein Ende gefunden haben.

Tafel 4.2: Der Sternhaufen der Plejaden (Siebengestirn) besteht aus über hundert Einzelsternen. Die hellsten regen benachbarte Gasmassen zum Leuchten an. Beim Studium solcher Gruppen von Sternen gleichen Alters hat man das Gesetz der Entwicklung der Sterne erkannt (Aufnahme Calif. Inst. of Technology Pasadena, Cal. and Carnegie Inst. of Washington).

5. Der Friedhof der Sterne

So also sieht das Leben der Sonne aus: Vor vier bis fünf Milliarden Jahren wurde sie aus einer gewaltigen Gaswolke geboren, die in sich zusammenstürzte und dabei wahrscheinlich einige hundert Sterne oder mehr zur Welt brachte. Anfangs war die Großfamilie noch eng beieinander. Doch im Laufe der Zeit haben sich die Geschwister aus den Augen verloren. Die Sonne lebt zur Zeit von ihrem Wasserstoff. Wenn sich dieser Kernbrennstoff erschöpft, wird sie ihren Durchmesser vergrößern. In ihrem Inneren hat sich dann eine heiße aus Helium bestehende Kugel großer Dichte gebildet. Die Temperaturen im Zentrum werden schließlich auf 100 Millionen Grad steigen. Da zündet das Helium in einer neuen Kernreaktion und verwandelt sich in Kohlenstoff, Sauerstoff und Neon. Das Helium ist aber keine so ergiebige Energiequelle wie der Wasserstoff. Mit ihm wird die Sonne ihr Leben nicht merklich verlängern können.

Was wird dann mit ihr geschehen? Mit dem Erschöpfen der Kernbrennstoffe Wasserstoff und Helium hat sich das Sonneninnere so verdichtet, daß dort eine Tonne Materie im Volumen eines Fingerhutes Platz hat. Daß Sternmaterie so dicht gepackt sein kann, weiß man schon lange.

Sirius und sein Begleiter

Sieht man von Sonne und Planeten ab, so ist Sirius der hellste Stern des Himmels. Deshalb ist es kein Wunder, daß er schon früh die Aufmerksamkeit der Menschen auf sich gezogen hat. Im alten Ägypten wurden Feste gefeiert, wenn er im Laufe des Jahres zum erstenmal wieder in der Morgendämmerung auszumachen war. Nach unserem Kalender war das immer um die Zeit des 19. Juli. Kurz darauf begann der Nil über seine Ufer zu treten. Der fruchtbare Nilschlamm legte sich auf die Felder, und neues Wachstum konnte beginnen. Man dankte den Göttern der Fruchtbarkeit. Nannten ihn die Ägypter den Stern »Sothis« und richteten sie ihre Kalender nach seinem Kommen und Gehen, so hieß er bei den Griechen »Seirios«, was »der hell Leuchtende« bedeutet. Von da her hat er seinen heutigen Namen. Außer seinem hellen Glanz hatte er in darauffolgenden Jahrtausenden den Astronomen nichts zu bieten – bis zum Jahre 1844.

Längst hatte das Weltsystem des Kopernikus das alte griechische verdrängt. Es gab keinen Zweifel mehr darüber, daß sich die Planeten um die Sonne bewegen. Man hatte auch bemerkt, daß die Sterne des Himmels, die man Fixsterne genannt hatte, weil sie anscheinend unbeweglich an der Himmelskugel fixiert sind, ihren Namen zu Unrecht tragen. Denn als der Göttinger Astronom Johann Tobias Mayer ihre Abstände voneinander genauer bestimmte, da entdeckte er im Jahre 1760, daß sie sich doch gegeneinander verschieben. Allerdings bewegen sie sich nur langsam, denn sie sind weit entfernt. Die schnellsten unter ihnen schieben sich erst innerhalb von Jahrtausenden um eine Vollmondbreite an ihren Nachbarn vorbei. Der Astronom, der entdeckte, daß Sirius am Himmel merkwürdig schwankt, sollte ursprünglich Kaufmann werden.

Seit 1810 leitete Friedrich Wilhelm Bessel die in Königsberg in Preußen neu gegründete Sternwarte. Der aus Minden stammende Mann hatte als Lehrling in einem Bremer Handelshaus begonnen, war gleichzeitig Liebhaberastronom gewesen und hatte sich bald in der wissenschaftlichen Welt einen Namen gemacht. Bessel wurde vor allem durch seine präzisen Messungen der Positionen der Sterne am Himmel bekannt. So verfolgte er auch die Bahn, längs der sich Sirius relativ zu seinen Nachbarsternen langsam bewegt. Dabei waren ihm 1834 Unregelmäßigkeiten aufgefallen: Sirius wanderte nicht gleichförmig. Vor allem war er im Jahre 1840 in seiner Bahn seitlich abgelenkt worden, so als hätte ihn eine Kraft vorübergehend etwas zur Seite geschoben. Warum bewegt sich Sirius, der im nahezu leeren Raum, weitab von Nachbarsternen, die ihn durch ihre Schwerkraft stören könnten, nicht geradlinig? Oder steht er gar nicht weit ab von Nachbarsternen? Im Jahre 1844 – er hatte das gleiche auch bei einem anderen Stern gefunden – glaubte Bessel das Rätsel der beiden taumelnden Sterne gelöst zu haben: Um sie müssen unsichtbare Begleiter ihre Bahnen ziehen, die bei jedem Umlauf ihren Hauptsternen mit ihrer Schwerkraft einen kleinen Ruck versetzen. Sirius taumelt, weil er von seinem Begleiter regelmäßig gestoßen wird. Bessel hat nicht mehr erlebt, wie sein Verdacht bestätigt wurde. Im Jahre 1846 erlag er einem Krebsleiden. Wir verdanken ihm viele große Entdeckungen, unter denen der von ihm vermutete Siriusbegleiter nur eine bescheidene Rolle spielt. Bessel war einer der größten

Astronomen. Seine Idee, mit der er die Schwankungen des Sirius erklärte, hatte aber einen Schönheitsfehler: Niemand konnte den Begleitstern sehen.

Im Jahr 1862 lieferte Alvan Clark, ein berühmter Fernrohrbauer, das Teleskop für die Dearborn-Sternwarte in Chicago ab. Mit seinem Linsendurchmesser von 46 Zentimetern war es eines der Großinstrumente der Zeit. Die Firma Clark & Sohn sollte noch für Jahrzehnte große Teleskope bauen. Berühmt wurde das 1885 an der Pulkowo-Sternwarte, nahe dem heutigen Leningrad, in Betrieb genommene Linsenfernrohr von 76 Zentimetern. Das größte Linsenfernrohr der Welt, das mit seinem Durchmesser von 102 Zentimetern im Jahre 1897 in der Yerkes-Sternwarte in Chicago installiert wurde, stammt auch aus der Clarkschen Werkstatt. Zu den Eigenheiten der Firma Clark & Sohn gehörte, daß man die Güte einer Teleskoplinse nachts am Fernrohr an den Sternen prüfte. So hatte es schon Vater Alvan Clark gehalten. Als er das Dearborn-Fernrohr prüfte, wählte er sich Sirius als Teststern. Dabei entdeckte er ein schwaches Lichtpünktchen in unmittelbarer Nachbarschaft. Stünde es nicht so nahe bei dem alles überstrahlenden Sirius, man könnte das Sternchen heute schon mit einem kleinen Kaufhausfernrohr sehen. Doch es »verkroch sich unter den Strahlenflügeln des Sirius«, schrieb Bruno H. Bürgel, der Berliner »Arbeiterastronom«, der in der Zeit vor dem Zweiten Weltkrieg sich um die Verbreitung astronomischen Wissens verdient gemacht hat. »Will sich der Leser eine einigermaßen zutreffende Vorstellung machen«, schreibt er weiter, »dann stelle er sich den Siriusbegleiter so groß vor wie einen Stecknadelkopf und Sirius selbst so groß wie einen Apfel; der Stecknadelkopf bleibt im Mittel beinahe 100 Meter vom Apfel entfernt.« Fünfzig Jahre benötigt

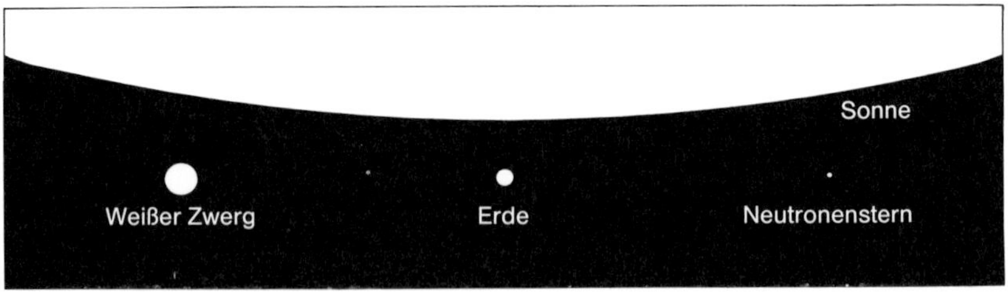

Abb. 5.1: Sonne, Weißer Zwerg und Neutronenstern im Vergleich zur Größe der Erde. Die Sonne reicht von oben in das Bild hinein, der Weiße Zwerg ist im Durchmesser vergleichbar mit dem der Erde, der Neutronenstern ist wesentlich kleiner, vielleicht 30 Kilometer im Durchmesser.

der Stecknadelkopf, um den Apfel zu umkreisen. Auf seiner Bahn kommt er bei jedem Umlauf einmal dem Apfel besonders nahe. Durch seine Schwerkraft gibt der Begleiter dem Hauptstern immer einen kleinen Stoß, das von Bessel entdeckte Taumeln. Es mag unglaubwürdig erscheinen, daß ein Stecknadelkopf einem Körper von der Größe eines Apfels überhaupt etwas anhaben kann. Doch wenn es um die Schwerkraft geht, dürfen wir nicht die Körper nach ihrer Größe messen, sondern nach ihrer Masse. Im Stecknadelkopf steckt etwa die Hälfte der Masse des Apfels. Wenn wir von Bürgels Gleichnis zurück zu den wahren Verhältnissen gehen, besitzt der »Apfel« des Siriussystems etwa das 2½fache der Masse der Sonne. Im kleinen Volumen des »Stecknadelkopfes« ist eine Sonnenmasse enthalten. Der Siriusbegleiter ist in Wahrheit etwa so groß wie die Erde. Will man die Masse der Sonne in eine Erdkugel zwängen, muß man ihre Materie extrem zusammenpressen. Man kennt heute viele zusammengepreßte Sterne von der Art des Siriusbegleiters. Es sind die *Weißen Zwerge.* In der Abbildung 5.1 sind die Größenverhältnisse von Sonne, Erde, einem Weißen Zwerg und einem Neutronenstern, einer Sternart, von der noch die Rede sein wird, skizziert.

Die verdichtete Materie im Inneren von Sternen, die ihren Kernbrennstoff bereits verbraucht haben, ähnelt der Materie in den Weißen Zwergen. Man kann sagen, daß im Innern eines entwickelten Sterns, der seinen Wasserstoff bereits verbraucht hat, immer ein Weißer Zwerg steckt, den man nur nicht sieht, weil er von den Außenschichten verdeckt wird. Wir wissen, daß Sterne zu Roten Riesen werden, wenn ihr Wasserstoff zu Ende geht. Doch das ist nur eine Äußerlichkeit. Wenn Normalsterne ihren Wasserstoff erschöpfen, dehnen sie sich zwar zu roten Riesensternen aus, in ihrem Zentralgebiet aber verdichtet sich die Materie zu einem Kern von der Dichte eines Weißen Zwerges. Würde man die Hülle entfernen, bliebe der Weiße Zwerg zurück, den man im Innern jedes Roten Riesen findet. In der Natur scheinen sich Sterne manchmal ganz von selbst ihrer Hülle zu entledigen und den Weißen Zwerg in ihrem Innern freizulegen.

Ein Stern legt sein Inneres frei

Wir wissen ungefähr, was bei diesem Häutungsprozeß geschieht. Denn in einigen Fällen sind wir Zeugen, wie ein Stern gerade seine Außenschichten abstößt und ein Weißer Zwerg zum Vorschein kommt. Das in

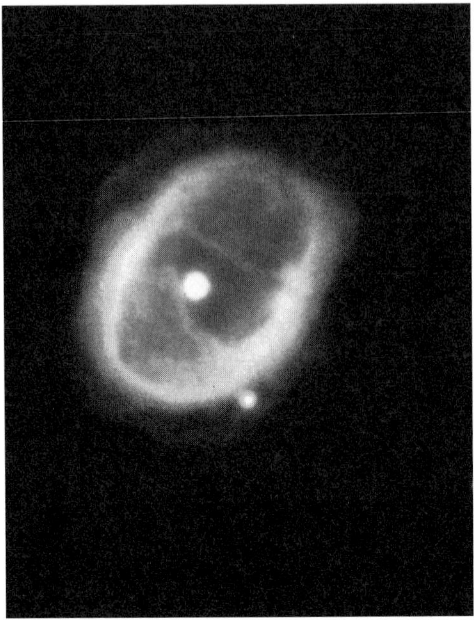

Abb. 5.2: Im Sternbild Vela am Südhimmel steht ein sogenannter planetarischer Nebel. Der Stern in seiner Mitte hat sich von seiner Hülle befreit. Er ähnelt in seinen Eigenschaften bereits einem Weißen Zwerg und regt das wegfliegende Gas zum Leuchten an (Aufnahme Europ. South. Obs., Garching).

den Raum geblasene Gas umgibt ihn in einer sich ständig weiter ausdehnenden Hülle. Man nennt solche Gebilde *Planetarische Nebel* (vgl. Abb. 5.2). Das Wort hat nichts mit wirklichen Planeten zu tun. Den ersten Beobachtern erschienen die abgestoßenen Gase im Fernrohr wie die Scheiben von Planeten. Daher kommt der irreführende Name. Niemand kennt vorläufig den Mechanismus, der den Stern zwingt, sich seiner Hülle zu entledigen.

Wahrscheinlich wird auch die Sonne in der Zukunft, wenn sich in ihr ein Kern großer Dichte gebildet hat und sich ihre äußeren Schichten zu einem Roten Riesenstern aufgebläht haben, ihr Äußeres abstoßen. Das abgeblasene Gas wird im Raum verschwinden. Der Kern wird als Weißer Zwerg übrigbleiben.

Weiße Zwerge sind keine Kernreaktoren. Sie strahlen nur, weil sie aus dem heißen Innern ihres Muttersterns stammen. Es währt Jahrmilliarden, bis sie sich abgekühlt haben.

Das unzuverlässige Gleichgewicht der Weißen Zwerge

Ist es das Schicksal eines jeden Sterns, seine Hülle abzustoßen und als winziger, verdichteter, sich immer weiter abkühlender Weißer Zwerg zu enden? Keinesfalls, denn in einem Weißen Zwerg kann nicht allzuviel Masse zusammengedrückt werden. Das liegt an der unvorstellbar starken Schwerkraft. Würde man versuchen, aus zwei Sonnenmassen oder mehr einen Weißen Zwerg zu formen, so würde die Schwerkraft in seinem Inneren so stark anwachsen, daß ihr keine Druckkraft mehr das Gleichgewicht halten kann. Der Weiße Zwerg würde in sich zusammenstürzen. Alle Materie würde zum Mittelpunkt hin fallen.

Das hatte im Jahre 1930 der Astrophysiker Subrahmanyan Chandrasekhar vorausgesagt, ein damals junger, unbekannter Inder, der eben erst aus seiner Heimat in Cambridge eingetroffen war. Doch Arthur Eddington in England, der damalige Papst der Astrophysik, der selbst wesentliche Beiträge zum Verstehen des inneren Aufbaues der Sterne geleistet hatte, wollte das zuerst nicht glauben. Man hätte Chandrasekhar leicht widerlegen können, wenn man am Himmel einen Weißen Zwerg von vielleicht fünf oder zehn Sonnenmassen gefunden hätte. Doch alle Weißen Zwerge, bei denen es gelang, ihre Masse zu bestimmen, lagen unter dem 1,4fachen der Masse der Sonne, wie der junge Inder vorhergesagt hatte. Man nennt diesen kritischen Massenwert die *Chandrasekharsche Grenzmasse* für Weiße Zwerge. Im Jahre 1983 erhielt Chandrasekhar, inzwischen durch viele Beiträge zur Physik und Astrophysik berühmt geworden, für seine mehr als 50 Jahre zuvor gemachten Arbeiten über Weiße Zwerge den Nobelpreis für Physik.

Exotische Sternleichen

Wie enden Sterne? Für die Sonne scheint die Frage beantwortet zu sein. Sie wird ihre Hülle abstoßen und zum sich langsam abkühlenden Weißen Zwerg werden. Was aber wird einmal mit Spica werden? In ihr ist die zehnfache Masse der Sonne vereinigt. Wenn sie ihr Leben auch als Weißer Zwerg beenden will, muß sie nahezu neun Sonnenmassen abstoßen.

Befreien sich alle Sterne im Laufe ihres Lebens von ihrer überflüssigen Masse und bleibt von jedem dann nur ein Weißer Zwerg übrig, der kaum mehr als eine Sonnenmasse in sich vereinigt? Was geschieht, wenn ein Stern mit seiner Abmagerungskur keinen Erfolg hat und schließlich doch mehr Masse übrigbehält, als für einen Weißen Zwerg erlaubt ist?

Daß Weiße Zwerge nicht mehr Materie in sich vereinigen dürfen, als etwa das 1,4fache der Masse der Sonne, liegt an einer merkwürdigen Eigenschaft, welche Materie bei hohen Dichten besitzt. Was würde geschehen, wenn wir in einem gigantischen Gedankenexperiment auf einen Weißen Zwerg Materie schütten würden, bis er die Chandrasekharsche Grenzmasse überschreitet?

Die mit der Masse ansteigende Schwerkraft würde die Materie weiter verdichten. Die Atome kämen einander immer näher. Die Elektronen würden in die Atomkerne eindringen, und aus den Protonen und den Elektronen würden Neutronen werden.

Ursprünglich war der Weiße Zwerg im Gleichgewicht. Der Druck seines Gases im Innern verhinderte, daß die Schwerkraft die Materie auf das Zentrum stürzen ließ. Diese Schwerkraft wiederum hielt das Gas zusammen, so daß es nicht vom Innendruck getrieben in den Raum verpuffte. Doch dieses Gleichgewicht haben wir gestört, als wir den Weißen Zwerg über die Grenzmasse hinaus überfütterten. Bei der dabei entstehenden hohen Dichte werden die Atomkerne von den nahe an sie herangepreßten Elektronen angegriffen und zerstört. Wo früher ein Gemisch aus Atomkernen und Elektronen einen Stoff formte, der nur schwer zusammenzudrücken war, entstand ein Gas, das hauptsächlich aus Neutronen besteht und das der Schwerkraft vorerst keinerlei Widerstand entgegenbringen kann. Das Neutronengas stürzt in sich zusammen. Erst wenn seine Dichte auf das Milliardenfache der eines Weißen Zwerges angestiegen ist, kann der Innendruck den Kollaps stoppen. Erst wenn in einen Fingerhut Hunderte von Millionen Tonnen Materie passen, kann der Druck eines Neutronengases der Schwerkraft wieder das Gleichgewicht halten.

Man spricht dann von *Neutronensternen* (vgl. Abb. 5.1). Ursprünglich waren sie nur in den Köpfen der Physiker und Astronomen zu finden. Es begann, als im Jahre 1932 der sowjetische Physiker Lew Landau als erster darauf hinwies, daß Sterne auch aus Materie extrem

Tafel 5.1: Zwei Bilder der Großen Magellanschen Wolke. Das obere, vom 23. Februar 1987 um 1.00 Weltzeit, ließ noch nicht erkennen, daß ein astronomisches Jahrhundert-Ereignis bevorstand. Auf der unteren, am 25. Februar zur gleichen Uhrzeit gewonnenen Aufnahme war die Supernova da (im oberen Teil der Wolke rechts) (Europ. South. Obs., Garching).

hoher Dichte bestehen können, so dicht, daß sie nur noch aus Neutronen zusammengesetzt ist. Später hat J. Robert Oppenheimer, der Vater der amerikanischen Atombombe, über diese merkwürdigen, der Phantasie eines Theoretischen Physikers entsprungenen Gebilde nachgedacht. Doch niemand wußte, ob es sie auch in der Natur gibt.

Wie soll man auch einen Stern sehen, in dem keine Kernreaktionen die Energie liefern, mit der er leuchten könnte und in dem die Masse der Sonne in eine Kugel von 30 Kilometern Durchmesser gepreßt ist? Doch die Astrophysiker hielten es seit den dreißiger Jahren für möglich, daß Neutronensterne in der Natur vorkommen. Nicht etwa, daß sie im Fernrohr endlich einen Neutronenstern entdeckt hätten, den Hinweis gaben gewaltige Sternexplosionen, wie man sie nur deuten konnte, wenn man annahm, daß dort ein Weißer Zwerg zu einem Neutronenstern zusammenbricht. Denn bei diesem Übergang wird eine gewaltige Energiemenge frei. Sie reicht aus, den größten Teil des Sterns in einer Explosion in den Raum zu blasen. Man glaubt, daß dieser Vorgang die Ursache des Ereignisses vom Februar 1987 in der Großen Magellanschen Wolke war.

Die Supernova vom 23. Februar 1987

Innerhalb von Stunden vervielfachte der Stern seine Leuchtkraft. So hell wie 30 Millionen Sonnen strahlte er, ehe er zerplatzte. Das geschah in grauer Vorzeit. Der Affenmensch von Java war zwar schon lange tot, doch unsere Vorfahren hatten noch einen weiten Weg zum Neandertaler vor sich, der erst etwa 50000 Jahre später auftauchen sollte. Wahrscheinlich haben ihnen Ereignisse am Himmel noch nichts bedeutet. Aber selbst wenn sie gezielt die Sterne beobachtet hätten, ihnen wäre nichts aufgefallen, denn der Blitz der Explosion brauchte für seinen Weg etwa 175000 Jahre. Am 23. Februar 1987 erreicht er endlich die Erde.

Zuerst bemerkt man ihn auf der in 2400 m Höhe gelegenen Sternwarte Las Campanas in Chile: Der kanadische Astronom Ian Shelton legt am 24. Februar um 1 Uhr 26 Minuten Weltzeit eine neue Platte in sein Teleskop, um in mehrstündiger Belichtungszeit eine Aufnahme der Gegend der Großen Magellanschen Wolke zu machen. Drei Stunden später nimmt er die belichtete Platte zum Entwickeln aus der Kassette. Etwa zur gleichen Zeit verläßt der Nachtassistent Oscar Duhalde, der an einem anderen Teleskop auf dem gleichen Berg arbeitet, seinen

Abb. 5.3: Am 23. März 1987 brachte das amerikanische Magazin »Time« die Supernova in der Magellanschen Wolke auf ihr Titelblatt.

Arbeitsplatz, um eine Kaffeepause einzulegen. Auf dem Weg fällt draußen sein Blick zufällig auf die Große Magellansche Wolke, und er bemerkt, daß sie irgendwie ungewöhnlich aussieht. Etwa zur gleichen Zeit betrachtet Shelton seine inzwischen entwickelte Platte und sieht in derselben Wolke einen auffallenden Fleck. Zuerst hält er ihn für einen Plattenfehler. Als er aber aus der Beobachtungskuppel ins Freie tritt, sieht er mit freiem Auge das Sternchen, das an diese Stelle des Himmels eigentlich gar nicht hingehört (Tafel 5.1). Von Las Campanas aus wird nun das Zentralbüro der Internationalen Astronomischen Union in Cambridge, Massachusetts in den USA informiert. Unerwartete Veränderungen am Himmel werden von dort aus allen Sternwarten der Welt telegrafisch mitgeteilt.

In Nelson, Neuseeland, durchmustert um 8 Uhr 53 Minuten Weltzeit der Amateurastronom Albert Jones die Große Magellansche Wolke mit einem kleinen Fernrohr. Er weiß noch nichts von Sheltons Entdeckung. Auch er bemerkt den hellen Stern und wird so zum dritten unabhängigen Entdecker.

Wann war der neue Stern erschienen? In Australien hatte man in der vorangegangenen Nacht Himmelsaufnahmen gemacht. Eigentlich wollte man nur Bahnen künstlicher Erdsatelliten genauer bestimmen. Das gewonnene Plattenmaterial enthält tatsächlich eine Aufnahme, die den Stern schon am 23. Februar um 10 Uhr 38 Minuten zeigt, wenn auch noch deutlich schwächer als am nächsten Tag. Dagegen lassen etwa 10 Stunden früher gewonnene Aufnahmen der Großen Magellanschen Wolke nichts Verdächtiges erkennen. Der Stern muß also am 23. Februar etwa zwischen 1 Uhr und 10 Uhr Weltzeit aufgeleuchtet sein.

Am Morgen des 24. Februar erfahren alle größeren Sternwarten der Welt per Telegramm vom neuen Stern in der Magellanschen Wolke. Das amerikanische Magazin »Time« widmet ihm wenige Tage danach sein Titelblatt (vgl. Abb. 5.3).

Den Verlauf der Helligkeit der Supernova vom Februar 1987 zeigt die Abbildung 5.4. Jahre danach ist sie schon längst wieder so schwach geworden, daß man sie nur mit starken Fernrohren wahrnehmen kann.

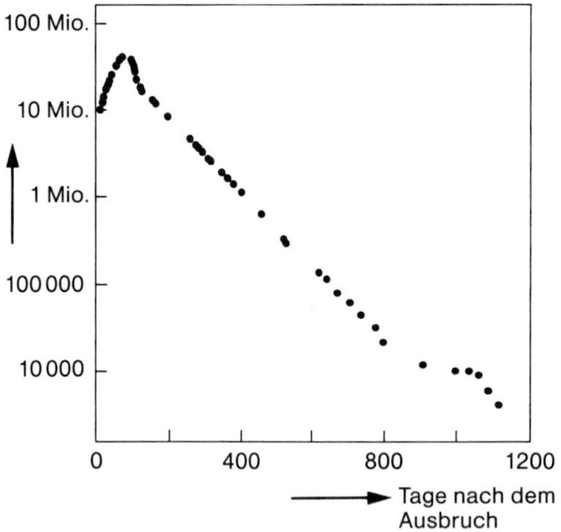

Abb. 5.4: Der Verlauf der Strahlungsleistung (nach oben in Einheiten der Leuchtkraft der Sonne aufgetragen) der Supernova in der Magellanschen Wolke nach ihrem Ausbruch. Nach ihrem ersten Aufleuchten erreichte sie erst im Mai 1987 ihr Maximum und fiel danach in ihrer Helligkeit gleichmäßig ab, bis sie gegen Ende des Jahres 1989 kurzzeitig in ihrem Helligkeitsabstieg gestört wurde, so als ob vorübergehend eine schwache zusätzliche Quelle aufleuchtete.

Explodierende Sterne

Daß am Himmel plötzlich helle Sterne erscheinen, die vorher noch niemand gesehen hatte, ist nichts Neues. Der Astronom Tycho Brahe hat das 1572 im Sternbild der Kassiopeia beobachtet. Johannes Kepler sah einen »Neuen Stern« im Jahre 1604 im Sternbild des Schlangenträgers. Wir wissen heute, daß in beiden Fällen Sterne am Ende ihres Lebens explodiert sind. Man nennt das eine *Supernova*. Um die Bedeutung der Supernova vom Februar 1987 zu erläutern, muß ich etwas weiter ausholen und hier in wenigen Worten beschreiben, wie die Sterne im Raum angeordnet sind. Im 8. Kapitel werden wir sehen, über welch mühsamen Weg die Astronomen zu diesem Bild gekommen sind. Hier nur kurz das Ergebnis.

Die Sonne steht zusammen mit vielleicht hundert Milliarden Sternen in einem Raumgebiet, das die Form eines Diskus besitzt. Seine Dimensionen sind unvorstellbar groß. Das Licht benötigt hunderttausend Jahre, um quer durch die flache Scheibe zu laufen. Man nennt diese gewaltige Ansammlung von Sternen das *Milchstraßensystem*. In ihm kreisen die Sterne in trägem Lauf um den Mittelpunkt der Scheibe. Jeder benötigt Hunderte von Millionen von Jahren, bis er einen Umlauf vollendet hat. Das Milchstraßensystem besitzt zwei kleinere, gleichfalls aus Milliarden Sternen bestehende Begleitsysteme, die gewissermaßen als Anhängsel in seiner Nähe stehen: die Große und die Kleine Magellansche Wolke. Sie sind nach dem portugiesischen Seefahrer Fernão de Magellan benannt, der 1519 nach Westen auszog, um die Erde zu umsegeln.

Man kann die beiden Sternsysteme am Südhimmel als neblige Wolken mit freiem Auge neben dem Band der Milchstraße sehen. Sie stehen zwar nahe bei unserer Milchstraße, doch »Nähe« ist nicht wörtlich zu nehmen. Immerhin benötigt das Licht von ihnen zu uns etwa 175000 Jahre. Aber das ist im Weltall nicht sehr weit, wenn man nach anderen Sternsystemen Ausschau hält. Eines davon ist der Andromedanebel. Wenn wir dieses schwache Wölkchen in einer mondlosen Nacht im Sternbild Andromeda sehen, war sein Licht bereits zwei Millionen Jahre unterwegs. Mit modernen Teleskopen hat man Millionen dieser Nebelflecken gefunden. Sie alle bestehen aus Milliarden von Sternen, deren Licht selbst in den größten Fernrohren nur zu einem nebligen Fleck verschmilzt. Das Licht von den entferntesten braucht Milliarden Jahre, bis es uns erreicht. Seit Tychos und Keplers Zeiten leuchtete in unserem Milchstraßensystem keine Supernova mehr auf. Im Jahre 1885 entdeckte Ernst Hartwig, der spätere Direktor der Bamberger Sternwarte, eine im Andromedanebel.

Heute überwacht man die fernen Sternsysteme, hält nach plötzlich in ihnen aufleuchtenden Sternen Ausschau und hofft, dadurch mehr über die Supernova-Explosionen zu erfahren. So möchte man wissen, ob alle Supernovae gleichschnell aufleuchten und ob ihr Licht immer gleich rasch wieder absinkt. Letzten Endes will man erfahren, warum Himmelskörper explodieren. Sterne, die einmal aufleuchteten, sind inzwischen wieder verschwunden. Auch die Supernova vom Februar 1987 ist längst nicht mehr mit dem freien Auge zu erkennen. Jährlich werden etwa drei bis sieben Supernova-Explosionen in anderen Sternsystemen gemeldet.

Amateure, die in ihrer Freizeit zu Astronomen werden, waren den Profis immer eine große Hilfe. So hält bei der Entdeckung von Supernova-Erscheinungen nicht ein bei einer Sternwarte wohlbestallter Astronom den Weltrekord, sondern ein anglikanischer Pfarrer in New South Wales in Australien. Robert Evans, Jahrgang 1937, sucht in jeder klaren Nacht mit seinem Fernrohr die lichtschwachen Nebelflecken ferner Sternsysteme ab, vergleicht sie mit geeigneten Fotos und schlägt Alarm, wenn er in einem Nebelfleck einen Stern sieht, der dort nicht hingehört.

Von seiner Arbeit profitieren auch die professionellen Astronomen, denn man möchte den Vorgang der Explosion in einer möglichst frühen Phase mit großen Teleskopen untersuchen können, vor allem während der kurzen Zeit des Anstiegs, die der Stern benötigt, ehe er in seinem vollen Glanz strahlt. Doch die Supernova vom Februar 1987 verpaßte Evans leider – der Himmel war in dieser Nacht in seiner Stadt bewölkt. Aber vier Tage später entdeckte er in einem anderen, viel entfernteren Sternsystem eine Sternexplosion. Wegen der großen Entfernung war sie viel weniger spektakulär. Es war Evans 15. Supernova. »Supernova Superstar« nannte ein amerikanisches Magazin den Mann, der hinter seinem Amateurfernrohr mehr Supernovae entdeckte als irgend jemand sonst.

Spuren vergangener Explosionen

Wenn es einen Stern zerreißt, entsteht eine sich rasch ausdehnende Gaswolke. Im Sternbild Stier findet man einen kleinen Nebel aus diffuser Gasmaterie, den in der Tafel 5.2 gezeigten *Krebsnebel*. Seine Gasmassen fliegen mit großen Geschwindigkeiten auseinander. Manche Teile entfernen sich mit einigen tausend Kilometern pro Sekunde von der Mitte. Da man weiß, wie groß der Nebel ist, kann man aus der Geschwindigkeit den Zeitpunkt der Explosion bestimmen. Man kommt dabei etwa auf das Jahr 1000 nach Christus. Was ist damals an dieser Stelle im Stier geschehen? Tatsächlich beschreiben japanische und chinesische Quellen einen hellen Stern, der im Jahre 1054 dort am Himmel aufleuchtete, wo heute der Krebsnebel steht. Er war so hell, daß er für zwei Wochen sogar am Taghimmel zu erkennen war. Es war eine Supernova.

Es gibt anscheinend keine Dokumente aus dem mitteleuropäischen Raum, die von dem Ereignis berichten. Immer wenn ich ein Geschichtsbuch in die Hand bekomme, schaute ich nach, was im Jahre 1054 geschehen ist. So habe ich viel über dieses Jahr gelernt und erfuhr vom Tod mancher Person, von deren Geburt ich bis dahin noch gar nichts gewußt hatte. Aber nichts kündet von einer die Gemüter bewegenden Himmelserscheinung. Es ist schwer zu verstehen, daß solch ein eindrucksvolles Ereignis in keiner Chronik beschrieben ist. Vielleicht hat man sich damals bei uns für Veränderungen am Himmel nicht weiter interessiert. Vielleicht war aber in Mitteleuropa auch nur 14 Tage lang schlechtes Wetter.

Ibn Butlar, ein Arzt in Konstantinopel, dagegen hat in jener Zeit einen »neuen Stern« für eine Epidemie verantwortlich gemacht, die im Jahre 1054 an die 15000 Menschen dahingerafft haben soll. Der Stern war an einer Stelle des Himmels erschienen, die dem Ort des heutigen Krebsnebels recht gut entspricht. Also hat man die Supernova in Europa doch bemerkt, wenn auch an einem Ort, den die in der Geographie etwas Schwächeren unter uns bereits in Kleinasien wähnen.

Wir finden viele solche Explosionswolken in unserem Milchstraßensystem. Sie sind Zeugen dafür, daß auch hier bei uns in der Vergangenheit öfters Sterne als Supernova hochgegangen sind. Wenn man hört, daß die letzten Supernovae in unserer Milchstraße vor einigen Jahrhunderten gesichtet worden sind, bekommt man das Gefühl, sie wären recht selten. Doch das täuscht. Stellen wir uns vor, wir wären Beobachter, die unser Milchstraßensystem von außen betrachten, und stellen wir uns alle zeitlichen Vorgänge beschleunigt vor, so daß alles billionenmal schneller ablaufen würde als in Wahrheit. Im Mittel würden sich die Sterne unseres Milchstraßensystems dann in einer Stunde einmal um das Zentrum der Scheibe bewegen. Aber an den verschiedensten Stellen würden Lichtpunkte aufblitzen, in jeder Sekunde an die

500, jeder nur für weniger als eine Zehntausendstel Sekunde. Das wären die Supernovae.

Leuchtet ein Stern nur auf oder zerreißt es ihn wirklich? Zum ersten Mal haben wir im Jahre 1987 erfahren, wie ein Stern aussieht, bevor er explodiert. Es gibt in den Archiven der Sternwarten viele Aufnahmen vom Ort der neuen Supernova in der Großen Magellanschen Wolke vor ihrem Aufleuchten. Sie zeigen mehrere in Frage kommende Sterne. Nach einigen Zweifeln ist man jetzt überzeugt, daß ein längst in Sternkatalogen festgehaltener Stern, er trägt den Namen Sanduleak –69°202, seit der Explosion verschwunden ist.

Vor dem Supernova-Ereignis vom Februar 1987 kannten nur wenige Fachkollegen den Astronomen Nicholas Sanduleak, der nach seiner Promotion an der amerikanischen Sternwarte auf dem Cerro Tololo in Chile einen Katalog der helleren Sterne der Magellanschen Wolken angefertigt hatte. Später arbeitete er an einer Sternwarte im US-Bundesstaat Ohio. Neben seiner wissenschaftlichen Arbeit setzte er sich in öffentlichen Diskussionen mit den sogenannten Pseudowissenschaften auseinander, etwa mit der Astrologie. Er widerlegte zum Beispiel mit einer einwandfreien statistischen Untersuchung die Behauptung, daß die Mordfälle, die während eines Jahrzehnts in der Stadt Cleveland verübt worden waren, sich während der Zeiten bestimmter Mondphasen häufen würden. Als Sanduleak 1987 erfuhr, daß einer der Sterne seines Katalogs explodiert und verschwunden ist, spottete er, daß er nun alle verkauften Exemplare seines Katalogs wieder einsammeln und korrigieren müßte. Nicholas Sanduleak verstarb am 8. Mai 1990 im Alter von 56 Jahren.

Der Stern Sanduleak –69°202 war also verschwunden. Gehen Sterne völlig in Explosionswolken auf oder bleibt etwas übrig? Die Antwort kennen wir seit dem Jahre 1968.

Tafel 5.2: Der Krebsnebel ist der Überrest einer 1054 beobachteten Supernovaexplosion. Wegen der langen Laufzeit des Lichtes zu uns explodierte der Stern in Wahrheit etwa zur Zeit, als die Sumerer das Zweistromland besiedelten. Das war vor etwa 6000 Jahren (Aufnahme Calif. Inst. of Technology Pasadena, Cal. and Carnegie Inst. of Washington).

6. Sterne, die man hören kann

In Cambridge in England hatte man in den sechziger Jahren ein neues Radioteleskop errichtet. Auf einer Fläche von zwei Hektar Land – 30 Tennisplätze hätten darauf Platz – waren dazu über 2000 Einzelantennen aufgestellt worden. Die Empfangsanlage war darauf eingerichtet, rasche zeitliche Wechsel der aus dem Weltall eintreffenden Radiowellen zu erkennen. Das konnten die bisherigen Radioteleskope nicht.

Eine junge Studentin macht eine Entdeckung

Da man die große Antennenanlage nicht bewegen kann, werden bei ihr die Radiostrahlen dadurch registriert, daß man den Streifen des Himmels, der im Laufe eines Tages an der Blickrichtung der Antenne vorbeizieht, abtastet. Wir hatten schon im Kapitel über die Venus gesehen, daß man beim großen Arecibo-Teleskop den gleichen Trick verwendet. Mit dieser Anlage sollte die Doktorandin Jocelyn Bell, angeleitet von dem Radioastronomen Anthony Hewish, ihre Doktorarbeit anfertigen. Dabei stieß sie auf die Entdeckung ihres Lebens.

Bald nach der Inbetriebnahme des Geräts konnte sie aus dem Weltall kommende Wellen von Störungen irdischen Ursprungs unterscheiden. Später berichtete sie über jene Zeit: »Sechs oder acht Wochen nach Beginn der Arbeit fiel mir auf, daß gelegentlich eine gewisse Unreinheit in der Registrierkurve war. Es sah nicht genau wie eine flackernde Radioquelle aus, aber auch nicht wie eine von Menschen erzeugte Radiostörung. Doch ich erinnerte mich, daß ich die gleiche Unreinheit schon einmal auf Streifen gesehen hatte, auf denen die Radiostrahlung derselben Himmelsgegend registriert war.« Ende November stieß sie noch einmal darauf. »Während sich der Streifen unter der Registrierfeder vorwärtsschob, konnte ich sehen, daß das Signal aus einer Reihe von Pulsen bestand. Mein Verdacht, daß sie in gleichen Zeitabständen ankommen, wurde sofort bestätigt, als ich den Streifen aus dem Schreiber nahm. Die Pulse folgten im Abstand von 1⅓ Sekunden aufeinander.

Ich nahm sofort mit Tony Hewish Kontakt auf, der damals in Cambridge gerade eine Anfängervorlesung hielt. Seine erste Reaktion war: Die Pulse müssen von Menschenhand stammen. Das war unter den gegebenen Umständen vernünftig. Mir aber schien es irgendwie nicht einzuleuchten, warum sie nicht von irgendeinem Stern kommen könnten. Immerhin interessierte Tony Hewish das Problem so, daß er am nächsten Tag zum Teleskop kam, zu der Zeit, als die Quelle an der Blickrichtung des Teleskops vorbeiging. Glücklicherweise kamen die Pulse wieder.«

Das nähere Studium zeigte bald, daß die Signale nicht von der Erde stammen können. Jocelyn Bell berichtet weiter: »Kurz vor Weihnachten wollte ich Tony Hewish sprechen und platzte in eine Konferenz auf höchster Ebene über die Frage, wie man diese Ergebnisse bekanntgeben solle. Wir glaubten nicht, daß wir Signale von einer anderen Zivilisation aufgefangen hätten, aber der Gedanke daran lag nahe, und wir hatten keinen Beweis, daß es sich wirklich um von der Natur erzeugte Radiowellen handelt. Wenn man glaubt, man habe irgendwo Leben im Universum entdeckt, steht man vor einem interessanten Problem: Wie soll man solche Ergebnisse bekanntgeben, wem zuerst erzählen? Wir lösten das Problem an diesem Nachmittag nicht. Ich ging nach Hause und war völlig durcheinander. Da sollte ich nun meine Doktorarbeit schreiben, und irgendwo waren verrückte, kleine grüne Männchen, die sich ausgerechnet meine Antenne ausgesucht hatten und meine Meßfrequenz, um mit uns zu kommunizieren. Nachdem ich mich beim Abendessen gestärkt hatte, ging ich ins Laboratorium zurück, um abends noch einige Registrierstreifen zu analysieren. Kurz bevor dort geschlossen wurde, schaute ich mir Streifen an, die zu einer anderen Gegend des Himmels gehörten. Da, in einer Gegend des Sternbildes der Kassiopeia, die von einer lange bekannten starken Radioquelle gestört wird, sah ich wieder dieselben Unreinheiten. Sofort durchmusterte ich vorangegangene Streifen von dieser Gegend und konnte auf einigen wieder die Unsauberkeiten erkennen. Dann mußte ich das Laboratorium verlassen, denn es wurde geschlossen. Aber ich wußte, daß genau diese Stelle früh am Morgen am Teleskop vorbeiziehen würde. Einige Stunden später ging ich zum Observatorium. Es war kalt. Irgend etwas in unserem Teleskopempfängersystem hatte in dem kalten Wetter stark gelitten. Natürlich, so ist das immer! Ich hatte dennoch Schalter betätigt, habe geflucht, darauf gehaucht, und schließlich arbeitete das Ding fünf Minuten lang ordentlich. Es waren die richtigen fünf Minuten. Die Unreinheit war wieder da: eine Reihe von Pulsen. Diesmal lagen sie 1,2 Sekunden auseinander. Ich ließ den Streifen auf Tonys Schreibtisch liegen und ging über die Weihnachtsfeiertage weg. Weit glücklicher! Es war unwahrscheinlich, daß zwei Sorten von kleinen grünen Männchen beide die gleiche Frequenz und die gleiche Zeit wählen würden, um zum selben Planeten, der Erde, Signale zu senden.«

Kurz danach fand Jocelyn Bell zwei weitere Pulsare – so nannte man die neuen Objekte. Alle sandten sie Signale in Form von Pulsen. Nun wurde die Nachricht bekanntgegeben. Die Presse war schnell zur Stelle. »Als sie entdeckten, daß eine Frau mit dabei war, kamen sie noch schneller. Ich wurde fotografiert, an einem Ufer stehend, am Ufer sitzend, am Ufer stehend und einen falschen Registrierstreifen prüfend, dann wieder sitzend, auf einen falschen Registrierstreifen starrend. Einer von ihnen bat mich zu laufen, meine Hände in die Luft schwenkend: ›Schaut, Freunde, ich habe gerade eine Entdeckung gemacht!‹ Inzwischen stellten die Journalisten wichtige Fragen, zum Beispiel, ob ich größer oder kleiner sei als Prinzessin Margaret.«

Bald fand man auch von anderen Stellen der Erde aus Pulsare. Heute kennt man mehrere hundert von ihnen. In einem späteren Interview berichtete Mrs. Jocelyn Bell-Burnell, daß ihr ein Radioastronom, dessen Namen sie nicht verrät, gestand, daß er vor der Entdeckung des ersten Pulsars eine Gegend des Orions mit seinem Radioteleskop untersucht hatte. Es war eine Stelle, von der wir heute wissen, daß dort ein Pulsar steht. Der Zeiger seines Registrierschreibers zitterte in regelmäßigem Rhythmus. Daraufhin trat er mit dem Fuß gegen die Apparatur, und das Zittern verschwand. Wahrscheinlich entschwand für ihn damit auch der Nobelpreis, denn im Jahr 1974 erhielt Anthony Hewish für die Entdeckung und für das Studium der Pulsare in seiner Arbeitsgruppe den Nobelpreis für Physik. Die Entdeckung war großartig, nur das Wort war falsch. Später lernte man: Pulsare pulsieren nicht, sie rotieren, aber der Name hängt ihnen heute noch an.

Sofort, nachdem der erste Pulsar entdeckt war, und man seinen Ort auf der Himmelskugel einigermaßen genau kannte, suchte man die entsprechenden Stellen auch mit optischen Fernrohren ab. Damals konnten Radioteleskope noch nicht genau »sehen«. So kannte man den Ort einer Radioquelle am Himmel nur mit einiger Unsicherheit. Man fand nichts irgendwie Aufregendes in dem angegebenen Bereich. Ein Stern, der an der von den Radioastronomen angegebenen Stelle steht, erwies sich als ganz normales Objekt, wie es deren viele am Himmel gibt. Offensichtlich hat er nichts mit den aus dieser Richtung kommenden Radiowellen zu tun. Der Pulsar blieb unsichtbar.

Pulse aus einer Explosionswolke

Im Herbst 1968 entdeckte man Pulsarsignale aus der Richtung, in der am Himmel der Krebsnebel steht, die Explosionswolke der Supernova vom Jahr 1054 (vgl. Tafel 5.2). Die Pulsperiode betrug nur drei hundertstel Sekunden. Im Nebel erkennt man mit dem Fernrohr mehrere einzelne Sterne. Stehen sie davor, dahinter oder vielleicht mitten in der Explosionswolke? Vielleicht kommen die Pulse von einem dieser Sterne? Wie aber soll man den Sternen ansehen, ob einer von ihnen im Radiogebiet Pulse aussendet?

Es liegt nahe zu fragen, ob auch sichtbares Licht vom Pulsar kommt und ob es vielleicht auch im gleichen Rhythmus schwankt. Nie könnte man mit dem Auge bei einem so schwachen Objekt wahrnehmen, ob das Licht kontinuierlich oder vielleicht in Form von Blitzen ausgesandt wird. Die fotografische Aufnahme gibt noch weniger darüber Aufschluß, denn bei ihr wird das Licht eines Sterns auf einer Stelle der Platte gesammelt, unabhängig davon, ob es gleichmäßig kommt oder in Form von Pulsen.

So bedarf es einer speziellen Technik um festzustellen, ob Licht gepulst ist. Gleich nach der Entdeckung der Pulsare entwickelte man elektronische Zählapparaturen, mit denen man Helligkeitsänderungen der Sterne messen kann, selbst wenn sie innerhalb von Bruchteilen von Sekunden erfolgen. Kein Astronom hatte vorher geahnt, daß solche Messungen einmal nötig werden sollten.

Im Jahre 1968 beschlossen zwei junge Astronomen, William John Cocke und Michael Disney, drei Beobachtungsnächte am 90-cm-Spiegelteleskop des Steward Observatoriums in Tucson, Arizona, zu beantragen. Keiner der beiden war bisher in der beobachtenden Astronomie erfahren, denn sie hatten vorher nur an theoretischen Problemen gearbeitet. Deshalb wollten sie die Nächte benutzen, um sich mit dem Teleskop vertraut zu machen. Während sie noch überlegten, ging Anfang Dezember die Nachricht vom Krebspulsar um die Welt. So beschlossen sie, die ihnen bewilligte Teleskopzeit zu benutzen, um im sichtbaren Licht nach dem Krebspulsar zu suchen, denn am Institut gab es eine dafür geeignete Zählapparatur.

Der Plan erschien nicht allzu erfolgversprechend. Andere hatten es bereits öfters versucht, doch noch niemandem war es bisher gelungen, einen Pulsar zu sehen. Aber Cocke und Disney ließen sich nicht entmutigen. Selbst wenn sie nichts finden würden, sie konnten dabei wenigstens lernen, wie man mit dem Teleskop umgeht.

Anfang Januar 1969 wurde die Meßapparatur montiert, am 11. Januar das Fernrohr zum erstenmal auf den Krebsnebel gerichtet. Bei jedem Stern wurde über 5000 Pulsperioden des Radiopulsars hinweg gemessen, und während dieser Zeit wurden die Lichtsignale auf Schwankungen im Rhythmus des Krebspulsars untersucht. Kein Stern schwankte in seiner Helligkeit. Der 12. Januar verging, und wieder hatten sie nichts vorzuweisen. Nun begann sich das Wetter zu verschlechtern. Die darauffolgenden Nächte – es waren die letzten der für dieses Projekt bewilligten – fielen wegen schlechten Wetters aus. Das Unternehmen schien erfolglos zu bleiben. Aber oft spielt der Zufall mit. Der Beobachter, dem das Teleskop am 15. Januar zustand, erkrankte und bot den glücklosen Anfängern noch die Nächte vom 15. und 16. Januar an. Nun konnten sie es nochmal versuchen. Disney berichtet: »Am Tage des 15. gab es Wolken, aber gegen Abend klarte der Himmel auf. Wir begannen pünktlich um 20 Uhr. ... Cocke und ich wechselten uns am Teleskop ab.« Der erste Stern ergab nichts. Als zweiten nahmen sie sich ein Sternchen vor, das man schon früher für den Zentralstern des Krebsnebels gehalten hatte. »Es dauerte nur 30 Sekunden, da zeigten die Zähler einen deutlichen Puls. ... Als wir die Messung wiederholten, erschien der Puls in voller Pracht wieder. Die Stimmung in der Kuppel wuchs. ... Um 22.10 Uhr riefen wir unsere Frauen an, die wir nur mit Mühe daran hindern konnten, sogleich auf den Berg zu kommen. Um 1.22 Uhr kam Nebel auf. Die Beobachtung war zu Ende. Wir hatten keinen Zweifel, daß wir das Glück gehabt haben, den ersten optischen Pulsar zu erkennen.«

Wo im Raum stehen die Pulsare, deren Signale uns erreichen? Kommen ihre Pulse aus der unmittelbaren Nachbarschaft unseres Sonnen-

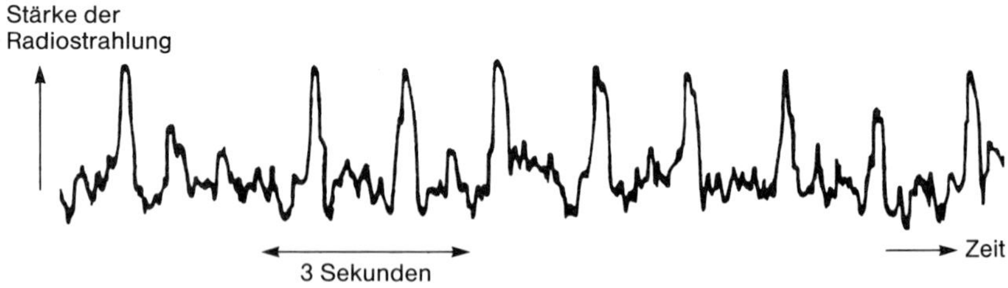

Abb. 6.1: Der Registrierstreifen, der die Stärke der Radiostrahlung eines Pulsars zeigt. Im Rhythmus von Sekunden erhöht sich die Stärke, um dann wieder abzusinken. Wenn auch nicht alle Pulse gleich stark sind, so folgen sie einander doch im festen Rhythmus, fällt gelegentlich einer aus, so kommt der nächste wieder genau zum richtigen Zeitpunkt.

systems? Oder stehen sie weit draußen im Raum, im Reich der Spiralnebel, deren Licht zu uns Jahrmillionen und Jahrmilliarden unterwegs ist? Man hat keinen direkten Hinweis dafür, wie weit ein Pulsar von uns entfernt ist. Meist kann man an der Stelle des Himmels, von der seine Signale kommen, gar nichts sehen. Doch wir wissen, daß die über 500 bis heute bekannten Pulsare am Himmel dort besonders dicht stehen, wo sich auch die Sterne häufen, in der Milchstraße. Wir müssen daraus schließen, daß sie mitten unter den Sternen unseres Milchstraßensystems stehen. Wahrscheinlich sind alle Pulsare bei Supernova-Ausbrüchen entstanden. Man hat noch mehrere Pulsare in Explosionswolken gefunden. Bei den meisten scheint sich jedoch die Wolke bereits aufgelöst zu haben. Die Perioden der Pulsare liegen meist bei einigen Sekunden. In der Abbildung 6.1 ist eine typische Registrierkurve der schwankenden Stärke der Radiostrahlung eines Pulsars gezeigt.

Was sind Pulsare?

Von der Supernova-Explosion des Jahres 1054 ist offensichtlich ein Pulsar übriggeblieben. Aber was sind Pulsare? Man kennt Sterne, die in ihrer Helligkeit schwanken, die sogenannten veränderlichen Sterne. Manche werden innerhalb von Tagen heller oder schwächer, die raschesten ändern sich innerhalb von Minuten. Je größer die Dichte eines Sterns ist, um so raschere Schwankungen kann er ausführen. Riesensterne blähen sich innerhalb von Monaten oder Jahren auf und sinken innerhalb gleicher Zeiträume wieder in sich zusammen. Die dichtesten bisher bekannten Sterne, die Weißen Zwerge, können im Rhythmus von etwa einer Minute und in den extremsten Fällen von einigen Sekunden schwanken. Niemand kannte aber eine Sternart, bei der Schwankungen innerhalb von Bruchteilen einer Sekunde verlaufen können, wie man das bei den Pulsaren fand.

Das nähere Studium einzelner Pulse zeigte, daß auch während eines einzelnen Pulses die Stärke erheblich schwankt, oft innerhalb von weniger als einer tausendstel Sekunde. Das gibt uns einen wichtigen Hinweis auf die Natur der Pulsare.

Wie groß ist ein Pulsar?

Mit der Schnelligkeit, mit der die bei uns empfangene Strahlung ansteigt oder abfällt, kann man etwas über die geheimnisvolle Quelle lernen. Denn Radiowellen bewegen sich mit Lichtgeschwindigkeit durch den Raum. Sie legen in jeder Sekunde 300000 Kilometer zurück. Das erscheint uns unvorstellbar schnell. Doch es braucht seine Zeit, bis Licht selbst Wegstrecken zurücklegt, die uns aus dem täglichen Leben vertraut sind.

Wir empfangen heute Fernsehprogramme über Satelliten und führen Ferngespräche zu anderen Kontinenten. Wer von Europa aus in die USA telefoniert, bemerkt, wie langsam der Gesprächspartner auf der anderen Seite des Atlantik reagiert. Es ist nicht seine Schuld. Unsere Worte gehen zu einem über dem Atlantik stehenden Satelliten, der sich in einer sogenannten *geostationären Bahn* befindet und der sie wieder zur Erde zurücksendet. Der Satellit umkreist die Erde in 24 Stunden genau einmal in Richtung von West nach Ost. Für die sich im gleichen Rhythmus und in der gleichen Richtung drehende Erde scheint er am Himmel festzustehen. Um diese Umlaufsgeschwindigkeit beizubehalten, muß er sich in etwa 36000 Kilometer Höhe befinden. Wenn unser Partner unser letztes Wort hört, hat es über 70000 Kilometer zurückgelegt, war also knapp eine Viertelsekunde unterwegs. Selbst wenn der Partner sofort antwortet, benötigt seine Antwort auch so lange, um uns zu erreichen. Da der andere auch eine gewisse Reaktionszeit benötigt, kann man – selbst wenn man ihm das verlockendste Geschäft vorgeschlagen hat – erst nach knapp einer Sekunde eine Antwort erwarten. Eine Sekunde am Telefon kann einem lange erscheinen, vor allem, wenn man das USA-Gespräch selbst bezahlen muß.

Die Lichtgeschwindigkeit hilft uns manchmal, etwas über die Größe von Himmelskörpern zu erfahren, selbst wenn wir sie nur als Punkte sehen. Nehmen wir an, eine ursprünglich nicht leuchtende Gaswolke möge schlagartig von jeder Stelle her Lichtstrahlen aussenden (Tafel 6.1). Nehmen wir weiter an, wir stünden so weit entfernt, daß wir das aussendende Gebiet nur als winzigen Punkt am Himmel wahrnehmen. Wie würden wir die ankommende Strahlung registrieren? Zuerst käme die Nachricht von der uns nächsten Stelle der Wolke, denn das Signal von dort hat den kürzesten Weg zu uns. Danach erreichten uns die Strahlen von den Punkten der Oberfläche der Wolke und ihres Innern, die einen längeren Weg zurückzulegen haben. Schließlich käme das Signal von den von uns entferntesten Punkten des von der Wolke

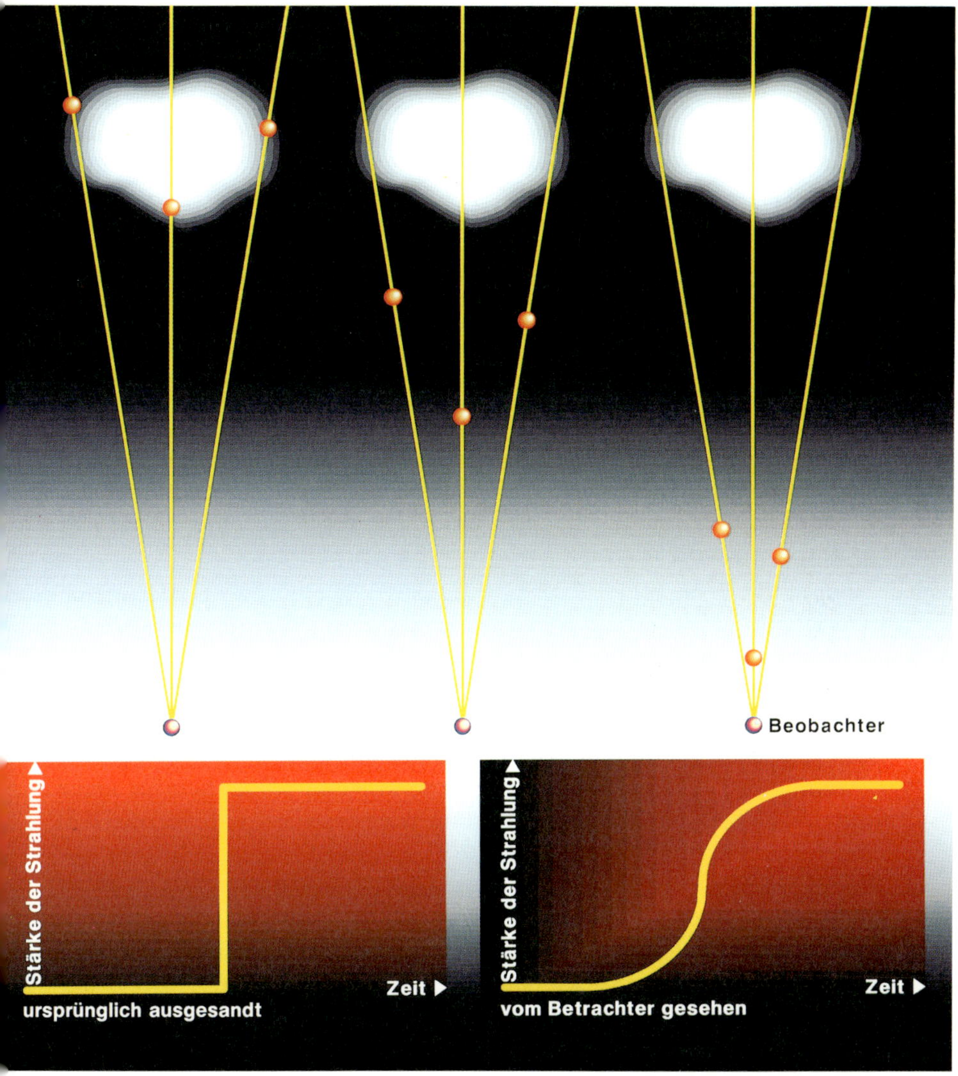

Tafel 6.1: Ein ausgedehnter Körper erhöht in kürzester Zeit seine Abstrahlung (oben). Seine Helligkeit steigt dann schlagartig (unten links). Für einen entfernten Beobachter aber wächst die Helligkeit allmählich an (unten rechts), da die Lichtsignale (rote Kugeln auf den zum Beobachter gehenden Lichtstrahlen) von verschiedenen Stellen des Körpers verschieden lange Wege zurückzulegen haben und deshalb verschieden lange Zeit benötigen.

eingeschlossenen Raumes. Obwohl die Materie schlagartig zu leuchten begann, nähmen wir ein allmähliches Aufleuchten wahr. Der sprunghafte Anstieg der Helligkeit würde über den Zeitraum verteilt, der zwischen der Ankunft des ersten und des letzten Signals liegt. Die Dauer, während der wir das Licht in seiner Helligkeit ansteigen sähen, entspräche der Zeit, die das Licht benötigt, um den Durchmesser des aufleuchtenden Raumgebietes zu durchlaufen.

Das ist für uns wichtig, wenn wir die Pulsare verstehen wollen. Sie zeigen während eines Pulses extrem rasche Schwankungen ihrer Strahlungsintensität. Also muß es sich um kleine Körper handeln, im Radius nicht größer als die Strecke, die das Licht in einer tausendstel Sekunde zurücklegt. Das sind 300 Kilometer! Selbst die kleinsten der am Himmel sichtbaren Sterne sind etwa so groß wie die Erde, also zwanzigmal so groß wie Pulsare. Sollten es Neutronensterne sein, über die man seit den dreißiger Jahren nachdenkt? Daß sie es sind, dafür sprechen noch andere Gründe.

Pulsare als Leuchtfeuer

Wie ist es möglich, daß die Pulsare so verläßliche Zeitgeber sind? Zu den regelmäßigsten Vorgängen im Weltall gehören die Drehungen der Himmelskörper. Die Rotation der Erde hat dem Menschen für lange Zeit als Zeitgeber gedient. Man könnte sich vorstellen, daß die regelmäßigen Pulsare auch etwas mit der Rotation eines Gegenstandes zu tun haben. Man denke sich einen Körper, der wie ein Leuchtturm nicht nach allen Seiten gleichmäßig strahlt, dessen Licht statt dessen nur in eine Richtung geht. Beim Leuchtfeuer überstreicht diese Richtung während des Drehens der Lichtanlage den Horizont. Ein Schiff erhält Lichtblitze im Rhythmus der Drehung. Erhalten wir Lichtblitze von einem sich wie ein Kreisel drehenden Scheinwerfer im Weltall? Aber selbst wenn es Sterne gäbe, die nur in eine Richtung strahlen, kein normaler Stern könnte sich in jeder Sekunde dreißigmal um seine Achse drehen, wie es der Krebspulsar verlangt, ohne daß ihn die Fliehkraft zerreißt.

Da kam dem aus Österreich stammenden amerikanischen Astronom Thomas Gold 1968 die Idee: Wenn normale Sterne und selbst Weiße Zwerge die Fliehkraft einer so raschen Rotation nicht aushalten, dreht sich im Pulsar vielleicht ein Neutronenstern um seine Achse?

Nur Neutronensterne können so rasch rotieren, wie der Rhythmus der Pulsare vorschreibt. Wenn von einem Neutronenstern ein Strahlenkegel ausgeht, so überstreicht er bei jeder Drehung ein weites Raumgebiet. Sterne, die darin stehen, werden im Rhythmus der Rotation vom Strahlenkegel getroffen, wie Schiffe vom Lichtkegel des Leuchtturmes. Jedesmal kann man dann einen Puls empfangen. Der nächste kommt nach einer Umdrehung. Dieses von Thomas Gold entworfene Bild hat sich in allen Einzelheiten bestätigt. Man glaubt heute auch zu verstehen, warum der rotierende Neutronenstern nicht in alle Raumbereiche Radiowellen aussenden kann, sondern nur in bestimmte Richtungen. Das Bild vom Pulsar als einem kosmischen Leuchtfeuer hat sich glänzend bewährt.

Hunderte von Pulsen in der Sekunde

Lange Zeit hielt der Krebspulsar den Schnelligkeitsrekord. Doch im Jahre 1982 entdeckte man einen, der uns in jeder Sekunde 642 Pulse zusendet. Sie kommen so regelmäßig, daß selbst unsere genauesten Atomuhren nicht präziser sind. Vielleicht wird in der Zukunft die Erddrehung, die in der Vergangenheit den Ablauf der Zeit bestimmte, nicht mehr von einer Atomuhr im klimatisierten Keller eines physikalischen Laboratoriums überwacht. Vielleicht wird man bald Pulsare hernehmen, wenn man feststellen will, ob die Atomuhren der Physiker nachgehen. Dann würde die Bestimmung der genauen Uhrzeit wieder eine Sache der Astronomen werden, so wie es früher war. Denn vor dem Zeitalter der Quarz- und Atomuhren gaben die Astronomen die Zeit an. So wurde zum Beispiel die Hamburger Sternwarte ursprünglich gegründet, um den Seeleuten die Möglichkeit zu geben, vor der Ausfahrt dort ihre Schiffschronometer auf die richtige Zeit zu stellen, ehe sie auf großer Fahrt damit ihre Schiffsposition bestimmen mußten.

Der neue Pulsar war der erste der sogenannten *Millisekunden-Pulsare*. Man kennt inzwischen mehrere von ihnen. In dem 1982 gefundenen Pulsar scheint sich offensichtlich ein Neutronenstern in jeder Sekunde mehr als sechshundertmal um seine Achse zu drehen. Tatsächlich ist die Schwerkraft an der Oberfläche eines Neutronensterns so groß, daß sie ihn selbst bei so rascher Rotation gegen die starke Fliehkraft zusammenhält.

Pulsare sorgten bis in die neueste Zeit für Überraschungen. Im Mai 1988 gab eine an der Universität Princeton im US-Staat New Jersey arbeitende Forschergruppe bekannt, daß sie mit dem Arecibo-Teleskop in Puerto Rico einen neuen Millisekunden-Pulsar gefunden hat, dessen

Pulse in regelmäßigen Zeitabständen für fünfzig Minuten ausbleiben. Der Pulsar hat nämlich einen Begleiter, der ihn in einem Abstand von etwa dem Zehnfachen des Abstandes Erde–Mond umkreist. Während jedes Umlaufs, für den er neun Stunden und zehn Minuten benötigt, verdeckt er den Pulsar, und die Pulse bleiben aus. Den Begleitstern können wir nicht sehen, er verrät sich nur dadurch, daß er den Pulsar immer wieder vorübergehend verdeckt. Der unsichtbare Begleiter scheint ein recht merkwürdiges Objekt zu sein. Mit nur zwei Prozent der Masse der Sonne ist er wohl eher eine Art Planet. Er hat die zwanzigfache Masse des größten Planeten unseres Sonnensystems, des Jupiter. Doch seine Größe ist eher mit der der Sonne vergleichbar. Man kennt keinen ähnlichen Himmelskörper. Das ist nicht verwunderlich. Die Strahlungsleistung des Pulsars ist etwa hundertmal stärker als die der Sonne. Da die beiden Komponenten sehr nahe beieinander stehen, erhält ein Quadratmeter der Oberfläche des Begleitsterns in jeder Sekunde das Millionenfache der Energie, welche die gleiche Fläche in der gleichen Zeit auf der Erde von der Sonne empfängt. Was immer der unsichtbare Körper auch ist, seine Oberfläche wird durch den Pulsar so aufgeheizt, daß ständig Materie in den Raum entweicht. So ist der unbekannte Körper von einer dichten Hülle entweichenden Gases umgeben.

Blutjunge Pulsare und steinalte Sternhaufen

Jocelyn Bells Entdeckung der ersten Pulsare bewirkte, daß man überall in der Welt mit Radioteleskopen nach Pulsarsignalen Ausschau hielt. Die Zahl der bekannten Pulsare ist inzwischen auf mehrere hundert angewachsen. Sandten die ersten ihre Pulse im Rhythmus von Sekunden, so fand man in der letzten Zeit auch zahlreiche Millisekundenpulsare, die in jeder Sekunde mehrere hundert Pulse in unregelmäßiger Folge abfeuern.

Warum haben Pulsare so verschiedene Pulsperioden? Einen ersten Hinweis erhält man, wenn man einen Pulsar über längere Zeit hin verfolgt. Pulsare erlahmen, der Abstand von Puls zu Puls wächst von Jahr

Tafel 6.2: Wolkenfetzen im Sternbild Vela am Südhimmel zeugen von einer Supernova-Explosion vor 12000 Jahren. Von dort erreichen uns die Radiosignale eines Pulsars, die im Abstand von weniger als einer Zehntelsekunde aufeinanderfolgen (Europ. South. Obs., Garching).

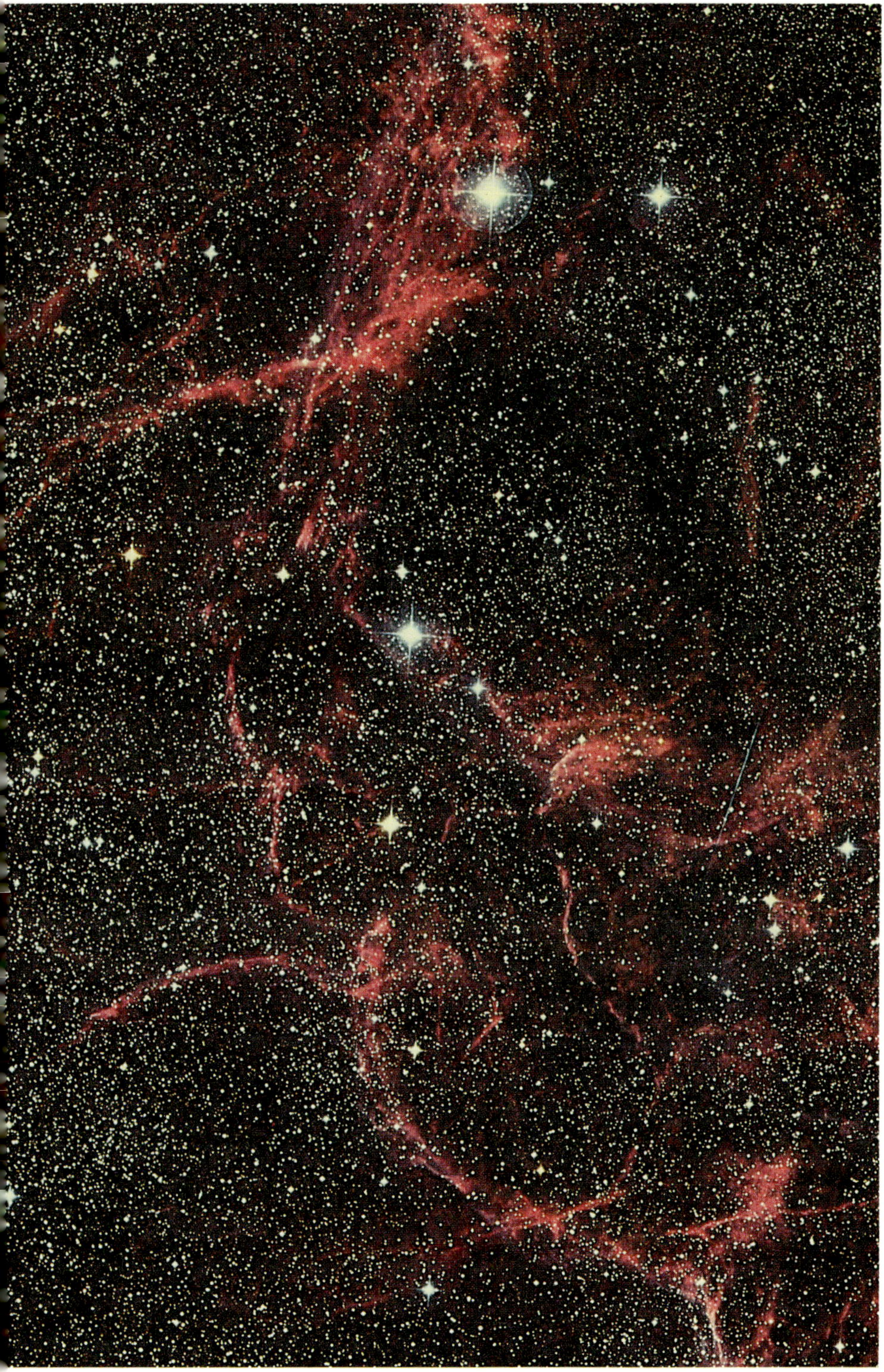

zu Jahr. Es ist zwar nicht viel, doch ist der Effekt deutlich meßbar. In 75000 Jahren wird der Pulsar im Krebsnebel nicht wie heute 30 Pulse in der Sekunde aussenden, sondern nur noch 15. Die rasch rotierenden Neutronensterne der Pulsare geben im Laufe der Zeit ihre Rotationsenergie an die Umgebung ab.

Damit hätte man ein einfaches Schema: Wenn bei einer Supernovaexplosion ein Neutronenstern entsteht, dann rotiert er zuerst rasch. Im Laufe der Zeit verlangsamt sich seine Rotationsgeschwindigkeit. Junge Pulsare pulsieren rasch, alte langsam. Die Millipulsare sind die jüngsten.

Dieses einfache Bild wurde im Jahr 1987 gestört. Damals fand man einen Millisekundenpulsar, mitten in einem Kugelsternhaufen hohen Alters. Man weiß, wie alt Sternhaufen sind. Wir sahen bereits im Kapitel über das Schicksal von Sonne und Sternen, daß zuerst die massereichen Sterne ihren Kernenergievorrat erschöpfen und zu Aussteigern werden. Dort war in der Abbildung 4.2 auch das Bild eines Kugelsternhaufens gezeigt. Bei alten Sternhaufen sind alle Sterne von mehr als etwa einer Sonnenmasse im Erschöpfungsstadium. Daraus kann man schließen, daß ihre Sterne bereits mehr als 10 Milliarden Jahre alt sind. Bereits Millionen Jahre danach müssen dort bei Supernovaausbrüchen rotierende Neutronensterne entstanden sein. Danach gab es dort keine Sterne mehr, die als Supernovae hätten explodieren und einen rotierenden Neutronenstern hinterlassen können. Was aber hat dann der junge Pulsar in einem alten Sternhaufen zu suchen? Zwei Auswege sind denkbar: Es gibt entweder einen Mechanismus, der vor langer Zeit aus Supernovaexplosionen geborene Neutronensterne, die in ihrer Rotation schon langsam geworden sind, wieder auf Touren bringt. Es könnte aber auch sein, daß rasch rotierende Neutronensterne noch auf eine andere uns unbekannte Weise entstehen.

Im Kapitel über die Röntgensterne werden wir einen Mechanismus kennenlernen, der lahme Neutronensterne wieder »jung« macht. Doch ob wir damit die Millisekundenpulsare in Kugelsternhaufen erklären können, ist fraglich. Das Problem wird immer dringender, denn man findet immer mehr Millisekundenpulsare in Kugelsternhaufen. Im Sommer 1990 hatte man bereits eine Liste von 19 Stück.

Nun muß ich noch den Titel dieses Kapitels erklären. Die in raschem Rhythmus aufeinanderfolgenden Pulsarsignale, die man mit einem großen Radioteleskop auffängt, lassen sich auch in Schallsignale umwandeln. Oft führe ich bei meinen Vorträgen Bandaufnahmen von einigen Pulsaren vor. Da die Signale meist schwach sind, heben sie sich oft kaum aus dem allgemeinen Hintergrundrauschen hervor, doch man kann sie hören. Der Pulsar CP 0950+08 klingt wie das Ticken einer Taschenuhr, während CP 0329+54 an unheimliche Schritte in der Nacht erinnert. Eine in der auf Tafel 6.2 abgebildeten Supernova-Explosionswolke im Sternbild Vela am Südhimmel stehende Quelle sendet in jeder Sekunde elf Schläge. Pausenlos klopft dieser Pulsar wie ein Specht, ohne zu ermüden. Die mit einer Frequenz von 30 Pulsen in der Sekunde kommenden Signale des Krebspulsars nimmt das Ohr kaum mehr einzeln wahr. Sie verschmelzen zu einem tiefen Brummton. Der Millisekundenpulsar aber, mit seinen 642 Pulsen in der Sekunde, liefert einen Ton, den man auf dem Klavier anschlagen kann. Zählt man vom C in der Mitte neun weiße Tasten nach rechts, so kommt man zum »zweigestrichenen« E, auf der Geige die leere E-Saite. Das ist der Ton, den wir von dem Pulsar empfangen, bei dem die Pulse rascher aufeinanderfolgen als bei jedem anderen.

Es sind immer Neutronensterne, die für dieses Ticken und Schlagen, für das Brummen und Klingen aus dem Weltall verantwortlich sind. Daß es in der Natur wirklich Neutronensterne gibt, dafür spricht auch eine andere Art von Himmelskörpern, von denen man erst seit zwei Jahrzehnten etwas weiß, die *Röntgensterne*.

7. Röntgensterne und Schwarze Löcher

Als der Mensch zu denken begann, dachte er auch über die Sterne nach, die er am Nachthimmel sah. Jahrtausendelang hat er nur über das sichtbare Licht etwas von der uns fremden Welt erfahren, in der sich im nahezu leeren Raum Gaskugeln mit ihren Planetenkörpern bewegen. Nur das Licht verriet, daß zwischen den Sternen Staubmassen und Gaswolken stehen. Heute noch werden viele astronomischen Entdekkungen im Bereich des sichtbaren Lichtes gemacht. Erst in den letzten fünfzig Jahren hat man gelernt, auch elektromagnetische Strahlen des Weltalls zu untersuchen, für die unser Auge blind ist. Es begann mit den

Abb. 7.1: Das Röntgenobservatorium ROSAT, gebaut am Max-Planck-Institut für Extraterrestrische Physik in Garching, umkreist seit Sommer 1990 die Erde und sucht den Himmel nach Röntgenquellen ab. Man schätzt, daß das Gerät etwa 100 000 neue kosmische Röntgenquellen finden wird (MPG Pressestelle).

Radiowellen, die ungehindert bis herab auf den Boden unserer Atmosphäre dringen können. Andere Strahlen wie das Infrarote Licht, aber auch die Röntgen- und Gammastrahlen werden von den Luftmassen unserer Atmosphäre zurückgehalten. Man konnte nach ihnen erst im Weltall suchen, als man in der Lage war, entweder im Ballon von den höchsten Schichten der Erdatmosphäre aus den Himmel zu beobachten oder mit Hilfe von Raketen und Satelliten in den Weltraum vorzudringen.

Am 1. Juni 1990 wurde auf Cap Canaveral das Röntgen-Observatorium ROSAT auf seine Umlaufbahn um die Erde gebracht (vgl. Abb. 7.1). Dieses am Max-Planck-Institut für Extraterrestrische Physik in Garching bei München unter der Leitung des Astrophysikers Joachim Trümper geplante und gebaute Röntgenobservatorium arbeitete seit seinem Start hervorragend. Es wird den Himmel einer genauen Röntgenreihenuntersuchung unterziehen. Man erhofft, zahlreiche neue röntgenstrahlende Himmelskörper zu entdecken. Wie aufregend es am Röntgenhimmel zugeht, erfuhr man im Jahre 1970. Damals startete Amerika einen Satelliten, der den Himmel nach Röntgenstrahlen absuchen sollte. Das Gerät war in Kenia gerade am siebten Unabhängigkeitstag dieses jungen afrikanischen Staates in seine Umlaufbahn geschossen worden. Deshalb gab man ihm den Namen UHURU, das heißt in der Landessprache Kisuaheli »Freiheit«. Das Gerät hat am Himmel über hundert punktartige Röntgenquellen entdeckt. Diese »Röntgensterne« haben uns eine Fülle von Überraschungen beschert.

Der Röntgenstern im Herkules

Ich will eine Quelle herausgreifen, die im Sternbild Herkules gefunden wurde und die man *Hercules X-1* nennt. Sie wurde das Lieblingsobjekt der Röntgenastronomen. Die Strahlen dieser Quelle ändern im Laufe der Zeit ihre Stärke. Wie von den Pulsaren empfängt man auch von ihnen keine gleichförmige Strahlung, sondern Pulse, die in einem festen Zeitabstand aufeinanderfolgen. Bei der Röntgenquelle im Herkules sind es 1,24 Sekunden (Abb. 7.2).

Dieser Zeitabstand zwischen den Pulsen wird aber nicht exakt eingehalten. Manchmal wird er langsam kürzer, vergrößert sich wieder, und das alles wiederholt sich mit einer Periode von 1,70017 Tagen (vgl. Abb. 7.3). Wie soll man sich diese rhythmischen Änderungen der Zeitintervalle zwischen den einzelnen Pulsen erklären? Sie scheinen Anzei-

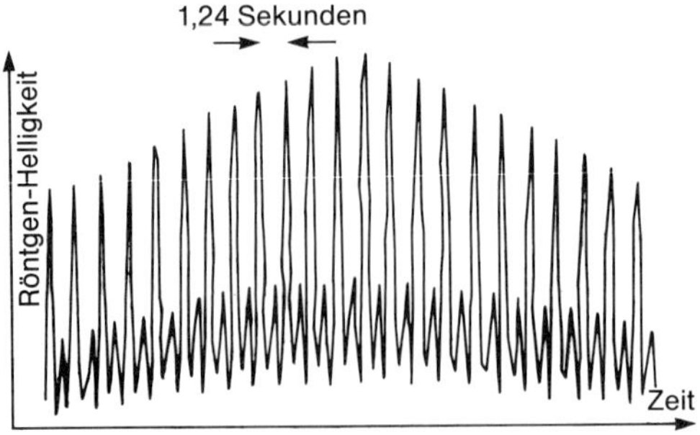

Abb. 7.2: Der Pulsschlag des Röntgensterns Herkules X-1 kommt im Rhythmus von 1,24 Sekunden.

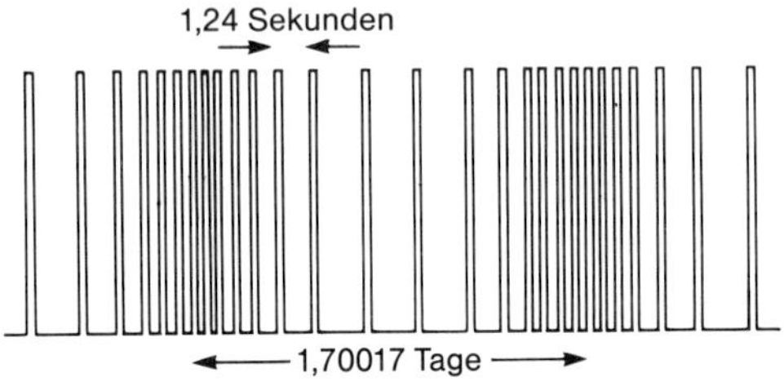

Abb. 7.3: Schematische Darstellung des »Ziehharmonika«-Effekts der Pulse der Röntgenquelle im Herkules. Die im Mittel mit 1,24 Sekunden Abstand kommenden Pulse rücken im Rhythmus von 1,70017 Tagen etwas zusammen und gehen danach wieder auseinander. Die Erklärung dafür ist in Tafel 7.1 gegeben.

chen dafür zu sein, daß sich die Quelle einmal auf uns zu, einmal von uns weg bewegt, wie es etwa der Fall wäre, wenn sie um einen anderen Himmelskörper kreisen würde. Um das einzusehen, denken wir uns einen Zentralstern, den eine Röntgenquelle mit einer Umlaufperiode von 1,70017 Tagen in einer Kreisbahn umläuft (vgl. hierzu Tafel 7.1, oben). Die Quelle selbst möge in einem gleichbleibenden Abstand von 1,24 Sekunden Röntgenblitze aussenden. Dann kommen die Signale keinesfalls immer im gleichen Zeitabstand beim Beobachter an, denn einmal haben sie einen längeren Weg zurückzulegen, einmal einen kürzeren. Die Abstände zwischen ihren Ankunftszeiten müssen im Rhythmus der Umlaufperiode hin- und herschwanken. Genau das aber beobachtet man bei der Röntgenquelle im Herkules. Also kann man vermuten, daß sich die Herkulesquelle um einen anderen Stern bewegt – mit einer Umlaufzeit von 1,70017 Tagen.

Daß Himmelskörper einander umkreisen, ist nichts Ungewöhnliches. Nahezu die Hälfte aller Sterne sind Doppelsterne. Manche von ihnen umkreisen einander in so weiten Bahnen, daß wir sie im Fernrohr einzeln erkennen und verfolgen können, wie sie sich im Laufe von Jahrzehnten umeinander herum bewegen. Andere sind so eng beieinander, daß ihr Licht im Fernrohr zu einem einzigen Punkt verschmilzt. Doch wir können trotzdem auch dann manchmal erkennen, daß sie Doppelsterne sind. Im letzten Kapitel war bereits von einem Pulsar in einem Doppelsternsystem die Rede, der regelmäßig für einige Zeit hinter seinem Begleiter in Deckung geht. Wenn zwei Sterne einander so umkreisen, daß die Blickrichtung in ihrer Bahnebene liegt, so daß sie sich während eines Umlaufes gegenseitig bedecken, kommt nicht immer das Licht beider Sterne zu uns, da sich immer wieder einer vorübergehend vor den anderen schiebt. Für uns sinkt die Helligkeit des Lichtpunktes dann in regelmäßigen Zwischenräumen vorübergehend ab. Es gibt noch weitere Anzeichen, die dem Astronomen verraten, daß das, was er als Stern sieht, in Wahrheit das Licht zweier durch ihre Schwerkraft aneinander gebundener Körper ist.

Zurück zu unserer Röntgenquelle: Wenn sie um einen anderen Stern kreist, so wäre es möglich, daß auch sie bei jedem Umlauf, also alle 1,70017 Tage, hinter dem Stern verschwindet. Dann müßten die Röntgensignale ausbleiben. Das hat man tatsächlich bei Hercules X-1 gefunden! Alle 1,70017 Tage können wir für etwa 5 Stunden überhaupt keine Röntgenpulse empfangen. Die Quelle wird dann vom anderen Himmelskörper verdeckt. Von welcher Art aber ist der Körper, hinter dem sich die Röntgenquelle in regelmäßigen Abständen versteckt?

Der Amateur, der Profi wurde

Wenn von einer bestimmten Stelle des Himmels eine besondere Strahlung kommt, fragt man sich: Was gibt es dort eigentlich zu sehen? Kann man auf einer Fotografie an dieser Stelle etwas Verdächtiges bemerken? Man konnte den Ort der Röntgenquelle im Herkules nur ungefähr bestimmen. Viele Sterne stehen in dem in Frage kommenden Bereich. Ist unter ihnen einer mit irgendwelchen Besonderheiten? Tatsächlich gibt es dort einen Stern, der nicht ständig mit der gleichen Helligkeit leuchtet, der vielmehr einmal heller, einmal schwächer erscheint, ein sogenannter *veränderlicher Stern*. Auf ihn war bereits im Jahr 1936 ein Astronom in Thüringen aufmerksam geworden.

Die Stadt Sonneberg liegt nördlich von Coburg. Von 1945 bis 1990 zog sich zwischen beiden Städten die deutsch-deutsche Grenze. Sonneberg ist durch seine Spielwarenindustrie bekannt. Schon vor dem Ersten Weltkrieg wurde von dort Spielzeug in alle Welt exportiert. Die Fabrik von Carl Hoffmeister stellte damals Puppen her. Der Geschäftsmann wünschte sich, sein ältester Sohn, Cuno, würde einmal die Firma übernehmen. Doch schon von Jugend an hatte der Knabe anderes im Sinn. Bald hatte er sich eine kleine Sternwarte auf dem Dachboden des elterlichen Hauses eingerichtet. In jeder klaren Nacht beobachtete er durch das Dachfenster den Sternhimmel. Aber der Vater wollte ihn im Geschäft haben und nahm den Jungen gegen seinen Willen von der Schule, ließ ihn in der Firma arbeiten und schickte ihn für ein Jahr zu Geschäftsfreunden nach Baltimore in die USA. Obwohl der junge Mann dort harte körperliche Arbeit zu verrichten hatte – er mußte tagaus, tagein Kisten auspacken und Waren in Regalen verstauen – widmete er sich nachts den Sternen. Er war in Amerika mit seinen astronomischen Arbeiten nicht zufrieden. Hatte er in Sonneberg pro Monat bis zu 30 Nachtstunden beobachtet, so brachte er es im nebligen Baltimore manchmal nur auf zwei, wenn es hochkam auf 20 Stunden pro Monat. Er wünschte sich nichts sehnlicher, als nach Europa zurückkehren zu können.

Wieder zu Hause, haßte er den Kaufmannsberuf genauso wie vorher. Er hinderte ihn ja daran, die Laufbahn einzuschlagen, die er sich sehnlichst wünschte: Er wollte Astronom werden.

Bei Beginn des Ersten Weltkrieges ging die auf Export eingestellte Firma des Vaters in den Bankrott. Für Cuno Hoffmeister war das die

Tafel 7.1: Oben: Der »Ziehharmonika«-Effekt rührt daher, daß die Röntgenquelle zwar regelmäßig Pulse aussendet, sich aber gleichzeitig um einen anderen Stern bewegt. Die Quelle kreist im oberen Bild entgegen dem Uhrzeigersinn um einen Stern. In der linken Stellung bewegt sie sich auf den Beobachter zu. Zwei ausgesandte Röntgenpulse kommen in kürzerem Zeitabstand an als sie ausgesandt wurden, denn der zweite Puls hat einen kürzeren Weg zurückzulegen als der erste. Im Bild in der Mitte haben zwei aufeinanderfolgende Pulse gleichlange Wege zum Beobachter zurückzulegen und kommen daher in dem gleichen Zeitabstand an wie sie ausgesandt wurden. Im der rechten oberen Stellung kommen die Pulse in größerem Abstand an, weil der zweite einen längeren Weg zurückzulegen hat als der erste. Unten: Der Stern, um den sich die Röntgenquelle bewegt, erscheint uns heller, wenn sie vor ihm steht, denn dann erhitzt sie seine uns zugewandte Seite. Er erscheint schwächer, wenn sie hinter ihm steht.

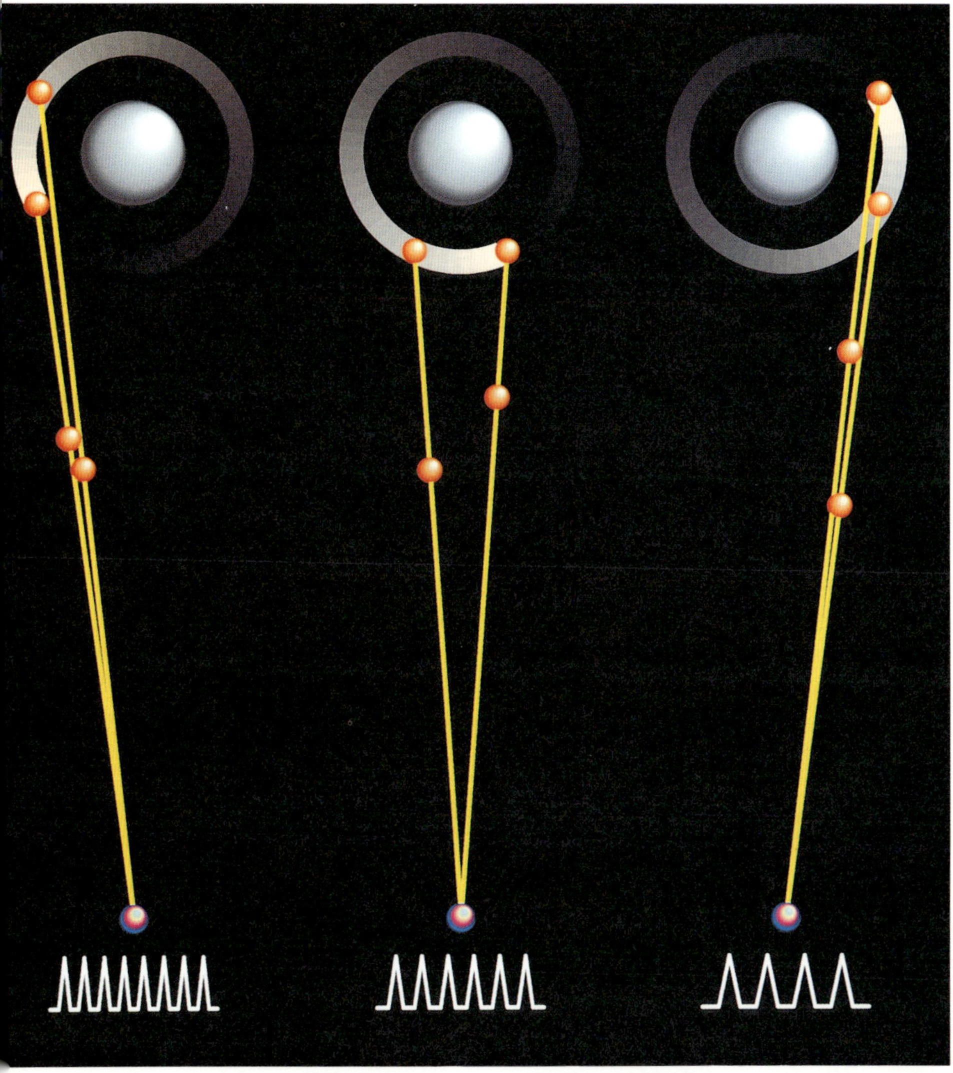

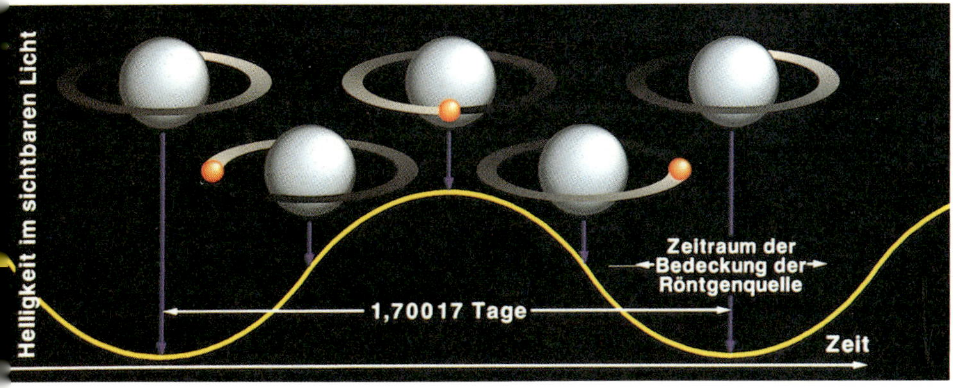

Helligkeit im sichtbaren Licht
Zeitraum der
Bedeckung der
Röntgenquelle
1,70017 Tage
Zeit

Chance, auszubrechen. Tatsächlich erhielt er eine Stelle als Hilfskraft an der Sternwarte in Bamberg und arbeitete dort drei Jahre lang. Im Alter von 28 Jahren holte er das Abitur nach, studierte in Jena, promovierte und baute sich schließlich in seiner Heimatstadt mit knappen Mitteln, die er sich erspart hatte, eine eigene Sternwarte. Später wurde das Institut von der Berliner Universität übernommen.

Es war typisch für Hoffmeister, daß er sich auch als Berufsastronom gerade den Aufgaben widmete, mit denen er sich bereits als Amateur befaßt hatte. Jetzt aber ging er sie mit professionellen Mitteln an. Dazu zählte auch die Suche nach neuen veränderlichen Sternen. In jahrzehntelanger mühevoller Arbeit überwachte er den Himmel mit Kameras in Sonneberg, wie auch von Windhuk im heutigen Namibia aus und schuf so ein großes Plattenarchiv von unersetzlichem Wert, in dem man nachprüfen kann, ob in den letzten 60 Jahren ein bestimmter Stern seine Helligkeit geändert hat. Durch paarweisen Vergleich von Platten der gleichen Gegend, die in verschiedenen Nächten aufgenommen waren, suchte Hoffmeister nach Sternen, die innerhalb des zwischen den beiden Aufnahmen liegenden Zeitraumes ihre Helligkeit geändert hatten. Er fand mehr als zehntausend solcher Objekte. Ein veränderlicher Stern, den er 1936 im Sternbild Herkules gefunden hatte – der Stern hatte den Namen HZ Herculis erhalten – sollte noch von sich reden machen. Doch das hat Cuno Hoffmeister nicht mehr erlebt.

Ich bin hier ausführlicher auf diesen Mann eingegangen, da er in meinem Leben eine wichtige Rolle gespielt hat. Schon als Schüler hatte ich die Gelegenheit, auf seiner Sternwarte in Sonneberg während der Ferien arbeiten zu dürfen. Cuno Hoffmeister hat mich frühzeitig ermutigt, Astronom zu werden.

Der von außen beheizte Stern

Ursprünglich glaubte man, daß Hoffmeisters Stern im Herkules seine Helligkeit unregelmäßig ändern würde. Man hatte sich aber nach seiner Entdeckung kaum mehr um ihn gekümmert. Er vegetierte gewissermaßen in den Katalogen der Astronomen, ohne daß sich jemand näher mit ihm beschäftigte. Es gibt Zehntausende von Sternen, die ihre Helligkeit ständig ändern. Bei den meisten hat man die Ursache ihres Lichtwechsels erkannt. Viele geben uns noch Rätsel auf.

Im Jahre 1970 war Hoffmeisters Stern im Herkules durch die Nachbarschaft zu der neu entdeckten Röntgenquelle wieder interessant geworden. Weil die Quelle offensichtlich eine Umlaufsperiode von 1,70017 Tagen hatte, fragte man sich, ob vielleicht auch dieser Stern Variationen im gleichen Rhythmus zeigt. Im Sommer 1972 konnte das bestätigt werden. Hoffmeisters veränderlicher Stern schwankt genau mit der gleichen Periode! Im Abstand von 1,70017 Tagen wird er für Stunden deutlich schwächer. Also müssen die Röntgenquelle und Hoffmeisters Stern eng miteinander zusammenhängen.

Bald erkannte man auch die Ursache seines Helligkeitswechsels. Das Prinzip ist im unteren Teil der Tafel 7.1 dargestellt. Wenn die Röntgenquelle *vor* Hoffmeisters Stern steht, wird seine uns zugewandte Seite von den Röntgenstrahlen stark aufgeheizt. Er erscheint uns heller. Wenn die Röntgenquelle aber *hinter* dem Stern steht, vor allem, wenn sie von ihm bedeckt wird, bestrahlt sie seine uns abgewandte Seite, die wir nicht sehen können. Dann leuchtet der Stern für uns schwächer. Hoffmeisters Stern wird von der ihn umkreisenden Röntgenquelle auf einer Seite von außen beheizt.

Wir wissen nicht, warum die Röntgenstrahlung im Rhythmus von 1,24 Sekunden gepulst ist, wahrscheinlich hat das wie bei den Pulsaren mit der Rotation der Quelle zu tun. Man ist in jedem Fall überzeugt, daß viele Röntgenquellen am Himmel rotierende Neutronensterne sind.

Der Neutronenstern als Röntgenquelle

Das wurde vor allem durch die Messungen von Joachim Trümper und seinen Mitarbeitern bestätigt. Trümpers Arbeitsgruppe erkannte an den vom Ballon aus gemessenen Röntgenstrahlen, daß in der Quelle im Herkules ein unvorstellbar starkes Magnetfeld herrscht. Man weiß aber, daß Magnetfelder Kräfte ausüben. Das Erdmagnetfeld richtet die Kompaßnadel nach Norden aus, im Elektromotor setzen Magnetfelder den Anker in Bewegung. Das von Trümper in der Herkulesquelle gemessene Magnetfeld ist billionenfach stärker als das Erdfeld. Es muß so starke Kräfte ausüben, daß es jeden gewöhnlichen Stern, auch jeden Weißen Zwerg, zerreißen würde. Nur bei einem Neutronenstern kann die Schwerkraft die starken magnetischen Kräfte bändigen und den Stern zusammenhalten.

In der Röntgenquelle im Herkules hat man also zwei Himmelskörper, die aneinander gebunden sind: einen normalen gewöhnlichen Stern, gar nicht so verschieden von der Sonne, und einen Neutronenstern. Warum sendet der Neutronenstern Röntgenstrahlen aus, warum vor allem so viel? Seine Strahlungskraft ist zehntausendmal stärker als die der Sonne. Es scheint, als ob in diesem engen Doppelsternsystem von den äußeren Bereichen des normalen, im sichtbaren Licht wahrnehmbaren Sterns Masse vom Neutronenstern angesogen wird und auf seine Oberfläche stürzt. Die Materie, die dort auftrifft, hat wegen der großen Schwerkraft eine so hohe Geschwindigkeit, daß sie sich beim Aufprall auf viele Millionen Grad erhitzt. Bei dieser Temperatur glüht Materie im Lichte der Röntgenstrahlen.

Der Neutronenstern kann nur von einer Supernova-Explosion übriggeblieben sein. Der normale Stern scheint diese Explosion seines Begleitsternes einigermaßen heil überstanden zu haben. Nun bläst er Materie auf den Neutronenstern, die sich beim Aufprallen so erhitzt, daß Röntgenstrahlen entstehen. Wir würden gar nichts von ihm wissen, wenn ihn nicht ein Begleitstern ständig mit Materie besprühen würde.

Ich habe den Röntgenstern im Herkules herausgegriffen. Man kennt heute Hunderte von Röntgensternen. Bei vielen weiß man, daß sie gleichfalls zu einem Doppelsternsystem gehören. Ihre Röntgenstrahlung entsteht dadurch, daß Materie auf einen Neutronenstern stürzt und sich beim Aufprall erhitzt. In manchen Fällen ist auch auf einen Weißen Zwerg aufschlagende Materie für die Röntgenstrahlung verantwortlich. Das scheint auch zu erklären, warum zum Unterschied zu den Pulsaren, deren Rhythmus sich mit der Zeit verlangsamt, sich ihre Perioden im Laufe der Zeit verkürzen. Wenn Materie von einem Begleitstern auf einen Neutronenstern aufschlägt, dann bringt sie auch Drehbewegung mit, die seine Rotation beschleunigt.

Eine Quelle im Sternbild Schwan steht allerdings unter dem Verdacht, daß bei ihr kein Neutronenstern, sondern ein noch exotischerer Himmelskörper eine Rolle spielt. Die Quelle, Cygnus X-1 heißt sie im Katalog, gehört gleichfalls zu einem Doppelsternsystem. Sie kreist um einen sichtbaren, normalen Stern. Es scheint aber, als ob die im sichtbaren Licht nicht wahrnehmbare Röntgenquelle verhältnismäßig viel Materie in sich vereinigt, vielleicht sieben bis acht Sonnenmassen. Das liegt weit über der von Chandrasekhar gefundenen Grenze von 1,4 Sonnenmassen, oberhalb der die Materie nicht mehr als Weißer Zwerg ins Gleichgewicht kommen kann. Aber es liegt auch über der Materiemenge, die man maximal einem Neutronenstern zugesteht. So wie nämlich in einem Weißen Zwerg nicht mehr als das 1,4fache der Masse unserer Sonne vereinigt sein kann, so kann auch nicht beliebig viel Materie in einem Neutronenstern stecken. Wir kennen die Grenze nicht genau, wahrscheinlich liegt sie bei dem Zwei- bis Dreifachen der Masse der Sonne. Wenn mehr Neutronenmaterie zusammenkommt, wird die Schwerkraft so groß, daß auch der Druck des Neutronengases ihr nicht mehr das Gleichgewicht halten kann. Der Neutronenstern stürzt in sich zusammen. Niemand hat noch beobachtet, was dann eigentlich geschieht. Bereits vor 200 Jahren kam man auf die Idee, daß es Himmelskörper geben könnte, bei denen die Materie so extrem stark zusammengedrückt ist, daß an ihrer Oberfläche die Schwerkraft nicht nur alle Materie festhält, sondern daß es nicht einmal mehr dem Licht gelingt, den Schwerebereich dieses Gebildes zu verlassen. Man spricht von einem *Schwarzen Loch*. Sollte in der Röntgenquelle im Schwan nicht ein Neutronenstern, sondern solch ein noch exotischeres Gebilde für die Röntgenstrahlen verantwortlich sein?

Als die Physiker darüber zu diskutieren begannen, ob es im Weltall Schwarze Löcher gibt, fand das sehr rasch seinen Niederschlag in der Presse und in der Science-fiction-Literatur. Auch der Film nahm sich der Sache an.

Das Schwarze Loch von Hollywood

Der Roboter Vincent hatte es zuerst entdeckt. »Was gibt es?«, fragt der Astronaut. »Das größte Schwarze Loch, dem ich je begegnet bin«, antwortet Vincent. »Sehen wir es uns doch einmal auf dem Hologramm an.« In der Luft bildet sich das räumliche Bild eines großen, sich träge drehenden Wirbels leuchtender Massen, die in einem Zentrum zu verschwinden scheinen. Es bedarf wohl der Erfahrung jahrzehntelanger Reisen im Weltraum, um vor dem niedlichen hellblauen Strudel zu erschrecken. Der harmlose Kinobesucher ahnt nichts. Doch Astronauten schweben herbei, und die Haare stehen ihnen zu Berge. Sie wissen, was der nette blaue Wirbel bedeutet. »Mein Gott, schlimmer als Dantes Inferno!« »Ja, die zerstörerischste Kraft im Universum, Harry. Nichts kann ihr entgehen, nicht einmal das Licht.« Die Astronautin: »Mir hat einmal ein Professor gesagt, die Schwarzen Löcher würden irgendwann mal das gesamte Universum aufzehren.« »Wieso nicht, wenn man sieht, wie eine gigantische Sonne aufgesogen wird und spurlos verschwindet?« »Jedesmal wenn ich eines von diesen Dingern sehe, erwarte ich irgendeinen Kerl mit Hörnern, Mistgabel und Pferdefuß. Richtige Monster sind das.« »Höllenschlund wäre das richtige Wort dafür«, ergänzt der Roboter, der offensichtlich auch ein Synonymlexikon in seinem Computer gespeichert hat.

Es wird tatsächlich fürchterlich. Maximilian Schell, als wahnsinniger Professor, hält mit seinem Raumschiff und mit einer von ihm versklavten Mannschaft vor dem Monster Wache und bereitet sich auf eine Expedition in das Innere des Schwarzen Loches vor. Er versucht, auch die neu Angekommenen samt dem Roboter Vincent (übrigens dem glaubwürdigsten Charakter des ganzen Films) in seinen Bann zu ziehen. Das kann nicht gutgehen. Am Ende geht er zugrunde. Die Guten entkommen ihm, nicht aber dem Schwarzen Loch. Endlich kann der Zuschauer erleben, wie es dort drinnen zugeht.

Es wird fürchterlich, wenn das Raumschiff in den Strudel gezogen wird. Die Astronauten können ihre Gedanken nicht mehr beisammenhalten. Wortfetzen drängen sich ihnen auf, während ihr Schiff durch einen schier endlosen, engen Gang fliegt. Man fühlt sich in die Geisterbahn beim Oktoberfest versetzt, nur so lustig ist es nicht. Doch die Astronauten samt Roboter überleben den Fall ins Schwarze Loch und kommen irgendwo in einer anderen Welt wieder aus dem Strudel heraus. Entspannte Gesichter, der Schrecken ist überstanden. Man erfährt nicht, warum die Raumschiffer nun so erleichtert sind. Doch der Kinobesucher muß das nicht so genau wissen. Auch er ist erleichtert, denn der Film ist aus.

Das Tempo des Lichtes

Wir haben heute noch keinen sicheren Beweis, daß es die geheimnisvollen Schwarzen Löcher in der Natur wirklich gibt. Physikalisch sind sie möglich. Daß noch niemand eines gesehen hat, besagt nichts, das liegt in ihrer Natur. Das hängt eng mit der Geschwindigkeit zusammen, mit der Lichtstrahlen durch den Raum eilen.

Zuerst kommt der Blitz, dann folgt der Donner, denn der Schall des Donners bewegt sich verhältnismäßig langsam durch die Luft. In jeder Sekunde legt er etwa 300 Meter zurück. Moderne Flugzeuge können ihn ohne weiteres überholen. Das Leuchten des Blitzes aber breitet sich ungleich schneller aus.

Zuerst haben die Astronomen herausgefunden, daß das Licht, so schnell es auch durch den Raum eilt, eine endliche Zeit benötigt, um von einem Ort zum anderen zu kommen. Denn schon im Jahre 1676 hatte der in Frankreich arbeitende dänische Astronom Olaf Römer aus den Beobachtungen der Monde des Planeten Jupiter die Lichtgeschwindigkeit bestimmt. Wenn diese Satelliten in den Schatten ihres Planeten eintreten, werden sie von der Sonne nicht mehr beleuchtet, und wir können sie nicht mehr sehen. Römer konnte damit die Laufzeit des Lichtes von den Jupitermonden zur Erde bestimmen. Daraus berechnete er die Geschwindigkeit des Lichtes. Römers Ergebnis litt darunter, daß man seinerzeit den Durchmesser der Erdbahn um die Sonne noch nicht genau kannte. Doch als man die Dimensionen unseres Sonnensystems besser bestimmte, wurde auch der Wert der Lichtgeschwindigkeit genauer bekannt. Heute wissen wir, daß ein Lichtstrahl in einer Sekunde 299 792,501 Kilometer zurücklegt.

Im 18. Jahrhundert gab es noch zwei einander scheinbar widersprechende Vorstellungen über das Licht. Nach der einen bestand es aus winzigen Kügelchen. Ein Lichtblitz war eher mit einer aus einer Büchse abgefeuerten Schrotladung zu vergleichen, wenn seine Teilchen auch kleiner und leichter waren und dem Menschen keinen Schaden zufügen konnten. Diesem Bild vom Licht hing der englische Physiker Isaak Newton an. Ihm stand das Bild des Holländers Christiaan Huygens entgegen, wonach Licht den Charakter von Wellen besitzt. Tatsächlich gibt es viele Erscheinungen, die sich nicht mit der Schrotkorn-Theorie erklären lassen. Heute wissen wir, daß beide Bilder richtig sind und einander nicht widersprechen. Aber dazu bedurfte es erst der modernen Quantenmechanik, von der man im 18. und 19. Jahrhundert noch nichts ahnte.

Wenn man damals dem Schrotkornbild anhing, mußte man annehmen, daß die Lichtkügelchen von der Quelle mit einer Geschwindigkeit von etwa 300 000 Kilometern pro Sekunde abgeschossen werden. Wenn man diese Teilchen aber von der Erde aus zum Himmel abschickt, werden sie wie jede irdische Materie von der Schwerkraft in Richtung des Bodens gezogen. Bei der großen Anfangsgeschwindigkeit macht das den Lichtteilchen nicht allzuviel aus. Während ein von einer Kanone im Vergleich dazu langsam abgefeuertes Geschoß letztlich wieder auf die Erde fällt, so werden die ungleich schnelleren Lichtteilchen nur geringfügig abgelenkt. Der Strahl eines schräg zum Himmel gerichteten Scheinwerfers muß also leicht nach unten gebogen sein. Wegen der großen Geschwindigkeit der Lichtkügelchen muß der Effekt aber so klein sein, daß man ihn nicht messen kann. Doch wie wäre es auf einem Himmelskörper, bei dem die Schwerkraft ungleich stärker ist? Je stärker die Schwerkraft, um so stärker müßte der Scheinwerferstrahl gebogen sein.

Gefangenes Licht

Bereits im 18. Jahrhundert haben sich der englische Gelehrte John Mitchell und kurz danach der französische Mathematiker Pierre Simon Laplace überlegt, wie ein Himmelskörper beschaffen sein müßte, dessen Schwerkraft jeden Lichtstrahl nach unten zurückbiegt und die Lichtteilchen wieder zur Oberfläche fallen läßt. Würde man die Masse der Sonne in eine Kugel vom Durchmesser weniger Kilometer pressen, dann wäre die Schwerkraft an ihrer Oberfläche so groß, daß ihr kein Lichtstrahl mehr entkommen könnte. Die komprimierte Sonne würde das Licht festhalten. Die Erde müßte sich auf Weltraumtemperatur abkühlen.

Dieser Gedanke wurde zuerst kaum beachtet. Auch in den dreißiger Jahren unseres Jahrhunderts konnte man sich nicht vorstellen, daß Materie im Weltraum dichter zusammengepreßt werden kann als in einem Neutronenstern. Ja man war sich nicht einmal sicher, ob es wirklich Neutronensterne gibt. Wie wir bereits sahen, weiß man von ihrer Existenz mit Sicherheit erst seit Ende der sechziger Jahre.

Dabei hatte man am Anfang unseres Jahrhunderts längst verstanden, was Licht ist. Wenn sich auch viele seiner Eigenschaften mit dem Bild von den wie Schrotkörner abgefeuerten Teilchen erklären ließen, so zeigte es doch wiederum Erscheinungen, die sich nur mit dem Bild des Lichtes als Welle erklären ließen. Seit dem Jahre 1916, seit nämlich Albert Einstein seine Allgemeine Relativitätstheorie aufgestellt hatte, wußte man auch, daß ein Lichtstrahl in einem Schwerefeld verbogen wird. Es gelang sogar, die Ablenkung des nahe an der Sonne vorbeigehenden Sternlichtes bei totalen Sonnenfinsternissen zu messen.

Später lernte man, daß am Ende eines Sternenlebens immer ein stark verdichteter Körper übrigbleibt, sei es ein Weißer Zwerg oder ein Neutronenstern, und man erkannte, daß die Materie in diesen kompakten Körpern in einem recht delikaten Gleichgewicht steht. Die übergroße Schwerkraft droht den Stern in sich zusammenfallen zu lassen. Da fragte man sich, was denn geschieht, wenn ein Stern am Ende seines Lebens zuviel Materie übrigbehält, zuviel, um als Weißer Zwerg zur Ruhe zu kommen und zuviel, um als Neutronenstern zu enden. Dann nämlich würde nichts mehr der Schwerkraft widerstehen können. Der kompakte Körper am Ende des Lebens eines Sterns müßte weiter in sich zusammenstürzen, bis die Schwerkraft an seiner Oberfläche auch das Licht nicht mehr nach außen dringen läßt. Es wäre ein Schwarzes Loch entstanden.

Wir wissen also nicht nur, daß es diese Gebilde prinzipiell geben kann, wir haben auch eine ungefähre Vorstellung, wie sie bei einer Explosion am Ende des Lebens eines Sterns entstehen könnten. Vielleicht wird uns hier Cygnus X-1, die Röntgenquelle im Sternbild Schwan weiterhelfen. Vielleicht enthält sie solch einen abenteuerlichen Körper, von dem keine Nachricht mehr nach außen dringt.

Die im Schwarzen Loch verborgene Materie ist deshalb aber noch lange nicht aus der Welt verschwunden. Ihre Schwerkraft macht sich außen trotzdem bemerkbar. Licht, das in seine Nähe kommt, wird vom Schwarzen Loch eingefangen, oder – wenn es in sicherem Abstand an ihm vorbeigeht – zumindest abgelenkt. Mit seiner Schwerkraft kann das Loch andere Körper an sich binden, etwa Planeten. Es kann mit einem anderen Stern in einem Doppelsternsystem gebunden sein. Von diesem Begleitstern kann Materie abströmen und in das Schwarze Loch fließen. Ehe sie dort auf Nimmerwiedersehen verschwindet, erhitzt sie sich noch so stark, daß sie hell leuchtet, ja daß ihre Strahlung im Röntgenbereich liegt.

Der amerikanische Physiker Archibald Wheeler hat einmal die Frage gestellt, ob man künstlich auf der Erde ein Schwarzes Loch herstellen könnte. Er fand, daß man einige tausend Tonnen Eisen auf einen Durchmesser zusammenpressen müßte, der in Zentimetern ausgedrückt eine Eins durch eine elfstellige Zahl wäre. Es wäre eine gewaltige Energiemenge nötig, um das Eisen so dicht zusammenzuquetschen. Man müßte allen schweren Wasserstoff der Weltmeere zu Wasserstoffbomben verarbeiten, um die nötige Energie aufzubringen.

Das Ende der Sterne

Sterne sterben als kompakte Gebilde, und am Ende wird vielleicht alle Materie der Welt in Weißen Zwergen, in Neutronensternen oder in Schwarzen Löchern kondensiert sein, um die vielleicht erkaltende Planeten lustlos kreisen.

Das Wort von den lustlos kreisenden Planeten habe ich einmal in einem Buch benutzt. Darauf erhielt ich einen freundlichen Leserbrief, der unter anderem die Frage enthielt, was ich denn mit lustlos kreisenden Planeten meinte. Da wurde mir bewußt, daß ich das auch nicht wußte. Ich hatte es nur geschrieben, weil mir irgendwie die Formulierung gefallen hatte. Doch ich wollte dem Leser auf seinen netten Brief eine Antwort geben. Nach längerem Nachdenken fiel sie mir ein:

Wenn ein Stern zum erkaltenden Weißen Zwerg, zum Neutronenstern oder zum Schwarzen Loch geworden ist, dann sind auch bald seine Planeten so kalt, daß Wasser auf ihnen nicht mehr in flüssiger Form vorhanden sein kann: Ohne flüssiges Wasser kein Eiweiß, ohne Eiweiß kein Fleisch – ohne Fleisch keine Lust.

8. Im Reich der Galaxien

Der Mann, der als erster ernsthaft mit dem Studium der Spiralnebel begann, war Organist. Gelegentlich half ihm seine Schwester am Fernrohr. Sie war eine hervorragende Konzertsängerin. Dann trat ein Zeitungsreporter auf den Plan. Sein Gegenspieler war Lehrer für alte Sprachen. Doch erst ein boxender Jurist löste das Rätsel endgültig – und ein Maultiertreiber half ihm dabei.

Ich habe es etwas überspitzt formuliert. Alle waren sie Astronomen, doch ehe sie das Studium der Spiralnebel zu ihrem Beruf machten, waren sie einer anderen Profession nachgegangen. Die Faszination, die der Nachthimmel auf sie ausübte, ließ sie ihren Beruf wechseln.

Nebelflecken zwischen den Sternen

Bereits mit freiem Auge kann man in einer mondlosen Nacht in der Gegend des Sternbildes Andromeda ein kleines Nebelchen von elliptischer Form erkennen. Es ist der berühmte Andromedanebel (Abb. 8.1). Man sollte glauben, daß solch ein auffallendes Gebilde schon immer die Aufmerksamkeit der Menschen auf sich gezogen hat. Doch merkwürdigerweise wird es erst im 10. Jahrhundert von einem arabischen Astronomen erwähnt, und dann mußte noch ein halbes Jahrtausend vergehen, bis es Simon Marius aus Gunzenhausen, Hofastronom im fränkischen Ansbach, wieder bemerkte, im Jahre 1612. Da war das Fernrohr bereits erfunden, das eine neue Ära der Astronomie einläutete.

Beim Absuchen des Himmels mit dem Teleskop entdeckte man zahlreiche Nebelflecken, die dem unbewaffneten Auge vorher verborgen waren. Doch man wußte nicht, was die Nebelflecken am Nachthimmel bedeuten. Man hatte gerade erst gelernt, daß sich die Erde mit den Planeten um die Sonne bewegt. Das Fernrohr hatte es glänzend bestätigt: Die inneren Planeten Merkur und Venus erscheinen einmal als Sichel und einmal voll, wie es im Weltsystem des Kopernikus sein mußte. Um den Planeten Jupiter sah man vier Monde kreisen, ähnlich

Abb. 8.1: Das flache Sternsystem des Andromedanebels steht in einer Entfernung von etwa 2 Millionen Lichtjahren. In ihm sind mehrere Milliarden Sterne vereinigt (Aufnahme Karl-Schwarzschild-Observatorium, Tautenburg).

Tafel 8.1: Wie Thomas Wright of Durham das Band der Milchstraße am Himmel erklärte. Alle Sterne stehen in einer Scheibe, die man im Bild von der Seite sieht. Wir stehen mit der Sonne (A) in der Mitte und sehen viele Sterne, wenn wir entlang der Scheibe (in den Richtungen D bis G) blicken, nur wenige aber sehen wir, wenn wir senkrecht (in Richtung B oder C) hinausschauen (Staatsbibliothek München).

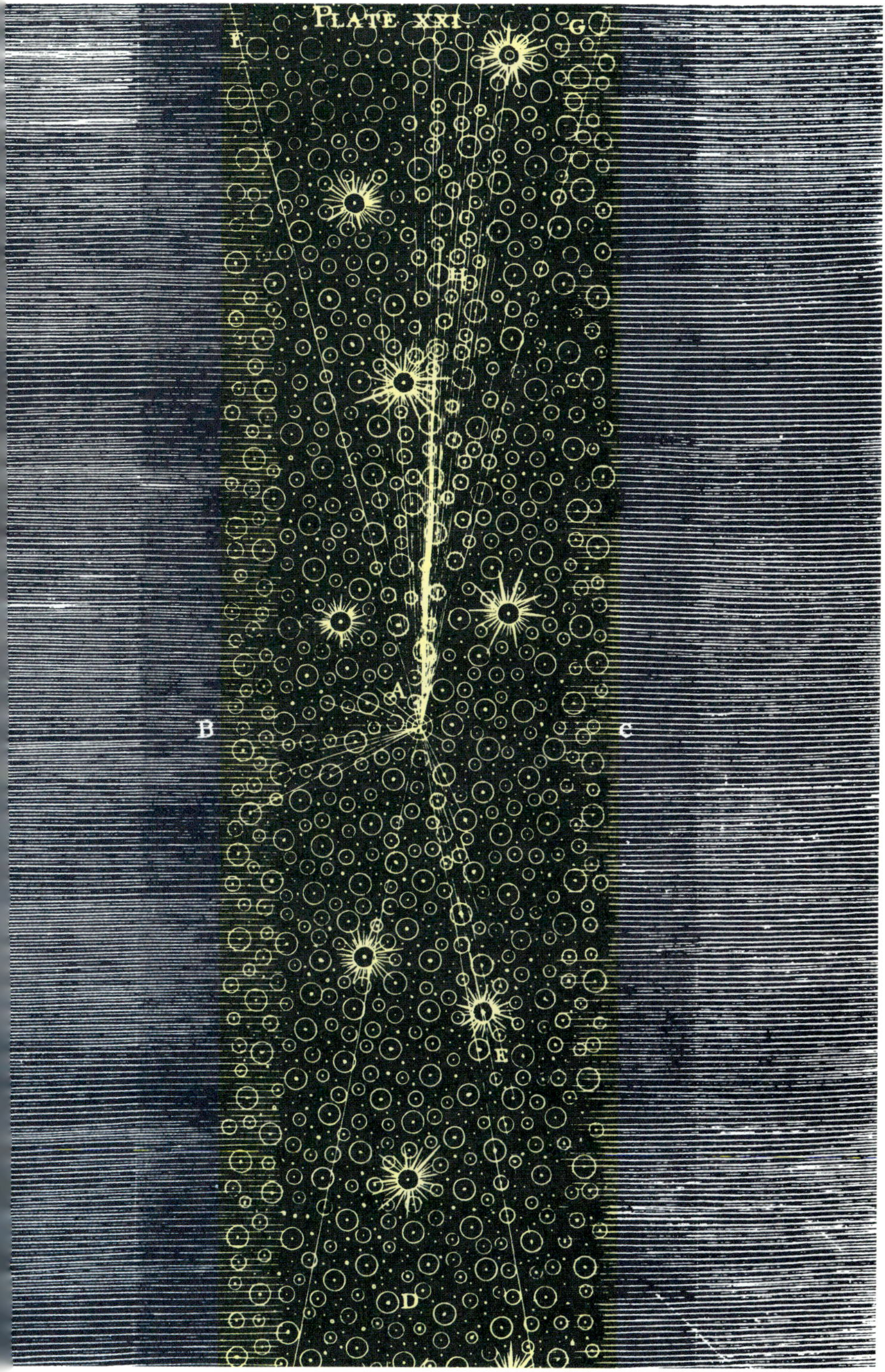
PLATE XXI
F
G
H
A
B
C
E
D

wie die Planeten um die Sonne. Jupiter und seine Begleiter schienen ein Sonnensystem in Kleinformat zu sein. Doch die zwischen den Sternen des Nachthimmels feststehenden Nebelflecken hatten nichts mit um die Sonne kreisenden Planeten zu tun.

Da waren noch die unzähligen Sterne, die nicht wie die Planeten komplizierte Schleifenbahnen ausführten, sondern unbeweglich auf der Himmelskugel festgeheftet schienen und sich mit ihr jede Nacht über die Erde wegdrehten. Sie konnten nur Sonnen in unvorstellbaren Weiten sein. Mehr wußte man nicht. Stehen sie alle gleich weit von uns entfernt? Sind manche von ihnen näher als andere? Füllen die Sterne den Weltraum gleichförmig bis in alle Unendlichkeit? Auf die Frage nach der Struktur des Systems der Sterne hatte man keine Antwort.

Noch weniger aber wußte man von den kleinen Nebelchen, die unbeweglich zwischen den Sternen standen, und von denen man immer mehr entdeckte, je besser die Fernrohre wurden. Das Rätsel der Nebelflecken am Himmel wurde in kleinen Schritten gelöst. Am Anfang stand der große Nebelstreifen, der sich als breites Band über den Himmel zieht, die Milchstraße.

Ein englischer Gelehrter erklärt die Milchstraße

Seit Galilei zum erstenmal ein Fernrohr auf die Milchstraße gerichtet hatte, wußte man, daß dieser sich über den Himmel ziehende, matt schimmernde Streifen nichts weiter als eine Fülle schwacher Sterne ist, die das unbewaffnete Auge nicht einzeln sehen kann.

Im Jahre 1750 erschien in London eine Schrift des Naturforschers Thomas Wright of Durham, in der er erklärte, wie das Band der Milchstraße zustande kommt. Die Tafel 8.1 zeigt Wrights Originalzeichnung. Die Sterne erfüllen den Raum nicht gleichförmig, meinte er, sondern stehen nur in einer verhältnismäßig dünnen, von zwei parallelen Ebenen begrenzten Schicht. Mitten unter ihnen steht auch die Sonne. In welche Richtung wir auch in den Raum hinausschauen, überall trifft unser Blick auf Sterne. Schauen wir senkrecht zur Plattenebene, erblikken wir verhältnismäßig wenige. Schauen wir aber in Richtung der Platte, so sehen wir ungleich mehr von ihnen. So bildet sich die mit Sternen erfüllte Schicht, in der wir mit unserer Sonne stehen, am Himmel als ein breiter sternenreicher Streifen ab: die Milchstraße. Wir wissen heute, daß der englische Gelehrte, der diesen Gedankenblitz im Alter von 39 Jahren veröffentlichte, recht behalten hat. Zwar füllen die

Sterne nicht den Raum einer planparallelen Platte aus, sie stehen aber in einer recht flachen Kreisscheibe. Wir nennen diese Ansammlung von Sternen das *Milchstraßensystem* oder unsere *Galaxis*.

Ein deutscher Philosoph erklärt die Nebelflecken

Bereits zu Beginn des Jahres 1751 druckte eine in Hamburg erscheinende wissenschaftliche Zeitschrift eine deutsche Kurzfassung der Arbeit des Wright of Durham. In Königsberg erfuhr der damals 27jährige Immanuel Kant davon. Er ging daraufhin einen Schritt weiter und versuchte die kleinen, oft elliptischen Nebelflecken zu erklären. Mit 31 Jahren schrieb er seine »Allgemeine Naturgeschichte und Theorie des Himmels«. Darin befaßte er sich mit der Frage, wie Wrights flache Scheibe erschiene, wenn man sie aus großer Entfernung ansehen würde. Blickt man von oben auf sie herab, sieht man sie als Kreisscheibchen, das um so kleiner erscheint, je größer der Abstand ist, aus dem man es betrachtet. Blickt man schräg darauf, so erscheint es als kleiner elliptischer Nebel. Also, schloß der junge Kant, sind die elliptischen Nebelchen genau solche Sternsysteme wie das von Wright of Durham beschriebene. In Kants Bild stehen alle Sterne in flachen, scheibenförmigen Raumgebieten. Außerhalb der Scheiben gibt es keine einzelnen Sterne. Der sonst leere Raum ist also mit scheibenförmigen Inseln von Sternen ausgefüllt. Eine von ihnen ist das Milchstraßensystem, in dem wir leben. Daß Kant damit recht hatte, wurde erst im Jahre 1923 bewiesen.

Zu der Zeit, als Kants Schrift erschien – sie war übrigens Friedrich II. von Preußen gewidmet – bereitete sich in Hannover ein 17jähriger junger Mann darauf vor, als Oboist zur königlichen Garde nach London zu gehen: Friedrich Wilhelm Herschel. Einige Jahre später finden wir ihn als Organist in Bath im Westen Englands. Über die Theorie der Musik war er inzwischen zur Mathematik gekommen, über die Mathematik zur Optik und über die Optik zur Astronomie. Er begann sich für Spiegelteleskope zu interessieren, schliff selbst Teleskopspiegel und machte, nachdem er im Jahre 1781 den Planeten Uranus entdeckt hatte, sein Hobby zum Beruf.

Die von ihm gebauten Fernrohre waren die besten ihrer Zeit. Eines davon steht noch heute als Exponat in der Sternwarte in Göttingen. Für sich aber baute Herschel das damals größte Teleskop der Welt. Das Rohr hatte einen Durchmesser von 122 Zentimetern und war 12 Meter lang. Mit diesem an einem Holzgerüst aufgehängten Fernrohr durchsuchte Herschel systematisch den Himmel nach Nebelflecken. Da gab es zum einen die recht regelmäßigen elliptischen Nebel, zum anderen völlig unregelmäßige chaotische Gebilde. Manche Astronomen hielten alle Nebelflecken am Himmel für Gasmassen im Raum zwischen den Sternen unseres eigenen Milchstraßensystems. Wenn der junge Kant mit seiner Hypothese recht hatte, dann sicherlich nur für einen Teil der Nebelflecken. Wenn man sich den bereits mit freiem Auge sichtbaren Orionnebel im Fernrohr ansieht, erkennt man, daß man hier nicht auf eine Scheibe von Sternen blickt, sondern auf eine wirre, faserige, von Filamenten durchzogene Wolke. Wenn überhaupt, konnten höchstens die recht regelmäßigen elliptischen Nebelchen ferne Sternsysteme sein. Herschel selbst schwankte in seiner Ansicht darüber hin und her. Doch er untersuchte die Nebel am Himmel systematisch. Erst 42 Jahre nach seinem Tod veröffentlichte sein Sohn John, gleichfalls Astronom, eine Liste von 5079 zum Teil von seinem Vater, zum Teil von ihm selbst gefundenen Nebelflecken. Das war der erste systematische Nebelkatalog, der erste Versuch, in die Vielfalt der Nebelflecken Ordnung zu bringen.

Hatte sich Kant mit seiner Ansicht von den elliptischen Nebeln als Sternsystemen auch nicht durchgesetzt, so liebäugelten doch viele Gelehrte der nachfolgenden Zeit immer wieder mit dem Gedanken. Im Jahre 1850 erschien der dritte Band von Alexander von Humboldts »Kosmos«. Es war der Astronomieband des Werkes, das er den »Versuch einer physischen Weltbeschreibung« nennt. Darin gibt er der Kantschen Ansicht den Vorzug, daß die elliptischen Nebel ferne Sternsysteme sind, so weit von uns entfernt, daß ihr Licht selbst in den größten Fernrohren zu einem diffusen Schleier verschmilzt, in dem man die Sterne nicht mehr einzeln wahrnehmen kann. Alexander von Humboldt spricht von »Weltinseln«. Unser Milchstraßensystem ist seiner Ansicht nach nur eine von vielen. Aber der Beweis dafür stand noch aus.

Die Große Debatte

Die Frage spitzte sich in den zwanziger Jahren dieses Jahrhunderts zu. Am 26. April 1920 hielt die amerikanische Akademie der Wissenschaften ihren Jahreskongreß in Washington, DC ab. Als Thema wurde eine Diskussion über die Natur der elliptischen Nebel vorgeschlagen. Man lud dazu zwei Männer als Redner ein: Harlow Shapley und Heber Doust Curtis waren die Vertreter der einander widerstreitenden Theorien.

Shapley kam vom Mount-Wilson-Observatorium in Pasadena, nördlich von Los Angeles. Curtis hatte an der Lick-Sternwarte bei San Francisco gearbeitet. Shapley war eigentlich nur zufällig Astronom geworden. Im Jahre 1885 geboren, hatte er mit 16 Jahren als Reporter bei einer Zeitung in einer Kleinstadt im Staate Kansas begonnen. Später arbeitete er als Gerichtsreporter in Missouri. Mit 22 Jahren beschloß er, den Journalismus von Grund auf zu erlernen und ging an die Universität. Aber die Schule für Journalismus, die er besuchen wollte, sollte erst ein Jahr später eröffnet werden. So sah er sich nach einem anderen Studienfach um. Beim Durchlesen der angebotenen Fächer im Vorlesungsverzeichnis blieb er schon beim ersten Buchstaben hängen und wählte Astronomie. Später spottete er, daß seine Wahl damit zu tun hatte, daß er »astronomy« leichter aussprechen konnte als »archeology«. Im Jahre 1914 bot man ihm eine Stelle am Mount-Wilson-Observatorium an. Wer immer ihn aus dem astronomischen Nachwuchs der damaligen Zeit ausgewählt hatte, er hat einen glücklichen Griff getan. Der junge Shapley widmete sich dem Studium des Aufbaus unseres Milchstraßensystems. Bald erkannte er, daß wir mit der Sonne nicht im Zentrum stehen. Seit Kopernikus lernte der Mensch nun zum zweitenmal, daß er nicht in der Mitte der Welt wohnt. Mit raffinierten Methoden gelang es Shapley, auch die Größe des Milchstraßensystems zu bestimmen. Die von ihm gefundenen Zahlenwerte sind gar nicht weit von den heute gültigen entfernt. Wir wissen inzwischen, daß der Durchmesser der Scheibe etwa 100000 Lichtjahre beträgt. Ihre Dicke dagegen ist nur ein Fünfzehntel des Durchmessers. Die riesige Scheibe kann also mit einem dünnen Fladen verglichen werden. In diesem pfannkuchenartigen Raumgebiet stehen zwar etwa 100 Milliarden Sterne, das Gebilde ist aber so groß, daß zwischen ihnen noch viel Platz ist. Wenn wir uns das System so verkleinert denken, daß die Sonne die Größe eines Schrotkornes hat, dann wäre der Durchmesser der Milchstraßenscheibe in diesem Maßstab immer noch vom vierfachen Abstand Erde–Mond. Die einzelnen Schrotkörner aber flögen in Abständen von Hunderten von Kilometern voneinander durch ein fast leeres Raumgebiet.

Shapley war überzeugt, daß alle elliptischen Nebel Gasmassen in unserem Milchstraßensystem sind. Sein Gegenspieler Curtis, Jahrgang 1872, war ursprünglich Altphilologe gewesen, ehe er im Alter von 28 Jahren in die Astronomie umsattelte. Seit 1909 arbeitete er an der Lick-

Sternwarte auf dem Mount Hamilton. Seine Untersuchungen der Spiralnebel überzeugten ihn, daß sie Sternsysteme sind und nicht Nebelmassen in unserer eigenen Galaxis, wie Shapley glaubte.

Die Unterlagen der aufregenden Diskussion vom 26. April 1920, die heute noch in der Astronomie als »die Große Debatte« bezeichnet wird, sind uns glücklicherweise erhalten. Es ist interessant, den damaligen Argumentationen zu folgen. Wir wissen heute, daß Curtis letztlich recht behalten hatte. Wenn man aber nachliest, findet man, daß Shapley die besseren Argumente ins Feld führte. Auch nach der Debatte war nicht entschieden, ob der Andromedanebel eine kleine Gaswolke inmitten der Sterne unserer Galaxis ist oder ein eigenes selbständiges Milchstraßensystem.

Edwin Powell Hubble erklärt den Andromedanebel

Die endgültige Antwort kam drei Jahre später. Wieder war es ein Astronom der Mount-Wilson-Sternwarte. Edwin Powell Hubble wurde 1889 im Bundesstaat Missouri geboren. Sein Vater war Anwalt bei einer Versicherung. Der Sohn studierte in Chicago Physik, Mathematik und Astronomie. Gleichzeitig war der junge Mann, einsachtundachtzig groß, ein erfolgreicher Amateurboxer der Schwergewichtsklasse. Er muß gut gewesen sein, denn sein Manager versuchte einmal, ihn zu überreden, gegen den damals amtierenden Weltmeister Jack Johnson anzutreten. Aber statt dessen nahm Hubble ein Stipendium an, um in Oxford Mathematik zu studieren. Doch er sattelte um und wurde Jurist. Nach erfolgreichem juristischem Examen kehrte er in die USA zurück und eröffnete in Louisville in Kentucky eine Anwaltskanzlei. Bereits nach einem Jahr gab er die Praxis auf und ging wieder an die Universität zurück, um in Chicago Astronomie zu studieren. Dort promovierte er 1917, und bald darauf bot ihm der Direktor des Mount-Wilson-Observatoriums eine Stelle an. Aber inzwischen waren die USA in den Ersten Weltkrieg eingetreten, und Hubble meldete sich freiwillig zur Infanterie. Er zog mit dem amerikanischen Expeditionskorps nach Frankreich und blieb auch noch nach dem Waffenstillstand bis Herbst 1919 bei den amerikanischen Besatzungstruppen in Deutschland. Danach kehrte er zurück. Die Stelle am Mount Wilson war noch frei, und so konnte er an dem Institut beginnen, an dem eben ein Spiegelfernrohr mit einem Durchmesser von 2,5 Metern getestet worden war. Das damals größte Fernrohr der Welt stand nun zu seiner Verfügung. Mit ihm sollte

Hubble die brennende Frage nach der Natur der Spiralnebel beantworten.

Denn auf den mit dem großen Teleskop gewonnenen Aufnahmen löste sich der Nebelschleier des Andromedanebels in einzelne Punkte auf. Hubble konnte Sterne erkennen, nicht anders, als sie auch in unserer Galaxis und in den beiden Magellanschen Wolken zu finden sind. Doch wegen ihrer größeren Entfernung erscheinen sie viel schwächer. Durch Vergleich mit der Helligkeit des Sterns einer bekannten Sorte – es handelte sich um einen veränderlichen Stern – gelang es ihm, die Entfernung zum Andromedanebel zu bestimmen. Inzwischen hat man diese Messung besser geeicht und weiß, daß die ursprünglich von Hubble angegebene Distanz zum Andromedanebel nur die Hälfte der wirklichen Entfernung war.

Während die Sterne unserer Galaxis von uns aus in Weiten von wenigen bis zu zehntausend Lichtjahren stehen, ist der Andromedanebel zwei Millionen Lichtjahre entfernt. Doch er ist immer noch Nachbar, denn manche anderen haben tausendfachen Abstand und mehr.

Hubble hatte nachgewiesen, daß der Andromedanebel eine Weltinsel ist und hat uns damit ein viel größeres Weltall geschenkt. Nun war es nur noch ein kleiner Schritt, auch die Entfernungen anderer Spiralnebel zu bestimmen. Es zeigte sich, daß das ursprüngliche Kantsche Bild richtig war. Zwar gibt es leuchtende Gas- und Staubwolken in unserem Milchstraßensystem, die wie Nebel aussehen, doch wenn man heute mit großen Teleskopen zu schwächeren Objekten vorstößt, findet man immer entfernter stehende Sternsysteme, von denen unsere Galaxis nur eines ist. Deshalb nennt man sie *Galaxien.* Sie bestehen aus Millionen und Milliarden von Sternen, die oft in einer flachen Kreisscheibe angeordnet um den Mittelpunkt kreisen. Alle die verschiedenen Arten von Sternen, die Riesen und die Normalsterne, die uns wohlbekannte Typen von veränderlichen Sternen, Gasnebel und Staubwolken finden sich auch in den anderen Sternsystemen.

Der Zoo der Galaxien

Die Formen der Galaxien sind vielfältig. Da gibt es relativ strukturlose, kreisrunde, elliptische und spindelförmige. Manche, wie etwa die in der Tafel 8.2 abgebildete, sieht man von der Kante her und kann erkennen wie flach sie sind. Die Galaxie der Tafel 8.3 sieht man gewissermaßen »von oben« und erkennt ihr Spiralmuster. Man spricht von *Spiral-*

nebeln oder *Spiralgalaxien*. Manche zeigen in ihrer Mitte eine Art Querbalken. Man nennt sie deshalb *Balkengalaxien*.

Unser eigenes Milchstraßensystem ist nur eines von vielen. Auch zwischen den Sternen der anderen Galaxien stehen Gas- und Staubwolken, in denen sich immer wieder neue Sterne bilden. Die neuen Sterne entstehen hauptsächlich in den spiraligen Strukturen, den sogenannten *Spiralarmen*. Diese erscheinen hell, denn die neuen Sterne regen die umgebenden Gasmassen zum Leuchten an. Es war schwer, nachzuweisen, daß unser eigenes System auch eine Spiralstruktur zeigt, denn wir stehen mitten darinnen. Wenn man zwischen den Bäumen steht, kann man von einem Wald viel weniger sehen als wenn man im Flugzeug über ihn hinwegfliegt. So geht es uns auch mit unserer eigenen Galaxis. Trotzdem gelang es in den fünfziger Jahren holländischen Astronomen, angeführt durch Jan Hendrik Oort, den Altmeister der holländischen Astronomie, die Spiralstruktur unseres Milchstraßensystems zu erkennen. Von außen gesehen würde es vielleicht dem Andromedanebel (vgl. Abb. 8.1) ähneln.

Fünf Jahre nachdem Hubble das Rätsel der Spiralnebel gelöst hatte, wartete er mit einer neuen Sensation auf. Er hatte herausgefunden, daß sich fast alle von uns wegbewegen. Das Licht, das zu uns kommt, enthält viel Information über die Sterne, auch über ihre Bewegung.

Wenn man einen entfernten Körper betrachtet, fällt es meist nicht schwer, seine Bewegung zu erkennen. Folgt mein Blick einem fliegenden Vogel, dann ändert sich ständig meine Blickrichtung. Schwerer wird es, wenn der Vogel sich nicht seitlich bewegt, sondern genau auf mich zu oder genau von mir wegfliegt. Die Richtung meines Blickes ändert sich dann nicht. Bei Sternen ist es wegen ihres großen Abstandes von uns schwierig, die seitliche Bewegung zu messen. Es scheint aber auf den ersten Blick völlig unmöglich zu sein, dem Lichtpunkt, als den wir den Stern wahrnehmen, anzusehen, ob er sich auf uns zu oder von uns wegbewegt. Doch das Licht der Sterne gibt uns auch darüber Auskunft. Das hat ein österreichischer Mathematiker schon im vorigen Jahrhundert bemerkt.

Tafel 8.2: Eine Galaxie im Sternbild des Haares der Berenice. Wir sehen sie von der Seite und erkennen, wie flach sie ist (Aufnahme US Naval Obs., Washington/DC).

Der Trompeter auf dem Eisenbahnwagen und die Bewegung der Sterne

Der Sohn des Maurermeisters Doppler, 1805 in Salzburg geboren, hatte nicht das Zeug, um seinem Vater im Beruf zu folgen. Eigentlich war es schade, denn er konnte recht geschickt mit dem Meißel umgehen, doch er war körperlich ziemlich schwach. Als sein Mathematiklehrer erkannte, daß Christian mathematisch begabt war, schickte ihn der Vater auf das Polytechnikum nach Wien. Nach Abschluß seines Studiums sah es mit Berufsaussichten im Lehramt, das er anstrebte, recht schlecht aus. So wäre Christian Doppler beinahe im Alter von 30 Jahren nach Amerika ausgewandert. Doch dann bot man ihm eine Stelle an einer Realschule in Prag an. Schließlich wurde er »Professor für Elementarmathematik und Praktische Geometrie« an der Technischen Hochschule in Prag. Während dieser Zeit, im Jahre 1842, schrieb er seine einzige bedeutende wissenschaftliche Arbeit. Darin entwickelte er das Prinzip, das heute seinen Namen trägt.

Man hatte gerade erst gelernt, daß Licht eine Art Wellenbewegung ist. Da es sich mit einer endlichen Geschwindigkeit ausbreitet, schloß Doppler, muß die Zahl der in der Sekunde bei einem Beobachter ankommenden Wellenberge höher sein, wenn die Lichtquelle sich bewegt. Das gleiche muß auch für andere Wellen, etwa für die des Schalls gelten. So rechnete er in seiner Arbeit vor, daß von einer Schallquelle, die den Ton C der Tonleiter aussendet, der Ton D zu hören sein müßte, wenn sie sich dem Ohr mit einer Geschwindigkeit von 148 km/h nähert.

Uns, die wir in einer sich rasch bewegenden Welt leben, ist das wohl vertraut. Wir hören den Wechsel des Tones, wenn der Unfallwagen mit Martinshorn an uns vorüberfährt. Erst nähert er sich uns, und wir hören den Ton hoch. Danach entfernt sich der Wagen, und der Ton wird tiefer. Auch die Rundfunkaufnahmen von Autorennen, bei denen sich die Sportwagen erst dem Mikrofon nähern und danach von ihm entfernen, lassen einen deutlichen Wechsel der Tonhöhe des Motorengeräusches vernehmen.

Zu Dopplers Zeiten war das anders. Er schrieb seine Arbeit nur sieben Jahre nachdem in Deutschland die erste Eisenbahn in Betrieb genommen worden war. Mit höheren Geschwindigkeiten war man noch nicht vertraut. So konnte der von Doppler vorhergesagte Effekt erst 1845 von dem holländischen Physiker Christophorus Buys-Ballot am Beispiel des Schalls nachgewiesen werden.

Das Experiment war ungewöhnlich. Ein offener Eisenbahnwagen wurde von einer Lokomotive längs eines geraden Schienenstranges gezogen. Ein auf dem Wagen stehender geschulter Trompeter stieß einen langgezogenen Ton bestimmter Höhe aus. Musiker mit absolutem Gehör standen am Bahndamm und mußten die Tonhöhe des vorbeifahrenden Trompeters bestimmen. Dann wiederum stand der Trompeter am Bahndamm, und die lauschenden Musiker wurden an ihm vorbeigezogen. Es muß eine eindrucksvolle Schau gewesen sein. Sie bestätigte Dopplers Voraussage für den Schall.

Was Schallwellen recht ist, glaubte Doppler, ist Lichtwellen billig. Eine Lichtquelle, die bei einer bestimmten Wellenlänge leuchtet, scheint einem Beobachter, wenn sie sich auf ihn zubewegt, mit einer kürzeren Wellenlänge abzustrahlen als im Ruhezustand. Dagegen erscheint ihm ihr Licht langwelliger, wenn sie sich von ihm entfernt. Es gelang erst im Jahre 1870, den Effekt auch für das Licht nachzuweisen. Doch Christian Doppler hat diesen Triumph nicht mehr erlebt. Nachdem er seine letzten Jahre als Professor für Physik an der Wiener Universität verbrachte, starb er 1853 an einem Lungenleiden.

Doppler ist in seiner fundamentalen Arbeit aber auch einer Täuschung erlegen. Er glaubte, der Effekt wäre so stark, daß man die verschiedenen Farben der Sterne damit erklären könnte. Kommt ein Stern auf uns zu, so treffen die Wellenberge des Lichtes in rascherer Folge bei uns ein, sein Licht erscheint uns kurzwelliger. Deshalb erscheint uns der Stern blau, meinte Doppler. Bewegt er sich aber von uns weg, kommen die Wellenberge in größeren Zeitabständen zu uns, und sein Licht erscheint uns langwellig. Doppler glaubte, daß das der Grund wäre, warum manche Sterne rot sind. In Wahrheit ist der Effekt, den man nunmehr den *Doppler-Effekt* nennt, sehr viel schwächer. Er ändert an der Farbe eines Sterns praktisch nichts und kann nur mit genauen Instrumenten gemessen werden. Doch er hilft uns, die Geschwindigkeiten der Sterne zu messen.

Wie kommt der Doppler-Effekt, der anscheinend genauso für Licht gilt wie für Schall, eigentlich zustande? Das ist leicht zu verstehen, denn er gilt nicht nur in der Optik und in der Akustik, er gilt für alle regelmäßig ausgesandten Signale. Es können auch Brieftauben sein. Ich erkläre den Doppler-Effekt in meinen Vorträgen immer mit der Geschichte vom Brieftaubenzüchter:

Der Vorsitzende des Vereins der Brieftaubenzüchter geht auf die Reise und verspricht seiner Familie, täglich einmal zu schreiben und dazu in 24stündigem Abstand jeweils eine Taube loszulassen. Seine

Tauben kommen, während er sich immer weiter von den Seinen entfernt, in größerem Abstand zu Hause an. Denn jedes Tier hat einen längeren Weg zurückzulegen als sein Vorgänger. Während er am Reiseziel verweilt, kommen die Tiere alle im 24stündigen Abstand an. Während seines Nachhauseweges kommen sie in kürzerem Abstand zurück. Denn jedes Tier hat einen kürzeren Weg zurückzulegen als sein Vorgänger.

Was für Brieftauben gilt, ist auch für die in gleichem Zeitabstand ausgesandten Schallverdichtungen in der Luft richtig, und es gilt auch für die von einer Lichtquelle ausgesandte Strahlung, die aus in regelmäßigem Abstand ausgesandten Wellenbergen besteht. Bei Sternen kann man den Doppler-Effekt nutzen, um ihre Geschwindigkeit auf uns zu oder von uns weg zu bestimmen. Wir wissen bereits: Die verschiedenen Atome der Sternmaterie verschlucken Strahlung nur bei bestimmten Wellenlängen. In den Spektren der Sterne, in denen das Licht nach seiner Farbe, das heißt nach seiner Wellenlänge zerlegt ist, sieht man daher die bereits erwähnten dunklen Linien. Das sind die Wellenlängen, bei denen kein Licht vom Stern zu uns kommt, weil gerade dieses Licht in den Sternatmosphären zurückgehalten wird.

Wenn sich der Stern von uns wegbewegt, scheint es wegen des Doppler-Effekts, als ob dort etwa ein Wasserstoffatom Licht mit größerer Wellenlänge verschluckt als ein Wasserstoffatom im Laboratorium, das sich relativ zu uns in Ruhe befindet. Diesen Effekt kann man benutzen, um die Geschwindigkeit eines Sterns zu bestimmen.

Die Geschwindigkeit der Galaxien und der Rosinenkuchen

Edwin Hubble untersuchte in den zwanziger Jahren die Spektren von Galaxien. Sie zeigen einen starken Doppler-Effekt: Die Spektrallinien nahezu aller Galaxien sind nach dem roten Ende des Spektrums hin verschoben (vgl. Abb. 8.2). Das war bei diesen lichtschwachen Objekten nicht einfach nachzuweisen oder gar zu messen. Selbst mit dem großen Mount-Wilson-Teleskop bedurfte es manchmal 50 bis 100 Stunden Belichtungszeit. In mehreren Nächten mußte man das Fernrohr auf

Tafel 8.3: Bei dem Spiralnebel im Sternbild der Jagdhunde blicken wir senkrecht auf die Spiralstruktur einer flachen Galaxie. Das Licht von dort benötigt für den Weg zu uns etwa 12 Millionen Jahre (Aufnahme J. D. Wray, McDonald Obs.)

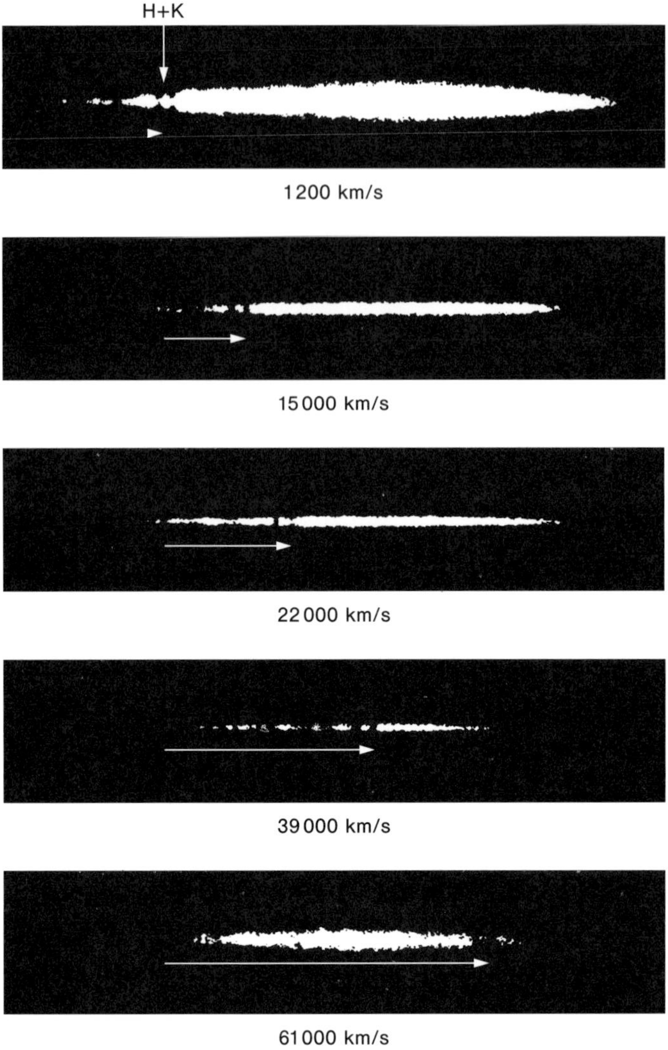

Abb. 8.2: Spektren von Galaxien. Das rote Ende ist jeweils rechts. Durch den Doppler-Effekt werden die Absorptionslinien nach rechts geschoben, wenn sich die Quelle vom Beobachter entfernt. Im obersten Bild sieht man die zwei mit H + K gekennzeichneten Absorptionslinien im violetten (linken) Ende des Spektrums. Diese Galaxie bewegt sich nur langsam. Je größer die Fluchtgeschwindigkeit einer Galaxie ist, um so weiter die Verschiebung dieser Linien nach dem Roten hin. Im untersten Bild sind die beiden Linien vom linken zum äußersten rechten, dem roten Ende des Spektrums geschoben. Diese Galaxie bewegt sich mit 61000 km/s von uns weg.

dieselbe Galaxie richten, um genügend Licht auf der Fotoplatte zu sammeln. Bei diesen Arbeiten hatte Hubble einen Mitarbeiter, der für die Entdeckung, auf die wir gleich kommen werden, eine große Hilfe war.

Milton L. Humason arbeitete seit 1928 auf dem Mount Wilson. Er war nur zufällig mit der Astronomie in Kontakt gekommen, als er Lasten mit Maultieren auf den Berg bringen mußte. Da begann er sich für die Arbeit der merkwürdigen Leute im Observatorium zu interessieren. Bald erhielt er den Posten des Hausmeisters. Doch als man merkte, wie gut er astronomische Instrumente bedienen konnte, durfte er als Nachtassistent den Beobachtern zur Hand gehen. Er war so gut, daß man ihm bald eine Stelle als Astronom anbot, obwohl er niemals Astronomie studiert hatte. Humason sammelte Spektren von Galaxien. Dabei zeigte sich seine Gabe, aus einem Teleskop auch noch das Letzte herauszuholen.

Immer wieder überlegte er sich Tricks, mit denen er die Tücken der Apparaturen überlisten konnte. Es gelang ihm, das Teleskop stundenlang Sternen nachzuführen, die er im Sucherfernrohr mit dem Auge gar nicht wahrnehmen konnte. Er wußte sich zu helfen, als das durch Schnecke und Zahnrad der Bewegung der Sterne nachgeführte Fernrohr zu bestimmten Zeiten einen Ruck machte, weil Schnecke und Zahnrad Spiel hatten. Wenn dann der Schwerpunkt des aus Fernrohr und Gegengewicht bestehenden Systems im Lauf der Nacht sich von der Ost- auf die Westseite verlagerte, gab es einen Ruck, und die Aufnahmen mußten abgebrochen werden. Nicht so aber, wenn sich Humason während der ganzen Belichtungszeit mit seinem Körpergewicht an das Fernrohr hängte und damit den Schwerpunkt so verschob, daß er während der Aufnahme nicht von der Ost- in die Westlage ging. Die Hubblesche Entdeckung, die wir jetzt kennenlernen werden, wäre erst viel später gekommen, hätte es nicht den zum Astronomen avancierten Maultiertreiber gegeben.

Hubble fand aus dem Doppler-Effekt im Licht der Galaxien, daß sie sich fast alle von uns wegbewegen. Das Weltall fliegt auseinander. Es besteht eine einfache Gesetzmäßigkeit: *Je größer die Entfernung, um so größer die Fluchtgeschwindigkeit*. Geschwindigkeit und Entfernung sind einander proportional: Doppelte Entfernung, doppelte Fluchtgeschwindigkeit. Das ist das in der Abb. 8.3 dargestellte *Hubblesche Gesetz*.

Auf den ersten Blick scheint es, als ob wir an einer besonders ausgezeichneten Stelle im Weltall angesiedelt wären, nämlich dort, von wo

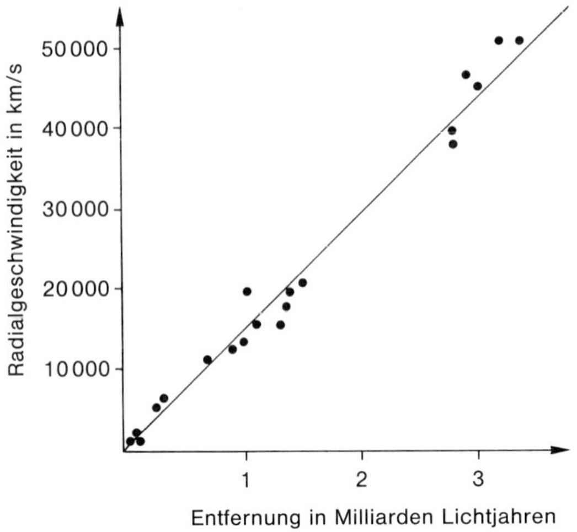

Abb. 8.3: Das Hubblesche Gesetz. Je größer die Entfernung (nach rechts aufgetragen), um so größer die Fluchtgeschwindigkeit (nach oben aufgetragen): Doppelte Entfernung, doppelte Geschwindigkeit. Entfernung und Geschwindigkeit sind einander proportional.

alle Galaxien wegfliegen. Stehen wir damit gewissermaßen im Nabel der Welt? Das ginge jedem Kopernikaner gegen den Strich. Der alte griechische Glaube, die Erde wäre der Mittelpunkt, um den sich alles dreht, hat sich als falsch erwiesen. Sollten wir jetzt doch an dem Mittelpunkt stehen, von dem alles wegfliegt? Der englische Astrophysiker Sir Arthur Eddington formulierte deshalb einmal: »Was haben wir denn an uns, daß alle Galaxien vor uns Reißaus nehmen, als wären wir eine Pestbeule im Weltall?« Aber Eddington wußte auch, daß das nur ein Scheinproblem ist. Ich will das an einem einfachen Beispiel erläutern.

Stellen wir uns vor, wir wollten aus Hefeteig einen Kuchen herstellen. Der Teig sei nun fertig. Es herrsche die richtige Temperatur, und er gehe jetzt auf. In ihm seien Rosinen. Versetzen wir uns in die Lage einer Rosine, die ihre Mit-Rosinen beobachtet. Während der Teig aufgeht, bewegen sich alle von ihr fort, die entfernteren schneller als die näheren: Doppelte Entfernung, doppelte Geschwindigkeit. Die Rosine findet ein Hubblesches Gesetz. Daraus darf sie aber nicht schließen, daß sie in der Mitte des Teiges sitzt, denn *jede* Rosine beobachtet, daß alle von ihr wegfliegen.

So geht es auch uns: Aus der Tatsache, daß sich alle Galaxien von uns wegbewegen, dürfen wir nicht schließen, daß wir die Rosine in der Mitte der Welt sind.

Die fehlende Materie der Welt

Man kann mit dem Doppler-Effekt auch etwas über die Sternsysteme selbst erfahren. Wenn man eine Galaxie wie den Andromedanebel untersucht, so stellt man zum ersten fest, mit welcher Geschwindigkeit sie sich insgesamt relativ zu uns bewegt. Bei Galaxien, die man von der Seite sieht, bemerkt man, daß die Geschwindigkeiten links und rechts von ihrer Mitte verschieden sind. Sie drehen sich wie gewaltige Feuerräder. Ihre Sterne kreisen um das Zentrum, und ihre Rotationsbewegung ist auf der einen Seite auf uns zu, auf der anderen von uns weggerichtet. Auch in unserem Milchstraßensystem wandert die Sonne in etwa 220 Millionen Jahren einmal um das Zentrum. Während die Sterne am äußeren Rand in etwa 400 Millionen Jahren einen Umlauf beenden, haben die inneren das Zentrum schon in zehn Millionen Jahren umrundet. Die Fliehkraft ihrer Umlaufbewegung hält der Schwerkraft, die sie nach innen zieht, die Waage.

Aus der Geschwindigkeit, mit der die Galaxien rotieren, kann man die Schwerkraft und damit ihre anziehende Gesamtmasse berechnen. Dabei stößt man auf ein bis heute noch ungelöstes Rätsel. Wir können aus den sichtbaren Sternen abschätzen, wieviel Masse in einer Galaxie vereinigt ist. Die Schwerkraft scheint aber von dem Zehnfachen der sichtbaren Masse zu kommen. Etwa 90 Prozent der Masse einer Galaxie sind unsichtbar. Steckt die verborgene Masse in dunklen planetenähnlichen Körpern, in Sternen, die nicht leuchten oder in unsichtbaren Elementarteilchen, die den Raum zwischen den Sternen einer Galaxie erfüllen? Wir wissen es nicht.

Das Rätsel der Spiralarme

Ein anderes, heute noch ungelöstes Problem sind die Spiralarme. Eine Galaxie rotiert nicht starr wie ein Wagenrad. Ein Stern in ihrem Innengebiet bewegt sich in kürzerer Zeit um das Zentrum als ein Stern am Rande der Scheibe. Deshalb muß sich jede anfängliche Struktur im Laufe der Zeit aufwickeln. Carl Friedrich von Weizsäcker formulierte einmal, daß jede Galaxie im Laufe der Zeit Spiralform annehmen müsse, selbst wenn sie anfangs wie eine Kuh ausgesehen hat. Wundern wir uns also nicht, daß die Galaxien Spiralen zeigen. Doch so einfach lassen sich die Spiralarme nicht erklären.

Wir wissen, daß die Galaxien bereits seit Milliarden Jahren bestehen. Schließlich strahlt einer ihrer Sterne, nämlich unsere Sonne, bereits seit so langer Zeit. Bedenken wir aber, daß Galaxien innen rascher rotieren als in ihren Außenbereichen. Wie immer die Galaxien anfangs aussahen, sie müßten sich inzwischen so fein aufgewickelt haben, daß ihre Arme den Rillen einer Schallplatte ähneln sollten. Die Spiralarme sind bei keiner Galaxie so fein aufgewickelt.

Welche Bewandtnis hat es dann mit den Spiralarmen? Es gibt wohl nur eine Erklärung. Sie können nicht immer aus derselben Materie bestehen. Sie werden statt dessen von Materie *durchströmt*. So wie eine Kerzenflamme nicht immer aus derselben Materie besteht, sondern nur einen Zustand der durchströmenden Materie darstellt, nämlich den der Verbrennung, durch den die Materie hindurchgeht, so auch ein Spiralarm. Das erkennt man, wenn man die Spiralarme näher untersucht. Was läßt sie im Bild des Spiralnebels hervortreten? Wie unterscheiden sie sich von den schwachen oder gar nicht leuchtenden Zwischenräumen? Stehen die Sterne in den Armen besonders dicht, und sind die Zwischenräume Sternleeren? Nein, die Sterne stehen in der Scheibe einer Galaxie überall ungefähr gleich dicht. Die Spiralarme sind nicht die Bereiche besonders großer Sterndichte, sie sind die Stellen, an denen neue Sterne entstehen.

Sterne bilden sich aus der Materie, die als Gas- und Staubwolken den Raum einer Galaxie erfüllt. Diese Wolken stürzen gelegentlich, durch ihre eigene Schwerkraft angezogen, in sich zusammen, um Sterne zu bilden, von denen die massereichsten blaues Licht hoher Intensität abstrahlen, das die benachbarten Gaswolken zum Leuchten anregt. Das gibt den Spiralarmen ihr helles Licht. Da massereiche Sterne ihre Leuchtkraft kaum über einige Millionen Jahre aufrechterhalten können, verblassen sie wieder, ehe sie einen merklichen Teil eines Umlaufes um das Zentrum der Galaxie zurückgelegt haben. So wie das glühende, leuchtende Rußteilchen verlöscht, wenn es die Kerzenflamme verläßt, so verlöscht der junge, helle, blaue Stern, wenn er aus dem Spiralarm austritt. Der Arm verdankt sein Licht den durch ihn hindurchwandernden hellen, blauen Sternen. Leider weiß man auch heute noch nicht genau, was gerade längs der Spiralen Sterngeburten auslöst.

Die exotischen Kerne der Galaxien

In unserem Sonnensystem kreisen alle Planetenkörper um die Sonne. In den Galaxien bewegen sich alle Sterne um die Mittelpunkte dieser Spiralnebel. Was steht im Zentrum einer Galaxie? Eigentlich sollten wir das am leichtesten in unserem eigenen Milchstraßensystem herausfinden, denn ihrem Zentrum sind wir am nächsten. Aber wir können es nicht sehen, denn es ist hinter dicken Staubvorhängen verborgen, die keinen Blick auf diese geheimnisvolle Stelle der Milchstraße gestatten. Nur im Bereich der Radio-, Infrarot- und Röntgenstrahlen können wir das Herz unseres Sternsystems betrachten.

Bei anderen Galaxien haben wir es besser, denn wir blicken bei ihnen nicht längs der undurchsichtigen staubigen Scheibe, sondern schräg von außen oder sogar senkrecht von oben auf ihr Zentrum. Im Andromedanebel erkennt man deutlich einen sternartigen Kern. Aber diese Galaxie ist recht harmlos. Ein Sternsystem im Sternbild der Jungfrau dagegen zeigt einen scharfen Gasstrahl, der direkt aus dem Zentrum herausgeschossen kommt. Daß solche Strahlen keine Besonderheit sind, hat man erfahren, als man die aus dem Weltall kommenden Radiostrahlen untersuchte.

9. Radiosender des Himmels

Damit meine ich nicht Radio Vatikan, sondern Stellen am Himmel, von denen Radiowellen zur Erde dringen. Oft sind es Punkte, an denen – wie bei den meisten Pulsaren – im sichtbaren Licht nichts zu erkennen ist. Manchmal aber erreichen uns auch Wellen von Himmelskörpern, die man seit langem kennt, etwa von der Sonne, von Jupiter oder von fernen Galaxien. Erst in den fünfziger Jahren hat man sich ernsthaft mit diesen aus dem Weltall kommenden Radiowellen befaßt. Die Astronomen hätten zwei Jahrzehnte früher ihre Aufmerksamkeit auf sie richten können, hätten sie auf einen Radioingenieur gehört, der in den Laboratorien der Firma Bell Telephone im US-Staat New Jersey arbeitete. Als man endlich daranging, das Phänomen ernsthaft zu untersuchen, war der Mann, der durch Zufall unbekannte, von irgendwoher aus dem Weltraum bei uns eintreffende Radiowellen entdeckte, gerade einem Schlaganfall erlegen.

Pionierzeit des Radios

Im Jahre 1901 gelang es zum erstenmal, mit Radiowellen ein Signal über den Atlantik zu senden. Am 12. Dezember um 12 Uhr 30 Weltzeit übermittelte der Italiener Marconi den Morsebuchstaben S über den Ozean. Damit begann der Funkkontakt zwischen Europa und Amerika. Etwa zur gleichen Zeit bemerkte man, daß gewisse Radiowellen in den obersten Schichten unserer Atmosphäre zurückgespiegelt werden. Nach oben ausgesandte Wellen gehen meist nicht geradlinig in den Weltraum hinaus, sondern werden wieder nach unten zurückgeworfen. Die obersten Schichten der Erdatmosphäre wirken auf sie wie ein Spiegel. Das aber gestattet, Radiowellen, die sich wegen der Erdkrümmung nicht längs der Oberfläche über größere Strecken ausbreiten können, von einem Kontinent zum anderen zu senden, gewissermaßen um die Erde herum. Die Welle geht vom Sender in gerader Linie schräg nach oben, wird zurückgespiegelt und wandert wieder schräg nach unten.

Tafel 9.1: Das »Karussell-Teleskop«, mit dem Karl Jansky 1933 die Radiostrahlung der Milchstraße entdeckte (Nachbau). Die Antenne konnte nach allen Richtungen gedreht werden. Dazu lief sie auf Autorädern über einen Betonring (Aufnahme R. Wielebinski).

Man kann sie dann an Stellen empfangen, die für geradlinig sich ausbreitende Wellen unerreichbar sind. Zwischen 1915 und 1920 wurde der Funkkontakt zwischen Europa und Amerika immer besser. Dabei benutzte man Wellenlängen von mehreren hundert Metern. Doch lange Wellen sind aus vielerlei Gründen unvorteilhaft.

Zuerst wurden nur Morsezeichen übertragen. Für die Übermittlung von Sprache wurden noch kürzere Wellenlängen benutzt. Im Jahre 1927 nahm die amerikanische Telegrafen- und Telefonkompanie ihre erste telefonische Funkverbindung von New York nach London auf. Für ein dreiminütiges Gespräch zahlte man 75 Dollar. Noch benutzte man lange Wellen, doch wurde immer klarer, daß die Zukunft der Funktelefonie bei kurzen Wellenlängen liegen wird: Für sie reichen kleineren Antennen aus, die Funkstörungen sind im Kurzwellenbereich geringer. Mit kurzwelligen Signalen läßt sich mehr Information übermitteln als mit langwelligen.

Die kurzen Wellen stellten die Radiotechniker vor schwierige Probleme. Hatte man sich schon bei langen Wellenlängen mit atmosphärischen Störgeräuschen herumzuschlagen, so gab es bei den Kurzwellen neue Arten von Störungen. Neben denen von der Atmosphäre machten dem Funker auch die Zündfunken vorbeifahrender Autos zu schaffen.

Im Jahre 1925 vereinigten sich zwei große amerikanische Konzerne, die American Telephone and Telegraph Company und die Firma Western Electric zu den Bell Telephone Laboratories. Das neue Unternehmen beschäftigte etwa 3000 Angestellte. Eine der Aufgaben, denen man sich zuwandte, war die quantitative Messung der Stärke von empfangenen Funksignalen. Da ein Signal nur dann deutlich zu empfangen ist, wenn es sich von den allgegenwärtigen Störgeräuschen abhebt, mußte man auch die den Empfang beeinträchtigenden Störungen genauer untersuchen. Längst hatte man gelernt, die Stärke empfangener Radiowellen zu messen, waren es nun Morsesignale, Sprachlaute oder Störgeräusche.

Im Jahre 1928 stellte die Firma Bell einen jungen Mann von 23 Jahren ein, der frisch von der Universität kam: Karl Jansky. Der Name ist tschechisch. Tatsächlich waren die Eltern seines Vaters während der sechziger Jahre des vorigen Jahrhunderts aus Böhmen nach Amerika gekommen. Karls Vater wurde Professor für Elektrotechnik. So ist es kein Wunder, daß der junge Jansky frühzeitig begann, sich für technische Dinge zu interessieren. Er studierte Physik und arbeitete an einem Problem über Elektronenröhren. Im Jahre 1928 begann er bei Bell – für 33 Dollar die Woche. Wäre alles rechtens zugegangen, hätte die Firma Bell Karl Jansky wegen seines Gesundheitszustandes gar nicht beschäftigen dürfen. Mit seiner Nierenkrankheit entsprach er nicht den Einstellungskriterien. Doch mit einigem Zuspruch von außen ging es dann doch. Wegen seiner angegriffenen Gesundheit ließ man Jansky jedoch nicht in New York arbeiten, sondern in der freien Landschaft von New Jersey, wo Bell auch Laboratorien hatte. Dort untersuchte man Funkstörungen im Kurzwellenbereich.

Während der ersten zwei Jahre bei Bell mußte sich Jansky erst in die Probleme der Funkstörungen einarbeiten. Neben dem von der menschlichen Zivilisation stammenden Lärm lieferte jeder Blitz ein Störgeräusch, ja man konnte sogar die Blitze irgendwo in großer Entfernung niedergehender Gewitter registrieren. Für diese Arbeiten hatte man zuerst nur eine große Antennenanlage, die im Bereich der langen Radiowellen arbeitete. Deshalb mußte Jansky eine entsprechende Antenne für Kurzwellen entwerfen. Es war ein teils aus Holz, teils aus Messingrohr zusammengebautes Gestänge, etwa 30 Meter lang (vgl. Tafel 9.1).

Die Antenne war für eine Wellenlänge von 14,6 Metern ausgelegt und nahm nur Wellen aus *einer* Richtung auf. Um den ganzen Horizont nach Radiowellen abtasten zu können, lagerte man das Gerät auf vier Autoreifen eines Modells T von Ford. Diese rollten auf einer ringförmigen Betonbahn. Ein Motor drehte das abenteuerliche Stangengerüst in jede beliebige Richtung des Horizontes. Als Jansky endlich in der zweiten Hälfte des Jahres 1930 mit seinen Messungen beginnen konnte, war bereits der Winter nahe, und deshalb gab es keine Gewitter mehr und daher auch kaum Funkstörungen. Jansky gelang es während dieser Zeit, die Signale eines südamerikanischen Kurzwellensenders aufzufangen. Doch hauptsächlich bereitete er sich auf die »Gewittersaison« 1931 vor.

Radiostörungen aus dem Weltall

Wenn man Janskys Arbeitsbericht an seinen Vorgesetzten bei Bell sorgfältig liest, so kann man nachträglich erkennen, daß er wahrscheinlich bereits im August 1931 zum erstenmal Radiostrahlung aufnahm, die nicht von der Erde, sondern aus dem Weltall stammt. Doch das erkannte er damals noch nicht. Erst im Jahre 1932 – wieder in einer gewitterarmen Zeit – berichtete er von einer ständigen Strahlung, die seine Antenne registrierte und die aus einer Richtung kommt, die in 24 Stunden einmal um die Antenne herumwandert. Erst schien es, als ob die Strahlung von der Sonne käme. Sendet die Sonne Radiowellen aus? Jansky war ein sorgfältiger Mann. Er untersuchte die täglich einmal um den Horizont herumlaufende Quelle über längere Zeit. Bald wurde ihm klar, daß die von ihm empfangenen Radiowellen nichts mit der Sonne zu tun haben. Denn nach einigen Wochen eilte die unbekannte Radioquelle am Himmel der Sonne um mehrere Stunden voraus. Jansky arbeitete sich durch das Grundwissen der Astronomie hindurch und lernte, was das bedeutet. Die Radiowellen kommen nicht von der Sonne, sondern aus irgendeiner festen Richtung im Weltraum. Sie hängen also nicht mit der Sonne, sondern mit der Welt der Fixsterne zusammen.

Karl Jansky war bei Bell die Aufgabe gestellt worden, nach Radiostörungen zu suchen, die ihre Ursache auf der Erde haben. Statt dessen hatte er Radiowellen entdeckt, die aus den Tiefen des Weltraumes, vielleicht aus Entfernungen von Tausenden von Lichtjahren zu uns kommen. Das Interesse bei Bell war nicht allzugroß. Amerika steckte mitten in der Wirtschaftskrise. Die Bell Laboratorien stellten auf Kurzarbeit um. Statt 5½ Tage in der Woche wurde nur noch vier Tage gearbeitet. Ein Fünftel der Belegschaft wurde entlassen. Karl Jansky schaute sich schon nach einer anderen Stelle um. Doch auch während dieser unsicheren Zeit beschäftigte ihn die geheimnisvolle Strahlung aus dem Weltall weiter. Als im August in New Jersey eine partielle Sonnenfinsternis zu beobachten war, prüfte er noch einmal, ob die kosmischen Radiowellen auch sicher nicht von der Sonne kommen. Das Ergebnis war eindeutig: Als sich der Mond vor die Sonnenscheibe schob und damit einen Großteil der eventuell von der Sonne kommenden Radiostrahlung abdeckte, blieben die von ihm gemessenen Wellen unverändert. Das bestätigte eigentlich nur, was er längst wußte. Denn er hatte inzwischen herausgefunden, daß der Großteil der von ihm gefundenen Strahlung jeweils aus der Richtung kam, in der am Himmel gerade das Zentrum unseres Milchstraßensystems steht.

Am 5. Mai 1933 berichtet die New York Times auf der ersten Seite über die neue Entdeckung. Wenn man heute diese Seite liest, bekommt man gleichzeitig einen Eindruck von der damaligen Zeit. Auf der Titelseite findet man die Nachricht, daß Roosevelt die Löhne der Arbeiter erhöhen wolle, daß die Japaner eine Großoffensive in Nordchina planen, daß 250000 Hitler-Anhänger in Düsseldorf zu einer Großkundgebung erwartet werden und daß sich ein Freund der McMath-Familie, deren Kind entführt worden ist, den Kidnappern als Geisel anbietet. Die linke Spalte gilt Karl Janskys Radiowellen aus dem Zentrum der Milchstraße. Am Ende des Beitrages versichert der Entdecker, offensichtlich auf Fragen der Reporter, es gäbe keine Anzeichen dafür, daß die neu entdeckte Strahlung von intelligenten Lebewesen im Weltraum erzeugt worden ist.

Zehn Tage später berichtet eine New Yorker Rundfunkstation direkt: »Sie haben öfters Übertragungen von weit her gehört«, kommentiert der Sprecher, »quer über den amerikanischen Kontinent, aus Europa und aus Australien. Heute abend aber wollen wir Ihnen eine Übertragung von viel weiter her bringen, eine Übertragung, die alle Entfernungsrekorde brechen wird. Wir werden unseren Hörern Radioimpulse bringen, die von irgendwo außerhalb unseres Sonnensystems kommen, von irgendwoher aus dem Bereich der Sterne... Hören Sie selbst das Radiorauschen aus den Tiefen des Weltalls... Dank der Hilfe der American Telephone and Telegraph Company kann ich Sie nun dem empfindlichen Empfänger in Holmdel, 50 Meilen von New York, zuschalten.« Am nächsten Tag schreibt die Presse, das Geräusch hätte entweichendem Dampf aus einer undichten Stelle einer Zentralheizung geglichen. Das Magazin »The New Yorker« spielt darauf an, daß man ja eigentlich nach Rundfunkstörungen gesucht hatte, die den internationalen Funkverkehr beeinträchtigen, und es spottete: »Nun hat man einen höchstempfindlichen Empfänger in New Jersey und bekommt Strahlen aus der Milchstraße. Das ist wohl die größte Entfernung, in der man jemals nach Belästigungen Ausschau gehalten hat.«

Hier noch einige Hinweise, die uns in die damalige Zeit zurückversetzen. Hitler hatte seit einigen Monaten die Macht in Deutschland. Roosevelt war gerade Präsident geworden. Der Film »King Kong« lief in den Lichtspielhäusern an. Edgar Wallace, der daran mitgearbeitet hatte, war ein Jahr zuvor gestorben. Deutsche Zeppeline fuhren regelmäßig über den Atlantik, und Karl Jansky konnte über seine Antenne die Funksprüche während der Landemanöver im Lufthafen Lakehurst in New Jersey mithören. Das Drama, bei dem das Luftschiff »Hindenburg« in Flammen aufging, sollte sich dort erst vier Jahre später abspielen.

Man müßte nun glauben, daß Janskys Fund sofort eine neue Ära der Astrophysik eingeleitet hätte. Doch weder bei Bell kümmerte man sich allzu sehr darum, noch nahmen die Astronomen der Zeit die Entdekkung der Radiowellen aus dem Zentrum der Milchstraße gierig auf. Janskys großartige Arbeiten wurden kaum beachtet. Der Grund dafür lag vielleicht zum Teil darin, daß Jansky sie zuerst nur in speziellen Zeitschriften der Funktechnik bekanntmachte und daß er hauptsächlich auf Kongressen für Funkingenieure darüber berichtete.

Auch Jansky selbst scheint ab 1934 etwas das Interesse an seiner Entdeckung verloren zu haben. Aber sie geht ihm trotzdem nicht aus dem Sinn. Die Arbeiten, die er danach bei Bell ausführen muß, erscheinen ihm langweilig im Vergleich zu der Arbeit an den Radiowellen aus dem Zentrum der Milchstraße. Immer wieder denkt er an den Bau einer größeren und besseren Antenne, doch letztlich verfolgt er das Problem nicht weiter.

Die Astronomen aber ignorierten das Phänomen, weil sie einerseits seine Bedeutung nicht erfaßten, weil es andrerseits in der damaligen wirtschaftlich schlechten Zeit für den Direktor einer Sternwarte nicht möglich war, einen Radioingenieur anzuheuern. Im Jahre 1950 stirbt

Karl Jansky im Alter von 45 Jahren. Anscheinend ist zu seinen Lebzeiten niemandem die Idee gekommen, den Begründer der Radioastronomie für den Nobelpreis vorzuschlagen.

Aber nicht nur Jansky hat die ihm zustehende Anerkennung für seine Leistung nicht mehr erlebt. Zwei andere Männer waren schon vor ihm nahe daran gewesen, aus dem Weltall auf die Erdoberfläche dringende Radiowellen zu entdecken. War Jansky nur durch Zufall auf sie gestoßen, so hatte bereits 1890 Sir Oliver Lodge, ein britischer Physiker, in der Nähe von Liverpool einen Apparat gebaut, mit dem er versuchte, Radiowellen von der Sonne zu empfangen. Damals gab es noch keine Rundfunkröhren. Lodge konnte deshalb noch nicht mit einem Verstärker arbeiten. Man registrierte die Radiowellen noch mit einem sogenannten »Kohärer«, bei dem elektrischer Strom durch ein Gefäß voller Metallspäne geleitet wurde. Durch eintreffende elektromagnetische Wellen wird der Kontakt der einander berührenden Metallteile enger, was den elektrischen Widerstand der Anordnung verringert. Doch Lodge fand nichts. »Offensichtlich gibt es zu viele Störquellen in einer Stadt wie Liverpool, um eine empfindliche Messung machen zu können«, schrieb er später. »Vielleicht ginge es von einem einsamen Platz aus besser. Aber in jedem Fall muß die Apparatur empfindlich sein, wenn man Erfolg haben will.« Tatsächlich sollten die Radiowellen der Sonne erst 1942 gefunden werden. Im Vergleich zur Janskyschen Zeit war die Technik selbst im Jahre 1912 noch primitiv. Als damals die *Titanic* unterging, arbeiteten die Funker nur mit Detektorempfängern, bei denen ein Graphitstift einen Halbleiterkristall berührte. Der Kontakt wirkte als Gleichrichter und machte die Radiowellen hörbar.

Aber ein oder zwei Jahre vor Jansky wurden Radiowellen aus dem Weltall bereits von einem anderen bemerkt. Die amerikanische Radiofirma RCA betrieb damals in Manila eine Funkstation, und ein junger Radioingenieur, Gordon Stagner, empfing Pfeiftöne, die zu bestimmten Tageszeiten anschwollen, um danach wieder schwächer zu werden. Doch seine Vorgesetzten gaben ihm zu verstehen, daß er, statt dieser Erscheinung nachzugehen, sich lieber um seine Arbeit kümmern sollte. Es erscheint heute ziemlich sicher, daß Stagner die Janskysche Strahlung empfangen hatte.

Der Radiospiegel im Hinterhof

Der Mann, der den nächsten Schritt machen sollte, war zu der Zeit, als Jansky die Strahlung der Milchstraße fand, 21 Jahre alt. Er stammte aus Chicago und hatte sich von früh an für die neu aufkommende Radiotechnik interessiert. Grote Reber schloß seine Ausbildung am Illinois Institute of Technology im Jahre 1933 ab, gerade als Jansky Schlagzeilen machte. Bereits mit 15 Jahren hatte Reber ein Sende- und Empfangsgerät gebaut und sich damit in jeder freien Stunde mit Kurzwellenamateuren in der ganzen Welt unterhalten. Noch während er in Chicago studierte, begann er ein neues Projekt. Mit einem starken Sender schickte er Signale zum Himmel und versuchte, die vom Mond reflektierten Strahlen wieder zu empfangen, doch das gelang ihm nicht. Erst viele Jahre später, am Ende des Zweiten Weltkrieges, war man in der Lage, die »Radioechos« vom Mond zu empfangen. Doch der Mißerfolg entmutigte ihn nicht. Reber las die Janskyschen Artikel und beschloß, sich nunmehr den Radiowellen aus dem Weltall zu widmen. Aber dazu brauchte er einen empfindlichen Empfänger.

So begann Grote Reber im Jahre 1937 mit einem ehrgeizigen Projekt. In seinem Hinterhof entstand ein merkwürdiges Gestänge aus sorgfältig aneinandergepaßten Holzteilen, auf dem er einen Parabolspiegel, ähnlich unseren heutigen Fernseh-Parabolantennen, aufsetzte. Rebers Antenne mit ihrem Durchmesser von zehn Metern war aus mehr als 40 sorgfältig aneinandergepaßten polierten Blechstücken zusammengesetzt. Der Spiegel konnte auf jede beliebige Stelle des Himmels gerichtet werden. Im August 1937 war das Gerät äußerlich fertig. Aber es mußten noch mehr als 15 Monate vergehen, und es mußten noch mehr als 2000 Dollar investiert werden, bis er damit die ersten Signale aus dem Weltall empfangen konnte.

Während der Bauzeit arbeitete Reber bei einer Radiofirma in Chicago. Täglich fuhr er von seinem Heimatort Wheaton 30 Kilometer zur Arbeit. Das erste ausschließlich für die Beobachtung von Radiowellen aus dem Weltraum gebaute Teleskop der Welt war von Grote Reber in seiner Freizeit gebastelt worden.

In einer Nacht des Oktober 1938 empfing er die ersten Radiowellen aus dem Weltall. Das Teleskop, auf eine Stelle des Himmels gerichtet, war mit einem Meßgerät im Keller verbunden. Ein Zeiger gab die Stärke der empfangenen Strahlung an. Plötzlich, um Mitternacht, begann die Nadel sich langsam zu bewegen. Eine Radioquelle zog an der Blickrichtung der Spiegelantenne vorüber. Reber setzte sich Kopfhörer auf und lauschte den Geräuschen des Himmels. Es war die von Jansky entdeckte Strahlung der Milchstraße. Von nun an beobachtete Reber nahezu jede Nacht hindurch die Bewegung des Zeigers seines Meßgerätes im Keller in Abständen von einer Minute, vor allem nach Mitternacht, wenn die Störungen vorbeifahrender Fahrzeuge und elektrischer Maschinen in der Stadt nachgelassen hatten. Meist führte er seine Messungen bis 6 Uhr früh durch, und fuhr anschließend nach Chicago zur Arbeit. Für den Schlaf blieb ihm die Zeit vom Abend bis Mitternacht. Reber bestätigte nicht nur die Janskyschen Ergebnisse. Er fand darüber hinaus andere Radioquellen am Himmel. Heute wissen wir, daß es sich dabei meist um Galaxien handelt. Reber stellte auch fest, daß die sichtbaren Sterne im Radiobereich schweigen. Denn oft kamen die stärksten Signale von Stellen am Himmel, an denen kein Stern zu sehen war.

Auch Reber ging es nicht viel anders als Jansky. Als er die Ergebnisse veröffentlichte, erregten sie kein allzugroßes Aufsehen. Doch anders als sein Vorgänger sollte Reber den Durchbruch der Radioastronomie noch erleben. Er sollte erfahren, daß seine radiostrahlenden Stellen am Himmel den Astronomen völlig neue, von niemandem vorhergesehene Eigenschaften der Galaxien und Spiralnebel enthüllen sollten.

Die Welt ist klein, und bisweilen ereignen sich die unwahrscheinlichsten Dinge. Im Jahre 1952 flog Reber nach Hawaii und machte einen Zwischenaufenthalt in Pasadena, um Edwin Powell Hubble zu besuchen. Es ging ihm aber nicht so sehr darum, mit Hubble über Galaxien zu sprechen, ein Gebiet auf dem sich ihre Interessen trafen. Statt dessen fragte er Hubble, von dem wir bereits wissen, daß er in Chicago aufgewachsen ist, wer Hubbles Lehrer in der Schule gewesen sei. »Eine Miss Grote«, antwortete der 23 Jahre Ältere. »So hieß meine Mutter vor ihrer Heirat«, gab Reber zurück. Tatsächlich hatte Rebers Mutter ihm immer von ihrem Schüler Hubble erzählt, dessen Laufbahn sie mit großem Interesse verfolgte. Vielleicht hat sie damit in Reber das Interesse für den Sternhimmel geweckt.

Als Reber die Janskyschen Ergebnisse bestätigte, war Hitler gerade in das Sudetenland einmarschiert. Die Welt bereitete sich auf eine bevorstehende Auseinandersetzung mit dem Diktator Deutschlands vor. Der Zweite Weltkrieg stand vor der Tür. Er sollte eine neue Phase der Radioastronomie einleiten. Wieder sollte der Zufall eine Rolle spielen, denn den nächsten Schritt löste ein Kriegsereignis aus.

Das Unternehmen »Cerberus« im Zweiten Weltkrieg

Kriegswinter 1942. Deutsche Truppen halten den größten Teil Frankreichs besetzt und stehen vor Leningrad und Moskau. Der Zusammenbruch des deutschen Angriffs auf Moskau ist vielleicht das erste Anzeichen einer bevorstehenden Wende. Aber noch ist Norwegen in deutscher Hand. Von dort wird kriegswichtiges Erz per Schiff durch die Nordsee nach Deutschland gebracht. Diese Transporte brauchen Schutz. Dazu hätten sich am besten die Schlachtschiffe *Scharnhorst*, *Gneisenau* und *Prinz Eugen* geeignet. Die aber liegen jenseits des Kanals an der französischen Atlantikküste. Nachdem sie dort im Handelskrieg eingesetzt waren, werden sie nun durch die zunehmende alliierte Luftherrschaft über den französischen Atlantikhäfen immer mehr gefährdet. Deshalb sollen sie in die Nordsee zurückgenommen werden, wo neue Aufgaben ihrer harren. Die Heimfahrt kann entweder über die Islandroute oder in direkter Fahrt durch den englischen Kanal führen.

Nachdem beide Manöver ausgearbeitet worden sind, entscheidet sich Hitler im Januar 1942 für die risikoreiche Durchfahrt durch den Kanal. Die drei Schiffe erhalten am Nachmittag des 11. Februar den Befehl, das Unternehmen »Cerberus« am Abend des gleichen Tages durchzuführen. Das ist der Codename.

Eigentlich sollen die Schiffe um 20 Uhr 30 auslaufen. Doch ein Fliegeralarm mit einigen Bombenabwürfen verzögert das Manöver. Erst kurz vor Mitternacht kann der Verband Kurs auf den englischen Kanal nehmen.

Gegen 7 Uhr 00 mitteleuropäischer Zeit ist er auf der Höhe von Cherbourg. Vizeadmiral Otto Ciliax ist zufrieden. Bald werden sie die Verspätung aufgeholt haben. Aber der schwerste Teil der gefährlichen Wegstrecke steht den drei Schlachtschiffen noch bevor. Erst vier Stunden nach dem Auslaufen aus Brest war den Besatzungen das Ziel der Operation bekanntgegeben worden. Die drei Schlachtschiffe, begleitet von sechs Zerstörern und den Booten einer Minensuchflottille, sind auf ihrem Weg durch den Kanal bisher vom englischen Radarsystem noch nicht bemerkt worden. Drei Flugzeuge suchen normalerweise in drei Abschnitten im Rahmen der regelmäßigen Überwachung den Kanal ab und halten nach deutschen Schiffen Ausschau. Der Vizeadmiral kann nicht wissen, daß bei zweien das Radargerät ausgefallen ist und sie gewissermaßen blind sind, während das dritte gerade an diesem Tag eine Stunde früher nach Hause beordert worden ist. Es ist im entscheidenden Augenblick, als der Verband durch den diesem Aufklärer zugeordneten Abschnitt fährt, nicht zur Stelle. Kein Flugzeug bemerkt die Schiffe. Auch den Radarstationen an der englischen Küste bleibt die Operation verborgen. Erst um 13 Uhr 18 wird der Verband ausgemacht. Da hat er bereits die engste und gefährlichste Stelle des Kanals hinter sich gelassen.

Die endlich doch noch auftauchenden englischen Angreifer und zwei Kollisionen der Scharnhorst mit Minen können den erfolgreichen Abschluß des Unternehmens »Cerberus« nicht mehr verhindern. Die Schiffe erreichen ihre deutschen Bestimmungshäfen. Das englische Radar hatte am 12. Februar 1942 total versagt. Drei Schlachtschiffe mit ihren Begleitern waren mehr als elf Stunden lang unbemerkt durch den Kanal gefahren.

Das war ein harter Schlag für das englische Imperium. Wie es dazu kam, läßt sich nicht mehr genau rekonstruieren, doch spielten ohne Zweifel deutsche Störsender eine wichtige Rolle. Bereits lange zuvor hatte man begonnen, anfangs kurzzeitige, danach sich über längere Zeiträume erstreckende Störsendungen abzustrahlen, die das englische Radarsystem durcheinanderbringen sollten. Der 12. Februar machte deutlich, welch große Gefahr Störsender für die Sicherheit Englands bedeuteten. Deshalb begann sofort eine Gruppe der britischen Armee den Radarstörungen nachzugehen. Die Bedienungsmannschaften der Radargeräte mußten von nun an über alle Störeinflüsse berichten. Die Störstrahlung war am 27. und 28. Februar besonders stark. Bereiteten die Deutschen etwas Neues vor? Doch es kam kein Angriff, kein neuer Durchbruchsversuch. Als Stanley Hey, einer der Wissenschaftler der Forschergruppe, der Störung nachging, bemerkte er, daß sie von der Sonne her kam. Ein Anruf bei der Sternwarte in Greenwich ergab, daß an diesen Tagen ein großer Sonnenfleck in der Mitte der Sonnenscheibe zu sehen war. Hey hatte die von Sonnenflecken ausgehende Radiostrahlung der Sonne entdeckt. Wie schon bei Jansky war wieder die Suche nach Störungen im Empfang von Menschen erzeugter Strahlen der Ausgangspunkt für die Entdeckung von Radiowellen aus dem Weltall gewesen.

Nach Ende des Krieges begann man an verschiedenen Orten der Welt, sich intensiv der aus dem Weltall kommenden Radiowellen anzunehmen. Radargeräte aus dem Zweiten Weltkrieg wurden zu Radioteleskopen umgebaut. Besonders häufig benutzte man dabei eine Radarantenne, die während des Krieges von den Deutschen unter dem Namen »Würzburg Riese« benutzt wurde. Mehrere dieser Parabolantennen, mit ihren Durchmessern von 7,5 Metern, standen bei Kriegsende in Norwegen und Holland. Zahlreiche radioastronomische Entdeckungen gelangen danach mit diesen Antennenschüsseln. Eines der Geräte ist heute noch in der Volkssternwarte Simon Stevin in Hoeven in der Provinz Nordbrabant in den Niederlanden ausgestellt.

Die Fenster in der Atmosphäre

Bis zur Zeit von Karl Jansky hatte sich fast niemand um Radiowellen aus dem Weltall gekümmert. Zum ersten erwartete niemand, daß es dort Radiosender geben könnte. Man muß sich nur vor Augen halten, welch komplizierte Apparaturen mit Spulen und Kondensatoren, mit Drähten, Oszillatoren und Stromquellen nötig sind, um auf der Erde eine hinreichend starke Rundfunkwelle zu erzeugen. Wie sollte sie in der Natur ohne menschliches Zutun entstehen?

Man war sich aber auch noch nicht darüber klar, daß unsere Erdatmosphäre für genau zwei Arten elektromagnetischer Strahlen durchlässig ist: für das sichtbare Licht und für Radiowellen. Während andere Wellen wie Gamma- und Röntgenstrahlen, ultraviolettes und infrarotes Licht die Erdatmosphäre nicht oder nur schlecht durchdringen können, gelangen sichtbares Licht und Radiowellen ungehindert zur Erdoberfläche herab. Radiostrahlen durchdringen sogar dichte Wolkenschichten, so daß der Radioastronom unabhängig vom Wetter bei Tag und Nacht beobachten kann. Bis 1933 waren alle Informationen, die wir über das Weltall haben, nur über das sichtbare Licht zu uns gekommen. Man beachte: Der Wechsel vom alten griechischen System zum kopernikanischen vollzog sich allein aufgrund der Beobachtungen im sichtbaren Licht. Die Grundlagen der Mechanik und damit die der gesamten Physik, die Isaak Newton hauptsächlich aus der Bewegung der Planeten ablas, verdanken wir dem sichtbaren Licht aus dem Weltall. Auch die Information über die chemische Beschaffenheit der Sterne stammt aus dem sichtbaren Spektrum. Nur die aus dem Weltall auf die Erde fallenden Meteoriten geben mit ihrer chemischen Beschaffenheit noch eine weitere Information. Nun aber eröffnete sich das zweite Fenster in der Erdatmosphäre: das der Radiowellen.

Gleich nach dem Zweiten Weltkrieg überstürzten sich die Neuigkeiten. Den holländischen Astronomen gelang es, durch Studium der Radiostrahlung der zwischen den Sternen stehenden Gasmassen nachzuweisen, daß unsere Galaxis auch eine Spiralstruktur zeigt, wie andere Spiralnebel. Später ging man den Radioquellen nach, von denen Grote

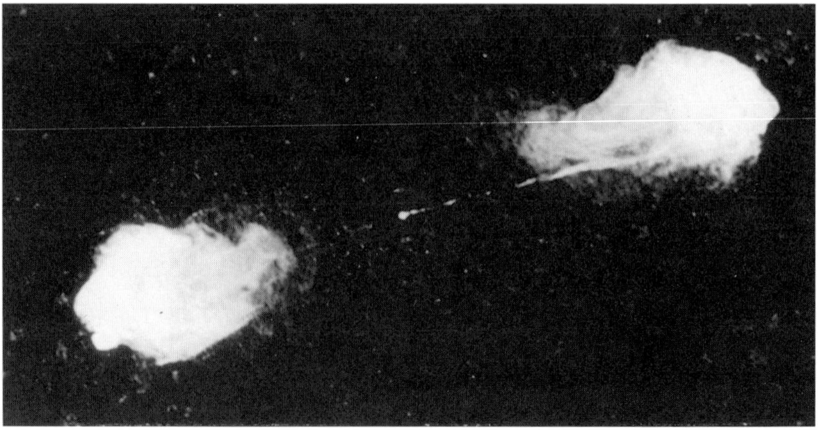

Abb. 9.1: Die Radiostrahlung der Quelle Cygnus A. Je heller ein Bereich auf dem Bild, um so stärker ist die Radiostrahlung, die von ihm kommt. Von einer unscheinbaren Galaxie in der Mitte des Bildes gehen geradlinig zwei scharfe, Radiowellen aussendende Strahlen in entgegengesetzte Richtungen in den Raum. Weiter draußen bildeten sich zwei helle »Radioflecken« (Nat. Radio Astr. Obs., Charlottsville/Vir.).

Reber bereits mehrere von seinem Hinterhof aus entdeckt hatte. Sie entpuppten sich nahezu alle als weit entfernte, oft recht unscheinbare Galaxien, die sich äußerlich kaum von anderen unterscheiden, außer daß sie intensive Radiostrahler sind. Man fand auch stark radiostrahlende Gaswolken an den Orten, an denen in unserem Milchstraßensystem in der Vergangenheit Sterne als Supernova explodiert sind. Auch vom Krebsnebel, der Explosionswolke aus dem Jahre 1054, empfing man eine gleichförmige Radiostrahlung, lange ehe Jocelyn Bell die Pulsare entdeckte und man schließlich auf den Krebspulsar aufmerksam wurde. Im Jahre 1963 erkannte man, daß gewisse Radioquellen von Himmelskörpern kommen, von deren Existenz niemand vorher etwas geahnt hatte, von den sogenannten *Quasaren*. Wir werden noch auf sie zurückkommen.

Anfangs konnten die Radioteleskope nicht gut »sehen«. Von einem aussendenden punktförmigen Radiosender am Himmel empfingen die Antennen nur ein verwaschenes Bild. Die Radioteleskope sahen nicht den Punkt, sondern einen unscharfen Fleck. Je größer die Teleskopantennen wurden, um so kleiner wurde der Fleck, über den das Bild des Punktes verschmiert wurde. Dann lernte man, voneinander entfernt stehende Radioantennen zusammenzuschalten und damit die »Sehschärfe« der Teleskope zu verbessern. So sehen zwei kleinere zusammengeschaltete und im Abstand von einem Kilometer voneinander stehende Antennen, die durch Leitungen miteinander verbunden sind, etwa so scharf wie eine Antenne von einem Kilometer Durchmesser! Schließlich lernte man auch, Radioteleskope »zusammenzuschalten«, ohne sie mit Elektrokabeln miteinander zu verbinden. Man muß dabei die aufgenommene Strahlung nur auf einem Magnetband registrieren und die genaue Ankunftszeit festhalten, so genau, wie man das heutzutage nur mit Atomuhren zuwege bringt. Dann muß man die Bänder mit den Registrierungen und den genauen Zeitmarken in einem Computer verarbeiten. Damit gelang es, Teleskope, die über die ganze Erdkugel verteilt sind, und die man im gleichen Augenblick auf das gleiche Objekt richtet, zusammenzuschalten und damit eine »Sehschärfe« zu erzielen, welche selbst die optischer Teleskope übertrifft. Das hat uns vor allem geholfen, etwas mehr über die Radiogalaxien zu erfahren.

Galaxien mit geheimnisvollen Kernen

Je besser radioastronomische Beobachtungstechniken wurden, um so deutlicher wurde es, daß nicht die Galaxien selbst die Radiosender sind. Vielmehr kommt die Strahlung von Stellen *neben* der Galaxie, an denen man sonst nichts sieht.

Von einem Punkt im Zentrum einer Galaxie, zum Beispiel, werden Gasmassen wie aus zwei nadelfeinen Düsen nach entgegengesetzten Richtungen in den Raum geschossen. In einiger Entfernung ballt sich die ausgestoßene Materie zur Wolke zusammen, die man im sichtbaren Licht nicht bemerken kann. Doch ihre Radiostrahlung ist so stark, daß sie trotz ihrer riesigen Entfernung von uns, Milliarden von Lichtjahren, noch wahrnehmbar ist (vgl. Abb. 9.1). In der Nachbarschaft der Galaxien stehen also unsichtbare Gaswolken, die nur das Radioteleskop »sieht«. Bei den meisten Galaxien wiederholen sich diese Ausbrüche. Man findet dann mehrere strahlende Ballen in verschiedenen Abständen vom Zentrum, die zuerst abgestoßenen in größerer Entfernung, die späteren näher. Die nacheinander ausgeschleuderten radiostrahlenden Gasballen folgen einander im Gänsemarsch. Obwohl zu verschiedenen Zeiten ausgeworfen, liegen sie zu beiden Seiten der Galaxie auf einer geraden Linie. Es ist als würde sich die geheimnisvolle Quelle im Zentrum immer wieder erinnern, in welche Richtung der letzte Schuß abgefeuert worden ist.

Daß die energetischen Vorgänge in diesen sogenannten aktiven Galaxien (weder der Andromedanebel noch unser Milchstraßensystem zählen zu ihnen) auf kleinstem Raum stattfinden, dafür gibt es noch einen anderen Hinweis.

Es gibt Galaxien, die sehr helle Kerne besitzen, viel heller als der Kern des Andromedanebels. Man nennt sie nach dem amerikanischen Astronomen Carl Seyfert, der als erster auf sie aufmerksam wurde, *Seyfert-Galaxien*. Ihre Zentren strahlen nicht nur im sichtbaren Licht, sondern oft auch im Bereich der Röntgenstrahlen. Sie strahlen aber nicht immer gleich stark. Die Kerne der Seyfert-Galaxien »flackern«. Im sichtbaren Licht kann sich ihre Helligkeit innerhalb von Wochen merklich ändern, die Stärke ihrer Röntgenstrahlen sogar innerhalb von Minuten. Wir hatten im Kapitel »Sterne, die man hören kann« gesehen, daß man aus dem Tempo, mit dem sich die Helligkeit eines Himmelskörpers ändert, etwas über seine Größe erfahren kann: Je rascher der Wechsel seiner Helligkeit, um so kleiner muß er sein.

Wenn der Kern einer Seyfert-Galaxie für uns seine Helligkeit innerhalb von zwei Wochen ändert, so müssen die Strahlen aus einem Bereich kommen, dessen Durchmesser nicht größer ist als die Strecke, die das Licht in zwei Wochen zurücklegt. Im Weltall ist das nur ein kleines Wegstück. Beachten wir, daß Licht Hunderttausende von Jahren benötigt, um eine Galaxie zu durchqueren. Die Strahlung der Kerne aktiver Galaxien stammt also aus einem im Vergleich zu den Ausmaßen einer Galaxie verschwindend kleinen Raumbereich. Und aus diesem kleinen Bereich kommt eine Energiemenge, die mit der gesamten Strahlung unseres Milchstraßensystems mit seinen 100 Milliarden Sternen vergleichbar ist! Die Röntgenstrahlen der Kerne der Seyfert-Galaxien scheinen aus einem noch wesentlich kleineren Raumbereich zu kommen. Mit ihren exotischen Kernen stellen uns die aktiven Galaxien vor ein weiteres Rätsel.

10. Fremdes Leben in der Milchstraße?

In der Nacht vor Allerheiligen ist Halloween. Dann gehen in Nordamerika die Geister um. Die Kinder höhlen Kürbisse aus, schneiden Augen, Nase und Mund in die Schale und stellen eine brennende Kerze hinein. Gespenstisch grinsen flackernde Fratzen in das Dunkel der Nacht. Das Laub raschelt, wenn es der Herbstwind durch die Gärten bläst. Es läutet an den Türen, und niemand ist da. Halloween des Jahres 1938 blieb vielen Amerikanern in schrecklicher und nachträglich auch in peinlicher Erinnerung.

Die Angst vor den Außerirdischen

Ob es der 23jährige Orson Welles darauf angelegt hatte oder ob es Zufall war, ist niemals geklärt worden. Wahrscheinlich wäre nichts geschehen, wenn in der beliebten Charly McCarthy-Show im Radio nicht wieder eine Gastsängerin aufgetreten wäre, die keiner hören wollte.

Kaum singt sie die ersten Takte, schon drehen die meisten Hörer auf einen anderen Sender. Viele bleiben bei einer Musikübertragung aus dem Plaza Hotel in New York hängen. Es spielt ein lateinamerikanisches Orchester. Doch nach einigen Takten verstummt die Musik: »Meine Damen und Herren, wir unterbrechen unser Programm mit Tanzmusik und bringen Ihnen eine spezielle Nachricht vom internationalen Nachrichtendienst. 20 Minuten vor 8 Uhr mittelamerikanischer Zeit hat Professor Farrell vom Mount Jennings Observatorium in Chicago, Illinois, mehrere Explosionen helleuchtenden Gases in regelmäßigen Abständen auf dem Planeten Mars beobachtet. Es scheint Wasserstoff zu sein, der sich mit großer Geschwindigkeit auf die Erde zubewegt.« Nach dieser Nachricht kommt wieder Musik aus dem Plaza Hotel. Doch das Orchester wird gleich darauf wieder unterbrochen. Man blendet das Interview mit einem Professor Pierson von der Sternwarte in Princeton, New Jersey, ein. Er spielt die Aufregung herunter.

Mars sei mit einer Wahrscheinlichkeit von 1000 zu 1 unbewohnt, sagte er, und eine schwache Erdbebenwelle, die man um 9 Uhr 15 abends registriert hätte und deren Zentrum nahe bei Princeton liegen mußte, ist seiner Ansicht nach »wahrscheinlich ein Meteoreinschlag.« Danach geht es wieder zurück ins Plaza Hotel. Musik, beunruhigende Nachrichten, wieder Musik. Dann wird noch einmal unterbrochen: »Kommen Sie jetzt mit nach Grover's Mill in New Jersey.« Im Hintergrund das Murmeln einer Menschenmenge, dazwischen einzelne Stimmen, Polizeisirenen. Auf dem Grundstück des Farmers Wilmuth war ein zylindrischer Körper eingeschlagen. Der Reporter Phillips berichtet vom Ort des Geschehens. Aus dem Inneren des fremden Körpers kommt ein Summton. Plötzlich beginnt sich eine Platte am oberen Ende zu drehen.

Wer die Sendung von Anfang an gehört hat, weiß, daß es nur ein Hörspiel ist, das Orson Welles inszeniert hatte. Der Autor Koch – später sollte er durch seine Arbeit für den Humphrey-Bogart-Film »Casablanca« von sich reden machen – hatte für ein Honorar von 75 Dollar den Roman »Krieg der Welten« des englischen Schriftstellers H.G. Wells für den Rundfunk in die Form einer aktuellen Reportage gebracht.

Ein Jahr zuvor war in Lakehurst, New Jersey, das deutsche Luftschiff »Hindenburg« vor den Augen Hunderter von Zuschauern in Flammen aufgegangen. Ein Reporter, der über die Landung des großartigen Zeppelins berichten will, sieht plötzlich das Feuer ausbrechen und beschreibt das schreckliche Geschehen aus nächster Nähe. Schließlich bricht er vor dem Mikrofon in Tränen aus. Tausende von Radiohörern sind Zeugen. Diese Reportage stand dem Autor vor Augen, als er seinen Reporter Phillips weiter berichten läßt: »Meine Damen und Herren, das ist das Schrecklichste, das ich je gesehen habe. Warten Sie einen Augenblick. Irgend jemand kommt aus dem hohlen Körper, irgend jemand, irgend etwas. Ich kann sehen, wie aus dem schwarzen Loch zwei Scheiben leuchten. Sind es Augen? Es kann ein Gesicht sein. Es kann ..., um Gottes Willen, aus dem Dunkeln kriecht etwas heraus, wie eine graue Schlange. Jetzt kommt ein anderes und noch eines. Sie sehen wie Fühler aus. Jetzt kann ich den ganzen Körper sehen. Es ist groß wie ein Bär und schimmert wie nasses Leder. Aber das Gesicht! Es ist nicht zu glauben. Ich kann mich kaum zwingen, weiter hinzuschauen. Die Augen sind schwarz und schimmern wie die einer Schlange. Der Mund ist V-förmig, Speichel tropft von seinen randlosen Lippen, die zittern und pulsieren. Das Untier oder was es auch immer ist, kann sich kaum bewegen. Es scheint heruntergedrückt zu werden, wahrscheinlich von der Schwerkraft. Jetzt steht es auf, die Menge weicht zurück. Ich habe noch nie so etwas Fürchterliches gesehen. Ich finde keine Worte. Jetzt muß ich unterbrechen. Ich spreche weiter, wenn ich eine neue Position habe. Bleiben Sie bitte eingeschaltet. In einer Minute bin ich wieder da.« Angstschreie aus der Menge folgen.

Viele Hörer werden von der scheinbaren Authentizität des Berichts in Panik versetzt. In Newark in New Jersey verlassen 20 Familien ihre Häuser mit Tüchern über dem Kopf und Taschentüchern vor dem Gesicht. Hunderte strömen in New York in Bahnhöfe und zu Bushaltestellen, um die Stadt möglichst rasch zu verlassen. In Harlem drängen die Menschen in die Kirchen, um zu beten. Ein Mann in Pittsburgh findet seine Frau im Badezimmer mit einer Flasche Gift in der Hand. »Lieber sterbe ich«, schreit sie.

Man schätzte später, daß etwa 12 Prozent der Millionen Hörer die Sendung für ernst nahmen. Bis zur Westküste sind die Telefonleitungen überlastet. Gegen Ende des Hörspiels ruft der Bürgermeister einer kleinen Stadt im Mittelwesten an und verlangt Orson Welles. »Der Mob ist hier auf der Straße«, schreit er. »Frauen und Kinder sammeln sich in der Kirche. Gewalt, Plünderungen, Aufruhr. Wenn das ein lausiger Scherz ist, dann komme ich selbst nach New York und schlage Euch zusammen.« Die Polizei erscheint im Sender und nimmt das Team für die Nacht fest. Alle Manuskripte und Notizen werden beschlagnahmt.

Daß das Hörspiel so unter die Haut ging, hatte wohl zwei Gründe. Zum einen herrschte allgemein Angst vor einer Invasion. Hitler hatte im gleichen Jahr Österreich und einen Teil der Tschechoslowakei besetzt, und es bestand kein Zweifel, daß er auf Größeres aus war. Zum anderen fasziniert die Menschen der Gedanke an Zivilisationen auf anderen Planeten. Waren es anfangs nur einige Autoren wie Kurd Laßwitz in Deutschland, oder H.G. Wells in England, so findet man heute in den Buchläden eine Fülle von Science-fiction-Literatur in den Regalen. Zahllose Planeten in unserem Milchstraßensystem sind in diesen Kurzgeschichten und Romanen besiedelt. Die Bewohner besuchen sich gegenseitig und schließen sich politisch zu einem galaktischen Imperium zusammen, für das jeder Planet nur eine kleine Provinz ist. Einige dieser Geschichten sind sogar geistvoll. Sie mögen unterhaltsam sein, aber sie sind nur Ausgeburten der Phantasie.

Das gleiche gilt für die vielen Berichte über gesichtete fliegende Untertassen, mit denen uns außerirdische Lebewesen besuchen. Erst kürzlich ging die Nachricht durch die Presse, daß ein erfahrener japanischer Flugkapitän ein »riesiges walnußförmiges Gebilde, zweimal größer als ein Flugzeugträger« gesichtet hat, das ihm so nahegekommen war, daß er ausweichen mußte. Die Tatsache, daß man ihm später nachwies, daß er den Planeten Jupiter für ein Flugobjekt gehalten hatte, fand in der Presse weniger Beachtung. Der Pilot war in guter Gesellschaft. In den fünfziger Jahren jagte ein Air-Force-Pilot 30 Minuten lang den Stern Capella, und im Zweiten Weltkrieg versuchten Jagdflieger die Venus abzuschießen. Glücklicherweise gelang es ihnen nicht.

Planeten mit Leben?

Jedem von uns drängte sich schon einmal der folgende naheliegende Schluß auf: Wir leben auf einem Planeten, der den Stern Sonne umkreist. In unserer weiteren Umgebung im Weltall gibt es etwa 100 Milliarden Sterne. Könnten um jene nicht auch Planeten kreisen, auf denen sich Leben ähnlich dem unsrigen entwickelt hat? Die Frage hat in der Vergangenheit immer wieder denkende Menschen beschäftigt. Zum Ausgang des 16. Jahrhunderts hat man Giordano Bruno für seinen Glauben an bewohnte andere Planeten auf dem Scheiterhaufen verbrannt (vgl. Abb. 10.1). Wenn ich jetzt von modernen astronomischen Überlegungen zu diesem Thema berichte, so bitte ich den Leser, dabei zu beachten, daß die Frage nach Leben auf anderen Himmelskörpern keineswegs das Hauptthema der heutigen astronomischen Forschung ist. Nur wenige Wissenschaftler widmen einen Teil ihrer Zeit diesem Problem, denn es gibt keine Fakten. Alles stützt sich nur auf Spekulationen.

Es ist ein großer Schritt von dem Bild, das uns die Literatur der Zukunftsromane vom bewohnten Weltall zeichnet, zur Realität. Nach einem fundamentalen Naturgesetz können wir keinem Raumschiff eine Geschwindigkeit geben, welche die des Lichtes überschreitet. Das Schiff kann in der Sekunde nur weniger als 300000 km zurücklegen. Nicht einmal annähernd können wir dieses Tempo erreichen. Zum anderen ist der nächste Stern von der Sonne so weit entfernt, daß sein Licht zu uns 4½ Jahre benötigt. Beachten wir, ein Lichtjahr sind etwa 10000 Milliarden Kilometer! Nehmen wir an, wir könnten unser Raumschiff auf ein Zehntel der Lichtgeschwindigkeit beschleunigen – eine Geschwindigkeit, die weit über dem liegt, was wir heute wirklich erreichen. Der Raumkreuzer würde zum nächsten Stern 45 Jahre benötigen. Wer als Säugling eine Reise zum nächsten Stern antritt, kommt, wenn er sich dort nicht länger aufhält, als Neunzigjähriger zurück. Die meisten

Abb. 10.1: Der Dominikanermönch Giordano Bruno wurde im Jahre 1600 in Rom auf dem Scheiterhaufen verbrannt, weil er gelehrt hatte, daß die Sterne Sonnen sind, um die bewohnte Planeten kreisen (Bibliotheca Hertziana, Rom).

Sterne in unserem Milchstraßensystem, in dem wir mit unserer Sonne leben, liegen aber in Entfernungen, die man in Tausenden von Lichtjahren mißt. Ein mit dem Zehntel der Lichtgeschwindigkeit reisendes Raumschiff würde Zehntausende von Jahren zu ihnen unterwegs sein.

Wenn es auch prinzipiell nicht möglich sein wird, im Weltall einen regelmäßigen Pendelverkehr zwischen den Planetensystemen verschiedener Sterne einzurichten, so bleibt trotzdem die Frage interessant, ob es in jenen nahezu unerreichbaren Weiten nicht doch Leben geben kann. Was meinen wir damit? Wir fragen, ob sich dort die Atome der häufigsten miteinander chemisch reagierenden Elemente – die von Wasserstoff, Kohlenstoff und Sauerstoff oder vielleicht auch andere – zu komplizierteren Konfigurationen vereinigt haben, zu Konfigurationen, die sich vermehren und die sich von Generation zu Generation besser an ihre Umwelt anpassen. Das heißt, wir fragen, ob die sich vermehrenden Gebilde eine *Evolution* von Niederem zu Höherem durchlaufen. Das könnte nur auf von Sonnen erwärmten Planeten geschehen, denn nur dort können Temperaturen bestehen, wie sie für die Entwicklung des Lebens nötig sind.

Leider können wir nicht einmal den uns nächsten Sternen ansehen, ob sie von Planeten umkreist werden. Selbst ein so großer Körper wie Jupiter wäre mit unseren besten Teleskopen nicht auszumachen, wenn er sich um den unserer Sonne nächsten Stern bewegte. Das Licht seines Muttersterns würde ihn überstrahlen.

Es gibt noch eine andere Möglichkeit, einen um einen Stern kreisenden Körper zu erkennen: Ein Stern, um den Planeten kreisen, taumelt im Rhythmus der Bewegung seiner Begleitkörper. Doch auch diese Taumelbewegung würde uns höchstens Planeten von der Masse unseres Jupiter verraten. Das wären Körper, in denen mehr als die dreihundertfache Masse der Erde vereinigt ist. Solche massereichen Planeten wären wie Jupiter kaum in der Lage, Leben zu beherbergen. Aber selbst wenn ein Stern unserer Erde ähnelnde Planeten an sich bindet, so wissen wir noch lange nicht, ob sich auf einem von ihnen Leben entwickeln könnte.

Lebenszonen

Der Planet darf sich nicht zu nahe um seine Sonne bewegen, sonst ist es auf seiner Oberfläche zu heiß. Ein Planet, der Leben beherbergen soll, darf aber auch nicht zu weit von seiner Sonne entfernt sein. Uranus, Neptun und Pluto sind Beispiele dafür. Lange hielt man es für möglich, daß es auf dem Mars Lebewesen mit einer hochentwickelten Technik gibt. Im Kapitel über den Mars hatten wir gesehen, daß man vor allem ihre Fähigkeit, Kanäle zu bauen, bewunderte. Als Raumsonden in den sechziger Jahren zum Mars flogen und sogar auf ihm landeten, fand man keine Spuren von Leben, auch nicht, als die Geräte an zwei Landestellen den Boden genauer auf Spuren von Leben untersuchten.

Zum Leben, so wie wir es kennen, ist Wasser nötig. Es gibt um jeden Stern eine Lebenszone, in der Wasser in flüssiger Form auf einem Planeten existieren kann. Wir hatten in den Kapiteln über Venus und Mars bereits darauf hingewiesen, daß vielleicht auch diese beiden Planeten in der Vergangenheit ein für Leben erträgliches Klima besessen haben. Bei der Venus wurde durch die starke Strahlung der nahen Sonne der Wasserdampf in den obersten Atmosphärenschichten in seine Bestandteile, die Gase Wasserstoff und Sauerstoff, zerlegt. Den Wasserstoff konnte der Planet mit seiner Schwerkraft nicht festhalten. Das leichte Gas entfloh in den Raum. Das verminderte die Wassermenge auf der Venus. Der Regen, der früher das aus den Vulkanen der Venus kommende

Kohlendioxid auf den Boden oder in die Ozeane gewaschen hatte, blieb aus. Nun reicherte es sich in der Atmosphäre an. Es kam zum Treibhauseffekt, der die Venus zur heißen Hölle werden ließ, wie wir sie heute kennen. Beim Mars dagegen konnte die ferne Sonne dem Wasserdampf in den obersten Schichten nichts anhaben. Er behielt sein Wasser. Der Regen wusch das Kohlendioxid auf den Marsboden und griff das Gestein an. Dabei wurde das Kohlendioxid in den Steinen gebunden. Solange die Vulkane des Mars immer wieder nachlieferten, war genügend Kohlendioxid in der Marsluft, und ein leichter Treibhauseffekt sorgte für relativ erträgliche Temperaturen. Als aber die Vulkane erloschen und der Kohlendioxidgehalt der Luft sank, wurde es kalt. Das Wasser gefror und verlor sich irgendwo im Marsboden. Ohne Treibhauseffekt wurde der Mars zu der kalten Welt, die die Raumsonden vorgefunden haben. Es scheint so, als ob in unserem Sonnensystem Planeten im Prinzip für einige Zeit Leben tragen können, wenn sie nicht weiter draußen als Mars und nicht weiter innen als Venus ihre Bahnen um die Sonne ziehen.

Körper, die kein Leben tragen können

Doch selbst wenn ein Planet sich in der Lebenszone seines Sterns bewegt, in der sogenannten *Ökosphäre*, ist es keineswegs sicher, ob er Leben tragen kann. Das sehen wir am Mond. Mit der Erde steht er in der Lebenszone unserer Sonne. Noch im 18. Jahrhundert spottete der Göttinger Philosoph und Physiker Georg Christoph Lichtenberg: »Ob der Mond bewohnt ist, weiß der Astronom ungefähr mit der Zuverlässigkeit, mit der er weiß, wer sein Vater war, aber nicht mit der, womit er meint, wer seine Mutter gewesen ist.«

Heute, nachdem Astronauten den Mond betreten haben, wissen wir es sicher: Der Mond besitzt zu wenig Masse. Die Schwerkraft an seiner Oberfläche ist so gering, daß er keine Atmosphäre festhalten kann. Hätte er flüssiges Wasser, es würde verdampfen und in den Weltraum entweichen. Spätestens seit die ersten APOLLO-Astronauten den Mond besucht haben, steht es für uns fest: Der Mond ist ein steriler Himmelskörper. Aber selbst wenn er eine Atmosphäre hätte, er würde wahrscheinlich auch dann kein Leben tragen. Da er sich nur langsam um seine Achse dreht, strahlt die Sonne zwei Erdenwochen lang gnadenlos auf die ihr zugewandte Mondoberfläche, während sich der Mondboden in der ebenso langen Nacht stark abkühlt. Die Temperaturen auf der

Mondoberfläche schwanken zwischen +120 und –130 °C. Da kann kein Leben gedeihen.

Haben die Raumsonden uns gezeigt, daß weder Venus noch Mars und – von der Erde abgesehen – auch die anderen Planeten kein Leben tragen, so haben sie doch mit anderen Überraschungen aufgewartet. Wir wissen bereits vom Kapitel über die VOYAGER-Sonden, daß die Jupitermonde Io und Europa anscheinend wärmer sind, als man erwartet. Wir hatten die Gezeitenkräfte dafür verantwortlich gemacht. Es könnte sein, daß sich in dem flüssigen, von Eis bedeckten Ozean des Jupitermondes Europa Leben entwickelt hat. Doch es könnte sich dann nur um primitive Formen von Leben handeln. Auch auf der Erde findet man Algen am Boden des Gletschereises.

Nachrichten zu den Schwestern und Brüdern im All

Wir wissen nicht, wie viele Sterne Planetensysteme besitzen, und wir wissen nicht, wie wahrscheinlich es ist, daß in solch einem System ein Planet von geeigneter Masse seine Bahn innerhalb der Lebenszone zieht. Trotzdem hat man in letzter Zeit versucht, eventuellen extraterrestrischen Lebewesen Kunde von unserer Existenz zu geben. Den PIONEER-Sonden, die Anfang der siebziger Jahre an Jupiter und Saturn vorbeigeflogen sind und die inzwischen das Sonnensystem verlassen haben und hinaus in das Reich der Fixsterne fliegen, hat man je eine vergoldete Aluminiumplatte mitgegeben, auf der in einer einfachen Bilderschrift Informationen über die Erde und ihre Bewohner eingraviert sind. Wer immer im Weltraum auf eine der beiden Sonden stößt, wird viel über uns lernen. Aber auch für unbemannte Raumsonden gilt, was wir oben für Raumschiffe sagten: Sie können sich nicht schneller bewegen als das Licht.

Die größte Geschwindigkeit, mit der wir Nachrichten in den Raum hinaussenden können, ist die des Lichtes. Auch Radiowellen pflanzen sich mit Lichtgeschwindigkeit fort. Tatsächlich bieten Funkverbindungen eine Möglichkeit, andere Sterne und damit Planeten, die möglicherweise um sie kreisen, zu erreichen.

Zu den größten Radioteleskopen der Erde zählen das von Jodrell Bank bei Manchester mit seinem Durchmesser von 76 Metern und das des Max-Planck-Instituts für Radioastronomie in Bonn, dessen Durchmesser 100 Meter beträgt. Nehmen wir an, nur eines dieser beiden Geräte stünde auf der Erde, das andere auf einem fernen Planeten.

Würde man das eine mit einem starken Rundfunksender kombinieren und das andere mit einem empfindlichen Empfänger, dann könnte man über eine Entfernung bis zu 400 Lichtjahren Nachrichten austauschen. Etwa 100 Sterne lägen in dem damit erfaßbaren Raumbereich.

Am 16. November 1974 endete eine längere Umbauphase des größten Radioteleskops der Welt, des Arecibo-Teleskops auf Puerto Rico. Anläßlich der Feier zur Wieder-Inbetriebnahme sandte man eine dreiminütige Botschaft in den Weltraum. Man hatte sich als Zielgebiet einen aus etwa 300000 Sternen bestehenden Sternhaufen im Sternbild Herkules ausgesucht, denn man wollte mit dieser Sendung möglichst viele Planeten erreichen. Die Botschaft wird 24000 Jahre unterwegs sein. Wenn dann dort jemand mit einem hinreichend empfindlichen Radioteleskop während der richtigen drei Minuten bei der richtigen Wellenlänge in die richtige Richtung horcht, wird er unsere Nachricht empfangen. Sie enthält ähnlich den beiden PIONEER-Platten, in einer Art Bilderschrift Informationen über uns Menschen und über unsere Welt. Natürlich war diese Botschaft, die wohl im Raum verlorengehen wird, nicht allzu ernst gemeint.

Die Lauscher

Aber man hat nicht nur zu senden versucht, man hat auch in den Raum hinausgehorcht. Im Mai 1960 richtete der amerikanische Radioastronom Frank Drake ein Radioteleskop von 26 Metern Durchmesser der Reihe nach auf zwei Sterne, die in ihrem Aussehen der Sonne ähnlich sind: Tau Ceti und Epsilon Eridani. Er hoffte, daß Sterne, die der Sonne gleichen, am ehesten wie sie selbst Planetensysteme besitzen und daß deren Bewohner vielleicht Funksignale aussenden. Nach drei Monaten vergeblicher Mühe gab er die Suche auf. Drake war der Pionier der Suchaktionen im Radiobereich nach Leben auf anderen Himmelskörpern. Er war der erste, der nichts fand.

Wir wissen heute, daß es ein großer Zufall gewesen wäre, wenn er eine Nachricht von einer außerirdischen Zivilisation empfangen hätte. Man weiß ja nicht einmal, bei welcher Wellenlänge man horchen muß. Ein einmal eingestellter Radioempfänger nimmt nur in einem engen Wellenlängenbereich Strahlung auf und verstärkt sie. Wenn wir unseren Fernsehempfänger auf eine bestimmte Wellenlänge eingestellt haben, dann erhalten wir glücklicherweise nicht gleichzeitig auch noch das Bild aus einem Nachbarkanal, das Wort zum Sonntag mitten in dem

Krimi. So kann es auch bei der Suche nach Radiosignalen von außerirdischen Lebewesen geschehen, daß man zwar im richtigen Augenblick in die richtige Richtung lauscht, aber die falsche Wellenlänge eingestellt hat. Es wäre gut, wenn man wüßte, bei welcher Wellenlänge man suchen muß.

Wir tappen nicht ganz im dunkeln. Nicht alle Radiowellen sind geeignet, Nachrichten von einer Zivilisation zu einer anderen zu tragen. Vor allem müssen die Wellen die Atmosphäre des sendenden und die des empfangenden Planeten durchdringen können. Unsere Mittelwellen und nahezu alle unsere Kurzwellen können die Erdatmosphäre nicht durchdringen, sondern werden von den obersten Luftschichten, der sogenannten *Ionosphäre* auf den Erdboden zurückgespiegelt. Zum anderen müssen wir beachten, daß der Planet, dessen Sendung wir empfangen wollen, um seine Sonne, also um einen Stern kreist. Sterne senden aber meist selbst natürliche Radiostrahlung aus, wenn auch ungleich schwächer als Radiogalaxien. Wir können also eine Sendung des Planeten nur empfangen, wenn wir einen Wellenlängenbereich wählen, in dem die Sterne nicht allzu stark strahlen, so daß sich die Sendung des Planeten von der des Sterns abhebt, um den er sich bewegt. Schließlich kommt von den Gas- und Staubmassen, die den Raum zwischen den Sternen füllen, gleichfalls Radiostrahlung zu uns, von der man das Signal der fernen Zivilisation unterscheiden muß.

Nimmt man alle diese Bedingungen zusammen, so findet man, daß Radiowellen im Bereich von 10 bis 30 Zentimetern am geeignetsten wären. Im Vergleich dazu: Die Wellenlängen unserer UKW-Sender liegen bei drei Metern. Will man den oben angegebenen Wellenlängenbereich systematisch auf Signale von außerirdischen Zivilisationen absuchen, so müßte man etwa zwei Milliarden Kanäle abhören.

Mitten in dem angegeben Bereich liegt die Wellenlänge von 21 Zentimetern. Sie ist für die Astronomen besonders wichtig, denn das häufigste Gas im Weltall, der Wasserstoff, sendet bei dieser Länge selbst Radiowellen aus. Diese Strahlung wird von den Astronomen benutzt, um den in den Gaswolken zwischen den Sternen stehenden Wasserstoff zu studieren. Manche Radioastronomen glauben nun, daß man vor allem in der Nähe dieser kosmisch so wichtigen Wellenlänge suchen sollte, da sie den Wissenschaftlern jeder hochstehenden Zivilisation bekannt sein sollte. Wenn die Leute dort Astronomie treiben, untersuchen sie sicherlich die Wellen in der Nachbarschaft von 21 Zentimetern mit besonderer Sorgfalt. Wenn sie findig genug sind, werden sie auch in diesem Wellenlängenbereich ihre Botschaften ins Weltall senden. Man sollte also bei solchen Wellenlängen lauschen. Ich kann diesem Schluß nicht ganz folgen. Es ist keine naturwissenschaftliche Schlußweise, wenn man so zu erraten versucht, was jene uns unbekannten Wesen besonders gerne tun. Das ist extraterrestrische Psychologie.

Seit 1960 sind in den USA, in Kanada und in der Sowjetunion etwa 40 Versuche gemacht worden, Signale von anderen Zivilisationen zu empfangen. Insgesamt hat man mehr als 10000 Stunden lang in den Weltraum hinausgelauscht – und nichts gehört.

In Chicago hat der Amateurastronom Robert Gray eine Antenne von etwa vier Metern Durchmesser einem Suchprogramm gewidmet. Jeden Tag beobachtet er 6 bis 12 Stunden in einem weiten Bereich von Wellenlängen und sammelt die Empfangsdaten auf Disketten, um sie im Computer auszuwerten. Bisher hat auch Gray noch nichts gefunden.

Will man Erfolg haben, darf man sicherlich nicht nur gelegentlich einmal für eine begrenzte Zeit in irgendeinem zufällig gewählten Kanal hinaushorchen. Man muß das Weltall systematisch abhören. In den USA hat man dazu ein Projekt entwickelt, das allerdings vorläufig nur auf dem Papier steht.

Etwa tausend große Radioteleskope, jedes so groß wie die Bonner Antenne, also mit 100 Meter Durchmesser, stehen in Reih und Glied auf einem etwa 16 Kilometer breiten Gelände. Sie sind alle auf denselben Stern gerichtet. Mit den Teleskopen verbundene Computer können gleichzeitig einige Millionen Kanäle nach Signalen absuchen und prüfen, ob sie natürlich sind oder die Kennzeichen künstlicher Signale besitzen, also etwa nur in einem Kanal bei einer scharfen Frequenz ausgesandt werden und Pulsfolgen enthalten, denen man gewisse Gesetzmäßigkeiten ansehen kann. Man schätzt den Preis des Projektes, das den Namen *Projekt Zyklop* trägt, auf etwa 10 Milliarden US-Dollar.

Aber selbst die teuersten Abhörgeräte bringen uns keine Signale, wenn niemand zu uns sendet. Wir selbst haben ja bisher nur drei Minuten lang eine Nachricht ausgestrahlt. Wenn die anderen nicht fleißiger senden, so werden wir bestimmt im richtigen Augenblick gerade nicht hinhören.

Die Sickerstrahlung der Erde

Doch von der Erde gehen ständig Radiowellen in den Weltraum hinaus, Strahlung, die von unserer Existenz Kunde gibt. Seit wir in der Lage sind, Wellenlängen im Zentimeterbereich zu erzeugen, dringen Radiowellen durch die Atmosphäre in den Raum. Fernsehsender und Radargeräte arbeiten in einem Wellenlängenbereich, dessen Strahlung nicht von der Ionosphäre der Erde zurückgeworfen wird. Seit den vierziger Jahren erzeugen wir solche Strahlung. Um die Erde breitet sich also eine Kugel voller Radiowellen aus. Ihr Radius, der im Augenblick etwa 40 Lichtjahre beträgt, wächst in jeder Sekunde um 300000 Kilometer. In der Kugel dringen Radarsignale und Fernsehprogramme mit Lichtgeschwindigkeit in den Raum hinaus. An ihrem äußersten Rand bewegen sich die Radarsignale des Zweiten Weltkrieges nach außen. Weiter innen, etwa 35 Lichtjahre von uns entfernt, tragen die Fernsehwellen die Bilder der Krönung der englischen Königin in das Weltall, während in unmittelbarer Nähe der Erde die Programme wie Dallas, Denver und Derrick auf ihrem Weg nach draußen zu empfangen sind. Wenn von anderen Planeten solche Sickerstrahlung ausgeht, so könnten wir sie mit den Antennen des Projektes Zyklop bis in eine Entfernung von 250 Lichtjahren wahrnehmen. Stärker und über wesentlich größere Entfernungen noch zu empfangen, wären gezielt für interstellare Kommunikation ausgeschickte Programme.

Daß die Erde Radiowellen in den Raum verliert, haben die amerikanischen Radioastronomen Woodruff T. Sullivan und Stuart H. Knowles von der Universität im US-Staat Washington und vom Marine-Laboratorium in Washington, DC, in den frühen achtziger Jahren nachgewiesen. Sie peilten mit ihrem Teleskop den Mond an. Ein kleiner Teil der irdischen Radiowellen trifft auf ihn und wird von seiner Oberfläche zurückgeworfen. Etwas davon kommt dann wieder zu uns: das Mondecho der Sickerstrahlung der Erde. Die Astronomen konnten einzelne Fernsehsender identifizieren und bemerkten, daß die stärkste Strahlung von den Radargeräten der militärischen Frühwarnsysteme in den Raum geht. Diese Anlagen sollen bei Raketenangriffen Alarm schlagen. Dabei entdeckten die Wissenschaftler ein besonders starkes Echo, das sie keinem ihnen bekannten irdischen Sender zuschreiben konnten. Schließlich erfuhren sie, daß die amerikanische Marine in Texas einen geheimen Radarsender betreibt. Er hatte sich durch das Mondecho seiner Sickerstrahlung verraten.

Wie weit ist es zur nächsten Zivilisation?

Gibt es genügend viele technisch hochstehende Zivilisationen, die Rundfunksignale in dem oben angegebenen Wellenlängenbereich aussenden? Wie groß ist die Wahrscheinlichkeit, sendende Lebewesen im All zu finden? Gibt es so viele von ihnen, daß sie in unserem Milchstraßensystem verhältnismäßig dicht beieinander stehen und wir ohne allzuviel Sendeenergie mit ihnen Funksignale austauschen können? Oder sind sie im Raum so spärlich verteilt, daß uns Tausende von Lichtjahren von ihnen trennen? Wir wissen es nicht. Um aber ein Gefühl für die Wahrscheinlichkeit zivilisierter Nachbarn im All zu bekommen, wollen wir einige einfache Überlegungen anstellen.

Ich will dazu drei Modelle vorführen, bei denen ich verschiedene Annahmen mache. Diese drei Modelle will ich das *gemäßigte*, das *optimistische* und das *enthusiastische* nennen.

Ich beginne mit dem optimistischen Modell. In unserem Milchstraßensystem stehen etwa 100 Milliarden Sterne. Nicht jeder von ihnen ist geeignet, einen Planeten über Milliarden Jahre zu erwärmen. Solche Zeiträume hat das Leben auf der Erde benötigt, um sich von der Blaualge zu einer technischen Zivilisation zu entwickeln. Sterne, die wesentlich mehr Masse in sich vereinigen als die Sonne, können wir aus unseren Betrachtungen herauslassen. Massereiche Sterne leben zu kurz. Sie wärmen einen Planeten vielleicht nur über einige Millionen von Jahren. Das ist zu kurz, um höheres Leben entstehen zu lassen. Doch auch eine andere Sternenart ist nicht geeignet. Etwa die Hälfte aller Sterne sind in Wahrheit Doppelsterne, bei denen zwei Sonnen ihre Bahnen umeinander ziehen. Ein Planet, der sich um das Sternpaar bewegt, würde durch das sich ständig ändernde Schwerefeld entweder nach kurzer Zeit in den Raum hinausgedrängt werden oder auf einen der beiden Sterne stürzen. Im ersten Fall würde alles Leben in der Kälte des Weltraumes erstarren, im zweiten würde die Hitze von Tausenden von Grad dem Leben auf dem Planeten ein Ende bereiten. Wenn wir abschätzen, wie viele der 100 Milliarden Sterne unseres Milchstraßensystems geeignet sind, einen Planeten über Milliarden von Jahren gleichmäßig zu erwärmen, so finden wir etwas weniger als die Hälfte, vielleicht 40 Milliarden.

Aber bei wie vielen von ihnen bewegen sich Planeten innerhalb ihrer Lebenszonen? Vielleicht besitzen die meisten gar keine Planeten? Vielleicht stehen die sie umkreisenden Körper zu weit innen oder zu weit draußen, so daß ihre Oberflächen entweder zu heiß oder zu kalt sind?

Vielleicht besitzen ihre Planeten zu wenig Masse und können keine Atmosphäre festhalten? Leider wissen wir nur wenig über den Ursprung von Planetensystemen und haben auch keine Ahnung, in welchen Entfernungen von der Zentralsonne sich die Planeten bilden. Im optimistischen Modell will ich annehmen, daß jeder Hundertste der geeigneten Sterne einen Planeten geeigneter Masse in seiner Lebenszone hat. Dann stünden in unserem Milchstraßensystem 400 Millionen Planeten im richtigen Abstand von einzeln stehenden Sonnen, von denen sie über Jahrmilliarden gewärmt würden. Wir wollen annehmen, daß sich auf jedem dieser Planeten Leben gebildet hat. Wir hätten 400 Millionen Planeten mit Leben in unserem Milchstraßensystem.

Unter diesen 400 Millionen geeigneten Planeten sind solche, bei denen das Leben zur Zeit noch im Stadium der Algen ist, und andere, auf denen bereits Saurier herumlaufen. Es kann aber auch solche geben, auf denen sich das Leben vielleicht schon selbst wieder zerstört hat. Wir sind bei unserer Betrachtung aber nur an technischen Zivilisationen interessiert, die Funksignale aussenden können. Blaualgen und Saurier senden nicht. Auch die Planeten, deren Zivilisationen bereits wieder verschwunden sind, bleiben stumm. Die 400 Millionen belebten Planeten unseres Modells verteilen sich gleichmäßig über alle Entwicklungsstadien des Lebens.

Die Zahl der sendenden Zivilisationen erhalten wir, wenn wir die 400 Millionen von geeigneten Planeten mit dem Verhältnis von der Lebensdauer einer Zivilisation zu der Zeit, die der Stern den Planeten wärmt, multiplizieren. Die letztere Zahl liegt etwa bei 10 Milliarden Jahren. Wir wissen aber nicht, wie lange eine Zivilisation in der Lage bleibt zu senden. Wir wollen im optimistischen Modell annehmen, daß eine Zivilisation im Mittel eine Million Jahre lang sendet. Man muß sich vergegenwärtigen, was wir da annehmen. Die Menschheit ist nicht einmal in der Lage, hundert Jahre lang etwas systematisch durchzuziehen! Doch bleiben wir dabei. Dann müssen wir die 400 Millionen Sterne mit dem Verhältnis von einer Million zu zehn Milliarden multiplizieren. Wir erhalten damit etwa 40 000 sendende Planeten in unserem Milchstraßensystem. Sie wären im Durchschnitt 850 Lichtjahre voneinander entfernt. Wenn wir einer Zivilisation in diesem Abstand per Funk eine Frage stellen, so kommt die Antwort frühestens nach 1700 Jahren zurück. Da haben wir längst vergessen, was wir gefragt haben. Das war das optimistische Modell.

Wir wollen jetzt zum *gemäßigten Modell* gehen. Es unterscheidet sich vom vorangegangenen nur dadurch, daß wir annehmen, eine technische Zivilisation würde nur 10000 Jahre senden. Das ist mehr als das Doppelte der seit dem Turmbau von Babel verstrichenen Zeit. Mit der hundertmal kürzeren Sendezeit erhalten wir hundertmal weniger sendende Zivilisationen als im optimistischen Modell, also 400. Der mittlere Abstand wäre 4000 Lichtjahre. Wer eine Botschaft in den Raum sendet, muß 8000 Jahre warten, bis er die Antwort in Händen hält. Das war das Ergebnis für unser gemäßigtes Modell.

Kommen wir nun zum *enthusiastischen Modell.* Wie im optimistischen wollen wir die Lebensdauer einer sendenden Zivilisation wieder zu einer Million Jahren ansetzen. Wir wollen aber nicht annehmen, daß nur jeder hundertste geeignete Stern einen geeigneten Planeten in seiner Lebenszone hat. Nein, *jeder* geeignete Stern soll jetzt einen Planeten besitzen, auf dem sich Leben entwickeln kann. Wir lassen uns dabei von unserem eigenen Sonnensystem leiten. In ihm ist ein Planet, die Erde, mitten in der Lebenszone. Zwei, nämlich Venus und Mars, stehen gerade noch am Rand. Nehmen wir also an, die Sonne mit ihren Planeten sei auch für die anderen Planetensysteme typisch. Dann hat jeder der 40 Milliarden geeigneten Sterne einen Planeten, auf dem sich Leben entwickeln kann. Wir haben also hundertmal mehr sendende Planeten als im optimistischen Fall, somit vier Millionen. Ihr mittlerer Abstand würde nur 150 Lichtjahre betragen. Selbst mit den in jeder Hinsicht optimistischen Annahmen, die wir dem enthusiastischen Modell zugrunde legten, braucht ein Signal zur nächsten sendenden Zivilisation 150 Jahre!

Ich sprach vom gemäßigten, vom optimistischen und vom enthusiastischen Modell. Eigentlich sind sie alle drei enthusiastisch, denn wir haben einfach angenommen, daß immer dann Leben entsteht, wenn die Bedingungen dafür vorhanden sind. In Wahrheit wissen wir nicht, wie sich die erste lebende Zelle aus den überall im Weltall vorhandenen organischen Mikromolekülen gebildet hat. Wer weiß, ob wirklich Leben entsteht, wenn alle dazu nötigen Stoffe im richtigen Klima zusammenkommen? Zum anderen haben wir ohne weiteres angenommen, daß sich einmal entstandenes Leben hemmungslos fortentwickelt, bis es nach einigen Milliarden Jahren eine Rundfunkwellen aussendende Zivilisation geworden ist. Es ist keinesfalls selbstverständlich, daß die Entwicklung von primitiven zu höheren Lebensformen ununterbrochen fortschreitet. Das gilt nicht einmal für das Leben auf der Erde. Zum Beispiel ist in Australien die Entwicklung des Lebens bei den Beuteltieren stehengeblieben. Alles höhere Leben ist später von außen dorthin gekommen.

Ich habe die drei Modelle diskutiert, weil ich zeigen wollte, wie man versuchen kann, etwas über die uns unbekannten anderen Zivilisationen auszusagen. Dabei spielte die Frage, wie lange eine Zivilisation in der Lage ist, Funksignale auszusenden, eine wichtige Rolle. Wie lange sendet eine Zivilisation noch, nachdem sie einen Marconi hervorgebracht hat, der sie lehrte, Funksignale zu erzeugen? Von uns gehen erst seit weniger als einem halben Jahrhundert Radiowellen nach draußen. Ist das Aussenden von Funksignalen das erste Anzeichen, daß eine technische Zivilisation nicht mehr lange leben wird? Oder lernt eine Zivilisation, bald nachdem sie die Radiowellen entdeckt hat, ihre Technik zum Überleben zu verwenden?

Wir sind von der Frage nach Leben auf anderen Himmelskörpern ausgegangen und sind zurückgekommen mit der Frage, wie wir auf der Erde bestehen werden.

11. Alarm aus dem Weltall

Sie hielten nach heimlichen Atombombenversuchen Ausschau und entdeckten geisterhafte Strahlenquellen, irgendwo draußen im Weltraum, die wir uns auch heute noch nicht erklären können.

Die Geschichte geht zurück in das Jahr 1963, als Großbritannien, die Sowjetunion und die Vereinigten Staaten übereinkamen, Atomversuche aus dem Weltraum zu verbannen. Doch das schönste Abkommen ist nichts wert, wenn man nicht nachprüft, ob es auch eingehalten wird.

Wenn eine Atombombe explodiert, werden Strahlen frei, unter anderem auch *Gammastrahlen*. Sie entstehen nicht nur im Augenblick des Zündens, sondern werden auch danach noch von den bei der Explosion neu gebildeten radioaktiven Stoffen ausgesandt. Wenn man den Himmel also ständig nach Gammastrahlen absucht, muß man es bemerken, wenn jemand heimlich im Weltraum mit Atombomben experimentiert. Doch diese Kontrolle kann man nicht von der Erdoberfläche aus vornehmen, denn Gammastrahlen können unsere Atmosphäre nicht durchdringen. Man kann nur vom Weltraum aus nach illegaler Gammastrahlung fahnden.

Spionagesatelliten auf Abwegen

In den sechziger Jahren begannen die USA mit ihrem VELA-Programm, bei dem Satelliten paarweise in etwa 100000 Kilometern Höhe die Erde umkreisen. Sie sind mit Spezialdetektoren für Gammastrahlen ausgerüstet. Anfangs war alles nach heutigen Maßstäben noch recht primitiv, denn die Empfänger waren nicht sehr empfindlich. Es war nicht leicht auszumachen, ob ein Alarm von ihnen tatsächlich auf einen Verstoß gegen das Abkommen zurückzuführen ist, auf einen Instrumentenfehler oder auf irgendwelche Strahlen aus dem Weltraum. So senden auch natürliche Explosionen auf der Sonne Gammastrahlen aus.

Gegen Fehlalarme durch Instrumentenfehler kann man sich absichern, indem man mehr als einen Gammastrahlen-Satelliten in den

Raum hinausschickt. Wenn zwei Satelliten zur gleichen Zeit einen plötzlichen Anstieg der Strahlung registrieren, wird das Ereignis echt sein, denn es ist unwahrscheinlich, daß zwei voneinander unabhängige Detektoren zum gleichen Zeitpunkt denselben Fehler machen. Dazu war es nötig, die genaue Zeit des plötzlichen Anstiegs der Strahlung festzuhalten, um zu erkennen, ob ein Alarm wirklich von einer Atombombe herrührt oder von Instrumentenfehlern. Deshalb gab man den VELA-Satelliten genaue Uhren mit.

Wenn aber zwei Satelliten gleichzeitig Gammastrahlen entdeckt haben, möchte man auch wissen, wo über der Erdoberfläche die Bombe gezündet worden ist. Dazu wäre eigentlich eine Kamera notwendig, mit der man die Stelle aufnehmen kann, von der die Strahlen kommen.

Aber das ist nicht einfach. Gammastrahlen durchdringen nahezu alles und lassen sich weder mit einer Linse noch mit einem Hohlspiegel sammeln. Für sie kann man weder Fernrohre noch Kameraobjektive herstellen. Ein Gammadetektor kann nur erkennen, daß Strahlen kommen, nicht aber woher. So begann man schon frühzeitig, sich nach einer Methode umzusehen, mit der man auch die Richtung bestimmen konnte, aus der die Strahlen eintreffen.

Mit einem einzelnen Satelliten kann man das nicht. Er empfängt die Strahlung aus allen Richtungen. Mit zwei gleichzeitig registrierenden Satelliten kann man mehr erfahren. Wenn der eine das Signal etwas früher registriert als der andere, weiß man, daß er der Quelle näher steht, denn die Strahlen erreichten ihn ja früher. Mit insgesamt vier Satelliten, die ein Ereignis zu etwas verschiedenen Zeiten registrieren, kann man mit einigen einfachen mathematischen Überlegungen genau die Stelle am Himmel finden, von der das Signal kommt.

Die ersten VELA-Satelliten wurden 1963 in ihre Umlaufbahnen geschossen. Es dauerte Jahre, bis die Technik verbessert wurde und empfindliche Detektoren die Erde umkreisten. Dann schlugen sie Alarm. Doch die Ankunftszeiten der Signale zeigten, daß die Strahlungsblitze nicht aus der Nähe der Erde stammten. Sie waren auch nicht von der Sonne ausgesandt worden, sondern kamen aus dem Weltall. Es mußten aber erst weitere Jahre vergehen, ehe die Öffentlichkeit etwas davon erfahren durfte. Erst im Jahre 1973 gaben im Atombombenzentrum Los Alamos arbeitende Physiker bekannt, daß die VELA-Satelliten in den Jahren von 1969 bis 1972 einzelne Gammastrahlen-Ausbrüche aus dem Weltall registriert hatten. Unter älteren VELA-Meßdaten entdeckte man nachträglich einen Gammastrahlenausbruch vom 2. Juli 1967, den ersten, der jemals registriert worden ist. Bis 1979 hatten die

VELA-Sonden schon 73 solcher Ereignisse gezählt. Gammastrahlen-Ausbrüche registrierten auch die Instrumente an Bord der Raumkapsel, in der die Astronauten des Teams von APOLLO 16 mit nahezu einem Doppelzentner Mondgestein am 27. April 1978 vom Mond zur Erde zurückkehrten. Sie waren auf dem Nachhauseweg von einem Gammablitz überrascht worden. Strahlenschauer aus dem Weltall waren bald nichts Neues mehr. Die glücklosen PHOBOS-Sonden registrierten auf ihrem Weg zum Mars über 100 solche Ereignisse. Doch woher sie kommen, weiß heute noch niemand. Auch der stärkste Gammablitz, der je registriert worden ist, hat uns nicht allzuviel geholfen.

Der Gammablitz vom 5. März 1979

Im Jahre 1979 umkreisten bereits viele Satelliten die Erde. Zahlreiche Raumsonden bewegten sich durch den Planetenraum. Einige hatten auch Detektoren für Gammastrahlen an Bord.

Montag, der 5. März, schien auf der Erde ein Tag wie jeder andere zu werden. Sieben Beamte des Schah-Regimes werden hingerichtet. Der Schweizer Polizei- und Justizminister erklärt, daß das in seinem Land liegende Schah-Vermögen nicht eingefroren würde. Ein vierzehnjähriger Junge wird bei einer Demonstration in Madrid erschossen. Der Staatsanwalt beantragt in Rastatt für den für zwölf Eisenbahnanschläge verantwortlichen Aquarienhändler, dem die Presse während der langen Fahndung nach ihm den Namen »Monsieur X« gegeben hatte, zweimal lebenslänglich.

Wie gesagt, ein Tag wie jeder andere. Es war kurz vor 16 Uhr Weltzeit. In Mitteleuropa zeigten die Uhren neun Minuten vor 17 Uhr. Auf den Straßen der Großstädte hatte bereits der Fünf-Uhr-Verkehr eingesetzt. In New York dagegen war es 11 Uhr vormittags. Nach dem Wochenende wurden in der Wallstreet die ersten Börsenkurse notiert. Der Dollar stand bei 1,86 DM. In Japan war es eine Stunde nach Mitternacht, und in Tokios Nachtlokalen herrschte Hochbetrieb. Auf der Erde lief alles normal. Doch im Weltall war die Hölle los.

Um 15 Uhr, 51 Minuten und 39 Sekunden Weltzeit kam der Blitz. Zuerst bemerkte ihn die sowjetische Venussonde VENERA 11. Fünf Sekunden später ihr Schwesterschiff VENERA 12. Beide Sonden waren im Jahr davor an der Venus vorbeigezogen, hatten die Oberfläche des Planeten für etwa 100 Minuten untersucht und sich inzwischen wieder von der Venus entfernt. Französische und sowjetische Astrophysiker hatten Meßinstrumente in ihnen installiert. Obwohl die eigentliche Aufgabe der Venussonden beendet war, arbeiteten ihre Geräte noch. Plötzlich schlugen sie an diesem Tag Alarm. Elf Sekunden später merkte es HELIOS 2. In einer langgestreckten Ellipse zog seit drei Jahren diese deutsch-amerikanische Raumsonde ihre Bahn um die Sonne. Das Signal mobilisierte ihre zur Kontrolle der Sonne bestimmten Sensoren.

In einer Umlaufbahn um die Venus, die selbst keinen Mond besitzt, kreiste seit einem Jahr ein in Amerika gefertigter Venusmond – der VENUS ORBITER. Von ihm war im Kapitel über die Venus die Rede. Er merkte es drei Sekunden nach der Sonnensonde. Nach weiteren sieben Sekunden schlugen die Zähler der Raumsonde ISEE-3 an. Das ist das Kürzel für **I**nternational **S**un **E**arth **E**xplorer, eine Raumsonde, die seit einem Jahr zwischen Venus- und Erdbahn stand, dort, wo sich Sonnen- und Erdanziehung in etwa die Waage halten. Nahezu gleichzeitig und nur eine Sekunde vor dem sowjetischen Erdsatelliten PROGNOZ 7 wurden aber auch die Körper vom Signal aufgeschreckt, die eigentlich geschaffen waren, um wachsam zu sein: die Satelliten der VELA-Serie.

Den Gammastrahlenblitz vom 5. März 1979 haben insgesamt neun Raumflugkörper registriert. Er übertraf alles, was man bisher gemessen hatte. Innerhalb von weniger als einer tausendstel Sekunde war die Strahlungsintensität auf eine bisher noch nie registrierte Stärke angestiegen. Aus den Ankunftszeiten gelang es, die Stelle am Himmel zu finden, von der der Blitz gekommen war.

Die unbekannte Quelle stand nicht etwa irgendwo am Himmel, sondern dort, wo man im Süden in einem Abstand von 175000 Lichtjahren die Große Magellansche Wolke erkennen kann. Sie besteht aus etwa zehn Milliarden Sternen, deren Licht für unser Auge zu einem diffusen Schimmer verschmilzt. Nur in großen Fernrohren sind einzelne Sterne zu erkennen. Wir haben dieses Sternsystem bereits im Zusammenhang mit der Supernova erwähnt, die 1987 dort aufleuchtete. Kam der Gammablitz vom 5. März 1979 aus den Weiten jenes Sternsystems? Wie ungeheuer stark muß die Explosion gewesen sein, wenn ihre Strahlen bei uns noch 175000 Jahre danach die Detektoren für kurze Zeit bis an die Grenze ihrer Belastbarkeit beanspruchten! Für einige Sekunden muß die Quelle im Bereich der Gammastrahlen eine billionenmal stärker gestrahlt haben als die Sonne in allen Wellenlängen. Im Blitz steckte für kurze Zeit das Zehnfache der Gesamtstrahlung unseres Milchstraßensystems mit seinen 100 Milliarden Sternen.

Was sieht man nun an der Stelle, von der die Strahlen kamen? Dort steht in der Magellanschen Wolke ein kleines unscheinbares Wölkchen, auf das bisher niemand besonders geachtet hat. Es ist die Explosionswolke einer Supernova. Blieb von jener Katastrophe nur dieser Pulverdampf zurück, der sich mit der Zeit auflösen wird? Oder entstand dort gleichzeitig noch ein geheimnisvoller anderer Körper, von dem uns die Kunde in Form eines Gammastrahlenschauers erreichte? Oder ist uns die rätselhafte Strahlenquelle vom 5. März viel näher als die Magellansche Wolke? Sehen die Detektoren sie nur zufällig in der Richtung, in der wir jenes ferne Sternsystem erblicken? Steht also die Quelle verhältnismäßig nahe im Vordergrund, die Große Magellansche Wolke aber weit draußen im Hintergrund? Ehe wir uns weiter mit möglichen Deutungen der rätselhaften Erscheinung versuchen, wollen wir uns zuerst mit der Gammastrahlung befassen. Was wissen wir von jenen Strahlen, mit denen man Atomexplosionen aufspüren kann und die offensichtlich auch aus dem Weltall kommen?

Die energiereichen Gammastrahlen

Gammastrahlen werden in der Medizin zur Krebstherapie benutzt. In der Technik durchleuchtet man mit ihnen Materialien, die für Röntgenstrahlen undurchsichtig sind. Sie kamen aus Stoffen, die bei der Katastrophe von Tschernobyl entwichen und danach auf unseren Wiesen herumlagen, denn sie entstehen, wenn gewisse radioaktive Atome zerfallen. Dadurch ist man überhaupt erst auf sie aufmerksam geworden.

Daß es sie gibt, lernten die Physiker kurz vor der Jahrhundertwende, als der Franzose Henri Becquerel 1896 die Radioaktivität entdeckte. Es dauerte nur zwei Jahre, bis sein Landsmann Paul Villard bemerkte, daß es unter den Strahlen radioaktiver Stoffe auch eine Art gibt, die den ein Jahr zuvor entdeckten Röntgenstrahlen ähnelt. Sie kann undurchsichtige Stoffe sogar noch besser durchdringen. Heute wissen wir, daß es elektromagnetische Wellen sind, wie Radio-, Wärme-, Licht- und Röntgenstrahlen. Radiowellen besitzen die größten uns bekannten Wellenlängen. Die Welle des Deutschlandfunks liegt bei nahezu zwei Kilometern. Ein Mikrowellenherd strahlt bei einigen Zehntel Millimetern Wellenlänge. Die Wellen des sichtbaren Lichtes liegen im Bereich von tausendstel Millimetern, die der Röntgenstrahlen sind noch einmal tausendmal kleiner. Die Wellenlängen der Gammastrahlen aber mißt man in Milliardsteln eines Millimeters. Je kürzer die Wellenlänge, um so energiereicher sind die Strahlen. Die Gammastrahlen sind die energiereichsten bekannten elektromagnetischen Wellen. Sie durchdringen nahezu alle Stoffe, und es ist nicht möglich, sie in Spiegeln oder in Linsen zu bändigen. Deshalb gibt es keine brauchbaren Gammastrahlenkameras.

Wie entstehen Gammastrahlen? Bei den radioaktiven Stoffen werden sie beim Zerfall der Atomkerne frei. Sie werden aber auch von sehr heißer Materie ausgesandt. Wird irgendein Stoff auf Milliarden Grad erhitzt, sendet er ganz von selbst Gammastrahlen aus. Er glüht gewissermaßen im Gammalicht. Auf der Erde können wir so hohe Temperaturen nicht erzeugen. Selbst im heißen Zentralgebiet der Sonne werden einige zehn Millionen Grad nicht überschritten, abgesehen davon, daß die Gammastrahlung aus dem heißen Sonnenzentrum nicht an die relativ kühle Oberfläche gelangen könnte. Wo also im Weltall können – zumindest kurzzeitig – höhere Temperaturen auftreten? Wenn man sich die Gammablitze etwas genauer ansieht, stößt man auf einige Hinweise.

Sind wieder Neutronensterne im Spiel?

Bei dem Blitz vom 5. März 1979 war die Gammastrahlung noch eine Weile danach bemerkbar. Wie die Abbildung 11.1 zeigt, schwankte die Stärke der Strahlung beim Abklingen im Rhythmus von etwa 8 Sekunden. Noch dreimal hat sich dieselbe Quelle gemeldet, gleich am Tag danach, dann im nächsten Jahr am 4. und am 24. April. Von Mal zu Mal war der Ausbruch etwas schwächer.

Auffallend war vor allem das rasche Aufblitzen zu Beginn des ersten Ausbruchs. Der Gammastrahlenschauer vom 5. März 1979 benötigte für seinen Anstieg zur vollen Stärke nicht mehr als eine Millisekunde. Wie im Falle der raschen Intensitätsänderungen der Pulsare, die wir im Kapitel über die »Sterne, die man hören kann« besprochen haben, folgt wieder, daß das aussendende Gebiet nicht wesentlich größer sein kann als die Strecke, die das Licht in einer Millisekunde zurücklegt. Wäre sie größer, würde der Anstieg sich über längere Zeit hinziehen, bis uns die Strahlen von den uns entferntesten Teilen des aussendenden Körpers erreichen. Daraus folgt, daß die Strahlung aus einem Raumgebiet kommt, das nicht größer sein kann als 300 Kilometer.

Ein Ausbruch, der so gewaltig ist, daß er Milliarden von Sonnen würdig wäre, kommt von einem Körper, der im Lande Schleswig-Holstein Platz hat! Viele Astrophysiker haben daher Zweifel, ob das Gammasignal vom 5. März wirklich aus der Großen Magellanschen Wolke stammte und sich nicht vielleicht alles im Vordergrund abspielte.

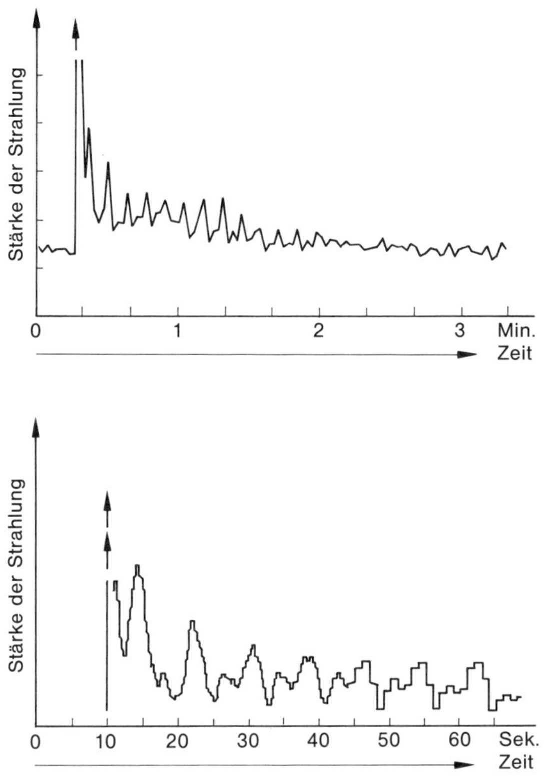

Abb. 11.1: Das Ereignis vom 9. März 1979 wurde von der amerikanischen Sonde PIONEER VENUS ORBITER (oben) und der sowjetischen Venussonde VENERA 11 (unten) aufgezeichnet. Zu Beginn schlugen die Meßgeräte jeweils weit aus (angedeutet durch einen Pfeil nach oben). Im weiteren Verlauf wurden die Signale rhythmisch schwächer. Der Rhythmus stimmt bei beiden Messungen exakt überein.

Bei mehreren Gammaausbrüchen, bei denen man genügend Beobachtungen hatte, um den Ort am Himmel zu bestimmen, hat man nachgeschaut, was es dort Spektakuläres zu sehen gibt: Nichts. Am Ort eines Gammaschauers vom 4. November 1978 stehen etwa 50 Sterne und eine Galaxie – alle anscheinend harmlose Objekte. Ein Ausbruch, der uns am 6. April 1979 erreichte, kam von einer Stelle, die man zuerst für völlig leer hielt. Bei einer gezielten Suche nach lichtschwachen Objekten kamen dort fünf armselige Sternchen zum Vorschein. Sie hatten nichts mit dem Ereignis zu tun. Am Ort eines am 19. November 1978 registrierten Ereignisses steht auf einer von Südafrika aus aufgenommenen alten Himmelsfotografie vom Jahre 1928 ein Stern. Er ist auf einer 45 Minuten zuvor gewonnenen Platte noch nicht zu erkennen und ist seither wieder verschwunden. Leuchtete dort ein Stern auf oder narrt uns ein Plattenfehler auf einer alten Aufnahme? Nach einem davon veröffentlichten Bild halte ich den Stern für einen Plattenfehler.

Vieles spricht dafür, daß die Gammablitze von Neutronensternen kommen. Darauf deutet der rasche Anstieg hin. Wenn auf solch einen Körper Materie fällt, trifft sie mit einer Geschwindigkeit von etwa 100000 Kilometern in der Sekunde auf. Beim Aufprall wird sie gebremst. Dabei verwandelt sich die Energie ihrer Bewegung in Wärme. Die aufgetroffene Materie erhitzt sich auf Temperaturen von Milliarden Grad, also auf Temperaturen, bei denen sie im Lichte der Gammastrahlen glüht.

Wir wissen nicht, was einen Gammastrahlen-Ausbruch auslöst. Aber vielleicht ist das folgende Bild richtig: Auf einen Neutronenstern fällt ein Klumpen Materie, erhitzt sich beim Aufprall auf extrem hohe Temperaturen und bildet einen heißen, Gammastrahlen aussendenden Fleck auf der Sternoberfläche. Wenn der Neutronenstern rotiert und der heiße Fleck uns einmal mehr, einmal weniger zugewandt ist, schwankt die Stärke der von uns empfangenen Strahlung im Rhythmus der Rotation. In den nachfolgenden Minuten kühlt sich der Fleck ab. Die Strahlung läßt nach. Wenn später ein neuer Klumpen auf den Neutronenstern fällt, beginnt das Spiel von neuem.

So könnte dieses Bild nicht nur den 8-Sekunden-Takt des Ereignisses vom 5. März, sondern auch seine mehrfache Wiederkehr erklären. Von woher soll aber plötzlich ein Klumpen Materie auf den Neutronenstern fallen?

Wer bombardiert den Neutronenstern?

Kurz vor der Entdeckung der ersten Gammaausbrüche haben die Astrophysiker Martin Harwit und Edwin Salpeter von der Cornell Universität im Staate New York die folgende, verblüffend einfache These aufgestellt. Wenn um alle Sterne Kometen schwirren, so wie um unsere Sonne, wären die meisten von ihnen auch noch am Ende da, wenn der Stern als Supernova explodiert und nur noch ein Neutronenstern übriggeblieben ist. Von Zeit zu Zeit würde einer der Kometen auf den Neutronenstern fallen und beim Aufprall einen Gammaausbruch erzeugen.

Es könnte aber auch sein, daß Materie, etwa von einem Begleitstern, kontinuierlich auf den Neutronenstern regnet, so daß sich auf seiner Oberfläche eine Decke aus normalem Sternmaterial ansammelt. Bei hinreichender Dicke kann es dann zu einer nuklearen Explosion kommen. Stammen die Gammaschauer vielleicht von Kernexplosionen auf der Oberfläche von Neutronensternen?

Manche Forscher halten es auch für möglich, daß die Energie der Gammaausbrüche aus dem Inneren des Neutronensterns stammt. Er hat sich aus dem heißen Kern eines alten Sterns gebildet, hat bei der Verdichtung im Augenblick der Sternexplosion weitere Energie gewonnen und muß daher noch viel davon gespeichert haben.

Wo im Raum stehen die Gammaquellen?

Wir wissen nicht, wo sie stehen. Stammen ihre Blitze aus der unmittelbaren Nachbarschaft der Sonne? Erfüllen die Körper, von denen sie kommen, den Raum der flachen Milchstraßenscheibe? Oder kommen ihre Strahlen aus dem Reich der Galaxien, das sich in Entfernungen von Millionen und Milliarden Lichtjahren erstreckt? Man hat in den letzten Jahren einige Hinweise erhalten und weiß, daß die Quellen entweder sehr nah oder sehr weit entfernt stehen müssen. Auf den ersten Blick scheint diese Feststellung etwa so tiefgründig zu sein wie die des Arztes, der der werdenden Mutter sagt, ihr Kind werde entweder ein Junge oder ein Mädchen. Doch ganz so inhaltslos ist unsere Aussage über die Gammaquellen nicht.

Nach der Bekanntgabe der ersten Gammablitze im Jahre 1979 hielt man nach weiteren Ausschau. Um sie zu beobachten, bedarf es nicht unbedingt einer Meßapparatur an Bord eines Satelliten. Es genügt, wenn man die Detektoren mit Ballons zu den obersten Schichten der Erdatmosphäre bringen läßt. In den Jahren 1980 und 1982 überwachten amerikanische Astrophysiker den Himmel vom Ballon aus, um die Gammablitze zu erfassen, ehe sie in die Erdatmosphäre eindringen und dort steckenbleiben. Das Ergebnis war recht mager: In insgesamt 64 Stunden Meßzeit beobachteten sie einen einzigen Gammablitz. Daraus folgt, daß die Gammastrahlen nicht allzu häufig kommen. Doch mit Raumsonden kann man über lange Zeiträume beobachten. So haben Astrophysiker in der Sowjetunion während der Jahre 1983 und 1984 für insgesamt sieben Monate mit dem sowjetischen Satelliten PROGNOZ 9 nach Gammaschauern gesucht und insgesamt 15 Ausbrü-

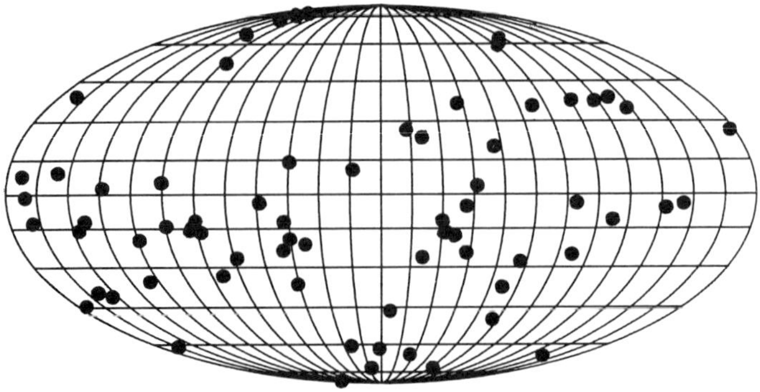

Abb. 11.2: Die Verteilung von Gammaquellen am Himmel. Das Kartennetz ist so gewählt, daß die ganze Himmelskugel auf die ovale Netzfläche abgebildet ist. Die Milchstraße zieht sich längs der horizontalen Mittellinie hin, ihr Zentrum liegt in der Bildmitte. 69 bekannte Gammaquellen, dargestellt durch schwarze Kreise, bevölkern gleichmäßig den Himmel. Die Milchstraße wird von ihnen nicht bevorzugt.

che beobachtet. Inzwischen weiß man von einigen tausend Gammaschauern aus dem Weltraum.

Kommen sie alle aus einer bestimmten Richtung? Gibt es Bereiche am Himmel, von denen bevorzugt Gammablitze kommen und andere, aus denen uns nie etwas erreicht? Die Antwort ist ein klares Nein. Die Blitze kommen von überall her (Abb. 11.2). Die Quellen sind gleichförmig über die Himmelskugel verteilt. Daraus kann man auf die Entfernungen der Quellen schließen.

Die Ursprungsorte der bisher registrierten Gammablitze liegen am Himmel nicht bevorzugt an den Stellen, an denen wir besonders viele Sterne sehen. Die Blitze kommen nicht bevorzugt aus der Milchstraße. Deshalb können die rätselhaften Quellen nicht wie die Sterne den flachen Raum der Milchstraßenscheibe ausfüllen. Denn dann müßten wir besonders viele Signale aus der Milchstraßenebene empfangen (vgl. Abb. 11.3, Mitte). Da das nicht so ist, bleiben nur zwei andere Möglichkeiten.

Entweder stehen die Quellen doch in der Scheibe unserer Milchstraße, aber dann müssen sie so schwache Strahler sein, daß wir nur die allernächsten wahrnehmen können. Wenn wir die Quellen nur bis in 100 Lichtjahre Entfernung registrieren können, dann stehen die, von denen wir Kunde haben, alle so nahe, daß die großräumige Scheibenform in der Verteilung der Körper unseres Milchstraßensystems sich bei

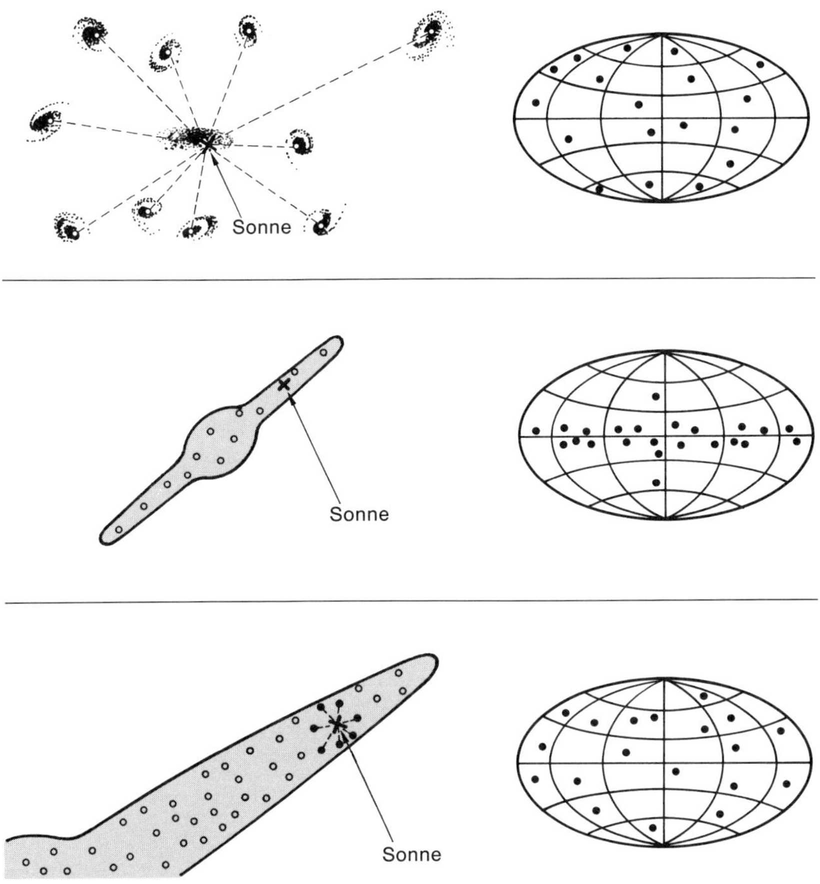

Abb. 11.3: Im oberen Teilbild, links, ist angenommen, daß die Gammaquellen in fernen Galaxien liegen. Dann aber wären sie gleichmäßig über den ganzen Himmel verteilt, sie müßten also eine ähnliche Verteilung zeigen wie in dem Bild rechts daneben. In der Mitte sind die Gammaquellen zwischen den Sternen unserer Milchstraße verteilt und strahlen so stark, daß wir auch von den ferneren noch Strahlung erhalten. Dann müßten wir eine Anhäufung zur Mittellinie (im Bild rechts daneben) beobachten, dort wo sich das Band der Milchstraße quer über den Himmel zieht. Unten: Stünden die Quellen in der Milchstraße, wären aber so schwach, daß wir nur die uns nächsten wahrnehmen würden, dann erschienen sie am Himmel wieder gleichmäßig verteilt, denn die flache Form unseres Milchstraßensystems ist in der Nachbarschaft der Sonne nicht bemerkbar.

ihnen noch nicht bemerkbar macht (Abb. 11.3, unten). Die entfernteren, von denen es natürlich in Richtung der Kante der Scheibe besonders viele geben muß, nehmen wir nicht wahr, weil sie zu schwach sind. Kommen die Gammaschauer also von Körpern, die näher als 100 Lichtjahre entfernt stehen?

Es gibt aber auch noch eine ganz andere Erklärung für die gleichförmige Verteilung der Quellen am Himmel. Vielleicht kommen die Gammablitze von viel weiter her, vielleicht von entfernten Galaxien, die über den ganzen Himmel gleichmäßig verteilt sind? Wenn die Quellen in ihnen stehen, kommen die Blitze auch aus allen Richtungen (Abb. 11.3, oben).

Da die Gammaquellen gleichmäßig über den Himmel verteilt sind, müssen wir schließen, daß sie entweder näher als 100 oder weiter als 10 Millionen Lichtjahre von uns entfernt stehen. Im ersten Fall wären sie verhältnismäßig schwache Strahler, im anderen Fall müßten sie eine unvorstellbar hohe Strahlungskraft besitzen, um bei uns noch wahrnehmbar zu sein. Ich bin mit vielen meiner Kollegen geneigt, der ersten, weniger gigantischen Möglichkeit den Vorzug zu geben.

Vielleicht sind sie tatsächlich Neutronensterne, auf die gelegentlich Materie fällt. Erst seit einem Jahrzehnt bekannt, stellen uns die Gammablitze vor ein Rätsel, dessen Lösung wohl noch einige Zeit auf sich warten lassen wird.

Erst Jahre nach den ersten von VELA-Satelliten registrierten Gammablitzen erfuhr die Öffentlichkeit etwas davon. Die Geheimnistuerei blieb. Seit 1980 werden die Beobachtungen der Gammapulse von Gammastrahlen gestört, deren Herkunft sich die Astronomen nicht erklären konnten. Dann ließ man sie von höherer amerikanischer Stelle wissen, daß sowjetische Satelliten die Ursache sind, die ihre Energie von Kernreaktoren an Bord beziehen. Erst im August 1988, also nach acht Jahren Schweigens, wurde ihnen gestattet, das Geheimnis zu lüften.

Aus Gewichtsgründen sind die zur Überwachung des Seeverkehrs in relativ niedrigen Umlaufbahnen um die Erde kreisenden Satelliten nicht abgeschirmt. Die Strahlung aus ihrem Inneren dringt ungehindert nach außen. Kein Mensch könnte in der Nachbarschaft dieser Raumflugkörper überleben. Doch nicht nur sowjetische, auch amerikanische Kernkraftwerke bedrohen uns. Man schätzt, daß heute etwa 1½ Tonnen radioaktiven Materials die Erde umkreisen und in immer enger werdenden Bahnen sich uns nähern. Zwar kann man sie meist weiter nach außen katapultieren, ehe sie herunterkommen, doch werden sie letztlich ihre radioaktive Ladung über die Erde verstreuen. Es ist an der Zeit, ein Abkommen über den Verzicht auf Kernkraftwerke in Umlaufbahnen abzuschließen.

Die Gammaausbrüche aus den Tiefen des Weltraums wurden von Empfangssatelliten entdeckt, die zur Kontrolle der internationalen Atombombenvereinbarung gebaut wurden. Stammen die Strahlenblitze vielleicht wirklich von Atombombenexplosionen, vielleicht von kriegerischen Auseinandersetzungen anderer Zivilisationen im Weltraum? Wir wissen schon, daß es kein Anzeichen für »die da draußen« gibt, geschweige, daß sie einen Krieg der Sterne führen. Da die Blitze aus allen Richtungen kommen, müßte das ganze Weltall im Kriegszustand sein. Da liegt es doch näher, für die Gammablitze nach einem natürlichen Ursprung zu suchen.

12. Quasare

Seit ich im Alter von 25 Jahren als frischpromovierter Mathematiker in die Astronomie überwechselte, habe ich oft miterleben können, wie alte Ansichten über Bord geworfen wurden und wie man plötzlich Zusammenhänge verstehen lernte, die sich vorher gegen jede Erklärung sträubten. Dazu zählt unser Verständnis der Alterungsprozesse von Sternen. Meine Mitarbeiter und ich hatten das Glück gehabt, dabei selbst etwas »mitmischen« zu können. Ich habe erlebt, wie wir Astronomen plötzlich von neuen Entdeckungen überrascht wurden, etwa davon, daß der Mars Krater besitzt wie der Mond. Nachträglich sagte man sich, daß man das eigentlich hätte erwarten können. Mehrfach erlebte ich in meiner Laufbahn auch, wie neue Arten von Himmelskörpern entdeckt wurden, von deren Existenz vorher niemand etwas geahnt hatte. Die Pulsare und die Röntgensterne zählen dazu. In meinem Gedächtnis vermengen sich solche Meilensteine der Wissenschaft oft mit persönlichen Erlebnissen. So ist es auch mit der Entdeckung der Quasare.

Wer von uns hatte eigentlich beim Lösen der Eintrittskarte eine Flasche Champagner gewonnen? War es Ian vom Queens College in London oder Walter von den Los Alamos Laboratorien? Die Bezeichnung »Champagner« war ohne Zweifel übertrieben. Das stellten wir fest, als uns davon eingeschenkt wurde. Es war ein rosafarbenes, widerliches Getränk, billig wie alles in dem rauchigen, schmuddeligen Lokal.

Erst nach längerem Suchen in den Straßen von Dallas hatten wir die Carousel-Bar gefunden. Ihr Name stand in jenen Tagen in allen Zeitungen. Eigentlich waren wir nur wegen des Inhabers gekommen. Wir hat-

Tafel 12.1: Wie man den Quasar 3C273 identifizierte. Oben: Als der Mond die Radioquelle bedeckte, wurde sie schwächer. Als er sie danach freigab, stieg ihre Stärke wieder an. Mitte: Das Bild des Quasars 3C273 im sichtbaren Licht. Unten: Archivaufnahmen zeigen, daß der Quasar 3C273 in der Vergangenheit seine Helligkeit ständig änderte.

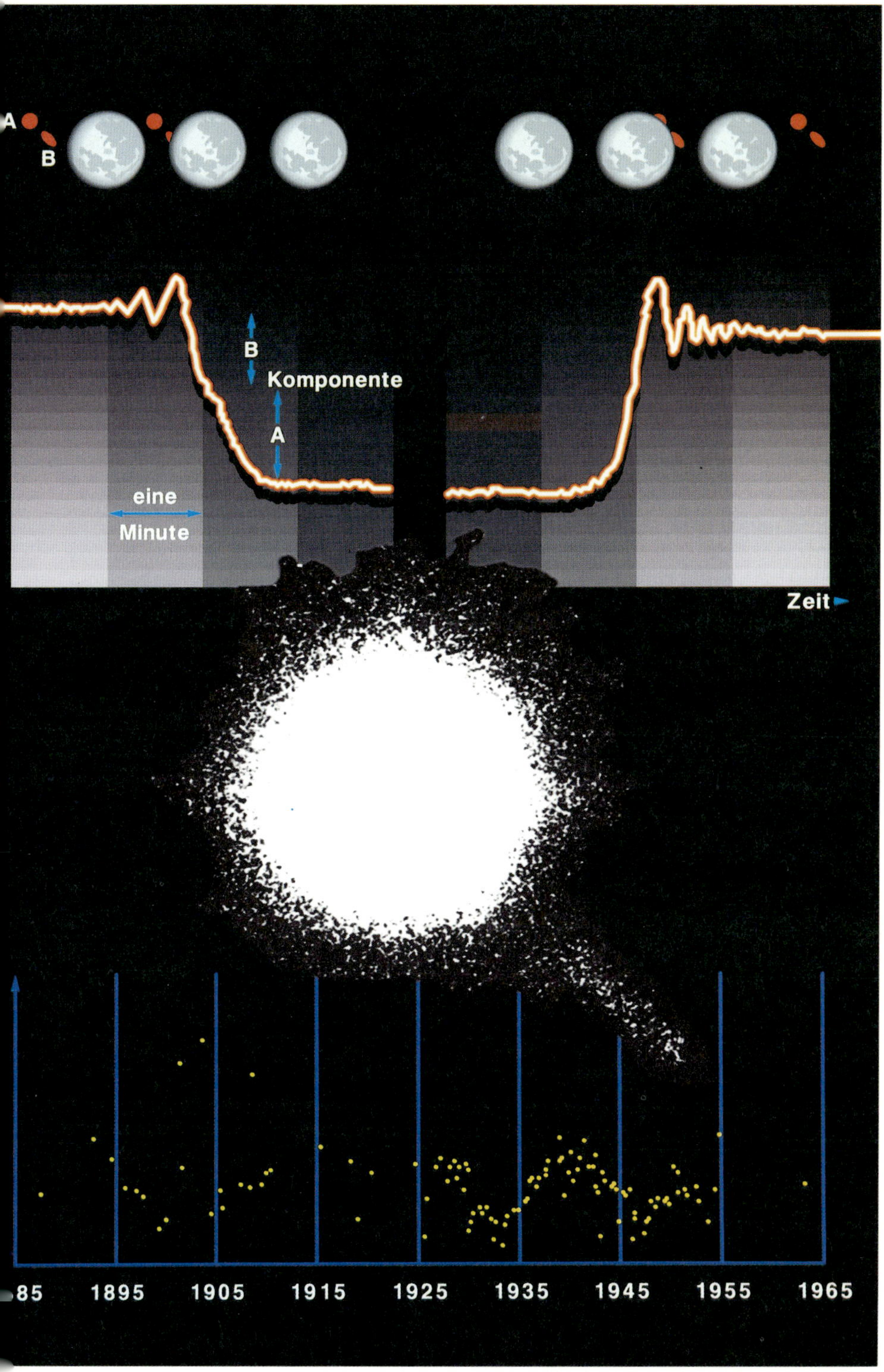
A
B
B
Komponente
A
eine
Minute
Zeit
85
1895
1905
1915
1925
1935
1945
1955
1965

ten aber nicht erwartet, ihm zu begegnen, denn er saß im Gefängnis. Jack Ruby saß, denn er hatte Lee Harvey Oswald erschossen. Der wiederum hatte John F. Kennedy, den Präsidenten der USA, erschossen. An dem Ort des Präsidentenmordes lagen noch frische Blumen.

Wir aber waren im Dezember 1963 von überall in der Welt aus einem anderen Grund nach Dallas in Texas gereist. Es begann im Konferenzsaal eines großen Hotels, nur einige hundert Meter vom Schauplatz des grausigen Geschehens entfernt. Der Physiker J. Robert Oppenheimer, Erbauer der amerikanischen Atombombe, dessen Prozeß in den Nachkriegsjahren Schlagzeilen gemacht hatte, eröffnete unseren Kongreß. Man hatte uns eingeladen, um in Dallas eine brandneue Entdeckung zu diskutieren. Astronomen, die im Bereich des sichtbaren Lichtes beobachten, hatten ebenso dazu beigetragen wie die Radioleute, die erst nach dem Zweiten Weltkrieg in die Astronomie eingedrungen waren und die damals die wissenschaftliche Welt mit einer unerwarteten Entdeckung nach der anderen überraschten.

Radiosterne

Die Radioastronomen hatten das Ganze eingeleitet. Von vielen Stellen des Himmels dringen Radiowellen auf die Erde. Bisweilen kommen sie von unscheinbaren, im Fernrohr kaum erkennbaren Galaxien, die trotz ihrer scheinbaren Bedeutungslosigkeit zu den hellsten Radioquellen des Himmels zählen. Gelegentlich empfängt man starke Radiostrahlen von Punkten, an denen man selbst mit den stärksten Fernrohren kein Objekt erkennt, das man dafür verantwortlich machen könnte. Je mehr Quellen kosmischer Radiostrahlen man fand, um so notwendiger wurde es, Ordnung zu schaffen. Deshalb fertigte man Kataloge dieser rätselhaften kosmischen Sender an. Nach mehreren Versuchen konnte im Jahre 1959 der sogenannte Dritte Cambridge Katalog fertiggestellt werden. Bei einer Frequenz von 159 Megahertz hatte man die Orte von 471 Radioquellen mit einer Genauigkeit von ⅙ bis ⅓ Vollmonddurchmessern bestimmt. Schärfer konnten damals die Radioteleskope nur »sehen«, wenn aufwendigere Techniken angewandt wurden. Es ist üblich, die Quellen des Katalogs durch ihre Nummer und durch das vorangestellte Symbol 3C zu bezeichnen. So schreibt man für die Quelle, die im Katalog die Nummer 48 trägt, einfach 3C48. Als man ihren Ort am Himmel mit Aufnahmen im sichtbaren Licht verglich, sah man dort einen schwachen Stern. Man hatte einen »Radiostern« gefunden. Während weder die hellsten mit dem freien Auge sichtbaren Sterne, noch die zahllosen im Fernrohr erkennbaren schwächeren normalerweise im Bereich der Radiowellen strahlen, entpuppte sich plötzlich eines der unscheinbaren Sternchen als starker Radiosender.

Im Jahre 1962 gelang es, mit einer besonders raffinierten Methode die Nummer 273 des Cambridge Katalogs mit einem Stern zu identifizieren. Obwohl die Radioteleskope den Ort der Quelle nur grob bestimmt hatten, konnte man die Stelle, an der sie steht, präzise festlegen. Denn den Astronomen kam ein Himmelskörper zu Hilfe, der eigentlich gar nichts mit der Sache zu tun hatte: der Mond.

Der Mond bedeckt 3C273

Am 5. August 1962 bewegte sich unser Trabant gerade vor der Stelle vorbei, von der die Radiostrahlung der Quelle 3C273 kommt. Während er sich vor die Quelle schob, verdeckte er sie zuerst mit seinem Ostrand, um sie dann nach einiger Zeit am Westrand wieder freizugeben. Während der Bedeckung blieben die Radiostrahlen aus (vgl. Tafel 12.1, oben). Da man den Ort des Mondes am Himmel für jeden Augenblick genau kennt, konnte man den Ort der Quelle am Himmel ebenso genau festlegen. Es zeigte sich, daß es in Wahrheit zwei nahe beieinander stehende Quellen waren. Als man auf Himmelsaufnahmen nachsah, was im sichtbaren Licht dort zu erkennen ist, fand man am Ort der Radioquelle einen Stern. Wieder hatte man einen Radiostern entdeckt. Eigentlich sah man zwei Gebilde: einen hellen, sternartigen Punkt und einen schwachen diffusen länglichen Streifen, der wie ein Strahl aus dem Stern herauszukommen scheint (vgl. Tafel 12.1, Mitte).

Das Objekt 3C273 hat uns eine der wichtigsten astronomischen Erkenntnisse des Jahrhunderts beschert. Die Quelle 3C48 und einige andere »Radiosterne« bestätigten das Ergebnis, das so unglaublich war, daß es die Astronomen der ganzen Welt vom Stuhl riß. Deswegen traf man sich im Dezember 1963 in Dallas. Weshalb soviel Aufhebens um eine Handvoll schwacher Lichtpunkte am Himmel, die man überhaupt nur mit dem Fernrohr wahrnehmen kann? Was sollte man diesen Punkten ansehen, die keine Ausdehnung haben, keine Form, die eben nur Pünktchen sind? Ihr Licht hat die wissenschaftliche Welt in Aufruhr versetzt, denn auch ein Lichtpünktchen verrät uns viel mehr über die Quelle seiner Strahlung, als man naiverweise annimmt.

Die unverständlichen Spektren der Radiosterne

Kaum waren nämlich die merkwürdigen radiostrahlenden Lichtpunkte identifiziert, gingen die im Bereich des sichtbaren Lichtes arbeitenden Astronomen daran, die Sternchen näher zu untersuchen. Will man Einzelheiten über einen Stern erfahren, so untersucht man sein Licht in allen Farben, das heißt, man nimmt ein Spektrum von ihm auf. Wir hatten bereits im Kapitel über »Das Schicksal von Sonne und Sternen« gesehen, wie viel man aus dem Spektrum der Sonne herauslesen kann. Vor allem helfen die dunklen Linien in den Spektren, die Sterne chemisch zu analysieren. Die Atome ihrer Atmosphären filtern die Strahlung ihrer »Lieblingswellenlängen« aus dem Sternlicht heraus. Leuchtende, verdünnte Gase erzeugen dagegen ein anderes Spektrum. Ihre Atome *senden* bei den »Lieblingswellenlängen« Licht aus. Das Ergebnis ist ein Spektrum, das helle Linien zeigt. Wie an den dunklen, so kann man auch an den hellen Linien erkennen, welche Atome beteiligt sind. Damit erhält man wieder die chemische Beschaffenheit, diesmal die des leuchtenden Gases. So weiß man etwa, daß das Licht des Orionnebels hauptsächlich von den Atomen des Wasserstoffs stammt, daß aber auch die Atome vieler anderer Elemente wie Kohlenstoff, Sauerstoff und Kalzium zu seinem Licht beitragen.

Was zeigte das Spektrum der Radiosterne? Die Quelle 3C48 war nicht leicht zu untersuchen. Mit dem 5-m-Spiegel auf dem Mount Palomar mußte man sieben Stunden lang belichten, um ein brauchbares Spektrum zu erhalten. Was man dann sah, verstand niemand. Wo man etwa im Spektrum eines Sterns die dunklen Linien des Wasserstoffs erwartete, weil diese Atome dort Licht herausfiltern, kam das Sternlicht mit unverminderter Stärke. Dafür gab es einige helle Linien. Diese gehörten aber zu Wellenlängen, an denen kein bekanntes Atom leuchtet. Einen Stern wie den Radiostern 3C48 hatte noch keiner gesehen!

Wie war es nun mit dem Spektrum des anderen Radiosterns, des Sterns, von dem uns der Mond verraten hatte, daß er eine Radioquelle ist? Das Spektrum des sternartigen Teils ähnelte dem von 3C48. Wieder gab es helle Linien, und wieder standen sie an Wellenlängen, wo kein uns bekanntes Atom Strahlen aussendet. Sie standen aber auch nicht bei den Wellenlängen, bei denen 3C48 helle Linien zeigt. So schien der zweite Radiostern ebenso rätselhaft zu sein wie der erste. Doch an ihm hat man das Rätsel gelöst.

Der Geistesblitz des Maarten Schmidt

Als der in Kalifornien arbeitende holländische Astronom Maarten Schmidt sich das Spektrum von 3C273 ansah, kam ihm der Gedanke, daß man die hellen Linien, die dort standen, wo sie nicht hingehörten, vielleicht damit erklären könnte, daß sie durch hohe Geschwindigkeiten wegen des Doppler-Effekts von ihrem ursprünglichen Platz im Spektrum an eine andere Stelle geschoben worden sind. Man beachte, daß es sich dabei anscheinend um einen Stern zu handeln schien, nicht um eine Galaxie. Man mußte also annehmen, daß die Quelle in unserem Milchstraßensystem steht und sich höchstens mit vielleicht einigen hundert Kilometern in der Sekunde relativ zur Sonne bewegen kann, was die Linien im Spektrum nur geringfügig verschieben würde. Als Schmidt trotzdem prüfte, ob sich die Linien auf diese Weise erklären ließen, kam er zu dem überraschenden Ergebnis, daß sie tatsächlich alle von bekannten, im Weltall häufig vorkommenden Atomen stammen könnten, wenn man annimmt, daß sich die Quelle mit einer Geschwindigkeit von 45000 Kilometern in der Sekunde von uns wegbewegt. Dadurch ermutigt, nahm er sich das Spektrum von 3C48 vor. Die Linien dieser Quelle ließen sich tatsächlich auch als Licht von bekannten Atomen erklären. Man mußte nur annehmen, daß sich das Objekt mit 110000 Kilometern in der Sekunde von uns wegbewegt! Beides sind Geschwindigkeiten, die weit über allem Bekannten in unserer Milchstraße liegen. So etwas kannte man höchstens bei den entfernten Galaxien. Aber bei den Radiosternen handelte es sich doch um scharfe Punkte am Himmel, die sich sonst in nichts von den Punkten der Sterne unseres Milchstraßensystems unterscheiden. Der Radiostern 3C48 übertraf sogar noch bei weitem die Geschwindigkeiten der fernsten Galaxien: Er eilte mit einem Tempo von mehr als einem Drittel der Lichtgeschwindigkeit von uns weg. Was immer die »Radiosterne« waren, sie entflohen so rasch wie die entferntesten Galaxien und oft noch rascher!

Wenn man nun annimmt, daß sie auch dort stehen, wo nach dem Hubbleschen Gesetz Himmelskörper dieser Geschwindigkeiten stehen, dann müssen sie ungeheuer weit entfernt sein. Wenn die Radiosterne uns bei diesen riesigen Entfernungen noch als deutlich wahrzunehmende Sterne erscheinen sollen, muß ihre Strahlkraft der von Galaxien mit ihren Milliarden von Sternen vergleichbar sein. Die punktartigen Radioquellen sind offensichtlich keineswegs die Geschwister unserer Sterne, sondern gehören eher zur Familie der Galaxien!

Gleich nach ihrer Entdeckung hatte man die »Radiosterne« mit den stark nach Rot verschobenen Spektrallinien »quasistellar objects« genannt. Im Jargon nannte man sie *Quasare*. Dieses Kunstwort prägte der in Amerika arbeitende chinesische Astronom Hong-Yee Chiu.

Nun suchte man systematisch nach ähnlichen Objekten. Teilweise gelang es, Radioquellen mit sternartigen Objekten zu identifizieren, deren Spektren wiederum stark rotverschobene helle Linien zeigten, die auf große Geschwindigkeiten, also auf große Entfernungen hindeuteten. Zum Teil fand man aber auch Sterne, die in ihren Spektren den Radiosternen ähnelten, selbst aber keine Radiowellen aussenden. War man ursprünglich auf die Quasare durch ihre Radiostrahlen aufmerksam geworden, so lernte man bald, daß nur etwa zehn Prozent von ihnen Radiosender sind, während die meisten im Radiogebiet schweigen.

Oft übertrifft die Strahlungskraft eines Quasars die einer ganzen Galaxie. Deshalb kann man ihn noch sehen, selbst wenn er in größter Entfernung steht. Es scheint, als ob unsere nähere Umgebung im Weltraum hauptsächlich von Galaxien erfüllt ist, während weiter draußen die Quasare stehen. Der Übergang ist aber fließend, der nächste Quasar steht uns viel näher als die entfernteste Galaxie. Wegen der großen Entfernungen der Quasare ist das Licht von ihnen zu uns lange unterwegs. Man sieht Quasare, deren Licht ausgesandt wurde, als das Weltall noch jung war, oft als sein Alter nur zwanzig Prozent des heutigen Weltalters betrug. So erfahren wir vom Licht der Quasare etwas über die Jugend unseres Weltalls.

Quasare und ihre Phantombilder

Im Jahre 1979 fand man zwei Quasare, deren Abstand am Himmel voneinander nur drei Tausendstel Vollmonddurchmesser beträgt. Beide zeigen in ihren Spektren genau die gleichen hellen Linien. Diese wiederum zeigen dieselbe Rotverschiebung. Man vermutet, daß es sich um ein Doppelbild ein und desselben Quasars handelt. Licht geht nicht immer geradlinig durch den Raum, es wird geringfügig von der Schwerkraft abgelenkt. Die Schwerkraft der Sonne zum Beispiel krümmt jeden nahe an ihrer Oberfläche vorbeigehenden Lichtstrahl. Die Sonne wirkt infolge ihrer Schwerkraft wie eine Linse. Die Linsenwirkung der Schwerkraft kann überraschende Effekte hervorrufen. Wir wissen bereits, daß sie die Lichtstrahlen so stark krümmen kann, daß der anziehende Körper zum Schwarzen Loch wird und das Licht überhaupt nicht mehr freigibt, wenn es einmal von ihm gefangen ist.

Doch das ist ein extremer Fall. Im allgemeinen wirkt das Schwerefeld eines Sterns oder einer Galaxie nur als schwache Linse. Eine solche Schwerkraftlinse ist nicht so schön symmetrisch wie eine Lupe aus Glas, die von einem leuchtenden Punkt nur ein einziges Bild erzeugt. Sie kann von einer punktförmigen Lichtquelle mehrere Bilder zeichnen. Es kann sein, daß das Licht eines fernen Quasars, das auf seinem langen Weg zu uns nahe an einer Vordergrundgalaxie vorbeigeht und von ihr abgelenkt wird, uns statt des Bildes des Quasars mehrere Phantombilder hinsetzt. Man findet heute laufend solche mehrfach am Himmel abgebildeten Quasare. Sie helfen uns, etwas über das Gravitationsfeld der Galaxienlinse im Vordergrund zu erfahren, aber auch über die Struktur des Raumes, den die verschiedenen vom Quasar bei uns eintreffenden Lichtbündel durchlaufen.

Das Kraftwerk im Quasar

Was sind nun eigentlich die Quasare, die im Fernrohr als winzige Sternchen erscheinen und die in Wahrheit so hell sind wie Galaxien mit ihren Hunderten von Milliarden von Sternen? Diese Frage beherrschte schon damals, im Dezember 1963, die in Dallas zusammengekommenen Astronomen. Es scheint, als ob das Quasarlicht aus einem kleinen Raumgebiet kommt. Das sieht man nicht nur daran, daß die Quasare wie Punkte erscheinen, sondern auch an ihren Helligkeitsänderungen. Nachdem man das Sternchen, das der Quasar 3C273 auf die Fotoplatte wirft, einmal erkannt hatte, konnte man zurückverfolgen, wie es sich in der Vergangenheit verhalten hat. Denn lange ehe man davon wußte, hatten die Astronomen es Hunderte Male fotografiert. Von vielen Sternwarten aus wird seit dem Ende des letzten Jahrhunderts der Himmel fotografisch überwacht. Die von jeder Himmelsgegend zu verschiedenen Zeiten gewonnenen Aufnahmen sind unersetzliche Dokumente, die in den Archiven lagern. In der Harvard-Sternwarte findet man viele alte Fotoplatten, die auch das im sichtbaren Licht am Ort der Radioquelle 3C273 stehende Sternchen zeigen. Damit kann man das Verhalten des Objektes während der Zeit verfolgen, als noch niemand ahnte, daß dieses winzige Lichtpünktchen am Himmel ein Geheimnis birgt, ja als überhaupt noch niemand wußte, daß aus dem Weltall Radiostrahlung zu uns dringt.

Die Helligkeit des Pünktchens auf den Platten ist nicht konstant. Oft verdoppelte die Quelle ihre Helligkeit innerhalb von wenigen Wochen, dann wurde sie wieder schwächer (vgl. Tafel 12.1, unten). Wir wissen bereits aus dem Kapitel über die Pulsare (vgl. Tafel 6.1): Wenn sich die Helligkeit einer Strahlungsquelle innerhalb einer Woche merklich ändert, kann das Gebilde höchstens eine Lichtwoche groß sein. Die Helligkeitsänderungen der Quasare sind so rasch, daß man annehmen muß, daß ihr Durchmesser höchstens einen Lichtmonat betragen kann. Man beachte dabei, daß der Abstand des uns nächsten Fixsterns im Milchstraßensystem von der Sonne mehr als vier Lichtjahre beträgt. Das Quasarlicht muß also aus Bereichen kommen, die klein sind, im Vergleich zu den Dimensionen einer Galaxie. Und trotzdem kommt aus ihnen ebensoviel Energie!

Wir lernten bereits Galaxien kennen, die in ihrem Inneren helle Kerne besitzen, die uns an Quasare erinnern. Im Kapitel »Im Reich der Galaxien« war bereits von den Seyfert-Galaxien die Rede. Auch bei ihnen kommt der wesentliche Teil der Strahlung aus diesem kleinen Raumgebiet. Daß Galaxien und Quasare eng miteinander zusammenhängen, wird durch neuere Beobachtungen bestätigt. Bei genauerem Nachsehen zeigte sich nämlich, daß in der Nachbarschaft eines sternartigen Quasars oft ein schwacher, nebliger Schimmer beobachtet werden kann. Diese Nebelhüllen der Quasare entpuppten sich als Sternsysteme, als Galaxien, in deren Zentrum der Quasar sitzt. Er ist der helle Kern des Systems, der so stark strahlt, daß man ihn bemerkte, lange bevor man auf die ihn umgebende Galaxie aufmerksam wurde.

Warum aber strahlen die Quasare so hell? Was steckt im Zentrum solch einer Galaxie, daß von dort mehr Licht kommt als aus ihren Milliarden von Sternen? Schon kurz nach der Entdeckung der Quasare stellte man die Frage, welches Kraftwerk auf so engem Raum soviel Energie erzeugen kann. Ist es ein Riesenstern, dessen Licht das der Milliarden anderer Sterne, die ihn in der Galaxie umkreisen, in den Schatten stellt?

Das Modell vom »Überstern« hat sich aus mehreren Gründen aber nicht bewährt. Wir haben im Augenblick nur ein Modell, das vielleicht die Quasare erklären kann. Man muß aber dabei beachten, daß man ihm vor allem deshalb den Vorzug gibt, weil es bisher nicht gelungen ist, einen anderen Mechanismus zu erfinden, der gleichfalls die beobachteten Erscheinungen erklären kann. Deshalb haftet der Schlußweise ein bißchen der Geruch eines Beweises durch Einfallslosigkeit an.

Wieder einmal müssen die Schwarzen Löcher herhalten. Materie, die in sie hineingesogen wird, erhitzt sich auf ihrem Weg in den Orkus. Im letzten Moment strahlt sie einen Teil ihrer Energie ab. Die Strahlkraft in der Nachbarschaft eines Schwarzen Loches kann beträchtlich sein. So könnte man die Leuchtkraft eines Quasars allein damit decken, daß man pro Jahr etwa die Hälfte der Masse der Sonne in ein Schwarzes Loch einströmen läßt.

Wenn die Quasare Zentren von Galaxien sind, hat man keine Sorge mit dem Nachschub an Materie. Viele Sterne, vielleicht sogar alle, blasen ständig Gasmassen in den Raum. Die abgestoßene Materie sammelt sich in der Scheibe der Galaxie, nimmt an der Rotation des Systems teil und kann nicht einfach zum Zentrum strömen, da die Fliehkraft sie daran hindert. Erst im Laufe der Zeit, nachdem sie durch Reibung gebremst wurden, strömen die Gasmassen der rotierenden Scheibe zur Mitte. Wenn dort ein Schwarzes Loch sitzt, das sie in sich hineinsaugt, strahlt die Materie, ehe sie auf Nimmerwiedersehen verschwindet, einen Großteil ihrer Energie ab und läßt das Zentralgebiet der Galaxie als Quasar hell erstrahlen.

Die Verwandtschaft von Quasaren und Galaxien wird auch noch durch eine andere Gemeinsamkeit deutlich. Es gibt Galaxien mit aktiven Kerngebieten. Nicht nur, daß in ihrer Mitte ein leuchtkräftiger Kern sitzt, oft gehen radiostrahlende Gasströme, sogenannte »Jets«, scharf gebündelt nach zwei entgegengesetzten Richtungen in den Raum. Im Kapitel »Radiosender des Himmels« war davon die Rede. Bei einer Radiogalaxie im Sternbild Jungfrau kann man auch im sichtbaren Licht einen Strahl herausschießen sehen. Wo immer man es näher untersuchen konnte, lagen die Jets parallel zur Rotationsachse der Galaxie. Wir wissen bereits von 3C273 her, daß solche Jets auch aus Quasaren herauskommen können.

Die Radiostrahlung der Jets kommt von einem Gas, das so heiß ist, daß sich in ihm die Elektronen nahezu mit Lichtgeschwindigkeit bewegen. In der ausgeschleuderten Materie sind auch Magnetfelder, und die sich in ihnen bewegenden Elektronen strahlen. Es ist sogenannte *Synchrotronstrahlung*, die wir auch von rasch bewegten Elektronen in den Magnetfeldern irdischer Teilchenbeschleuniger her kennen.

Ein Quasar, aus der Nähe betrachtet

Lassen wir unserer Phantasie einmal freien Lauf und versetzen wir uns in Gedanken in ein Raumschiff, das nahe einem Quasar im Raum steht. Blicken wir aus dem Fenster in das Dunkel! Da die Quasare in den Zentren von Galaxien sitzen, steht auch unser Schiff in der Nähe des Mittelpunktes eines Milchstraßensystems. Wir sehen die Sterne, die nahen als helle Punkte, die entfernteren nur als milchiges Band, das sich wie unsere Milchstraße über den dunklen Himmel zieht. Denn jenes System ist eine flache Scheibe wie das unsere. Doch von dort, wo wir in Richtung des Zentrums der fremden Galaxie blicken, kommt ein unerträglich helles Licht. Beim genaueren Hinsehen müssen wir unsere Augen schützen. Wir erkennen im Tiefschwarz des Himmels einen gleißenden Lichtpunkt, der von einem leuchtenden Hof umgeben ist. Es ist eine Kreisscheibe, die wir von unserem Schiff aus schräg von der Seite her sehen. Außen leuchtet sie schwach in rötlicher Farbe. Nach innen zu wird sie gelb und schließlich in ihrer Mitte hell weiß. Vom Zentrum der leuchtenden Scheibe gehen nach beiden Seiten, senkrecht zur Scheibenebene, zwei scharfe leuchtende Strahlen wie mit dem Lineal gezogen geradlinig in den Raum.

Das Bild, das sich uns bietet, erscheint unbeweglich. Dabei ist in Wahrheit alles in rascher Bewegung. Doch die Entfernungen sind so groß, daß wir nur ein erstarrtes Augenblicksbild erhaschen. Erst wenn wir mit einer Filmkamera die Vorgänge aufnehmen würden und mit hundertmilliardenfacher Geschwindigkeit ablaufen ließen, könnten wir im Zeitraffer sehen, wie lebendig das Bild ist, das sich uns bietet. Wir sähen die Sterne jenes Milchstraßensystems in langsamer Bewegung ihre Bahnen um das Zentrum ziehen. Wir sähen die Gasmassen zwischen den Sternen zur Mitte hindriften, sich in einer Scheibe sammeln und dort langsam in Spiralbahnen auf das Zentrum zuwandern. Je näher sie ihm kommen, um so rascher laufen sie um den Mittelpunkt, um den sich alles dreht.

Je rascher sie sich bewegen, um so stärker reiben sie sich aneinander, und um so mehr erhitzen sie sich. Schließlich beginnen sie schwach zu glühen. Sie haben den Rand der leuchtenden Zentralscheibe erreicht. Doch auch dort bewegen sich die leuchtenden Gasmassen in Spiralbahnen dem Zentrum zu. Dabei werden sie immer schneller und heißer. Benötigen die Sterne in den Außenbereichen jenes Systems für einen Umlauf Hunderte von Millionen Jahre, so bewegt sich die Materie in der Zentralscheibe innerhalb von Wochen, weiter innen innerhalb von

Tagen und Stunden um den rätselhaften Mittelpunkt. In unserem Zeitrafferbild würde die Scheibe natürlich viel rascher rotieren. Die nunmehr gewaltige Reibung zwischen den einzelnen Materieballen bringt die Temperaturen schließlich auf Millionen von Grad, bei denen das Gas nicht nur sichtbares Licht, sondern auch Röntgenstrahlen aussendet.

Letztlich aber verschwindet fast alle Materie in einem Strudel in der Mitte, von dem kein Lichtstrahl mehr nach außen dringen kann. Doch ein Teil der auf das Schwarze Loch zuwirbelnden Materie scheint aus Gründen, die wir heute noch nicht verstehen, dem allesfressenden Loch zu entgehen, um in zwei Strahlen, nahezu mit Lichtgeschwindigkeit in den Raum geschossen zu werden.

Von der hier beschriebenen Vielfalt sehen wir von der Erde aus fast nur den die ganze Galaxie überstrahlenden Quasar. Seine Helligkeit flackert, je nachdem, ob gerade mehr oder weniger Materie vom Moloch des Schwarzen Loches verschlungen wird. Wir sehen ferner die Jets, die geradlinig in den Raum gehen und weit über die Galaxie hinaus ihre radiostrahlenden Spuren hinterlassen. Die leuchtende Scheibe im Zentrum sehen wir nur als hellen Punkt. Wir wissen nicht, welcher Mechanismus die entweichende Materie zu scharfen Strahlen fokussiert. Deshalb sind wir auch nicht sicher, ob ein Quasar wirklich so aussieht, wie wir ihn eben in unserer Phantasiereise gesehen haben.

Nach der Entdeckung der Quasare vor einem Vierteljahrhundert ist auf diesem Gebiet eine ruhige Phase in der Forschung eingetreten. Man findet weiterhin draußen im Raum neue Quasare, weiß aber immer noch nicht genau, welches Kraftwerk sie mit Energie beliefert. Man hat die besten Aussichten, mit ihnen die tiefsten Weiten des Weltalls auszuloten und damit auch etwas über die Jugend unseres Kosmos zu erfahren.

Seit jenem Kongreß im Jahr 1963 habe ich die Erforschung der Quasare mit großem Interesse verfolgt. Anfang der siebziger Jahre hatten wir uns in unserer Arbeitsgruppe an der Göttinger Sternwarte mit der Frage befaßt, ob die scharfen, dunklen Linien, die man neben den hellen in den Spektren beobachtet, von Gaswolken herrühren, die vom Quasar ausgestoßen werden. Leider hatten wir aufs falsche Pferd gesetzt. Es besteht heute wohl kein Zweifel mehr, daß in den meisten Fällen die Gasmassen im Vordergrund stehender Galaxien, durch die das Quasarlicht hindurch muß, ehe es uns erreicht, für die dunklen Linien verantwortlich sind.

Von den Radiosternen hatte ich schon 1962 während eines Aufenthalts am California Institute of Technology in Pasadena gehört. Ich habe damals nicht weiter darauf geachtet, da ich seinerzeit mit einem anderen wissenschaftlichen Problem beschäftigt war. Ich habe aber noch im Ohr, wie ein Kollege uns 1½ Jahre vor der Konferenz in Dallas bereits erklärte: »Jetzt haben wir die ersten Radiosterne gefunden.«

Das war beim gemeinsamen Mittagessen der Astronomen im Atheneum, einer Art Kasino für die Mitarbeiter am Institut. In dieser Zeit habe ich auch in New York Hong-Yee Chiu kennengelernt, der später das Wort »Quasar« erfunden hat. Es war wieder beim Essen, und wir haben an diesem Abend nicht über Wissenschaft gesprochen. Ich habe statt dessen bewundert, wie es ihm gelang, in einem chinesischen Restaurant mit Stäbchen einem Hühnerbein beizukommen.

Wenn ich es mir recht überlege, war meine Rolle in der Erforschung der Quasare wohl mehr die eines Mitessers.

13. Der Anfang der Welt

Am 3. Februar 1848 stand ein zweistündiger Vortrag auf dem Programm der Society Library in New York. Der Titel lautete »Über die Kosmogonie des Weltalls«. Der Redner war der Verfasser von »Der Doppelmord in der Rue Morgue«, von der »Maske des roten Todes« und vom »Untergang des Hauses Usher«, der 39jährige Edgar Allan Poe. Es war ein Jahr vor seinem Tod. Obwohl die Vorlesung bei der Presse gut ankam, hatte das daraus entstandene Buch mit dem Titel »Eureka, ein Prosagedicht« nur eine Auflage von 500 Stück.

Das Werk enthält viele Spekulationen, die für den Fortgang der Wissenschaft bedeutungslos waren. An einer Stelle widmet sich Poe einem klassischen astronomischen Problem, und man sollte ihm dort etwas mehr Aufmerksamkeit widmen: »Wäre die Folge der Sterne ohne Ende«, schreibt er, »dann würde der Himmel uns gleichförmig erhellt erscheinen, etwa wie die Milchstraße, denn es gibt dann am Himmel keinen Punkt, an dem nicht ein Stern steht.«

Das Problem des dunklen Nachthimmels ist seit langem bekannt.

Das Rätsel des dunklen Nachthimmels

Wir alle machen täglich eine wichtige astronomische Beobachtung, ohne wahrscheinlich zu beachten, daß sie nicht selbstverständlich ist: die Tatsache nämlich, daß es abends dunkel wird. Auf den ersten Blick klingt das etwa so scharfsinnig wie der Ausruf des mittelalterlichen Mönches: »Wir müssen eigentlich dem Herrn danken, daß er es so weise eingerichtet hat, daß die Sonne bei Tage scheint und nicht nachts. Denn dann würden wir schlafen und hätten nichts von ihr.« So dumm ist die Frage nach dem dunklen Nachthimmel nicht. Es ist schwer zu rekonstruieren, wer als erster bemerkte, daß wir aus diesem Beobachtungsbefund etwas lernen können.

Als Kopernikus die Sonne im Weltall auf ihren richtigen Platz gesetzt hatte, war es nicht weit bis zur Erkenntnis, daß auch die Sterne Sonnen sind. Als dann Galilei durch sein Fernrohr bemerkte, daß es viel mehr Sterne gibt, als man bis dahin glaubte, da erschrak Johannes Kepler vor dem Gedanken an eine bis in alle Weiten mit Sonnen angefüllten Welt. »Wenn jene Sonnen«, schrieb er, »von derselben Gattung sind wie die unsrige, warum sollen sie dann nicht auch zusammen an Helligkeit unsere Sonne übertreffen?«

Etwa hundert Jahre nach Kepler grübelte Edmund Halley – wir kennen ihn von dem nach ihm benannten Kometen – darüber nach, warum eine unendliche Zahl von Sternen den Nachthimmel nicht strahlend hell macht.

Dann boten im Abstand von 79 Jahren zwei Astronomen nahezu dieselben Lösungsversuche an. Im Jahre 1744 versuchte der 26jährige Schweizer Loys de Cheseaux den dunklen Nachthimmel zu erklären. Der Bremer Arzt und Astronom Wilhelm Olbers schrieb 1823 eine Arbeit zum gleichen Thema. Obwohl Olbers nahezu 80 Jahre später kam, nennt man das Rätsel vom dunklen Nachthimmel heute das *Olberssche Paradoxon*.

Es lautet: Wäre die Welt seit eh und je gleichförmig mit helleuchtenden, unbewegt stehenden Sternen erfüllt, dann sähen wir, gleichgültig ob es Tag ist oder Nacht, in welche Himmelsrichtung wir auch unseren Blick wenden, immer wieder auf die Oberflächen von leuchtenden Sternen. Der ganze Himmel wäre zusammengesetzt aus vielen Milliarden kleiner sich teilweise überdeckender Sternscheibchen. Er wäre gleißend hell wie die Sonnenoberfläche. Daß die Welt nicht seit ewigen Zeiten bis in die Unendlichkeit gleichförmig von unbewegten Sternen ausgefüllt sein kann, das beweist uns jeden Abend das Hereinbrechen der Nacht.

Damals wußte man bereits von der Ausbreitung des Lichtes so viel, daß man nicht dem folgenden naheliegenden Fehlschluß verfiel: Die Helligkeit der Sterne nimmt mit der Entfernung ab. Die entfernteren müssen also lichtschwächere Scheibchen zeigen, so daß sie letztlich nichts mehr zur Himmelshelligkeit beitragen. Müßte nicht deshalb der Nachthimmel schwarz erscheinen? Die Antwort ist: Nein! Das Licht eines Sterns nimmt zwar mit der Entfernung ab, die Fläche seines Sternscheibchens am Firmament aber auch. Für beide gilt die gleiche Gesetzmäßigkeit: Bei doppelter Entfernung sind die Fläche des Scheibchens und die bei uns ankommende Strahlungsleistung viermal kleiner, bei dreifacher neunmal und so weiter. Daraus folgt, daß die Flächenhelligkeit des Scheibchens, also die bei uns ankommende Strahlung auf die Fläche des Scheibchens verteilt, unabhängig von der Entfernung ist. Die

Flächenhelligkeit des Fixsterns Alpha Centauri, dessen Scheibchen uns selbst in den allergrößten Fernrohren nur als Punkt erscheint, ist deshalb dieselbe wie die der Sonne, dabei steht jener Stern so weit draußen im Raum, daß sein Licht zu uns mehr als vier Jahre unterwegs ist. Demgegenüber erreicht uns das Sonnenlicht schon in acht Minuten.

Cheseaux und Olbers hatten eine einfache Lösung: Der Raum zwischen den Sternen ist mit Gas- und Staubmassen angefüllt. Sie schwächen das Sternenlicht wie eine Nebelbank die dahinterstehende Sonne. Das Licht aller Sterne, vor allem das der entferntesten, wird dadurch so geschwächt, daß es nur noch wenig zur Aufhellung des Nachthimmels beiträgt. »Licht kann leicht beseitigt werden. Ist es einmal absorbiert, ist es für immer verschwunden und bereitet uns keine Sorgen mehr«, schrieb der Astronom John Herschel 1848. Aber so kann man nur schreiben, wenn man den Satz von der Erhaltung der Energie noch nicht kennt. Der wurde erst um 1850 Allgemeingut der Wissenschaftler. Vorher wußte man nicht, daß Licht eine Energieform ist. Als aber die Wärmelehre entstand, merkte man, daß dunkle Wolken im Weltall das Olberssche Paradoxon nicht lösen. Wäre nämlich die Welt seit unendlicher Zeit mit Sternen angefüllt, dann würden die Wolken das Sternlicht zwar schwächen, hätten sich aber durch die aufgenommene Lichtenergie so aufgeheizt, daß ihre Temperatur gleich der der Sternoberflächen wäre. Die Wolken würden leuchten und den Nachthimmel gleißend hell machen. Mit dem Energiesatz hatte man das Paradoxon wieder im Nacken.

So blieb also in der zweiten Hälfte des letzten Jahrhunderts und auch am Anfang des jetzigen nur die Möglichkeit, entweder an die Einmaligkeit unseres Milchstraßensystems, außerhalb dessen der Raum keine Sterne mehr enthält, zu glauben oder weiter nach einem Ausweg aus dem Olbersschen Paradoxon zu suchen. Aber denken wir uns das Bild von den sich gegenseitig verdeckenden Sternscheibchen doch einmal genauer durch.

Der Blick in die Jugend des Kosmos

Stellen wir uns vor, wir schauen so wie in der Abbildung 13.1 in einen Wald. Dann sähen wir Baumstämme, einen hinter dem anderen. Doch wir können nicht allzuweit blicken, nur soweit, bis sich die Stämme gegenseitig verdecken. Den Teil des Waldes, der dahinter steht, können wir vor lauter Bäumen nicht sehen. Die Abbildung 13.2 zeigt das noch

Abb. 13.1: Beim Blick in den Wald kann man nur bis zu einer bestimmten Entfernung sehen. Weiter draußen stehende Baumstämme werden von denen im Vordergrund verdeckt.

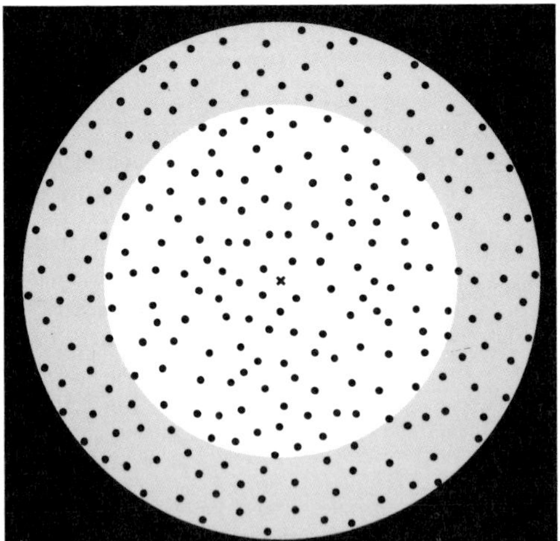

Abb. 13.2: Das Schema der sich verdeckenden Bäume aus der Vogelperspektive. Der Beobachter steht in der Mitte und blickt an Baumstämmen vorbei, so weit, bis sich die Stämme gegenseitig verdecken. Die weiter draußen stehenden Sterne (graues Ringgebiet) kann er nicht sehen.

einmal schematisch aus der Vogelperspektive. Beim Olbersschen Paradoxon nimmt man an, daß man so weit in den Weltraum hinaussehen kann, bis sich die Sterne gegenseitig verdecken wie die Baumstämme im Wald. Doch wenn man in große Weiten schaut, blickt man auch gleichzeitig in die Vergangenheit zurück. Denn das Licht, das uns von dort erreicht, war lange Zeit unterwegs. Es scheint, als ob der erste Schritt zur Lösung des Rätsels tatsächlich von Edgar Allan Poe kam, von dem heute kaum jemand weiß, daß er sich mit astronomischen Problemen befaßt hat. Denn er schrieb in seinem Werk »Eureka« über den aus lauter Sternscheibchen zusammengesetzten Nachthimmel: »Der einzige Ausweg wäre anzunehmen, daß der Abstand zu diesem nicht sichtbaren Hintergrund so groß ist, daß uns von dort noch kein Lichtstrahl erreicht hat.«

Man beachte die völlig neue Wendung. Die Betonung liegt auf dem Wort *noch*. Hier wird plötzlich angenommen, die Welt habe einen Anfang vor endlicher Zeit gehabt. Je weiter ein Stern entfernt ist, um so länger ist sein Licht zu uns unterwegs. Bestehen die Sterne seit unendlicher Zeit, dann hat uns das Licht selbst der entferntesten bis heute schon erreicht. Sind sie aber erst vor einer endlichen Zeit entstanden, dann ist das Licht der entferntesten bis heute noch gar nicht bis zu uns gedrungen.

Nehmen wir an, im Weltall würden nach einer vorangegangenen Periode der Finsternis plötzlich schlagartig überall Sterne aufleuchten. Ein Jahr nach diesem Ereignis sähen wir nur die Sterne, die näher als ein Lichtjahr von uns entfernt sind. Das Licht der entfernteren wäre noch auf seinem Weg zu uns. Von Jahr zu Jahr würden mehr der aufgeleuchteten Sterne für uns sichtbar. Wenn die Sterne des Weltalls vor, sagen wir, 15 Milliarden Jahren aufleuchteten, dann können wir heute nur bis hinaus zu 15 Milliarden Lichtjahren Sterne sehen. Von weiter draußen kann kein Licht zu uns kommen, weil wir dort in eine Zeit zurückblikken, in der es noch keine Sterne gab. Wenn wir also zum Nachthimmel schauen, sehen wir mit freiem Auge etwa 6000 Sterne und mit dem Fernrohr noch unzählige mehr. Aber zwischen all den zahllosen Lichtpünktchen geht unser Blick hinaus in die sternlose dunkle Vergangenheit des Weltalls. Deshalb, so scheint es, ist unser Nachthimmel schwarz.

Das ist tatsächlich der Ausweg aus dem Paradoxon. Wenn die Welt bis in alle Entfernung gleichförmig mit Sternen ausgefüllt ist, darf sie nicht gleichzeitig auch seit unendlicher Zeit so beschaffen sein wie heute, sonst wäre unser Nachthimmel hell.

War der zitierte Satz von Edgar Allan Poe auch in der sonst etwas wirren Schrift »Eureka« verborgen, so hat doch bald danach der in Dorpat arbeitende deutsche Astronom Johann Heinrich Mädler in einem populären Astronomiebuch eine saubere Lösung des Paradoxons mit der Annahme eines Beginns der Welt vor endlicher Zeit geliefert. Daß die Welt vor endlicher Zeit begonnen hatte, war den Menschen damals nichts Neues. Die Lehre der Kirche hatte das Denken seit langem darauf vorbereitet. Doch es gab in der Astronomie der zweiten Hälfte des letzten Jahrhunderts weder einen Beweis, daß die Spiralnebel Sternsysteme sind, noch den Hinweis, daß die Welt vor endlicher Zeit ihren Anfang genommen hat.

Der Urknall am Anfang

Das wurde anders, als Hubble im Jahre 1923 erkannte, daß Spiralnebel Ansammlungen von Sternen sind wie unser Milchstraßensystem. Sechs Jahre später entdeckte er das nach ihm benannte Gesetz über die Fluchtbewegung dieser Objekte. Aus der Geschwindigkeit, mit der sich zwei Galaxien bekannter Entfernung voneinander wegbewegen, kann man errechnen, wann beide begonnen hatten, sich voneinander zu entfernen. Man findet dann – bei all der Unsicherheit, die dem genauen Zahlenwert anhaftet –, daß die Flucht vor 10 bis 20 Milliarden Jahren begonnen haben muß. Es kommt nicht so sehr darauf an, daß wir genau wissen, *wann* alles begann. Wichtig ist, daß wir nun wissen, daß es *vor endlicher Zeit* begonnen hat.

Können wir also sagen, daß vor etwa 20 Milliarden Jahren der Anfang der Welt war? Es sieht so aus, denn es sprechen noch andere Befunde dafür. Wir sind heute in der Lage, mit gänzlich anderen Methoden das Alter von Sternen zu bestimmen, und wir finden, daß die ältesten von ihnen vor etwa 18 Milliarden Jahren entstanden sind. Auch das Alter von Sonne und Erde wird in Milliarden Jahren gemessen. Man hat bis heute noch keinen Himmelskörper gefunden, der älter als vielleicht 18 Milliarden Jahre ist. Das scheint mit dem aus der Galaxienflucht herleitbaren Weltalter in Einklang zu stehen. Nehmen wir also an, vor 20 Milliarden Jahren wären alle die Galaxien zusammen mit der unsrigen auf engem Raum gepfercht gewesen und würden sich seither voneinander wegbewegen.

Die Lösung des Olbersschen Paradoxons liegt genau dort, wo Poe und Mädler vermutet hatten. Wenn vor 20 Milliarden Jahren die Welt begann, können wir in 20 Milliarden Lichtjahren Entfernung keine Sterne mehr sehen, denn Sternlicht, das uns heute von dort erreicht, hätte ausgesandt worden sein müssen, als es noch gar keine Sterne gab. Das Licht der Sterne, die heute 21 Milliarden Lichtjahre weit draußen stehen, hat uns noch nicht erreicht. Lange bevor wir so weit in den Raum hinaussehen, daß sich die Sternscheibchen gegenseitig zu verdecken beginnen, sind wir in Entfernungen, aus denen das Licht zu uns länger als das Weltalter benötigen würde.

So wäre eigentlich alles in Ordnung. Wir richten unseren Blick zum Nachthimmel, sehen Sterne, blicken aber fast immer an den Sternscheibchen vorbei und schauen hinaus in einen dunklen Anfang der Welt, in dem es noch keine Sterne gab. Das wäre die Lösung des Paradoxons, wenn die Welt am Anfang dunkel und kalt gewesen wäre. Aber sie war es nicht.

Die Strahlung des Urknalls

War die Hubblesche Entdeckung der Expansionsbewegung des Weltalls die wohl größte kosmologische Erkenntnis der ersten Hälfte dieses Jahrhunderts, so kam in den sechziger Jahren eine weitere aufregende Nachricht – und wiederum kam sie aus den USA.

Im Jahre 1964 entdeckten Arno Penzias und Robert Wilson, die beide bei den Bell-Laboratorien in New Jersey arbeiteten, daß ihr Empfänger, der Radiowellen von 7,35 Zentimetern aufnehmen konnte, eine gleichmäßig aus dem Raum kommende Strahlung registrierte. Sie blieb unverändert, in welche Richtung die beiden Entdecker auch ihre Antenne zum Himmel drehten. Die Strahlen kamen gleichförmig von überall her. Es war Wärmestrahlung, die einer Temperatur von etwa –270 °C entsprach.

Die Zunge sträubt sich, dafür das Wort »Wärmestrahlung« auszusprechen, da es sich um eine Kälte von 270 ° unter Null handelt. Doch für den Physiker ist das immer noch drei Grad wärmer als »ganz kalt«. Genauer gesagt, es ist drei Grad wärmer als die niedrigste mögliche Temperatur, die in der Celsiusskala bei –273 ° liegt. Das ist nämlich der sogenannte *absolute Nullpunkt* der Temperatur, es gibt nichts Kälteres. Alle Körper, deren Temperatur –273 °C überschreitet, »glühen«. Ein Körper, der nur drei Grad wärmer ist, hat eine *Absoluttemperatur* von 3 °. Er »glüht« dann allerdings nur im Bereich der dem menschlichen Auge unsichtbaren Mikrowellenstrahlung. Die Penzias-Wilsonsche Strahlung hatte man bereits seit langem vermutet. Sie ist die verdünnte, erkaltete, langwellig gewordene Strahlung des Urknalls! Die Hubblesche Fluchtbewegung der Galaxien legte nahe, daß die Welt vor 10 oder vielleicht 20 Milliarden Jahren mit großer Dichte begonnen hat und seither auseinanderfliegt. Viele Physiker waren der Ansicht, daß am Beginn, beim »Urknall«, die Materie, aus der sich später Galaxien und Sterne bildeten, heiß war. Die Strahlung dieses heißen Anfangs müßte sich bei der Expansion des Weltalls inzwischen stark abgekühlt haben. In den vierziger Jahren schätzte man, daß sie heute höchstens bei –260 °C liegen sollte. Diese Strahlung haben Penzias und Wilson 1964 gefunden, wenn auch ihre Temperatur zehn Grad niedriger lag. Das war der Beweis, daß die Materie der Welt mit Temperaturen von Milliarden Grad aus dem Urknall herausgekommen ist. Zur genaueren Untersuchung der kosmischen Mikrowellenstrahlung startete die NASA im Herbst 1989 den Satelliten COBE – das ist die Abkürzung für Cosmic Background Radiation Explorer. Wenige Wochen nach seinem Start war das erste wichtige Ergebnis da: Die neu entdeckte ist tatsächlich Wärmestrahlung, wie sie ein Körper von 2,735° Absoluttemperatur aussendet. Man nennt sie die *kosmische Hintergrundstrahlung*. Sie gab uns neue, vorher nicht geahnte Einblicke in die Jugend unseres Kosmos.

Ein Gedankenexperiment

Dazu wollen wir ein Gedankenexperiment machen. Stellen wir uns die Materie der Galaxien gleichmäßig über den Raum verteilt vor. Die in den Sternen und in den Gas- und Staubmassen im Raum zwischen ihnen gesammelten Atome würden über das Weltall so verstreut, daß sie überall gleich dicht stehen. Denken wir uns nun eine Kugel vom Durchmesser unserer Sonne. Ihr Volumen hätte eine Zuteilung von 280 Gramm Materie erhalten. Natürlich wäre die Kugel auch von der Penzias-Wilsonschen Strahlung erfüllt. Da Strahlung Energie ist, und Energie auch Masse, können wir die in der Kugel in Form von Strahlungsenergie enthaltene Masse bestimmen. Wir finden, daß die Kugel ein Gramm Strahlung enthält. Das ist etwa so viel, wie 1945 in der Explosion der Atombombe von Hiroshima verstrahlt wurde. Masse und Strahlung in unserem gedachten Sonnenvolumen sind dabei in ganz normalem Zustand. Die Atome sind so, wie wir ihnen heute überall begegnen, die Strahlung so, wie wir sie in unseren Mikrowellenherden benutzen, nur viel verdünnter. Mit dem Stoff, den wir in unserer Kugel gefangen haben, sind wir gewohnt umzugehen.

Beginnen wir also unser Experiment und drücken wir in Gedanken die Materie in der Kugel zusammen. Beobachten wir, was dabei geschieht. Bei unserem Experiment kehren wir den Vorgang der Expansion der Welt um. Durch Zusammendrücken können wir in Gedanken den Weltstoff in der Kugel in einen Zustand bringen, der die Eigenschaften der Materie zu früheren Zeiten besitzt. Im Prinzip können wir die Kugel immer mehr zusammenpressen und uns immer näher an die frühesten Zustände der Welt, ja vielleicht bis nahe an den Urknall herantasten. Da wir die Eigenschaften unseres in der Kugel eingefangenen Gemisches aus Strahlung und Materie kennen, wissen wir auch, was beim Zusammendrücken geschieht.

Drücken wir also mutig an unserer Kugel vom Radius der Sonne! Die Dichte der Materie und die der Strahlung nehmen beide zu, wenn sich das Volumen verkleinert. Die Strahlung wird aber dabei immer wichtiger. Bald merken wir, daß sie, die heute ein recht unwesentlicher Bestandteil des Weltgemisches ist, in der Vergangenheit eine entscheidende Rolle gespielt haben muß. Drücken wir die Kugel auf ein Tausendstel der ursprünglichen Größe zusammen. In ihr sind immer noch unsere 280 Gramm Materie, aber die Strahlung ist wichtiger geworden. Alle Energie, die wir aufgebracht haben, um die Kugel zusammenzudrücken, ist in Strahlung übergegangen. Die Masse der Strahlung in der Kugel überwiegt jetzt die in den Atomen steckende Materie. Die Strahlung hat die Materie überflügelt! Die Temperatur in der Kugel hat sich von 3° Absoluttemperatur auf 3000° erhöht. Der Zustand in der Kugel entspricht etwa der Materie des Weltalls 300000 Jahre nach dem Urknall.

Wir könnten weiterdrücken. Ich möchte aber bei diesem Zustand unserer Testkugel verweilen. Er entspricht auch noch aus einem anderen Grund einem Wendepunkt in der Geschichte des Weltalls. Als Strahlung und Materie noch heißer waren als 3000° Absoluttemperatur, da gab es noch fast keine richtigen Atome. Atomkerne und Elektronen flogen unabhängig voneinander durch den Raum. Die Materie der Welt bestand noch nicht aus Atomen, sondern nur aus deren Bausteinen. Als die Temperatur unter 3000° ging, schlossen sich Protonen und Elektronen zu Wasserstoffatomen zusammen. Das hatte schwerwiegende Folgen.

Frei herumfliegende Elektronen stellen für die Strahlen ein starkes Hindernis dar. Als die Elektronen noch nicht in Wasserstoffatomen

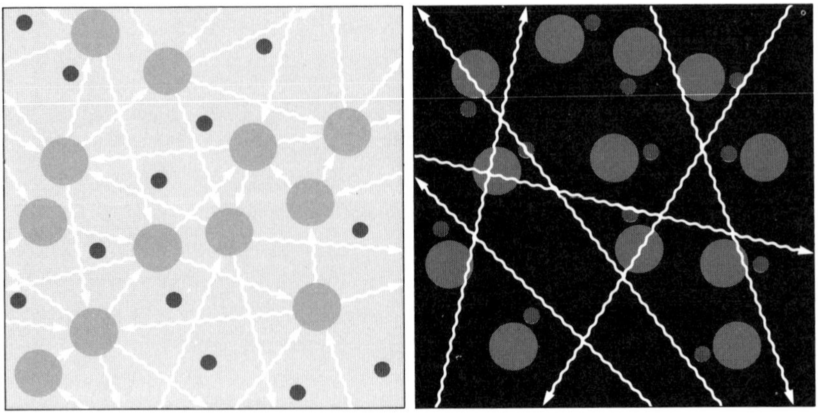

Abb. 13.3: Als das Weltall durchsichtig wurde. In der frühesten Zeit lag die Temperatur über 3000°. Die Elektronen waren nicht an Atomkerne gebunden (links) und stellten den Lichtstrahlen (gewellte Pfeile) ein starkes Hindernis entgegen. Jeder Lichtstrahl konnte nur ein relativ kurzes Stück ungehindert fliegen, bis er wieder von einem freien Elektron abgelenkt wurde. Später (rechts) waren die Elektronen an die Atomkerne (dunkle Punkte) gebunden. Gebundene Elektronen behindern die Strahlung aber nicht, die Welt war durchsichtig geworden. Man schätzt, daß dieses Ereignis etwa 300000 Jahre nach dem Urknall stattfand.

gebunden waren, wurde jeder Lichtstrahl immer wieder von seinem geraden Weg abgelenkt (vgl. Abb. 13.3, links). Nach jeder Begegnung mit einem Elektron wurde er in eine andere Richtung gebracht. Wir beobachten auf der Erde bei Nebel etwas Ähnliches. Die Lichtstrahlen werden von den Wassertröpfchen des Nebels immer wieder abgelenkt. Sie gehen nicht geradlinig, sondern im Zickzack-Kurs durch die Nebelwand. Deshalb können wir im Nebel Gegenstände nicht über größere Distanzen erkennen. Ähnlich war es während der ersten 300000 Jahre des Weltalls. Das Licht wurde durch die freien Elektronen zu einem Zickzack-Kurs gezwungen. Das Weltall war undurchsichtig wie eine Nebelwand.

Doch als sich das Weltall auf Temperaturen unter 3000° Absoluttemperatur abgekühlt hatte, wurde das anders. Die Atomkerne des Wasserstoffs und die Elektronen paarten sich zu Wasserstoffatomen. Es gab keine frei herumstreunenden Elektronen mehr. Gebundene Elektronen stellen den Strahlen kein Hindernis entgegen. Das Licht konnte plötzlich ungehindert über weite Strecken geradlinig durch den Raum eilen (vgl. Abb. 13.3, rechts). Es war, wie wenn sich der Nebel schlagartig gelichtet hätte. Die das Weltall erfüllende Materie wurde durchsichtig. Dieser Übergang fand statt, als im frühen Weltall die Absoluttemperatur von 3000° unterschritten wurde. Das war eben etwa 300000 Jahre nach dem Urknall, mit dem alles begonnen hatte.

Der Beginn der Großen Durchsichtigkeit

Wir dürfen uns aber nicht vorstellen, daß man in dem Augenblick, als das Weltall durchsichtig wurde, schlagartig bis in alle Weiten des Weltalls sehen konnte.

So blickten wir ein Jahr danach nur ein Lichtjahr weit und schauten dort auf eine Wand, an der sich die Elektronen gerade an die Atomkerne des Wasserstoffs anlagerten (vgl. Abb. 13.4). Wir wissen schon, daß die zugehörige Absoluttemperatur 3000° betrug. In der folgenden Zeit erweiterte sich dieser Horizont immer mehr. Auch heute blicken wir auf eine Wand von 3000°. Sie steht in vielleicht 20 Milliarden Lichtjahren Entfernung. Weiter hinaus reicht unser Blick nicht, denn weiter hinaus hieße gleichzeitig, weiter in die Vergangenheit zurückblicken, in eine Zeit, zu der die Materie der Welt noch undurchsichtig war. Sie versperrt uns noch heute die Sicht.

Wenn wir in den Raum hinausblicken, schauen wir in Gegenden, von denen das Licht Jahrmillionen und Jahrmilliarden zu uns unterwegs war. Es zeigt uns den Zustand des Weltalls in der Vergangenheit. So sehen wir im Universum nicht nur die räumliche Anordnung der kosmischen Objekte, sondern auch gleichzeitig ihre Geschichte. Das ist schematisch in der Abbildung 13.5 dargestellt.

Wir sehen in der Nachbarschaft unseres Milchstraßensystems Galaxien. Weiter draußen, dort wo wir weit in die Vergangenheit der Welt zurückblicken, erkennen wir fast nur Quasare. Noch weiter draußen erkennen wir überhaupt keine Strukturen. Wir blicken dort in eine Zeit zurück, in der die Materie noch nicht einmal die Verdichtungen zeigt, aus denen Galaxien und Sterne ausgeflockt sind.

Was ist noch weiter draußen? Wo ist der Rand der Welt? Das Licht von dort ist das Licht von ihrem Anfang. Da die Materie bei Absoluttemperaturen unter 3000° undurchsichtig war, blicken wir draußen auf undurchsichtiges Gas dieser Temperatur. Nicht, daß die Materie heute dort undurchsichtig wäre, nein, damals, als sie das Licht aussandte, das uns heute erreicht, war sie es.

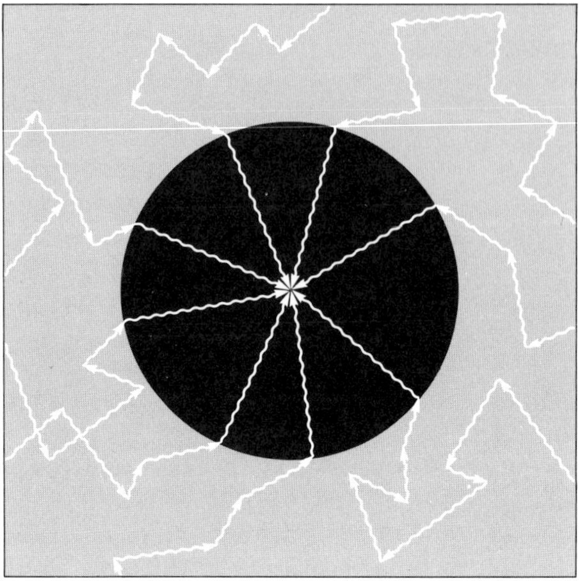

Abb. 13.4: Ein Beobachter in der Mitte des Bildes blickt ein Jahr nach dem Beginn der Durchsichtigkeit in das Weltall. Direkt können ihn nur Lichtstrahlen aus einer Entfernung von höchstens einem Lichtjahr erreichen. Da er beim Blick in die Ferne auch in die Vergangenheit schaut, sieht er in einem Lichtjahr Entfernung, wie dort die Materie gerade durchsichtig wird. Er blickt also auf eine Wand von etwa 3000° Absoluttemperatur. Von weiter draußen kann ihn kein Licht direkt erreichen, es müßte ja vor mehr als einem Jahr ausgesandt worden sein, da war aber die Welt undurchsichtig, und die Lichtstrahlen konnten nicht geradlinig zu ihm kommen.

Wir blicken also auf eine Wand von 3000° Absoluttemperatur, also von etwa 2730° C. Müßte dann der Nachthimmel nicht neben den Sternen auch noch das Licht der heißen Wand zeigen? Heiße Sterne vor einem heißen Hintergrund, das müßte wieder einen gleißend hellen Nachthimmel geben! Aber da sich die Materie der Welt von jeher ausdehnte, bewegt sich die Materie in der heißen Wand mit großer Geschwindigkeit von uns weg. Die Lichtquanten kommen deshalb spärlicher zu uns, wie die Tauben des sich von zu Hause entfernenden Züchters unserer Brieftaubengeschichte im Kapitel über die Galaxien, und jedes Lichtquant ist wegen des Doppler-Effekts langwellig und energiearm geworden. Da sich die Materie dort, als das Licht auf seinen Weg zu uns geschickt wurde, nahezu mit Lichtgeschwindigkeit von uns wegbewegte, erscheint die 2730° C heiße Wand unserem Auge pech-

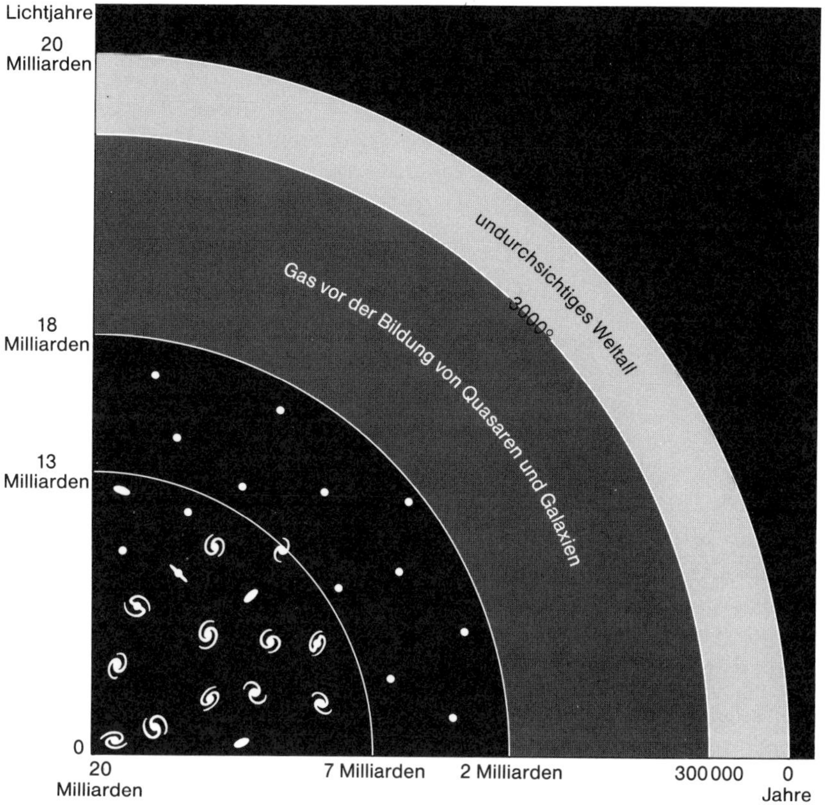

Abb. 13.5: Der Anblick des gegenwärtigen Weltalls bei einem angenommenen Weltalter von 20 Millionen Jahren. Wir stehen in der linken Ecke und blicken in die Welt hinaus. Die Entfernungen sind nach oben aufgetragen. Je weiter wir blicken, um so weiter schauen wir in die Vergangenheit zurück. Deshalb ist nach rechts eingetragen, bei welchem Alter wir das Weltall jeweils sehen. In unmittelbarer Nähe blicken wir auf Galaxien. Je weiter wir in den Raum hinausschauen, um so seltener werden sie, und um so mehr Quasare können wir erkennen. In einem Abstand von 18 Milliarden Lichtjahren sehen wir die Welt, so wie sie 2 Milliarden Jahre nach dem Urknall war. Weiter draußen blicken wir auf Materie, die sich noch nicht zu Sternen, Galaxien oder Quasaren zusammengeklumpt hat. Noch weiter draußen, wenn wir bis zum Weltalter von 300 000 Jahren zurückblicken, sehen wir, wie Materie von 3000 ° gerade durchsichtig wird. Weiter reicht unser Blick nicht, denn weiter draußen ist die Weltmaterie noch nicht durchsichtig. Diese »Grenze« unseres Blicks schließt sich wie eine Kugel um uns. Trotzdem sind wir nicht in der Mitte der Welt, denn jeder Beobachter blickt nach jeder Richtung genauso weit in die Zeit zurück, bis sein Blick auf die undurchsichtige Materie fällt. Die Grenze, bis zu der er blicken kann, schließt sich um *jeden* Beobachter wie eine Kugel. Sie ist eine Art Horizont.

schwarz, nur die Radioastronomen messen ihr Licht als die von allen Seiten gleichmäßig bei uns eintreffende kosmische Hintergrundstrahlung. Sie ist das Licht vom Rande der Welt. Und das ist letztlich der Grund, warum der Nachthimmel schwarz ist: Weil die Welt sich ausdehnt. Wir sehen die Expansion, die das Weltall seit Anbeginn ausführt, nachts mit freiem Auge.

Die ersten Sekunden

Wo immer der Mensch eine Wand sieht, drängt sich ihm die Frage auf, was dahinter ist. Blicken wir in das Weltall hinaus, so schauen wir zurück bis in das Jahr 300000 nach dem Urknall. Weiter können wir nicht sehen, weil die Weltmaterie zuvor undurchsichtig war. Trotzdem macht unser Denken vor der Wand, an der unser Blick abprallt, nicht halt. »Was liegt dahinter?« fragen wir uns. Damit gleichbedeutend ist die Frage: »Wie war die Materie vor dem Jahr 300000 beschaffen?« Darüber kann unser Gedankenexperiment Auskunft geben.

Was geschieht, wenn wir die Materie unseres Weltgemisches in der Kugel, die wir bereits auf ein Tausendstel ihres Durchmessers zusammengepreßt haben, weiter zusammendrücken? Die Energie, die dazu nötig ist, heizt den Stoff in der Kugel weiter auf. Bald herrschen Temperaturen von Millionen und Milliarden Grad. Die Strahlung ist dabei immer wichtiger geworden. Haben wir die Kugel, die ursprünglich den Durchmesser unserer Sonne besaß, auf fünf Meter zusammengedrückt, dann sind neben den 280 Gramm an Atomen jetzt 300 Tonnen an Strahlung in ihr gefangen. Wir haben in unserer Kugel Verhältnisse geschaffen, die dem Zustand der Weltmaterie 250 Sekunden nach dem Urknall entsprechen würden. Die Temperatur beträgt jetzt 900 Millionen Grad.

Doch dem Physiker ist diese unvorstellbare Hitze nichts Ungewöhnliches. Hohe Temperatur bedeutet, daß sich die Teilchen der Materie mit großer Geschwindigkeit bewegen. In sogenannten Teilchenbeschleunigern, wie sie etwa im Europäischen Kernforschungszentrum CERN in Genf stehen, werden Materieteilchen mit hohen Geschwindigkeiten aufeinandergeschossen. Prallen zwei Teilchen nahezu mit Lichtgeschwindigkeit aufeinander, ist auf kleinem Raum viel Energie konzentriert. In der Nachbarschaft der Kollision herrschen Zustände, die der hohen Temperatur unmittelbar nach dem Urknall entsprechen. Die Physiker können so den Zustand der Materie in den ersten Sekunden des Weltalls erzeugen – glücklicherweise nur in kleinen Raumgebieten, die weit unter den Dimensionen eines Stecknadelkopfes liegen. Doch das reicht aus, um das Verhalten des Weltstoffes kurz nach dem Urknall auch heute im Experiment zu erforschen. Bei den extremen, stark konzentrierten Energien löst sich der Unterschied zwischen Strahlung und Materie auf. Ein Lichtteilchen kann sich in zwei Materieteilchen verwandeln, die für einige Zeit bestehen, um danach wieder mit anderen Teilchen in einem Lichtblitz aufzugehen. Längst sind nicht nur die Atome zerstört, weil ihnen die Elektronen abgeschlagen wurden. Auch die Atomkerne sind in ihre Bestandteile zerborsten. So füllen Elektronen, Protonen, Neutronen und andere Elementarteilchen den Raum und verwandeln sich in Lichtteilchen, die wieder in Materieteilchen zerfallen.

Je mehr wir uns aber dem Zeitpunkt des Urknalls nähern, um so weniger wissen wir vom Verhalten des Weltstoffes, denn die Materie wird immer dichter und immer heißer. Dann helfen uns weder Experiment noch Theorie. Wir kennen die physikalischen Gesetze nicht, die bei diesen extremen Bedingungen den Ablauf des Geschehens bestimmen. Vorläufig versteht man den Urknall nicht, wenn man sich auch immer näher an ihn herantastet.

Was war davor?

Wenn ich in Vorträgen versuche, die komplizierten und schwer verständlichen Vorgänge kurz nach dem Urknall einem größeren Kreis von Laien nahezubringen, kommt fast jedesmal die Frage: »Und was war vor dem Urknall?« Meist gelingt es mir nur schwer, die Fragenden mit meiner Antwort zufriedenzustellen, wenn ich sage, daß die Frage meiner Meinung nach nicht sinnvoll ist. Mit dem Urknall entstand alle Materie und alle Strahlung. Gleichzeitig kamen aber auch alle Uhren in die Welt, denn ohne Materie keine Uhr. Um den Ablauf der Zeit festzulegen, bedarf es nicht immer einer modernen Quarzuhr. Ein einfaches Wasserstoffatom, das Licht, also Schwingungen in regelmäßiger Folge, aussendet, genügt. Auch ein Neutron, das nach einer bestimmten Zeit in ein Proton und ein Elektron zerfällt, kann als Zeitgeber dienen. Doch vor dem Urknall gab es noch keine Teilchen, es gab also keine Uhren, mit denen man die Zeit bestimmen konnte. Anders ausgedrückt: Mit dem Urknall begann auch die Zeit. Deshalb ist es nicht sinnvoll, nach dem Davor zu fragen.

Unserem Denken fällt es schwer, einen Anfang der Zeit vorzustellen. Das rührt daher, daß es sich im täglichen Leben gebildet hat, wo es vor jedem Zeitpunkt einen vorangegangenen Augenblick gibt. Unser Denken hat sich noch andere Vorurteile aus der Erfahrung des täglichen Lebens gebildet. »Aus Nichts wird Nichts« mag zwar überall in unserem Erfahrungsbereich gelten. Das Weltall als Ganzes gehört aber nicht dazu. »Alles muß eine Ursache haben« gehört zur Kategorie ähnlicher Urteile, die für fast alles gelten, nur nicht für den Kosmos als Ganzes.

Nicht nur beim Weltall macht es keinen Sinn, nach dem *Davor* zu fragen. Bei anderen sinnlosen Fragen haben wir uns längst daran gewöhnt, das Fragen zu unterlassen. Oder rätselt ein Erwachsener: »Womit habe ich mich ein Jahr vor meiner Geburt beschäftigt?«

Register

Absoluttemperatur 227
Absorptionslinien 86, 158
Adams, John C. 74
Alpha Centauri 223
Amazonium 47
Aminosäuren 70
Ammoniak 63, 67
Andromedanebel 110, 143f., 178
Aphrodite Terra 34
APOLLO 55, 185, 197
Arecibo-Teleskop 32f., 114, 123, 187
Argon 48
Ariel 72, 74
Aristarch 13
Aristoteles 13
Asteroiden 63
Astrologie 113
Astronauten 34, 55, 137f., 185, 197
ATLANTIS 34
Atmosphäre
- der Erde 22, 30, 37, 48, 82f., 129, 164, 166, 175, 188, 190, 195, 203
- des Jupiter 63f.
- des Mars 48, 50f., 185
- des Neptun 75f.
- des Saturn 67
- der Sonne 85f.
- des Titan 70
- des Triton 78
- des Uranus 72
- der Venus 17–23, 29, 35, 37, 184
Atombatterien 78
Atombombe 106, 195f., 207, 210, 228
Atomuhren 123, 177
Atomversuche 195

Bahnellipse 40
Balkengalaxien 153
Becquerel, Henri 199
Bell, Jocelyn 114–116, 124
Berenice, Haar der 153
Bessel, Friedrich W. 99, 101
Blaualgen 82, 191f.
Blausäure 70
Brahe, Tycho 14, 109
Bruno, Giordano 182f.
Bürgel, Bruno H. 100f.
Buys-Ballot, Christophorus 154

Callisto 63
CERN 234
Challenger-Katastrophe 34
Chandrasekhar, Subrahmanyan 103f., 136
Cheseaux, Loys de 222f.
Chiu, Hong-Yee 214, 220
Clark, Alvan 100
COBE 228
Cocke, William J. 117f.
Colette 35
Cook, James 18
Curtis, Heber D. 149f.

Deimos 54
Disney, Michael 117f.
Doppelsterne 131, 136, 141, 191
Doppler, Christian 154f.
Doppler-Effekt 9, 155, 157–159, 161, 213, 232
Drake, Frank 187
Duhalde, Oscar 106

Echnaton 81
Eddington, Arthur 103, 160
Edison, Thomas Alva 43, 46
Einstein, Albert 140
Eiszeiten 82
Elementarteilchen 161, 235
Enceladus 71
Energiesatz 223
Erdbahn 15, 17, 58, 139, 198
Erdfeld 135
Erdgeschichte 47, 82
Erdkrümmung 164
Erdkruste 82
Erdmagnetfeld 135
Erdöl 37
Erdrotation 30
Erdsatelliten 108, 198
Eureka 221, 225f.
Europa 63f., 186
Europium 87
Evans, Robert 110
Expansionsbewegung 227–229, 234

Fixsterne 29, 56, 72, 90, 99, 167, 186, 216, 223
Flandro, Gary A. 57, 59, 66
Flandro-Bahnen 60
Fluchtgeschwindigkeit 158–160, 228
Fraunhofer, Joseph 85
Fraunhofer-Linien 85
Frequenz 24, 26, 29, 116, 127, 189, 210
Friedman, William 44
Fusion 87f., 93

Galaxien 143–164, 172, 176–178, 201–206, 210, 213, 219, 226, 228, 231–233
Galaxis 147, 150f., 153, 175
Galilei, Galileo 13–17, 40, 63f., 66, 146, 222
Galle, Johann G. 74
Gamma-Strahlungsquellen 9
Gammaausbrüche 196f., 201–203, 207
Gammastrahlung 9, 129, 138, 195–203, 206
Ganymed 63
Geysire auf Triton 78
Gezeiten 57, 64, 75, 186
Goddard, Robert H. 59
Gold, Thomas 122f.
Gray, Robert 189
Grenzmasse, Chandrasekharsche 103f.
griechisches Weltsystem 12–17, 99, 160, 175

Halley, Edmund 222
Hartwig, Ernst 110
Harvard-Sternwarte 215
Harwit, Martin 202
HELIOS 198
Helios 87
Helium 67, 87f., 91, 97f.
Helmholtz, Hermann von 83
Herkules 129–131, 134–136, 187
Herschel, John 223
Herschel, William 71f., 74, 147f.
Hertz, Heinrich 24
Hespanium 47
Hewish, Anthony 114–116
Hey, Stanley 174
Hintergrundstrahlung 228, 234
Hipparch 89
Hiroshima-Bombe 82, 228
Hoffmeister, Cuno 132, 134f.
Hohmann, Walter 59
Hubble, Edwin P. 150f., 153, 157, 159, 172, 226
Hubblesches Gesetz 159f., 213, 227f.
Humason, Milton L. 159
Humboldt, Alexander von 148
Huygens, Christiaan 66, 70, 139

Ibn Butlar 111
Ionosphäre 188, 190
ISEE-3 198
Ishtar Terra 35
Isidis 46

Jansky, Karl 165–175
Japetus 71
Jets 217, 219
Jetstrom 30
Jones, Albert 107
Joule 83, 87
Jupiter 11f., 14, 56–68, 75, 124, 138, 143, 146, 164, 182, 184, 186
Jupitermonde 64, 139, 186

Kalk 36f.
Kalzium 212
Kant, Immanuel 147f., 151
Kepler, Johannes 71, 109, 222
Kernenergie 87–91, 93, 95, 97, 126
Kilohertz 24
Knowles, St. H. 190
Koch, Howard 180
Kohärer 170
Kohlendioxid 19f., 23, 35, 37, 48, 50f., 55, 185
Kohlenmonoxid 70
Kohlenstoff 51, 87, 98, 183, 212
Kolumbus, Christoph 13
Kometen 72f., 202, 222
kopernikanisches Weltsystem 13–17, 99, 143
Kopernikus, Nikolaus 11, 13f., 17, 39, 71, 149, 221
Krater 31, 34, 44–48, 54, 64, 66, 73f., 208
Krebsnebel 110–113, 117f., 126, 176
Krebspulsar 117f., 122f., 127, 176
Kugelsternhaufen 94, 126

Landau, Lew 104
Laplace, Pierre S. 140
Lasswitz, Kurd 181
Lebenszonen um Sterne 184–186, 191–193
Lemgo 11–13
Leverrier, Urbain J. 74
Lichtenberg, Georg Chr. 185
Lichtgeschwindigkeit 24, 120, 138f., 182f., 186, 190, 213, 217, 219, 232, 234
Lichtjahr 144, 149, 151, 168, 177, 182f., 190–193, 203–206, 216, 225, 227, 231–233
Lichtmonat 216
Lichtwoche 216
Lodge, Oliver 170
Lomonossow, Michael 17–19
Lowell, Percival 42
Luther, Martin 14

Mädler, Johann Heinrich 226
MAGELLAN 31, 34
Magellan, Fernão de 109
Magellansche Wolken 104–109, 113, 119, 148, 177, 198–200
Magnesium 87
Magnetfeld 22, 43, 61, 135, 217
Mangan 87
Marconi, Guglielmo 44, 46, 164, 194

MARINER 46
Marius, Simon 143
Mars 11f., 14, 35, 37–55, 63, 179, 184–186, 193, 208
–, Atmosphäre 47, 50, 54
–, Bahn 62
–, »Flüsse« 47f.
–, »Gesicht« 52f.
–, Marskanäle 40–43, 46f., 173f., 184, 188f.
–, Monde 47, 55
–, Oppositionen 40, 42f.
–, Polkappen 40, 42, 46
Maxwell, James C. 35
Maxwell-Berge 35
Mayer, Johann Tobias 99
McKenna-Lawlor, Susan 38
Meitner, Lise 35
Merkur 11–15, 22, 24, 80, 143
Meteoriten 46f., 54, 64, 83, 175, 180
Methan 63, 67, 70
Methylacetylen 70
Mikrowellenstrahlung 227f.
Milchstraßensystem 109, 111, 119, 144–153, 161, 163, 165, 168–172, 176, 178f., 181, 183, 191f., 198, 200, 203–205, 213, 216, 218, 221, 223, 226, 231
Millisekunden-Pulsare 123–127
Miranda 72–74
Mitchell, John 140
Mond 11, 14–18, 24, 53–57, 64, 83, 168, 171, 185, 190, 208f., 211f.
Mondfinsternis 72

Nebel, planetarische 102
Neon 98
Neptun 14, 56, 59f., 74–76, 184
Nereide 75
Neutronen 104, 106, 235
Neutronengas 104, 137
Neutronensterne 100f., 104, 106, 122f., 126f., 135–137, 140–142, 200, 202f., 206
Newton, Isaac 84, 139, 175
Nickel 51
Noachium 47
Nullpunkt, absoluter 227

Oberon 72
Oberth, Hermann 59
Olbers, Wilhelm 222f.
Olberssches Paradoxon 222f., 225–227
Oort, Ian Hendrik 153
Oppenheimer, J. Robert 106, 210
Orionnebel 91–93, 148, 212

Penzias, Arno 227f.
Phobos 54
PHOBOS-Mission 38f., 54f.
PIONEER-Sonden 62f., 186
Planetenringe 18, 64, 67, 69f., 72f., 75, 78
Planetensysteme 183, 186f., 192f.
Planetoiden 63
Platon 13
Plejaden 96f.
Pluto 14, 42, 61, 184
Plutonium 61, 78
Poe, Edgar Allan 221, 225f.
Polarlichter 64, 69
PROGNOZ 198, 203
Propan 70
Pulsare 114–127, 129, 131, 135f., 164, 176, 200, 208, 216

Quasare 176, 208–220, 231, 233

Radar 23–34, 173f., 190
Radioastronomie 19, 114, 116, 170, 172, 175, 186–190, 210, 234
Radiogalaxien 177, 188, 217
Radioteleskope 33, 114, 116, 126, 176f., 187, 189, 210f.
Reber, Grote 171f., 176
Relativitätstheorie 140
Rote Riesen 90, 97, 101f.
Robinson, Mansfield 44
Römer, Olaf 138f.
Röntgenstrahlung, kosmische 126–137, 141, 163, 175, 178, 199, 208, 219
ROSAT 128f.
Rotverschiebung 214

Salpeter, Edwin 202
Sanduleak, Nicholas 113
Saturn 11f., 14, 56, 59f., 66–71, 75, 78, 186
Sauerstoff 19, 37, 48, 55, 87, 98, 183f., 212
Saurier 192
Schäferhund-Monde 70
Schall 43, 85, 126, 138, 154f., 157
Scheiner, Christian 14
Schiaparelli, Giovanni 40–43
Schleudertechnik 57–61
Schmidt, Maarten 213
Schwarze Löcher 128, 137f., 141f., 217, 219
Schwefel 22, 37, 64
Schwefelsäure 20, 37
Schwerkraftlinsen 215
Seyfert, Carl 178
Seyfert-Galaxien 178, 216
Shapley, Harlow 149f.
Shelton, Ian 106f.
Sickerstrahlung 189f.
Siebengestirn siehe Plejaden
Silikatgesteine 35
Silizium 51
Sirius 98–101
SKYLAB 64

Sonne 9, 11–19, 22–24, 27, 29, 38–40, 42, 48, 54–63, 72, 75, 78, 80–91, 95, 97–106, 109, 119, 124, 126, 135–144, 146, 149, 161–164, 167f., 170, 174, 182–188, 191, 193–198, 200, 202f., 205, 212–217, 221–223, 226, 228f., 234
Sonnenspektrum 85f.
Sonnensystem 22, 46, 56, 61, 63f., 66, 70, 74, 83, 118, 124, 139, 146, 163, 168, 185f., 193
Sonnenwind 78
Sonnenzellen 39
Spektrallinien 157, 214
Spektren 86–88, 157–159, 175, 212–214, 219
Spektrografen 85
Spica 88–90, 103
Spiralnebel 119, 143, 146–153, 157, 161–163, 172, 175, 226
Stagner, Gordon 170
Sternatmosphären 157
Sternhaufen 94f., 97, 124, 126, 187
Sternschnuppen 83
Sternsysteme 9, 109f., 144, 147f., 150f., 161, 163, 198f., 216, 226
Stickstoff 48, 70, 76, 78
Strahlungsgürtel 38f.
Sullivan, W. T. 190
Supernovae 9, 104–113, 117, 119, 124–127, 136, 176, 198f., 202
Synchrotronstrahlung 217

Titan 70–72
Treibhauseffekt 23, 35, 37, 50, 55, 185
Triton 75–78
Trümper, Joachim 129, 135

UHURU 129
Umbriel 72
Uran 87
Uranus 14, 56, 59f., 71–74, 147, 184
Uranus-Monde 71–74
Urknall 226–235

Valle Marineris 44, 46
VELA-Satelliten 195f., 198, 206
VENERA 19–21, 34, 197, 201
VENUS ORBITER 33, 198
Venus 11–37, 80, 114, 143, 182, 184–186, 193, 197f., 201
–, Atmosphäre 19–23, 28f., 37
–, Bahn 15
–, Durchgang 18
Verne, Jules 56f.
VIKING-Sonden 44, 46, 48–51, 54
Villard, Paul 199
VOYAGER-Sonden 56–79
Vulkane 21f., 33, 35–37, 44–47, 50, 64, 69, 76–78, 184f.

Wasserstoff 22, 37, 63, 67, 86–88, 91, 93, 95, 97f., 101, 141, 157, 179, 183f., 188, 212, 229–231, 235
Weiße Zwerge 93, 100–106, 119, 122, 135f., 140–142
Weizsäcker, Carl F. von 161
Welles, Orson 179–181
Wells, Herbert G. 80, 180f.
Weltalter 214, 226f., 233
Weltinseln 148, 151
Wheeler, Archibald 141
Wilson, Robert 227
Wollaston, William 85
Wright of Durham, Thomas 144–147

Yuti 46

Ziolkowski, Konstantin E. 59
Zyklop 189f.

Predigtstudien

Predigtstudien

Herausgegeben
von Wilhelm Gräb (Geschäftsführung),
Johann Hinrich Claussen, Wilfried Engemann,
Doris Hiller, Kathrin Oxen, Christopher Spehr,
Christian Stäblein und Birgit Weyel

Im Jahr erscheinen zwei Halbbände.

Predigtstudien

für das Kirchenjahr 2019/2020

Perikopenreihe II – Erster Halbband

Herausgegeben
von Wilhelm Gräb (Geschäftsführung),
Johann Hinrich Claussen, Wilfried Engemann,
Doris Hiller, Kathrin Oxen, Christopher Spehr,
Christian Stäblein und Birgit Weyel

Redaktion: Martin Kumlehn

KREUZ

Darstellungsschema

A-Teil: Texthermeneutik

I Eröffnung	II Erschließung des Textes	III Impulse
Was veranlasst zu einer Predigt mit diesem Text?	Welche Überzeugung vertritt der Verfasser des Textes? Welche existenziellen Erfahrungen ruft der Text auf? Wie *verstehe* ich heute den Text?	Was folgt aus meiner Textinterpretation für das Thema und die Intention der Predigt? Vorschläge für Predigt und Gottesdienst! Werkstück Predigt

B-Teil: Situationshermeneutik

IV Entgegnung	V Erschließung der Hörersituation	VI Predigtschritte
Wo ich A *nicht* folgen kann! Was leuchtet mir ein? Was sehe ich kritisch?	Welche existenziellen Erfahrungen und exemplarischen Situationen habe ich bei meiner Predigt mit diesem Text im Blick?	Was folgt aus meiner Interpretation der Situation für das Thema und die Intention der Predigt? Vorschläge für Predigt und Gottesdienst! Werkstück Predigt

MIX
Papier aus verantwortungsvollen Quellen
FSC www.fsc.org FSC® C083411

www.kreuz-verlag.de

Umschlagkonzeption und -gestaltung: wunderlichundweigand, Schwäbisch Hall
Satz: Rund ums Buch – Rudi Kern, Kirchheim / Teck
Herstellung: CPI Books GmbH, Leck

Printed in Germany

ISSN 0079-4961
ISBN 978-3-946905-80-6

Inhalt

	Homiletischer Essay Wilfried Engemann **In einer Predigt als Mensch zum Vorschein kommen?**	9
02.12.2019	1. Advent Römer 13,8–12: **Waffen des Lichts** Matthias Lobe / Johann Hinrich Claussen	17
09.12.2019	2. Advent Lukas 21,25–33: **Zeichen des Anfangs** Doris Hiller / Wiebke Bähnk	23
16.12.2019	3. Advent Lukas 3,(1–2)3–14(15–17)18(19–20): **Alle Dinge müssen enden** Maike Schult / Andrea Morgenstern	31
23.12.2019	4. Advent 2 Korinther 1,18–22: **»Ja, ja, ach, ja.«** Miriam Löhr / Helge Martens	38
24.12.2019	Heiligabend (Christvesper) Hesekiel 37,24–28: **Weihnachten: ›Neugier- und Offenheit-speicher‹** Albrecht Grözinger / Elisabeth Grözinger	45
24.12.2019	Heiligabend (Christnacht) Sacharja 2,14–17: **Gottesgegenwart – Freundlärm und Schweigen** Christof Landmesser / Stephan Schaede	52
25.12.2019	1. Weihnachtstag Titus 3,4–7: **Gottes Freundlichkeit** Christof Jaeger / Margrit Wegner	59
26.12.2019	2. Weihnachtstag Matthäus 1,18–25: **Flüchten oder standhalten** Markus Engelhardt / Sabine Kast-Streib	66
30.12.2019	1. Sonntag nach Weihnachten Hiob 42,1–6: **Aufklärung einer dunklen Geschichte** Thomas Schlag / Ralph Kunz	73

31.12.2019 Silvester 80
Hebräer 13,8–9b:
Das feste Herz
Friedrich W. Horn / Sebastian Feydt

01.01.2020 Neujahr 87
Johannes 14,1–6:
Bleibend unterwegs sein
Karl-Ulrich Gscheidle / Susanne Wolf

05.01.2020 2. Sonntag nach Weihnachten 93
Jesaja 61,1–3(4.9)10–11:
Kleiderfragen
Julia Koll / Ulrike Wagner-Rau

06.01.2020 Epiphanias 100
Epheser 3,1–7:
Offenbares Geheimnis
Dieter Beese / Hajo Petsch

12.01.2020 1. Sonntag nach Epiphanias 107
Matthäus 3,13–17:
Vom Anfang einer Geschichte
Matthias Lemme / Christian Nottmeier

19.01.2020 2. Sonntag nach Epiphanias 115
Jeremia 14,1(2)3–4(5–6)7–9:
Der Wahrheit auf der Spur bleiben – auch ohne (einfache) Antworten?!
Ruth Poser / Kristin Merle

26.01.2020 3. Sonntag nach Epiphanias 122
Apostelgeschichte 10,21–35:
Kein Ansehen der Person
Marcus A. Friedrich / Astrid Kleist

26.01.2020 Tag des Gedenkens an die Opfer des Nationalsozialismus 129
Prediger 8,10–14.17:
Wie Lichtstrahlen durch die Risse eines dunklen Raumes
Nina Spehr / Senta Zürn

02.02.2020 Letzter Sonntag nach Epiphanias 137
Offenbarung 1,9–18:
»Ich hole dich da heraus!« – oder: Die Kraft des Heiligen
Adelheid Ruck-Schröder / Thomas Stahlberg

09.02.2020 Septuagesimae (3. Sonntag vor der Passionszeit) 144
Matthäus 20,1–16:
Von Leistung, Lohn und Liebe
Stephanie Krause / Maximilian Baden

16.02.2020 Sexagesimae (2. Sonntag vor der Passionszeit) 151
Hesekiel 2,1–5(6–7)8–10; 3,1–3:
›Schmecket und sehet!‹ – Vom Sehnen, das in uns wohnt
Ernst Michael Dörrfuß / Wilhelm Gräb

23.02.2020 Estomihi (Sonntag vor der Passionszeit) 159
Lukas 18,31–43:
Sehend werden
Kord Schoeler / Friedrich Brandi

01.03.2020 Invokavit (1. Sonntag der Passionszeit) 166
1 Mose 3,1–19(20–24):
Gottesanrede
Heinz-Dieter Neef / Birgit Weyel

08.03.2020 Reminiszere (2. Sonntag der Passionszeit) 173
Römer 5,1–5(6–11):
Nochmal nachgefragt: Erfahrung mit der Erfahrung
Wiebke Köhler / Cornelia Coenen-Marx

15.03.2020 Okuli (3. Sonntag der Passionszeit) 180
Lukas 9,57–62:
Trilogie der Nachfolge
Wibke Janssen / Henning Theurich

22.03.2020 Laetare (4. Sonntag der Passionszeit) 187
Jesaja 66,10–14:
Bei Trost sein – in trostlosen Umständen
Rainer Stuhlmann / Jürgen Dembek

29.03.2020 Judika (5. Sonntag der Passionszeit) 194
Hebräer 13,12–14:
Draußen vor dem Tor – und doch behütet
Jürgen Ziemer / Wilfried Engemann

05.04.2020 Palmarum (6. Sonntag der Passionszeit) 202
Markus 14,(1–2)3–9:
Die Macht der Religion und eine Religion der Macht
Johannes Hendrik Cilliers / Carolyn Decke

09.04.2020 Gründonnerstag 209
2 Mose 12,1–4(5)6–8(9)10–14:
Befreiendes Gedenken – Gemeinsame Feier
Michael Bünker / Sonja Beckmayer

10.04.2020 Karfreitag 216
2 Korinther 5,(14b–18)19–21:
Schicksalsgemeinschaft
Ursula Roth / Martin Vorländer

11.04.2020 Osternacht 223
2 Timotheus 2,8–13:
Halt im Gedächtnis – inwendig und auswendig
Kay-Ulrich Bronk / Friedemann Magaard

12.04.2020 Ostersonntag 230
1 Korinther 15,(12–18)19–28:
Nun aber, werdet wach und steht auf!
Torsten Stelter / Simon Kuntze

13.04.2020 Ostermontag 238
Lukas 24,36–45:
Nur auf dem Papier oder doch mit Händen zu greifen?
Johannes Greifenstein / Thorsten Moos

19.04.2020 Quasimodogeniti (1. Sonntag nach Ostern) 245
Jesaja 40,26–31:
»Weißt du, wie viel Sternlein stehen?«
Martin Kumlehn / Ralf Stroh

26.04.2020 Miserikordias Domini (2. Sonntag nach Ostern) 252
1 Petrus 2,21b–25:
Schafe, die zählen
Martin Zerrath / Andreas Kubik

03.05.2020 Jubilate (3. Sonntag nach Ostern) 259
Johannes 15,1–8:
Erfolg ist kein Name Gottes
Anne Gidion / Angelika Obert

10.05.2020 Kantate (4. Sonntag nach Ostern) 266
2 Chronik 5,2–5(6–11)12–14:
›Met Hätz un Jeföhl‹
Frank Thomas Brinkmann / Hans-Martin Gutmann

17.05.2020 Rogate (5. Sonntag nach Ostern) 274
Matthäus 6,5–15:
Faszination ›Vater Unser‹
Tobias Sarx / Jennifer Marcen

21.05.2020 Christi Himmelfahrt 281
Johannes 17,20–26:
Vater und Sohn
Rajah Scheepers / Barbara Hauck

24.05.2020 Exaudi (6. Sonntag nach Ostern) 288
Jeremia 31,31–34:
Gottes Herzenssache
Christina Weyerhäuser / Tobias Maysenhölder

Vergleichstabelle zur neuen Predigtperikopenreihe 297
Perikopenverzeichnis 298
Anschriften 299

Homiletischer Essay

Wilfried Engemann

In einer Predigt als Mensch zum Vorschein kommen?

Anthropologische Aspekte einer hörerorientierten Homiletik

Die Frage nach einem angemessenen Adressatenbezug der Predigt ist in der Geschichte der Theologie mit großer Leidenschaft diskutiert und lange Zeit unterschiedlich beantwortet worden – letztlich aber nicht unentschieden geblieben. Die *Predigtstudien* stellen eine herausragende publizistische Positionierung in dieser Debatte dar: Wenn wir predigen, halten wir keine Vorträge über Texte. Wir bringen auch nicht einfach Heilsbotschaften unter die Leute. Im Fluchtpunkt der Predigt steht unser Leben. Dort setzen wir an. Darauf kommen wir immer wieder zurück. Dass »unser Leben« dabei auch als »Leben aus Glauben« in den Blick kommt, bedeutet nicht, dass Christen vor grundsätzlich anderen, spezielleren oder einfacheren Herausforderungen stünden als jedermann, wenn es darum geht, unter vorgegebenen Bedingungen ein nicht vorgegebenes Leben zu führen. Darum stellen die Predigtstudien seit mehr als 50 Jahren Sonntag für Sonntag die Frage nach der Hörerin und dem Hörer als Frage nach der Bewältigung des Lebens, indem sie die Pointe biblischer Texte und die thematischen Akzente des Kirchenjahres um den Horizont je authentischer Situationen zu erweitern suchen. Das führt im Vorfeld der Predigt zu konkreten Perspektiven und substanziellen Fragen, die nicht zuletzt anthropologischer Natur sind.

1. Hörerorientierung – situationshermeneutisch und anthropologisch

Die Beweggründe, eine Predigt zu *halten*, sollten im Leben der Menschen liegen, die sie *hören*. Das ist eine Voraussetzung der Lebensdienlichkeit einer Predigt. Dementsprechend finden wir auch in diesem aktuellen Band der Predigtstudien erhellende Schlaglichter auf die Wechselfälle unseres Lebens, auf Situationen des Alltags, auf Ausschnitte aus unserer Lebenswirklichkeit, wobei an jedem Sonn- oder Festtag andere Facetten und Erfahrungen unseres Lebens in den Blick kommen, über die zu reden sich lohnen sollte. In den damit verbundenen Analysen geht es häufig um »situationshermeneutische« Fragen: Es gilt nicht nur zu sondieren, wie eine Situation im Einzelnen beschaffen, von welchen Bedingungen sie geprägt ist; es geht vor allem darum zu klären, vor welche Herausforderung sie stellt, welches Problem, welche Möglichkeiten wir in ihr erkennen, was sie uns im Blick auf unser Selbstverständnis, unsere

Identität und unser Leben »fragt« bzw. »zeigt«. Darüber hinaus geht es zum Beispiel um die Wahrnehmung von Analogien zwischen der historischen Situation, die den jeweiligen Predigttext zu einem bestimmten Zeitpunkt anscheinend »brauchte« – die ihn in gewisser Hinsicht hervorbrachte –, und der gegenwärtigen Situation, die wir unterstellen, wenn wir heute mit diesem Text auf die Kanzel treten und uns um eine Predigt bemühen, die wiederum zu gebrauchen sein soll.

Um dem Anspruch einer adäquaten Hörerorientierung gerecht zu werden, genügt es freilich nicht, sich in Situationen zu vertiefen, um (nur) auf diesem Wege einen je konkreten Bezugsrahmen für die Kommunikation des Evangeliums entwerfen zu können. Ebenso fundamental ist die Frage nach dem Menschenbild, von dem sich Predigerinnen und Prediger jeweils leiten lassen, wenn sie »den Menschen« – quasi als Vertreter der Hörerinnen und Hörer – in bestimmten Situationen, auf die ihre Predigt anspielt, auftreten lassen. Was soll er dort? Worin besteht sein Anteil am »Situationsziel«? Unheilvolle, belastende, jedenfalls in irgendeiner Hinsicht problematische Situationen werden ja deshalb homiletisch aufbereitet, um deren Überwindung bzw. Veränderung anzubahnen oder zumindest eine entsprechende Haltung dazu zu finden. Was wird »dem Menschen« bzw. den anwesenden Hörerinnen und Hörern dabei zugetraut und zugemutet? Was wird von ihnen erwartet? Wie werden sie gesehen? Wer dürfen, wer können, wer sollen sie als Mensch sein?

Die Relevanz einer Predigt hängt in hohem Maße sowohl von der Stimmigkeit und Plausibilität der jeweils unterstellten Situation als auch von der Angemessenheit ihres Menschenbildes ab. Über »Stimmigkeit« und »Angemessenheit« wird aber nicht allein theologisch entschieden; Situationen und Menschen müssen zu *ihren eigenen* Bedingungen wahrgenommen und verstanden werden, was nur interdisziplinär möglich ist. Nachdem in den Essays zu den Predigtstudien schon oft darüber geschrieben wurde, was es heißt, sich im Sinne von Ernst Lange mit der Situation der Hörer und der Hörerinnen als der Situation der Predigt zu befassen, möchte ich an dieser Stelle einmal die Frage nach den anthropologischen Prämissen der Predigt ansprechen.

2. Anthropologische Probleme zeitgenössischer Predigt

Häufig argumentieren Predigten implizit oder explizit mit Fragmenten einer Anthropologie, die, als sie im 16. Jahrhundert entworfen wurde, vor allem die Heilslehre der Lutherischen Theologie plausibilisieren sollte: Nichts am Menschen taugt dazu, einen Beitrag zu seiner Erlösung zu leisten, auch nicht seine guten Werke oder seine wohlwollenden Absichten. Was ihn errettet, liegt *extra nos*, in Christus. Der eigene Wille, der in der mittelalterlichen Philosophie als Steuerungsimpuls menschlicher Freiheit durchaus schon ein Begriff war, kommt als Modus der

Selbstbeteiligung des Menschen an seiner Befreiung von Sünde, Tod und Teufel nicht in Betracht.

Das von Luther aufgegriffene Modell vom Menschen als *incurvatus in se ipsum* ist für die protestantische Predigtkultur in vielerlei Hinsicht prägend. Es hat zunächst – eingebettet in eine entsprechende Soteriologie – zur Verdeutlichung der Kategorie »Evangelium« beigetragen. Das damit eingeläutete Ende einer mit der Angst dealenden kirchlichen Heilswirtschaft hat vielen Menschen die Sorge um den Ausgang ihrer Erdentage genommen und ihnen die Freude am Leben wiedergeschenkt. Andererseits schlägt jene soteriologisch durchgearbeitete Anthropologie häufig auch bei der Darstellung und Vertiefung von Predigtthemen durch, die gar nicht die Erlösung des Menschen, sondern die Bewältigung seines Lebens betreffen. Das hat zur Folge, dass die eigentlichen Herausforderungen, vor die etwa das »Führen eines eigenen Lebens in Freiheit« stellt, oftmals gar nicht erst in den Blick kommen, sondern von theologischen Ideenkonzepten verdrängt werden. Dementsprechend funktionieren auch die Identifikationsangebote entsprechender Predigten nicht: Menschen können und wollen schlicht und einfach nicht so sein, wie es ihnen nahelegt wird.

Homiletische Klischees über den »modernen« bzw. »postmodernen Menschen« charakterisieren die unter der Kanzel Versammelten gern als egoistische, konsumgierige, unverbindliche, gleichgültige, von sich aus beziehungsunfähige Wesen. Im Lasterkatalog entsprechender Predigten stehen mangelndes Interesse an anderen, zu wenige Anstrengungen auf dem Gebiet der Nächstenliebe, übertriebene Selbstliebe und rücksichtsloses Streben nach Freiheit oben an. Der Wille des Menschen erscheint als latenter Affront gegen den Willen Gottes, weshalb man besser keinen eigenen Willen haben sollte. Auch der im Kontext von Kriegserfahrungen in der ersten Hälfte des 20. Jahrhunderts geprägte Topos von der »Fratze des Menschen« macht in diesem Zusammenhang hier und da noch die Runde, so dass man den Eindruck gewinnen kann, ein schlechtes Los damit gezogen zu haben, ausgerechnet Mensch zu sein und allein schon dadurch in einem permanenten Beziehungskonflikt mit Gott zu stehen, auch wenn dieser Konflikt im Laufe des Gottesdienstes angeblich – und zwar jeden Sonntag wieder – repariert wird.

Diese Anthropologie wird in dem Maße zur Hypothek, wie die Hörerinnen und Hörer dazu aufgefordert werden, die in der Predigt angesprochenen Probleme dadurch zu lösen, dass sie gewissermaßen von ihrem Menschsein Abstand nehmen: von der Beschäftigung mit ihren Wünschen, von der Klärung und Aneignung eines eigenen Willens, von der Selbstliebe und anderem mehr. Gleichzeitig wird ihnen nahegelegt, die erfahrenen Grenzen der Geduld, des Verstehens, der Hingabe, des Sichum-andere-Kümmerns usw. mit Gottes Hilfe in der kommenden Woche zu überschreiten. Diese Argumentation zieht nicht nur gesetzliche Predigten nach sich, sie lässt die Anwesenden paradoxerweise gerade *nicht* Mensch sein: Indem sie ihnen zu verstehen gibt, an Liebe, Vertrauen, Verständnis, Hingabe usw. »zu wenig« geboten zu haben und mit etwas mehr gutem Willen und Gottes Hilfe mehr davon liefern zu können, werden Gutmenschen und Allesversteher faktisch zum christlich-anthropologischen Ideal erklärt – eine frustrierende Option für Menschen, die einer Predigt in der Erwartung folgen, in Richtung Menschsein erbaut zu werden.

3. Argumente für eine am Menschsein orientierte Anthropologie

Es genügt also nicht, Anhaltspunkte für einen grundsätzlichen Blick auf den Menschen nur aus seiner Erlösungsbedürftigkeit zu rekonstruieren und dabei auch noch inkonsequent zu sein. Zudem folgen einer Predigt in der Regel Menschen, die sich – in der Sprache der lutherischen Theologie – des »Erlösungswerkes Jesu Christi« nicht nur bewusst sind, sondern es dankbar für sich in Anspruch nehmen, Menschen, die gleichwohl erwarten, dass ihnen das Hören einer Predigt auch bei der Bewältigung ihres Lebens hilft, und dass vor allem nicht jeden Sonntag von neuem ihre Erlösung bzw. Gottesbeziehung auf dem Spiel steht. Wenn wir gelten lassen, dass sich als erlöst erfahrende Christenmenschen vor derselben elementaren Herausforderung wie alle anderen Zeitgenossen stehen, nämlich unter vorgegebenen Bedingungen ein nicht vorgegebenes Leben zu führen, dann darf das Repertoire zur »Ausübung unseres Menschseins« nicht kleingeredet oder als irrelevant übergangen werden. Es ist anzusprechen und zu stärken.

Dazu gehört es zum Beispiel, sich im Vorfeld der Predigt damit zu befassen, was es heißt, etwas zu wollen – bzw. zu verstehen, was es bedeutet, nicht zu wissen, was man will: Bevor es so weit ist, dass Menschen das, was sie wirklich wollen, in einer *Entscheidung* zum Ausdruck bringen, bevor sie entsprechend handeln (und dabei das, was sie tun, als *ihr* Tun erfahren), müssen sie sich mit ihren *Erwartungen und Wünschen* auseinandersetzen, von ihrer *Phantasie* Gebrauch machen können und bestimmte Optionen gedanklich antizipieren, deren Für und Wider mit Hilfe ihrer *Vernunft* abwägen und sich last not least mit ihren *Grenzen* befassen. Was immer sie schließlich wollen: Indem sie sich entsprechend verhalten und agieren, indem also ihr Wille handlungsleitend wird, erfahren sie ein Stück *Freiheit*. Dabei geschieht auch etwas mit ihrer *Identität*: Indem Menschen im Laufe ihres Lebens immer wieder abwägen, was sie wollen, was zu ihnen gehört und was nicht, was mit ihnen zu machen ist und was nicht, treffen sie nicht nur diese oder jene Entscheidung, *sondern werden dabei auch jemand Bestimmtes*, jemand *mit* diesen

Entscheidungen, wodurch sie eine bestimmte Identität ausprägen – ein Prozess, der bis zum Ende ihres Lebens nicht abgeschlossen ist. So nehmen Menschen Einfluss darauf, wer sie sind. Peter Bieri hat wiederholt auf diesen Zusammenhang zwischen der Aneignung eines Willens und Identitätsbildung hingewiesen (vgl. Bieri). Religion – wir könnten an dieser Stelle auch von der »Kommunikation des Evangeliums« und von der »Glaubenskultur des Christentums« sprechen, zu der die Predigt zweifellos gehört – ist für Fragen dieser Art eine schier unendliche Ressource an Bildern, Geschichten, Optionen und Werten.

Ein anderer anthropologisch zentraler Bereich ist die Erfahrung und Gestaltung sozialer Beziehungen, die mit verschiedenen Formen von Zuwendung einhergehen: Es trifft weder zu, dass Menschen – wie in Predigten immer wieder zu hören ist – erst dann lieben können, wenn sie Gott oder Christus begegnet sind, noch sind sie von Natur aus Egomanen. Dass Menschen von Natur aus gern kooperieren und grundsätzlich ebenso gern lieben, wie sie geliebt werden, ist eine der wichtigsten, interdisziplinär gewonnenen Überzeugungen zeitgenössischer Anthropologie (vgl. Bauer). Dagegen ist gerade die Tugend der Selbstliebe – die mit Egoismus und Narzissmus nichts zu tun hat, sondern als Basis der Selbstverantwortung lebensnotwendig ist – für viele Menschen eine eher schwerer zugängliche Erfahrung: Sie sind um ihres Jobs willen oder aus Verantwortung gegenüber unabweisbar erscheinenden Ansprüchen häufig dazu bereit, auch über längere Zeiträume einen rigorosen Umgang mit sich selbst an den Tag zu legen und dies als normal zu empfinden.

4. Zur Funktion einer homiletisch reflektierten Anthropologie

Eine Predigt ist eine theologisch ebenso legitime wie religionspraktisch privilegierte Möglichkeit, Menschen darin zu unterstützen, unter vorgegebenen Bedingungen ein nicht vorgegebenes Leben zu führen, sich auf ihr Leben zu verstehen und dabei von ihrem Glauben zu profitieren, ohne sich damit in den Himmel bringen zu müssen. Die Kenntnis, Artikulation und »Prüfung« eigener *Wünsche*, das Sondieren der *Beweggründe*, die man schließlich für sich gelten lässt und an die man sich in Freiheit bindet, der Anspruch, *im Einklang mit den eigenen Überzeugungen* leben zu »müssen«, wenn man Verantwortung tragen und dabei glücklich sein will – dies alles hat elementar mit Leben-Können, mit Identitätsbildung und einem guten Lebensgefühl zu tun, und versteht sich doch nicht von selbst. Einer lebensdienlichen Predigt sollte daran gelegen sein, die Anwesenden nicht immer nur (auch nicht meistens) für die Welt oder die Gemeinde oder ihre Nächsten in die Pflicht zu nehmen; sie sollte in erster Linie ein Dienst um ihres Lebens willen sein, gleichsam ein Service für ihr Menschsein mit allem, was es ausmacht.

Das ist aber nur auf Basis einer adäquaten Anthropologie möglich, die den »Basiskompetenzen der Lebenskunst« (Engemann, 2006, 28–32) Rechnung trägt, die die Freiheit und Würde des Menschen als die Herausforderung versteht, ihr homiletisch zu entsprechen, und die die Hörerinnen und Hörer implizit oder explizit dazu anleitet, mit sich selbst befreundet zu sein, um nur einige Aspekte hervorzuheben. Dabei werden die Hörerinnen und Hörer an Spielräume herangeführt, von denen sie – bei allem Respekt vor den eigenen Grenzen – womöglich gar nicht wussten, dass sie sie haben, wobei sich zeigen kann, dass man die eigenen Grenzen sowohl unter- als auch überschätzen kann.

Eine wichtige Orientierung bei dieser Aufgabe der Predigt ist die Lebenskunde Jesu bzw. das Lebenswissen der jüdisch-christlichen Tradition, wobei es entscheidend ist, dass der Hörer/die Hörerin im Zuge der Rezeption der Predigt *Subjekt dieser Orientierung* bleibt bzw. wird. Diese Orientierung läuft ja darauf hinaus, die Subjekt-Rolle im eigenen Leben wahrzunehmen, Entfremdungsprozesse auch dem eigenen Leben gegenüber zu überwinden und – nicht zuletzt mit Hilfe einer Predigt – zu einem eigenen Leben ermutigt und angeleitet zu werden. Wenn das Neue Testament erzählt, wie Menschen in die Kommunikation des Evangeliums verwickelt werden, wird anhand von Begebenheiten, in Gleichnissen und mit Bildern vor Augen geführt, *»wie jemand als Mensch zum Vorschein kommt«* (Engemann, 2016), wie jemand Schritte in die Freiheit geht und es genießt, Zuwendung sowohl zu erfahren als auch sie zu gewähren, wie ein Mensch anfängt, auf sein Gewissen zu hören, zu teilen und beispielsweise ein Fest zu feiern. Es sind immer Szenen, in denen sich Menschen neu zu verstehen gegeben werden und sich als nicht nur zumutbar, sondern wertgeschätzt erfahren, Momente, in denen Menschen in ihre Gegenwart durchbrechen und leidenschaftlich leben.

Was »können« diese Menschen am Ende all dieser Geschichten? Sie können leben. Es wäre eine ausgesprochene Verkürzung, nur davon zu sprechen, dass sie endlich glauben können, denn indem diesen Menschen bescheinigt wird, »dass ihnen ihr Glaube geholfen hat« (vgl. z. B. Mt 9,22; Lk 7,50; Lk 8,48), wird explizit auf die dem Leben dienende Funktion des Glaubens hingewiesen. Im Modus des Glaubens werden Menschen nicht in eine Parallelwelt gelockt, in der es darauf ankäme, durch Beteiligung an religiöser Praxis und den Erwerb ritueller Kompetenz ein spezifisches »Glaubensleben« zu führen, sondern sie werden zu einem *Lebensglauben* ermutigt: Sie werden intolerant im Blick auf ihre Arrangements mit Erfahrungen der Unfreiheit, sie sehen ihre Zukunft wieder offen. Sie gewinnen die Neugier auf ihr Leben zurück. Sie legen die Hand an den Pflug und schauen nicht zurück. Sie decken den Tisch ein – ohne die Sorge, dass es nicht reichen könnte – und erfahren in all dem etwas von ihrer Würde. Das Menschsein des Menschen in dem eben skizzierten Sinn steht im Fluchtpunkt des Evangeliums.

5. Glauben als Kategorie eines leidenschaftlichen Lebens

Es gehört zum Erfahrungskern der Reformation, dass Religion für den Menschen da ist und dass Menschen, die sich als Glaubende erfahren, nichts anderes zu sein brauchen als Menschen. Die homiletische Stärkung dieser Erfahrung setzt allerdings voraus, Glauben und Menschsein nicht in eine programmatische Spannung zueinander zu bringen. Glauben-Können sollte nicht auf eine dem Menschen von außen imputierte Gewissheitskategorie reduziert werden, die keinerlei Anhalts- bzw. Haftpunkte hat an dem, was dem Hörer und der Hörerin *als Menschen* zu Gebote steht. (Andernfalls fällt vielleicht nicht der Mensch vom Glauben, aber doch der Glaube vom Menschen ab.) Es gilt vielmehr, Zusammenhänge zwischen der Erfahrung des Glaubens und dem aufzuzeigen, wozu sich Menschen plötzlich aus Glauben in der Lage sehen, was zunächst einmal wenig mit guten Werken, aber einiges mit Emotionen zu tun hat.

Glauben kann Menschen nicht zu eigen werden, wenn er sich ihnen nicht auch emotional erschließt, was durch die starke Fixierung vieler Predigten auf einen *Gewissheitsglauben* erschwert wird. Wenn hingegen die Autoren der biblischen Texte von der Bedeutung des Glaubens reden, kommen sie auch auf den Glauben begleitende *Emotionen* zu sprechen, in denen sich dessen Kraft und Authentizität zu erweisen scheint: Glauben wird im Wieder-Aufkeimen des eigenen Erwartungsgefühls entdeckt, wird im Verantwortungsgefühl eines Menschen manifest, lässt ihn etwas Bestimmtes wollen und etwas anderes nicht. Glauben tritt als Gefühl der Hoffnung hervor und gewinnt im Gefühl der Entschlossenheit Gestalt, sich zu »riskieren«. Glauben äußert sich im Gefühl der Dankbarkeit und rückhaltloser Hingabe. Glauben steht also in einem unmittelbaren Zusammenhang mit Gefühlen, die das Tun und Lassen eines Menschen, sein Wünschen, Urteilen, Wollen und Handeln begleiten.

Einen solchen Glauben kann man nicht auf eine Gewissheitskategorie reduzieren. Er ist ebenso eine Kategorie der Leidenschaft, die schließlich auch auf das Lebensgefühl eines Menschen zurückwirkt, auf jenes Grundgefühl, in dem die Erfahrungen des/der Einzelnen mit der Welt, mit den anderen und sich selbst gleichsam in einer Art emotionaler Gesamtbewertung zusammenfließen. Eine Predigt, die diese Zusammenhänge anerkennt, wird auch der Relevanz des Glaubens für die Selbstliebe Rechnung tragen können und das Verhältnis der Hörer und Hörerinnen zu sich selbst über das Stadium schuldbewusster Selbstreflexion hinausführen. Dabei könnte deutlich werden, dass sogar der Topos der Heiligung wachsenden Respekt gegenüber dem eigenen Leben impliziert.

Ich komme an den Anfang zurück: Die Erörterung der »homiletischen Situation« gehört um einer lebensdienlichen Predigt willen zweifellos zur Standardroutine der Predigtarbeit. Nur so können Predigten - ohne damit ihre einzige Funktion zu markieren - Situationsveränderungen provozieren. Der Mensch bzw. ein bestimmtes Verständnis vom Menschen gehört jedoch in eine Situation immer schon mit hinein. Ohne eine stimmige, dem Menschsein des Menschen gerecht werdende Anthropologie können die Herausforderungen, vor die eine Situation stellt, nicht adäquat erfasst werden. Für ihr Verständnis ist es entscheidend, wie ein Mensch grundsätzlich gesehen und was von ihm erwartet wird, was ihm zugetraut und zugemutet werden kann, und ob theologisch verstanden und akzeptiert wurde, dass eine Predigt gut ist, wenn sie einen Menschen darin unterstützt, als Mensch zum Vorschein zu kommen.

Literatur: *Joachim Bauer,* Prinzip Menschlichkeit. Warum wir von Natur aus kooperieren, München [7]2015; *Peter Bieri,* Das Handwerk der Freiheit. Über die Entdeckung des eigenen Willens, Frankfurt am Main [11]2013; *Wilfried Engemann,* Als Mensch zum Vorschein kommen. Anthropologische Implikationen religiöser Praxis, in: Ders. (Hg.), Menschsein und Religion. Anthropologische Probleme und Perspektiven der religiösen Praxis des Christentums (= WFTR 11), Göttingen 2016, 17–42; *Wilfried Engemann,* Aneignung der Freiheit. Lebenskunst und Willensarbeit in der Seelsorge, in: WzM 58 (2006), 28–48.

Römer 13,8–12:

Waffen des Lichts

Matthias Lobe

I Eröffnung: Beginn des Kirchenjahres

Der erste Sonntag im Advent ist ein besonderer Tag im Erleben von vielen: Der Blick bekommt eine neue Richtung. Ging er im November zurück zu den Toten der Kriege und des eigenen Umfelds, zurück auch auf Fehler und Versäumnisse, wird er jetzt auf das große Leuchten von Weihnachten hin justiert. Woche für Woche wird es heller, kommt eine Kerze auf dem Adventskranz dazu, nähert man sich dem Fest. Dass mit diesem Tag auch ein neues Kirchenjahr beginnt, mag nur Kennern der christlichen Tradition bewusst sein. Es signalisiert aber, dass hier ein Anfang gesetzt wird. Die Evangeliumslesung dieses Sonntags erzählt davon, wie Jesus in Jerusalem auf einem Esel einzieht und jubelnd vom Volk begrüßt wird. Bemerkenswert: Dieselbe Geschichte steht auch am Palmsonntag im Mittelpunkt: »Mit dem Einzug in Jerusalem erreicht Jesus den Ort, an dem er hingerichtet und auferweckt werden wird« (Josuttis, 10). An beiden Sonntagen geht es um den Beginn eines bedeutungsvollen Weges.

Von Aufbruch und Neuanfang kündet auch das beliebte Wochenlied: »Macht hoch die Tür, die Tor macht weit; es kommt der Herr der Herrlichkeit« (EG 1), und der Predigttext redet davon, »dass die Stunde da ist, aufzustehen vom Schlaf« (Röm 13,11). Er fordert dazu auf, aufzustehen, abzulegen (die Werke der Finsternis) und anzulegen (die Waffen des Lichts). Hier ist plötzlich eine mitreißende Dynamik im Raum, die so gar nicht passen will zum besinnlichen Charakter des Advents als einer Zeit des Wartens auf das große Fest. Es soll jetzt schon ganz viel passieren, weil »die Stunde da ist« (V. 11), im Bild gesprochen: der neue Tag bereits »nahe herbeigekommen« (V. 12).

II Erschließung des Textes: Das Fundament des Aufbruchs

Die fünf Verse aus dem Römerbrief des Paulus sind ausgesprochen gehaltvoll. Sie erweisen sich als Fundament, als tragende Basis für den ausgreifenden Aufbruch, den Jesu Auftritt in dieser Welt und den sein blutiges Ende am Kreuz von Golgatha darstellt. Dieses Fundament ist von Jesus selbst gelegt und gelebt worden. Paulus formuliert es als theologische Einsicht, als religiöse Wahrheit: Die Liebe ist des Gesetzes Erfüllung.

Man kann zwei Abschnitte unterscheiden: VV. 8–10 stellen die Liebe in ihrem Verhältnis zum Gesetz dar; die VV. 11–12 formulieren die Folgerungen, die sich aus dieser Verhältnisbestimmung ergeben. Im *ersten Abschnitt* geht Paulus auf die prinzipielle Bedeutung der Liebe als einer religiös-ethischen Haltung ein, wie sie von Jesus formuliert und gelebt worden ist. In radikaler Reduktion hat Jesus die Liebe als bestimmende Haltung im Verhältnis von Mensch und Gott sowie von Mensch und Mitmensch herausgestellt. Als Antwort auf die Frage nach dem höchsten Gebot formuliert er das Doppelgebot der Liebe (Mt 22,34–39), das er als Summarium von Prophetie und Thora exponiert. Im Gleichnis vom Weltgericht macht er die religiös-ethische Doppelvalenz der Liebe anschaulich, insofern die Haltung zu Gott von der Haltung zum Mitmenschen untrennbar ist: Religiöse und ethische Dimension liegen ineinander, sind untrennbar miteinander verschränkt. Der auferstandene göttliche Richter spricht: »Was ihr getan habt einem von diesen meinen geringsten Brüdern, das habt ihr mir getan« (Mt 25,40).

Paulus geht auf dieses Verständnis Jesu ein, wenn er die traditionellen Gebote des Dekalogs auf das Liebesgebot bezieht (V. 10). Wenn er die Liebe als »Erfüllung« dessen bezeichnet, was traditionellerweise das Verhältnis von Gott und Mensch bestimmt, nämlich das »Gesetz«, dann geht er wieder auf ein Jesus-Logion zurück: »Ihr sollt nicht meinen, dass ich gekommen bin, das Gesetz oder die Propheten aufzulösen; ich bin nicht gekommen aufzulösen, sondern zu erfüllen« (Mt 5,17). Paulus vollzieht hier die gedankliche Umorganisation des bisher geltenden religiösen Systems: Nicht mehr »Gesetz«, Regel und Norm, sondern »Liebe«, Gewissen und Empathie sollen einen Menschen im Leben leiten und zu Gott hin führen.

Im *zweiten Abschnitt* kommt Dringlichkeit hinein. Auf die Einsicht in das neue Fundament folgt eine Sequenz von Appellen: »das tut« (V. 11) – und zwar nicht irgendwann, sondern: sofort, »denn unser Heil ist jetzt näher als zu der Zeit, da wir gläubig wurden« (V. 11). Paulus kleidet diese Nähe des Heils in die Metapher von Tag und Nacht (V. 12): Die heillose Zeit (Nacht) ist beinahe verstrichen, die Heilszeit (Tag) steht unmittelbar bevor. Ihr entsprechen die notwendig zu ergreifenden Maßnahmen: das Ablegen der »Werke der Finsternis« und das Anlegen der »Waffen des Lichts«.

III Impulse: Das Zwielicht

Die Metaphorik von Tag und Nacht auf das existenzielle Durchleben einer Vorbereitungszeit wie den Advent zu beziehen, scheint mir ein lohnender Versuch zu sein, den Text zu aktualisieren.

Werkstück Predigt (Predigtanfang)

Es ist Advent. Ein kleines Licht ist uns gegeben. Ein Anfang ist gemacht. Warten und Sehnen haben eine Richtung bekommen. Das große Fest wirft seinen Glanz schon auf die Zeit davor. Es ist schwer auszuhalten, dieses Warten und Sehnen, dieses Davor-Sein. Überall werden schon Weihnachtsbäume aufgestellt und Weihnachtslieder gespielt, es wird gegessen und getrunken, als sei das Fest bereits in vollem Gange. Die Balance einer langsamen Annäherung ist schwer zu halten. Wir greifen ungeduldig nach dem, was wir haben wollen. Es ist schwer, dieses Warten und Sehnen als eigene Zeit zu erkennen und zu begehen. Das Bild der Nacht, die sich immer mehr ihrem Ende nähert, die immer mehr dem Licht des Tages weicht, passt auf viele solcher Lebenssituationen, in denen wir versuchen, eine Balance zu halten. Eigentlich können wir nur mit Nacht oder Tag etwas anfangen, die Dämmerung bereitet uns Schwierigkeiten. »Die Nacht ist vorgerückt, der Tag nahe herbeigekommen.«

Aber es ist noch nicht Tag, und es ist auch nicht mehr dunkle Nacht. Morgengrauen, Morgendämmerung, vergehende Nacht, Zwielicht. Die Stimmung dieser Stunden ist Aufbruch und Bewegung. Das Sehnen und Warten legt sich in Aktivitäten hinein. Es gilt, den Übergang von Nacht auf den Tag hin zu vollziehen, den Übergang von Müdigkeit und Resignation zur Wachheit und Zuversicht zu gestalten, die Fesseln der Schuld und Schuldverstrickung zu lösen und sie von sich zu werfen. »So lasst uns ablegen die Werke der Finsternis und anlegen die Waffen des Lichts!«

Die Worte des Paulus tun so, als ginge das einfach: die Nachtseite unseres Lebens abzulegen wie einen Mantel – wie ein Kleidungsstück, das nicht man selbst ist, sondern, in das man nur gehüllt ist, das wegzunehmen, nur eines Entschlusses bedarf – aber: So ist es ja nicht! Paulus ist forsch, wenn er trotzdem so formuliert. Doch gerade das ist seine Absicht. Die Nachtseite deines Lebens, deine Schuld und deine Resignation, deine Hoffnungslosigkeit und deine trüben Gefühle, deine Schwäche und Mattheit, deine dunklen, unheimlichen Seiten, von diesem allen sich einmal vorzustellen, man legte sie ab wie einen alten Mantel – zu dieser kühnen Vorstellung verleitet uns Paulus. Die Waffen des Lichts liegen ja schon bereit! Ich bleibe nicht lange nackt und schutzlos, wenn ich meinen Kokon aus Verstellungen abgelegt habe: Sie liegen da, diese »Waffen«, mit denen man keine Schlacht auf dem Felde gewinnen, aber seinem Leben eine Wendung geben könnte: die Liebe und das Vertrauen, die Nachsicht und die Geduld, die Zuversicht und die Fröhlichkeit. Sie leuchten und blitzen einen verlockend an. Die Nachtseite ablegen wie einen alten Mantel und die leuchtenden Waffen des Lichts anlegen, die Nacht hinter sich lassen und dem Tag entschlossen entgegen zu gehen – ist das der Sinn von Advent, solche Pläne zu schmieden und solche Kühnheiten zu erwägen? Dann wären wir wirklich schlecht beraten, auf ihn zu verzichten.

Liedvorschlag: EG 19 »O komm, o komm, du Morgenstern«.

Literatur: *Manfred Josuttis,* Erleuchte uns mit deinem Licht, Gütersloh 2009.

IV Entgegnung: Mit dem Anfang anfangen oder mit dem Ende?

Es gab in Polen einmal einen schönen Disput zwischen einem großen Dichter und einer großen Dichterin, der ein Licht auf den Predigttext wirft. Czesław Miłosz nämlich soll einmal zu Wisława Szymborska gesagt haben, er beginne beim Schreiben seiner Gedichte stets mit dem Anfang, dem ersten Satz, dann schreite er Vers für Vers voran. Darauf soll sie geantwortet haben: ›Und ich fange oft mit dem letzten an. Und dann ist es sehr schwer, sich zum Anfang des Gedichts hochzuarbeiten.‹

So kann man die Predigtaufgabe für den ersten Advent ebenfalls von vorn beginnen oder von hinten. Man kann mit der Liebe als der Erfüllung des Gesetzes anfangen und sich dann Schritt für Schritt vorantasten. Wohin würde man dann am Ende gelangen? Oder man kann mit dem nahenden Tag beginnen und sich im Folgenden zurückzuarbeiten versuchen. Ob man es auf diesem Wege schließlich zurück zur Liebe schafft?

So zufällig und diskussionsbedürftig die Zuschneidung von Predigttexten auch immer ist – hier handelt es sich ja um einen fließenden Paulus-Text, der in der Luther-Bibel in zwei Teile aufgegliedert ist –, wäre es gerade in diesem Fall eine besonders wichtige Aufgabe, Anfang und Ende zusammenzubinden. Dabei würde ich jedoch eher beim Ende einsetzen. Ich würde nicht mit einer Erörterung über die christliche Liebe und die Erfüllung des Gesetzes starten wollen. Dringlicher, strittiger, relevanter ist für mich das Gefühl einer unmittelbar bevorstehenden Zeitenwende. Ob es die Bedeutung der Liebe neu klar werden lässt?

Allerdings würde ich dabei anders als A weniger den Akzent auf den Beginn des Kirchenjahres, die besondere Atmosphäre des Advents und das Warten auf das Weihnachtsfest legen – so reizvoll und sinnvoll das auch grundsätzlich ist. Ich würde eher eine Stimmung bedenken, die nicht nur mich oft genug beherrscht: Etwas Altes geht vorbei, etwas Neues beginnt – und dies löst Angst und Sorge aus.

V Erschließung der Hörersituation: Angst und Sorge, Freude und Hoffnung

Welche Stimmung wird im Kirchraum sein, wenn wir 2019 den ersten Advent feiern? Sicher werden viele Gottesdienstbesucher und -besucherinnen mit ihren alljährlichen Adventsempfindungen kommen, mit nostalgischen Erinnerungen, einer vielfältigen Vorfreude, der Sehnsucht nach einer Heimat, die noch vor uns liegt. Doch was geschieht mit solchen Stimmungen, wenn diese Worte zu Gehör gebracht werden: »ihr habt die Zeit erkannt«, »die Stunde ist da«, »steht auf vom Schlaf«, »die Nacht ist vorgerückt«, »der Tag ist nahe herbeigekommen«, »Waffen des Lichts«. Paulus weist mit diesen Worten auf die alles entscheidende Wende zum Guten hin. Gewiss, es wird auch eine Zeit der Bedrängnis und des Kampfes sein. Aber wenn die Nacht überstanden ist – und gleich bald soll es soweit sein –, dann ist der Tag des Heils da. Ob das unsere Adventsgemeinden auch so empfinden werden? Oder ist es nicht wahrscheinlicher, dass sie aus diesen Worten im Gegenteil etwas Dunkles, Drohendes heraushören werden? Was immer in den Wochen vor diesem Advent an Konkretem geschehen sein wird – man muss kein Prophet sein, um sich vorzustellen, dass bei bewusst lebenden Christen mehr Zukunftsangst und weniger Zukunftsfreude das bestimmende Gefühl sein wird. Ich muss die vielen, vielen Details der Umweltzerstörung hier nicht aufführen. Sie sind ja allgemein bekannt. Aber heißt das auch, dass wir die Zeit erkannt haben?

Eine besondere homiletische Aufgabe besteht an diesem Tag, wie eigentlich bei jeder Predigt darin, die Zeichen der Zeit zu erkennen und sich darauf einzustellen. Und die Zeichen, die alle anderen überlagern und beherrschen, weil sie schlechthin fundamental sind, heißen: Erderhitzung, Verbrauch der Lebensgrundlagen, Auslöschung anderer Geschöpfe. Zugleich kann man das nicht an jedem Sonntag zum alleinigen Thema machen. Man würde sich nur ewig wiederholen, andere nicht mehr erreichen und sich am Ende selbst nicht mehr zuhören. Man würde die Fülle dessen, was man in einem Gottesdienst denken, fühlen, glauben, schmecken würde, auf ein einziges Thema konzentrieren. Man würde sich selbst und die anderen lähmen. Und kann es sinnvoll sein, wenn wir in einem Gottesdienst nicht mehr feiern, träumen, lachen und uns freuen?

Jeder Gottesdienst ist ein Fest, für den ersten Advent gilt dies ganz besonders. Und jedes Fest des Glaubens besitzt ganz eigene Kraftquellen, ohne die wir verdorren würden. Deshalb lautet die vielleicht wichtigste homiletische Herausforderung unserer Zeit darin, eine Balance zu finden zwischen der eindringlichen Zeitansage und dem Zuspruch einer Hoffnung. Beides bringen die Gottesdienstbesucher und -besucherinnen ja doch selbst mit. Ihnen ist bewusst, in welchen Endzeiten wir leben und welchen Anteil wir selbst daran haben. Zugleich ist dieses Wissen so beängstigend und belastend, dass jeder von uns es oft genug beiseite schiebt. Deshalb ist es unerlässlich, dass in der Kirche dazu ein offenes, ehrliches, mutiges Wort gesagt wird. Zugleich bringen die, die zum Gottesdienst kommen, Erfahrungen davon mit, dass Umkehr möglich ist, dass wir in unserem eigenen Lebensumkreis Entscheidungen zum Guten treffen können und dass wir dabei nicht allein sind, sondern von Gottes

Geist bewegt und begleitet werden. Auch dies soll in einer Predigt ausgesprochen, gewürdigt und mitgeteilt werden.

VI Predigtschritte: Ozeanische Liebe

Wenn man die Predigtaufgabe von hinten beginnt, wird man keine theologische Rede über die Rechtfertigungslehre und das Ende bzw. die Erfüllung des Gesetzes halten. Vielmehr würde der *erste Schritt* darin bestehen, den Ambivalenzen der Endzeitstimmungen nachzugehen: »Es kommt eine neue Zeit! Was wird sie uns bringen?« – Hier braucht es Klarheit, aber auch Sensibilität, um für sich selbst und die Gemeinde den Sinn zu öffnen für die Sorge um die Erde, die Ehrfurcht vor dem Leben und die Hoffnung, ›dass der Mandelzweig …‹

In einem *zweiten Schritt* könnte man nach den ›Waffen des Lichts‹ fragen, nach den Instrumenten des Guten suchen, mit denen wir das tun können, was uns an der Zeit zu sein scheint. Und da wäre es nicht schwer, zum Anfang zurückzugehen. Wie A gezeigt hat: Es gibt kein Gesetz, kein Regelwerk, das uns lehrt, das Rechte und Notwendige zu tun. Aber es gibt die Liebe, in der alles schon da ist: die Rettung, die Fülle und die Freude. Diese Liebe ist nichts Fremdes und Fernes, kein Zauberwerk und nichts, was man Fachleuten überlassen muss. Sie ist wie das Leben selbst – sie steht jedem offen. Sie ist nicht primär etwas, das man tut, sondern zunächst etwas, das man erfährt, das man dann aber als Kern des eigenen Lebens versteht – und sich entsprechend verhält.

Diese Liebe lebt zunächst im eigenen Nahbereich, in der Familie, im engen Kreis der besten Freunde. Gerade in der Adventszeit als einer Zeit des Wiedersehens ist es gut, daran zu erinnern. (Da die Liebe der Menschen nie ungebrochen ist, wäre es einen Nebengedanken wert, darüber nachzudenken, dass wir oft genug gerade denen ›etwas schuldig‹ bleiben, die wir lieben). Doch die Liebe, die niemandem etwas Böses tut, geht weit über uns und die Unseren hinaus. Sie ist eine transzendierende Kraft, kann den Nächsten in einem Fremden, sogar in einem Feind erkennen. Sie kann über alles Menschliche hinausgehen und das Leben selbst lieben und keinem Geschöpf etwas Böses tun wollen: den Tieren, den Pflanzen, den Landschaften, der Balance all dessen, was ist. Diese ozeanische Liebe, die keine mystische Exaltation ist, sondern diejenige Haltung, die heute geboten ist, würde uns zu Gott führen – als dem Grund und Ziel all dessen, was ist und sein soll.

Nicht für die unmittelbare Predigtvorbereitung, sondern einfach nur so, möchte ich auf eine außergewöhnliche Serie hinweisen, die in den Tiefen von Netflix verborgen liegt und die zu heben sich sehr lohnt. Sie versucht nämlich etwas bisher Undenkbares: Sie schildert die Geschichte einer ultraorthodoxen jüdischen Familie in Jerusalem, erzählt von missglückten Heiratsversuchen, schwierigen Ehen, fröhlichen

Festen, Streit und Versöhnung zwischen den Generationen, der Suche nach Arbeit und Lebenssinn, dem Versuch, der Tradition gerecht zu werden und doch ein eigenes Leben zu führen, und dies in einem Alltag, der ganz im Zeichen einer konsequenten Observanz steht. ›Shtisel‹ ist ein wirklich ungewöhnliches Projekt, auch für Israel, wo strenggläubige und säkulare Juden sich häufig fremd gegenüberstehen und keinen Einblick in die Lebenswelt der anderen haben. Die TV-Serie, die Yehonatan Indursky und Ori Elon 2013 geschaffen haben, schlägt da eine Brücke. Und zwar auf eine angenehm unaufgeregte Weise. Sie zeigt Menschen in ihrer ganz eigenen Welt, in ihrer Individualität, ihrer Frömmigkeit, ihren Lebenskrisen. Sie nimmt sie ernst. Dabei stammen die meisten, die mitgewirkt haben, nicht aus diesem Milieu. Die Schauspieler sind säkulare Juden, der Drehbuchautor sogar ein Palästinenser. Und doch kommen sie ihren fiktiven Charakteren sehr nahe, mit großer Sympathie. Das ist ungeheuer interessant, bewegend, manchmal ziemlich komisch und oft sehr traurig.

2. Advent

Lukas 21,25–33:

Zeichen des Anfangs

A

Doris Hiller

I Eröffnung: Feine Umstellung

Das Evangelium ist in die zweite Reihe gerückt. Das ist die kleine, aber theologisch feine Umstellung der Perikopentexte zum zweiten Advent. Das Predigtgeschehen macht nicht mehr mit Weltuntergangsszenarien auf, sondern mit der alttestamentlichen Verheißung. Von den Erlösten des Herrn ist die Rede, die mit Jauchzen nach Zion kommen (Jes 35,10). Dies könnte darum (statt: Jes 63) Schriftlesung des Sonntags sein. Die apokalyptischen Bilder von Lk 10 beherrschen nicht die Szene. Sie sind gerahmt. Was auf uns zu kommt, kommt von wo her und weiß um das Zukünftige. Was auf uns zu kommt, geht vorbei, damit bleiben kann, was angesagt ist.

II Erschließung des Textes: Ende der Zeit – Anfang der Geschichte

»Wir sagen euch an den lieben Advent …« (EG 17). Die Geschichte konterkariert die Zeit. Im Advent vom Ende predigen, wenn alles auf den Anfang der Geschichte zuläuft, verstört. Dennoch ist es an der Zeit, letzte Dinge zu klären, um dann den Kopf frei zu haben für das Neue.

1. Letzte Worte

Die Perikope fällt unter die Endzeitreden. Die synoptischen Evangelien stellen diese letzten Worte Jesu im öffentlichen Wirken in ein apokalyptisches Szenario. Sie werden als theologische Deutung der Passion Jesu vorangestellt. Das lineare Zeitverständnis wird durchbrochen. Im Raum Gottes sind Leiden, Tod und Auferstehung, niederdrückende Angst und erhebende Freude, Himmlisches und Irdisches aufgehoben. Zeichenhaft wird deutlich, was sein wird.

Himmelszeichen waren schon immer als Ankündigung besonderer Ereignisse – bedrohlich wie erfreulich – gedeutet worden. Heute sind Sonnen- und Mondfinsternis, Sternschnuppen und Blutmond, flirrende Dauerhitze und Starkregen erklärbar. Dennoch bleiben fascinosum et tremendum auch bei dem aufgeklärtesten Menschen jenseits antik-religiöser Deutungsmuster bestehen. Weltuntergangsmetaphern begleiten die Berichterstattung. Unheilspropheten stehen zwar immer seltener in Fußgängerzonen. Weltuntergang wird heute in dark rooms gepredigt, im anonymen Raum jenseits der realen Zeit.

Die Sprache, die Jesu letzte Worte leitet, greift auf Vorbilder zurück, die weit in die Vergangenheit reichen, geprägt von Umweltmythen, die ebenfalls ein kulturelles Herkommen haben. So inszeniert etwa Joel 3 sprachlich, in der Bildmetaphorik und im theologischen Spannungsbogen ganz ähnlich: Verheißung des Geistes, apokalyptischer Schrecken, Wendung zu Gott als Wortgeschehen, Errettung. Die Dramaturgie des antiken Theaters von der Katastrophe zur Katharsis kann ebenfalls als literarische Parallele herangezogen werden. Wesentlich ist die mit den jeweiligen Begriffen verbundene ›Umwendung‹, die auch in Jesu Endzeitrede deutlich wird. Der theologisch übliche Begriff der Metanoia fehlt zwar, allerdings kann man die Perikope als eine dramatische Konkretion dessen verstehen, was Buße ist: Wende zu Gott, weil Gott sichtbar wird. Um sehen zu können, bedarf es einer entscheidenden Veränderung des Blickes.

2. Kopf hoch

Vorerst findet eine Wende im Redegeschehen statt. Zunächst spricht Jesus über die Menschen und Völker (VV. 25+26). Dann folgt die Anrede der Jünger bzw. der christlichen Gemeinde (VV. 28ff.). Aber es geht nicht um den besseren oder schlechteren Teil der Menschheit. Die Anrede an die Jünger zeigt beispielhaft die veränderte Haltung im Horizont des Reiches Gottes. Movens der Erlösung ist das Aufrichten, ein Heilungsgeschehen, wie es die gekrümmte Frau wortgleich zu Lk 21,28 in Lk 13,11 erlebt.

Während sich apokalyptisch alles zum Bösen wendet, in sich zusammenstürzt und die Menschen starr vor Angst sind, führt die Nähe des Reiches Gottes zu einer veränderten Haltung. Umkehr ist mehr und anderes als das Drehen um die eigene Achse. Die Wendung richtet auf. Mit dem geforderten Heben des Kopfes wächst der Mensch über sich hinaus hin zu Gott. Im griechischen Text steht kein Verb für ›sehen‹, aber das Aufrichten gibt den Blick frei. Der Schlüsselvers der Perikope (V. 28) löst das Szenario des Untergangs auf. Er sagt nicht das Gericht, sondern die

Erlösung auf den Kopf zu. Interessant ist auch hier die Zeitstruktur. Der Untergang wird nicht abgewartet. Christen ducken sich nicht weg, blicken aber auch nicht von oben herab auf das, was geschieht. Wenn es anfängt, dann sollen sie sich aufrichten. Sie können im Chaos der Welt den Überblick bewahren, weil sich Erlösung ankündigt. Das Verb ›nahen‹ ist in eschatologischen Texten geläufig und wird im Präsens verwendet. Damit ist die zeitliche Logik erneut unterbrochen. Was sich nähert, ist eigentlich noch nicht da, müsste somit futurisch bestimmt sein. Eschatologisch Nahes ist bereits da und enthebt der Zeit, womit die letzten Worte zu ersten, bleibenden – weil der Zeit enthobenen – Worten werden.

3. Was bleibt

Die letzten Worte werden in Geschichte eingeordnet. Das Gleichnis vom Feigenbaum, das vermutlich von Anfang an in Zusammenhang mit dem vorherigen Szenario überliefert ist (vgl. Mk 13) und deshalb beim Verlesen der Perikope nicht wegfallen sollte, wirkt vergleichsweise harmlos. Der Feigenbaum wird neutestamentlich oft in eschatologischen Kontexten gebraucht (vgl. Lk 6,44; Lk 13,6ff.; Mk 11,12ff.). In Lk 21 relativiert das Gleichnis die Panik. Auf das Ausschlagen der Bäume folgt der Sommer, der in der Klimazone Palästinas plötzlich kommt. Soweit, so normal. Es gibt Zeichen, die das Reifen der Frucht anzeigen und Zeichen dafür, dass die Zeit reif ist. Was passiert, ist nur von vorübergehender Dauer (c'est passé). Die Worte vom Ende spielen im Vorletzten, nicht im Letzten. Dieses naht nicht als Katastrophe, sondern als Sommer. Plötzlich ist nicht der Untergang, dieser kündigt sich an. Plötzlich geschieht die Wende zum Guten: Erlösung naht.

Lukanisch redaktionell wird der nahende Sommer allerdings mit einem »schon« (V.30 ēdē; anders Mk 13,28) versehen, das anzeigt: Es geschieht alles in der Zeit, die von Gottes Geschichte umgriffen ist. Was in der Zeit (›Geschlecht‹ meint Zeitalter, vgl. Bovon, 193) ist, ist endlich. Jesu Worte überdauern die Zeit und kennen kein Ende. VV. 32+33 können als vereinzelte Sentenz Jesu (vgl. Mt 5,18) angesehen werden, die hier als Zusammenfassung des Geschehens eingefügt worden ist. Das Vergehen von Himmel und Erde öffnet einen neuen Resonanzraum in der Geschichte, die anfängt, zu geschehen (V. 28).

III Impulse: Gottes Erzählraum

Noch befinden wir uns in der Zeit. Die Abläufe sind normal und wiederkehrend. Wie auf grünende Bäume der Sommer folgt, kommt nach der Adventszeit Weihnachten. Noch leben wir im Wenn-Dann-Modus, der nur dadurch gestört ist, dass wir es kaum erwarten können, nach dem Sommer schon die ersten Zeichen in den Supermarktregalen zu sehen. Damit aber verwischen die Zeichen der Zeit im Banalen und scheinbar Unendlichen. Advent durchbricht das immer Wiederkehrende. Die Erwartung des Kommenden dauert in der Zeit. Aber im Warten sieht der Glaube unbeirrbar von noch so gewaltigen Verwirbelungen weiter. Im Advent - Zeit der Buße - sieht der Glaube über die Zeit hinaus eine Nähe, die gegenwärtig ist. Es ereignet sich Weltbewegendes. Die Zeit beugt sich dem Raum. Was naht, ist nicht eine neue Zeit, die dann doch wieder nur, entsprechend unseres beschränkten Denkvermögens, linear verläuft, um nach vorne gebeugt, dem Schicksal ergeben, das erwartbare Ende abzusehen. Was eschatologisch nahe und darum schon da ist, ist ein Raum: Reich Gottes.

Lukanische Geschichtstheologie spielt mit den Anfängen in Raum und Zeit. Man beachte schon die Haltungen der Hirten in der lukanischen Weihnachtsgeschichte: Ein himmlisches Schauspiel holt sie aus ihrer schläfrig-gebückten Hüte-Lethargie. Sie erschrecken, sehen dann aber zum Himmel. Wahrscheinlich müssen sie sich noch einmal bücken, wenn sie das Kind in der Krippe sehen wollen. Sie tun es aber aus der Erfahrung des erhobenen Hauptes im Licht der Rettung. Der Anfang liegt zeichenhaft in der Krippe: ohne Menschwerdung kein Menschensohn, der in einer Wolke mit großer Kraft und Herrlichkeit kommt (V. 27). Der Anfang hängt zeichenhaft am Kreuz: Im tiefsten Erschrecken ist der Glaube genötigt, aufzusehen zu dem, der am Kreuz hängt und zu erkennen, dass da mehr ist (Lk 23,47). Der Anfang wälzt zeichenhaft den Stein vom Grab: Leben bekommt nicht Zeit zurück, sondern Raum über die Zeit hinaus. Der Anfang hebt die Häupter weit empor gen Himmel (Lk 24,51).

Mitten im Advent beginnt das Ende der Zeit. Jesu letzte Worte wollen als erste Worte erzählt werden. Sie stellen als Anfangsworte in den Raum der Gottesgeschichte, die zum befreienden Erzählraum für Erlösung wird.

Werkstück Predigt

Wenn möglich, bitte wenden! - Das Navigationsgerät kann auch aufdringlicher: Jetzt wenden! - Zeit und Raum fallen zusammen: Jetzt = Zeitansage. Wenden = Bewegung im Raum. Es scheint, als haben wir uns in der Zeit verlaufen. Das Lukasevangelium mutet uns heute Jesu letzte Predigt zu. Er geht auf sein Ende zu und es ist an der Zeit, vom Ende aller Zeit zu reden. Wir aber haben heute Morgen beim Frühstück die zweite Kerze am Adventskranz angezündet. Immer mehr Licht im Dunkeln in der Hoffnung, dass bald alles strahlt. Die Zeichen stehen auf Anfang. Oder doch nicht? - *Textlesung* - Wir leben in verfahrenen Zeiten. ... Die Wende öffnet den Raum. Das Kind in der Krippe kommt als Sohn Gottes. Das Reich Gottes schafft Lebensraum für alle. Darum: Bitte einmal wenden lassen.

Literatur: *François Bovon,* Das Evangelium nach Lukas: Lk 19,28–24,53 (EKK III/4), Neukirchen-Vluyn 2009.

IV Entgegnung: »Die Zukunft kommt uns mit Karacho entgegen.«

›Ich sorge mich nicht um die Zukunft. Sie kommt früh genug.‹ So steht es auf einer Postkarte, die ein Freund mir in diesen Tagen geschickt hat. Aber dieses Zitat – Albert Einstein zugeschrieben – trifft mein aktuelles Zeitgefühl nicht. »Die Zukunft kommt uns mit Karacho entgegen« (DIE ZEIT Nr. 20/2019, 9.5.2019, 7) bringt es dagegen auf den Punkt. Ein tiefes Krisenbewusstsein ist in der Mitte der Gesellschaft angekommen. Durch die Perikopenrevision mögen die apokalyptischen Bilder von Lk 21 in der Ordnung des Gottesdienstes nicht »die Szene beherrschen« (A I). Aber »Weltuntergang« wird nicht nur »in dark rooms gepredigt, im anonymen Raum jenseits der realen Zeit« (A II), sondern erscheint im Sinne des zu erwartenden Zusammenbruchs der ökologischen Ordnung unserer Welt und damit auch unserer Lebensgrundlagen als Bestandteil der öffentlichen Wahrnehmung der gegenwärtigen Situation. Denn »noch nie, seit es Menschen auf dem Planeten gibt, ging es der Natur so schlecht wie heute« (Todesursache: Mensch, in: DIE ZEIT Nr. 20/2019, 9.5.2019, 41, über den Global Assessment Report der UN).

In diesen Resonanzraum treffen die Bilder von einer sich auflösenden Ordnung von Welt und Kosmos aus Lk 21. Und wie dort geht es um die Deutung der Zeichen und um die Haltung angesichts dessen, was sich andeutet. Gegen die Angst vor einem sich anbahnenden Ende der Welt setzt Jesus die Zeichen in den Horizont des kommenden Menschensohnes und des Reiches Gottes. Nicht vom Ende künden die Zeichen, sondern vom Anfang, nicht von Vernichtung und Tod, sondern von Leben und Zukunft. Und deshalb ist auch nicht Angst die adäquate Reaktion, sondern das hoffnungsvolle Aufsehen und Erheben der Häupter in Erwartung des Kommenden. Trotz der ›Weltuntergangsbilder‹ aus Lk 21,25f und der Klage über den Zustand der Welt aus Reihe IV (Jes 63,15–64,3) ist der zweite Advent auf diesen Ton der Hoffnung und frohen Erwartung gestimmt: Er erklingt in der Verheißung aus Jes 35,3–10 und in der Aufforderung aus Lk 21,28: »Seht auf und erhebt eure Häupter, weil sich eure Erlösung naht.« Dieser »Schlüsselvers der Perikope löst das Szenario des Untergangs auf. Er sagt nicht das Gericht, sondern die Erlösung auf den Kopf zu.« (A II/2) Darin, dass es angesichts dieses jesuanischen Reframing der endzeitlichen Zeichen in der Predigt um die »veränderte Haltung im Horizont des Reiches Gottes« geht, möchte ich A folgen. Der Akzent liegt darauf, dass Gott nahe ist – »schon ist nahe der Herr« (EG 17) – und mit ihm sein Reich, wobei zu fragen ist, was die eschatologische Rede vom Nahesein (V. 31) meint. Und was sie bedeutet für unsere Haltung angesichts der Zeichen *unserer* Zeit.

V Erschließung der Hörersituation: »Seht, die gute Zeit ist nah« oder »O, Heiland, reiß die Himmel auf«

›Ich will, dass ihr in Panik geratet, dass ihr die Angst spürt, die ich jeden Tag spüre.‹ Die Worte der 16-jährigen Greta Thunberg auf dem Weltwirtschaftsforum in Davos im Januar 2019 kennzeichnen das Krisenbewusstsein, das sich in diesem Jahr auf ungeahnte Weise ausgebreitet hat, in besonderer Weise unter jungen Menschen. Jeder Freitag wird zum ›Friday for future‹. »Zum ersten Mal in der Geschichte der Menschheit gibt es in 150 Ländern synchrone Demonstrationen auf Grund einer gemeinsam empfundenen Bedrohung.« (Gestrich, 252) Ob diese in der Adventszeit auf Grund einer vorweihnachtlich stärkeren Sensibilisierung noch bewusster wahrgenommen wird und sich eine Sehnsucht nach Veränderung ausbreitet oder ob diese Zeit einen Rückzug vor der Realität in eine traute Seligkeit von Kerzenschein und Kindheitserinnerungen fördert, wird sehr unterschiedlich sein.

Entsprechend differenziert wird auch das (ver)störende Potenzial von Lk 21 am 2. Advent zu sehen sein, abgesehen davon, dass der Blick auf ein endzeitliches Kommen Jesu Christi für die meisten Predigthörerinnen und -hörer ohnehin fremd geworden ist. »Seht, die gute Zeit ist nah, Gott kommt auf die Erde« nicht nur im Horizont der erwarteten Geburt im Stall, sondern unter dem Vorzeichen des zur Vollendung des Reiches Gottes kommenden Herrn zu predigen, ist die nicht geringe Herausforderung. Dabei geht es darum, angesichts der Zeichen unserer Zeit die durch Jesu Worte ermöglichte Haltung zu vermitteln; gegen die Angst vor der erkennbaren Auflösung der Ordnungen der Welt die Hoffnung auf den kommenden Gott und sein veränderndes Handeln in seinem Reich zu setzen sowie den daraus erwachsenden Impuls zu eigenen transformierenden Handlungsweisen (vgl. Moltmann, 23).

VI Predigtschritte: »Es ist Zeit für Hoffnung und Mut!«

1. »Auf Erden wird den Völkern bange sein«

»Eine aktuelle Studie kündigt das mögliche Ende der Menschheit an. 21 Wissenschaftler veröffentlichten die Studie in der Zeitschrift ›Nature‹. Klimaerwärmung, Ausbeutung von Ressourcen, Bevölkerungswachstum führen zu einem Kipp-Punkt. Die Biologie der Erde wird sich mindestens so radikal ändern wie nach der letzten Eiszeit vor 10.000 Jahren. Steht uns ein Massensterben bevor wie jenes, das in einer fernen Vergangenheit die meisten Arten in einem geologischen Wimpernschlag ausgelöscht hat?«

Mit diesen Worten beginnt der Film ›Tomorrow‹ aus dem Jahr 2015. Wie Menschen auf diese ›Zeichen der Zeit‹ reagieren, hängt an der jeweiligen Deutung. Als Zeichen von Ende und Vernichtung verstanden, wird die Reaktion wesentlich Angst sein. (vgl. Lk 21,25f.) Ängste führen entweder zu Resignation und Lähmung oder zur Leugnung der Realität. Beides ermöglicht bzw. motiviert eher keine wesentlichen Veränderungen des eigenen Handelns.

2. Eine andere Lesart für die ›Zeichen der Zeit‹?

Die Worte aus Lk 21 geben eine Lesart an, die mit dem Kommen Gottes und seines Reiches rechnet, die darauf vertraut, dass sich nicht das Ende der Welt ankündigt, sondern vielmehr ihre Zukunft (Lk 21,31). Diese Lesart der Worte Jesu bleibt auch gegen alles, was ihr zu widersprechen scheint, gültig (Lk 21,33). Was aber ändert sich durch sie? Statt Angst wird Hoffnung zur bestimmenden Haltung. Die sich ausdrückt im erhobenen Haupt, das nach oben und nach vorne schaut – Gott entgegen und den Herausforderungen der Zeit ins Gesicht (Lk 21,28). Und im aufrechten Gang, der sich nicht gefangen nehmen lässt von den ›Sachzwängen‹ unserer Wirtschaft und Gesellschaft.

3. »… so wisst, dass das Reich Gottes nahe ist.«

Das Gleichnis vom Feigenbaum (Lk 21,29f.) verweist darauf, dass das, was sich ankündigt, nicht ausschließlich zukünftig ist, sondern in der Gegenwart schon präsent und auf Vollendung angelegt. Wenn die ersten Knospen zu sehen sind, ist das volle Laub der Bäume schon im Werden. Wenn in Lk 21,31 von dem sich zeichenhaft ankündigenden ›nahen‹ Reich Gottes die Rede ist, dann ist in der Gegenwart bereits angelegt, was sich in der Zukunft endgültig verwirklichen wird.

›Nahe‹ verschränkt Präsens und Futur; besonders im Lukasevangelium ist die Überzeugung entschieden festgehalten, dass das Reich Gottes in Jesus angebrochen und seitdem schon »mitten unter uns« ist (Lk 17,21). Das Kommen Gottes wird das, was bereits angebrochen ist in Jesu Worten und Wundern, in Heil und Leben, das er gebracht hat, zur endgültigen Durchsetzung bringen gegen alles, was es noch hemmt und hindert.

4. »Von der Hoffnung inspiriert« leben und handeln

Hoffnung auf umfassende Veränderung macht Mut, selbst Veränderungen mit anzupacken. Eine »transformative Eschatologie« führt zu »entsprechend transformierendem Handeln«, wenn menschliche Haltung und Handlungen »von der Hoffnung inspiriert zur Antizipation des kommenden Reiches« werden (Moltmann, 23f.). Wie sieht das konkret aus? Der Film ›Tomorrow‹ hat einen Mut machenden Untertitel: ›Die Welt ist voller Lösungen‹. Die in diesem Film vorgestellten ›Lösungen‹ zeigen eindrücklich, wie heute schon durch engagierte Einzelpersonen und Gruppen in den Bereichen Ernährung, Energie, Wirtschaft, Stadtplanung, soziale Gerechtigkeit, Bildung, demokratische Teilhabe Leben gestaltet werden kann, das in vielen Zügen einem Miteinander in »Gerechtigkeit, Frieden und Freude« (Röm 14,17) entspricht und zwar zwischen Menschen wie zwischen Menschen und der Schöpfung.

Von diesen ›Lösungen‹ lässt sich erzählen: Von Projekten urbaner Landwirtschaft in Detroit, in denen Menschen in einer wirtschaftlich heruntergekommen Stadt Verantwortung für ihre konkrete Lebensgrundlage wie auch für ihr gemeinschaftliches Lebensgefühl übernehmen. Statt in einer sterbenden Stadt leben sie auf eine lebenswerte Zukunft zu. Von der Stärkung kommunaler Gemeinschaft durch lokale Währungen in Basel und Todtnes, UK. Von den Wegen zur Unabhängigkeit vom Erdöl durch die Teilhabe der Bevölkerung an Windkraftanlagen in Dänemark. Oder von einem finnischen Schuldirektor, der als wichtigstes Ziel der Schulbildung angibt: Die Schüler sollen lernen, dass jeder Mensch gleich wichtig ist, Toleranz entscheidend und vor allem die gegenseitige Liebe.

Die Zukunft im Reich Gottes liegt nicht auf der Verlängerung menschlichen Handelns; aber seine Gestalt kann und soll mitten in dieser Welt Leben prägen. Das heißt »rechtes Sein im Horizont des kommenden Reiches« (Gäckle, 118). In der Konkretion wird das Reich Gottes von Utopie zu einer Heterotopie, einem Raum, der anders ist, als das, was ihn in der Gesellschaft umgibt, der »eine bessere Zukunft vorweg(nimmt)« (Ostheimer, 25) und von der Möglichkeit kündet, dass diese Zukunft Gottes schon in die Gegenwart hineinwirkt: »Die Dinge nicht so zu nehmen wie sie sind, sondern sie so zu sehen, wie sie in jener Zukunft (des Herrn) sein können, und dieses Sein-Können jetzt zu realisieren, heißt der Zukunft gerecht zu werden.« (Moltmann, 26)

5. ›Es ist Zeit für Hoffnung und Mut‹

›Es ist Zeit für Hoffnung und Mut‹ ist ein Wahlslogan zur Europa-Wahl im Mai 2019. Den ›Zeichen der Zeit‹ mit erhobenem Haupt, aufrechtem Gang, mit Hoffnung und Mut zur Veränderung zu begegnen, ist angesagt. Diese Haltung ist Gott sei Dank kein Alleinstellungsmerkmal des Glaubens. Auch die vielfältigen ›Lösungen‹ in ›Tomorrow‹ sind mehrheitlich nicht religiös begründet. Aber die Hoffnung auf das Kommen Gottes, auf die Nähe seines Reiches, auf sein ›Entgegenkommen‹, motiviert und bestärkt unsere christliche Verantwortung und unseren Mut, uns für die Veränderungen einzusetzen, die seine Zukunft antizipieren. »Mag sein, dass der Jüngste Tag morgen anbricht, dann wollen wir gern die Arbeit für eine bessere Zukunft aus der Hand legen, vorher aber nicht« (Bonhoeffer, 24).

Liedvorschläge: EG 17 »Wir sagen euch an den lieben Advent«; EG 18 »Seht, die gute Zeit ist nah«; EG 153 »Der Himmel, der ist«; EG 432 »Gott gab uns Atem«.

Literatur: *Dietrich Bonhoeffer*, Widerstand und Ergebung, Gütersloh [13]1985; *Volker Gäckle*, Das Reich Gottes im Neuen Testament, Göttingen 2018; *Reinhold Gestrich*, Klimakrise, Psyche und Glaube. Vom notwendigen Wandel und der Schwerfälligkeit der menschlichen Natur, in: DtPfBl 5/2019, 252–255; *Jürgen Moltmann*, Ethik der Hoffnung, Gütersloh 2010; *Jochen Ostheimer*, Zeichen der Zeit lesen. Erkenntnistheoretische Bedingungen einer praktisch-theologischen Gegenwartsanalyse, Stuttgart 2008.

Lukas 3,(1–2)3–14(15–17)18(19–20):

Alle Dinge müssen enden

Maike Schult

I Eröffnung: Entscheidungen fällen

Der Advent hat eine endzeitliche Bedeutung. Das ist im Brauchtum der Gemeinden und im vorweihnachtlichen Spektakel von Verbrauchs- und Verzehrgesellschaften in der Regel nicht im Blick. Doch vom Kirchenjahr her gedacht und der mit ihm verbundenen eigenen Zeitrechnung ist der Advent eine Zeit der Erwartung auf eine Ankunft (*adventus*) hin, die mit bestimmten Vorbereitungen (Fastenzeit) und Fragen nach Buße und Gericht, nach dem Schrecken des Endes und dem Ende allen Schreckens verbunden ist. Der Zeitaspekt spielt dabei eine wichtige Rolle, und zwar in dem doppelten Verständnis, das für biblische Zeiterfahrung wichtig ist: als *Chronos*, als Zeitraum, Zeitdauer und Zeitspanne also, und als *Kairos*: als der Zeit*punkt*, an dem eine Entscheidung fällig wird.

Diese Verschränkung von linearer und vertikaler Zeit bestimmt auch die vorliegende Perikope. Einerseits bemüht sich der Verfasser, die von ihm berichteten Ereignisse mit der historischen Zeit zu verbinden (Lk 3,1–2). Andererseits zeigt er an, dass diese historisch-chronologische Zeit, die gleichsam für alle gilt, doch eine besondere Zeit ist. Eine Zeit der Entscheidung, in der es darum geht, das Rechte zu tun und den entscheidenden Zeitpunkt nicht zu verpassen, weil eben nicht alle, sondern nur einige in den erwarteten neuen Zeit-Raum eintreten werden, wenn das Reich Gottes, die Basileia tou theou, kommt. Wer diesen Text predigt, muss sich daher entscheiden, wem er den Vorzug geben will: dem biblischen Text oder der vom Brauchtum geprägten Situation, die anderes zu hören, andere Bilder zu sehen, eine andere Stimmung zu erleben erwartet, als es die Perikope vorgibt. Lukas 3 ist damit ein Entscheidungstext. Er handelt von Entscheidungen in der Zeit, von der Gestaltung einer Lebenszeit, die begrenzt ist und eben durch ihre quantitative Begrenzung Fragen nach Lebensqualität und Lebensführung aufwirft. Das führt auch bei der homiletischen Arbeit zu Auswahl und Verzicht.

II Erschließung des Textes: Zeit für Entscheidungen

Das dritte Kapitel des Lukasevangeliums beginnt mit einer historiographischen Einordnung und verschränkt das Auftreten des Täufers mit dem »weltpolitischen Kalender« (Ratzmann, 26). Dieser Synchronismus (Lk 3,1–2) ist dem Erzähler wichtig, um seine ethischen Forderungen (Standespredigt: Lk 3,10–14) nicht losgelöst von Realitätserfahrungen zu erheben. Die historische Situierung und die heilsgeschichtliche Anordnung (Johannes der Täufer als Vorläufer Christi) wurden oft verhandelt, verleiten aber zu Einspurungen, die für die Predigt nicht produktiv sind:

1. Die Aufzählung weltpolitischer Szenarien aus der *eigenen* Zeitgeschichte (vom Holocaust bis zur Klimakatastrophe) macht die Realien zum bloßen Stichwortgeber und führt in fruchtlose Appelle.

2. Die Konzentration auf die *Personen* führt zu einer antithetischen Polarisierung und macht Johannes zu einem düsteren Drohbotschafter, von dem sich der Frohbotschafter Jesus umso heller abheben soll. Richtig ist, *dass* es Verbindungen zwischen beiden Gestalten gibt: Johannes *und* Jesus werben angesichts des erwarteten nahen Weltendes in nur kurzer Wirkungszeit für eine Umkehrtaufe. Sie lösen eine Bewegung aus, sammeln Menschen um sich, geraten mit religiösen und politischen Kräften in Konflikt und werden hingerichtet. Man kann annehmen, dass Jesus aus der Täuferbewegung hervorgegangen ist und die Taufe, aber auch bestimmte Sprachbilder von Johannes übernommen hat. Dabei setzt er eigene Akzente, die ihn von Johannes unterscheiden, ohne die Verbindung aufzulösen. Das lässt sich gut an einem Textvergleich zeigen, für den ich mich mit Blick auf das Predigtvorhaben entscheide und der zwischen These und Antithese einen dritten Zugang eröffnen soll: ein Vergleich der Buß- oder Umkehrpredigt des Johannes (Lk 3,7–9) mit dem Gleichnis vom unfruchtbaren Feigenbaum (Lk 13,6–9).

Lk 3,7–9 wird formgeschichtlich in der Regel als Droh- und Gerichtsorakel bestimmt. Johannes spricht hier zu einer Menschenmenge, die sich von ihm taufen lassen will. Doch das Begehren allein genügt ihm nicht. Polemisch wettert er gegen die Taufwilligen als »Otterngezücht« (Lk 3,7). Sie sollen sich nicht sicher wähnen, dem Zorn des göttlichen Strafgerichts zu entgehen. Rettung gebe es weder durch die Zugehörigkeit zu Abraham noch die durch Taufe, sondern nur durch »rechtschaffene Früchte der Buße« (Lk 3,8) als Früchte der Tat. Was aber sollen wir tun?, will die Menge wissen, und Johannes geht überraschend einfühlsam auf diese Frage ein. In der Standespredigt macht er Vorschläge für eine veränderte Lebensführung, die aus *Entscheidung* erwächst als Zeichen von Buße und Umkehr. Es sind konkrete Handlungsempfehlungen an Wohlhabende und zwei Berufsgruppen (Zöllner und Soldaten), die ihr Tun und Lassen neu ordnen sollen. Unerfüllbar ist die Aufgabe nicht. Nur bleibt für ihre Erfüllung kaum Zeit. Das zeigt das Bildwort in Vers 9: »Es ist schon die Axt den Bäumen an die Wurzel gelegt; jeder Baum, der nicht gute Frucht bringt, wird abgehauen und ins Feuer geworfen.« Die Zeitspanne (*Chronos*) vor dem Gericht ist bei Johannes also schon fast auf einen Zeitpunkt (*Kairos*) zusammengeschmolzen.

Er lässt noch einen Augenblick zum Handeln, doch Aufschub duldet er nicht.

Die Verbindung von Baum, Frucht und Gericht findet sich auch in anderen biblischen Texten, etwa im Gleichnis vom unfruchtbaren Feigenbaum (Lk 13,6–9). Es kann als Weiterschreibung des Vorläufertextes (Lk 3) interpretiert werden, auch wenn die Szene entscheidend verändert ist. Im Mittelpunkt steht ein einzelner Feigenbaum. Er steht in einem Weinberg und bringt keine Frucht. Der Weinbergbesitzer wartet bereits drei Jahre auf einen Ertrag. Er weist den Gärtner auf diesen Missstand hin, und um den Boden, den Weinberg insgesamt, nicht zu gefährden, fordert er das Abschlagen des Störenfrieds. Doch der Gärtner erbittet eine weitere Frist. Einen Aufschub um ein Jahr, in dem er sich dem Baum nochmals zuwenden will, ist aber mit einer endgültigen Entscheidung einverstanden, falls seine Mühe unbelohnt bleibt: »vielleicht bringt er doch noch Frucht; wenn aber nicht, so hau ihn ab.« (Lk 13, 9) Man hat diesen »geduldigen Gärtner« (Schramm, 175) oft mit Jesus identifiziert, der im Vergleich zu Johannes nachsichtiger auf die Sünden der Menschen schaue, weniger Radikales von ihnen fordere, der nicht mit Stumpf und Stiel ausreiße, sondern wachsen lasse und bereit sei, der zum Schlag erhobenen Axt selbst in den Arm zu fallen. Doch ich bin mir nicht so sicher, dass die antithetische Kontrastierung aufgeht. Den von Jesus geforderten »Ernst der Nachfolge« finden wir etwa in Lk 9 deutlich beschrieben, und Johannes wiederum kennt auch so etwas wie die letzte Chance. Seine Forderungen sind nicht unerfüllbar. Sie müssten nur umgesetzt werden in der kurzen Zeit, die dafür bleibt. Für seine Hörer klang er offenbar nicht nur nach Strafe, Feuer und Gericht, sondern auch nach einer Heilsansage, so dass sie sich fragten, ob *er* nicht vielleicht der Christus ist (Lk 3,15). Der Christus aber, den Johannes erwartet und als den Stärkeren anerkennt, der wird auch mit Feuer taufen, die Spreu vom Weizen trennen und das Verworfene verbrennen (Lk 3,18).

Ich schlage B darum vor, sich für die Predigt nicht von der Advents*stimmung* locken zu lassen, sondern den Entscheidungscharakter der Advents*zeit* aufzunehmen und der Frage nachzugehen: *Was mache ich mit meiner Zeit?*

III Impulse: Entscheidungen auf Leben und Tod

Richtig ist: »Die Axt hat heute andere Namen« (Hasselmann, 25), und eine Bußpredigt mit Feuer und Schwefel ist nicht mein Ziel. Wie könnten die exegetisch angedachten Fragen dann aktualisiert werden? Ich mache drei Vorschläge aus der Literatur:

1. In Dostojewskis Roman »Schuld und Sühne« erschlägt Raskolnikow zwei Frauen mit der Axt. Die erste ist eine Wucherin, böse und korrupt wie ein ›Zöllner‹. Aus seiner Sicht ein nutzloses Leben, das man abhauen darf. Die zweite ist nur zur falschen Zeit am falschen Ort. Ihre Ermordung bringt den Täter aus dem Lot und seinen langen Weg der ›Sühne‹ in Gang. – In einer frühen Ausgabe des Romans ist die blutige Axt auf dem Buchrücken abgebildet. So steht sie bei mir im Regal, bereit zum Sprung.

2. In »Alice im Wunderland« gibt es drei Gärtner der besonderen Art. Es sind Spielkarten, die einen fälschlich weiß gepflanzten Rosenstock im Garten der Herzkönigin rot anmalen. Doch sie sind mit ihrem Vorhaben spät dran und werden von der Königin gestellt: ›Kopf ab mit ihnen!‹ Im letzten Moment werden sie von Alice in einem Blumentopf versteckt und gerettet.

3. In seinem Roman »Kindeswohl« stellt Ian McEwan eine Richterin vor Entscheidungen auf Leben und Tod. So soll sie über die Trennung von siamesischen Zwillingen entscheiden. Zusammen sind die Kinder nicht lebensfähig. Eines allein hat eine Lebenschance. Welchem Kind soll diese Chance zugesprochen werden? Die Richterin richtet und nimmt damit den Tod des einen Zwillings in Kauf. Wie lebt sie mit ihrem Urteil?

Die Texte verweisen schließlich auch auf unsere Endlichkeit. Ich denke an zwei Liedzeilen von Reinhard Mey: ›Wie ein Baum, den man fällt, möcht' ich im Stehen sterben‹ (LP »Wie vor Jahr und Tag«, 1974) und ›Alle guten Dinge müssen enden‹ (aus: »So viele Sommer«; CD »Mr. Lee«, 2016).

Literatur: *Lewis Carroll*, Alice im Wunderland. Mit zweiundvierzig Illustrationen von John Tenniel und einem Nachwort von Christian Enzensberger, Frankfurt am Main 1973; *Fjodor Michailowitsch Dostojewski*, Raskolnikow oder Schuld und Sühne. Vollständig neu ins Deutsche übertragen und mit Einleitung versehen von Adam Kotulski, Berlin o. J. (Verlag: A. Weichert); *Niels Hasselmann/Karl Ludwig Kohlwage*, in: Predigtstudien III/1 (1986/87), Stuttgart 1986, 23–32; *Ian McEwan*, Kindeswohl. Aus dem Englischen von Werner Schmitz, Zürich 2015; *Wolfgang Ratzmann/Jürgen Ziemer*, Predigtstudien III/1 (1998/1999), Stuttgart 1998, 25–34; *Tim Schramm*, Die Bibel ins Leben ziehen. Bewährte ›alte‹ und faszinierende ›neue‹ Methoden lebendiger Bibelarbeit, Stuttgart 2003.

B Andrea Morgenstern

IV Entgegnung: Zeitverdichtung

Jesus und Johannes: Die Evangelien zeigen eine fruchtbare Beziehung, die mit einer Gegenüberstellung von Gerichts- und Heilspredigt unzureichend charakterisiert wäre. An diesem Punkt stimme ich A zu. Es erscheint mir plausibel, dass Jesus zunächst ein Schüler des Täufers war und dessen apokalyptisches Geschichtsverständnis aufnahm und weiterführte. Gleichzeitig waren, wie V. 6 und V. 18 zeigen, auch Johannes die hellen Worte nicht fremd. Sie klingen – was die Predigt ausdrücklich aufnehmen kann – im Benedictus, dem Evangelium des Sonntags (Lk 1,67–79) an. Anlässlich der Geburt von Johannes singt Zacharias davon, dass Gott barmherzig ist und eine heilende Macht erweckt hat. Das sind Worte, die wir normalerweise nicht mit dem Täufer assoziieren. Lukas allerdings stellt diese Worte des Vaters voran und eröffnet damit einen Horizont, in dem es möglich ist, die ›Zeit bis zum Ende der Zeit‹ auszunutzen und diese nicht nur als beängstigende Katastrophenzeit zu erleben, sondern als eine Zeit, in der Rettung möglich ist – vorausgesetzt, man erkennt die Zeichen der Zeit und nimmt sie ernst.

Anders als A nahelegt, kann ich unsere zeitgeschichtlichen, politischen und gesellschaftlichen Kontexte nicht unbenannt lassen. Der Klimawandel ist 2019 endlich zum politischen Thema geworden. Vielerorts werden, losgelöst von religiösen Deutungen, endzeitliche Stimmungen spürbar. Selbstverständlich sollen diese nicht apologetische Stichwortgeber für Moralisierungen sein, aber wenn mit dem Täufer und seiner Rezeptionsgeschichte derart deutlich endzeitliche Dimensionen im Raum sind, kann auch die aktuelle Situation nicht verschwiegen werden.

Und anders als A sehe ich die für die Advents- und Vorweihnachtsstimmung typischen Phänomene nicht nur als Gegenbilder zum Predigttext. Nie sonst ist das Thema Zeit und Zeitknappheit so präsent; bei Einzelnen in der Suche nach einem ›Anderen Advent‹, gemeindlich im ›Lebendigen Adventskalender‹, wöchentlichen Andachten oder bewusst ruhig gestalteten Gottesdiensten. Gerade die verdichtete Zeit verlangt ständig Entscheidungen. Das mag banal klingen, aber es sind Entscheidungen für das, was mir wichtig ist. Damit bin ich bei der Frage: ›Was mache ich mit meiner Zeit?‹

V Erschließung der Hörersituation: Die Zeit, die bleibt

1. Wer in den hektischen Adventswochen einen Predigtgottesdienst besucht, ist vermutlich auf eine ruhebetonte Zeit eingestellt und sucht Oasen im alljährlichen Wahnsinn. Jedes Jahr von neuem ist die Adventszeit ein Wettlauf und zu kurz für all das, was wir bewältigen, backen, basteln wollen. Die Zeit ist kurz, oder bildlicher, wie Paulus es mit dem griechischen Wort ›systéllein‹ in 1 Kor 7,29 nahelegt: Die Zeit ist zusammengedrängt, verkürzt, verdichtet, wie ein eingeholtes Segel zusammengerafft. Dabei spüren und wissen viele, dass es ›eigentlich‹ anders sein sollte, und wünschen sich mehr von dem, was wir das ganze Jahr über schon gebraucht hätten: Zeit, über Wichtiges nachzudenken, Zeit für die Kinder, Zeit mit den Enkelkindern, Zeit zu schreiben, Zeit, die eigene Lebenssituation zu bedenken oder sich mit ihr auseinanderzusetzen. Für manche ist die Adventszeit aber auch eine besondere, eine schöne Zeit, weil es endlich erlaubt ist, sich mit einer Tasse Tee bei Kerzenlicht ruhig hinzusetzen. Und sie tun es auch.

»Die schönste Definition des *kairós*, die ich kenne … beschreibt ihn eben in bezug auf den *chronos*. Sie besagt: … ›der chronos ist das, in dem es kairós gibt, und der kairós ist das, in dem es wenig chronos gibt.‹ Der kairós verfügt nicht über eine andere Zeit. Was wir ergreifen, wenn wir einen kairós ergreifen, ist nicht eine andere Zeit, sondern nur eine zusammengedrängte und verkürzte Zeit. Der hippokratische Text fährt mit folgenden Worten fort: ›Die Heilung findet manchmal durch den chronos, manchmal aber auch durch den kairós statt.‹ Es ist klar, dass die messianische ›Heilung‹ im kairós stattfindet, dieser ist aber nichts anderes als ein ergriffener chronos. Die im Ring der Gelegenheit eingefasste Perle ist nichts anderes als ein Teilchen von chronos, eine bleibende Zeit.« (Agamben, 82)

Viele wissen oder ahnen, dass es einen richtigen Zeitpunkt gibt und man den richtigen Zeitpunkt nutzen oder verpassen kann. Wir alle haben

Erfahrungen mit begrenzter Zeit; wir kennen zu früh abgebrochene Lebensgeschichten. Auch in biblische Texte ist die Erfahrung endlichen Lebens eingeschrieben. Endzeit: Das ist – in einem weiten Sinn verstanden – die Zeit, die uns angesichts der Endlichkeit bleibt. Unsere Zeit. Messianische Zeit: die Zeit, die von uns gestaltet werden will und gestaltet werden kann.

»Während unsere Darstellung der chronologischen Zeit als derjenigen Zeit, in der wir sind, uns von uns trennt und uns sozusagen in ohnmächtige Zuschauer unserer selbst verwandelt, die ohne Zeit die flüchtige Zeit betrachten, ist die messianische Zeit als operative Zeit, in der wir unsere Zeitdarstellung ergreifen und vollenden, die Zeit, die wir selbst sind – und daher die einzig reale Zeit, die einzige Zeit, die wir haben.« (Agamben, 81)

Es gilt also, die uns geschenkte Zeit aktiv zu ergreifen, zu prägen, zu entscheiden. Sie auszukosten, »auszukaufen«, wie Paulus (Eph 5,16; Kol 4,15) formuliert. »Zeit auskaufen« statt Waren zu kaufen – das könnte ein lohnender Predigtbaustein sein.

2. Rettung ist möglich. Ohne dieses Grundvertrauen laufen alle Gegenwartsdiagnosen ins Leere. Johannes' provozierende Ansage sollte wachrütteln. (V. 7) Wer allerdings nicht glaubt, dass wir eine Möglichkeit haben, dem Rad in die Speichen zu fallen und zumindest eine Kurskorrektur vorzunehmen, wird stumm bleiben und weitermachen wie bisher. Wer etwas ändern will, fragt auch noch heute: »Was sollen wir tun?« (V. 10) Die exemplarischen Antworten, die der Täufer auf Anfrage in seiner ›Ständepredigt‹ (V. 10–14) gibt, sind auf die alltägliche Lebensführung ausgerichtet. Sie sind wenig überraschend und entfalten ethische Grundsätze, die »den ethischen Konsens der damaligen Zeit um keinen Millimeter überschreiten« (Wolter, z.St.), aber leider immer noch aktuell sind.

Eine Aneinanderreihung ethischer Imperative ist allerdings nicht nur gewagt und unvollständig, sie ist in jeder Gemeinde- und Gottesdienstsituation anders zu akzentuieren. Anzustreben ist immer eine Aufnahme vorfindlicher Lebenssituationen und das Ermöglichen eigener persönlicher Antworten – zumindest in der Predigtrezeption. Denn Experten und Expertinnen sind immer die Anwesenden selbst, im Sinne von: ›Was würde Johannes wohl zu Euch, Schülerinnen und Schülern, Konfirmandinnen und Konfirmanden, sagen?‹

3. Nicht nur die Klimakatastrophe zeigt, dass wir vieles, was schon jahrzehntelang bekannt ist, nicht wahrhaben woll(t)en. Die Frage ist also immer auch: ›Was kann ich, was will ich wahrnehmen?‹ Ein Unfall beispielsweise, eine Krebsdiagnose verändert das Leben unfreiwillig von einem Tag auf den anderen und lässt neue Prioritäten setzen. Ist es nötig,

krank zu werden, oder können wir mit unbequemen Wahrheiten schon vorher und anders umgehen? Müssen wir mit unausweichlich erscheinenden Katastrophen konfrontiert werden, um uns und unser Leben zu hinterfragen?

›Wir lebten falsch. Und wir änderten das Leben‹. Ein von Mikos Theodorakis vertontes griechisches Gedicht, in dem es um Stimmungen, Vergänglichkeit und Umkehr geht, macht Lust auf einen anderen, leichtfüßigeren Umgang mit einem Richtungswechsel: ›An dem versteckten Strand, weiß wie eine Taube, bekamen wir Durst am Mittag, / doch das Wasser schmeckte fade. / Auf den goldenen Sand schrieben wir ihren Namen; / wie schön wehte die Brise und die Schrift erlosch. / Mit welchem Mut, mit welcher Kraft, welchen Wünschen und Leidenschaften / begannen wir das Leben – Fehler. Und wir änderten das Leben.‹ (Tanz Arnisi. Musik: Mikos Theodorakis, Text: Giorgos Seferis)

Fehler erkennen und anders weitermachen. Spüren und wissen, was jetzt, in diesem Moment, gut und richtig ist. Dem Leben eine neue Richtung geben. Die Zeit mit dem füllen, was das Wichtigste ist. Es gibt Momente, in denen das möglich ist.

VI Predigtschritte: Die einzigen Möglichkeiten

Wer mehr hat, als er/sie braucht, soll das Unnötige abgeben. Aufräumen, Ausmisten im Advent – das muss nicht, aber das könnte dran sein. Wer im Beruf die Möglichkeit hätte, sich selbst zu bereichern, soll darauf verzichten. Damit sind nicht nur Finanzmanager gemeint. Wem Menschen anvertraut oder ausgeliefert sind, der soll selbstverständlich – wie Soldaten mit der Zivilbevölkerung – gut mit ihnen umgehen: »Keine Gewalttaten – keine Erpressung« (BiGS). Auch keine emotionale.

Wer die Zeichen unserer Zeit verstanden hat, fragt: ›Was sollen wir *tun*?‹ – ›Was *können* wir tun?‹ – Wir: Eltern, Lehrerinnen, Sozialarbeiter, Jugendliche, Menschen in Krisen, Menschen, denen es gut geht. ›Was sollen *wir* tun?‹ Ich schlage vor:

- Mütter und Väter sollen ihre Kinder nicht in ein Korsett aus eigenen Erwartungen pressen; sondern Spiel-Räume und Zeit lassen für eigene Entdeckungen.
- Jugendliche sollen herausfinden: »Was will ich selbst eigentlich?« und sich nicht zu sehr an die Gleichaltrigen und deren Gewohnheiten anpassen.
- Konsumenten, die gewohnt sind, mit nur einem Klick scheinbar Nötiges und Überflüssiges zu kaufen, sollen ihren Lebensstil überdenken.
- Menschen, die erkrankt sind, sollen die Diagnose ernstnehmen und danach alles tun, um Chancen für das Heilwerden an Leib und Seele zu entdecken.
- Gehetzte Menschen, die fast nie Zeit haben, sollen sich einfach mal hinsetzen. Ohne Handy, ohne Laptop. Mit einer Kerze.

Was würde Johannes zu Euch sagen? Was würdet Ihr, was würden Sie für sich selbst als Chance formulieren? Die Zeit, unsere Lebenszeit, meine Lebenszeit, ist nicht unendlich. Aber es gibt Momente im Leben: In denen ist es möglich umzukehren, Neues anzufangen, das Leben in die eigene Hand zu nehmen – und endlich so zu leben, wie es gottgewollt und richtig ist.

Literatur: *Giorgio Agamben,* Die Zeit, die bleibt. Ein Kommentar zum Römerbrief, Frankfurt am Main 2006; *Michael Wolter*, Das Lukasevangelium (HNT 5), Tübingen 2008.

A

4. Advent

2 Korinther 1,18–22: »Ja, ja, ach, ja.«

Miriam Löhr

I Eröffnung: »In ihm ist ein Ja geschehen.«

Dieser Teilvers lässt sich wie eine verheißungsvolle Verkündigung aus dem Textabschnitt herausstellen: In ihm, Christus, ist ein Ja geschehen.

Der Predigttext erschließt sich nicht auf den ersten Blick. Zwischen Paulus und seiner Gemeinde in Korinth besteht ein Konflikt, der der Klärung bedarf. Paulus erörtert der Gemeinde in diesem Zusammenhang ein von Gott zugesagtes Ja sowie dessen Konsequenzen. Auf den zweiten Blick werden zwei zugrundeliegende Themen sichtbar, die den vierten Adventssonntag in seiner gespannten Erwartung und Vorfreude fundieren: die verlässliche Gültigkeit der Verheißung Gottes in Jesus Christus sowie die daraus entstehende Gemeinschaft.

Der Apostel Paulus, seine namentlich genannten Mitarbeiter Silvanus und Timotheus und die korinthische Gemeinde sind trotz vorangegangener Differenzen miteinander durch den Geist verbunden, und dies gilt allen Christinnen und Christen – auch heute, und gerade an der Schwelle zur Feier des Weihnachtswunders. Gültige Verheißung und eine Gemeinschaft, die trotz Konflikten besteht, weil sie eine besondere Grundierung hat – diese beiden Linien machen den Predigttext, der stark auf seine historische Entstehungssituation bezogen ist, auch heute und für den vierten Adventssonntag anschlussfähig.

II Erschließung des Textes: Eine theologisch motivierte Klärung eines konkreten Konflikts

Paulus versucht am Beginn des zweiten Briefs an die korinthische Gemeinde, einen Konflikt aus der Welt zu räumen. Dieser besteht darin, dass Paulus – entgegen seiner vorherigen Ankündigung – seine Reisepläne geändert hat und die Gemeinde nun nicht wie versprochen wieder persönlich aufsucht. Dies stellt offenbar seine Integrität in Frage – wenn der Apostel schon bei seinen Reiseplanungen unzuverlässig ist, wie verlässlich mag dann seine Verkündigung sein? Paulus versucht darzulegen, dass er zum einen nicht leichtfertig entschieden hat und dass zum anderen Zweifel an seiner Person und seiner Verkündigung letztlich die Verlässlichkeit Gottes hinterfragen würden – das möchte er auf jeden Fall vermeiden. Es ist laut Paulus demnach im eigenen Interesse der Korinther, den Reiseverzicht als begründet zu verstehen und am Vertrauen in die Gültigkeit der apostolischen Verkündigung festzuhalten.

Der historische Kontext des zweiten Korintherbriefes ist also ein ausgesprochen situativ bedingter. Da Paulus jedoch theologisch argumentiert, lassen sich verallgemeinerbare Aussagen über die konkrete Situation hinaus erfassen: Gott ist treu und seine Zusage im Ja in Christus eindeutig. Die Bezogenheit von Gott – Jesus Christus – Geist – Verkündiger (in diesem Fall Paulus, Silvanus und Timotheus) und Gemeinde wird veranschaulicht durch geradezu haptisch erfassbare ›Symbolfelder‹ wie Stärkung, Salbung, Besiegelung und »Angeld des Geistes« (V. 22). Als Missionsgemeinde ist Korinth über seinen Standort hinaus bedeutsam.

Der zunächst etwas abstrakt erscheinende Text vermittelt auf den zweiten Blick den Eindruck existenzieller Erschütterungen und ebensolcher Zusagen. Dies zeigt sich auch in der Emotionalität, die zwischen den Erklärungen des Paulus durchscheint. Paulus fürchtet Vertrauensverlust, Misstrauen, in der Konsequenz möglicherweise gar die Abwendung der Gemeinde. Demgegenüber stellt er die Verheißung Gottes, die eindeutige Zusage, die tragfähige Gemeinschaft im Glauben – also die Aussicht auf Freude, Zuversicht, Zugehörigkeit. Damit sind fundamentale Aspekte des Lebens angesprochen. Es geht Paulus keinesfalls um Belanglosigkeiten, sondern es ›ist ihm ernst‹ – sowohl mit seiner Beziehung zur korinthischen Gemeinde, seinem Ruf, der Integrität seiner Verkündigung, letztlich der Gottesbeziehung.

Das Ansinnen, einen Konflikt zu klären, Vertrauen zu erwerben, zu erhalten und eine von möglichem Misstrauen bzw. Missverständnis erschütterte Beziehung wiederherzustellen, ist kein zeitgebundenes, sondern sowohl in der historischen Situation als auch in der Gegenwart ein zentraler Gegenstand sozialer Kommunikation. Die Frage nach Wahrhaftigkeit und Glaubwürdigkeit einer Person, ihrer Aussagen und Haltungen nimmt in Zeiten von alltagspräsenten ›fake news‹ an Brisanz zu, so dass die Frage nach dem, was verlässlich Gültigkeit besitzt, gerade für heutige Zeitgenossinnen und -genossen ausgesprochen relevant ist.

1. »In ihm ist ein Ja geschehen« – oder nach Martin Luthers Übersetzung: »das Ja war in ihm«. Die Verheißung Gottes gilt, sie ist sogar in Jesus Christus Person geworden, und die Feier dessen steht im Kirchenjahr unmittelbar bevor. Gottes Verheißung ist nicht vielleicht, irgendwie, möglicherweise, ein bisschen Ja und ein bisschen Nein, sondern sie lässt sich laut dem Paulusbrief als *klares Ja* charakterisieren. Die Formulierung im Griechischen legt sowohl die Gültigkeit ›schon jetzt‹ nahe als auch die noch ausstehende eschatologische Vollendung, und – so könnte man verstehen – auch etwas Prozesshaftes: Möglich ist eine Übersetzung als »in ihm ist ein Ja geworden«. Dieser Aspekt des Werdens spiegelt sich im zyklischen Vollzug des Weihnachtsfestes – jetzt gültig, noch nicht vollendet – jedes Jahr.

2. Paulus, seine Mitarbeiter und die korinthische Gemeinde sind durch Verkündigung, Taufe und das Wirken des Geistes trotz des vorangegangen Konflikts, den Paulus im sogenannten Tränenbrief erfolgreich auszuräumen versucht hat, eine Gemeinschaft vor Gott. Der Gemeinschaftsaspekt zeigt sich auch in der trinitarischen Nennung Gottes, Jesu Christi und des Geistes, der wiederum in »unsere Herzen« (V. 22) gegeben ist. Die Betonung von Gemeinschaft und (wiederhergestelltem) Miteinander ist anschlussfähig an die weihnachtliche Botschaft von Frieden und Versöhnung. Wenn Siegel und »Angeld des Geistes« (V. 22) von Gott selbst kommen, wie sollte man konflikthaft begründete Spaltungen aufrechterhalten können? Dass Paulus seine Verkündigung und die seiner Mitarbeiter als die verbindliche herausstellt, schließt eine ökumenische, auf ein prinzipielles Miteinander hin orientierte Lesart des Textes nicht aus. Aus dieser Perspektive wäre der Textabschnitt ein Plädoyer für die Betonung von Gemeinsamkeiten anstelle von Trennendem. Der Gemeinschaftsaspekt ist in der zusagenden Verheißung Gottes begründet und darin unverhandelbar.

3. Die Klarheit und Unverbrüchlichkeit des göttlichen Ja enthält, allemal direkt vor Heiligabend, den Charakter einer Botschaft, die eine Weitergabe nach sich zieht. Die zugesagte Unverbrüchlichkeit des göttlichen Ja befördert nicht eine Haltung des Abwartens, sondern ermutigt zur Weitergabe der Zuversicht: Das Ja befreit zu einem Handeln, das auf die Stärkung (ökumenischen) Miteinanders und des weltweiten Friedens ausgerichtet ist. Darin ist der einzelne Christ, die einzelne Christin angesprochen, aber als Teil der Gemeinschaft – es kommt auf alle an, aber niemand muss sich den Herausforderungen der heutigen Welt allein stellen.

Werkstück Predigt

»In ihm ist ein Ja geschehen.« Dieser Satz sticht wie eine Verkündigung aus dem heraus, was Paulus seiner Gemeinde zu erklären versucht. In dem kurzen Wort Ja schwingen Zusage, Wohlwollen und Zuwendung mit. Die Negation hingegen, »in ihm ist ein Nein geschehen«, hätte einen ganz anderen Klang! Aber was bedeutet dieser so positiv klingende Halbvers? In Jesus Christus ist ein Ja geschehen. Das Ja Gottes ist in ihm bestätigt worden. Es wird anschaulich und konkret. Auch wenn das menschliche Ja nicht immer verlässlich ist, das Ja Gottes gilt – gerade auch, wenn wir Menschen unsicher sind und Ja sagen, obwohl wir Jein oder sogar Nein meinen. Das zugesagte Ja ist das Gegenteil von Ausgrenzung, von Hass und ›fake news‹. Es fordert uns zu Gemeinschaft und Solidarität heraus. Der auf den ersten Blick abstrakt erscheinende Predigttext enthält eine ganz klare Botschaft: Das Ja Gottes zu uns ist eindeutig und gewiss. Das Ja Gottes ist gewissermaßen ›Person‹ geworden. Weihnachten steht vor der Tür.

Lieder: EG 19 »O komm, o komm, du Morgenstern«; EG 198 »Herr, dein Wort, die edle Gabe«; EG 328,5–7 »Dir, dir, o Höchster, will ich singen«.

Helge Martens

B

IV Anknüpfung: Konflikt und Grundsatz

Ich kann mich A gut anschließen, es ist ein Konflikt der Korinther mit Paulus, der hier den Ton angibt, Paulus hatte versprochen zu kommen – und nun kommt er nicht, wenn also er unzuverlässig ist, ist es dann seine Botschaft nicht auch? Hätte es das Lukasevangelium schon gegeben, hätten sie vielleicht Lk 16,10 zitiert und auf ihr Thema bezogen: »Wer im Geringsten treu ist, der ist auch im Großen treu; und wer im Geringsten ungerecht ist, der ist auch im Großen ungerecht.«

Die Sorge des Paulus ist, seine Unglaubwürdigkeit (im Blick auf die Reisepläne) könne auch die Glaubwürdigkeit seiner Verkündigung infrage stellen. Und nun zieht er alle frommen Register, um das eindeutige Ja-Ja Gottes in Christus zu beschwören, das zugleich die Verlässlichkeit christlicher Gemeinschaft besiegelt (V. 21f.). Oder ist es doch auch umgekehrt, dass er die Unverbrüchlichkeit der Zusage Gottes in Christus beschwört, um selber als »euer Ruhm … am Tage unseres Herrn Jesus« (2 Kor 1,14) dastehen zu können? Wie dem auch sei und unwichtig, ob einem die Begründung für die Änderung der Reisepläne, er wolle die Korinther nicht betrüben (2 Kor 2,1f.), einleuchtet, Paulus ist – trotz Zusage – nicht gekommen.

So ist das Leben: Man sehnt sich nach Eindeutigkeit, aber das Leben ist nicht eindeutig. So bleibt Pauli lautstark intoniertes ›Ja‹, um nicht in Verdacht der Unzuverlässigkeit zu geraten, doch recht dröhnend-thetisch.

Wäre seelsorgerlich nicht angemessener gewesen, sich gemeinsam mit den Korinthern in mehr Ambiguitätstoleranz einzuüben, existenzielles Vertrauen auf ein ›Ja‹ zu wagen bei gleichzeitigem Wissen um die (tragische) Zweideutigkeit alles Lebens, an der wir alle teilhaben und von der auch Christus nicht ausgenommen war (vgl. Tillich, 143ff.)?

Und nun ist dieser Text vorgesehen für den vierten Advent, und dieser ›Kasus‹ liefert noch einen weiteren Subtext: Man wirft einen Vorausblick in die Krippe und soll in diesem Windelkind das »Ja ... auf alle Gottesverheißungen« (V. 19f.) erblicken können. Auch das ist eine Herausforderung, die, wenn nicht ein ›Nein‹, so doch eine Fragezeichen in »unser Wort« (V. 18) eintragen könnte.

Unklar bleibt auch, was Paulus nun mit »*alle* Gottesverheißungen« (V. 20) meint, aber es geht ihm ja auch nicht um Klärung, sondern darum, alle frommen Register zu ziehen, um die Korinther zu beschwichtigen. Das ist ja aber kaum unser Thema, sodass es hier der Klärung bedarf. Nehmen wir als Grundaussage der paulinischen Theologie die Rechtfertigung durch den Glauben (etwa Röm 3,21ff.), dann ist Basis und Zentrum aller Gottesverheißungen die grundlegende Bejahung des Menschen durch Gott, jenseits alles seines Tuns, wie sie offenbar wird in Christus, durch den wir gewürdigt sind, indem er unser Leben mit uns lebt von der Geburt bis zum Tod.

V Erschließung der Hörersituation: Die Sehnsucht nach Eindeutigkeit

Es gibt wohl ein urmenschliches Bedürfnis nach Eindeutigkeit, denn es vereinfacht die Möglichkeit der Orientierung. Das gilt nicht erst seit der Verunsicherung durch ›fake news‹, die allerdings kein neues Phänomen sind, ›fake news‹ gab es schon immer – seien es die ›Potemkinschen Dörfer‹, die ›Dolchstoßlegende‹, die der Sozialdemokratie die Schuld am Ausgang des 1. Weltkriegs in die deutschen Schuhe schieben wollte, oder etwa die Behauptung der Waffenarsenale Saddam Husseins, die George W. Bush als Vorwand für den völkerrechtswidrigen Irakkrieg dienten.

Die ›Globalisierung‹ mit ihren auch kulturellen Verwerfungen, die Tatsache, dass auch die Bundesrepublik Deutschland schon ein Einwanderungsland ist, auch wenn viele das noch zu leugnen versuchen, führt bei nicht wenigen zu Verunsicherung, weil (bisher unbekannte) interkulturelle Situationen im Rahmen erlernter Verhaltensmuster nicht bewältigbar scheinen und zu Irritation bis Abwehr führen. Der Erfolg sogenannter ›populistischer‹ Bewegungen mit ihrem (nicht einlösbaren) Versprechen, die kulturelle Eindeutigkeit wiederherzustellen, beruht auf eben dieser neuen Unsicherheit.

Existenziell bedeutsam ist aber, insbesondere für die Entwicklung des Menschen, eine positive Grundbindung, die allererst das psychische Rüstzeug für Ambiguitätstoleranz liefert.

Also, jedes Kind lebt zunächst von der Erfahrung eines unbedingten ›Ja‹ seiner Eltern, eine ›sichere Bindung‹ ist eine Grundvoraussetzung für eine lebensdienliche Resilienz. Aber jedes Kind spürt auch irgendwann die Grenzen dieses elterlichen ›Ja‹, etwa wenn es ihm gelang, die Eltern mit Provokationen erfolgreich bis zur Weißglut zu reizen. Gesunde Entwicklung bedeutet, dass das Kind lernt, darauf zu vertrauen, dass es grundsätzlich bejaht ist, auch wenn die Eltern einmal genervt, wütend oder sonstwie unerträglich sind, d.h., das Kind ist dann in der Lage, widersprüchliche Informationen kohärent zu verarbeiten.

Wir leben, gefühlt, von Eindeutigkeit und wissen doch, dass das Leben nicht eindeutig, vielmehr tragisch zweideutig ist. Das wissen auch die Brautpaare, die sich in unseren Kirchen trauen lassen. Ich habe noch nie auf die Traufrage statt eines klaren ›Ja‹ ein ›mal sehen‹, ›vielleicht‹, ›ein bisschen schon‹ gehört. Dabei wissen auch die, dass dieses ›Ja‹ auf statistisch brüchigen Füßen steht. Und dennoch gilt dies ›Ja‹, weil es – für den Moment – existenzielle, also ›ewige‹ Gültigkeit hat.

Die Erfahrung der Bejahung ist die Voraussetzung dafür, die Zweideutigkeit des Lebens in den Blick nehmen und aushalten, bzw. konstruktiv mit ihr umgehen zu können. Weil wir aber alle um die Zweideutigkeit des Lebens wissen (können), ist der Stresskampf des Paulus mit den Korinthern als Verständigungsbasis auch schwierig: Im Wissen um die Ambiguität des Daseins muss diese in den Blick genommen werden. Sonst wird die Verkündigung unglaubwürdig, weil realitätsfern und naiv.

Das radikale ›Nein‹ in mit und unter allem ›Ja‹ ist der Tod. Die christliche Religion nimmt diese Ambiguität radikal ernst und ›bearbeitet‹ sie in den Symbolen Kreuz und Auferstehung. Es ist die Endlichkeit, die dem ›Ja‹ ein ›Nein‹ entgegensetzt, und insofern »schließt (sie) den Zweifel ein« und »bedeutet es Bejahung unserer Endlichkeit, wenn wir erkennen, daß der Zweifel zum Wesen des Menschen gehört« (Tillich, 82).

Das gilt dann eben auch für den ›Kasus‹ des vierten Advents, den Vorausblick in die Krippe: der Zweifel, ob in diesem Windelkind das »Ja … auf alle Gottesverheißungen« (V. 19f.) begründet liegt, ist zutiefst menschlich. Das ›Ja‹ hebt das ›Nein‹ nicht auf, Gottessohn und Stall, Kreuz und Auferstehung bleiben aufeinander bezogen in jenem Spannungsbogen, der unser Leben ausmacht. Insofern muss es darum gehen, die Zweideutigkeit des Lebens in den Blick zu nehmen um der Ernsthaftigkeit willen und das ›Ja‹ Gottes einzubringen als Ermutigung, die Zweideutigkeit zu ertragen und konstruktiv mit ihr umgehen zu können.

VI Predigtschritte: Das ›Ja‹, das stark genug ist, das ›Nein‹ auszuhalten

Es gibt eine menschliche Sehnsucht nach Eindeutigkeit. Man kann dies, je nach eigenen Schwerpunktinteressen an politischen Themen verdeutlichen (›fake news‹, Populismus etc.) oder an eher privaten (wenngleich auch die nicht außerhalb des Politischen stattfinden). Wenn man ein Beispiel wählen möchte, an dem man das gut exemplifizieren kann, könnte man mit der Trauung beginnen, jenem Kasus, in dem ein ›Ja‹ explizit zu Worte kommt, immer klar und ernst gemeint.

Es gibt eine Sehnsucht nach ›Ja‹, existenziell vor allem die Sehnsucht nach Bejahung als Mensch. Gleichzeitig wissen wir, dass das Leben nicht eindeutig und klar ist, Ehen können scheitern, ein ›Ja‹ kann sich in ein ›Jein‹ oder gar ›Nein‹ verwandeln, und nicht jeder wird ›Ja‹ zu uns sagen und das Leben es mutmaßlich nicht nur gut mit uns meinen. Und auch wir selbst nicht mit uns, in jedes ›Ja‹ zu uns selbst mischt sich schnell ein Ja-Aber. Wenn in neutestamentlichen Erzählungen Jesus böse Dämonen austreibt, so hießen die in alten Übersetzungen die ›Aber-Geister‹. Das ist eine treffende Übersetzung für Dämonen: Aber-Geister, weil sie jedes ›Ja‹ abschwächen und uns damit Lebenskraft absaugen, denn wir leben von dem ›Ja‹, das man uns schenkt.

Man kann lernen, sich mit den Augen Gottes zu betrachten – und auch diese Welt, so wie sie ist, in aller Zweideutigkeit, denn auch Gott bejaht sie – als seine Schöpfung. Das Vertrauen, grundsätzlich bejaht zu sein, ergibt die Stärke, die Ambiguität zu tolerieren, zu er-tragen, und sie konstruktiv zu gestalten.

Werkstück Predigt

Wir gehen auf Weihnachten zu. Wir werfen einen ersten vorsichtigen Vorausblick in die Krippe. Kein eindeutiges Bild. Vielleicht sehen wir nichts als ein Neugeborenes in einem Futtertrog. Vielleicht erleben wir aber auch in dem Symbol des göttlichen Kindes in der Krippe die unendliche Wertschätzung, die darin liegt, dass Gott werden will wie wir und so teilnimmt an unserem Leben. Und uns begleitet in der Zweideutigkeit allen Seins: angefeindet und zugleich beschützt, infrage gestellt und zutiefst bejaht, aufs Kreuz gelegt und gestorben – einsam und verlassen – wie wir alle am Ende einsam sein werden, weil den letzten Weg jede/r allein gehen muss. Aber nunmehr nicht ohne Gott, dessen unendliches »Ja« uns begleitet – im Leben und im Sterben.

Lieder: EG 7 »O Heiland, reiß die Himmel auf«; EG 382 »Ich steh vor dir mit leeren Händen, Herr« (z.B. vor der Predigt); EG 11 »Wie soll ich dich empfangen?«

Literatur: *Paul Tillich,* Systematische Theologie Bd. II, Stuttgart [5]1977.

Hesekiel 37,24–28:

Weihnachten: ›Neugier- und Offenheitspeicher‹

A

Albrecht Grözinger

I Eröffnung: Die Sehnsucht danach, auf unserer Erde beheimatet zu sein

War zu hochvolkskirchlichen Zeiten der Gottesdienst am Heiligabend schon der herausgehobene Gottesdienst im Kirchenjahr, so gilt dies erst recht für unser beginnendes postvolkskirchliches Zeitalter. Dass in manchen Gemeinden für diese Gottesdienste vorab Eintrittskarten ausgegeben werden (wie immer man das beurteilen mag), ist dafür nur ein äußeres Zeichen. Am Heiligabendgottesdienst besteht ein bleibendes und gegenwärtig wohl auch wachsendes Interesse. Und wir werden mit einer postvolkskirchlichen Gemeinde zu rechnen haben: von den treuen Gemeindegliedern über die Randständigen bis hin zu den ›religiös Unmusikalischen‹ (so Jürgen Habermas in der Aufnahme von Max Weber) und den Agnostikern. Mein Wunsch ist es: Alle (Alle!) sollen in ihrer je spezifischen Weltsicht und Welterfahrung *etwas von der Weihnachtsfreude schmecken.*

Dem scheint der Text zunächst im Wege zu stehen. Hesekiel spricht hier von einer konkreten Heilzusage an ein bestimmtes Volk in einer besonderen Lage: an die nach Babylon verschleppten Israeliten. Viel unterscheidet uns von diesen Menschen. Was verbindet uns mit ihnen? Ich denke, es ist *die Sehnsucht danach, auf unserer Erde beheimatet zu sein.* Dieses Motiv würde ich zum Zentrum der Heiligabendpredigt machen.

In diesem Gottesdienst wird mit Sicherheit auch die Weihnachtsgeschichte in Lukas 2 gelesen werden. Gerade die *fremden Gäste* dieses Abends haben einen Anspruch darauf, diesen Text zu hören. Ich habe immer noch einen Heiligabendgottesdienst vor zwei Jahrzehnten in eindrücklicher Erinnerung, in dem Lk 2 nicht laut wurde: für mich der *homiletisch-liturgische worst case.* Lk 2 und Hes 37,24–28 können sich gegenseitig interpretieren und sie überschneiden sich in der Hoffnung auf Gott und sein Versprechen einer versöhnten heimatlichen Welt. Predigt und Liturgie sollten von diesem Ineinander beider Texte geleitet sein.

Zwei Klippen sind in der Predigt zu umschiffen: Wir haben zum einen mit Menschen zu rechnen, die mit der nach 1945 entwickelten Israel-Theologie nicht vertraut sind. Also sollte alles vermieden werden, was das alte Schema und zu recht revidierte Theologumenon von Verheißung und Erfüllung evozieren könnte. Zum anderen werden sich unvermeidlich Assoziationen zum gegenwärtigen territorialen Konflikt zwischen

Israel und den Palästinensern einstellen. Gerade in diesem Konflikt sind Israelis *und* Palästinenser mit uns verbunden in der Sehnsucht, beheimatet zu sein (gleichgültig, wie jeder Einzelne von uns sich in diesem Konflikt politisch positioniert). Wenn der Konflikt angesprochen wird, dann sollte dieses Verbindende im Mittelpunkt stehen.

II Erschließung des Textes: Gott stellt sich unserer Sehnsucht an die Seite

Die Worte des Propheten richten sich an Menschen im Exil. Das Exil ist der extremste Fall des Heimatverlustes. Viele Menschen in unserer Welt heute müssen mit dieser extremen Form des Heimatverlustes leben. Und viele solcher Menschen leben in unserer unmittelbaren Nachbarschaft. Dies kann in einer Weihnachtspredigt gut angesprochen werden. Und wahrscheinlich muss dies sogar in einer Weihnachtspredigt angesprochen werden. Eine solche Predigt böte auch die Chance, die eingespielten politischen Fronten hinter sich zu lassen. In Zeiten der Globalisierung gibt es aber viele *Spielarten des Gefühls, auf dieser Welt unseren Ort verloren zu haben.* Am eindrücklichsten hat dies der Sozialphilosoph Zygmunt Bauman gezeigt, vor allem in seinen beiden Büchern *Wir Lebenskünstler* und *Retrotopia*: Das Gefühl der Ort- und Heimatlosigkeit ist das Grundgefühl der globalisierten Moderne. Dieser Satz darf aber nur gesagt werden, wenn dabei die Unterschiede nicht verwischt werden. Es ist das eine, wegen eines Bürgerkriegs ins Exil gezwungen zu werden; und es ist etwas anderes, in der gegenwärtigen Arbeitswelt keine dauerhafte Arbeitsstelle zu finden, die das Minimum eines einigermaßen menschenwürdigen Lebensstandards garantiert; und es ist wiederum etwas anderes, in einer Beziehungskrise den Boden unter den Füßen zu verlieren. Über das Verbindende sollte nur gesprochen werden, wenn die Unterschiede im Blick sind, sonst kann eine solche Rede sehr schnell zynisch klingen.

Vor diesem Hintergrund lese ich den Text aus Hesekiel. Dabei werden für mich vor allem drei Motive wichtig: Es geht in den Worten des Propheten um *Verlässlichkeit und Beständigkeit*, es geht um einen *Friedensbund*, und es geht um die *Präsenz Gottes in unserer Welt.*

Die Exegeten machen einhellig darauf aufmerksam, dass in diesem kurzen Textabschnitt die Formulierung *ad olam* (für immer) gehäuft vorkommt: Es geht um ein Wohnrecht für immer (V. 25), es geht um einen ewigen Friedensbund (V. 26), es geht um die Präsenz des Heiligen für immer (V. 26 und 28). In einer Welt in Bewegung wird das Verlässliche zum ersehnten Hoffnungshorizont. *Alle Jahre wieder ...* Noch im banalen Weihnachtslied wird dies deutlich. Weihnachten ist ein Platzhalter für dieses uns begleitende Bedürfnis nach Beständigkeit. Das Wort des Hesekiel diskreditiert dieses Bedürfnis nicht – im Gegenteil: Gott stellt sich uns Menschen in unsrem Bedürfnis nach Beständigkeit an die Seite.

Wo Gott erscheint, ist sein *Schalom* stets mit auf dem Plan. Das ist bei Hesekiel so und das ist in Lk 2 so: *Friede auf Erden bei den Menschen seines Wohlgefallens*. An Weihnachten versuchen wir etwas von diesem Schalom zu verspüren. Der Schalom Gottes wird unsere Welt verwandeln. Und wir versuchen an Weihnachten, etwas von dieser Verwandlung vorwegzunehmen: im festlich geschmückten Weihnachtszimmer, im Zauber überraschender Geschenke, im reichlich gedeckten Tisch: ›Ein frommer Zauber hält mich wieder, / Anbetend, staunend muss ich stehn; / Es sinkt auf meine Augenlider / Ein goldner Kindertraum hernieder, / Ich fühl's, ein Wunder ist gescheh'n.‹ (Theodor Storm) Auch dieses Gefühl wird von Hesekiel und Lk 2 nicht diskreditiert. Der Schalom Gottes verzaubert die Welt nicht nur (das sicher auch!), er verwandelt sie auch. An Weihnachten erstrahlt das Mehr Gottes über all unseren Wünschen und Bedürfnissen.

Sowohl Hesekiel wie Lk 2 erzählen von der Gegenwart Gottes unter den Menschen. Bei Hesekiel ist das der Tempel, der fern und zerstört in Jerusalem ist, bei Lukas ist dies das Kind in der Krippe: Gott ist nicht der große Zampano, der alles kann. Die Gegenwart Gottes ist von Geheimnis, von Zartheit und von Verletzlichkeit umweht. Dies ist vielleicht das Anstößigste und zugleich Schönste an der biblischen Rede von Gott. Im Bild vom Kind in der Krippe versammelt und konzentriert sich diese biblische Rede von Gott. Wir wissen es und wir wissen es nicht, wir fühlen es und wir fühlen es nicht: Gottes Präsenz ist seine Verletzlichkeit, von der zugleich alle Hoffnung auf eine heimatliche Welt getragen ist.

III Impulse: Sehnsucht und Hoffnung mit offenen Augen und weitem Herz

Zuerst ein kleiner Text des schweizerischen Poeten Robert Walser aus seiner kleinen Novelle *Der Spaziergang*. In diesem Text strahlt für mich etwas auf vom Glanz, den wir uns mit guten Gründen von Weihnachten erhoffen und erwarten: »Die zarte, schöne Landstraße strahlte blau, weiß und goldig. Über die gelblich gefärbten, rosig angehauchten Armutshäuser, die der Sonnenschein kindlich-zärtlich umarmte, flogen, gleich Engelsbildern, die aus dem Himmel niederstürzten, Rührung und Entzücken. Hand in Hand im feinen Hauch schwebten Liebe und Armut. Mir war zumut, als rufe mich jemand beim Namen, oder als küsse oder beruhige mich jemand, Gott selbst, der Allmächtige, unser gnädiger Herr und Gebieter, trat auf die Straße, um sie unbeschreiblich schön zu machen. Einbildungen aller Art wollten mich glauben machen, dass Jesus Christus hergekommen sei, und nun mitten unter allen guten, lieben Leuten und mitten durch die reizende Gegend umherwandere.« (Walser, 61)

Ich schlage eine Predigt vor, die Hes 37,24–28 und Lk 2 ineinander verwebt, wobei die drei von mir benannten Schwerpunkte in Hes 37 die Struktur bilden können: Verlässlichkeit und Beständigkeit, Friedensbund sowie die Präsenz Gottes in unserer Welt.

Werkstück Predigt

Ein möglicher Predigtanfang:

Zu uns Menschen gehören unsere Sehnsüchte und Hoffnungen. Sie mögen bei jedem und jeder unter uns anders aussehen. Sie sind verwoben mit unseren individuellen Lebensgeschichten. Die Weihnachtszeit ist wohl eine Zeit, in der wir diese Sehnsüchte und Hoffnungen besonders spüren: in Erinnerungen und Begegnungen, in den Lichtern, die wir gegenwärtig überall sehen, in den Geschenken, die wir anderen geben und die wir von anderen erhalten. In der Weihnachtszeit spiegelt sich auch immer die Vielfalt unserer Welten, in denen wir leben. Und doch teilen wir auch viele Sehnsüchte und Hoffnungen mit anderen Menschen. Davon erzählt die Weihnachtsgeschichte, wie sie bei Lukas überliefert ist, und davon erzählt auch ein Wort des Propheten Hesekiel, das sich an die Menschen in einer dunklen Zeit des Exils fern der Heimat richtet …

Ein möglicher Predigtschluss:

Das Kind in der Krippe: In unserer Kultur ist es zum Sinnbild geworden für unsere Sehnsucht nach einem Gott, der uns unsere Erde zur Heimat werden lässt. Dieses Kind aber, so erzählt es uns der Evangelist Matthäus, ist wenige Tage nach seiner Geburt zusammen mit seinen Eltern auf der Flucht vor den Schergen des Königs Herodes. An Weihnachten dürfen wir unserer Sehnsucht nach einer heimatlichen Welt Raum geben. Diese weihnachtliche Sehnsucht muss aber keine Sehnsucht sein, die die Augen vor der Realität unserer Welt verschließt. Es ist eine Sehnsucht mit offenen Augen, mit offenen Ohren und mit weitem Herzen. Und deshalb wünschen wir uns gegenseitig zu Recht: Frohe Weihnachten!

Literatur: *Zygmunt Bauman*, Wir Lebenskünstler, Berlin 2010; *Zygmunt Bauman*, Retrotopia, Berlin 2017; *Robert Walser*, Der Spaziergang, Frankfurt am Main 1978.

B

Elisabeth Grözinger

IV Entgegnung: Von der Not unseres Heimatplaneten

Wo Verbindendes im Zentrum stehen soll, mag ich mit Gegensätzlichem nicht beginnen. Ich schätze A's Interpretation von Weihnachten als einem »Platzhalter für dieses (menschliche, EG) uns begleitende Bedürfnis nach Beständigkeit«. Damit dient Weihnachten der kontinuierlichen Verankerung unserer menschlichen Sehnsucht nach Frieden und Beheimatung mitten in einem Leben, in dem sogar das Gespür für diese universale Sehnsucht verloren gehen kann. Im Beitrag von A aber fehlt mir der Blick auf diejenigen, die Lust auf Abenteuer haben. Es gibt eben auch Menschen, die Nicht-Heimatliches entdecken wollen.

Ferner fehlt mir der Blick auf die Mühe, die die Vorbereitung eines friedlichen Weihnachtsfests in einer Zeit auch familiär individualisierter Bedürfnisse macht. Weihachten-Feiern – das verlangt heute in der Vorbereitung und im Vollzug sehr viel mehr als Plätzchenbacken. Es verlangt Beziehungsarbeit, Kompromissfähigkeit und Kreativität. Dies gilt besonders angesichts der 2019 aufgeflammten Bewusstheit für die Gefährdung unseres Planeten durch den Konsum der Ressourcen dieser Erde.

Mir fehlt zudem bei A genau der Bezug auf den Zustand unserer Erde. Wird unser missbrauchter Planet künftigen Generationen überhaupt noch das Gefühl von Heimat bieten können? Werden nicht eines Tages Ressourcenknappheit und Klimawandel den menschlichen Alltag beherrschen? Tauchen nicht unweigerlich solche Fragen auf, sobald wir heute vom Versprechen einer Heimat (Erde) *für immer* hören?

V Erschließung der Hörersituation: Menschen mit »Atlaskomplex«?

- Ich gehe von gut informierten Hörenden aus, die die aktuellen Herausforderungen oft diskutiert haben. Viele von denen, die zum Gottesdienst kommen, werden sich in irgendeiner Form für eine lebenswürdige Zukunft engagieren, und sei es nur durch den Verzicht auf Plastik, wo das überhaupt möglich ist. Ich gehe von Gottesdienstbesucherinnen und -besuchern aus, die in ihrem Kontext das Ihre zu tun versuchen, damit sie ihr eigenes Leben, das ihrer Nachkommen und Vertrauten als heimatlich erleben. Sie sind vielleicht stolz auf ihr Engagement, aber manchmal vielleicht auch müde und voller Zweifel, ob ihr Tun wirksam ist.

- Der Heiligabendgottesdienst ist in der Regel die Zeit, in der Anstrengungen ein Ende haben. Man kann – für einen Moment – die Hände in den Schoß legen. Die eigene Verantwortlichkeit ist suspendiert. Es geht hier zweifellos auch um Beständigkeit und Verlässlichkeit, aber genauso auch um einen Moment relativer Freiheit mitten im Strom des Acht-Geben-Müssens. Anders als die so vertraute Weihnachtsgeschichte kann Hesekiel 37,24–28 gerade hier vielleicht noch als überraschend wahrgenommen werden. In der Perikope heißt es ja: Die Menschen bekommen, was sie brauchen, ohne sich selbst mühen zu müssen.

Die Philosophin *Svenja Flaßpöhler*, die Kommunikationswissenschaftlerin *Miriam Meckel* und die Moderatorin *Barbara Bleisch* unterhielten sich in einer Sendung des Schweizer Fernsehens über den klugen Umgang mit dem Zufall. *Flaßpöhler* betonte, sie sei nicht religiös (»gläubig«), aber es entlaste sie doch, wenn sie manchmal den Eindruck von »Fügung« habe. Alle drei Frauen verstanden sich zwar als Gestalterinnen ihres Lebens, wollten sich aber nicht die Verantwortung für die ganze Welt aufbürden. *Bleisch* illustrierte ihre Haltung mit einem Verweis auf *Peter Sloterdijk*, der einen »Atlas-Komplex« bemerke, welcher in Zusammenbrüche führe. *Meckel* brachte Alternativen ins Spiel, indem sie von einem »Neugierspeicher«, einem »Offenheitspeicher« sprach (s. Internet). Ich verstehe diese Wortschöpfungen als Empfehlung, das eigene Denken nicht mehr durch (Über)Verantwortlichkeit verengen zu lassen, sondern ab und zu jenen Speicher zu öffnen, in dem Unerwartetes hereinfallen kann.

Gern konzipiere ich eine Predigt an Heiligabend 2019, in der der »Atlaskomplex« nicht zum Zuge kommt, dafür aber die Tore der »Neugier- und

Offenheitspeicher« weit gemacht werden. Hes 37,24–28 wird bereits da aktualisiert, wo es gelingt, dass Menschen sich dem Versprechen öffnen, dass ihnen Heimat geschenkt wird. Eigene Arbeit ist weiter gefragt, aber die Fixierung darauf kann unterbrochen werden.

VI Predigtschritte: Ein Neugierspeicher für Ewigkeit

Im Fokus meiner Predigt steht Hes 37,26: Der Gott, der den Himmel auf Erden zu versprechen scheint. Gott hört sich hier an wie einer, der sagt: ›Ewigkeit ist mein Geschäftsmodell‹ (nach *Nina Zimmer*). Ich skizziere deshalb zuerst Lk 2,1–20 als eine Realisation von Hes 37,26: Gottesnähe und Frieden verwirklicht sich nicht in der erwarteten politischen Form, sondern als die Geschichte von der Geburt eines Kindes unter außergewöhnlichen Umständen. Das Heiligtum besteht nicht aus Steinen; es wird vielmehr in einem verwundbaren Menschenkind erlebt. Ein sterblicher Mensch verkörpert göttliche Ewigkeit. Trotz oder wegen der verblüffenden, ja paradoxen Story hat die Anfangsgeschichte der Christenheit seit Generationen Menschen berührt. ›Ewigkeit‹ kann ein ›Geschäftsmodell‹ von Menschen nicht sein. Hes 37,24–28 und Lk 2,1–20, beide Texte aber zeigen Gott als einen, der sich genau dessen annimmt, worunter Menschen leiden können: unter Vergänglichkeit, Verlusterfahrungen und der Relativität aller Geborgenheit auf Erden. Sie zeigen ihn als einen Gott, der Sehnsüchte stärkt.

Menschenlob: In der Hoffnung, die biblische Tradition als ›Öffner‹ für »Neugier- und Offenheitspeicher« plausibel gemacht zu haben, thematisiere ich die Realität, vor der manche am liebsten die Flucht in Träumereien antreten möchten. Ungeachtet der uralten biblischen Verheißungen droht unserer Erde ein Wandel, der eine Zukunft in Geborgenheit und Frieden immer weniger selbstverständlich macht. Skeptikern, die vertreten »Wer sich auf Gott verlässt, der ist verlassen«, danke ich in diesem Predigtabschnitt, denn genauso wie das Gottvertrauen Kraft freisetzen kann, kann auch die Skepsis dazu motivieren, die Hände nicht in den Schoß zu legen. Eventuell könnte hier die Erinnerung an besondere Personen in eigenen Familiengeschichten das Lob derer konkretisieren, die – aus welchen Gründen auch immer – selbst unter widrigsten Umständen aktiv wurden und etwa Momente der Geborgenheit ermöglichten.

Gotteslob: Der letzte Abschnitt gilt wieder dem Gott, dessen Geschäftsmodell die Ewigkeit ist. Es geht mir jetzt um das Lob Gottes, aber nicht, weil es so schön ist mit seiner Schöpfung. Gotteslob scheint mir angesagt, weil wir alle Jahre wieder dazu inspiriert werden, nicht alles von uns selbst zu erwarten. Gotteslob ist angesagt, weil wir Weihachten als Entlastungsmoment erleben können. Weihnachten verändert nicht die Welt, aber vielleicht uns, die wir einen Moment erleben, in dem unsere

»Neugier- und Offenheitspeicher« weit werden, so dass wir einschwingen können in die Freude über das Gotteskind im Stroh. Den Weihnachtsgottesdienst möchte ich zeigen, als Zeitraum, in dem unser Handeln sich begrenzen darf auf das Sich-Unterbrechen-Lassen, Singen und Loben.

Werkstück Predigt

Weihnachten – das ist Arbeit. Arbeit für einen festlichen Abend, für eine gute Atmosphäre in den eigenen vier Wänden und manchmal auch eine stille Arbeit an den eigenen Enttäuschungen, den eigenen Sehnsüchten. Die vielen Facetten der Weihnachtsarbeit werden oft unterschätzt. Dennoch gilt: Weihnachten erschöpft sich nicht in unserer Arbeit. Es ermöglicht auch ganz anderes. Ein Weihnachtsgottesdienst etwa ermöglicht, für einmal nicht in die Hände zu spucken und anzupacken. Es gibt ein Gedicht von *Dorothee Sölle*, das zwar von der Sorge um eine Welt geprägt ist, die es nötig hat, dass »die gärten chemiefrei« aufgebaut werden. *Sölle* findet aber in den letzten Strophen ihres Gedichts mit dem Titel »Zeitansage« zu einer verblüffenden Haltung. Sie schlägt vor, Gott präventiv zu loben. Nicht weil wir schon jetzt Gutes erleben, sondern weil wir nie wissen, wann genau wirklich die gute Zeit anbricht, Gott zu loben. *Sölle* schreibt: »Es kommt eine Zeit / da werden wir viel zu lachen haben / und Gott wenig zum weinen / die engel spielen klarinette / und die frösche quaken die halbe nacht / Und weil wir nicht wissen / wann sie beginnt / helfen wir jetzt schon / allen engeln und fröschen / beim lobe gottes« (Sölle, 200).

Nun sind Vorschusslorbeeren für Gott vielleicht nicht jedermanns Sache. Und wir sind weder Engel noch Frösche. Auch passt das Gedicht wohl schon wegen der Frösche besser in eine laue Sommernacht. Es sei darum in dieser heiligen Nacht Hilde Domin zitiert. Sie formulierte einst eine ganz besondere Art von Gotteslob und Gottvertrauen. Sie plädierte nur dafür »nicht müde (zu) werden und dem Wunder / leise / wie einem Vogel / die Hand hin(zu)halten« (Domin, 400). Der Gott der großen Verheißung vom Frieden auf Erden – er sei gelobt, weil er uns hilft, nicht müde zu werden.

Ziel des letzten Predigtabschnitts wie der gesamten Predigt sind nicht klischeefreie Sätze. Es geht nicht darum, mit Unkonventionellem zu glänzen und dabei eventuell – unabsichtlich – Menschen vor den Kopf zu stoßen. Es geht schlicht darum, eine Haltung der Lockerung zu initiieren, in der Verantwortung nicht knechtet, sondern Offenheit für Weihnachtsüberraschungen auflachen lässt. Vielleicht fallen den Predigenden dazu bessere Wege ein als mir jetzt.

Liedvorschlag: EG 53 »Als die Welt verloren«.

Literatur: *Hilde Domin*, Gesammelte Essays. Heimat in der Sprache, Frankfurt am Main 1993, 395–406; *Dorothee Sölle*, Gesammelte Werke Bd. 8, hg. von Ursula Baltz-Otto und Fulbert Steffensky, Stuttgart 2008; *Nina Zimmer*, Mein Geschäftsmodell ist Ewigkeit, in: DIE ZEIT Nr. 20/2019, 9.5.2019, 34.

Internet: *Barbara Bleisch, Svenja Flaßpöhler, Miriam Meckel*, https://www.srf.ch/play/tv/sternstunde-philosophie/video/das-unerwartete-erwarten---vom-klugen-umgang-mit-dem-zufall?id=68ecccc5-4127-4c19-b691-0450c9d5493a, abgerufen am 31.05. 2019.

A

Sacharja 2,14–17:

Gottesgegenwart – Freundlärm und Schweigen

Christof Landmesser

I Eröffnung: Erwartungen in der Christnacht

An Heilig Abend erwarten wir ein Fest, wenn möglich mit fröhlicher Musik und großen Klängen, mit bekannten Liedern, in die wir uns singend fallen lassen können, helle und warme Lichter wollen wir sehen, das Lachen und die Freude sollen uns mit dem Gottesdienst in die Gesichter gemalt werden, die alte Weihnachtsgeschichte wollen wir hören, Worte, die wir kennen, manche gar auswendig, wohlige Erinnerungen wollen wir wachrufen, ein Gefühl von Erfüllung und Heimat hätten wir gerne wie kaum an einem anderen Tag im Kirchenjahr. Das alles hat sein Recht. Ein wenig Widerstand tut aber auch gut. Dazu verhilft uns der fabelhaft passende Predigttext aus dem Alten Testament, aus einem Prophetenbuch, noch weit weg vom Jesuskind, vom Heiland, von der Krippe, von den Bildern, die sich in unsere Weihnachtsherzen eingezeichnet haben mögen. Er erzählt aus einer Zeit, in der die Katastrophe der Zerstörung Jerusalems und des Tempels 587 v. Chr. für die Judäer schon zurückliegt, noch ist das Babylonische Exil für viele von ihnen die bestimmende Lebenswirklichkeit, und doch öffnet sich mit dem Prophetenwort vielleicht 60 Jahre später zumindest ein Spalt, durch den ein Licht, ein Funken Hoffnung in die dunkle Lebenswirklichkeit der Adressaten dringen mag. Auch in dieser geschichtlichen Situation bilden die Spannung von Finsternis und Licht, Hoffnungslosigkeit und Jubel, also uns bestens bekannte Lebenskontraste, eine große Rolle. Es werden Bilder vor unseren Augen entworfen, die wir in der Heiligen Nacht gerne wahrnehmen, in denen wir uns wohl fühlen, die uns aber auch irritieren, wenn sie aus dem Fest in unsere Wirklichkeit eindringen. Diese Spannung ist gewollt, sie soll sein, denn wo sonst finden wir noch einen solchen Ort des prophetischen Träumens in einer eher verstörenden Wirklichkeit. Dann stellt sie sich ein, die heilige Gottesgegenwart in unserem Dasein, wir beginnen zu jubeln und werden zugleich ganz still. In der Christnacht.

II Erschließung des Textes: Gottesgegenwart – Freude und Stille

Der ausgewählte Predigttext trägt in sich eine Spannung. *Freue dich und sei fröhlich, du Tochter Zion! Denn siehe, ich komme und will bei dir wohnen, spricht der Herr* – so beginnt der Abschnitt in V. 14. Mit V. 17 endet die Perikope mit einer gegenteiligen Aufforderung: *Alles Fleisch sei still vor dem Herrn, denn er hat sich aufgemacht von seiner heiligen Stätte!* – Beide Verse bilden eine motivisch adversative Inklusion, die den Text zusammenbindet und die zugleich die angedeutete Spannung zwischen fröhlichem Jubel und ehrfurchtsvoller Stille aufbaut. Grund für die Fröhlichkeit wie für die Stille – im hebräischen Text mit einer Interjektion und einem Imperativ an den Anfang des Satzes gesetzt: *Still, alles Fleisch* (V. 17), und der Jubel am Anfang *Juble und freue dich, Tochter Zion* (V. 14) – ist in beiden Versen das Kommen Gottes, der aus seiner heiligen Wohnung, dem Himmel, aufbricht (V. 17) und der bei seinen Menschen wohnen will (V. 14). Noch eine andere Spannung ist schon an der Oberfläche erkennbar. In V. 14 ist die Adressatin der Ermunterung zur Freude und zum Jubel die Tochter Zion, das erwählte Gottesvolk Israel. In V. 17 wechselt der angesprochene Personenkreis und wird in eine universale Dimension ausgeweitet. *Alles Fleisch*, nicht weniger als die ganze Menschheit, ist jetzt angesprochen und wird auf das Kommen Gottes aus dem Himmel aufmerksam gemacht.

Den Predigttext finden wir im ersten Teil des Buches Sacharja (Kap. 1–8), der auch die sieben *Nachtgesichte* des Propheten beinhaltet. In diesen Visionen wird von Gottes liebender Zuwendung zu Jerusalem und der Entmachtung der Völker sowie Gottes Gericht über sie berichtet, die Bekämpfung von Verbrechern wird in Aussicht gestellt und auch das Ende von Götzendienst und Gottlosigkeit. Der Text hat seinen Ort im Anschluss an das dritte Nachtgesicht (Sach 2,5–9), in dem der Engel kundtut, dass das noch zerstörte Jerusalem als offene Stadt, ohne Mauern gebaut werden soll, damit die große Menge an Menschen und Tieren dort wohnen könne (V. 8) – schon das ein gegen die Wirklichkeit gesetztes Bild der Hoffnung und der Fülle. Gott wird die Stadt mit einer feurigen Mauer beschützen, wie es menschlich errichtete steinerne Bauwerke niemals leisten könnten. In der Vorstellung der Wiederherstellung der heiligen Stadt Jerusalem mit seinem Tempel treffen sich Himmel und Erde.

Der anschließende Kommentar richtet sich an die Verbannten in Babel (V. 10–13), denen das Ende des Exils in Aussicht gestellt wird. Sie werden aufgefordert, zurückzukehren in ihre Heimat. Jahwe lässt sie mit einem wunderschönen Bild wissen, dass sie ihm nahe und bedeutsam sind und er sie beschützen wird: *Wer euch antastet, der tastet meinen Augapfel an* (V. 12). Gott verschafft Israel die Rückkehr in seine Heimat.

Der zweite Teil des an das dritte Nachtgesicht anschließenden Kommentars in den V. 14–17, unser Predigttext, öffnet die Heilszusage ins Universale, für alle Völker. Gott wird bei seinem Volk, der Tochter Zion, wohnen. Das ist die Basis für alles Weitere. Die Treue Gottes zu Israel ist ausgemacht und steht auch nach allen Katastrophen für Juda nicht in Frage. Dann aber weitet sich Gottes Heilswille aus auf die Welt. Wohl war von Gottes Gericht an den Peinigern Israels zuvor die Rede (V. 12f.).

Das richtende Handeln Gottes ist notwendig, es vernichtet das Böse, das die Heiligkeit Gottes, sein auserwähltes Volk, seinen Augapfel, angegriffen hat. Aber die Vorstellung vom Heil wäre ohne die Völker nicht vollkommen, auch sie gehören zur Welt und zur Schöpfung Gottes. Die Völker bleiben nicht ausgeschlossen vom Heil. Die Freude der Tochter Zion gründet in diesem Wunder, dass sich in jener Zeit viele Völker zu Jahwe wenden werden, und dann auch *sein Volk sein werden* (V. 15), wie der Prophet Jahwe mit der Erwählungsformel sagen lässt. Diese ungewöhnliche Sicht wird kaum auf ungebrochene Zustimmung gestoßen sein; die wiederholte Erkenntnisformel *und ihr sollt erkennen, und du sollst erkennen* (V. 13.15) lässt erahnen, dass die Einsicht bei den Angesprochenen noch aussteht. Dass die Völker, auch aus Babylon, gemeinsam mit Israel im neuen Jerusalem zu dem einen Volk Gottes werden sollen, mag die Vorstellungskraft der Exulanten wie der schon in das noch zerstörte Jerusalem Zurückgekehrten weit überstiegen haben. Aber so ist es mit der neuen und heiligen Wohnstadt Gottes. In ihr führt Gott alle Völker dieser Welt zusammen und er ist mit ihnen. Das ist freilich das Entscheidende für den Propheten, dass Gott selbst in diesem Land wohnt, in dem Israel und die Völker zu einem Volk zusammengeführt werden sollen, dass Gott selbst in diesem neuen Jerusalem, in dem neuen Tempel präsent sein wird, der Schöpfer bei seinen Geschöpfen, der Israel mit allen Völkern zusammenbringen wird und alle Völker mit Israel. Das ist heiliger Boden, heiliges Land (V. 16), hier und genau so zeigt sich Gott seinen Menschen (vgl. Ex 3,5f.).

So kommt der Himmel zur Erde und führt die Menschen aus aller Welt zusammen, das ist die besondere Stimme des Propheten Sacharja. Andächtige und staunende Stille ist die allein angemessene Reaktion aller Menschen, wenn sie dieses Wunder der versöhnenden Zusammenführung Israels und der Völker wahrnehmen (V. 17). Auch die Völker sind erwählt. Alle Menschen sind zu Gottes heiliger Gegenwart erwählt. Alle trennenden Grenzen unter den Menschen sind durch Gottes versöhnende Erwählung aufgehoben.

III Impulse: Wunder der Christnacht – Gottes versöhnende Gegenwart

Die Nacherzählung der aufregenden Sprüche und Reflexionen des Propheten können viele Assoziationen neutestamentlicher Texte auslösen. Die Spuren des Kommens Gottes in die Welt nach der Weihnacht bis hin zum Neuen Jerusalem der Apokalypse sind vielfältig. Diese Texte werden dann wahrgenommen, wenn in ihnen entdeckt wird, wie in unserer Gegenwart das Himmlische auf das Irdische trifft und so das Irdische mit dem Himmlischen und das Irdische mit dem Irdischen versöhnt und uns in Wahrheit leben lässt. Dieses Leben wird erfahrbar im Weihnachtsgottesdienst, wenn wir uns treffen mit den Menschen aller Länder und Völker, mit unseren Freundinnen und Nachbarn, mit unseren Feinden und Kolleginnen, mit Deutschen und Afrikanern und Briten und wem auch immer. Das Christuskind ist in der Mitte. Gott hat uns längst mit sich versöhnt. Im Gottesdienst am Heiligen Abend singen und beten wir diese Versöhnung, wie Gott, unser Schöpfer, uns alle zu einem, zu seinem Volk gemacht hat, auf das er achtet wie auf seinen eigenen Augapfel.

Die erwartete und erlebte Gegenwart Gottes ist Grund zur Freude und zu andächtiger Stille zugleich. Der Gottesdienst am Heiligen Abend lässt uns das erleben und wir sind dazu alle von Gott selbst eingeladen. Das Jesuskind wird nicht so harmlos in seiner Krippe liegen bleiben. Wir kennen seine Geschichte, sie endet desaströs mit dem Tod wie eines Verbrechers. Aber mit dem Jesuskind kommt Gott aus seiner himmlischen Wohnung in unsere noch unvollendete und gar nicht so heilige Welt. Das Göttliche trifft das Irdische. Das feiern wir in jedem Gottesdienst, das Wunder der versöhnenden Gottesgegenwart in einer noch gar nicht versöhnten Welt. Das Wunder der Christnacht.

Stephan Schaede

B

IV Entgegnung: Warum raus aus einem spirituellen Singledasein?

Christnacht 2019 einmal mehr als ein Freundschaftstreffen der landeskirchlichen Tochter Zion, also der engsten Kerngemeinde. Gleichsam »alles Fleisch«, Nachbarn, Kolleginnen, Menschen aus Afrika und Großbritannien, Feinde gar kommen zusammen, um zu feiern, wie sich »Himmel und Erde« berühren. Davon träumt A. Ich träume mit in Gestalt eines Gottesdienstes, der mit Sach 2,9 im Ohr (Jerusalem ohne Mauern) frühzeitig quartiersweit ausgelobt den Kirchenraum überschreitet.

Dabei gilt es mindestens eine der von A identifizierten Spannungen zu arrangieren: Jubel und Stille, Licht und dunkle Lebenswirklichkeit, Tochter Zion und ganze Menschheit, Himmlisches und Irdisches. In diesem Arrangement möchte ich so zum Nachdenken über die Gegenwart Gottes anregen, dass auch jene folgen, die mit Gottespräsenzfragen fremdeln. A's Erwartung eines Erlebens der Gegenwart Gottes ist mir da zu stark. Entsprechend transformiere ich den von A ins Zentrum gerückten universalen Erwählungstopos in die Frage: Warum soll mich und andere froh machen, wenn Gott da ist und bei uns wohnt? Worin liegt die heilsame Provokation der heiligen Wohngemeinschaft aller mit allen, für die Sacharja wirbt? Diese Frage verschärft der Umstand, dass das Leben im babylonischen Exil für viele Exilanten attraktiv war. Ihr

Dasein fieberte nicht auf Gottes verheißene Ortspräsenz in Jerusalem hin. Die religiöse Fremde, die Apräsenz des Zionsgottes ließ sich gut aushalten. 2019 gibt es das auch in der Kirche, im Ort, im Quartier. Im religiösen Exil haben sich viele eingerichtet. Ein vager Glaube ohne Gott wird gelebt, ein spirituelles Singledasein, das froh wird, wenn es in aller Stille lediglich zu sich selbst findet. Warum sollte froh machen, dieses Exil aufzugeben?

V Erschließung der Hörersituation: Auf dem Weg zur heiligen Wohngemeinschaft

Bei einem wohnen und Gott – was klingt da an? Ich mache die Probe:

1. Mit Wohnankündigungen ist das so eine Sache. »Ich komme und will bei dir wohnen« (V. 14). Man stelle sich vor, ein naher Verwandter sagt das. Der erste Teil der Nachricht mag Jubel auslösen. Der zweite kann schnell bedrohlich werden. Selbst die liebsten Eltern werden nach ein paar Tagen übergriffig. Unfrohe Stille zieht ins Haus. Und nun Gott: ein Gott, der ankündigt, zu kommen. Das mag aufregend wirken. Aber ein Gott, der bleibt und sich einnistet, wird der nicht aufdringlich und fällt auf Dauer lästig? Wie sieht eine heilige Wohngemeinschaft aus, die gut tut?

2. Die »Wohngemeinschaft Köln« (www.die-wohngemeinschaft.net, abgerufen am 31.05.2019) gibt Hinweise: »Komm wohnen – mitten in Kölns kreativer Mitte ... ist die Wohngemeinschaft … Treffpunkt für verschiedenste Menschen aus aller Welt. Liege richtig in einem … charmanten Zimmer …, genieße ein Konzert oder eine Lesung in unserem Theater, finde Inspiration in unseren Kreativräumen oder triff Dich mit Freunden auf … ein paar leckere Mühlen Kölsch … in unserer Cafébar.« – Zion im Jahr 2019, Ort kreativer, inspirierender Lichtblitze der Unverbindlichkeit … Komm Gott und bring mich auf gute Gedanken, spende einen feinen Abend, eine himmlische Plauderei, lösche den Lebensdurst … Ist es das?

Anders klärt Chrismon auf (https://chrismon.evangelisch.de/artikel/2018/41988/wohnen-einer-senioren-wg, abgerufen am 31.05.2019): »Zu Besuch in einer Wohngemeinschaft für Senioren. Einer kocht, die anderen putzen, sortieren Wäsche oder passen auf, dass niemand einen Termin versäumt. Und wenn es einem schlecht geht, sind alle zur Stelle.« – Welche Aufgabe übernimmt Gott als Wohnpartner in der erfolgreichen Arbeitsteilung, die Zusammenwohnen schön macht? Gott kocht nicht, Gott putzt nicht, er sortiert nicht die Wäsche, er schlägt auch nicht Alarm, wenn ich einen Termin verpasse. – Vielleicht hilft die Frage nach der/dem perfekten Mitbewohner/in weiter?

3. WGcast hat Charakteristisches zusammengestellt (www.wg-cast.de/wg-ratgeber/perfekte-mitbewohner, abgerufen am 31.05.2019): »Gesellig und humorvoll; keine gedrückte Grundstimmung erzeugend; lebensfroh; kritikfähig; mittleres Reinlichkeitsbedürfnis; geht nicht an die Vorräte anderer; gesprächig und aufmerksam zuhörend; selbst, wenn andere Mitbewohner/innen Dinge erzählen, die nicht besonders interessant sind; jemand, der auch am Wochenende da bleibt und nicht nach Hause fährt.« – Hat Gott im geistlichen WGcast eine Chance? Die Geselligkeit eines Gottes, der kommt und Wohnung will, steht für Sacharja außer Frage. Gott ist der Bibel zufolge verlässlich da (Ps 139; Ps 121), hat ein Ohr für Mittelmäßiges und mittelmäßig Spannendes. Gott stiftet Vorräte, er entwendet sie nicht (2 Mose 16); der Spruch ›Sauberkeit kommt gleich nach Gottesfurcht‹ ist heidnisch; und der bekennende Atheist Stephen Fry wurde mit dem religiösen Medienpreis ›Sandford St. Martin‹ ausgezeichnet, weil er öffentlich fragte: ›Wieso sollte ich einen launischen … Gott respektieren, der eine Welt erschaffen hat, die voll Ungerechtigkeit und Schmerz ist?‹

4. Noch einmal: Gott scheint ein merkwürdiger Mitbewohner zu sein, wohnt geräuschlos, spricht nicht direkt an, lässt sich nicht sehen. Kann so einer froh machen? Er macht sich doch eh nicht bemerkbar. Also soll er nicht vorgeben, unter uns zu wohnen. Soll er doch im Himmel bleiben! Oder noch klarer und härter: Muss nicht von Gott gesagt werden, wie es gesamtgesellschaftlich zunehmend empfunden wird: ›Unbekannt verzogen!‹ Schluss mit der Lüge einer universalen staunenden Stille in der heiligen Nacht. Eine stumpfe gänzlich unheilige Stille macht sich breit inmitten von Weihnachtsbaumkaskaden.

5. Gott unbekannt verzogen? »Denn siehe, ich komme und will bei dir wohnen.« (V. 14) Die Christnacht ist die Feier eines Neins auf diese Frage. Sie ist der göttliche Versuch einer Wohnungsangabe, einer Wohnhaft, für die sich Gott haftbar machen will. In der Christnacht wird der Geburt des Jesus von Nazareth gedacht. Aber wieder stellt sich die Frage: Macht Gott froh in Christus als Mitbewohner? Der Umgang mit Krippenfiguren mag zum Nachdenken anregen. Als Säugling und Jesuskind, von dem anrührende Geschichten erzählt werden, kommt Gott uns ins Haus. Das Kind in der Krippe mit seinen Liedern ist gut für unverbindliche Weihnachtslichtblitze. Das süße WG-Jesus Kind Jesus, in Windeln gewickelt, ist gut für selige Begegnung himmlischer Klänge mit irdischer Sehnsucht. Aber dann im Januar gehört es in Buntpapier eingewickelt und in Kisten verstaut zurück auf den Dachboden. Aber wie ist es mit dem religiös so klar und unbequem daherkommenden Mittdreißiger und Zimmermann Jesus? Ist so ein Tempelreiniger im Haus willkommen, einer, der täglich vor Augen führt, dass es so nicht weitergeht, dass es anders weitergehen muss mit dem Leben, der Familie, einer, der den

Esstisch umwirft und die Küchenzeile demoliert, weil Ostern geistlos gefeiert wird. – Vor allem aber: Macht so einer froh? Wer hat schon einen Crucifixus als ständigen Begleiter im Haus, frohen Herzens – den gibt es maximal im Herrgottswinkel in Süddeutschland und das auch nur bei Katholiken.

6. Ja, wenn es so wäre, dass Gott in Jesus unser Mitbewohner geworden ist und wir das an Weihnachten feiern. Aber das ist es strenggenommen nicht, worüber wir froh werden sollen. Es verhält sich umgekehrt. Nicht Gott ist unser Mitbewohner. Wir sind seine. Er ist unser aller Wohnungsinhaber, gibt uns Wohnraum, Luft zum Atmen, ist Anstifter einer milliardenschweren WG namens Menschheit. Das könnte nun allerdings froh machen, dass so einer nicht fern ist, sondern kommt, Wohnung nimmt, sich aufmacht, sich sehen lässt, zuhört, WG-Regeln vertieft (Bergpredigt) und Feinden vor Augen führt, dass sie sich wechselseitig in ihrem Lebensrecht und ihren Lebensansprüchen stehen lassen sollen und können. Darüber mögen die einen jubeln, die anderen stille werden. Der Gottesdienst sollte Gelegenheit zu beidem bieten.

VI Predigtschritte: Gott als Wohnungsinhaber – Anstifter einer milliardenschweren WG

V gibt meiner Predigt die Struktur vor. Der Lesung des Predigttextes folgt die Wohnfrage mit V.1. Das kann je nach Ort (Dreigenerationenhaus auf dem Land oder beengte Stadtwohnung) als Regelfall unterschiedlich ausgestaltet werden. Sodann wird das Wohnarrangement ausgemalt (mit V.2 oder anderen WG-Szenarien eben je nach Quartier, dem die Kirchengemeinde angehört). Hier ist vor Augen zu führen, wie Sacharja als Prophet Gottes Wohnabsichten konturiert. Ich würde, wie in IV erwähnt, unbedingt markieren, dass das geistliche Exil und die große Frage nach der Gegenwart Gottes für viele Exilanten kein nervöses Thema war – wie im Jahr 2019 hierzulande ja eben auch nicht. Es wird die Kernfrage der Predigt explizit genannt: Warum soll froh machen, dass Gott da ist? und vor diesem Hintergrund die Frage nach dem/der perfekten WG-Bewohner/in aufgeworfen (V.3). Behutsame Parallelen zu Gott als Mitbewohner werden gezogen, mit V.4 die Apräsenz Gottes zum Thema gemacht und V.5 und V.6 folgend entwickelt, wer hier, einer möglichen Pointe der Geburt Jesu folgend die eigentlichen Mitbewohner sind.

Meine Predigt schließt mit dem Satz: »Gott hat sich aufgemacht. Und wir machen es jetzt mit ihm. Amen.« – Ummittelbar danach macht sich die Gottesdienstgemeinde auf den Weg, unter dem Lied »Wo Menschen sich vergessen« (Freitöne Nr. 172). Das ist nicht mein Lieblingslied. Aber ein Blick auf etliche Follower zeigt, dass es einen breiten Adressatenkreis stark anspricht. Ziel des Weges in erreichbarer Nähe ist je nach Gemeinde ein Stall, das Rathaus, eine Flüchtlingsunterkunft. Dort weitere Lieder, Gebet, Segen. Der Gottesdienst braucht eine intensive Vorwerbung. Wird wirklich ein die traditionelle Christnacht variierendes Gottesdienstkonzept angestrebt, wie es z.B. »Das Heilig Abend Projekt« von Anja Schwier-Weinrich und Wolfgang H. Weinrich in Darmstadt seit einigen Jahren praktiziert (vgl. http://www.christnacht.de, abgerufen am 31.05.2019, dort auch viele praktische Anregungen), bietet sich an, in einer Phase vor der Predigt Wohnkonflikte zu besprechen.

1. Weihnachtstag

Titus 3,4–7:

Gottes Freundlichkeit

A

Christof Jaeger

I Eröffnung: Gefahr der feindlichen Übernahme

Wer sich am Heiligen Abend in einen Gottesdienst zwängen musste, kann am ersten Weihnachtsfeiertag wieder entspannter seinen gewohnten Platz in der Kirche aufsuchen. Das riesige Interesse am kirchlichen Weihnachtsfest konzentriert sich ausschließlich auf den 24. Dezember. Am Tag danach versammelt sich vielerorts die Kerngemeinde und am zweiten Feiertag wird häufig gar kein Gottesdienst mehr gefeiert. Nicht wenige Gottesdienstbesucher werden eine merkwürdige Mischung von Gefühlen verspüren. Zum einen ist da die Erleichterung, das Chaos am Heiligen Abend überstanden zu haben. Die Verwunderung über das große Interesse an diesem einen Tag des Jahres wirkt noch nach. Manchen beruhigt die gewohnte Stille am Tag danach, denn so viel Leben in der sonst sparsam gefüllten Kirche mag auch Fremdheitsgefühle in der gemeindlichen Heimat auslösen. Einzelne bewegt vielleicht auch der Ärger über so viel vermeintlich geheucheltes Christentum am Tag zuvor.

Mit mehr oder weniger bewusst eingestandener Genugtuung ist die Welt am ersten Feiertag wieder in Ordnung. Die ernsthaften Christen feiern ihr Weihnachten. Insofern ist der Gegensatz zwischen ›der Welt da draußen‹ mit ihrer säkularen Weltdeutung und dem Primat einer Wirtschaftslogik, die auch christliche Feste vereinnahmt, auf der einen Seite und ›der Welt hier drinnen‹, nämlich einer jeweils gemeindetypischen Lokaltradition mit christlichen Glaubensüberzeugungen und Werten, im ganzen Kirchenjahr nicht so spürbar wie an diesem Tag. In diesem Gegensatz liegt eine Brücke zur Situation der ersten christlichen Gemeinden zur Abfassungszeit des Titusbriefs. Inmitten einer kulturell anders geprägten Umwelt mussten sie ihr Christsein gestalten. Der Zauber und kreative Schwung des Anfangs der christlichen Religion lag schon einige Jahrzehnte zurück.

Wichtige Fragen der damaligen Zeit stellen sich angesichts der Erfahrung des Weihnachtsfestes auch heute: Wie offen und durchlässig für fremde Lebenswelten und Lebensentwürfe verstehen sich Gemeinden? Helfen eindeutige Bekenntnisse und Positionen zur Orientierung oder schließen sie andere aus und verengen den Kern der frohen Botschaft? Wie ist das rechte Maß in der Verhältnisbestimmung der beiden Pole Offenheit versus Klarheit? Welche Worte erschließen die Botschaft von Jesus Christus für eine kulturell fremd geprägte Umwelt?

II Erschließung des Textes: Fragezeichen statt Ausrufezeichen?

Die Entstehungszeit wie auch die Verfasserschaft des Titusbriefes sind umstritten. Die überwiegende Mehrheit der Exegeten datiert den Brief eher ans Ende des ersten Jahrhunderts nach Christi Geburt. Paulus als Verfasser wird fast einhellig ausgeschlossen, ein Mitarbeiter, der in Absprache mit ihm den Brief geschrieben haben soll, erscheint den meisten ebenfalls wenig plausibel. Am ehesten wird eine Person aus der Paulustradition als Verfasser angenommen, der so etwas wie eine Paulusschule vertritt. Die Situation der Christen ist von der Auseinandersetzung mit der anders denkenden und glaubenden Umwelt geprägt. Die unmittelbare Naherwartung hat nicht mehr den Stellenwert wie noch zu paulinischer Zeit. Es gilt, sich in der antiken Gesellschaft einen Platz zu suchen und zu gestalten. Die lebendigen Glaubenszeugnisse der ersten Generation werden bereits zitiert und zu formelhaften Bekenntnissen zusammengefasst. Daneben stehen ganz praktische Fragen der Gemeindeorganisation und des Lebens in den jeweiligen gesellschaftlichen Bezügen.

Um den inhaltsreichen einen Satz, der nach der neuesten Ausgabe der Lutherübersetzung den Predigttext ausmacht, zum Sprechen zu bringen, bieten sich für mich zwei Wege an. Die eine Möglichkeit wäre das Aufbrechen der theologisch dichten Sprache in eine poetischere, offenere, die neue Assoziationen und spielerische Zugänge zulässt.

Ein Gedicht wie z.B. »Logos« von Uwe Kolbe könnte im Gegenüber dem Predigttext Leben einhauchen: »Das muss ein schönes Wesen werden, großer Gott, / ein schöner Sohn Gottes. / Das muss ein schöner Gedanke werden, kühles Grau, / ein schöner Schlingel im Hirn. / Das muss eine schöne Verbeugung werden, im Voraus, / noch schöner im Nachhinein.« (Kolbe, 54) Ziel wäre dabei, die dogmatischen Behauptungen mit lebendigen Erfahrungen zu verbinden. Statt eines Gedichtes wäre auch ein Lied gut geeignet, weitere Bedeutungsebenen erfahrbar zu machen: z.B. das alte lutherische Weihnachtslied »Gelobet seist du, Jesu Christ« (EG 23), besonders die Strophen 5–7.

In der Predigt würde ich gerne Resonanzen auf diese Töne, Klänge und Worte nachspüren.

Aber diese Form der Predigt setzt immer noch viel Vorverständnis voraus. Deswegen erscheint mir der andere Zugang attraktiver, die dogmatische Sprache auf die ihr zugrundeliegenden existenziellen Fragen zu untersuchen. Welche Fragen beantwortet der kurze, inhaltsreiche Predigttext? Mir sind folgende Fragen eingefallen, es wird sicher noch mehr geben:

Explizit: Wann wurden wir gerettet? – Wie dürfen wir uns Gott vorstellen, mit welchen Eigenschaften wendet er sich uns zu? – Dürfen wir auf Errettung hoffen? – Haben wir selbst Anteil an unserer Errettung? – Können wir durch gute Werke für unsere Errettung etwas tun? – Welche Haltung Gottes hat uns errettet? – Wodurch wurden wir gerettet? – Welchen Sinn hat die Taufe? – Wie sind Gott, Jesus Christus und der Heilige Geist an unserer Rettung beteiligt? – Welche Macht hat der Tod noch nach unserer Errettung? – Worauf dürfen wir hoffen?

Implizit: Ist der Mensch erlösungsbedürftig? – Kann der Mensch sich selbst erlösen? – Gibt es Unterschiede zwischen den Menschen in Hinblick auf ihre Erlösungsbedürftigkeit?

Anhand der Fragen wird deutlich, wie dicht der Text formuliert ist. Da stecken so viele Themen in einem Satz, dass für die Predigt nur eine Auswahl zur Sprache kommen kann. Mir erscheinen besonders die impliziten Fragen reizvoll.

Im Moment der Abfassung dieser Predigtstudie beschäftigen die Freitagsdemonstrationen von Schülerinnen und Schülern viele Menschen. Die 16-jährige Greta Thunberg wurde gerade zur wichtigsten Frau des Jahres in Schweden gewählt (https://www.tagesschau.de/ausland/thunberg-frau-des-jahres-101.html, abgerufen am 31.05.2019), weil sie mit ihrem Engagement die Diskussion um den Klimaschutz belebt hat. Auch in Deutschland gehen Schülerinnen und Schüler auf die Straße, um die Älteren an ihre Verantwortung für die Zukunft zu erinnern. Der Klimawandel ist für mich ein gutes Beispiel dafür, dass auch der moderne, aufgeklärte Mensch ein deutliches Gefühl für die eigene Verstrickung in schuldhafte Zusammenhänge verspürt. Beim Einkaufen, beim Arbeiten, beim Essen, beim Reisen, beim Wohnen und bei vielen weiteren Tätigkeiten verursachen wir die Klimaerwärmung mit. – Die Komplexität unseres gesellschaftlichen Miteinanders lässt dem Einzelnen nur bedingt Spielraum, sich selbst aus dieser Entwicklung herauszuhalten. Als Teil einer hochentwickelten und ausdifferenzierten Welt werden wir, ob wir wollen oder nicht, mitschuldig an den Folgen unseres Lebensstils. Der zunächst fremde Gedanke der Erlösungsbedürftigkeit wird so anschaulich und lässt sich auch auf die beiden anderen impliziten Fragen beziehen. Denn die hochgradige Vernetzung umfasst alle, die an unserem Lebensstil teilhaben, und es gibt kaum eine realistische Möglichkeit aus dieser schuldhaften Verstrickung herauszukommen.

III Impulse: Fragezeichen statt Ausrufezeichen!

Leicht könnte eine Predigt mit den vorgenannten Gedanken im Moralisieren oder Politisieren steckenbleiben. Das wäre schade! Denn die Fragen, die hinter dem Text stehen, gehen tiefer. Die existenzielle Dimension des Textes spricht Menschen heute genauso an wie zu neutestamentlicher Zeit. Deswegen bieten sich die wichtigen Themen des vergangenen Jahres an, um die existenzielle Verstrickung jedes Einzelnen mit beunruhigenden Entwicklungen in unserer Welt deutlich werden zu lassen. Neben dem Thema Klimawandel wird es andere wichtige Themen geben. Dabei geht es nicht darum, einfache Lösungen zu präsentieren. Schon Jesus selbst ist in eine komplexe Welt hineingeboren worden, die mit seinem Erscheinen nicht einfach eine geheilte geworden ist. Die Freundlichkeit und Menschenliebe Gottes erschien mitten in dieser komplizierten Welt. Mit dem Licht dieser Geburt die existenziellen Fragen zu beleuchten, das lohnt sich! Denn Gottes Geburt bei den Menschen schenkt Hoffnung. Die Kernaussage des Abschnittes im Titusbrief ist nicht die Erlösungsbedürftigkeit, sondern die Zusage der bedingungslosen Annahme durch Gott. Die heillose Verstrickung in kaum zu durchschauende Verantwortlichkeiten kann leicht in Depression und Fatalismus führen. Dieser Haltung der Hoffnungslosigkeit widerspricht das Weihnachtswunder. Gott kommt mit seiner Menschenliebe und Freundlichkeit zu uns und stärkt uns. Wir können und sollen uns für die Bewahrung der Schöpfung einsetzen.

Werkstück Predigt

Manchmal gehen Bekenntnisse unter die Haut. Wenn ein Mensch angesichts seines nahen Todes friedlich und gelöst in Dankbarkeit von seinem Leben und Glauben spricht, dann ist das ein seltenes Geschenk. Als Krankenhausseelsorger durfte ich das erleben. Aber weitaus häufiger habe ich dort nachdenkliche, ringende, verzweifelte und klug fragende Menschen getroffen. Sie wollten nicht einfache Antworten auf ihre drängenden Fragen hören. Erst recht wollten sie keine formelhaften theologischen Bekenntnisse präsentiert bekommen. Stattdessen wollten sie in ihren Fragen ernst genommen werden.

An sie musste ich denken, als ich den 66 Worte langen Satz aus dem Titusbrief las, der der Predigt heute zugrunde liegt.

Literatur: *Uwe Kolbe*, Psalmen, Frankfurt am Main 2017.

B

Margrit Wegner

IV Entgegnung: Fremde und eigene Fragen

Die gemischten Gefühle am ersten Weihnachtstag, die A beschreibt, kenne ich gut. Da sind sie wieder alle versammelt, die üblichen Verdächtigen, die Power-user des Gemeindelebens. Unvergessen der Seufzer einer Pastorenwitwe aus dem harten Kern der Kerngemeinde mitten im großen Trubel: ›Morgen haben wir unsere Kirche endlich wieder für uns. Gott sei Dank!‹ Andere Hochverbundene haben ganz auf den Kirchgang am Heiligabend verzichtet: ›Das ist immer so voll, und das kommt mit der Bescherung und dem Essen dann auch einfach zeitlich besser hin für uns als Familie.‹ Für sie ist der Gottesdienst am Tag danach der eigentliche Weihnachtsgottesdienst. Sie haben weniger die Erwartung, nun wieder im kleinen, vertrauten Kreise heimelig zusammenzusitzen. Sie wollen vielmehr endlich doch oder noch etwas hören vom Kind in der Krippe und vom Stern, von den Hirten und Engeln. Sie haben das große Fest der Erwartungen gefeiert, vielleicht Kinderseligkeit und Geschenkeglück erlebt oder Einsamkeit mit ein, zwei Kerzen nur, haben sich bissige Bemerkungen angehört oder verkniffen, haben sich an frühere Feste erinnert und vielleicht heimlich Vergleiche angestellt. Früher war mehr Lametta, früher hast du meine Wünsche erraten, früher war Opa noch dabei. Die »Welt da drinnen«, die A der »Welt da draußen« gegenübergestellt, ist am Weihnachtsfest an erster Stelle vielleicht nicht so sehr die Kerngemeinde, sondern die Familie und der Kreis der Nächsten, mit denen Menschen ihr Fest verbringen.

Wer kommt, möchte es ›schön‹ haben, möchte eher in den je eigenen Weihnachtsgefühlen bestärkt und bestätigt als hinterfragt und verunsichert werden. Sicher sind eine Menge Fragen im Raum: War das schon alles? Wieso bleibt immer alles an mir hängen? War es das letzte Fest mit den alt gewordenen Eltern? Werden die erwachsenen Kinder nächstes Jahr noch einmal alle kommen? Warum rührt mich das alles so an? Ob die großen Fragen, die A hinter dem Predigttext sieht, auch dabei sind? Vermutlich allenfalls im Ansatz. Darf man den Kommenden diese Fragen einfach in den Mund legen oder ins Herz? Wie gut, dass A die bedingungslose Annahme und die Hoffnung des Textes ins Zentrum rückt.

V Erschließung der Hörersituation: Sehnsucht nach Glück

Der erste Weihnachtstag ist *the day after*. Geschenkpapierberge werden zum Altpapiercontainer gebracht, erste Spuren des Festes beseitigt. Man blättert ein bisschen in den Weihnachtsbüchern, zieht den neuen Pulli an oder die Socken, und meistens haben nicht einmal die aktivsten Bäcker geöffnet. Aber wer hat auch schon wieder Hunger? Das Festessen liegt manchen schwer noch im Magen. Wer kann, macht frei. Nach der Heiligen Nacht mit ihrem Kerzenglanz wird nun alles bei Tageslicht betrachtet. Nach so viel Schokolade und Süßem und mancher Süßlichkeit mag manchen der Sinn nach ›Schwarzbrot-Spiritualität‹ (Steffensky) stehen. Aber: Geht das gut? Geht das mit diesem Text? Was an diesem Text ist weihnachtlich? Wer kennt schon Titus, wer erkennt die Umkehrung der Verhältnisse in Abgrenzung vom römischen Kaiserkult, der da im Hintergrund steht? Siebzehn große Worte in nur einem Satz! Freundlichkeit, Menschenliebe, Gerechtigkeit, Barmherzigkeit, Wiedergeburt, Erneuerung, Gnade, Hoffnung – und am Ende: das Leben, das ewige. Das ist wirklich eine Weihnachtsbotschaft für Erwachsene und für gut vorgebildete Christen zumal. Weit und breit weder Krippe noch Stall, weder Engelein noch Kindelein. Es fallen ja fast Ostern und Pfingsten mit dem Christfest zusammen in diesem einen langen Satz.

Welche Erfahrungen von Gerechtigkeit und Erneuerung, von Geist und Hoffnung spielen zum Fest eine Rolle? Was wird in den anstehenden Jahresrückblicken benannt? Zur Zeit der Abfassung der Predigtstudien sind Menschen noch bewegt von den Bildern aus Paris: Flammen im Dachstuhl der Kirche, unzählige Feuerwehrmänner riskieren im Einsatz ihr Leben. Im Angesicht der brennenden Kirche knieten Menschen nieder und sangen gemeinsam. Und dann kommen nach dem Brand der Kathedrale Notre Dame in Paris in kürzester Zeit unfassbare Millionenbeträge für den Wiederaufbau zusammen. Weltweit waren Menschen zuerst entsetzt und betroffen und dann erleichtert und berührt: Kein Mensch kam zu Schaden. Die Orgel blieb heil. Das Kreuz glänzte golden inmitten der aschgrauen Trümmer. Ist das nicht ein Zeichen? War da nicht etwas zu ahnen von Gottes Hoffnung für die Welt? Von seiner Gnade? Seiner Freundlichkeit? Oder zählen am Ende des Jahres mehr die ersten Zeichen des Wiederaufbaus und die Pläne für eine Kirche, die mit viel Geld noch schöner, noch prächtiger, noch touristenmagnetischer wird?

Von all den großen Worten des Predigttextes am ersten Weihnachtstag bleibt wohl der Anfang am ehesten im Ohr und wird mit dem Weihnachtswunder zusammengebracht: Die Freundlichkeit und Menschenliebe Gottes ist in der Welt. Sie bringt eine Seligkeit, die Menschen am Weihnachtsfest suchen, erhoffen, erleben – nicht so sehr als ewige Seligkeit, sondern als Momente kindlicher Glückseligkeit oder Stunden flüchtigen Glücks. In dieser Sehnsucht sehe ich am ehesten einen Anknüpfungspunkt für die Predigt.

VI Predigtschritte: ›Denn der Herr ist freundlich …‹

Im Blick auf die zu erwartende Gemeinde beschränke ich mich in der Predigt auf den Einstieg des komplizierten Satzes und seine beiden zentralen Begriffe, auf Gottes Freundlichkeit und Menschenliebe – ohne dabei alles andere auszublenden. Gott erscheint. Gott kommt in die Welt. Freundlich, menschlich und liebevoll. Menschenlieb. Dem Wort kann man nachspüren. Luther übersetzt: ›leutselig‹. Das meint keineswegs die gönnerhafte, überlegene, herablassende Leutseligkeit unserer Umgangssprache. Grimms Wörterbuch etwa führt auf: »den leuten angenehm, wolgefällig«, nennt eine »freundlichkeit des höheren gegen einen niedriger stehenden« und eine »zuthulichkeit, traulichkeit gegen die leute« (s. Internet). Ich möchte dem nachgehen, was das heute heißt: Gott wendet sich zu, Gott ist den Menschen zugetan, in Gott ist Menschenliebe erfahrbar – gerade zum ›Fest der Liebe‹ und angesichts all der Nachrichten, die in dieser Zeit die Menschen bewegen. Diese Liebe eröffnet eine Seligkeit, die weit über das hinausgeht, was Menschen sich an Geschenken und familiärem Beisammensein erhoffen. Dabei knüpfe ich an die Sehnsüchte an, die für viele mit dem Fest verbunden sind. Da ist vor allem die Sehnsucht, nicht allein zu sein, sondern einen oder mehrere Feiertage mit den Liebsten und Nächsten zu verbringen – möglichst harmonisch, möglichst friedvoll, möglichst entspannt. Lässt sich diese Sehnsucht verbinden mit Gottes »zuthulichkeit« uns Menschen gegenüber, mit Gottes Sehnsucht nach uns?

Werkstück Predigt (Anfang)

Driving home for Christmas, wer kennt es nicht? *Can't wait to see those faces* ... Wer kann, fährt Weihnachten nach Hause. Zu Eltern, Geschwistern, Enkelkindern. Regelmäßig werden vor Weihnachten die Staus und ihre Länge vermeldet. Alle Welt ist unterwegs. Nach Weihnachten geht es in umgekehrte Richtung zurück. Manchmal auch mit umgekehrten Gefühlen. Vorfreude ist Ernüchterung gewichen. Der Sohn hat sich auch in diesem Jahr grandios daneben benommen. Länger als drei Tage hält man die Enge nicht aus. All die alten Geschichten sind auserzählt. Aber auch das gibt es: Wer mit mulmigem Gefühl losfuhr, kehrt beglückt zurück. Blut ist dicker als Wasser. Die Familie ist enger zusammengerückt seit Großmutters Tod. Es war anders als all die Jahre zuvor, aber der neue Freund der Schwester ist echt ein Gewinn.

Kein Weihnachten ohne *Driving home for Christmas* landauf, landab morgens, mittags, abends im Radio. Weil dies Nachhausefahren und Nachhausekommen eine Sehnsucht beschreibt, die auch die überkommt, die sich gar nicht auf den Weg machen müssen. An den Feiertagen möchte jeder gerne mit den Liebsten zusammen sein. Zurückkehren zu Festen der Kindheit, die mit den Jahren immer seliger glänzen. Großvater war noch dabei, die Eltern noch zusammen, der große Bruder als Weihnachtsmann, weißt Du noch?

Predigtschluss:

Driving home for Christmas: Weihnachten sehnen wir uns nach einem Ort der Geborgenheit inmitten dieser Familie Mensch. Und Gott? Ich wage zu behaupten: Gott teilt genau diese Sehnsucht. Darum ist das vielleicht auch sein Lied: Ich kehre heim nach Hause. Ich kann es nicht erwarten, all diese Menschen zu sehen. Still und unerkannt bin ich da. Zwischen den Alten und Jungen, zwischen Geschenkpapierbergen und Lichterketten – geh auf allen Wegen mit euch ein und aus.

Amen

Liedvorschläge: EG 39 »Kommt und lasst und Christus ehren« – besonders Strophe 7; EG 70 »Wie schön leuchtet der Morgenstern« – besonders Strophe 4.

Internet: http://woerterbuchnetz.de/cgi-bin/WBNetz/wbgui_py?sigle=DWB&mode=Vernetzung&lemid=GL05124#XGL05124, abgerufen am 31.05.2019.

A

Matthäus 1,18–25:

Flüchten oder standhalten

Markus Engelhardt

I Eröffnung: Zum Abschluss noch einmal die Ouvertüre

Mehr gottesdienstliches Licht als bisher, wo er in der ›Christnacht‹ verortet war, wird dieser theologisch mehrfach bedeutsame Text mit der neuen Platzierung auf dem zweiten Weihnachtstag wohl auch nicht erblicken. Dieser Tag ist ein Klassiker für alternative liturgische Formate – vorzugsweise ›Singegottesdienste‹, die wir, ermattet von den diversen homiletischen Kraftakten an den beiden Tagen vorher, am zweiten Feiertag gerne anbieten. Die Zahl der Kolleginnen und Kollegen, die sich für diesen Tag an eine Auslegung dieses Hochkaräters machen, wird überschaubar bleiben. Aber auch hier soll gelten: Wo zwei oder drei von ihnen auch am zweiten Feiertag über diese Perikope predigen, da lohnt sich eine ›Predigtstudie‹ darüber! Und wer mag, nimmt diesen Text auch weiterhin in der ›Christnacht‹ mit auf die Kanzel.

Denn auch inhaltlich kann die liturgische Verortung dieses Textes am zweiten Feiertag verwundern. Führt sie uns doch – wie in einer Oper, bei der zum krönenden Schluss noch einmal die Ouvertüre erklingt – zum Abschluss der Weihnachtsfeiertage wieder zurück zum Vorspiel der Geburt Christi. Von daher hätte man sie eher am vierten Advent erwartet, als Komplementär zum ›Ave Maria‹ aus Lk 1, das dort seinen Platz hat. Es hätte schon seinen Reiz gehabt, diese beiden engelhaften Geburtsankündigungen an Mutter und Vater in ihren Gemeinsamkeiten wie Differenzen miteinander zu ver-sprechen. Nun aber eben zum zweiten Feiertag – wo die (vielerorts erstaunlich Vielen), die da zur Kirche gehen, mit einer gewissen wohligen Erschöpfung nach all dem ›Feststress‹ kommen. Und sich darum vielleicht auf einen Protagonisten, dem es der Herr im Schlaf gibt, ganz gerne einlassen.

Josef, der Träumer. Ein bekanntes biblisches Motiv. Es ist wohl dem bisherigen Nischendasein unseres Textes geschuldet, dass man dabei kaum an den Josef des Neuen Testaments denkt, sondern an ›Josef, den Ägypter‹ aus der weisheitlichen Großerzählung in der Genesis. Der Josef dort ist Träumer, Traumdeuter, Traumtänzer auch. Eine in Höhenflügen wie Abstürzen herausragende Figur. Der Josef hier ist keine Zentralfigur, kein Retter. Immerhin – anders als in der allerweltsbekannten lukanischen Überlieferung bleibt er hier nicht stumm, ist nicht die tumbe, belächelte Randfigur, die mit dem heilsgeschichtlichen Ereignis der Geburt Jesu so gut wie nichts zu tun hat. Das ist ja im Protestantismus bis heute wirkmächtig. Bei uns gilt der Name Josef immer noch als no go. Es ist dem Evangelisten Matthäus hoch anzurechnen, dass er Josef seine Szene, seinen Auftritt schenkt. Der führt zwar dazu, dass er sich mit einer Nebenrolle zufrieden gibt. Aber immerhin: Eine Rolle, anders als bei Lukas, ist es.

Eigentlich hatte Josef sich ganz rausschleichen wollen aus dem Film, weil er sich angesichts der Schwangerschaft der Verlobten buchstäblich ›wie im falschen Film‹ gefühlt hatte. Die Alternativen sind beide trübe: entweder die Verlobte »in Schande bringen«, was noch euphemistisch klingt angesichts dessen, dass damals der Ehebruch einer Frau die Todesstrafe nach sich ziehen konnte. Oder, wozu Josef offenbar tendiert, Maria »heimlich zu verlassen«, was konkret wohl bedeutete, ihr einen Scheidungsbrief auszuhändigen. Matthäus nennt Josef im Blick darauf »gerecht«. Das meint wohl, dass Josef sich dazu durchringt, den Skandal dieser anrüchigen Schwangerschaft in gewisser Weise auf sich zu nehmen.

Aber dann träumt er. Und entscheidet daraufhin anders: Er bleibt. Als Nebenfigur. Ist das couragiert? Oder kleinmütig? Oder ist es einfach bequemer Fatalismus? Wie ist das, wenn das Leben lang gehegte Pläne durchkreuzt? Wenn man lange schwanger gegangen ist mit einer Idee, einem großen Vorhaben, das fast zur Geburtsreife gebracht ist – und dann grätscht etwas brutal dazwischen: eine Schwangerschaft, eine Trennung, ein Wahlergebnis, eine Kündigung? Gehen oder bleiben, flüchten oder standhalten? Raus aus einer Geschichte, die mich dem Leben entfremdet hat? Oder nun erst recht mich darin einwurzeln? In unserem Text bekommt Josef seinen Platz zum Einwurzeln zugewiesen. ›Engel sind Einweiser darin, dass mehr möglich ist‹ (Eberhard Jüngel). Es ist möglich, nicht zu flüchten, sondern standzuhalten, lautet die engelhafte Devise. Es ist für Josef deshalb ›drin‹, weil er erfährt, dass nicht nur sein, sondern alles Leben ausgerichtet ist auf den Sohn seiner Verlobten. So lässt er sich ausrichten auf dieses Zentrum, das als ›die Mitte der Zeit‹ zum Zentrum der Welt werden soll.

II Erschließung des Textes: Es kommt auf den Namen an

Die Erzählung ist ein Solitär in den Evangelien. Sie ist, ganz anders als Lukas 2, in der Anlage schmucklos-lakonisch. Ulrich Luz konstatiert, »wie spannungslos sie erzählt« (Luz, 142). Im Unterschied zu Lukas ist sie keine Geburtsgeschichte, obwohl sie von der Jungfrauengeburt handelt, und auch keine Legende, wenngleich Matthäus hier legendarische Motive aufgegriffen und theologisch verarbeitet hat (Theißen/Merz, 46). Die Nähe zum Josefs-Epos der Genesis ist jedenfalls unübersehbar. Überhaupt erweist sich der judenchristliche Evangelist als exzellenter Kenner des Alten Testaments. Wie an vielen Stellen, so setzt er auch hier das Mittel des ›Schriftbeweises‹ ein (V. 22f.), sicherlich um den Messiastitel für Jesus gegen jüdische Autoritäten zu legitimieren. Sehr wahrscheinlich ist es, dass die Geschichte zu einem Erzählungskranz gehörte, in dem Josef eine zentrale Rolle gespielt und den Matthäus vorgefunden und stark überarbeitet hat. Sowohl der Schriftbeweis wie auch der unübersehbare Anschluss in V. 18 an die Genealogie ganz zu Beginn seines Evangeliums sind sicherlich ipsissima vox des Evangelisten.

Neu ist auch die Verbindung mit der *Jungfrauengeburt*. Diese Vorstellung, in paganen Nachbarkulturen (Hellenismus, Ägypten) anders als im Judentum breit belegt, lässt nach Luz auf »eine hellenistisch-judenchristliche Gemeinde als Traditionsmilieu« schließen (Luz, 145). Jedenfalls war die Jungfrauengeburt schon früh ein verankerter Glaubensinhalt im entstehenden Christentum – was sie faktisch bis ins späte 18. Jahrhundert mit der entstehenden historisch-kritischen Bibelauslegung geblieben ist. Dennoch lässt sich hier die überragende Bedeutung der Jungfrauengeburt im Katholizimus erhärten. Die beiden recht beiläufigen Aussagen in den VV. 18 u. 22 lassen sie eher als marginal erscheinen. Die Bedeutung, die dieser Topos zur Ausformung ihrer Mariendogmen für die katholische Kirche gewonnen hat, lässt sich aus der Bibel nur schwach herleiten. Auch da hat die ›Tradition‹ die ›Schrift‹ überformt. Dies gilt auch für die sogenannte ›immerwährende Jungfräulichkeit Mariens‹ und der daraus abgeleiteten Vorstellung der ›Josefsehe‹ in der katholischen Kirche. Der Schlussvers unserer Perikope, der hierfür gerne als Belegstelle bemüht wird, ist eine viel zu schwankende Grundlage, zumal das ouk eginösken mehrdeutig ist. Hier ist mit Luz festzuhalten: »Da eine dauernde Jungfräulichkeit Marias für seine Leser etwas sehr Ungewöhnliches gewesen wäre, hätte sie Mt expressis verbis ausdrücken müssen« (Luz, 153).

Viel bedeutsamer und für die Predigt ertragreich ist die doppelte Namensgebung: Jesus ist der *Immanuel.* Durch den Namen erhalte ich meine Identität. Durch *diesen* Namen erhalten wir alle unsere Identität als Christen. Mit dem Doppel-Namen des zur Welt kommenden Kindes Jesus-Immanuel spricht Matthäus geradezu seelsorgerlich der Gemeinde Jesu zu, dass Jesus »mit« ihr ist. Er ist es vom Moment seines Kommens in diese Welt an, weil er als der Immanuel kommt. Und er bleibt es für alle Zeit, weil er als Auferstandener ›Matthäi am Letzten‹ den Seinen als irdisches Vermächtnis hinterlässt, »mit« ihnen »alle Tage bis ans Ende der Welt« zu sein (Mt 28,20). Das ist die groß(artig)e christologische Klammer, mit der Matthäus sein Evangelium umschließt.

III Impulse: Den Seinen gibt's der Herr im Schlaf

1. Während Lukas die Geburtsgeschichte Jesu aus der Perspektive Marias anlegt, wählt Matthäus die Sicht Josefs. Der Schattenmann wird, für eine gewisse Zeit, zum Protagonisten. Und für uns zu einer Identifikationsfigur. Gerade weil er in einem tiefen Dilemma steckt. Schon Kinder werden mit Dilemma-Geschichten konfrontiert, weil sie daran lernen, dass das Leben nicht nur Win-win-, sondern auch Lose-lose-Situationen beschert. Eigentlich hatte er sich schon für den zweiten Ausweg aus dem Dilemma entschieden, also Maria den Scheidebrief auszuhändigen. So käme sie wenigstens mit dem Leben davon und es macht weniger Aufsehen für beide. Vielleicht kann sein Leben mit einer anderen Frau ja wieder heil werden. Aber dann macht Josef die Erfahrung von Ps 127,2: Schlafend bekommt er eine andere, dritte Alternative vorgeführt. Ihm wird zugetraut, die Schande auszuhalten, der vermeintlich untreuen Verlobten die Treue zu halten, dem Kind, das nicht seines ist, ein verlässlicher Vater zu werden. Großes Zutrauen – und mindestens so große Zumutung! Zwar weiß er nun, dass die Verlobte ihm keine Hörner auf-

gesetzt hat. Aber klar ist auch, dass ›die Leute‹ eben dies denken werden. Prima vista muss es für Josef so aussehen: Er soll von zwei schlechten Möglichkeiten die allerschlechteste dritte wählen.

2. Aber er bekommt auch klare Hinweise, was er tun, wozu das ganze ›gut sein‹ soll. Und es wird gut sein! Josef bekommt gleichsam eine vorlaufende Deutungshilfe für diese tiefe Krise. Sie bindet Vergangenheit, Gegenwart und Zukunft zusammen. Und weist Josef eine Mit-Verantwortung zu, dass sich alles zum Heil der Welt verbindet. Das lässt sich nicht rational plausibilisieren. Es ist eine Geist-Aufgabe. Damit wird die Randfigur Josef doch irgendwie zum Partner auf Augenhöhe zu Maria, deren Schwangerschaft geistgewirkt ist. Der ›gehörnte‹ Bräutigam wird zum Vater für den menschgewordenen Gott!

3. So liefert Matthäus gleich zu Beginn seines Evangeliums eine Prolepse für das Geschehen von Kreuz und Auferstehung am Ende: Aus einer heillosen, skandalösen Konstellation wird größtes Heil, weil Josef der Peinlichkeit standhält. Aus einem Skandal-Kind wird Immanuel, Gott-mit-uns. Für alle, die nicht flüchten, sondern standhalten. Dies ist dann doch ähnlich zu Lukas mit dem Holz der armseligen Futterkrippe, das auf das Holz des mörderischen Kreuzes vorausweist. In der sozialen Schande, die Josef fühlen musste, und dem verwegenen Ausweg aus dem scheinbar unlösbaren Dilemma leuchtet in Umrissen bereits der Weg von Karfreitag nach Ostern auf.

Literatur: *Ulrich Luz,* Das Evangelium nach Matthäus (EKK I/1), Zürich/Braunschweig/Neukirchen-Vluyn 2002; *Gerd Theißen/Annette Merz,* Der historische Jesus, Göttingen ²1997.

Sabine Kast-Streib

B

IV Entgegnung: Josef im Fokus – doch was ist mit der Jungfrauengeburt?

Wie A rücke ich die »Sicht Josefs« in den Fokus. Die homiletische Würdigung vom »Schattenmann« zur »Identifikationsfigur« finde ich hilfreich. Sie reizt mich, ein Werkstück für »alternative liturgische Formate« zu entwickeln, das uns »ermatteten« (A) Predigerinnen und Predigern am zweiten Feiertag Lust zum Gottesdienst macht.

»Josef der Träumer«: Zu Recht spannt A den Bogen vom ersttestamentlichen zum matthäischen Josef. Der Traum bringt Klarheit in Josefs Entscheidung. Wie bei der Flucht nach Ägypten (Mt 2,13ff.) ist es ein Engel, der die Richtung weist. Er wird zum Schutzengel für Maria und das Kind, zum ›Schubs-Engel‹ für Josef: Einfühlsam schubst ihn der Gottesbote in Richtung Entscheidung und Verantwortungsübernahme: »Fürchte

Dich nicht!« Zum emotional ermutigenden Impuls kommt ein (heils-) geschichtlicher: Die Anrede »Sohn Davids« betont Josefs Bedeutung als irdischer Vater Jesu, der den kommenden Messias in den Stamm Davids eingliedert. Dazu wird Josef ein gesetzeskonformer Ausweg aus seinem Dilemma aufgezeigt. Anders als A es darlegt, erfüllt Josef das Gesetz nicht nur dann, wenn er Maria der Verurteilung preisgibt oder ihr einen Scheidebrief ausstellt, sondern auch wenn er bei seiner Verlobten bleibt. Denn er legt es »im Sinne des Liebesgebotes aus und reiht sich damit ein in die Reihe der Gerechten, die ... bis zu den im Endgericht bestehenden Tätern der Gebote Jesu (13,43; 25,46) reicht.« (Luz, 104)

Flüchten oder standhalten? Das ist hier die Frage. Josefs Geschichte macht Mut: »Es ist möglich, nicht zu flüchten, sondern standzuhalten.« (A) Allerdings lässt sich Josefs Situation nicht mit der anderer (Zieh-) Väter vergleichen. Wenn er sich für dieses besondere Kind entscheidet, dann lässt er sich mit ihm auf das »Zentrum der Welt« ausrichten (A). Was aber kann anderen Betroffenen Mut machen? Eine erste Antwort darauf: der Glaube, dass in jedem Kind Gottes kreative Geistkraft lebendig ist. So ist in Mt 1,18 »an das kreative Eingreifen Gottes durch den Geist und nicht an den (neutrischen! hebräisch weiblichen!) Geist als geschlechtlichen Partner Marias zu denken« (Luz 104). Spezifisch christlich weitergedacht: Durch Jesus ist uns verheißen, dass wir alle Gottes Kinder sind. In der Taufe wird dies laut ausgesprochen und zugesagt.

A's exegetischer Konklusion, dass die Jungfrauengeburt marginale Bedeutung hat, folge ich. Dies wird für einige Menschen, die den Gottesdienst besuchen, anders aussehen. Die drei altkirchlichen Credos bekennen die jungfräuliche Geburt Jesu. Nicht nur katholische, auch manche evangelischen Kreise sehen sie als zentral für ihren Glauben an – so titelte z.B. idea am 28.11.2010: »Jungfrauengeburt ist keine pietistische Sonderlehre«. Zwar sollte das Thema nicht im Mittelpunkt der Predigt stehen. Für eine fundierte theologische Erörterung ist hier nicht die Zeit und der Ort. Aber ein sensibler Umgang mit dem Thema ist angebracht. Für theologisch zentral halte ich die Gottessohnschaft Jesu als Voraussetzung für unsere Erlösung. Sie kommt von außen, ›extra nos‹. Gott wurde Mensch, um uns Menschen zu ›retten‹, so die matthäische Deutung des Namens Jesus. Das ist das Wunder von Weihnachten. Darum wurde Gott von einer Frau geboren und von einem irdischen Vater aufgezogen.

V Erschließung der Hörersituation: Familie – mehr als ›Vater, Mutter, Kind‹

Weihnachten ist Familienzeit, heißt es oft. Menschen geht es jedoch unterschiedlich mit ihren Familien. Ungewollte Kinderlosigkeit, unfreiwilliges Singledasein, familiäre Konflikte und Verluste werden an

Weihnachten oft schmerzhaft erfahren. Auch wer das Fest genießt, muss sich am zweiten Weihnachtstag schon wieder auf den Alltag einstellen. Der Predigttext bietet durch seine nüchterne Erzählweise auch eine Brücke zu den nachweihnachtlichen Tagen, weil er Familie nicht idealisiert, Furcht und Probleme benennt und Perspektiven aufzeigt.

Die Situation des Josef ist zwar historisch und religiös spezifisch. Doch sehen sich auch heute (junge) Männer mit der unerwarteten Schwangerschaft ihrer Partnerin konfrontiert. Die damit verbundenen Entscheidungsprozesse, Unsicherheiten und Zukunftsängste beschäftigen viele existenziell. Flüchten oder standhalten? Damit können Paare oder Einzelne in der Regel nicht allein fertig werden. Es braucht einen Engel, Hilfe von außen, Beratung, Seelsorge. Patentlösungen gibt es nicht. Die Erfahrung, dass Väter und Partner flüchten, gehört zur Lebenswirklichkeit vieler Mütter, welche die Verantwortung für ihre Kinder alleine tragen. Doch immer wieder entscheiden sich Väter – wie Josef – dafür, Kinder anzunehmen, ihnen ihren Namen zu geben, auch wenn es nicht die leiblichen sind. Familienkonstellationen sind vielfältig. Beziehung und Verantwortung gibt es beileibe nicht nur zwischen Blutsverwandten. Jesus erlebt das vom Mutterleib bis zum Kreuz: Fürsorge geht weit über die biologischen Familienverhältnisse hinaus (s.a. Joh 19,26f.). Sie wächst, wo Menschen füreinander Verantwortung übernehmen, im persönlichen Leben, in der Gesellschaft, in Kirche und Gemeinden.

Ein Traum bringt Klarheit für Josef. Der Traum ist ein Kommunikationsmedium Gottes in der Bibel und des Unbewussten in der Psychologie. Heute müssen wir den Wert der Träume (neu) entdecken, vom Glauben und von der Forschung her. Träume können wertvolle Informationen enthalten. Ihre Botschaft ist jedoch meist nicht so klar wie bei Josef aus Nazareth. Sie ist eher verschlüsselt und bildhaft, wie bei den Träumen des Josef aus Kanaan. Die Predigt kann Hörerinnen und Hörer ermutigen, der Botschaft ihrer Träume nachzugehen.

Das Thema Jungfrauengeburt erzeugt unterschiedliche Resonanzen. Für manche ist sie zentrales Glaubenselement und unumstößliche Lehre. Andere fragen sich, ob sie ›wahr‹ sein kann. Wieder andere sind irritiert, weil sie das Thema für historisch überholt halten. Predigende sollten mögliche Reaktionen seelsorglich im Blick haben, ohne vertieft darauf eingehen zu können (s. IV).

VI Predigtschritte: Ein Gottesdienst (nicht nur) für Väter

Ohne die Texte in Mt 1 und 2 hätten wir wenig biblische Informationen über den irdischen Vater Jesu (einiges berichtet das Protoevangelium des Jakobus). Das legt nahe, Josef in den Fokus der Predigt zu rücken. Als kreativen »Aufhänger« wähle ich das Bild »Josef von Nazaret« von Guido Reni (1640; https://de.wikipedia.org/wiki/Josef_von_Nazaret, abgerufen am 31.05.2019).

Werkstück Predigt (Impulse zur Bildbetrachtung »Josef von Nazaret«)

Zu Beginn lade ich die Hörenden dazu ein, eigenen Gedanken und Assoziationen nachzugehen und – wenn sie es wollen – diese auch zu äußern. Sodann gehe ich an folgenden Impulsen entlang:

- Ein Mann hält einen Säugling im Arm, behutsam und liebevoll. Die beiden schauen sich in die Augen, lächeln einander an, interagieren. Es könnte der Vater des Kindes sein, der Großvater, der Patenonkel. Die Verbindung muss keine familiäre sein. Guido Reni nannte sein Bild »Josef von Nazaret«. Mich fasziniert die innige Beziehung zwischen Josef und Jesus, die man eher bei einem Madonnenbild vermuten würde. Das ist ungewöhnlich für jene Zeit und noch für spätere (Väter-) Generationen.
- Dabei war es alles andere als selbstverständlich, dass Josef sich für dieses Kind entscheiden würde:

[Lesung Mt 1, 18–25]

- Flüchten oder standhalten? Josef lernt, Verantwortung zu übernehmen. Zuerst denkt er an einen Scheidebrief, um Maria eine Verurteilung wegen Ehebruchs zu ersparen. Im Traum hört er, was ihm nicht bewusst war: »In diesem Kind ist Gottes Geistkraft lebendig. Und Du, Sohn Davids, bist der Richtige, um ihn großzuziehen.« Träume helfen, wo wir mit Überlegungen nicht weiterkommen. Am Anfang eines neuen Weges kann ein Traum stehen, der die Richtung weist und den es zu verstehen gilt.
- Auch heute stehen Männer vor der Frage, sich für Kinder zu entscheiden, die überraschend kommen oder nicht ihre leiblichen sind. Wer und wo sind die Engel, die ihnen und den werdenden Müttern Mut machen?
- Josef eignet sich die Vaterschaft an. Er baut Bindung und Nähe auf, lässt sich von dem kleinen Wesen berühren. Immer wieder entscheiden sich Männer – wie Josef – dafür, Kinder groß zu ziehen, auch wenn sie nicht die biologischen Väter sind.
- Was wir sehen, ist auch Idealvorstellung und Sehnsucht: nach einer guten Beziehung zu seinen Kindern oder Eltern. Nach einem eigenen Kind. Nach dem Vater, den ich nie kennengelernt habe. An Weihnachten werden familiäre Konflikte und unerfüllt gebliebene Wünsche besonders spürbar.
- Die Bibel berichtet nichts vom Verhältnis zwischen Jesus und Josef. Wovon sie erzählt, ist die Beziehung Jesu zu seinem göttlichen Vater, die ihn trägt, sogar durch den Tod hindurch. Auch Josef und Maria lassen sich von ihrem Vertrauen auf Gott leiten.
- So scheint Gott in diesem Bild für mich überall durch: In Jesus, dem »Immanuel« – Gott mit uns. Doch auch in Josefs Antlitz und im Licht, das die beiden verbindet: ›Gott lasse sein Angesicht leuchten über Dir‹.
- Durch den Mensch gewordenen, gekreuzigten und auferstandenen Gott ist uns versprochen, dass wir auch Gottes Kinder heißen. In der Taufe wird uns das zugesagt. Ganz gleich, wie unsere Familienverhältnisse aussehen, wir können uns finden in diesem Bild: als Gottes geliebte Kinder. Angenommen, geliebt, freundlich angelacht. »Fürchte Dich nicht!« So können wir, bei allen menschlichen Begrenzungen, füreinander da sein.

Hiob 42,1–6:

Aufklärung einer dunklen Geschichte

Thomas Schlag

I Eröffnung: Drama, Hiob, Drama

Die Gestalter der neuen Perikopenordnung haben unter der Prämisse, dass durch die neuen Predigttexte mehr alttestamentliches Textgewebe in das Kirchenjahr eingefügt werden soll, zum ersten Sonntag nach Weihnachten den weisheitlichen Gottesmann Hiob auf den Plan gerufen. Hi 42,1–6 rückt in der neuen Ordnung der Predigtperikopenreihe II an die Seite der dramatisch-existenziellen Ereignisse der Huldigung der Sterndeuter, der Familienflucht nach Ägypten, dem Kindermorden in Bethlehem und der segensreichen Rückkehr der Heiligen Familie ins sichere Nazareth (Mt 2,13–23). Auch wenn es allerbeste Gründe gibt, die Gestalten des Alten Testaments nicht einfach für die neutestamentliche Frohbotschaft zu funktionalisieren und zu vereinnahmen, so ist doch diese Auswahlentscheidung überaus weise. Denn in Hiob spielt sich in durchaus verwandter Weise ein ebensolches existenzielles Drama ab. Alles beginnt mit zweifelsfreier Anbetung: Hiob ist ein gottesfürchtiger, gesegneter und auf seine Weise überaus weiser, übrigens aus dem östlichen »Uz« (Hi 1,1) kommender Mann. Er huldigt, was das Zeug hält, und übertreibt es sogar mit seinen prophylaktischen Opfern (vgl. Schmid, 341). Doch dann verändert sich alles auf grundstürzende Weise: Er gerät in übergroßes Leid, tiefstes Grauen und Todesgefahr (Hi 1–3). Das bisherige Leben scheint verflucht und verflüchtigt sich. Die Weisheitssuche mit den Freunden führt zu nichts (Hi 4–28). So fordert Hiob Gott selbst zum Rechtsstreit auf (Hi 29–31). Doch dieses Aufklärungsbegehren ist ebenso nutzlos wie die anschließenden langen Reden (Hi 32–37). Ein Ausweg scheint sich nicht mehr zu bieten. Vom Segen kann keine Rede mehr sein. Es sei denn, Gott selbst erhebt seine Stimme und Hiob hört auf, Recht haben zu wollen (Hi 38–42).

›Drama, Hiob, Drama‹, das ist der dunkelrote, dünne Lebensfaden durch die gesamte Geschichte hindurch. Und dabei sind es nicht nur die Schicksalsschläge, die das Leben zur Pein machen, sondern noch viel mehr ist das endlose Ringen mit Gott höchst qualvoll. Es ist ja auch kaum zu begreifen, dass die eigene fromme Lebensführung und weisheitliche Lebensdeutung sich dermaßen an die Wand fährt wie hier. Hiob hat beim »zu Eigen machen« offenbar etwas grundsätzlich falsch verstanden. Ihm scheint es am Ort des eigenen frommen Selbstbewusstseins längst zu wohl geworden zu sein und er meint ernsthaft, im »struggle of Titans« (Perdue, 215) siegen zu können. Er ergreift das Wort nicht nur in eigener Macht, sondern fängt an, in seinem Leiden lange, kühn und aufbegehrend (vgl. Jeremias, 462) mit Gott zu rechten. Er stellt die Fragen, und Gott soll antworten. Gott dient ihm nur noch als Resonanzraum, um zu bestätigen, was er ohnehin schon sicher zu wissen glaubt: Wenn er damals schon »Ich steh' an Deiner Krippen hier« gesungen hätte, dann sicherlich mit dem Achtergewicht auf dem »Ich«. Und der freudestrahlende Engel hätte ihm als Höhensonne für das eigene Image gedient. Das mit der Weisheit hat er offenkundig falsch verstanden.

II Erschließung des Textes: Zweite Nativität

Wie in jeder guten Erzählung stehen die wesentlichen und wichtigen Dinge am Ende. Dies gilt auch für die Geschichte Hiobs als »premier example of literary excellence in the Bible« (Estes, 17). Erst am Schluss kommt die Auflösung, oder soll man sagen Erlösung? Tatsächlich kann sich Hiob so wenig wie der Leser über die langen Kapitelstrecken je auf der sicheren Seite fühlen: Als Leser schöpft man zugleich viel früher als Hiob Verdacht, dass dies auf Dauer nicht gut gehen kann. Und so kommt es dann ja auch. Hiob ergeht es gar grausig. Nachdem sich die aufgeklärte Frömmigkeit als gegenstandslos erwiesen hat, wird das Vakuum zum horror vacui und schnürt ihm die Lebensluft ab. Und so spiegelt das ganze Hiobbuch die Einsicht, dass man die Frage nach Leid und Schicksal im wahrsten Sinn des Wortes nur ›bedingt‹ in menschlichen Rationalitätskategorien erklären kann. Gerade von dort aus eröffnet sich in Hi 42,1–6 der entscheidende Umkehrschwung. Ein letztes Mal geht Hiob in den Antwortmodus, und doch ist dieses Mal alles anders. Die Dialektik der Aufklärung nimmt weisheitliche Gestalt an. Hiob muss betend in die Knie gehen und es zeigt sich sein »kreatürliches Ungenügen coram Deo« (Oorschot, 184). Diesen Rechtsstreit kann er *per se* nicht gewinnen: Er merkt, dass nicht Gott der Erklärungsbedürftige ist, sondern er selbst: »Höre, ich will reden, ich will dich fragen, und du lehre mich.« (Hi 42,2) Die mit dem Verweis auf die Turmbau-zu-Babel-Erfahrung (Gen 11) verbundene Doxologie ist nicht mehr »protest«, sondern »praise« (Perdue, 212). Hi 42,3 sollte dabei nicht als »ironische Dissonanz«, sondern vielmehr als echte Selbstkritik Hiobs verstanden werden (Krüger, 227). Dass er am Ende aufgibt und in Sack und Asche weiterwandeln wird (Hi 42,6), ist dabei allerdings nicht allzu zerknirscht-knechtlich zu lesen, sondern eher als »compassion/sorrow for human beings« (Perdue, 214). Es ist insofern schon dadurch viel gewonnen, dass er für diesen besinnungsvollen Zwischenzustand sein überbordenes Ich-Bewusstsein aufgibt und gerade so zu einer vernünftig-aufgeklärten ›zweiten Nativität‹ über die Angewiesenheit des Menschseins auf göttlichen Segen als »free gift of God« (Krüger, 227) gelangt. Am Ende ist dann ganz überraschend sogar die Generationenfolge wieder gewährleistet: Hiob ist ein gesegneter Mann: Wer wollte das angesichts der heiligen Siebenzahl seiner Söhne und der wunderbaren Namen seiner sicherlich wunderschönen drei Töchter bestreiten: »Täubchen«, »Zimtblüte«, »Schminkhörnchen« (Hi 42,14). Dagegen sind Gold, Weihrauch und Myrrhe (Mt 2,11) ja fast albern-materialistische Konsumgaben. Nun kann Hiob ganz und gar (Hi 42,5) als der weisheitlich Aufgeklärte und Beschenkte in Frieden fahren.

III Impulse: Aufklärung ›höherer und hörender Ordnung‹

Die thematische Schwerpunktsetzung sollte darauf liegen, die Zeit ›zwischen den Jahren‹ nicht einfach als ›leere Übergangszeit‹ zu verstehen, sondern die weihnachtliche Botschaft nochmals so zu vertiefen, dass von dort aus in die weiteren Wochen gegangen werden kann. Dabei liegt es von der weisheitlichen Ausrichtung des Hiobbuches her nahe, die an Weihnachten manifest gewordene Präsenz Gottes zu thematisieren. Die Herausforderung besteht dabei darin, den alttestamentlichen Hiobtext nicht im Sinn einer allzu platten Analogie für die neutestamentliche Botschaft zu funktionalisieren, etwa durch den ›üblichen‹ Verweis darauf, dass »mein Erlöser lebt« (Hi 19,25) und Hiob zum »Voraushinweis auf Christus« (Langenhorst, 340) gemacht wurde. Auch die Referenz des Wochenspruchs Joh 1,14b auf die »Herrlichkeit als des eingeborenen Sohnes vom Vater, voller Gnade und Wahrheit« ist mit erheblicher Vorsicht von der alttestamentlichen Hioberfahrung her durchzubuchstabieren. Die Pointe der Auslegung besteht darin, die durch Weihnachten angestoßene Gottesgegenwart für die individuelle Existenz und die eigenen offenen Fragen ansichtig zu machen. Die Verbindung der alttestamentlichen Gottesschau Hiobs und der neutestamentlichen Weihnachtsbotschaft liegt darin, die von Gott her geschenkte Zeit als gesegnete Zeit zu »verstehen«, die sich in allen Lebenssituationen entscheidend von Gott her erschließt und nicht durch aufgeklärte rationale Welt- und Lebenserklärungen. Das Vakuum zwischen den Zeiten, aufgeklärte Besinnungszeit und die Hoffnung auf erfüllte Zeit lässt man sich sinnvollerweise ›einfach‹ schenken. Denn biblische Weisheit ›zwischen den Zeiten‹ ist zuallererst zugeeignete Aufklärung ›höherer und hörender Ordnung‹. Erst von dort her gewinnt die hörende und sehende Zeugengemeinschaft (1 Joh 1,1–4 = Epistel des Tages) ihre tiefere Begründung.

Werkstück Predigt (Einstieg)

Zwischen den Jahren heißt es für alle Beteiligten, endlich wieder zur Besinnung zu kommen. Der Weihnachtstrubel liegt hinter uns. Das neue Jahr samt seiner absehbaren Neuerscheinungen liegt noch in Lauerstellung und wartet nur darauf, alsbald seine Schatten vorauszuwerfen. Dies sind die Tage des lebensfreundlichen Stress-Vakuums zwischen den Zeiten. Und deshalb sind dies entscheidende Tage der Weihnachtszeit. Denn jetzt ist Aufklärung darüber möglich, was war, was ist und was kommen mag. Nach all dem Bilderreichtum der Krippenlandschaften und Engelsbotschaften, nach all dem weihnachtlich-glänzenden Staunen, bei dem einem Augen und Ohren übergegangen sind, ist nachweihnachtliche Neu-Besinnung angesagt. Und so stellt es nach den mehr oder weniger gelungenen Bescherungen eine schöne Überraschung dar, dass ausgerechnet jetzt der alttestamentliche, leidende Hiob in diese Besinnungszeit ›dreinfährt‹. Warum muss es in dieser nachweihnachtlichen Zwischenzeit so dramatisch werden? Um es gleich zu sagen: Schon der Name Hiob selbst ist eine Frage: »Wo ist der göttliche Vater?« Und er verkörpert zugleich die existenzielle Bitte um Lebenserklärungen. Nun hat uns aber doch die Krippe erst vor wenigen Tagen eine höchst anschauliche Antwort auf diese urmenschliche Frage-Bitte gegeben. Ist also der Blick auf den Hiob, den exemplarischen Büßer (vgl. Witte, 433), überhaupt noch ›notwendig‹ und ›angesagt‹? Wir werden sehen und hören …

Liedvorschläge: EG 34 »Freuet euch, ihr Christen alle« (zur Psalmlesung Ps 71); EG 56 »Weil Gott in tiefster Nacht erschienen«; EG Württemberg 627 »Ich werfe meine Fragen hinüber«.

Literatur: *Daniel J. Estes*, Handbook on the Wisdom Books and Psalms, Grand Rapids 2010; *Jörg Jeremias*, Theologie des Alten Testaments, Göttingen 2015; *Thomas Krüger*, Did Job Repent?, in: Thomas Krüger u.a. (Hg.), Das Buch Hiob und seine Interpretationen, Zürich 2007, 217–229; *Georg Langenhorst*, Hiob unser Zeitgenosse. Die literarische Hiob-Rezeption im 20. Jahrhundert als theologische Herausforderung, Mainz 1994; *Jürgen van Oorschot*, Die Entstehung des Hiobbuches, in: Thomas Krüger u.a. (Hg.), Das Buch Hiob und seine Interpretationen, Zürich 2007, 165–184; *Leo G. Perdue*, Creation in the Dialogues between Job and his Opponents, in: Thomas Krüger u.a. (Hg.), Das Buch Hiob und seine Interpretationen, Zürich 2007, 197–216; *Konrad Schmid*, Theologie des Alten Testaments, Tübingen 2019; *Markus Witte*, Schriften (Ketubim), in: Jan Chr. Gertz (Hg.), Grundinformation Altes Testament, Göttingen [4]2010, 413–534.

B

Ralph Kunz

IV Entgegnung: Hiob hat recht geredet

Was stellt uns Hi 42,1–6 vor Augen? Einen Hiob, der bereut, nachdem Gott Tacheles gesprochen hat! So endet ein Redestreit, der aus paartherapeutischer Sicht nicht gerade optimal gelaufen ist. Zuerst schreit der Mensch, weil Gott schweigt, dann donnert Gott los, dass es dem Menschen die Sprache verschlägt. Aber miteinander geredet haben die beiden eigentlich nie. Man kann das Buch Hiob *wegen* seiner Reden als Drama lesen. Und man kann sich weiter fragen: Wer spielt in diesem Stück eigentlich eine gute Rolle? Dass der Satan eine zwielichtige Figur ist, ist klar (vgl. von Sass, 10). Und die Freunde, die zunächst extrem empathisch sind, und mit Hiob sieben Tage und Nächte schweigen (Hi 2,11ff.), werden immer unsympathischer, je mehr sie sich in Rage hineinreden. Auch die Frau von Hiob macht eine schlechte Figur. Ob die Kritik der Kommentare an ihr fair ist, steht auf einem anderen Blatt (vgl. Frettlöh). Schließlich ist sie ja auch vom Unglück betroffen und als pflegende Angehörige erst noch einem Burnout-Risiko ausgesetzt. Was den Charakter Hiobs betrifft, gehen die Meinungen auseinander. Aber eigentlich ist die Sache klar. Man muss nur einen Vers weiter lesen. Gott bescheinigt Hiob (indirekt), er habe recht geredet (41,7). Der Vers ist ein Schlüssel für dieses Buch mit vielen Siegeln (vgl. Oeming).

An der Auslegung von A gefällt mir der Fokus auf die Weisheit. Auch bei der Situierung zwischen den Festtagen mache ich mit: Der Hiobtext ist eine Gelegenheit, Weihnachten zu vertiefen. Dass A aber Hiob derart in die Pfanne haut, will mir nicht einleuchten. Hiob habe sich, so wie er sich Gottes Ratschluss »zu Eigen mache«, offenbar etwas grundsätzlich falsch verstanden. Leidet Hiob an einem »überbordenden Ich-Bewusstsein«? Kommt er wirklich zu einer vernünftig-aufgeklärten zweiten Nativität? Würde er, wenn es Gott gefiele, den Satan noch einmal von der Kette zu lassen, den Mund halten? Ich hoffe es nicht! Ich hoffe, er bliebe der Hiob, der recht redet. Wenn eine Figur im Hiob ein überbordendes Ich-Bewusstsein an den Tag legt, dann Gott (vgl. von Sass, 30f.)! Solange er donnert, heißt er zu Recht El-Shaddai (vgl. Heckl, 365f.). Aber Gott kommt bei A seltsamerweise ungeschoren davon.

V Erschließung der Hörersituation: Hiob nach Weihnachten – das geht ins Auge!

Am Sonntag zwischen den Zeiten ist Gelegenheit zur »Besinnung« (A III). Doch mit der Perikope wird der Gemeinde ein philosophischer Brocken serviert, der schwer wiegt. Wer Gottes Wort und Hiobs Antwort erbaulich verwerten will, kommt auf die Welt. Warum nicht? Aber dann bitte nicht als Bauchlandung, sondern in einer zweiten Natalität. Wie lässt sich vor dem Hintergrund der Passion Hiobs Weihnachten vertiefen? Gibt es eine Verbindung zur Heiligen Nacht?

Man könnte das Leiden Hiobs dazu benutzen, Weihnachten als Konsumfest zu denunzieren und mit einer Erinnerung an den Weltschmerz dem Fest im Nachhinein Tiefe zu verleihen. Aber das geht ins Auge. Die Bilder der Hiobsbotschaft sind tausendmal stärker als das Bild der Krippe. Wäre es nicht besser, die offensichtliche Kollision zu thematisieren (vgl. Podmore, 253)? Denn um eine solche handelt es sich zweifellos. Da ist das Kind, das zum Symbol der Geburtlichkeit wurde, und da der Hiob, sprichwörtliche Leidensfigur. Da prallt etwas aufeinander. Für diese Kollision macht Weihnachten sensibel und hungrig nach Geschichten, die uns Neues in der Tiefe *sehen* lassen.

VI Predigtschritte: Ich seh' an Deiner Krippe El-Shaddai

Es ist ja schon augenfällig, was die ohrenfreundliche Schrift den Hiob sagen lässt. Er habe Gott nur vom Hörensagen gekannt, jetzt habe er ihn gesehen. Nachdem ihm Gott das Gehör verweigert hat, gewährt er ihm, was nicht einmal Moses gewährt wurde (Ex 33,20). Hiobs Kniefall geht eine kräftige Theophanie voraus. Ihre größte Offenbarungskraft entfaltet sie in der Beschreibung der Naturgewalten. Der Kreator zieht eine Show ab. Was Gott schafft, ist spektakulär. Gott zeigt sich als der, der *hinter* allem steckt, aber wir kommen nicht dahinter. Denn zugleich verbirgt sich El-Shaddai, indem er sich *so* zeigt, *wie* er sich zeigen will, als Schöpfer wie als Zerstörer (vgl. Knauf), der auch dann gegenwärtig ist, wenn wir ihn nicht sehen. Er ist allgegenwärtig. *Deshalb* kommen wir nicht dahinter. Ist das ein Trost?

Wenn es bei der Demonstration der hintergründigen Allmacht bliebe, hätte Hiob von der göttlichen Aufklärung nicht viel. Es bliebe ein Abgrund. Er aber bezeugt: Nun hat *mein Auge Dich gesehen.* Was Hiob schon ahnte, als er für einen Augenblick lang den Erlöser hinter den Kulissen erblickte (Hi 19,25), wird zur Gewissheit. Gott gibt ihm Recht. So richtig warm ums Herz wird einem bei dieser Epiphanie aber nicht. Sie lässt immerhin die Weihnachtsepiphanie in einem neuen Licht aufscheinen und beleuchtet, was man dort *nicht* sieht: keinen El-Shaddai, der seine Überlegenheit *über uns* demonstriert, sondern einen Immanuel, der *mit uns* ist. Ein anderer Gott hat das Zeigen übernommen. Ein neuer Typus von Offenbarung ist dran. Immanuel ist nicht der El-Shaddai, *hinter* dessen Rücken wir nicht sehen und der mit zwielichtigen Helfern die Fäden hinter unserem Rücken zieht.

Warum nicht die Idee von A aufnehmen und Paul Gerhardts Krippenlied noch einmal laut singen – meinetwegen mit einem ganz kräftigen Achtergewicht auf dem ›Ich‹. Es ist ein anderes ›Ich‹, ein freies, frohes und frommes ›Ich‹, das sich staunend über einen Gott neigt, der sich verletzlich zeigt. Dieses Sich-Verneigen ist keine unterwürfige Geste. Das ›Ich‹ bückt sich, um sich am Kind, »das uns geboren ist« (Jes 9,6), zu freuen, und es neigt sich ihm zu, um einen Augenschein von ihm zu erhaschen. Dass dieser Anblick und Augenblick das Leid nicht aus der Welt schafft, braucht man Kirchgängern nicht zu erklären. Es geht darum, den Augenblick des Angeschaut-Seins zu feiern und mit Hiob nicht zu vergessen, was wir nicht sehen, aber hoffen. Dass der in seiner Allgegenwart dunkle, unergründliche und undurchschaubare Gott, den Hiobs Auge gesehen hat, am Ende Immanuel wird.

Francine Christophe, Jüdin, wurde im August 1933 in Frankreich geboren. Sie kann sich an den gelben Stern erinnern. Sie meinte damals zu Maman: ›Ce grand!‹ Francine war 11 Jahre alt, als sie nach Bergen-Belsen kam. Bei der Deportation hatten die

Frauen alle irgendetwas mitnehmen können. ›Guck mal, Francine‹, sagte ihre Mutter, ›ich habe noch zwei Tafeln Schokolade. Die verstecke ich. Für den Tag, wenn es dir ganz schlecht geht. Dann wird der Zucker dir helfen.‹ Unter den Frauen war eine Schwangere. Sie war furchtbar dünn. Sie hieß Hélène. Irgendwann setzten die Wehen ein. Sie musste auf die Krankenstation. Die Frauen flüsterten: ›Sie könnte sterben.‹ Francine sagte: ›Mama. Weißt du noch, die Schokolade? Ich möchte sie gerne Hélène geben.‹ Hélène brachte das Baby zur Welt. Sie aß die Schokolade und sie starb nicht. Das Baby war leise, es weinte nie. Erst als sechs Monate später das Lager befreit wurde, schrie es. Das war der Tag, als es eigentlich zur Welt kam. Auch Francine überlebte, wurde Schriftstellerin und ist inzwischen alt geworden. Vor ein paar Jahren hatte sie eine Idee für eine Vortragsreihe: ›Was hätte sich in ihrem Leben verändert, wenn Deportierte damals 1945 therapeutisch beraten worden wären?‹ Es kamen Überlebende, Psychologen, Therapeutinnen, Psychoanalytiker, Ärztinnen. Am Nachmittag trat eine Frau ans Mikrofon. Sie stellte sich vor als Psychiaterin aus Marseille und sagte: ›Bevor ich meinen Vortrag beginne, habe ich etwas für Francine Christophe.‹ Sie langte mit ihrer Hand in die Tasche ihres Blazers und zog zwei Tafeln Schokolade heraus und sagte: ›Je suis le bébé. Ich bin das Baby.‹

Interview mit Francine Christophe: https://www.youtube.com/watch?v=ftugbci9ohg, abgerufen am 31.05.2019.

Literatur: *Magdalene L. Frettlöh*, Eine Klage, einen Namen, einen Segen für Hiobs Frau, in: Klara Butting/Gerard Minnaard (Hg.), Hiob. Mit Beiträgen aus Judentum, Christentum, Islam, Literatur und Kunst, Bonn 2003, 65–79; *Raik Heckl*, Hiob – vom Gottesfürchtigen zum Repräsentanten Israels. Studien zur Buchwerdung des Hiobbuchs und zu seinen Quellen, Tübingen 2010; *Axel Knauf*, El Shaddai, in: Karel van der Toorn/Bob Becking/Pieter van der Horst (Hg.), Dictionary of Deities and Demons in the Bible, Leiden/Bosten/Köln 1999, 749–753; *Manfred Oeming*, »Ihr habt nicht recht zu mir geredet« (Hiob 42,7). Eine neue Auslegung des Hiob-Buches als Trostbuch, in: Lebendige Seelsorge 57 (2006), 2–6; *Simon D. Podmore*, Theophany of the Abyss. Job & The Negative Numinous, in: Leonie Ratschow/Hartmut von Sass (Hg.), Die Anfechtung Gottes. Exegetische und systematisch-theologische Beiträge zur Theologie des Hiobbuchs, Leipzig 2016, 233–261; *Hartmut von Sass*, Gibt es eine Anfechtung Gottes? Zur Aktualität der Theologie im Hiobbuch, in: Leonie Ratschow/Hartmut von Sass (Hg.), Die Anfechtung Gottes. Exegetische und systematisch-theologische Beiträge zur Theologie des Hiobbuchs, Leipzig 2016, 9–28.

A

Hebräer 13,8–9b:

Das feste Herz

Friedrich W. Horn

I Eröffnung: Die Köstlichkeit des festen Herzens

Am Altjahresabend treten in der Regel zwei Themen in den Vordergrund. Das ist einerseits meine eigene Biografie, rückblickend auf das abgelaufene Jahr, vorausblickend auf das neue Jahr. Was habe ich erreicht, was ist misslungen? Welche Menschen sind mir nah geworden, wer hat sich entfernt? Gab es Krankheiten, besondere Ereignisse wie die Geburt eines Kindes, Urlaube oder die Feier eines großen Geburtstags? Was sind meine ganz persönlichen Ziele, was möchte ich demnächst anders machen, welche Hoffnung habe ich im Blick auf das neue Jahr und welche Sorgen? Andererseits aber geht es an diesem Altjahresabend immer um Zeit. Abgelaufene Zeit, verschwendete Zeit, verlorene Zeit, geschenkte Zeit. Es gab Zeit, die ich einfach totgeschlagen habe, und es gab Stunden, die so erfüllt und intensiv waren, dass sie gefühlt mehreren Tagen oder Wochen gleichkommen. Mit unserem Altern schreitet auch die Zeit voran.

Der Predigttext ergänzt diese Konstellation von Biografie und Zeit um ein Drittes: Es ist der Wunsch nach einem festen Herz. Ist es das Gleiche wie die wohlgemeinten Vorsätze, die wir uns im Rückblick auf nicht gelungene Zeiten und Einstellungen und Handlungen geben? Am Altjahresabend haben die guten Vorsätze für das neue Jahr Hochkonjunktur, sie erschlaffen aber oft bereits in den ersten Januarwochen. Was kann das sein, ein festes Herz? Ich erwarte von ihm Beständigkeit, auch wenn sich die Gesellschaft und ich mit ihr bewegt und ständig verändert. Ich erwarte von ihm Gelassenheit, auch wenn man mir Unruhe einreden will. Ich erwarte von ihm Zuversicht, auch in Zeiten sich verdunkelnder Lebenssituationen. Luther hat in seiner Übersetzung wieder kräftig nach Metaphern gesucht: Es ist ein köstlich Ding, dass das Herz fest werde. Im Griechischen steht hier nur ›kalon‹, was einfach ›schön‹ heißt (so alle anderen modernen Übersetzungen). Ein ›köstlich Ding‹ hingegen klingt viel schmackhafter, verheißungsvoller, verlockender! Gleichfalls hat Luther das Verb ›bebaioō‹ (befestigen, festmachen) durch ein Adjektiv übersetzt; also nicht ›dass das Herz befestigt werde‹, sondern ›dass das Herz fest werde‹. So hat Luther die

Metapher des festen Herzens geschaffen und in unsere Sprache eingetragen.

Darüber will ich predigen: über die Köstlichkeit des festen Herzens.

II Erschließung des Textes: Tabus und Konstanz

Wer sich auf den Hebräerbrief einlässt und ihn sorgsam studiert, tritt in eine vielfach fremde, durch mittelplatonische Philosophie geprägte theologische Welt ein. »Die unerschütterliche Welt des Himmels, in die Christus mit seiner Erhöhung eintrat, die ihm unterworfen ist und an der auch die Glaubenden teilhaben, ist für den Hebr das zentrale eschatologische Gut.« (Schnelle, 632)

Wie auch in vielen anderen neutestamentlichen Briefen begegnen im Schlussteil, hier also in Hebr 13,1–25, handlungsrelevante Aussagen. Der Predigttext bringt zwei (Teil-)Verse zusammen, die in der Lutherbibel 2017 durch einen Absatz getrennt sind. Hebr 13,9–17 spricht über die Irrelevanz und Nutzlosigkeit von Speisevorschriften, Hebr 13,8 nennt in der sogenannten Dreizeitenformel (gestern, heute, in Ewigkeit) Jesus Christus als den Beständigen in der Zeit. Doch sind beide Aussagen miteinander verknüpft, da Verlässlichkeit und Beständigkeit des eigenen Herzens eben nicht durch das Befolgen von Speisevorschriften erreicht werden, sondern geschenkweise durch Gnade.

»Mancherlei und fremde Lehren« nennt der Text (V. 9). Sie formulieren vor allem Speisegebote, Tabus, die sich auf Nahrungsmittel, deren Zubereitung, vielleicht auch deren Genuss beziehen, und verlangen vermutlich asketische Bräuche. Man muss nicht nur an jüdische Speisevorschriften denken. Viele antike (und moderne) Religionen kennen solche Tabus, auch im Blick auf Sexualität oder Gemeinschaft. Wie immer, wenn Menschen mit mancherlei Vorschriften solcher Art in religiösen und pseudoreligiösen Fragen konfrontiert werden, beginnen sie, sich »umhertreiben« zu lassen (V. 9), weil sie dabei die Orientierung verlieren – was für eine präzise Diagnose der sogenannten Beratungsliteratur, die vorgibt, genau zu wissen und sagen zu können, was in meinem Leben angezeigt ist!

Scharf hebt sich von solchem Umhertreibenlassen durch mancherlei und fremde Lehren der Blick auf Jesus Christus ab, von dem es heißt, er sei gestern und heute und derselbe auch in Ewigkeit (V. 8). Beständig also, verlässlich, authentisch. Eine sehr vergleichbare Aussage hat bereits Hebr 1,10–12 (als Zitat von Ps 101,26–28 LXX; Ps 102,26–28 Luther) vorgetragen, allerdings bezogen auf Gott. Er war von Anfang an und hat die Erde gegründet. Er ist derselbe und seine Jahre werden nicht aufhören. Gegenüber einer vergänglichen Welt bewahrt Gott Zuverlässigkeit und Konstanz durch die Zeiten hindurch. Was von Gott her gilt, ist in Jesus Christus ebenso verlässlich. Wie Gott stets »derselbe« ist (1,10), so auch Jesus Christus (13,8), was der Randtext des NT Graece eigens vermerkt.

Ungewöhnlich freilich ist der Vergangenheitsbezug in der Dreizeitenformel im Blick auf Jesus Christus: Gestern! Das ist die nahe Vergangenheit, nicht die weit zurückliegende Schöpfung. So lädt der Text ein, dieses Gestern in der eigenen zurückliegenden Lebensgeschichte zu entdecken.

Der Hebräerbrief markiert eine grundsätzliche Distanz der vergänglichen Welt zur himmlischen Welt und er ist gewiss, dass die Christen im Glauben die Schwelle zu diesem Raum und zu der Zeit Gottes bereits überschritten haben. Sie haben hier keine bleibende Stadt, sondern die zukünftige suchen sie (13,14). Er verkündet Jesus, der als Hohepriester bereits in das himmlische Heiligtum vorangegangen ist. Gleichzeitig weiß der Verfasser aber auch davon, dass der Glaube der Christen immer ein angefochtener Glaube ist, der mancherlei und fremden Lehren ausgesetzt ist, die vorgeben, mehr und Besseres bieten zu können. Was hat der Hebräerbrief in dieser Konkurrenzsituation religiöser Lebensdeutungen zu bieten? Im engeren Kontext nichts, jedenfalls nichts, was leicht operationalisierbar wäre. Während in Krisenzeiten der Religion Rezepte zu deren erneuter Kräftigung ausgegeben werden, so enthält er sich von derlei Maßnahmen und spricht in großer Zurückhaltung und Ehrlichkeit von nicht mehr als von der Gnade, der sich die Köstlichkeit des festen Herzens verdankt.

III Impulse: Die Lutherrose

Die Verortung des festen Herzens wird im Predigttext exakt angegeben. Dieses besteht im vertrauensvollen Blick auf das Konstante (Jesus Christus) und in der Distanz zu pseudoreligiösen Angeboten (Tabus), scheint aber gleichzeitig etwas zu sein, das man sich nicht in vollem Umfang aneignen kann, sondern geschenkweise durch Gnade empfängt. Das feste Herz ist ein offenes Herz, das neugierig am Leben teilnimmt, aber den Trends der Zeit nicht blind folgt, sondern sie gewissenhaft prüft. Das feste Herz weiß, dass es unter falschen Ansprüchen zerrissen wird. Das feste Herz widersetzt sich der medialen Beschleunigung des Lebens, die vorgibt, nur so mehr Lebensqualität empfangen zu können, und entdeckt in der Verlangsamung eine Konzentration und einen Halt. Das feste Herz hasst alle Oberflächlichkeit und ringt nach Worten, die angemessen zur Sprache bringen, was grundlegend ist. Das feste Herz ist nicht starr, steinern und leblos, sondern schlägt warm und beständig voller Empathie für das geschenkte Leben. Dem festen Herzen wird vergeben und genommen, was es beschwert. Das feste Herz lebt gemeinsam mit anderen Christen in einer vertrauensvollen Haltung zu Jesus Christus, der sie beständig und verlässlich in das neue Jahr begleitet.

Die Lutherübersetzung von 2017 trägt auf dem Einband wieder die farbige Lutherrose, die Luther als Siegelbild für seine Briefe und Ducke verwendete. In einem Brief vom 8. Juli 1530 schreibt Luther, die Lutherrose sei »ein Merkzeichen meiner Theologie. Das erste sollte ein Kreuz sein, schwarz im Herzen, das seine natürliche Farbe hätte, damit ich mir selbst Erinnerung gäbe, dass der Glaube an den Gekreuzigten mich selig macht. Denn so man von Herzen glaubt, wird man gerecht. Solch Herz aber soll mitten in einer weißen Rose stehen, anzeigen, dass der Glaube Freude, Trost und Friede gibt. Darum soll die Rose weiß und nicht rot sein; denn weiße Farbe ist der Geister und aller Engel Farbe. Solche Rose steht im himmelfarbenen Feld, dass solche Freude im Geist und Glauben ein Anfang ist der himmlischen Freude zukünftig. Und um solch Feld einen goldenen Ring, dass solche Seligkeit im Himmel ewig währet und kein Ende hat und auch köstlich ist über alle Freude und Güter, wie das Gold das edelste, köstlichste Erz ist.« (Luthers Briefwechsel, WA Bd. 5, 444f., Nr. 1628)

Werkstück Predigt

Ich möchte die Lutherrose, die ich allen, die in den Gottesdienst kommen, als farbigen Ausdruck als *Vademecum* für den Übergang in das neue Jahr in die Hand gebe, meiner Predigt unterlegen. Sie hilft mir, den Ort des festen Herzens zu visualisieren. Dieses nämlich, gehalten im Inneren vom Kreuz, umgeben von Engeln, findet Gestalt in Glaube, Freude, Trost und Frieden und ist doch ein offenes Herz voller Hoffnung.

Als Lied nach der Predigt: EG 347 »Ach bleib mit deiner Gnade«.

Literatur: *Udo Schnelle,* Theologie des Neuen Testaments, Göttingen [3]2016.

Sebastian Feydt

B

IV Entgegnung: Vertraut und unbekannt

Wer Silvester nicht zum ersten Mal predigt, ist mit der bedachten und eher leise gestimmten Gemeinde an diesem Abend und mit dem Kasus – letzter Gottesdienst im Kalenderjahr vor dem Jahreswechsel – vertraut. Weiß auch um die Chance, die darin liegt, dass trotz der Gottesdienstdichte in diesen Tagen Vertraute *und* Unbekannte unter den Predigthörenden sind. A eröffnet dazu einen sehr persönlich-biografisch gefassten Einstieg, der auch die Predigenden selbst wohltuend abholt. Gern darf dieser Ansatz noch um eine, die individuelle Ebene übersteigende und die gesamte Gesellschaft in den Blick nehmende Sicht ergänzt werden. Und wenn ein ganzes Jahr rückblickend bedacht wird, kommt auch die ganze Welt in den Blick. Denn der epochale Wandel, der sich – nicht nur aus europäischer Perspektive – gegenwärtig an uns und mit uns und der Welt vollzieht, hinterlässt im Fühlen und Denken der Gemeinde an diesem Abend tiefe Spuren. Die Verschiebung der geopolitischen Kraftfelder weltweit, das Verstummen der vertrauten Welterklärungen alter Schule, dieses ganz unmittelbar empfundene Ausgesetztsein gegenüber den globalen Veränderungen, verbunden mit dem schleichenden Prozess der empfundenen Entheimatung hinterlässt ein Gefühl der Ungewissheit, wenn nicht gar der Ohnmacht. Hinzu kommt die von vielen schmerzlich verspürte transzendentale Unbehaustheit in unserer Gesellschaft.

Kurzum: Das ist nicht gerade ein Feuerwerk von Begeisterung und Lebensfreude, das sich da abzeichnet, vielmehr eine sorgsam abgewogene Nachdenklichkeit und Zurückhaltung. Eine Anforderung an die Predigt in den letzten Stunden vor dem oft so laut gefeierten Übergang in ein neues Jahr besteht deshalb darin, die persönlichen Empfindungen mit den weltpolitischen Ungewissheiten zusammen zu denken und im Licht der Aussagen des Hebräerbriefes zu deuten.

Diese Komplexität korrespondiert mit der Aufgabe, die zwei Verse des Predigttextes mit der Gemeinde ins Gespräch zu bringen, obwohl jeder Vers für sich betrachtet jeweils stärker mit den voranstehenden beziehungsweise folgenden Versen inhaltlich verbunden ist, als dass die beiden Verse miteinander eine Sinneinheit bilden würden. Es legt sich deshalb nahe, Hebr 13,1–7 in die Lesung des Predigttextes zu integrieren; auf alle Fälle diese Verse in der eigenen Vorbereitung konsequent mit zu bedenken und zu verarbeiten. Dann liest sich das Christus-Bekenntnis in der Dreizeiten-Formel als eine Schlussfolgerung aus den handlungsrelevanten Aussagen am Ende des Hebräerbriefes (A), als nachvollziehbare Konsequenz der lebenstüchtigen und im Glauben fundierten Tugenden Liebe, Gastfreundschaft, Genügsamkeit und Achtung vor den Lehrern. Das ist die Basis der zentralen Glaubensaussage: Jesus Christus war und ist und bleibt derselbe gestern, heute und in Ewigkeit.

Wie entfaltet dieses Credo die ihm innewohnende Kraft? Wie macht es mein Herz so fest, dass ich nicht nur dem Wissen um die eigene Unzulänglichkeit, sondern auch der quälenden Ungewissheit beherzt entgegentreten kann? Wie wirkt diese geschenkte Gnade, so dass Menschen sich in ihrem Leben auf diesen Glaubensgrundsatz wirklich verlassen wollen und bereit sind, ihr Leben im neuen Jahr daran auszurichten?

V Erschließung der Hörersituation: Tiefgreifende Verunsicherung

Diese Fragen zeigen deutlich: Es ist nicht damit getan, gut lutherisch das *sola gratia* zu proklamieren und ein festes Herz zu erbitten. Viel zu unerbittlich drängen sich gegenwärtig Unsicherheit, Unkenntnis und Zweifel in den Vordergrund. Zunehmend ist ein ganz selbstverständlich daherkommendes allgemeines Infragestellen der Relevanz des Glaubens für das eigene Leben und für das Zusammenleben in der Gesellschaft zu beobachten. Die Bedeutsamkeit der Kirchen, die das Gemeinwohl stärkende Kraft der Gemeinschaft in der Kirchengemeinde, aber auch die Sinnhaftigkeit einer solidarischen Leistung wie der Kirchensteuer werden nicht diskutiert, sondern für verzichtbar gehalten.

Der sowohl medial als auch in der Öffentlichkeit vermittelte Bedeutungsverlust der Religion(en) geht einher mit einer deutlich wahrnehmbaren ethischen Verarmung. Äußerlich vermögen die Kirchen ihre Fassaden zu wahren, in ihrem Inneren vollzieht sich ein schleichender Erosionsprozess, den viele Menschen sehr wohl und oft als sehr schmerzlich wahrnehmen.

Neben dem Umgetriebensein durch »mancherlei Lehren« und Angebote der Lebensdeutung heute ist es vor allem die enorme Unsicherheit im eigenen Glaubensvollzug, die Menschen anficht. Die rasant schwindenden Kenntnisse christlicher Glaubensgrundlagen, das so schnell wegbrechende religionsgeschichtliche Wissen, das Verschwinden der Fähigkeit, als geistes- oder naturwissenschaftlich gebildeter Zeitgenosse auch theologisch denken und argumentieren zu können – all das hinterlässt nicht nur enorme Lücken, sondern eine große geistliche Leere und tiefgreifende Verunsicherung.

Vor diesem Hintergrund wundert es dann auch nicht, wenn christliche Grundfeste angegriffen werden. Unter dem Verweis, das sogenannte christliche Abendland retten zu wollen, ein christlich geprägtes Europa zu erhalten, werden zunehmend christliche Tugenden verächtlich gemacht, unter dem scheinheiligen Vorwand ihres Schutzes in Wahrheit aber infrage gestellt, um sie abzuschaffen. Das sind die »falschen und fremden Lehren« heute. Barmherzigkeit und Liebe sind davon schon ebenso gezeichnet wie Hoffnung und Glaube. Und Freiheit und Würde zeigen auch längst, für wie antastbar sie gehalten werden.

Das ist der Befund, das ist das Umgetriebensein, das einem weiten und damit festen Herz entgegensteht. Diese Wahrnehmung steht dem Geschenk der Gnade, mit einem weiten festen Herz ins neue Jahr zu gehen, im Weg.

VI Predigtschritte: Sich ein Herz fassen

Grund genug, die in Hebr 13,1ff. dem Predigttext vorangestellten Tugenden zum Klingen zu bringen. Nicht mit erhobenem Zeigefinger, nicht im Gebotston, der an Verbote erinnert, sondern zuvorkommend, werbend und im besten Sinn herzlich. Uns wird etwas zugetraut. Gottes Zutrauen zum Menschen ist nicht zu übertreffen. Weder, wenn es um das Festhalten an der Liebe auch gegen jeden Augenschein geht, noch bei der Tugend, gastfrei zu sein. Sie ist die Vorstufe der außerhalb des eigenen Hauses und Landes so geschätzten Gastfreundschaft. Auch die Tugenden der Genügsamkeit, das Lernen, dass weniger ein Mehr bedeuten kann, dass weniger haben neu reich machen kann im Leben, berühren Menschen – insbesondere am letzten Abend des Jahres.

Es muss ihnen zu Herzen gehen – lautet eine oft gehörte Empfehlung, um Menschen zu erreichen, um mit ihnen etwas Großes zu erreichen. Übertragen auf die Gemeinde bedeutet das: Die Glaubensgewissheit, die unumstößliche Beständigkeit Jesu Christi in Leben, Zeit und Raum muss Menschen zu Herzen gehen, um dort der Ungewissheit und Zerrissenheit entgegenzutreten. Es muss zu Herzen gehen, was Menschen aus Gnade durch Glauben tief in ihrem Inneren angelegt worden ist. Nur so funktioniert, was man ›beherzigen‹ nennt. Oder beherztes Handeln. So entsteht Herzlichkeit. Wenn etwas, das mir als Geschenk Gottes – in großer Gnade – eingegeben ist, mich voll und ganz erfüllt, mich ausfüllt und über mich hinauswachsen lässt.

Um Gottes Gabe zu Herzen gehen zu lassen, muss das eine oder andere Herz erst einmal aufgeschlossen werden. So dass es weit genug werden kann, um den Anforderungen nachkommen zu können, die A für ein festes Herz in III so zutreffend ausgeführt hat. Der Schlüssel dazu könnte sein, sich ein Herz zu fassen, wie wir sagen. Gelingt es, dass sich die Hörenden durch die Predigt ihr Herz fassen und dann so – gefasst – in den Wechsel in das neue Jahr mit all der Dynamik zu gehen? Ich wünsche es – von Herzen. Voll Vertrauen.

Werkstück Predigt (Einstieg)

Liebe Gemeinde, wie sind Sie heute Abend hier? Schwer beladen – oder doch mit leichtem Gepäck? Niemand von uns ist ja in diesen letzten Stunden des Jahres nur mit sich allein unterwegs. Wir bringen alle etwas mit in diesen Gottesdienst. Je nachdem, was es ist, wiegt es schwer – oder gibt mir Auftrieb. Wie es die Dankbarkeit vermag. Das kennen wir: wenn dieses wunderbare Gefühl mein Herz berührt: bei dem Gedanken an die glücklichen Momente im vergangenen Jahr: als die ganze Familie zusammen gefeiert hat, als der lang erwartete Nachwuchs das Licht der Welt erblickte, als endlich die erlösende Botschaft eintraf: Die Krankheit ist überwunden.

Dankbarkeit, die mein Herz berührt: Haben wir sie bei uns? Oder sind es doch die vielen großen und kleinen Sorgen, die uns heute Abend begleiten? Sie gehören zu uns. Und sie gehören besonders zum Jahresausklang. An kaum einem anderen Tag im Jahr steht vielen von uns so deutlich vor Augen, was noch nicht erledigt ist, was offen geblieben ist, wo ich selbst – oder wir alle – versagt haben im letzten Jahr, wie an Silvester. Und wir wissen: Während wir hier zusammen sind, nehmen die großen Sorgen unserer Welt weiter ihren Lauf.

Auch wenn die überwiegende Mehrzahl unter uns davon überhaupt nicht selbst betroffen ist – Sorgen und Ängste treiben viele unter uns um. Auch heute Abend hier. Wir bringen sie mit.

Und nun? Hier treffen wir, hier trifft alles, was wir mit uns bringen, auf einige Worte aus der Heiligen Schrift: Hören wir, was uns die Bibel an die Hand gibt: Lesung Hebr 13,1–9

(Schluss)

Liebe Gemeinde, ein festes Herz, gestärkt von der Gnade Gottes. Das ist das Gottesgeschenk für das neue Jahr. Wir empfangen es im Glauben. Andere können unser Herz anrühren. Selbst können wir unser Herz beschweren. Es stark werden lassen – das vermag Gott.

Wie sind Sie heute Abend hier? Das war die Eingangsfrage. Jetzt, am Ende stellt sich die Frage: Was nehmen Sie mit? Wie gehen wir weiter, hinüber in ein neues Jahr? Gehen wir gestärkt. Gott traut uns vieles zu. Gehen wir bereichert. Beschenkt mit der Gabe Gottes. Der Gnade. Haben Sie ein gnadenreiches Jahr!

[Liturgischer Hinweis: Das Versöhnungsgebet von Coventry greift die individuellen und globalen Verwerfungen bis in unsere Tage auf und fasst sie in einer beeindruckenden liturgischen Sprache ins Gebet.]

Johannes 14,1–6:

Bleibend unterwegs sein

Karl-Ulrich Gscheidle

I Eröffnung: Zauber, Provokation und Chance

Der Neujahrstag bietet als staatlicher Feiertag die Chance für den Kasus *Neujahrsgottesdienst.* »Zum Kasus wird die besondere Situation, insofern sie deutungsbedürftig und -fähig ist, auf symbolische Gestaltung und rituelle Begehung drängt.« (Fechtner, 35) Wenn möglich sollte diese kasuelle Chance genutzt werden. Mir gefallen die eigentümliche Ruhe und der daraus resultierende Zauber des ersten Tages. Das drängt mich auch zum Gottesdienst und zur Predigt an diesem Feiertag. Es mag sich vielleicht eine kleinere gottesdienstliche Gemeinde versammeln. Aber alle, die sich einfinden, bringen ihre lebensgeschichtlichen Beweggründe, ihre Neujahrsstimmung und ihre religiöse Offenheit mit. Das soll und kann gewürdigt werden. Ich erwarte Menschen, die nachdenklich und offen sind für eine religiöse Deutung ihrer Lebensverhältnisse. Die Menschen nehmen ihr Leben in einer Übergangssituation wahr. Der öffentliche Jahresrückblick provoziert den biografischen Blick. Gottesdienst und Predigt bewegen sich in diesem lebensweltlich bedeutungsvollen Kontext (vgl. Fechtner, 109ff.).

Da der Predigtkontext politisch aufgeladen und medial geprägt ist, könnte bei den Besucherinnen und Besuchern des Neujahrsgottesdienstes auch eine besondere Offenheit für existenzielle politische Zukunftsfragen bestehen.

II Erschließung des Textes: Von der Osterbotschaft her beleuchtet

Der Predigttext Joh 14,1–6 bildet den Anfang der ersten Abschiedsrede Jesu. Durch den vielfachen Gebrauch dieses Textes in der Begleitung von Sterbenden und im Rahmen von Bestattungen bekommt er eine weitere homiletische Konnotation, die bei allen Beteiligten mitschwingt. Jesus unterrichtet seine Jüngerinnen und Jünger über seinen Weg ans Kreuz. Diesen Weg geht er im Vertrauen auf Gott. Er beginnt: »Euer Herz erschrecke nicht! Glaubt an Gott und glaubt an mich!« (V. 1) Seine Worte hört die Gemeinde am Neujahrstag als persönliche Anrede. Sie können zur Ermutigung, Zuversicht und Solidarität des Glaubens für ein Neues

Jahr werden. Das wird hermeneutisch möglich, weil die Erzählwelt des Evangeliums von der Osterbotschaft her beleuchtet wird. Dagegen hat der Adressatenkreis von Jesu Rede in der erzählten Welt das bevorstehende Ende ihres gemeinsamen Weges mit Jesus vor Augen. Daher verstehen sie das, was Jesus mitteilt, auch nicht. In seiner Rede (V. 2 und V. 3) spricht Jesus über sein Weggehen und die vielen Wohnungen in seines Vaters Haus, die er ihnen bereiten wird. Er will dort seinen Nachfolgerinnen und Nachfolgern eine Stätte bereiten, um dann wiederzukommen und sie zu sich zu nehmen, auf dass auch sie sind, wo er ist.

Klaus Wengst schreibt zur hermeneutischen Klärung des exegetischen Sachverhalts: »Jesus geht in den Tod, mit dem Gott sich identifiziert. Das wissen die Schüler vor Ostern ebenso wenig, wie sie den Weg kennen, der sich daraus für sie ergibt.« (Wengst, 418) Daher wird der Jünger Thomas im erzählerischen Kontext zur Frage genötigt. »Herr, wir wissen nicht, wo du hingehst; wie können wir den Weg wissen?« (V. 5) Thomas und die anderen Jünger hören als Antwort eine Selbstoffenbarung (Ich-Bin-Wort) Jesu, aber verstehen es nicht, weil es für sie noch nicht von der Osterbotschaft her beleuchtet ist: »Ich bin der Weg und die Wahrheit und das Leben; niemand kommt zum Vater denn durch mich.« (V. 6) Die Identität des Gottes Israels und des Vaters Jesu sollte für diese Kommunikation des Evangeliums die elementare hermeneutische Voraussetzung sein. Das gilt insbesondere für das richtige Verstehen des Spitzensatzes des johanneischen Jesus: »Niemand kommt zum Vater denn durch mich.« (V. 6b) »Es ist zu beachten, dass Jesus diese Aussage gegenüber seinen verunsicherten Schülern macht, nicht gegenüber Außenstehenden.« (Wengst, 419) »Mit den Schülern wird der das Evangelium lesenden und hörenden Gemeinde versichert, dass dieser Weg, auf den sie sich in der Nachfolge Jesu eingelassen hat, kein Abweg ist, der in die Irre führte und anderen Göttern dienen ließe. Es ist vielmehr ein Weg, auf dem man ganz bestimmt »zum Vater« kommt. Das ist die Verheißung, die hier gegeben wird. Demnach geht es nicht um Abgrenzung.« (Wengst, 419)

Für mich als Mensch aus der Völkerwelt ist es ohne antijüdischen Vorbehalt möglich zu bezeugen, dass Jesus Christus der Weg und die Wahrheit und das Leben ist und niemand zum Vater kommt denn durch ihn. Diese Einsicht hilft mir sehr bei meiner Predigtaufgabe.

III Impulse: Weg, Wahrheit und Leben für ein Neues Jahr!

Die Gottesdienstgemeinde am Neujahrstag versammelt sich auch nicht im Bewusstsein einer unmittelbar bedrängenden Gemeindesituation. In der Lese- und Erzählwelt des Johannesevangeliums wird die Situation einer bedrängten Gemeinde vorausgesetzt, mit der Erfahrung sozialer Isolierung und ökonomischer Gefährdung, im Kontext einer scharfen Auseinandersetzung nach der Distanzierung aus der synagogalen Gemeinschaft (vgl. Wengst, 13ff.). Das heißt aber nicht, dass es nicht jederzeit zu einer kollektiv bedrängenden Situation kommen könnte oder vielleicht längst gekommen ist, wenn man an die Folgen des Klimawandels denkt. Dazu ist es höchst wahrscheinlich, dass einzelne Menschen sich in individuell durchaus sehr bedrängenden Lebenssituationen befinden können. Der thematische Bogen könnte daher um die Frage kreisen, was Menschen an der Jahreswende belastet, politisch und persönlich. Dabei sollten die Herausforderungen der Arbeitswelt mit bedacht werden.

Alle bringen ihre Gedanken und Emotionen anlässlich des Neuen Jahres mit. Es ist ein buntes Bild mit dunklen und hellen Farben, mit hoffnungsvollen und sorgenvollen Facetten. Bei persönlichen Begegnungen wünschen sich die Besucherinnen und Besucher des Neujahrsgottesdienstes gerne: Ein gutes und gesegnetes neues Jahr! Und sie hören diese Worte auch gerne und lassen sie sich auch gerne zusprechen. Daher wird das Wort »Euer Herz erschrecke nicht! Glaubt an Gott und glaubt an mich!« als wegweisende Orientierung hörbar. Es wäre durchaus möglich, einander am Ende der Predigt laut ein gutes Wort zuzusprechen: »Jesus Christus sei mit Dir/mit Ihnen im neuen Jahr!« Solch ein Zuspruch schenkt Nähe. Denn für Schwestern und Brüder im Glauben ist Jesus Christus der Weg, die Wahrheit und das Leben. Der öffentliche Diskurs, mit seinen politischen Jahresrückblicken und den Neujahrsansprachen, bestimmt die Töne des Neujahrstages mit in ihren medialen, sozialen und persönlichen Klängen. Er kann auch eine religiöse Offenheit provozieren, die eine Erörterung politischer und theologischer Grundfragen im Rahmen der Predigt braucht. Vielleicht kann auch zu Themen, wie der weltweiten Klimakatastrophe, der schwindenden Biodiversität der Natur, der national und international ungleichen Verteilung von Vermögen und Ressourcen etwas gesagt werden. Dieses »Ich bin der Weg und die Wahrheit und das Leben; niemand kommt zum Vater denn durch mich« (V. 6) soll nachklingen können und die Predigthörerinnen und Predigthörer in allen ihren Dispositionen so befreiend ansprechen, dass sie im Jahr 2020 mutig, zuversichtlich und solidarisch ihre Wege gehen und ihr Leben führen.

Werkstück Predigt

Viele Wege liegen noch vor uns. Das Jahr ist noch jung. Noch müssen wir uns an die neue Jahreszahl gewöhnen. Jeder und jede geht andere Wege, ist mit anderen Fragen konfrontiert. Gemeinsam sind wir hier. Um zu fragen wie Thomas. Er fragt: Wie können wir den Weg wissen? Er fragt nicht am ersten Tag des neuen Jahres. Er fragt Jesus vor seinem Tod. Tod und Leben sind nahe beieinander. Deshalb tut es so gut zu hören: Euer Herz erschrecke nicht! Glaubt an Gott und glaubt an mich. Wir haben uns versammelt, weil wir auf Jesu Antwort hören: Ich bin der Weg, die Wahrheit und das Leben. Seine Botschaft hat uns zusammengeführt. Wir sind Brüder und Schwestern von Thomas und Jesus von Nazareth. Ich nenne das »Solidarität des Glaubens«. Jesus ist damals einen bitteren Weg gegangen, damit wir sein können, wo er ist. Er ist der, zu dem Thomas später sagt: Mein Herr und mein Gott. In diesem Bekenntnis sind wir mit Thomas verbunden in der Solidarität des Glaubens. Das ist die Überschrift für das neue Jahr. Das Wenigste davon können wir beeinflussen, vieles widerfährt uns einfach, das wird auch im neuen Jahr so sein. Aber unsere innere Haltung, unsere Solidarität des Glaubens bleibt. Jesus ist hingegangen, um uns die Stätte zu bereiten. Unsere Tage sind seine Tage, unsere Wohnungen sind seine Wohnungen, unser Leben ist sein Leben. So sei es auch im Jahr 2020. Amen

Literatur: *Kristian Fechtner,* Schwellenzeit, Erkundungen zur kulturellen und gottesdienstlichen Praxis des Jahreswechsels, Gütersloh 2001; *Klaus Wengst,* Das Johannesevangelium. Neuausgabe in einem Band, Stuttgart 2019.

B

Susanne Wolf

IV Entgegnung: Über die Schwelle gehen

Dass der Neujahrstag ein Tag besonderer Gestimmtheit ist, auch mit persönlichen und überindividuellen, ja politischen Erwartungen verknüpft, womöglich beladen, leuchtet mir ein. Die öffentlich inszenierten Jahresrückblicke halte ich für weniger bedeutsam. Sie taugen im Grunde nicht einmal recht für den Rückblick am Altjahrsabend. Die Fülle der Bilder und Aspekte verdeckt, wie viele Phänomene übers Jahr im Schatten der öffentlichen Aufmerksamkeit bleiben. Skeptisch bin ich deshalb gegenüber dem Ansinnen, die großen politischen Themen in die Predigt am Neujahrstag so aufzunehmen, dass eine Art politische Kanzelrede entsteht. Auch ohne parteipolitischen Zungenschlag wäre mir diese Akzentsetzung zu einseitig und die Gefahr zu groß, die Gottesdienstfeiernden mit ethischen Appellen zu überfordern und zugleich ihre persönlichen Anliegen zu vernachlässigen. Hilfreich finde ich die exegetische Einsicht, das Ich-bin-Wort aus V. 6 sei als vergewissernde Verheißung zu verstehen statt als ab- und ausgrenzender Ausdruck eines christlichen Absolutheitsanspruches.

Für die Predigt lasse ich mich von der im Text angelegten produktiven Spannung von Erwartungen und der Anwendung und Zuspitzung der Tradition auf die Person Jesu leiten.

Der Abschnitt beginnt mit einer Kombination aus Zusage und Einladung. Diejenigen, die sich dem Abschied von Jesus stellen müssen, sollen nicht erschrecken. Jesus lädt zum Glauben an ihn als den ein, in dem der Vater sichtbar wird. Der Evangelist Johannes nimmt Motive aus der jüdisch-christlichen Apokalyptik auf und interpretiert sie kreativ um: Was für die kommende Welt erwartet wird, bezieht er auf die Gegenwart, was sich räumlichen Vorstellungen verdankt, deutet er auf die Person Jesu und den Vater.

»Von der Themafunktion von V. 2f. her erwartet man eine klärende Äußerung über den Weg Jesu, über sein Ankommen und Wirken im Haus des Vaters … Die Erwartung wird enttäuscht. … Die Wegvorstellung, die V. 2f. prägt, wird in V. 6 gründlich zur Seite geschoben: Ich selbst bin der Weg, sagt der johanneische Christus, um alsbald hinzuzufügen, dass der, der diesen Weg begeht, in gewissem Sinn schon am Ziel, nämlich beim Vater ist. Weg und Ziel sind also miteinander verschränkt« (Dietzfelbinger, 36).

V Erschließung der Hörersituation: Bleiben und Aufbrechen

Je nach Uhrzeit werden sich am Neujahrstag unterschiedliche Menschen einfinden. Am späteren Vormittag eher die, zu deren Sonn- und Feiertagsroutine selbstverständlich der Gottesdienstbesuch gehört. Am Nachmittag oder frühen Abend kommen vielleicht auch die, für die zum Jahreswechsel sowohl die ausgelassene Feier an Silvester als auch die gottesdienstliche Feier an Neujahr gehört. Festlich gestimmt, aber eher verhalten stelle ich mir die Erwartungshaltung der Feiernden vor. Man ist gespannt, weil etwas Neues beginnt, und weiß zugleich aus Erfahrung, dass weder mit steter Kontinuität noch mit rascher Veränderung zu rechnen ist. Zumindest im persönlichen Bereich kann für die einen der Übergang überschaubar und trotzdem voller Anspannung sein, etwa wenn sie im neuen Jahr auf einen schon terminierten Stellenwechsel, Umzug, den Studienbeginn oder gar die Eheschließung zugehen. Für andere kann sich das neue Jahr als offenes Feld darstellen, mit vielen Ungewissheiten: Werde ich im neuen Jahr endlich die Stelle finden, die meinen Kompetenzen entspricht? Werde ich meinem Lebensmenschen begegnen? Habe ich Aussicht, Heilung zu finden oder mit dem erreichten Zustand gut weiterleben zu können?

Stellen wir uns eine gemischte Schar aus Veränderungswilligen vor, für die allzu viel Konstanz enttäuschend wäre, und von Gewohnheitsmenschen, die nach Anzeichen von Vertrautem Ausschau halten. Beiden tut der Zuspruch gut, beide brauchen Worte, die ihnen die Angst nehmen und Zuversicht vermitteln. Beide brauchen die Gewissheit, dass sie mit dem, was ihnen am Herzen liegt, im Wandel der Zeit bleiben können, und zugleich die Ermutigung, neue Wege zu gehen oder die vertrauten Wege neu zu gehen.

VI Predigtschritte: Ins Offene gehen

Euer Herz erschrecke nicht! Der Jahreswechsel ist eine Schwelle, die wir überschreiten. Das kostet uns Mühe, das geht nicht einfach so. Das Herz klopft, flattert, ist unruhig, erschrocken angesichts des Ungewissen, das mit dem neuen Jahr vor uns liegt. Wie beruhigt man das Herz? Feuerwerker versuchen es mit der Freude am Knallen. Jeder Böller ruft einen kurzen Schrecken hervor, der rasch abklingt: eine Entlastung besonderer Art, ein lustvolles Spiel mit dem Lärm und mit den Farben und Formen, die am Himmel aufstrahlen und vergehen, wie manche unserer Pläne und Träume vom vergangenen Jahr. Der Lärm lässt andere die Decke über den Kopf ziehen, weil er sie an echte Bomben erinnert: damals im Zweiten Weltkrieg und heute in den Kriegen in Syrien und Jemen.

Im Gottesdienst ist das unruhige Herz nicht allein. Hier sitzen Menschen mit diesem Herzen verstreut in den Bänken, bereit zu hören. Vielleicht sind sie mit der Jahreslosung für 2020 begrüßt worden: »Ich glaube; hilf meinem Unglauben!« (Mk 9,24) Jetzt werden sie eingeladen zum Glauben. Eine vertrauensbildende Maßnahme, die dem Herzen Halt verspricht. Kein Befehl: Du sollst, mach doch! Vielmehr: Komm näher, schau dir an, was dir angeboten wird. Häng dich mit deinem unsicheren Herzen an Jesus und an den, den er Vater nennt.

Bleiben

Bleiben können gehört zu unseren Ursehnsüchten:

- In der Wohnung, dem Rückzugsort. Deshalb ist die Frage nach bezahlbarem und ausreichendem Wohnraum so existenziell bedeutsam. Das vertraute Umfeld mit hilfsbereiten Nachbarn kann mich stützen, wenn sich das Alter mit seinen Einschränkungen bemerkbar macht.
- In den Beziehungen und Bezügen, die mir Halt geben, in denen ich Anerkennung finde, geliebt und wertgeschätzt bin.

Wenn es mir gut geht, soll alles bleiben, wie es ist. Wenn mich Leid und Unglück trifft oder ein radikaler Wechsel ansteht, bin ich erst recht darauf angewiesen, dass möglichst viel von dem bleibt, was mir guttut. Bleiben ist zuerst und zutiefst mit Personen verbunden. Das ist der existenzielle Kern der johanneischen Umdeutung vom Raum auf die Person Jesu. Du bleibst, wo du dich an Jesus festhältst. So gehalten kann ein Mensch getrost zurückblicken auf das, was hinter ihm/ihr liegt, sammeln, was sich bewährt hat, und gelassen und zuversichtlich nach vorn schauen. Niemand hat sein Leben in der Hand. Nur wer sich selbst als Herr/Herrin über das eigene Leben versteht, wird darin eine Drohung hören. Für die Glaubenden, die wissen, wie viel wir Gott und anderen Menschen verdanken, ist es die Einsicht, die entlastet, und im Vertrauen bestärkt. Täglich gibt es noch genug zu bedenken und zu tun. Denn bleiben heißt nicht stillstehen.

Gehen und bleiben

Wie kann ich mit meiner ganzen Person, meiner Geschichte, meiner Sehnsucht bleiben und zugleich auf meinem Lebensweg unterwegs sein? Indem ich mich an dem orientiere, dem ich das Leben verdanke. An dem, den Jesus Vater nennt, dem Gott Israels, der die Wege seines Volkes mitgeht. Jesus nimmt ihn und sein Mitgehen in Anspruch, wenn er sich selbst als Weg, Wahrheit und Leben anbietet: Ich bin für euch der Weg zu Gott, eurem Schöpfer, unserem Vater. In mir ist er euch nahe. Wo immer euer Weg euch hinführt – der Ursprung und das Ziel eures Lebens gehen mit euch mit. So begleitet scheint euch auch auf Wegen durchs Dunkel oder auf Irrwegen das Licht des wahren Lebens. So seid ihr jetzt schon umfangen von dem Leben, das dem Tod widersteht.

Werkstück Predigt (Anfang)

Lesung des Predigttextes

Wir gehn dahin und wandern von einem Jahr zum andern (EG 58,2) – das klingt unspektakulär und ist doch nicht harmlos. Wir stehen an einer Schwelle. Sie zu überschreiten kostet uns Mühe. Das Herz klopft, flattert, ist unruhig und erschrocken angesichts des Ungewissen, das mit dem neuen Jahr vor uns liegt.

Wie beruhigt man das Herz? Manche haben es heute Nacht mit Böllern versucht: mit Lärm gegen Angst. Andere hat der Lärm an den Krieg erinnert, den sie hier oder anderswo erlebt haben. Jetzt sind wir mit unserem unruhigen Herzen hier. Bereit zu hören, was uns auf dem Weg ins Offene hilft.

Was haben wir heute, am Neujahrstag, zu feiern?

Ein Geschenk, das uns in den Schoß fällt, wie alle echten Geschenke: ein neues Jahr. Nichts, was wir gemacht hätten, je machen könnten, aber bestaunen und wertschätzen. Ein Jahr, 12 Monate, 365 Tage. Keine unbeschriebenen Blätter. Sicher haben auch Sie schon Termine und Einträge im Kalender.

Und doch steht für uns in Aussicht, es könnte anders gehen als im alten Jahr. Wir könnten anders beginnen und anders weitermachen als bisher: verwegener, kesser, mutiger. Nicht einfach im alten Trott weitergehen, in den ausgetretenen Pfaden. Warum denn nicht mal querfeldein streunen statt nur zielstrebig geradeaus? Trauen wir uns doch was! Schließlich geht einer mit uns mit.

Lieder: EG 58 »Nun lasst uns gehen und treten« (die Brücke zwischen Altjahrsabend und Neujahrstag), EG 62 »Jesus soll die Losung sein«; als Predigtlied: EG Württemberg 619 »Du bist der Weg, die Wahrheit und das Leben«.

Literatur: *Christian Dietzfelbinger,* Der Abschied des Kommenden (WUNT 95), Tübingen 1997.

2. Sonntag nach Weihnachten

Jesaja 61,1–3(4.9)10–11: Kleiderfragen

A

Julia Koll

I Eröffnung: Neues Jahr, neue Kleider

Die Festtage sind vorbei. Spätestens am 7. Januar beginnt für die meisten Menschen wieder der Alltag. Kein Lametta mehr und keine Lichterketten – Tannenbaum ade! Alles Konfetti verschossen und das letzte Sektglas abgespült. Die zuvor geschmückte Welt sieht wieder aus wie immer. Oder liegt doch noch der Zauber des Neuen in der Luft? Mit dem Jahresanfang verknüpft sich nicht selten die Hoffnung, es möge alles gut oder zumindest: besser werden.

In diese gemischte Gemütslage sendet der Predigttext klare Worte: Evangelium für die Elenden, Trost für die Trauernden – Heilsprophetie ohne Wenn und Aber. Er ist ein Gute-Laune-Botschafter: ›steh auf / zieh dich an / jetzt sind andere geister dran / ich nehm den schmerz von dir‹ – so sang das Popduo Ich & Ich vor einigen Jahren in ihrem Lied ›Vom selben Stern‹. In Jes 61 hört sich das ähnlich vollmundig und zugleich viel poetischer an: fort mit Sack und Asche, her mit den Geschmeiden. Aufgeboten werden: duftende Öle, Neubauten, blühende Landschaften, schöne Kleider – schön machende Kleider. Zieh ich mir das an? Dürfen auch wir uns mit diesen fremden Kleidern schmücken?

II Erschließung des Textes: Weißschwarzmalerei

Durch den Text zieht sich ein starkes Ich, das zugleich schillernd bleibt. Die Person, die hier spricht, tritt als »prophetisch-messianische Gestalt« (Zapff, 389) auf, die auch königliche bzw. priesterliche Züge in sich vereint. In der Auslegungsgeschichte ist sie sinnbildlich als Zion oder aber – im Sinne eines Tritojesaja – als historische Figur gedeutet worden, die die deuterojesajanischen Verheißungen aktualisiert und sich dabei insbesondere auf die Gottesknechtstradition bezieht (vgl. Jes, 42,1–4; 49,1–6). Für die christliche Rezeption des Textes ist es nicht unerheblich, dass sich Jesus bei seiner Antrittspredigt in Nazareth implizit mit dieser Figur identifiziert (Lk 4,16–21).

Der ursprüngliche Anlass dieser Passage: Die Exilierten sind aus Babylon zurückgekehrt. Nun treffen die paradiesischen Erwartungen auf die nüchterne Wirklichkeit. Vieles ist zerstört – äußerlich und innerlich. Das Kaputte wieder aufzubauen, braucht Zeit und Kraft. Nicht alle Wunden lassen sich heilen. Zudem ist die soziale Lage im Land alles andere als zufriedenstellend: Da die königlichen Steuern nicht länger in Naturalien, sondern in Münzgeld zu zahlen sind, geraten viele Kleinbauern in Not. Sie verschulden sich, verlieren ihr Land, geraten teilweise in Schuldgefangenschaft (vgl. Jes 58,6; Neh 5,1–15). Jens Böhm spricht von einer typischen »Nach-Wende-Zeit«, bei der eine kleine Gruppe von Wendegewinnern einer großen Gruppe von Wendeverlierern gegenübersteht (vgl. Böhm, 99).

In dieser Situation beweist der prophetische Sprecher Sinn für Sozialpolitik und für Schöngeistiges. Bemerkenswert ist die Fülle der Motive und damit aufgerufenen Kontexte; die Zeilen wirken wie eine assoziationsreiche Zitatensammlung aus Prophetie und Psalter – »eine überströmende, sich-ergießende Darstellung der Wandlung zum Heil« (Westermann, 281). In schönster Weißschwarzmalerei werden alte und neue Wirklichkeit einander gegenübergestellt. Dabei scheint der Gesandte den Übergang von der Gefangenschaft zur Freiheit, von der Trauer zur Freude nicht nur ankündigen, sondern auch durch seine Worte mit bewirken zu können. Oder kommt es am Ende vor allem auf das richtige *mindset* an?

Seine gute Botschaft richtet sich an die »Elenden«, die sich in existenzielle Abhängigkeit begeben haben, und an »alle Trauernden« – das klingt schon deutlich allgemeiner. Direkt angesprochen werden die Adressaten allerdings nur in V. 5f., einem vermutlich sekundären Zusatz. In den Versen 4 bis 9, die sich sachlich wie stilistisch von ihrem Rahmen unterscheiden, wird der Wandel konkreter: Angekündigt werden hier ein Wiederaufbau der »alten Trümmer« und – im Modus des Gottesworts – eine neue Rollenverteilung zwischen Einheimischen und Fremden. Schenkt man den Exegeten Glauben, so zielen diese Worte eher nach innen als nach außen. Es geht darum, den aufrechten Gang einzuüben, sich geehrt und anerkannt zu fühlen.

Die letzten beiden Verse knüpfen dagegen motivisch eng an V. 1–3 an. War das Ich bisher Überbringer froher Kunde, so ist ihm diese jetzt leib-haftig spürbar geworden: Da jubelt einer darüber, neu eingekleidet worden zu sein, mit den »Kleidern des Heils« und dem »Mantel der Gerechtigkeit«, und fühlt sich dabei so festtäglich wie Braut und Bräutigam zusammen. Was zu Beginn noch im Modus der Ankündigung verblieb, ist nun wahrgeworden. Der Form nach Loblied eines Einzelnen (vgl. Ps 35,9), lässt sich V. 10 inhaltlich als die bestätigende Antwort eines kollektiven Ichs verstehen. V. 11 schließlich beschreibt Gottes Gerechtigkeit in direktem Rückbezug auf V. 3b als im vollen Wortsinn organisches, verlässliches Geschehen. Auch hier fällt die Tendenz zur Verallgemeinerung auf. Wie das Heil hier geschildert werde, sei, so schreibt Claus Westermann, »weit entfernt von einer einmaligen Rettungstat; es ist vielmehr das stetige und ganz undramatische Segenswirken, das hier beschrieben ist« (Westermann, 295).

Prophetische Texte umstandslos in die Gegenwart zu übertragen, bleibt heikel. Und doch trägt die gewisse Unbestimmtheit dieser Worte eine Offenheit in sich, die es mir redlich erscheinen lässt, den Versuch zu wagen und in das Loblied einzustimmen.

III Impulse: Heilige Modenschau

Auf dem Weg zur Predigt gilt es zwei Entscheidungen zu treffen: Der Predigttext hält eine Fülle an Bildern aus verschiedenen Lebensbereichen bereit (Mode, Kosmetik, Garten- und Städtebau, Hochzeit ...). Für die Predigt erscheint es mir zum einen sinnvoll, sich für einen Motivkreis zu entscheiden. Ebenso kann auch die Begrenzung des Predigttextes auf

V. 1–3.10f. zur motivischen Stringenz (und zur besseren Hörbarkeit der Lesung) beitragen. Zum anderen ist zu klären, ob ich in meiner Predigt eher den Wandel oder die neue freudige Wirklichkeit betonen will.

Unter der Überschrift »Kein Trümmerfeld, sondern eine Baustelle« haben sich Jens Böhm und Martin Bröking-Bortfeldt in ihrer Predigtstudie für die erste Möglichkeit entschieden. Ihre Überlegungen gehen von der Jahrtausendwende, dem Kosovo-Konflikt und der Erlassjahrkampagne aus und konzentrieren sich stark auf V. 4. (vgl. Böhm/Bröking-Bortfeldt, 98ff.)Was mir dabei zu kurz zu kommen scheint, ist die freudige Atmosphäre und das grenzenlos Zuversichtliche des Textes. Eben dieses Überschwängliche möchte ich gerne ins Recht setzen, indem ich das Motiv der »Kleider des Heils« aufnehme und es in lustvoll-symbolischer Sprache fortspinne.

Die Kleider des Heils – das ist eine Formulierung, die neugierig macht und die Phantasie anregt: Wie könnten sie aussehen? Wie wirken bestimmte Kleidungsstücke nach innen und nach außen? Welche Haltungen und Verhaltensweisen regen sie an? Im Lichte von Jes 61 erscheinen wir alle als Mannequins Gottes – und der Segen, der auf unserem Leben ruht, als Heilige Haute Couture. Wie hört sich das an, wenn wir uns mitten in den Text hineinstellen?

Eine weitere Idee: Zur ursprünglichen Absicht des Textes gehört die Wiederherstellung der Ehre – gipfelnd im Zuspruch einer besonderen, priesterlichen Würde in V. 6. Dieser Aspekt könnte mit dem nahenden Dreikönigstag verbunden werden. Schließlich bilden die Archetypen des Königs, der Königin bis heute zugängliche Identifikationsfiguren, die für Anmut und Würde stehen. Das hymnische »Ich freue mich im Herrn …« in V. 10 ließe sich dann dem König, der Königin in uns in den Mund legen.

Werkstück Predigt

(ein mögliches Ende einer Predigt zu den »Kleidern des Heils«)

Schließlich, hinten links in der Garderobe: etwas zum Drüberziehen. Ein Allwettermantel. Wenn es richtig kalt wird, würde man darin zu frösteln beginnen. Er ist nicht allzu dick gefüttert, aber Wind abweisend. Der Mantel der Gerechtigkeit. Was für ein großes, altes Wort für einen Trenchcoat. Gerechtigkeit – das heißt: im rechten Maß leben. Im rechten Verhältnis mit Gott und den Menschen. Recht-schaffen sein. Aufrecht. Respektvoll, wo es angebracht ist. Aber auch mutig. Immer in dem Vertrauen, dass Gott es schon richten wird. Ein Mantel des Gottvertrauens also. Aber wenn ich ihn anziehe, fühle ich mich auch in der Lage, selbst etwas zu tun: vielleicht einen Protestbrief zu schreiben. Mich zu sorgen um meinen kranken Nachbarn. Aufzustehen und was zu sagen, wenn im Bus einer rumpöbelt.

Das feine Kleid der Würde. Die Schuhe der Ausdauer. Die Mütze der Zufriedenheit. Die Ringelstrümpfe des Humors. Der Schal der Liebe. Und: der Mantel der Gerechtigkeit.

So könnten sie aussehen: die Kleider des Heils. So oder so ähnlich. Ich wünsche Ihnen, dass Sie im Neuen Jahr immer gut angezogen sind. Ich wünsche Ihnen – die Kleider des Heils. Und ich bin mir ziemlich sicher: Viele davon hängen schon bei Ihnen zu Haus im Schrank …

Korrespondierende *Lieder* finden sich im weihnachtlichen Repertoire etliche. Auf besonders anmutige Weise zeichnet der Choral von Paul Gerhardt »Fröhlich soll mein Herze springen« die Bewegung vom Dreck zum Glanz nach (vgl. vor allem EG 36,7–11).

Literatur: *Jens Böhm/Martin Bröking-Bortfeldt*, Predigtstudien IV/1 (1999/2000), Stuttgart 1999, 98–105; *Claus Westermann*, Das Buch Jesaja Kap. 40–66 (ATD 19), Göttingen 1966; *Burkhard M. Zapff*, Jesaja IV 56–66, Die Neue Echter Bibel. Kommentar zum Alten Testament mit der Einheitsübersetzung, Würzburg 2006.

Ulrike Wagner-Rau

B

IV Entgegnung: Keine Beschwörungen

Die Idee, in der Predigt mit der Kleidermetaphorik zu spielen, spricht mich an. Ebenso die Absicht, das Loblied nicht aus dem Auge zu verlieren. Zugleich möchte ich die Ambivalenz der Realitätserfahrung im Blick behalten. Das Schöne gewinnt nun einmal seine Faszination auch durch die Sehnsucht danach. Wer jeden Tag das Festkleid trägt, für den wird es bald seinen Glanz verlieren.

Ob die Menschen dem Propheten geglaubt haben? Auch die Wendeverlierer, die zu kurz Gekommenen? Auch die vom Schrecken der Vergangenheit Traumatisierten? Und wie geht es wohl den Fremden im Arbeitskittel, die nun die Frondienste übernehmen müssen? – Man kann das Gute und Schöne nicht herbeizwingen, aber einfallsreich darin sein, Impulse für ein *Reframing* zu setzen: Wie sieht das Alltägliche und oft auch Bedrängende aus, wenn man es im Kontext des Heils anschaut? Was könnte es heißen, die Alltagsklamotten zu tragen und zugleich zu wissen, dass es im Schrank das Festgewand gibt?

V Erschließung der Hörersituation: Augen für Schönheit und Liebe

Was ziehe ich mir an? Diese Frage hat eine Verbindung zu der anderen: Wie schaue ich in die Welt und wie nehme ich die Wirklichkeit wahr? Damals, als der Prophet sein Loblied anstimmte, war der Schrecken vielleicht noch so nahe, dass er immer wieder nach den Seelen der Menschen griff und sie herunterzog in Angst, Trauer und dunkle Erinnerungen. Aber das Erleben des Schrecklichen kann die Augen auch für das Helle öffnen. So erfuhr es die Journalistin Janina Findeisen, die im Interview von einem solchen Perspektivenwechsel spricht: »Ich war unglaublich erleichtert, dass ich diese unendlich lange Reise zu einem guten Ende gebracht hatte. Und es kam mir alles unfassbar schön vor, Deutschland. So schön, wie ich es vielleicht noch nie gesehen hatte.« (Süddeutsche Zeitung Magazin, 22.03.2019, 18) Janina Findeisen war während ihrer

Schwangerschaft im Oktober 2015 in Syrien von Islamisten entführt und erst im September 2016, nach der Geburt ihres Kindes, freigelassen worden.

Es ist geradezu so, als ob der erfahrene Schrecken die Möglichkeit in sich trägt, Bilder zu erzeugen, die das Leben auch unter schwierigen Bedingungen weitertragen. Marleen Stoessel, eine Berliner Literaturwissenschaftlerin, erzählt: »Vor einigen Monaten waren in einer Berliner Ausstellung Werke des syrischen Malers Tammam Azzam zu sehen ... Es waren Bilder, die das in Trümmern liegende Damaskus, seine Heimatstadt, zeigen, ... nach Fotoaufnahmen aus vielen farbigen Papierschnipseln zusammengesetzt, die sich zu einem Mosaik mit einer reliefartigen Oberfläche fügen – ... Auf einem dieser Bilder sieht man inmitten der Trümmer, wie als Teil von ihnen, einen Mann mit einem Kind auf dem Arm. Es braucht langes Betrachten, um zu verstehen, warum gerade dieses Bild einer städtischen Ruinenlandschaft ... solche Schönheit besitzen kann. Es ist die Sehnsucht, die darin zum Ausdruck kommt, ... die von Liebe und tiefer Achtung zeugt, vor der Schöpfung, dem Menschen, dem Leben. Eine Sehnsucht nach einer Ganzheit, die sich im Betrachter fortsetzt, in der Vision einer menschlicheren Welt.« (s. Internet)

Das Schöne und Heile ist nicht nur verheißen, so der Predigttext, es ist auch schon da. »Denn gleichwie Gewächs aus der Erde wächst und Same im Garten aufgeht, so lässt Gott der Herr Gerechtigkeit aufgehen und Ruhm vor allen Völkern« (V. 11). Wer hat dafür ein Auge, einen Sinn, der die Wahrnehmung entsprechend orientiert? Was öffnet den Blick für die Schönheit von Gottes Garten der Gerechtigkeit und des Heils?

Es ist alles andere als selbstverständlich, sehen zu können, dass inmitten der Wirklichkeit, in all ihrem Zwiespalt die Schönheit der Welt, die Ahnung von menschlicher Würde und von einem friedlichen Miteinander verborgen sind. Wie oft gibt nicht schon die Lektüre der Zeitung am Morgen mehr als genug Anlass, den Mut zu verlieren. Aber die Sehnsucht ist hartnäckig und immer wieder finden sich Erlebnisse, die sie befeuern. Wenn die Amsel im Morgengrauen singt, eine Liebe beginnt, ein Gesprächsfaden, der abgerissen war, wieder aufgenommen wird ... Auf einmal hat die Welt einen neuen Ton, einen hellen Schein. So wie wir abends die dreckigen Socken und verschwitzten T-Shirts in den Wäschekorb werfen und morgens die saubere Kleidung aus dem Schrank nehmen, kann sich der Mut zum Leben täglich erneuern. Wie viel hängt davon ab, dass es gelingt, Niederlagen, Kränkungen, Resignation abzuschütteln und mit Selbstvertrauen und Hoffnung in den kommenden Tag zu starten. Ganz säkular hat das Bertolt Brecht verstanden, für den »das frische, kühle Hemd« in »Die Lust des Beginnens« hineingehört (Brecht, 771). Ähnlich zählt Joachim Ringelnatz die frischen Kleider zur »Morgenwonne«. Er dichtet: »Zwei schwarze Schuhe in blankem Wichs / Betiteln mich ›Euer Gnaden‹« (Ringelnatz, 11). Auch das gewaschene und gebügelte Hemd und die geputzten Schuhe können zum Sinnbild der Gnade werden und dem, der sie anzieht, die Botschaft vermitteln, wertvoll und wichtig zu sein.

Das Jahr ist noch neu. Welches frische Hemd, welchen weichen Schal hält es für mich bereit? Wo ist ein Zipfel von dem zu sehen, was das Leben schöner, gerechter, heiler macht?

Die Hochzeitsmetaphorik, die der Predigttext anbietet, führt über die Ambivalenz des Alltags hinaus. Das Fest ist bewusst einseitig, Bedenken und Ängste schweigen. Zwar wissen alle darum, dass die Ehe des Paares, das sich in seinen Festkleidern vor dem Traualtar einfindet, gute und schlechte Zeiten haben wird. Aber am Hochzeitstag tut man so, als ob das nicht wahr wäre. Die schwierige Seite des Lebens macht sich irgendwann sowieso wieder bemerkbar. Dann – so zeigen empirische Untersuchungen – schauen sich nicht wenige Paare das Video von ihrem Traugottesdienst an. Damit beleben sie die Erinnerung an den ›schönsten Tag‹, aber mit den Bildern werden auch die Gefühle präsent, die damals getragen haben, der wertschätzende, verliebte Blick füreinander und die Zuversicht, dass das gemeinsame Leben gelingt. Sie rufen ins Bewusstsein, was jetzt fehlt, aber doch möglich ist. Wer würde am Morgen aufstehen, ohne den Glauben an das Gute, das der Tag bereithalten könnte? Wer würde um Frieden ringen und sich für Gerechtigkeit einsetzen ohne die Zuversicht, dass beides wahr werden könnte – jedenfalls immer wieder etwas davon?

Ähnlich regt die ausufernde Bilderfolge der prophetischen Heilsbotschaft die Imagination an. Menschen zeichnen sich durch die Fähigkeit aus, sich vorstellen zu können, was in der Realität gerade nicht da ist. Sie können sich ein Bild machen von einer anderen Wirklichkeit. Angesichts der Stadt, die in Trümmern liegt, phantasieren sie ihre künftige Gestalt. Wenn das Miteinander im Quartier oder im Dorf kompliziert ist, entstehen womöglich Pläne, wie man wieder ins Gespräch kommen kann. Viele junge Leute entwickeln inspirierende Visionen ihrer künftigen Existenz – manchmal gerade dann, wenn die gegenwärtigen Lebensumstände schwierig sind. Und nicht zuletzt in der Seele der Sterbenden entstehen Symbole, die über die Schwelle des Todes helfen.

Die menschliche Phantasie bringt Bilder der Schönheit und der Hoffnung hervor und solche Bilder fallen ihr zu. Sie sind ein Produkt menschlichen Vermögens und zugleich ein Geschenk. Wir können uns absichtlich vorstellen, wie die Nächsten und wir selbst im Festkleid aussehen. Und manchmal entsteht so ein Bild wie von selbst, als ob es für uns bereit läge und darauf wartet, dass wir es entdecken.

VI Predigtschritte: Nur Bilder?

Welche Vorstellungen leiten uns in das neue Jahr hinein? Die prophetische Heilsbotschaft zeugt von der Kraft der Imagination in einer Situation der Mühsal. Sie lenkt den Blick auf das, was an Gutem kommen wird, ja, auf das, was schon gut ist, ohne dass man es wahrnehmen kann.

›Sind das nicht alles *nur* Bilder?‹ Diese Frage würde ich aufnehmen. Es ist eine besondere Gabe der Menschen, Vorstellungen entwickeln zu können von einem Leben, das Vorhandenes und Greifbares transzendiert. Phantasien, Träume, Sehnsucht sind unverzichtbar. Sie helfen, den Schmerz der Realität zu ertragen und über ihn hinaus zu gehen. Auch die Vorstellungen des Glaubens wachsen aus dem Riss zwischen Sein und Sollen. Das Leben ist nicht so verstörend und beängstigend gemeint, wie wir es oft erfahren. Gottes Vision für die Welt ist eine andere. Der prophetische Poet des Predigttextes hat das ›gesehen‹ und eine Sprache dafür gefunden. Aber Bilder des Lebens fallen nicht nur den biblischen Propheten zu. Sie können in jedem von uns entstehen. Ihr Nährboden sind Sehnsucht und Schmerz. Ihr Dünger ist das Vertrauen darauf, dass immer noch ganz anderes geschehen kann.

Literatur: *Bertolt Brecht*, GW 9, Frankfurt am Main 1967; *Joachim Ringelnatz*, Lebenslust mit Joachim Ringelnatz, ausgewählt von Katrin Grothe, Berlin 2010.

Internet: *Marleen Stoessel*, Gegenbilder zur drohenden Zerstörung, Deutschlandfunk, Essay und Diskurs, 18.04.2019, https://www.deutschlandfunk.de/kunst-als-zweite-schoepfung-gegenbilder-zur-drohenden.1184.de.html?dram:article_id=442079, abgerufen am 31.05.2019.

Epiphanias

A

Epheser 3,1–7: Offenbares Geheimnis

Dieter Beese

I Eröffnung: Zusammenleben mit den Anderen

Ein Blick in die Nachrichten genügt, um klar zu sehen: Grundlagen des Zusammenlebens stehen zur Debatte, gleich ob internationale Beziehungen, die Begegnung verschiedener Religionen und Kulturen, das Verhältnis der Geschlechter, das Miteinander der Generationen oder die Bedingungen digitaler Kommunikation. Niemand lebt allein auf der Welt. Immer gibt es irgendeine Form des gemeinsamen Lebens. Das bedarf keiner Erklärung. Gemeinsamkeit soll aber nicht mit Gewalt erzwungen oder allein dem freien Spiel der Kräfte überlassen bleiben. Der Preis an Blut und Tränen ist beim Kampf aller gegen alle genauso hoch wie in erzwungener Gemeinschaft. Wer immer eine lebenswerte Form des Miteinanders finden will, muss auf die Frage antworten können: Wie hältst *du* es in deinem Zusammenleben mit den *Andere*n? Auf welche Erfahrungen können christliche Gemeinden zurückgreifen?

Der Ablösungsprozess der Jesusgläubigen von Glauben und Leben des zeitgenössischen Judentums war zugleich ein Öffnungsprozess gegenüber Jesusgläubigen aus den Völkern. Ein hochriskanter Versuch, dem Stamm einen neuen Zweig aufzupfropfen. Israel hatte auf seinem Weg schon viele Varianten exklusiver und universaler sozialer und religiöser Gestaltungen durchlebt: vom Familien- und Stämme-Verband über den monarchisch-militärischen Machtstaat bis zur ethnisch-religiösen Lebensgemeinschaft unter fremder politischer Herrschaft, von der unkritischen Öffnung bis zur schroffen Abgrenzung von seinen Nachbarn. Gibt es nach der Katastrophe des Krieges von 70 n. Chr. und unter den Bedingungen der römischen Weltherrschaft ein erfolgversprechendes, tragfähiges zeitgemäßes Modell des menschlichen Miteinanders?

Die werdenden Jesusgemeinden treten mit der Hoffnung und dem Anspruch an, als ›Neues Israel‹ Menschen unterschiedlicher ethnischer, kultureller und religiöser Herkunft »in Christus« zu verbinden. Es geht um den *neuen* Menschen und die *neue* Schöpfung. Der »Herr Jesus« (kyrios iesous) steht für den endgültigen Anbruch der Gottesherrschaft. Von Anfang an ist dieser Anspruch mit explosiver politischer, ethnischer und religiöser Energie geladen. Diese befeuert die einigende Kraft des Glaubens ebenso, wie sie ihn in Konflikte treibt und auf die Probe stellt.

Aus Israel und den Völkern in Christus *eins* sein! Wie ist das zu verstehen? Wie kann das funktionieren? Was kann Juden und Heiden bewegen, an Jesus zu glauben? Wie können sie, wenn sie sich im Glauben gefunden haben, gemeinsam Kirche sein in einer Welt, die Gottes geliebte Schöpfung bleibt und insgesamt auf Erlösung wartet? Die Christen und ihre Kirchen haben im Laufe der Zeit ihre Erfahrungen mit ihrer Selbstgestaltung gemacht (und andere mit sich machen lassen!). Die Bandbreite reicht vom machtbewussten und gewaltbereiten Machtapparat, der nur Unterwerfung und Anpassung duldet, bis zur freiwilligen Selbstauflösung in vermeintlich angesagte Zeitgeistströmungen.

II Erschließung des Textes: Auftrag der Gnade

»Wer nach einer Pazifizierung des zerrissenen Kosmos Ausschau hielt, der musste beim Sinnangebot des Eph hellhörig werden.« (Theobald, 420) Ein derartiges Urteil über den Epheserbrief lässt aufhorchen: Ein *»Sinnangebot zur Pazifizierung des Kosmos«* ausgerechnet von einem Dokument, dessen Verfasserschaft gefälscht, dessen Inhalt von einer literarischen Vorlage (Kol) bis in einzelne Formulierungen hinein abhängig ist, der keinen konkreten Adressatenbezug hat, sondern allgemeinen Traktatcharakter trägt und dessen Gedankenwelt kaum als originell, sondern eher als eklektizistisch gelten muss!

Wie funktioniert das Angebot in der Perikope 3,1–7? Imaginiert wird der gefangene Apostel Paulus (V. 1). Aufgrund empfangener Offenbarung (apokalypsis) hat er Einsicht (gnosis) in das Geheimnis (mysterion) Christi gewonnen (V. 3). Dieses besteht darin, was *jetzt* den heiligen Aposteln und Propheten Christi offenbart ist (V. 5): Die Völker sind in Jesus Christus durch das Evangelium Miterben und Mitgenossen der Verheißung (epaggelia; V. 6). Der Apostel ist durch die Gabe der Gnade (dorea tes charitos) Gottes nach seiner mächtigen Kraft (energeia tes dynameos) Diener (diakonos) dieses Geschehens geworden (ginomai; V. 7).

Was der Epheserbrief nicht zu bieten hat, ist also: historische Präzision, beeindruckende Originalität, zwingende Kohärenz, objektiv-universale Geltung. Was er auch nicht zu bieten hat, ist: subjektivistisch-narzisstische Willkür, esoterischer Anspruch, autokratischer Führungsanspruch, polarisierende Polemik. Was er aber anbietet, ist: Heilsgewissheit (1,8f.), diakonischer Habitus (3,7), prozesshafte Perspektive (4,15), ethische Ernsthaftigkeit (4,24), Dialog- und Pluralismusfähigkeit (4,3–6), Empowerment (6,10), Konfliktfähigkeit (6,10–17) und Zivilcourage (6,19).

Der Epheserbrief steht im Schnittpunkt lebhafter weltanschaulicher Diskurse und Konflikte und lässt sich als Modell eines österlich-christologisch positionierten religiös-weltanschaulichen Dialogs lesen. Dieser stellt sich intern gegen heidenchristlichen Antijudaismus (V.6!). Er setzt sich nach außen in Beziehung zu aktuellen und konkurrierenden Sinnangeboten (Astrologie, Dämonologie, Magie, Gnosis, Stoa, Popularreligion) und bezieht ihnen gegenüber und in Beziehung zu ihnen Position: Christus sind die ›Mächte‹ unterworfen, er ist das ›Haupt‹ des ›Leibes‹, hat den ewigen ›Kampf‹ zu Ostern entschieden und ›Frieden‹ gestiftet und in aller ›Fülle‹ geeint.

Der Epheserbrief zielt auf eine Haltung, die aus Einsicht und Gewissheit (nicht aufgrund von Gewalt) zu konkretem Handeln tendiert: Israel und die Völker sind in Christus zu guten Werken geschaffen, damit sie in ihnen wandeln (2,10). Seine Botschaft kultiviert: Aus »Kindern der Finsternis« werden »Kinder des Lichts« (5,9). Sie werden »stark in dem Herrn« in der »Macht seiner Stärke« (6,10), eine Formulierung, die im Licht von 2 Kor 12,9 zu lesen sein dürfte: Die Kraft Christi ist in den Schwachen mächtig (2 Kor 12,9).

III Impulse: Glaubensmodelle

Das Evangelium für Epiphanias erzählt von den drei Weisen aus dem Osten (Mt 2,1–12). Diesen ist das Licht des Sterns von Bethlehem aufgegangen. Welche Vorstellungen von Gott mögen die Weisen aus dem Morgenland aus ihrer Heimat mitgebracht haben? Wie mögen sie anderen ihren Glauben erklärt haben? Erklären sie denen, die sie auf ihrer Wanderung fragen, dass sie hoffen, das Licht ihres Lebens zu finden? Dass sie Sonne, Mond und Sterne nicht als Gottheiten, sondern als Wegweiser Gottes verstehen? Dass sie nur im tatsächlichen Nachfolgen und nicht in irgendeiner Weltflucht auch die Erfahrungen mit Gott erwarten? Dass sie keinerlei Zweifel haben, es mit einem Königskind und neuen Herrscher zu tun zu bekommen, der sie nicht nach ihrem Nutzen für seine Machtausweitung beurteilt, sondern ihre Sehnsucht und ihre Hoffnung versteht, ohne nach Herkunft, Hautfarbe und Prägung zu fragen?

Ein Modell des Glaubens sind diese imaginierten Weisen, ebenso wie es der imaginierte Apostel Paulus gewesen ist, in dessen Geist und Schülerschaft sich die Verfasser des Epheserbriefs gesehen haben. Sie sind überzeugt: Woher auch immer die Menschen stammen, die sich in der Gemeinde Jesu Christi einfinden oder mit ihr in Kontakt kommen – sie sollen erfahren und auch miteinander dafür einstehen, dass es sich lohnt, darauf zu vertrauen: ›Ob du aus Israel oder aus den Völkern stammst, du bist hier willkommen. Du sollst Anteil haben an dem Glauben, an der Hoffnung und an der Liebe, die uns antreiben und miteinander verbinden.‹

Vielleicht haben sie es damals so gesagt: ›Was uns zu einem Leben aus Glauben bringt, sind nicht wissenschaftliche Beweise, sind nicht spektakuläre Wunder, ist auch nicht irgendein äußerer Zwang oder Zufall. Wir vertrauen einfach darauf, dass die Botschaft, die wir von unseren Aposteln und Propheten hören und lernen, ein Geheimnis in sich birgt. Das erschließt sich uns, wenn wir es in unserem Leben wirken lassen. Gewaltherrschaften kommen und gehen. Wir setzen auf Frieden. Christus ist unser Friede. Wir glauben, dass sein Weg der Weg des Friedens ist. Dem folgen wir.‹

Ja, es stimmt: Nichts ist so alt, wie die Forderung, dass alles neu werden müsse. Dies ändert aber nichts daran, dass an jedem Tag, den Gott uns erleben lässt, *jetzt* (nyn) tatsächlich etwas Neues in unser Leben treten kann. Das hat mit dem Geheimnis zu tun, in das ›Paulus‹ Einsicht bekommen hat und das uns als gute Nachricht von den Aposteln und Propheten aller Zeiten mitgeteilt wird. Ein Geheimnis ist etwas, das sich uns so weit erschließt, wie wir uns auf es einlassen. Wir kennen das vom Geheimnis der Liebe – man lässt sich darauf ein, oder man macht keine Erfahrung damit.

Die Weisen aus dem Morgenland haben sich eingelassen auf die geheimnisvolle Verheißung, die sie in dem Stern erkannt haben, der sie hat aufbrechen lassen. Das Lied ›*Stern über Bethlehem*‹ nimmt diese Glaubenserfahrung auf, zunächst als Gesang im Gottesdienst, gemeinsam mit allen, die dort miteinander feiern. Wer innerlich in das Lied einstimmt, nimmt die Einladung zum Mitgehen und Mitmachen mit den Zeugen des Glaubens in sich selber auf. Angerührt und bewegt von diesem Geheimnis, wird er gestärkt, aufmerksam und neugierig auf die Alltagsbegegnungen und -herausforderungen, die auf ihn warten.

Literatur: *Michael Theobald,* Der Epheserbrief, in: Martin Ebner/Stefan Schreiber (Hg.), Einleitung in das Neue Testament, Stuttgart 2008, 408–424.

B Hajo Petsch

IV Entgegnung: Lebenswertes Miteinander

»Ein lebenswertes Miteinander« – diesen thematischen Fokus bietet A in seiner Texthermeneutik an. Für mich eine wertvolle Frischblutkur für diesen sehr gravitätisch, lehrhaft und (scheinbar) zeitlos daherkommenden Epheser-Text, der mich im Blick auf die Predigtaufgabe ziemlich ratlos macht. So fern, so fremd! Wie kann ich da die Hörerinnen und Hörer zum Aufmerken motivieren? Noch dazu an ›Epiphanias‹, volkstümlich: ›Heilige Drei Könige‹. In Baden-Württemberg, Bayern und Sachsen-Anhalt offizieller Feiertag, der 2020 auf den Montag fällt. Was dies für den Gottesdienst bedeuten mag, wird in Schritt V angesprochen.

A interpretiert den Text nicht kleinteilig. Vielmehr bahnt er uns zunächst einen Zugang zum Epheserbrief, den er als ein Dokument charakterisiert, das »keinen konkreten Adressatenbezug hat, sondern allgemeinen Traktatcharakter trägt, und dessen Gedankenwelt kaum als originell, sondern eher als eklektizistisch gelten muss«. Das ist ein klarer neutestamentlicher Einleitungsbefund, der zum Experten- und Hintergrundwissen der Predigtaufgabe gehört. Was speziell diese Perikope zu bieten hat, erschließt A in einem kurzen, aber stimmigen Durchgang durch deren (griechische) Leitbegriffe. Es folgt ein knapper Rundblick auf die thematischen Schwerpunkte des gesamten Epheserbriefs und dessen zeitgeschichtlichen Kontext. Kompliment für diese präzise Ortsbestimmung. A stellt die im wahrsten Sinne ökumenische Weite des Epheserbriefes heraus: »Woher auch immer die Menschen stammen, die sich in der Gemeinde Jesu Christi einfinden oder mit ihr in Kontakt kommen – sie sollen erfahren und auch miteinander dafür einstehen, dass es sich lohnt, darauf zu vertrauen: Ob du aus Israel oder aus den Völkern stammst, du bist hier willkommen. Du sollst Anteil haben an dem Glauben, an der Hoffnung und an der Liebe, die uns antreiben und miteinander verbinden.« Willkommen in der Gemeinde, in dieser konkreten Gemeinde hier, willkommen für ein lebenswertes Miteinander.

V Erschließung der Hörersituation: Eine Neujahrsrede, die Mut macht

Nach Weihnachten, nach DEM Fest, fast eine Woche schon nach Silvester. Bevor das neue Jahr richtig loslegt – noch eine letzte Atempause nach all der Feierei. Festmüde die meisten. Ende der Weihnachtsferien in den Schulen. Für die katholischen Gemeinden sind die Sternsinger unterwegs. Sie sammeln für Projekte des internationalen Kinderhilfswerks ›Sternsinger‹ und markieren, wenn gewollt, die Haustüren mit der Kreideinschrift ›C+B+M 2020‹. Nicht nur in evangelischen Gotteshäusern sind an diesem Tag wieder viele Sitzplätze frei. Die Menschen, die sich an Epiphanias einfinden, hören der Reihe nach zuerst die Epistellesung Eph 3,1–7 und dann im Evangelium Mt 2,1–12 das Narrativ von den drei Weisen aus dem Morgenland.

Lässt sich eine Brücke zwischen beiden Texten bauen? Schwer. Versuchsweise formuliert: Den drei *magoi* ist ein Licht aufgegangen. Das leuchtet ein, aber: Um welches Licht es sich dabei handelt, ist dem Epheserbrief unter dem Stichwort »Geheimnis Christi« *(mysterion)* zu entnehmen (vgl. Eph 1,10 und 3,3f.). »Geheimnis«? Da lässt sich vielleicht und ganz alltäglich an die vorweihnachtliche Geheimnistuerei erinnern. Da werden Geschenke heimlich ins Haus gebracht und geheimnisumwittert deponiert. Und das nicht nur wegen der Kinder. Dieses Spiel findet auch unter Erwachsenen statt. Auch wenn die zu Beschenkenden oft schon ahnen, was ihnen da zugedacht wird: Es wird vielleicht ›mysteriös‹ davon gesprochen, aber das *mysterion* soll dann erst am Heiligen Abend durch die Entfernung der Papierhülle gelüftet werden.

Das Weihnachtsfest mit all seinem Drum und Dran – eine ganz spezielle Verpackung für das ebenso spezielle Geheimnis eines Kindes, angestrahlt im Lichtglanz des Festes. Und nicht selten wird dabei die Hülle mit dem Inhalt, dem Festgeheimnis verwechselt (und mit dieser zusammen entsorgt). Diese Verwechslung kann nach dem Fest gelassen, ohne erhobenen Zeigefinger aufgeklärt werden: veranschaulicht an den drei Weisen, die ohne genau zu wissen, wohin sie der mysteriöse Stern führt, ihren Weg suchen und finden.

Den eigenen Weg finden und mutig gehen – das umschreibt die Aufgabe, die das neue Jahr uns stellt. Vieles ist da für uns ›mysteriös‹. Viele offene Fragen rund um Digitalisierung, Einkommen, Klimawandel, wirtschaftliche Entwicklung, Zuwanderung … Viele Sorgenthemen. Ganz persönliche Unwägbarkeiten nicht zu vergessen! Jede Menge Unsicherheitsmanagement wird uns abverlangt. Um solche Fragen geht es meist in offiziellen Neujahrsansprachen. Da geht es um die Herausforderungen, die in unserem Land auf die ›Mitbürgerinnen und Mitbürger‹ zukommen und gemeinsam angepackt werden sollen. Dabei wird gern an das solidarische Miteinander appelliert. Die Redegattung ›Neujahrsansprache‹ – freilich ohne das oft damit verbundene Pathos – möchte ich als homiletischen Anker für die Predigt vorschlagen.

Auf meinem Notizzettel stehen Stichworte, die die (vermutete) Hörersituation und Kernaussagen des Textes wechselseitig aufeinander beziehen, miteinander ›ver-sprechen‹. Zum Beispiel: Rückblick auf Weihnachten – »das kundgemachte Geheimnis«; Sorgen um die Zuwanderung – alle sind »Miterben« und »Mitgenossen der Verheißung«; so viele Sorgen und Unklarheiten – Durchblick dank der »mächtigen Kraft Gottes«. Zu einer Mut machenden Neujahrsansprache gehört viel Lokalkolorit: Was liegt in unserem Gemeinwesen an? Welche Herausforderungen kommen auf uns als Gemeinde zu? Doch woher die Kraft, die Energie dafür nehmen angesichts rückläufiger Finanzen und schrumpfender Gemeinden? In einer Neujahrsansprache gehören Worte, die Mut machen, dazu. Der Schlussvers unseres Textes bietet sie mit einem Blick auf den griechischen Grundtext: »die Gabe der Gnade Gottes«, die uns »nach seiner mächtigen Kraft gegeben wurde« (kata ten energeian tes dynameos autu). Energie und Dynamik – wir haben das bitter nötig. Und wenn wir Eph 5,1 nicht als rhetorische Figur, sondern wörtlich als eine unüberbietbare Zusage nehmen, müsste das wohl zu schaffen sein: »So ahmt nun Gott nach … und so schafft ihr das!«

VI Predigtschritte: Vertrauensvoll ins Neue Jahr

Nach den zahlreichen Gottesdiensten von Weihnachten bis Neujahr empfiehlt sich eine kräfteschonende Gottesdienstgestaltung an Epiphanias. In Landeskirchen, wo Epiphanias kein gesetzlicher Feiertag ist, mag es naheliegen, das Dreikönigsfest am Sonntag, 5. Januar, in den Mittelpunkt zu stellen. Das ist wohl einer Entscheidung des Kirchenvorstands anheim zu stellen. Und ob die Pfarrerin/der Pfarrer – von den Rahmenbedingungen her – die nicht ganz einfache Predigtaufgabe Eph 3,1–7 wahrnimmt, ist deren/dessen Entscheidung.

Die Predigt braucht auf alle Fälle narrativen ›Stoff‹, den Mt 2,1–12 bietet. Dafür möchte ich ungefähr das erste Viertel der Predigt vorsehen. »Die drei Weisen sind so etwas wie die Archetypen des modernen Sinnsuchers. Sie machen sich ohne festes Ziel auf einen Weg, der sie in eine ungewisse Zukunft führt. Dabei bleiben sie achtsam, suchen nach Hinweisen, um ihrem Ziel immer näher zu kommen. Auf diese Weise werden die Weisen selbst zu Hinweisen für uns: Wo sind wir selbst auf der Suche? Was ist das Ziel unserer Lebenssuche? Wo schöpfen wir unsere Hoffnung, wenn sich unser Lebensweg verdunkelt? Kommen auch wir dem Heiland im Laufe unseres Weges, unserer Suche nahe?« (Goldschmidt, 74)

Eph 3,1–7 möchte ich als ›Neujahrsansprache‹ einführen, die uns Paulus/der unbekannte Verfasser dieses Briefes hält. Ihre Wünsche und Zielsetzungen fürs kommende Jahr werde ich auf den globalen und lokalen Problemstand beziehen: Wie lassen sie sich auf unsere konkrete Groß-

und Kleinwetterlage beziehen? Das Geheimnis Gottes begegnet uns im Kind in der Krippe. Es bleibt ein *mysterion*, das unser Verstand nicht auflösen kann, aber es lädt uns ein, im Vertrauen auf den ›Stern‹ unseren Weg ins neue Jahr zu gehen. Die drei Weisen sind unser Vorbild. Mit ihnen gehen wir, lassen uns ein auf das riskante Abenteuer des Lebens, von dem wir hoffen, dass es in das Geheimnis Gottes einmündet.

Dazu passen EG 395 »Vertraut den neuen Wegen« und EG Bayern 545 »Stern über Bethlehem«; als Eingangslied EG 74 »Du Morgenstern, du Licht vom Licht«.

Literatur: *Stephan Goldschmidt,* Denn Du bist unser Gott. Gebete, Texte und Impulse, Neukirchen-Vluyn 2018.

1. Sonntag nach Epiphanias

Matthäus 3,13–17:

Vom Anfang einer Geschichte

A

Matthias Lemme

I Eröffnung: Zurück in die Zukunft – plötzlich erwachsen

Gerade haben wir mit den Weisen aus dem Morgenland noch das Staunen gelernt. So eine Geburt lässt ja niemanden kalt. Schon steht der zottelige Johannes mit Jesus im lauwarmen Jordan und reißt uns heraus aus Glanz und Gloria. Ein harter Schnitt: War Jesus nicht als »Kindlein« (Mt 2,22) gerade erst ins galiläische Land zurückgekehrt? Nun kommt er als gemachter Mann zum Jordan, um sich von Johannes taufen zu lassen. Gerade eben haben wir noch die Kerzen an der Weihnachtskrippe angezündet (und wir tun es leidenschaftlich-trotzig bis zum 2. Februar), da stehen die Zeichen schon bald auf Passion. Denn wir wissen ja, nach der Taufe kommt die Wüste und all das andere. Glanz und Blues liegen am ersten Sonntag nach Epiphanias aufeinander. Wir wollen die Weihnachtszeit auskosten. Aber das angebrochene Jahr ist nicht mehr unbefleckt, ein Dutzend Januartage entfalten ihre eigene Logik.

Johannes tauft Jesus. Bei Matthäus das erste Lebenszeichen, nachdem Jesus den Kinderschuhen entwachsen ist. Die ersten Schriftzeichen nach leeren Seiten und ungeschriebenen Kapiteln, die aus der Zeit gefallen sind. Wie liest sich diese beinahe ikonografische Szene als Finale der Weihnachtsgeschichte? Weihnachten ist die Verdichtung einer bahnbrechenden Gottes-Bewegung. Die verdichtete Geschichte einer Entscheidung. Gott setzt sich der Welt als bedürftiges Kind aus. Kommt in die Welt, damit diese zu sich kommt. Kommt als ein Mensch – was eben auch heißt, dass das Kind erwachsen wird eines Tages. Dass es erwachsene Entscheidungen treffen wird. Gottes Geistesblitz hat Folgen – die Unbedingtheit des Menschwerdens hat ein offenes Ende.

Geistesblitz
Wie kommt man zur Welt?
Wie man eben zur Welt kommt auf der Welt.
Meistens freuen sich dann alle.
Nur Mut, denkt sich Gott.
Und legt sich Maria unters Herz.
Gut ist es da.
Wenn auch nicht ohne Risiko.
Besondere Umstände eben.
Wie wird man erwachsen auf der Welt?
Wie man eben erwachsen wird auf der Welt.
(bitte weiterschreiben)
...

II Erschließung des Textes: Zurück auf Start – sauber gewaschen

Zu Jesu erwachsenen Entscheidungen gehört es, sich anzustellen. Er stellt sich in die Reihe derer, die sich von Johannes aufrütteln und für den Neubeginn reinigen lassen. Jesus reiht sich ein in all jene, die Schuld einzugestehen haben und Vergebung für einen Neuanfang brauchen. Die Überzeugung, dass Gott mit der Geburt Jesu Mensch geworden ist, bestätigt sich hier – in diesem driftenden Wimpernschlag der Geschichte, zweieinhalb Wochen nach dem Weihnachtsfest, 30 Jahre nach der Geburt Jesu. Das Taufgesuch ist ein Bekenntnis: ›Ich bin einer von euch, ich setze mich den Widrigkeiten des Lebens mit Haut und Haaren aus. Und auch den Neuaufbrüchen! Jetzt tauf mich, Johannes, lass es geschehen.‹

Auf dem Text lastet die Frage der Sündlosigkeit von Jesus, die traditionellen christologischen Setzungen müssen hier aber den Blick auf das Erzählte nicht trüben. Wer den Text unvoreingenommen liest, wird nicht über dieses Auslegungsmuster stolpern, auch exegetisch sind die Argumente ausgetauscht (vgl. Luz, 153; Schottroff, 197f.). Vielmehr wird sich bei erst- oder einmaligem Hören des Textes im Gottesdienst die Frage stellen, in welche Perspektive sich die Hörenden verhaken lassen – in die des Täufers oder in die von Jesus?

Die Identifikation mit der Figur des Johannes fällt nicht schwer. Ein Mensch steht für seine Überzeugungen ein. Er sagt: ›Eine andere Welt ist möglich, eine Welt mit Gott, wir müssen nur umkehren und uns aus unseren Verstrickungen in die herrschenden Strukturen lösen (Schottroff, 197f.). Das ist schwer, aber machbar. Ich wasche das Alte ab, wenn ich euch in den Jordan tauche.‹ Als dann aber einer zu ihm kommt, der ethisch und religiös auf einem anderen Fundament zu stehen scheint – woher das Johannes weiß, wissen die Hörenden nicht – wird Johannes kleinlaut: ›Ich soll dich taufen? Du müsstest mich taufen!‹ Solche

Verunsicherung und Überforderung kennt jeder Mensch. Und fragt sich dann: ›Kann ich? Soll ich? Darf ich? Da geh ich doch lieber erst einmal in Deckung.‹

Deutlich schwerer mag es den Hörenden fallen, sich in Jesus hineinzuversetzen. Zumindest, wenn man sein Leben nicht allein von hinten lesen will. Weil er hier ein Mensch mit gekappter Vita ist – und eben Jesus. Wir kennen das Narrativ seiner Geburt, aber danach? Die Fragen überwiegen: Was hat er erlebt? Warum lässt er sich zur Umkehr rufen? Was berührt ihn? Weiß er um das ihm angeheftete (und hier von Johannes zugeschriebene) höhere Charisma? Weiß er um seinen Ruf? Würde er nicht Jesus, sondern Jan oder Jürgen heißen, könnte man ihn sich einfacher vorstellen: Ein Mensch, der mitten im Leben spürt, dass er alles ändern muss, um so etwas wie Sinn und Erfüllung und vielleicht auch Gott spüren zu können.

Eine Brücke zur Predigt ist für mich Vers 15: Jesus bittet Johannes, es *zuzulassen*. Die Taufe geschehen zu lassen. Anders gesagt: Jesus bittet Johannes, den Lauf der Dinge nicht zu verhindern. Lass es zu, damit sich Gerechtigkeit vor Gott entfalten kann (vgl. Schottroff, 197). Eine schöne Volte: Es geht nicht ums Drunter und Drüber, um Hierarchie und Ehrerbietung, sondern ums gemeinsame Zulassen. In der Taufe werden die alten Verstrickungssignaturen nicht abgewaschen, weil der eine oder der andere ein besonders guter Täufer oder Täufling ist. Sondern weil sich hier die Verbindung zwischen Menschen mit ihrem Gott manifestiert (vgl. Meister, 113f.). Die freiwillige Aufnahme einer Beziehung, ein Ja, sich in Gottes gute Absichten zu stellen, ein Ja dazu, ein Gegenüber für Gott zu sein und aus dieser Beziehung leben zu wollen. ›Lass es geschehen!‹ Für dieses Geschehen braucht es Gott und den Menschen: so nah, so verschieden, so abhängig voneinander, so miteinander, wie es Jesus und Johannes mit den Füßen im Jordan sind – kurz nach Weihnachten, 30 Jahre nach der Geburt in Bethlehem.

III Impulse: Zurück ins Jetzt – geschehen lassen

›Lass es geschehen!‹ Bei der Taufe öffnet sich die Tür in eine andere Art der Beziehungsfähigkeit. Das Selbstbewusstsein kann sich weiten in Weltbewusstsein und in Gottbewusstsein. Was wiederum dem Selbst in der Welt auf die Sprünge hilft. In der Taufe geschieht Gott – Gott *passiert* in uns. Unabhängig von den Lebensleistungen des Täufers oder der Aura des Täuflings. Und im besten Fall bekommen die Gefühle der eigenen Unzulänglichkeit und der emotionalen oder religiösen Obdachlosigkeit einen Resonanzboden, auf dem eine Lebenswendung ihren Anfang nehmen kann. Darüber möchte ich predigen, kurz nach Weihnachten, im angeknacksten neuen Jahr.

Gott geschehen lassen, hieße dann, schlicht zu helfen. Sich ihm zuzugesellen, wenn er in einer Reihe mit Ausgetricksten, Verlorenen und Angeschossenen steht. Wenn er ansteht, wonach auch immer. Wer Gottes Bedürftigkeit in der Welt – noch mit weihnachtlicher Berührungsfähigkeit – erkennt, steht auf der richtigen Seite. Wer die menschliche Bedürftigkeit nach Himmel und Heilung in der Welt erkennt, steht dicht daneben.

Gott geschieht in der Taufe. Nicht als einmaliges Funktionsprinzip, als Off-On-Mechanismus, eher als ein Gottgeschehen, dem keine Steine mehr in den Weg gelegt werden. Schön dazu Martin Luther: »Darum hat jeder Christ sein Leben lang genug an der Taufe zu lernen und zu üben. Er hat ja immerfort zu schaffen, dass er das fest glaube, was sie zusagt und bringt: Nämlich die Überwindung des Teufels und Todes, Vergebung der Sünde, Gottes Gnade, den ganzen Christus und heiligen Geist mit seinen Gaben – Summa, es ist so überschwänglich, dass, wenn's die blöde Natur bedenkt, sie zweifeln sollte, ob es wahr sein könnte.« (Luther, 137f.) Damit ist ein gutes Stück Kontrollverlust vermacht – man kann es auch Zuversicht nennen. Unsere Vorstellungen eines gelingenden Lebens, für uns oder für unsere Kinder, mögen lieb gemeinte Erwartungen sein. Ob überzogen oder hasenfüßig – es bleiben begrenzte Erwartungen.

Was aus dem Geschehen-Lassen in der Taufe einst entsteht? Vielleicht wird die Welt doch noch gerettet. Vielleicht wird das Leben auf ihr nicht eines Tages zur Utopie. Sicher ist: Gott macht mit uns und unseren Kindern gemeinsame Sache. Wenn wir uns gehen lassen, von Gott gehen lassen – geht es anders weiter. Anders und weiter, als wir denken. Manchmal geht dann der Himmel auf.

Werkstücke Predigt

Ich tauche dich hinein in eine Welt voller Geschichten: Abraham und Mose, die mutige Rut, der kühne David.

Du bekommst den Schlüssel für ein Haus mit knarrenden Türen und großen Fenstern. Es soll deine Heimat sein, ein Ort, an dem du sicher wohnen kannst.

Ich tauche dich in Gott hinein.

Im Geburtshaus

Einige haben in wenigen Tagen Termin, andere in fünf oder sechs Wochen. Alle aber reden zu Beginn des Kurses über Kinderwagen, Wickeltischauflagen und Milchpumpen. Am laufenden Band und ohne Verstand. Finden zumindest die werdenden Väter, die sich mit ihren Partnerinnen tapfer solidarisieren und trotzdem schlechte Schauspieler sind.

Gott guckt sich das eine Weile lang an. In dem Moment, als Silke, die junge Hebamme, zu all den Julias und Kathis sagt, dass es um mehr als eine schnöde Atemtechnik geht, übernimmt Gott die Regie und schlüpft in Silkes Herz. ›Stellt euch vor‹, sagt sie, ›ihr würdet mit dem Schmerz atmen, nicht gegen ihn und dann‹, hier hellt sich ihre Stimme plötzlich auf, ›wird der Heilige Geist über euch kommen, und die Kraft des Höchsten wird euch überschatten; und das Heilige, das geboren wird, Gottes Kind genannt werden.‹ – Eine irritierende Stille breitet sich im Geburtshaus aus. Fünf Wochen und drei Tage später ist die kleine Stadt um dreizehn Gotteskinder reicher.

Literatur: *Martin Luther*, Der große Katechismus, in: Calwer Luther-Ausgabe Bd. 1, München 1964; *Ulrich Luz*, Das Evangelium nach Matthäus, 1. Teilband, Düsseldorf 1985; *Ralf Meister*, Taufe auf dem Weg der Gerechtigkeit, in: GPM 69 (2015/2016), 112–119; *Luise Schottroff*, Der Anfang des Neuen Testaments, Stuttgart 2019.

Christian Nottmeier

B

IV Entgegnung: Einer stellt sich an

Alles wird noch einmal auf Anfang gestellt. Zwei Wochen nach Weihnachten beginnt Gottes Geschichte mit den Menschen aufs Neue. Nicht im Stall und der Krippe, sondern am Übergang vom Jordantal in die Wüste. Nicht mit einem bedrohten Neugeborenen, sondern einem Mann mit Anfang 30. Mir gefällt, wie A das beschreibt. Jesus stellt sich hinten an, stellt sich in die Reihe der Johannesjünger, lässt die Taufe geschehen. So wird er Mensch, einer von uns. Einer, dem es nicht um die theologischen Auslegungstraditionen, Ämterhierarchien, christologischen Spekulationen oder Tauftheologien geht – so wichtig diese auch sein mögen. Genau so wird die Verbindung von Gott und Mensch deutlich, genau so geht der Himmel auf, weitet sich Selbstbewusstsein in Welt- und Gottesbewusstsein hinein.

Exegetisch wird meist davon ausgegangen, dass Taufberichte der Evangelien durchaus eine apologetische Tendenz haben, indem sie die zumindest zeitweise Unterordnung Jesu unter den Täufer zu relativieren versuchen, während Jesus sich zumindest wohl eine Zeitlang als »einer der vielen, die in Israel umkehren wollten, um dem nahen Gericht zu entfliehen«, verstand (Theißen, 193). Mt zeigt diese Tendenz, indem Johannes die Taufe zunächst verwehren will, aber er dokumentiert zugleich Jesu ursprüngliche Intention: »Lass es jetzt zu.«

Anders als das Matthäus- und das Lukasevangelium, die die weihnachtlichen Vorgeschichten brauchen, beginnt Markus sein Evangelium mit dem Täufer und der Taufe. Ohne Vorwarnung wird Jesus mitten ins Menschsein geworfen. In wenigen Sätzen wird das berichtet, was das Matthäusevangelium in Langfassung bietet: Predigt des Täufers, Jesu Taufe am Jordan und seine Versuchung in der Wüste. So beginnt die Geschichte, anders noch einmal als Weihnachten, mitten im Leben, schnörkellos und zugleich höchst realistisch. Einer ist da, der sich hinten anstellt, der sich einreiht in die vielen, die Johannes folgen, und der dann seine ganz eigenen Wege gehen wird. In dieser Taufgeschichte, dieser Verwandlung, nimmt das seinen Anfang. Als Jesus aus dem Wasser hinaussteigt, steht für einen Moment der Himmel offen, Gottes Geist steigt herab und eine Stimme ruft: »Dies ist mein lieber Sohn, an dem ich Wohlgefallen habe.« Jesus wird so zum Menschen Gottes, der nicht mehr in der Wüste bleibt, sondern in den Dörfern und Städten Galiläas zur Umkehr und Buße ruft. So setzt er sich ein für das Kommen des Reiches Gottes und den Anbruch eines neuen Lebens der Versöhnung über alle Ausgrenzungen und Zerwürfnisse hinweg. Hier, ganz am Anfang der Geschichte, wiederholt sich, was auch im Advent und an Weihnachten erzählt, erhofft, gesungen wird: »O Heiland, reiß die Himmel auf, herab, herab vom Himmel lauf, reiß ab vom Himmel Tor und Tür, reiß ab, wo Schloss und Riegel für.« (EG 7 Strophe 1)

V Erschließung der Hörersituation: Wenn sich der Himmel auftut

Als Jesus aus dem Wasser des Jordan steigt, tut sich der Himmel auf. »Ein Stück vom Himmel, ein Stück von Gott« – so ein Song von Herbert Grönemeyer aus dem Jahr 2007 (s.u. Internet) –, für einen Augenblick wird es sichtbar. Dieser Spur will ich nachgehen in meiner Predigt. Denn der offene Himmel verbindet sich mit der Lebensverheißung, der Zusage, die vom Himmel heraus gesprochen wird. Nicht nur dem Menschensohn Jesus, dem Kind Gottes gilt sie, sondern hier – ganz in Zustimmung mit den tauftheologischen Aussagen von A –, wird sie in der Taufe jedem Menschenkind als Gotteskind zugesprochen. Auch der Wochenspruch aus Röm 8,14 lässt dieses Thema der Gotteskindschaft anklingen.

Beim Blick in den Himmel tun sich die religiösen Fragen, die Lebensfragen auf. Auch die Epiphaniaszeit wagt, von Weihnachten her kommend, diesen Blick in den Himmel, gibt mit dem Himmel ein Stück von Gott frei. Sie tut es aber mit den Texten und Geschichten immer auch in Bezug auf diese Welt, nimmt den Weg Jesu in den Blick, der vom Himmel auf die Erde, von der Freude auch ins Leid führt. Ganz am Ende, am Kreuz, wird deshalb die Himmelsstimme von einem heidnischen Hauptmann wiederholt. Als Jesus stirbt und die Erde erzittert, bestätigt, bekennt ein heidnischer Hauptmann, was wir bei der Taufe Jesu gehört haben: »Wahrlich, dieser ist Gottes Sohn gewesen!« (Mt 27,54)

Unser Blick in den Himmel ist freilich verändert, gebrochener. Die Lyrik der Gegenwart bietet Bilder für diese veränderte Himmelsschau. Der Himmel ist nicht stumm geworden, das nicht. Aber er gerät mehr im Alltag in den Blick, in der Flut der Gedanken. Hans Magnus Enzensberger hat das in einem seiner Listengedichte mit dem Titel »Tagesordnung« zum Ausdruck gebracht. Neben den Alltäglichkeiten, dem Anruf beim Steuerberater, dem Brüten über dem Bild einer Frau, die sich das Leben genommen hat, kommt ihm der Himmel mit seinen Wolken in den Sinn: »Den Wolken zusehen, den Wolken / Schlafen, auch schlafen.« Für einen Moment leuchtet, eher ironisch-leichtfüßig, so etwas wie Ewigkeit auf, um dann wieder im Strom der Gedanken abgelöst zu werden. Besonders eindrücklich geschieht dies in einem weiteren Gedicht Enzensbergers, das sich – wieder vermeintlich zufällig – beim Blick in den Himmel mit den Namen von Wolkenformationen beschäftigt. Es trägt den Titel »Nimbus«: »Auch eines von diesen Worten, / die sich davon gemacht haben, lautlos. / »Nebelhülle der Götter auf Erden, / Strahlenglanz«. // Nur unter Meteorologen / fällt es noch, gelegentlich, / wenn tiefhängende Regenwolken / über die Chemiesteppe ziehen. // An solchen Tage gehe ich gern / ins Museum, oder, im Hochsommer, / in eine Kirche, wo es kühl ist, / und betrachte, ungläubig / die Heiligenscheine.« (Enzensberger, Kiosk, 125) Betrauert wird hier ein verlorenes Wort, das als Erinnerung aufscheint und das ebenso verschwunden scheint wie der Blick für die Transzendenz. Das verlorene Wort, an das der tägliche Himmel erinnert, löst eine verhaltene Sehnsucht aus. Das vermeintlich religionslose Subjekt spürt etwas dabei, sucht die Stätten auf, an denen es das Heilige vermutet, im Museum, in der Kunst, aber auch an den gebauten Stätten der Religion, wo es ungläubig betrachten, eine Art von Sinn mehr erspüren, erahnen als wirklich dingfest machen kann.

Der Himmel mit seinen Wolken erinnert an ein Mehr, das sich auch an den alten Geschichten, Wörtern und Orten festmacht. In dem Zyklus »Die Geschichte der Wolken« heißt es: »Gegen Streß, Kummer, Eifersucht, Depression empfiehlt sich die Betrachtung der Wolken.« Und weiter: »Ihre hohen Wanderungen sind unaufhaltsam. Es kümmert sie nichts. Wahrscheinlich glauben sie an die Auferstehung, gedankenlos glücklich wie ich, der ihnen auf dem Rücken liegend eine Weile lang zusieht.« (Enzensberger, Gedichte, 202f.) Wie ein Taugenichts liegt der Betrachter auf der Erde und schaut in den Himmel. Wie die Wolken fliegen, so fliegen die Gedanken und Assoziationen. Ein Mehr stellt sich ein, der Betrachter fühlt Entspannung, Leichtigkeit, Freiheit, ist »gedankenlos glücklich«. Er verzichtet auf naturwissenschaftliche Erklärungen, auf Zwecksetzungen und Absichten und gibt sich dem Augenblick hin. Ein neuer Blick entsteht, eine Ahnung für die großen Zusammenhänge, ein Sinn auch für die großen Worte der Religion. Das führt nicht notwendig zum Glauben, das nicht, wohl aber zu folgender Ermahnung: »Ja, es empfiehlt sich, bei Müdigkeit, Wut und Verzweiflung, die Augen gen Himmel zu wenden.«

VI Predigtschritte: Der Blick in den Himmel und die Gabe der Gotteskindschaft

Die Augen zum Himmel wenden, zur Ruhe kommen, die eigene und dann vielleicht auch Gottes Stimme hören und so in die Welt jenseits der Wüsten zu gehen, darum soll es an diesem Sonntag zum Jahresbeginn gehen. Weil die Zusage auch mir gilt, dass ich Gottes Kind bin. Weihnachten haben wir das gefeiert: »Das ewig Licht geht da herein, gibt der Welt ein' neuen Schein; es leucht' wohl mitten in der Nacht und uns des Lichtes Kinder macht« (EG 23 Strophe 4), so hat Luther gedichtet. Nun geht die Menschwerdung Gottes weiter. Am ersten Sonntag nach Epiphanias wird das in der Geschichte von Jesu Taufe inszeniert. Jesus findet seine Bestimmung, erhält den Zuspruch, der ihn sein Leben lang begleiten soll. Ein Zuspruch, der auch uns gilt. Ein Zuspruch, der nicht nur einfach erinnert werden muss, sondern der uns beim wachen Blick in den Himmel ebenso begleiten soll wie beim Strom unserer inneren

Gedanken. »Wenn wir uns gehen lassen, von Gott gehen lassen – geht manches anders«, so schreibt A mit Recht. Eben auch mit dem Blick auf den Himmel, der für Jesus in der Taufe frei wird, um darin Gottes Ja zu hören.

Enzensberger, der auf der Erde liegend in den Himmel schaut, äußert den Wunsch, sich diesem Blick ganz hinzugeben: »Wolkenarchäologie – eine Wissenschaft für die Engel. Ja, ohne die Wolken stirbt alles, was lebt« (Enzensberger, Gedichte, 202). In der Erinnerung an Jesu Taufe, im gläubigen wie ungläubigen Betrachten des Himmels, im Ja von Gottes Wohlgefallen, beginnt eine Geschichte, die bis heute nicht aufhört, sondern immer neue Episoden schreibt. »Ein Stück vom Himmel« – das sind, mit dem Song von Grönemeyer, »Geschichten, sie einen diese Welt. Nöte, Legenden, Schicksale, Leben und Tod, glückliche Enden, Lust und Trost.« (s.u. Internet)

Was dieser Himmelsblick erschließen kann, was Gotteskindschaft bedeutet, das hat Julius Wellhausen wie folgt formuliert: »Ich bin nicht bloß ein Teil der Masse, ein Erzeugnis meiner Zeit und meiner Umgebung (…). In meinem Kern berühre ich mich mit der Ewigkeit. Freilich muß ich diesen Kern mir selber gewinnen und ausgestalten. Vor allem muß ich daran glauben; glauben, daß ich nicht aufgebe in der Mühle, in der ich umgetrieben und zermalmt werde; glauben, daß Gott hinter dem Mechanismus der Welt steht, daß er auf meine Seele wirken, sie zu sich hinaufziehen und ihr zu ihrem eigenen Selbst verhelfen kann, daß er das Band einer unsichtbaren und ewigen Gemeinschaft der Geister ist. (…) Der Glaube an die Freiheit und der Glaube an Gott ist das selbe, eins nicht ohne das andere. Beide sind nur dem Glauben vorhanden; aber der Glaube wird nicht erquält, sondern ist Gewißheit« (Wellhausen, 371). Es ist dieser Glaube, der einen Blick auf den Himmel braucht.

Literatur: *Hans Magnus Enzensberger,* Kiosk. Neue Gedichte, Frankfurt am Main [4]1995; *Ders.,* Gedichte 1950–2015, Berlin 2014; *Gerd Theißen/Annette Merz,* Der historische Jesus. Ein Lehrbuch, Göttingen [3]2001; *Julius Wellhausen,* Israelitische und jüdische Geschichte, Berlin/Leipzig [8]1921.

Internet: *Herbert Grönemeyer,* Stück vom Himmel, https://www.songtexte.com/songtext/herbert-gronemeyer/stuck-vom-himmel-5bca7720.html, abgerufen am 31.05. 2019.

Jeremia 14,1(2)3–4(5–6)7–9:

Der Wahrheit auf der Spur bleiben – auch ohne (einfache) Antworten?!

A

Ruth Poser

I Eröffnung: Freudvoll ist anders, oder?

Am zweiten Sonntag nach Epiphanias sollten Predigende doch noch von der Wärme, der Strahlkraft, der Freude des Weihnachtsfests zehren können – mit Blick auf das Evangelium Joh 2,1–11 wird als Kernaussage des Sonntags auf www.kirchenjahr-evangelisch.de festgehalten: »Wasser wird zu Wein: in diesem Wunder auf der Hochzeit zu Kana erweist Jesus seine Vollmacht und offenbart die Herrschaft und Herrlichkeit Gottes.«

Im KLAK-Perikopenmodell, dessen ersttestamentliche Lesung mit Ex 33,12–23, Evangelium und Epistel mit 1 Kor 2,1–9 den Vorschlägen der (neuen) OGTL weitestgehend entspricht, lautet die Sonntags-Überschrift: »Gestillter Durst, glänzende Gesichter und der Geschmack guten Lebens.«

Der neu in Perikopenreihe II aufgenommene Predigttext aus dem 14. Kapitel des Jeremiabuchs fügt sich nicht in diese lichte, vollmundige Jubel-Stimmung. In ihm werden Aussichtslosigkeit und menschliches Versagen angesichts einer Dürre-Katastrophe zum Thema. Und mehr noch: Gott selbst versagt (sich?) auch, Gott erscheint nicht – oder doch: als Abwesende/r, als Abweisende/r. Durch die im Text angesprochenen Aspekte extremer Trockenheit, des Wassermangels, der Vernichtung der Landwirtschaft, des Tiersterbens, ja, des Verlusts aller Lebensgrundlagen drängt sich als Aktualisierungsmöglichkeit der Klimawandel förmlich auf. Ich frage mich: Lässt sich darüber ›weihnachtlich‹ predigen, so, dass Menschen Hoffnung schöpfen und sich ihrer (gemeinsamen) Möglichkeiten, ihrer Segenskräfte bewusst und konstruktiv handlungsfähig werden können?

II Erschließung des Textes: Es braucht den Kontext

Die getroffene Vers-/Textauswahl erscheint mir in mehrfacher Hinsicht problematisch. Werden die eingeklammerten Verse tatsächlich ausgelassen, gehen wesentliche Momente verloren: V. 2 nennt das »Verfallen der Tore« als ein Zeichen/eine Folge der »Dürren« (das entsprechende Wort steht in V. 1 im Plural, vgl. Fischer, 474). Dies könnte einen Verlust der Stadt-Befestigung und damit von Sicherheit oder auch von

Lebensraum generell meinen; gleichzeitig sind die biblischen Tore die öffentlichen Orte der Verhandlung, der Auseinandersetzung und des Rechts, die in der Katastrophe zerstört werden. Sehr anschaulich schildern V. 5–6 die tödlichen Konsequenzen der »Dürren« für Hirschkuh und Wildesel. Man mag hier ein regelrechtes Artensterben angedeutet sehen und Parallelen zur Gegenwart ziehen; biblisch näherliegend ist meines Erachtens der Verweis auf den ›Tierfrieden‹ als wesentlichem Bestandteil der Verheißungen einer befriedeten Schöpfung (vgl. Jes 11,6–8; 65,24–25).

Mit Jer 14,1 beginnt ein neuer Buchabschnitt, der – als Einheit – (mindestens) bis Jer 15,9 reicht. Erst mit Blick auf diesen Kontext lassen sich meiner Ansicht nach verantwortbare Aussagen über Jer 14,1–9 treffen: Jer 14,1–15,9 ist durch eine doppelte Struktur geprägt, bei der auf eine Beschreibung einer katastrophalen Notlage (14,2–6//14,17–18) die Wiedergabe eines Klagegebets des Volkes (14,7–9//14,19–22) sowie die Zurückweisung des Gebets, von (Buß-)Ritualen und der prophetischen Fürbitte im Dialog mit Jeremia (14,10–16//15,1–9) folgen. Gottes ›Epiphanie in der Verweigerung‹ wird dabei unterschiedlich begründet. Zum einen wird auf die ›Verirrung‹ und die Schuldverstricktheit des ganzen Volkes verwiesen (14,10), zum anderen auf die Vergehen des Königs Manasse (15,4), der Juda von 698–642 v. Chr. regierte und der in der deuteronomistischen Tradition vor allem wegen seiner Annäherung an Assyrien als ›absoluter Versager‹ gilt (vgl. 2 Kön 21,1–18). Auch Jeremias Einwand, das Volk sei durch ›falsche Propheten‹, die ihm Heil und Frieden vorgegaukelt hätten, in die Irre gelenkt worden, wird von Gott vehement widersprochen (Jer 14,13–18). Gott tut dies »unter Tränen« (V. 17; dass es *Gott* ist, der/die »unaufhörlich weint«, meint auch Fischer, 484).

Nur Jer 14,1–9 bleibt eindeutiger im Bild der Dürrekatastrophe, im weiteren Textverlauf changieren die Schreckensbilder. Mehrfach werden »Schwert« und »Hunger« zusammen erwähnt, so dass sich Anklänge an eine Kriegskatastrophe – die Belagerung, Eroberung und Zerstörung Jerusalems durch die Babylonier in den Jahren 589–587 v. Chr. – ergeben. Jer 15,5–9 spricht die Auslöschung der Bevölkerung Jerusalems vor allem als ›Frauenschicksal‹ an und liest sich gleichzeitig als Infragestellung der Verheißungen an die Erzeltern und als Rücknahme des Schöpfungssegens.

Auch im Predigttext selbst fällt eine Doppelung auf: Sowohl die »Geringen, Untergebenen«, die von den »Machthabenden« zum Wasserholen geschickt werden und mit leeren Gefäßen zurückkehren (V. 3), als auch die »Bauersleute«, die den Boden nicht bearbeiten können (V. 4), reagieren auf ihr Unvermögen mit Scham und Verhüllen ihres Hauptes. Darin wird ihre Ohnmacht und Hilflosigkeit angesichts der aktuellen Notlage, vielleicht aber auch angesichts der bestehenden Herrschaftsverhältnisse anschaulich.

Fischer hält fest, dass die Gebete in 14,7–9.19–22 einen »zwiespältigen Eindruck [erwecken]. Einerseits geht es um das Bewahren einer Beziehung mit Gott, und der

Wunsch danach spricht sich in den Bitten und Titeln für ihn aus. Andererseits werden in den Formulierungen Ansprüche und Haltungen beim Volk sichtbar ..., die trotz Anerkennung der eigenen Schuld noch weiterer Reifung bedürfen« (Fischer, 479).

Mit den Aussagen in Jer 14,8–9, Gott verhalte sich »wie ein Fremdling im Land«, ein »Reisender, der nur zum Übernachten bleibt«, »ein verschüchterter Mensch«, »ein Held, der nicht helfen kann«, zeichnen die Redenden Gott als flüchtig, nicht spürbar, distanziert und schwach. Mit dem »Reisenden, der nur zum Übernachten bleibt«, könnte auf die grausame Gewalttat an der Frau des Leviten in Gibea (Ri 19,15–17) angespielt sein – Gott begebe sich durch sein/ihr Verhalten in Gefahr, setze sich gewalttätigen Übergriffen aus (vgl. Fischer, 478). Vielleicht muss man diesen Vergleich gar nicht wie Fischer als Anmaßung der Betenden verstehen, sondern kann es als ›theologische Situationsbeschreibung‹ hören: Angesichts der Katastrophe drohen Gott und Gottes Wille und Versprechen für seine/ihre Schöpfung verloren zu gehen.

III Impulse: Gottes Tränen wahrnehmen

Es ist meiner Ansicht nach gut denkbar, dass Jer 14,1–15,9 erst *im Nachgang* der Kriegskatastrophe von 589–587 v. Chr. verfasst wurde – um Sprache für das Erlittene zu finden und um die eigene Ohnmacht sowie die empfundene Unaufhaltsamkeit der Geschehnisse zu ›erklären‹. In diesem Sinne lässt sich der Text als ›Ermöglichungsgrund‹ für die Auseinandersetzung mit (kollektiven) traumatischen Erfahrungen lesen. Hier stehen zu bleiben und die Arbeit an der Predigtperikope und ihren Anstößigkeiten ad acta zu legen, wäre aber wohl auch ›Rationalisierung‹. Im Text selbst wird der »Untergang« ja als *zukünftiges* Ereignis beschrieben, was ihn auf den Umgang mit sich anbahnenden Krisen, mit beängstigenden Zeichen der Zeit hin öffnet. Neben der nachträglichen Legitimation der ›Unheilsprophetie‹ (vgl. Dtn 18,15–22) ist solche Zukunftsorientierung ein Hauptgrund dafür, dass die prophetischen Traditionen Israels erinnert und überliefert wurden. Die Härte und die Endgültigkeit in den Worten Gottes machen es schwer, in Jer 14,1–15,9 konstruktiv Orientierendes zu erahnen. Vorsichtig, ›tastend‹ möchte ich drei Aspekte benennen, die allesamt Anklänge an Dietrich Bonhoeffers Idee einer »mündig gewordenen Welt« enthalten, wie er sie in seinen Gefängnisbriefen an Eberhard Bethge aus dem Jahr 1944 entwickelte:

Sündenbekenntnisse sind – vielleicht – nicht immer angesagt, vor allem dann nicht, wenn sie so ›pauschal‹, so wenig konkret daherkommen wie die in Jer 14,7–9 und 14,19–22. Sie können dahingehend gefährlich werden, dass sie passiv und bestehendes Engagement fraglich machen, dass sie von den zum Himmel schreienden irdischen Unrechtsverhältnissen und entsprechenden Verantwortlichkeiten ablenken und Vorstellungen von individueller, innerlicher, jenseitiger Erlösung das Wort reden. Dabei droht Gott verloren zu gehen.

»Theologisch gesehen, ist der Fehler ein doppelter: erstens, man glaubt, einen Menschen erst als Sünder ansprechen zu können, wenn man seine Schwächen bzw. sein Gemeines ausspioniert hat; zweitens, man meint, das Wesen des Menschen bestehe in seinen innersten, intimsten Hintergründen, und das nennt man dann seine ›Innerlichkeit‹; und ausgerechnet in diesen menschlichen Heimlichkeiten soll nun Gott seine Domäne haben! Zum ersten ist zu sagen, daß der Mensch zwar ein Sünder, aber deswegen noch lange nicht gemein ist. (...) Zum zweiten: Die Bibel kennt unsere Unterscheidung von Äußerem und Innerem nicht. (...) Es geht ihr immer um den ... *ganzen* Menschen« (Bonhoeffer, 173f.).

Die biblische Gottheit ist, auch das macht der Jeremiatext deutlich, kein *deus ex machina*. Sie, die Exodusgottheit, die Befreierin aus der Sklaverei, tritt in ihm in Erscheinung, indem sie sich der Festlegung auf die Rolle der ›letzten Retterin‹ verweigert.

»Ich ging davon aus, daß Gott immer weiter ... aus unseren Erkenntnis- und Lebensbereichen hinausgeschoben wird und seit Kant nur noch jenseits der Erfahrung Raum behalten hat. Die Theologie ... hat sich mit der Entwicklung abgefunden und Gott nur noch bei den sogenannten letzten Fragen als deus ex machina fungieren lassen, d.h. Gott wird zur Antwort auf Lebensfragen, zur Lösung von Lebensnöten und -konflikten. Wo also ein Mensch nichts Derartiges aufzuweisen hat bzw. wo er sich weigert, sich in diesen Dingen gehen und bemitleiden zu lassen, dort bleibt er eigentlich für Gott nicht ansprechbar« (Bonhoeffer, 169f.).

Was aber vermag in Bezug auf bestehende politische Krisen und Konflikte sowie sich anbahnende ökologische/wirtschaftliche Katastrophen Lebensorientierung zu geben? Jer 14,1–15,9 enthält auf diese Frage keine direkten Antworten. Aber starke Bilder, die die Lesenden berühren wollen. Da ist zum einen das Bild der unaufhörlich weinenden Gottheit Israels (14,17), die ihre sehr gute Schöpfung, die ›aller Kreatur‹ ein Ort guten Lebens sein will, gewaltvoller Zerstörung preisgegeben sieht. Zum anderen wird der Blick sehr deutlich auf die ›leidenden Kreaturen‹ und auf die Kreuze dieser Welt gerichtet, wobei nicht die Herrschenden, sondern die Niedrigen, die Machtlosen ins Zentrum gestellt sind: die Untergebenen und die Bauersleute, die sich schämen und ihr Haupt verhüllen (14,3–4), die Wildesel, deren Augen erlöschen (14,6), Frauen als Opfer von Kriegen (15,8–9).

»Und wir können nicht redlich sein, ohne zu erkennen, daß wir in der Welt leben müssen – ›etsi deus non daretur‹. Und eben dies erkennen wir – vor Gott! Gott selbst zwingt uns zu dieser Erkenntnis. So führt uns unser Mündigwerden zu einer wahrhaftigen Erkenntnis unserer Lage vor Gott. Gott gibt uns zu wissen, daß wir leben müssen, als solche, die mit dem Leben ohne Gott fertig werden. (...) Vor und mit Gott leben wir ohne Gott. Gott läßt sich aus der Welt herausdrängen ans Kreuz, Gott ist ohnmächtig und schwach in der Welt und nur so ist er bei uns und hilft uns.« (Bonhoeffer, 177f.)

Literatur: *Dietrich Bonhoeffer,* Widerstand und Ergebung, Gütersloh [13]1985; *Georg Fischer,* Jeremia 1–25 (HThKAT), Freiburg/Basel/Wien 2005.

IV Entgegnung: Wahrheit wird licht

Es geht mir ähnlich wie A: Ich wundere mich über die (Neu-)Profilierung der Perikope (bisher Marginaltext) zu diesem Kasus. Im ja noch einigermaßen druckfrischen Perikopenbuch erfährt die interessierte Leserin: »Eine eindrückliche Negativfolie zur Festfreude des Evangeliums stellen die unheilvollen, geradezu apokalyptischen Dürreszenen im Predigttext Jer 14 dar. Solange Menschen in ihrer Sünde, ihrer Ich-Bezogenheit gefangen sind, entbehren sie des lebensspendenden Wassers, ganz zu schweigen vom Wein des himmlischen Hochzeitsmahls.« (Erläuterung zum ›Textraum‹ im Perikopenbuch) Nicht nur ist es unglücklich, im Gegenüber zur »Festfreude des Evangeliums« einen alttestamentlichen Text in Stellung zu bringen – der neuen Perikopenordnung liegt ja gerade an der Stärkung alttestamentlicher Texte im Konzert der Perikopen – auch sonst will ich theologisch nicht einstimmen. Ist nicht gerade der *peccator*, der wir immer neben dem *iustus* bleiben, auf das »lebensspendende Wasser«, den »Wein des himmlischen Hochzeitsmahls« angewiesen? Täglich muss der ›alte Adam‹ in uns ersäuft werden, wie es in Luthers *Kleinem Katechismus* heißt, mit Peter Fox gesungen: »Ein Biest lebt in deinem Haus / Du schließt es ein, es bricht aus / Das gleiche Spiel jeden Tag / Vom Laufstall bis ins Grab.«

Was fängt man also mit diesem Text am zweiten Sonntag nach Epiphanias an? Unbedingt ist der Hinweis von A ernst zu nehmen, dass zum einen Versauslassungen schwierig erscheinen und zum anderen die krassen Schreckensbilder im weiteren Kontext des Jeremiabuches zu sehen sind. Für meine Begriffe – und all das spielt A bereits durch Bezüge auf den gegenwärtigen Klimawandel und die weinende Gottheit, auf »die Kreuze dieser Welt« und den Verweis auf Jer 14 als ein Stück Trauma-Literatur an – geht es in Jer 14 auch darum, dass Wahrheit ans Licht kommt. Mit dem Gedanken von Wahrheit, die licht wird, mag dann auch wieder der Bogen zum Epiphaniasfest geschlagen sein.

V Erschließung der Hörersituation: Kein X für ein U vormachen

1. Die Assoziation drängt sich unmittelbar auf: Die Dürrebilder VV. 3–6 erinnern die Leserin sofort an die aktuellen klimapolitischen Debatten. Kann man über Jer 14 in diesen Tagen predigen, ohne auf das Klimaproblem einzugehen, das weltweit Menschen bewegt? ›Make climate great again!‹, ›System change not climate change!‹ – Mit Slogans dieser Art gehen seit Monaten jeden Freitag in vielen Ländern Hunderttau-

sende Schülerinnen und Schüler, Studenten und Studentinnen auf die Straße, um auf die existenzielle Bedrohung hinzuweisen, die die Klimakrise impliziert, und um Druck auf politische Akteure aufzubauen. *Fridays For Future* ist zu einer Bewegung geworden, die neben der starken thematischen Priorisierung noch etwas anderes deutlich macht: Mit jungen Menschen ist politisch zu rechnen. Was die *Shell Jugendstudien* schon länger wissen, dass Jugendliche zwar weniger parteiverbunden, jedoch mitnichten politisch uninteressiert sind, flimmert jetzt über die Bildschirme und nimmt laut und präsent öffentlichen Raum ein, auf den Straßen und in den Sozialen Medien.

Im Vorfeld der Europawahl 2019 veröffentlichte der YouTuber Rezo das Video *Die Zerstörung der CDU*. Rezo prangert in seinem in nur wenigen Tagen millionenfach aufgerufenen Video den Umgang der Regierungsparteien mit Klimawandel und Energiepolitik, Armut und Bildung und der Beteiligung an Kampfeinsätzen an – und wirft ihnen eigennützige Lügen und Faktenverdrehungen vor, um sich nicht den drängenden Problemen der Zeit, vor allem dem Klimawandel, stellen zu müssen. Große Ratlosigkeit zeigte sich bei den überkommenen Institutionen und ihren Akteurinnen und Akteuren – nicht zuletzt in dominanten Abwertungsstrategien –, wie mit dem viralen Hit umzugehen sei, der möglicherweise für eine junge Generation steht, die sich von den ›Alten‹ kein X mehr für ein U vormachen lassen will (unzulässig generalisiert formuliert). Rezo jedenfalls verabschiedet sich nach 55 Minuten Faktencheck (und Meinungsmache) von seinen Zuschauern mit »Peace. Ich bin raus«, nachdem er explizit für sein Handeln »christliche und humanistische Werte« geltend gemacht hat (s.u. Internet). Tatsächlich hat man in diesen Tagen das Gefühl, als prophezeiten gerade die Jungen das Unheil der Zukunft und riefen die ›Herrschenden‹ zur Verantwortung (die Parallelisierung zur Gestalt des Jeremia hat sicherlich ihre Grenzen). Klimatisch »verklagen« uns »unsere Sünden« (vgl. Jer 14,7).

2. Die Frage nach der Wahrheit, gerade auch im politischen Kontext, ist zu einer gegenwärtig viel diskutierten Frage geworden. In Zeiten, in denen freimütig mit *alternative facts* taktiert wird, in denen Personen, die *Bullshit* reden (vgl. Frankfurt 2005), sich offen gegenüber Wahrheitsansprüchen gleichgültig geben (können), wird die Frage nach dem, worauf wir Menschen uns in unserem Zusammenleben verlassen können, umso wichtiger: Ohne Wahrheit können wir uns kaum orientieren. Ohne zu wissen, was wahr und was falsch ist (sind die Informationen wahr, die ich über politische Konflikte, in Arbeitszusammenhängen oder bei der Ärztin erhalte?), können wir kaum sinnvoll begründete Entscheidungen fällen, wie wir leben wollen, können wir nicht regulieren, woraufhin wir unser Leben leben wollen. Nach Wahrheit zu suchen, heißt in einem selbstkritischen Sinne dann immer auch: Welche Wahrheiten lasse ich gelten, für mich und mein Leben und im Zusammenleben mit anderen? Wahrheit und Macht stehen offensichtlich in einem empfindlichen Zusammenhang. ›Jeremia‹ (als ›Mund Gottes‹, vgl. Jer 15,19) schildert schonungslos die »reale Lage« (Fischer, 243; die Schilderung der ›Dürre‹ mag dabei auch symbolisch für die »›vertrocknete‹ Beziehung zu Gott« [Fischer, 194] stehen), die Wahrheit dessen, was ihm zu verkünden aufge-

tragen ist, deckt Falschheit auf, im Gegensatz zu anderen Propheten (und ›Herrschenden‹), die das Volk in trügerischer Sicherheit wiegen wollen. Von den ›Mächtigen‹ wird es ›Jeremia‹ nicht gedankt (vgl. etwa als Ankündigung seiner Leiden Jer 1,17ff.).

3. Jer 14,2–9 kann als »Klagelied des Volkes« (Kiss, 75ff.) gelesen werden, einschließlich Gebets- und Klageelementen in VV. 7–9, die »auf unterschiedliche geschichtliche Hintergründe, Entstehungszeiten und Verfasser schließen« (Kiss, 86) lassen. Anzunehmen ist, dass die Klage über das Aufgebrochen-Sein der Gottheit, ihre Wanderschaft, auf die Zerstörung des Tempels und die Eroberung Jerusalems verweist. JHWH wird als verzagt und kraftlos imaginiert, als ein Gott, der nicht in die Geschichte eingreift und diese sich selbst überlässt. Ohne im Detail in der Predigt Quellenscheidung betreiben zu müssen, kann doch in das Nachdenken über die Perikope das Thema der ›Erinnerungspolitik‹ eingespielt werden (auch wenn A hier sicherlich zu Recht vor einer »Rationalisierung« warnt). Welche Geschichten (re-)produzieren Kollektive, welche Narrative formen und tradieren sie, die auch identitätspolitisch relevant sind bzw. werden? Welche Geschichten erzählen wir Menschen aus welchen Gründen im Spannungsfeld von Wahrheit und Fiktion jeweils über unser Leben?

Mit der Frage der Erinnerung, der Verarbeitung (auch kollektiver) traumatischer Erlebnisse, aber auch der ›Erinnerungspolitik‹ im Sinne von Identitätspolitik beschäftigt sich auf eindrückliche Weise der Roman *Monster* des israelischen Schriftstellers Yishai Sarid. ›Das‹ Monster, das ist zunächst die traumatische Erinnerung, und zwar im Roman an die Gräueltaten an den Juden im Holocaust, an die gezielte Vernichtung in den Konzentrationslagern. ›Das‹ Monster greift im Laufe des Romans mehr und mehr in das Leben des Erzählers, eines israelischen Historikers, dessen Broterwerb seine Arbeit als Tourguide in KZs auf polnischem Gebiet sind, ein. Sarid lässt das Monster sich weiterhin spiegeln in der narrativen Darstellung (auch politisch) sinnstiftender Suchbewegungen durch die KZs geführter Jugendlicher sowie in der identitätspolitischen Funktion des Holocaust für heutige Israelis.

VI Predigtschritte: ›Der‹ Wahrheit auf der Spur bleiben

Eine mögliche Predigt könnte aus fünf Schritten bestehen: Eine Einleitung (I) führt auf das Thema ›Wahrheit licht werden lassen‹ hin. Welche Rolle spielt ›Wahrheit‹ eigentlich in unserem Leben? Jer 14,1–9 könnte dann als ein Beispiel dafür dienen, wie es ist, wenn jemand mit irreführendem Schönreden aufhört (II). Die Themen (Dürre, Erfahrung der Abwesenheit Gottes etc.) können im Kontext des Jeremiabuches, aber auch gegenwärtig alltagsweltlich in ihrem symbolischen Gehalt ausgeführt werden (III). Was sind eigentlich die prominenten ›Wahrheitsfragen‹ der Gegenwart? (IV) Und warum lohnt es sich, ›der‹ Wahrheit auf der Spur zu bleiben? (V)

Werkstück Predigt (Predigteinstieg)

Liebe Gemeinde, wie halten Sie's mit der Wahrheit? Jeder Einzelne für sich? Ist Wahrheit für Sie ein unverzichtbares Gut – oder doch etwas, mit dem man flexibel umgehen kann? Wofür ist Wahrheit gut? Und ist sie nicht doch auch ab und zu lästig? Unvorteilhaft, störend, herausfordernd kann sie doch sein, ›die‹ Wahrheit. [Im Grunde lassen sich nach jedem Satz – auch im Sinne einer Retardierung – erläuternde bzw. illustrierende Elemente einfügen.] Herausfordernd ist auch der Predigttext heute: Da ist einer, der nämlich nichts mehr schönreden will …

Literatur: *Georg Fischer,* Jeremia. Prophet über Völker und Königreiche, Leipzig 2015; *Harry G. Frankfurt,* On Bullshit, Princeton/NJ 2005; *Ders.,* On Truth, New York/NY 2006; *Jenö Kiss,* Die Klage Gottes und des Propheten. Ihre Rolle in der Komposition und Redaktion von Jer 11–12, 14–15 und 18 (WMANT 99), Neukirchen-Vluyn 2003; *Yishai Sarid,* Monster. Roman, Zürich 2019.

Internet: *Rezo,* Die Zerstörung der CDU (18.05.2019): https://www.youtube.com/watch?v=4Y1lZQsyuSQ, abgerufen am 31.05.2019.

3. Sonntag nach Epiphanias

A Apostelgeschichte 10,21–35: Kein Ansehen der Person

Marcus A. Friedrich

I Eröffnung: Im Dschungel der Speiseregeln

Auch wenn Menschen im 21. Jahrhundert die Kategorien ›rein‹ und ›unrein‹ selten benutzen, die Frage nach rein und (all-)gemein (koinos), um näher an der Wortbedeutung zu bleiben, als Frage der identitätsbildenden Grenzziehungen zwischen Menschen und Gruppen scheint in einer entgrenzten, globalisierten Welt wieder präsent zu sein.

Einige Beispiele: ›Es macht mir gar keine rechte Freude mehr, Freunde zum Essen einzuladen‹, sagt ein Gemeindeglied im Gespräch. ›Man weiß ja gar nicht mehr, was man kochen soll. Es ist so kompliziert geworden, wer was isst, und was nicht isst.‹ – Die 18-jährige Veganerin feiert die Klima-Konsumwende. Sie hat die doppelseitige Anzeige für Hafermilch in der ZEIT entdeckt und hängt sie sich über das Bett. DIN A 1. Eckart von Hirschhausen empfiehlt, zu jedem Schnitzel an der Supermarktkasse einen 15-Liter-Kanister Gülle zu überreichen. – Eine Teilnehmerin des Abendmahls beschäftigt, dass sie, bevor sie die Oblate entgegennimmt, fremden Menschen beim Zeichen des Friedens die Hand gereicht hat. Ist das hygienisch oder doch gefährlich?

Der entscheidende Unterschied zur biblischen Umwelt liegt wohl darin, dass diesen Wahrnehmungen sozial diffuse statt kollektiv und konventionell geregelte Vorstellungen von Speise-Reinheit zu Grunde liegen. Sie nur als individuell zu bezeichnen, würde den Phänomenen nicht gerecht. Werteorientierung spiegelt sich in ihnen wider. Zuweilen sind sie sogar religiös konnotiert. Liegt doch zum Beispiel in der Tatsache, dass sich die muslimische Welt als eine sichtbar antialkoholische in der Gesellschaft zeigt, durchaus eine kollektive Herausforderung. Petrus als jüdischer Prototypos bekommt nun aber von Gott zu hören: ›Iss das alles, es gibt keine unreinen Tiere!‹ Ich ergänze: ›Wie kannst Du für unrein erklären, was ich geschaffen habe?‹

II Erschließung des Textes: Vom langen Weg in ein Haus und an einen Tisch

Wie selten erschließen sich bei der Betrachtung des Kontextes der Erzählung Bedeutungsschichten und Zusammenhänge, die sich bei einer ersten Wahrnehmung der abgegrenzten Verse nicht eröffnen. Unsichtbar würde bleiben, wie sehr das kultische rituelle Thema der Reinheit und Heiligkeit bei den Schritten des Petrus und des Cornelius aufeinander zu bearbeitet wird. Das Risiko der ausweitenden Lektüre besteht aber auch, dass ich die Geister, die ich rief, nicht wieder los werde. Vielleicht sollte ich das auch nicht versuchen, geht es doch ausdrücklich um DEN Geist Gottes: Petri Vision und sein Handeln, seine Anerkennung der Hellenisten als Adressaten göttlicher Berufung ermöglichen, dass sie eben den Heiligen Geist in Apg 10,44 empfangen können wie einige bereits vorher in Apg 2. Damit ist der Wille Gottes zum Ausdruck gebracht, die Nichtjuden in das Heilsgeschehen einzuschließen. »In diesen beiden Kapiteln wird die wohl entscheidende Wende in der Geschichte des Urchristentums dargestellt (…). Denn es geht schlicht darum, dass Petrus, der nach dem Apostelkonzil für die ›Beschneidung‹ zuständig ist, hier recht aufwändig zum Missionar der Nicht-Unterscheidung berufen wird.« (Berger, 446) Die Ausgießung des Heiligen Geistes – auch jenseits des Perikopentextes zu lesen – ist der Höhepunkt der ganzen Erzählung. Die Hellenisten können den Geist empfangen, weil sie selbst – wie die Juden – auch kultisch rein sind. Dafür gibt Cornelius ein Beispiel, und nicht nur Cornelius alleine, sondern eine Gruppe aus Familienmitgliedern und Freunden, die mit ihm ist, eine kleine hellenistische Gemeinde.

Wie kommt es dazu? – Mary Douglas schreibt in »Reinheit und Gefährdung. Eine Studie zur Vorstellung von Verunreinigung und Tabu«: »Das Ritual erkennt das potentielle Moment der Unordnung an. Es hofft, in verwirrten Geisteszuständen, Träumen, Ohnmachtsanfällen und Rasereien jener Kräfte und Wahrheiten habhaft werden zu können, die durch bewußte Anstrengung nicht zu erlangen sind. Befehlsautorität und besondere Heilkräfte sollen sich bei solchen Menschen einstellen, denen es gelingt, die rationale Kontrolle für eine gewisse Zeit auszuschalten.« (Douglas, 124) Von solchen Geisteszuständen ist gleich zweifach zu lesen, Tag auf Tag. Am einen Tag bis zur neunten Stunde (Apg 10,30) geht der fromme römische Hauptmann Cornelius dem täglichen Gebetsritual nach. Nach Apg 10,2c hielt Cornelius die jüdischen Gebetszeiten ein (vgl. Berger, 446). Cornelius gilt so als ›Gottesfürchtiger‹ – und hat ein Gesicht, einen Tagtraum, eine Vision: Ein Engel beauftragt ihn, drei Männer zu Petrus zu schicken, um ihn zu holen. Diese Vision ist vergleichsweise harmlos, unterstreicht aber als »Korrespondenzvision« (Weidemann, 243), dass in dieser Phase Gott selbst die Führung des Geschehens übernimmt und zwei Kulturen durch zwei Menschen zueinander führt. Die ›Befehlsautorität‹ könnte größer nicht sein.

Am nächsten Tag betet Petrus zur selben Zeit und gerät durch Entzug, hier Hunger, in Verzückung, ausdrücklich nicht durch »bewusste Anstrengung«. Er wird jener Wahrheit habhaft, die den kollektiven Transitus vom durch exklusive Reinheitsgebote gestützten jüdischen Privileg der Gottesbeziehung zu einem kollektiv menschlichen Privileg anbahnt.

Alle (nicht »allerlei« wie Luther irreführend übersetzt) Tiere der Schöpfung, auch die nach dem 3. Buch Mose unreinen, soll er braten und essen, so der Auftrag der Stimme. Das Tuch mit den vier Ecken stehe für den gesamten Kosmos, so Berger. Die Vision geht nicht ohne den Widerstand Petri ab. Dreimal lehnt er den Konsum der nach seinem Verständnis unreinen Tiere ab. Aber die Stimme aus dem himmlischen Off bricht die Beschränkungen der Speiseregeln vom 3. Buch Mose auf mit dem Argument: »Was Gott rein gemacht, geschaffen hat, das halte Du nicht für gemein/gewöhnlich.«

Gottes Schöpfungshandeln ist hier Maßstab. Es schließt im Grundsatz Unreinheit aus. Daran erinnert Gott in dieser Vision. Das wiederum ermöglicht, dass der Verkehr mit »unreinen« Griechen, das Teilen ihrer Speisen und das Betreten ihrer Häuser kein Problem mehr darstellt. Petrus erkennt das später in einer ›disclosure situation‹ (Ian Ramsey). Der Groschen für die Deutung der Vision fällt erst im Haus des Cornelius (Apg 10,34). Reinheit und damit Heiligkeit erringt Cornelius allerdings nicht bedingungslos. Ihn zeichnen exemplarisch zwei Eigenschaften aus, die ihn aus ethisch-religiösen Gründen rein machen: seine Gottesfurcht erstens, die in seiner Gebetspraxis ebenso zum Ausdruck kommt wie in seiner Inspiration, und zweitens seine Barmherzigkeit, die er im regelmäßigen Almosengeben erweist.

»Zur Wiedergabe komplexer sozialer Formen eigenen sich die Strukturen lebendiger Organismen besser als Türpfosten und Schwellen.« (Douglas, 151) Das sieht man am komplexen System der Regeln im dritten Buch Mose, das die Basis für die Unterscheidung von Reinen und Unreinen

Tieren regelt. »Ordnung impliziert Einschränkung.« (Douglas, 187) Sie ermöglicht andererseits damit jüdische ›Exklusivität‹ als identitätsstiftendes Merkmal. In der Erzählung nun wird diese Einschränkung durch Unordnung, dann Umordnung aufgehoben. Das sieht man auch am Beziehungsspiel von Petrus und Cornelius. Petrus betritt das Haus des Griechen Cornelius. Cornelius fällt Petrus demütig vor die Füße. Darauf Petrus: »Auch ich bin ein Mensch.« Cornelius wird nicht nur geheiligt in der Geschichte, Petrus profaniert sich selbst auch in dieser Äußerung.

Die Neuordnung spiegelt sich schließlich in den christologischen Äußerungen dieses Abschnitts in der Apostelgeschichte wider: »Der von Petrus beim Eintritt in das Haus des Cornelius gemachte Erkenntnisfortschritt führt nun zu einer christologischen Umakzentuierung: Hatte Petrus den auferstandenen und zur Rechten Gottes erhöhten Christus in Jerusalem als Kyrios verkündigt (2,34–36; vgl. 4,33; 5,14), so nun in Cäsarea als panton kyrios (10,36)« (Weidemann, 247).

All dies scheint von solcher Veränderungsdynamik, dass Cornelius und Petrus alles in sprachlichen Rekapitulationen erinnern, wiederholen und durcharbeiten müssen (vgl. Apg 10,30ff.). In diesen Rekapitulationen gelingt es, die neuen Verhältnisse auch gedanklich nachzuvollziehen. Die Gedanken bewältigen Widerstände und Bauchgefühle. »Gott hat mir gezeigt, dass ich keinen Menschen gemein oder unrein nennen soll«, so die Erkenntnis.

III Impulse: Werkstück Predigt

Ist der Mensch, was er isst? Die Freundin des Sohnes ist vegan geworden. Sie kauft alleine ein. Sie kocht alleine, und oftmals isst sie auch alleine. Neuerdings will auch er kein Fleisch mehr. Und wir? Wir sind die anderen, die offensichtlich noch nicht genug begriffen haben. Was machen wir, wenn die Freunde zum Grillen kommen? Und Ali? Er wird sein Rind selbst mitbringen, hat er gesagt.

Speiseregeln, liebe Gemeinde, können auch heute davon erzählen, zu wem sich jemand zugehörig fühlt, welchem Ethos er folgt. Alle haben oftmals gute Gründe. Offensichtlich ist es schwer, einmal eingegangene Regeln der Entsagung wieder rückgängig zu machen. Religiös motiviert sind solche Entscheidungen in den seltensten Fällen. Zu Lebzeiten des Petrus war das anders. Von Schritten der Überwindung in die Mahl- und Hausgemeinschaft erzählt die Apostelgeschichte. Gott selbst ebnete dafür den Weg. Aber hören Sie selbst.

Literatur: *Klaus Berger,* Kommentar zum Neuen Testament, Gütersloh ²2012; *Mary Douglas,* Reinheit und Gefährdung. Eine Studie zur Vorstellung von Verunreinigung und Tabu, Berlin 1985; *Hans-Ulrich Weidemann,* Taufe und Mahlgemeinschaft. Studien zur Vorgeschichte der altkirchlichen Eucharistie, Tübingen 2014.

IV Entgegnung: Um Gottes Willen – Essen!

Ohne viel Federlesens setzt A mit eigenen Beobachtungen und Aporien ein, mit denen neuzeitliche Esskulturen mit ihren diversen und diffusen Abgrenzungsmechanismen konfrontieren. So fremd manchem eben noch religiös begründete Reinheitsgebote erschienen sein könnten, von denen in der biblischen Geschichte die Rede ist – aus der die Perikope herausgeschnitten ist –, so sind ihre meist säkularen Varianten heute in unserer westlichen Welt möglicherweise wirkmächtiger denn je und in ihrer Wirkung vergleichbar separatistisch wie damals. Selbst die familiäre Tisch- und Speisegemeinschaft ist – so die Erfahrung von A – vielerorts gefährdet, weil die Essgewohnheiten und Überzeugungen der Einzelnen nicht mehr zueinander passen. Mit Hilfe der Ritualtheorie erkennt A in der biblischen Erzählung die Methode der göttlichen Intervention, die von der inszenierten Unordnung auf Umordnung zielt und am Ende in den Protagonisten die Erkenntnis gebiert, die Petri Apostelbruder Paulus in einem seiner Briefe zusammenfasst mit: »Alles ist erlaubt!« (1 Kor 6,12)

So sehr ich A in seiner Gegenwartsanalyse zustimme, so bleiben mir die Diagnose und Erkenntnisse, zu denen ihn die biblische Lektüre im Umgang mit den von ihm skizzierten Herausforderungen der Gegenwart führt, unklar. Es ist, als wären für A zwar Anknüpfungspunkte für die Gegenwart mannigfach vorhanden, allein sie helfen heute nicht. Als bräuchte es heute wieder einer neuen und anderen Intervention Gottes, um die Grenzen zu überwinden, die unterschiedliche Menschen an einen Tisch bringen und ihnen helfen, dies als etwas Befreiendes und für Glaube und Leben Wesentliches zu erfahren. Die Begründung hierfür lese ich bei A zwischen den Zeilen: Es ist, als fehle heute ein gemeinsames, religiös begründetes Narrativ, das wie in der biblischen Geschichte in unterschiedlichen Menschen die gleiche Erkenntnis evozieren könnte, das bindend wie befreiend wirkt.

V Erschließung der Hörersituation: Selbst- und Gottesbilder können sich weiten

Die unterschiedlich errungene und begründete Erkenntnis des Petrus und Cornelius ist, dass – wenn es nach Gott geht – alle an einen Tisch gehören und das Evangelium allen Menschen gilt. Dass im wahrsten Sinne des Wortes über den eigenen Tellerrand zu schauen, befreiend wirkt. Dass es Zugehörigkeit schafft, die Grenzen überwinden hilft, korrespondiert meiner Wahrnehmung nach mit einer interessanten Beobachtung, die die heutige Sakramentspraxis betrifft. Während bundesweit betrachtet die Taufzahlen drastisch rückläufig sind, erfreut sich mancherorts die Feier des Abendmahls zunehmender Beliebtheit. Es erscheint auffällig, dass es just das Abendmahl ist, in dem ›das Priestertum der Ungetauften‹ bewusst erfährt, dass »Gott die Person nicht ansieht« (Apg 10,34). Und es kommt nicht selten vor, dass sich Menschen aufgrund dieser positiven Erfahrung sakramentaler Tischgemeinschaft entscheiden, sich taufen zu lassen.

Diese Beobachtung und die Wirkung des Abendmahls, Gottes Grenzen überwindende und inkludierende Kraft auch für Ungetaufte erfahrbar machen zu können, ist möglicherweise überraschend, lässt mich jedoch neu über die Beziehung und Bezugnahme beider Sakramente nachdenken. Angeregt von A, denke ich darüber nach, wie wir einander vom Abendmahl erzählen. Denn in säkularisierter Zeit kann kirchlichen Insidern mit dem Abendmahl Ähnliches widerfahren, wie es in der Begegnung zwischen Petrus und Cornelius geschieht. Menschen, die zunächst gar nicht wissen (wollen), ob sie zum Tisch des Herrn geladen sind oder nicht, fühlen sich angezogen von dieser besonderen Form der Tischgemeinschaft und erfahren dort eine Verbindung mit dem Heiligen, die sich auf die Hüter der Ordnungen auf eine Weise überträgt, die jeden Anspruch, darüber entscheiden zu wollen, wer dazu gehört und wer nicht, aufhebt.

Nun handelt jedoch die Episode aus der Apostelgeschichte weder vom Abendmahl noch von der Taufe. Und doch geht es auch in dieser kunstvoll gewebten biblischen Erzählung wesentlich darum, wie und durch wen und was unterschiedlich geprägte Menschen die befreiende Botschaft des Evangeliums für sich hören und spüren können. Und dass Menschen ihre durch Herkunft, Erziehung und Überzeugung erlangten Verhaltensweisen und Orientierungen verändern können, weil es für sie einschneidende Begegnungen und Erlebnisse gegeben hat, die ihnen wie Petrus und Cornelius bis dahin ungeahnte Horizonte und Einsichten eröffneten. So erzählt aus meiner Sicht Apg 10 vor allem die Entwicklungs- und die Begegnungsgeschichte zweier sehr unterschiedlicher Männer, die einander brauchen, um sich selbst, den anderen und darin Gott besser zu verstehen. Sie erzählt von Wertungen und deren Wandlung und damit von der Verwandlung und Weitung der Selbst- und Gottesbilder, die für beide Protagonisten erst im Lichte der Begegnung mit dem anderen für sie selbst verständlich wird. Keiner von beiden hätte den eigenen Traum und göttlichen Auftrag ohne die Begegnung mit dem anderen je verstehen, noch deuten können. In der eigenen Geschichte kommt etwas von der Erzählung des anderen vor, bzw. die eigene Geschichte wird erst in der Begegnung mit der des anderen für sie selbst und einander transparent und aussprechbar. Am Ende erkennen beide, worin ihre Sicht bis dahin unzureichend gewesen ist und worin Gott sie ihnen weiten half.

Dieses Phänomen der wechselseitigen Abhängigkeit und Zusammengehörigkeit unterschiedlicher Wege und Geschichten, um das zunächst wundersam Gefügte und unverständlich Erlebte auf eine für einen selbst bis dahin ungeahnte und überraschende Weise interpretieren zu können, gehört für mich zu dem Evangelium, dem in der Predigt nachzugehen ist. Es knüpft an Erfahrungen an, die meiner Beobachtung nach immer dort gemacht werden können, wo Gemeinden oder Einzelne sich öffnen, wesentlichen Fragen und Herausforderungen nicht allein zu begegnen, sondern sich vorstellen können, dass es noch weitere und mitunter ungeahnte Akteure im Stadtteil, im sozialen wie gesellschaftlichen Umfeld gibt, um ihnen zu begegnen. Es bedeutet, damit zu rechnen, dass dem biblischen Zeugnis nach nie nur einem Einzelnen, einer Gruppe oder Gruppierung Bahn brechende Erkenntnisse verliehen sind, sondern wir uns in der Diversität unserer Herkunft, Prägungen, Erfahrungen und Träume wechselseitig brauchen, um die Weite und Tiefe von Gottes Wort zu fassen und in das eigene Leben übersetzen zu können.

In St. Jacobi in Hamburg laden wir einmal im Jahr zusammen mit ›Herz As‹, einer christlichen Tagesaufenthaltsstätte für Obdachlose, zu ›Jacobs Mahlzeit‹ ein. An langen Tischen im Südschiff der Kirche sind Menschen mit und ohne Wohnung eingeladen, zusammen zu essen und sich zu begegnen. Hier wird sich beim Namen genannt und werden einander, wenn es passt, Lebensgeschichten anvertraut, die Vorurteile ins Wanken und Grenzen zum Verschieben bringen.

VI Predigtschritte: Gottes Green Book sind Träume

Werkstück Predigt (Predigtanfang)

Schon mal was vom Green Book gehört? Ein Relikt aus dem 20. Jahrhundert, als in den Vereinigten Staaten vielerorts noch strikte Rassentrennung herrschte. Heutzutage unvorstellbar, aber damals war ›The Negro Motorist Green Book‹, so die offizielle Bezeichnung, für Schwarze ein hilfreicher Reiseführer, um auf ihrer Fahrt durch den amerikanischen Süden Hotels, Restaurants, Tankstellen und sogar Ärzte zu finden, die sie nicht wegen ihrer Hautfarbe vor der Tür stehen lassen. Insofern war das Green Book eine wichtige Überlebenshilfe, um sich nicht ständig einer Erniedrigung nach der anderen aussetzen zu müssen. Der mehrfach oscarprämierte Kino-Blockbuster ›Green Book – Eine besondere Freundschaft‹ erinnert an jene Zeit. Sie erzählt die wahre Geschichte des schwarzen Pianisten Don Shirley, der sich Anfang der Sechziger von dem Italoamerikaner Tony Lip für eine zweimonatige Konzerttournee in die Südstaaten chauffieren ließ, und wie sich langsam eine Freundschaft zwischen den beiden gegensätzlichen Männern entwickelt, die ihnen mit der Zeit und den Erlebnissen die Person ineinander erkennen hilft.

Die Geschichte von Petrus und Cornelius aus dem biblischen Roadmovie für heute erzählt nicht von Rassentrennung. Aber auch sie erzählt von Zeiten, in denen es dem einen eigentlich auch partout nicht erlaubt war, mit dem anderen umzugehen. Weil ihr Glaube und die Gebote sie trennten. Der eine Jude, der andere vor dem Gesetz ein Fremder. Und die am Ende Visionen und Träume zueinander führten, um sich zu begegnen und zu erkennen: »Wahrhaftig, jetzt begreife ich, dass Gott nicht parteiisch ist.«

Lieder: EG 293 »Lobt Gott, den Herren, ihr Heiden all«; EG Ergänzungsheft 13 »In Christus gilt nicht Ost noch West«; EG 268 »Strahlen brechen viele«; Epiphaniaslieder, die Christus als das Licht preisen, das zur Veränderung leitet, und die von Erneuerung singen, z.B. 390 »Erneure mich, o ewiges Licht« oder EG 74 »Du Morgenstern, du Licht vom Licht«; Durch Hohes und Tiefes 332 »Wo Menschen sich vergessen«.

Tag des Gedenkens an die Opfer des Nationalsozialismus

A

Prediger 8,10–14.17:

Wie Lichtstrahlen durch die Risse eines dunklen Raumes

Nina Spehr

I Eröffnung: Ein Stolperstein im Kirchenjahr

Das Proprium des Gedenktages an die Opfer des Nationalsozialismus, der mit der neuen Perikopen- und Leseordnung offiziell Einzug ins Kirchenjahr gehalten hat, gibt den Spruch zum Tag vor: »Hüte dich nur und bewahre deine Seele gut, dass du nicht vergisst, was deine Augen gesehen haben, und dass es nicht aus deinem Herzen kommt dein ganzes Leben lang. Und du sollst deinen Kindern und Kindeskindern kundtun« (Dtn 4,9). Diesen Tag als Stolperstein im Kirchenjahr zu sehen (vgl. Materialheft der Aktion Sühnezeichen), scheint mir nicht nur für den Kasus ein treffliches Sinnbild zu sein, sondern auch für den Prediger, der diesen Kasus gestalten soll. Hierbei gilt es der Gefahr zu entgehen, die Kraft des Erinnerns zulasten einer moralischen Warnung einzutauschen. Vielmehr soll es an diesem Tag darum gehen: sich an das Geschehene zu erinnern, die Menschen, die den Grausamkeiten des Nationalsozialismus zum Opfer gefallen sind, im Gedächtnis zu behalten und im Erinnern Wege in die Zukunft zu gehen.

Diese Erinnerung würde ich als Predigerin gerne mit einem verheißungsvollen und tröstenden Predigttext verschränken, der glasklar unterscheidet: Leid und Unrecht auf der einen Seite, Hoffnung und Gerechtigkeit auf der anderen Seite. Doch Kohelet macht mir hier einen gehörigen Strich durch die Rechnung. Ich stolpere über seine Worte – und entdecke in ihnen menschliche Erfahrung: Wir Menschen können die Gerechtigkeit nicht ergründen. Das auszuhalten wird Aufgabe der Predigt sein und scheint mir eine lebenslange Aufgabe für uns Menschen.

II Erschließung des Textes: Die Frage nach Gerechtigkeit

So herausfordernd es ist, am Tag des Gedenkens für die Opfer des Holocausts zu predigen, so herausfordernd ist mindestens auch der zugrundeliegende Predigttext aus dem Buch Kohelet. Der Prediger kommt im Kirchenjahr selten zu Wort und wenn, werden oft die Evergreens »Nichts Neues unter der Sonne« (Pred 1,9) und »Ein jegliches hat seine Zeit« (3,1) zum Besten gegeben. Der Predigttext wird den meisten Predigthörern unbekannt sein. Er ist sperrig und erschließt sich nicht beim ersten Hören. Ein Blick in die Kommentare verifiziert diesen Eindruck und zeigt, dass dieser Text vieles ist, aber nicht eindeutig und sofort einleuchtend.

Kohelet nimmt in unserem Predigttext das Thema Gerechte und Frevler wieder auf, das er schon in 3,16–22 und 7,15–22 verhandelte. Die vorangegangenen Gedankengänge dürfen vorausgesetzt werden, wenn unsere Perikope genauer betrachtet wird. Kohelet kennt die Annahme des Tun-Ergehen-Zusammenhangs und ist in dieser Tradition sozialisiert. Doch gleich V. 10 macht deutlich: Die Tradition denkt hier theoretisch. Der praktischen Erfahrung entspricht der Zusammenhang von Tun und Ergehen aber nicht. Hierbei bedient sich Kohelet eines drastischen Beispiels, das in seiner Zeit erhebliche Bedeutung hatte. Er konfrontiert das Schicksal der Gottlosen mit dem Schicksal der Rechtschaffenen. Ein ehrenvolles Begräbnis gehört im Alten Testament zu den ureigensten Pflichten der Kinder, Geschwister und Freunde (vgl. Lux, 277). Für Frevler hingegen galt es als eine schwere Strafe, wenn sie nicht begraben wurden (vgl. Jes 14,19). Diese Tradition greift Kohelet auf, indem er seine Erfahrung formuliert: Die Gottlosen werden ehrenvoll begraben und die Rechtschaffenen dem Vergessen preisgegeben. Ob dieser Vers auf einen ganz bestimmten Fall rekurriert oder einem nachträglichen Einschub zu verdanken ist, möchte ich hier mit vielen Kommentatoren offen lassen. Festzuhalten ist, dass der Gerechte nicht das bekommt, was ihm scheinbar zustehen würde.

Kohelet sucht sodann eine Erklärung dafür zu geben, warum so viele Menschen gottlos handeln und begierig sind, Böses zu tun (V. 11). Für ihn liegt der Grund in der fehlenden Konsequenz. Unrecht wird nicht zeitnah bestraft. Der Mensch erfährt zunächst keine Konsequenzen seines Handelns.

Das Folgende klingt fast wie eine Selbstberuhigung. Kohelet weiß zwar, dass ein Sünder lange unbestraft leben kann, doch »wohl ergehen« wird es nur dem, der Gott fürchtet (V. 12f.). Über diese beiden Verse stolpert der Hörer, weil Kohelet plötzlich doch eine Verbindung zwischen dem Tun und dem Ergehen eines Menschen zieht:

Dem Gottesfürchtigen wird es wohl ergehen, während der Gottlose ein kurzes und kein gutes Leben haben wird. Ich möchte diese Verse nicht als fremdes Zitat abtun, sondern im Argumentationszusammenhang Kohelets einbetten. Das heißt, dass er den Gedanken eines Tun-Ergehen-Zusammenhangs nicht gänzlich aufgibt, aber ihn als durchschaubare, im menschlichen Zusammenleben erkennbare Größe nivelliert.

Kohelet führt die Gottesfurcht als ethische Haltung ein, weil er von der letztendlichen Gerechtigkeit Gottes überzeugt ist (vgl. Schwienhorst-Schönberger, 430). Doch diese Gerechtigkeit erschließt sich uns nicht im Alltag, wie Kohelet noch einmal pointiert zusammenfasst: Die Erfahrung des Menschen zeigt, dass es Gerechten so ergeht, als seien sie gottlos, und dass es Gottlosen so ergeht, als würden sie gerecht handeln. Hieran schließt Kohelet seine charakteristische Erkenntnis an: Die Menschen mühen sich, Gottes Tun und das menschliche Geschick zu ergründen. Und je mehr sie sich mühen, desto weniger erreichen sie. Selbst der weiseste Mensch kann am Ende zu keiner Erklärung kommen (V. 17).

Vielleicht sind Kohelets Worte für den Gedenktag gerade deshalb geeignet, weil sie eben nicht auf eine jenseitige Hoffnung und Versöhnung zielen, sondern einen Spiegel der menschlichen Lebenswelt bilden. Wenn wir über Vergangenes sprechen, das an Grausamkeit kaum zu überbieten ist, stolpern wir sogleich über die Frage nach der Gerechtigkeit.

Der russische Schriftsteller Daniil Alexandrowitsch Granin, der am 27. Januar 2014 anlässlich des Gedenktages eine vielbeachtete Rede im Deutschen Bundestag hielt, schreibt über die Bedeutung von Gerechtigkeit: »Der Gram unserer Geschichte vor und nach dem Krieg harrt noch seiner gerechten Aufarbeitung, also nicht der Vergeltung, sondern des Mitleidens und des Eingestehens. Ich wäre froh, wenn jeder Mensch diese Pflicht auf seine Weise erfüllte … Die Rehabilitierung vor dem Gesetz ist eine Sache, die andere verlangt von uns, den Opfern und all denen, die unschuldig zu leiden hatten, Gerechtigkeit widerfahren zu lassen. Historische Gerechtigkeit bedeutet viel für das geistige Wohlbefinden. Wie viele Enkel und Urenkel träumen davon, dass das Verderben ihrer Väter nicht totgeschwiegen wird! Darauf beruht die Barmherzigkeit gegenüber den von uns Gegangenen wie uns, den Lebenden« (Granin, 23).

Gerechtigkeit wird hier als Prozess erkennbar und als Wunsch und Aufgabe formuliert. Kohelet ermuntert mich, die Frage nach Gerechtigkeit an diesem Gedenktag anders zu stellen. Seine Empirie deckt sich im Grundzug mit unserer Erfahrung und den Geschehnissen im Nationalsozialismus. Es gibt nun einmal keinen direkten Zusammenhang von Tun und Ergehen – weder im Positiven, noch im Negativen. Das müssen wir aushalten. Aushalten, indem wir an diesem Tag daran erinnert werden – mit den Worten des Predigttextes. Kohelet, der Weise aus dem alten Israel, kann mit seinen Überlegungen zu Recht und Gerechtigkeit, die er in der gesellschaftlichen Krisensituation der Ptolemäerzeit tätigt, eine mahnende Stimme an einem Gedenktag sein, der ein Höchstmaß an Ungerechtigkeit und Leid wachruft. Gleichzeitig haben Kohelets Worte aber auch eine entlastende Funktion, wenn er betont: Wir Menschen werden die Frage nach Recht und Gerechtigkeit am Ende trotz aller Mühen nicht ergründen können. Das ist Gottes Aufgabe.

III Impulse: Erinnern und Wege in die Zukunft

In der Predigt möchte ich die Erfahrung der Unergründbarkeit von Gerechtigkeit mit Kohelet ebenso zur Sprache bringen wie die Erfahrung der Unergründbarkeit der Geschehnisse im Nationalsozialismus.

Kohelet formuliert es knallhart: Das Leben ist ungerecht. Im Leben ist vieles nicht so, wie wir es erwarten würden und wie es nach unseren Maßstäben recht sein sollte. Die Erfahrungswelt der Opfer des Nationalsozialismus wird meines Erachtens am besten durch O-Töne aus Zeitzeugeninterviews zur Sprache gebracht. Keine Narration, keine Zusammenfassung und keine Interpretation kann das einfangen, was eine wörtliche Aussage eines Menschen zu bewirken vermag, der die Grausamkeiten und Ungerechtigkeiten am eigenen Leib erfahren hat. Eindrucksvoll wird dies in dem Anfang 2019 erschienenen Buch »Unfassbare Wunder« (Föderl-Schmidt/Müller) dokumentiert.

Vom Erinnern herkommend, möchte ich schließlich die Perspektive in die Zukunft zeichnen. Wir erleben Ungerechtigkeit. Im Erinnern an die Geschehnisse des Nationalsozialismus hören wir diese zum Himmel schreien. Ich stimme Kohelet zu, wir können die Ungerechtigkeit nicht ergründen. Schon am Versuch, diese ergründen zu wollen, würden wir nicht nur kläglich scheitern, sondern auch zerbrechen. Es bleibt uns letztlich, das erlebte Unrecht und die daraus erwachsenden Fragen nach Gerechtigkeit Gott hinzuhalten, ihm vorzutragen und zu klagen. Dies können wir nur im Glauben und im Vertrauen tun, dass Gott die Ungerechtigkeit zu einer Gerechtigkeit wandelt, die wir selber zu denken nicht in der Lage sind. In dieser Hoffnung können Wege in die Zukunft beschritten werden – Wege des Friedens.

Ich schlage vor, die Predigt mit einem jüdischen Gebet aus einem Konzentrationslager enden zu lassen: »Friede sei den Menschen, die bösen Willens sind; und ein Ende sei gesetzt aller Rache und allem Reden von Strafe und Züchtigung. Aller Maßstäbe spotten die Greueltaten; sie stehen jenseits aller menschlichen Fassungskraft, und der Blutzeugen sind gar viele … Darum, o Gott, wäge nicht mit der Waage der Gerechtigkeit ihr Leiden, dass du sie ihren Henkern zurechnest und von ihnen grauenvolle Rechenschaft forderst, sondern lass es anders gelten.
Schreibe vielmehr allen schlechten Menschen zugut und rechne ihnen an: all den Mut der anderen, ihre hochgesinnte Würde, die Hoffnung, die sich nicht besiegt gab, und das tapfere Lächeln, das die Tränen versiegen ließ, all die durchpflügten, gequälten Herzen …, all das, mein Gott, soll zählen und nicht das Böse. – Und für die Erinnerung unserer Feinde sollen wir nicht mehr ihre Opfer sein, nicht mehr ihr Alpdruck und Gespensterschreck, vielmehr ihre Hilfe, dass sie von ihrer Raserei ablassen – und wieder Friede werde auf dieser armen Erde über den Menschen guten Willens – und dass Friede auch über die anderen komme« (Behnken, 341).

Literatur: *Aktion Sühnezeichen Friedensdienste,* Ein Stolperstein in der Zeit – 27. Januar 2019. Gedenktag für die Opfer des Nationalsozialismus 2019; *Heinz Behnken u.a. (Hg.),* Verstehen durch Stille. Loccumer Brevier, Hannover [4]2008; *Alexandra Föderl-Schmid/Konrad Rufus Müller*, Unfassbare Wunder. Gespräche mit Holocaust-Überlebenden in Deutschland, Österreich und Israel, Wien/Köln/Weimar 2019; *Daniil Granin,* Die verlorene Barmherzigkeit. Eine russische Erfahrung, Freiburg im Breisgau 1993; *Rüdiger Lux,* »Denn es ist kein Mensch so gerecht auf Erden, daß er nur Gutes tue ...«. Recht und Gerechtigkeit aus Sicht des Predigers Salomo, in: ZThK 94 (1997), 263–287; *Ludger Schwienhorst-Schönberger,* Kohelet (HThK.AT), Freiburg im Breisgau 2004.

Senta Zürn

B

IV Entgegnung: Die Herausforderung beim Namen nennen und sich ihr stellen

Den Gedenktag an die Opfer des Nationalsozialismus nennt A eindrücklich einen »Stolperstein im Kirchenjahr« (A I). Die Herausforderungen für Prediger und Predigerinnen sind bereits sichtbar im Zusammenhang mit dem zehnten Sonntag nach Trinitatis (vgl. Volkmann, 232). Wir sollen nach dem Holocaust predigen (vgl. Stäblein, 311ff.). Der Opfer zu gedenken, ist Aufgabe an diesem Tag. Ihre Stimmen rufen zum Umgang mit dieser »Schuld in der Geschichte« (Herms, 1).

Ich sehe den »Strich durch die Rechnung« (A I) mit dem Text für diesen Tag nicht. Im Gegenteil bin ich froh über diesen Text in allen Emotionen, die er auch in mir geweckt hat. »Seine Spruchweisheiten erscheinen uns wie Lichtstrahlen, die durch die Risse in den Wänden eines dunklen, niederdrückenden Raumes leuchten« (Tamez, 10).

Großen Teilen der ansprechend formulierten Texterschließung von A kann ich gut folgen. Beipflichten möchte ich A inhaltlich beispielsweise in der Feststellung, Kohelet bleibe von der Gerechtigkeit Gottes überzeugt. »Kohelet wäre kein jüdischer Denker, wenn er es bei einem geradezu stoischen Schicksalsglauben bewenden ließe. Denn einerseits kommt das Gute von Gott und spiegelt sich darin seine Güte, andererseits kann der Mensch sein Leben zwar nicht verlängern, aber durch seine Torheit verkürzen (7,15–18). Die Gottesfurcht ist also nicht lediglich die Scheu vor dem Unbegreiflichen, sondern die Ehrfurcht vor dem, dessen Willen der Mensch gemäß den Lehren der Väter und den Segensankündigungen und Fluchandrohungen der Tora (vgl. Dtn 28) nicht herausfordern darf (vgl. auch Koh 4,17–5,6)« (Kaiser, 118f.).

Unterstreichen kann ich etwa die Aussage, dass sich die Gerechtigkeit Gottes im Alltag nicht erschließe (vgl. A II). Dem ›nicht‹ würde ich lediglich ein ›unbedingt‹ an die Seite stellen. Gott kann darüber hinaus als verborgen erlitten werden. »Die Verborgenheit Gottes ist der Mantel seiner Gottheit. Er offenbart sich dem Menschen, indem er sich ihm entzieht« (Kaiser, 118). Das erinnert mich an die Frage eines Freundes, er vermisse in der orthodoxen Kirche Jesus Christus. Hast du den Allherrscher in der Kuppel nicht gesehen, frage ich? Weit entfernt, in seiner tatsächlichen Größe bestenfalls erahnbar, doch erkennbar, keinesfalls verborgen, thront er über der Versammlung der Gläubigen und Besucher, ob sie ihn wahrnehmen oder nicht.

Wunderbar finde ich Formulierungen in A wie die vom »Spiegel der menschlichen Lebenswelt« (A II). Man braucht Kohelet schlussendlich »nicht als Pessimisten«, man kann ihn vielmehr »als einen Realisten bezeichnen« (Kaiser, 119).

Schwer tue ich mich hingegen mit dem Impuls in Teil III. Der einleitende Absatz provoziert mich: Welche Gerechtigkeit ist »unergründbar«? Wir wissen doch, was gerecht ist! Wir können Recht von Unrecht sehr wohl unterscheiden! Unsere menschlichen Vorstellungen und Begriffe von Gerechtigkeit können sich ändern. Sie sind pervertierbar (vgl. Tamez, 19).

Die Gerechtigkeit, die vor Gott gilt, ist offenbar (Micha 6,8). Die Geschehnisse im Nationalsozialismus sollen »unergründbar« sein? Wir kennen sie doch, wir können sie klar benennen. Ihre Ursachen finden wir etwa in der Perversion des Menschenbildes und der Begriffe von Gerechtigkeit und Recht. Dass Täter nach 1945 ungestraft weitermachen konnten bei gesellschaftlicher Anerkennung, illustriert, wovon Kohelet schreibt (8,10).

So schwer es auch fallen mag, den »Blick auf die Greuel der Vernichtungslager und des Krieges können wir uns nicht ersparen. Aber wir müssen wissen, daß er selber auch eine lähmende, verschleiernde und apologetische Wirkung haben kann. Er kann lähmen, weil das Entsetzen den Begriff verhindern kann. Er kann ablenken, weil er den Eindruck erwecken kann, es käme vor allem auf die Vermeidung solcher manifesten Greuelphänomene an. Als wäre z.B. die Praxis der Menschenzüchtung und der Ausrottung minderwertigen Lebens erträglicher, wenn sie ohne Gaskammer und ›Lebensborn‹ abgeht. Und er kann apologetisch ausgenutzt werden, indem die Verbrechen der NS-Führungsclique als die eigentliche Schuld in der Geschichte des 20. Jahrhunderts ausgegeben werden, von denen sich natürlich jeder, der nicht direkt zu ihr gehörte, leicht distanzieren kann«, aber die »Schuld einer Mehrheit in den Eliten von Kirche, Wissenschaft, Kultur, Wirtschaft, Verwaltung und Judikatur« (Herms, 23) können wir beim Namen nennen.

V Erschließung der Hörersituation: In der Schule des Lebens

Woran knüpfe ich in der Auseinandersetzung mit Kohelet zunächst an? – Als Lehrerin habe ich gelernt, Fehlverhalten von Schülern umgehend zu korrigieren. Sie sollen die Folgen ihres Fehlverhaltens sofort zu spüren bekommen. Sie sollen ihr Handeln überdenken. Sie erleben Regeln als Regeln, Grenzen als Grenzen, den Rahmen als Rahmen, in welchem sie sich selbst einordnen. Der Lehrkraft kommt die Autorität zu, das zu gewährleisten. Das Vertrauen von Schülern hängt auch davon ab, wie eine Lehrkraft dieser Aufgabe nachkommt. Als Lehrerin weiß ich: Je jünger die Schüler, desto wichtiger das Einhalten dieser pädagogischen Regel. Wo ich sie nicht einhalte und Schüler mit Provokationen durchkommen lasse, muss ich später umso mehr in Ordnung bringen. Schüler, die ihre Mütze im Unterricht nicht abnehmen und damit durchkommen, wollen herausfinden, über welche Regeln sie sich noch hinwegsetzen können, bevor ich eingreife. Will ich die größere Anstrengung meiden, fordere ich konsequent das Einhalten der allen bekannten Regeln.

In der Schule des Lebens wird Fehlverhalten nicht immer geahndet, bleiben Regelverstöße ohne Folgen, werden Gesetzesbrüche nicht immer bestraft. Schuld bleibt ungesühnt zwischen Tätern und ihren Opfern stehen. Der Dieselskandal könnte einem aktuell in den Sinn kommen oder etwa die globale Finanzkrise 2007/8. Wer von den Verantwortlichen für die globale Wirtschafts- und Finanzkrise wurden belangt? In der Schule des Lebens kann es dauern, bis Menschen für ihre Fehler zur Rechenschaft gezogen werden. Fälle wie der des früheren SS-Mannes Bruno D., der Jahrzehnte nach seinen Taten wegen des Verdachts der Beihilfe zum Mord in 5.230 Fällen angeklagt ist, zeugen davon.

In der Schule des Lebens geht es zu wie im Predigttext. Wir haben mehr als genug Erfahrung mit dem, wovon der »Versammlungsleiter« (Kaiser, 33) schreibt. Man braucht nicht lange nach Beispielen zu suchen, um die Worte Kohelets zu illustrieren. Die Welt ist bei Kohelet geradezu ein »unheimlicher Ort, an dem die Menschen nicht darauf bauen können, daß sie Gott nach ihrer Gerechtigkeit behandelt, weil es im Gegensatz zu den Lehren der Väter vorkommt (8,12b–13), daß es Gerechten wie Frevlern und Frevlern wie Gerechten geht (8,14)« (Kaiser, 118).

VI Predigtschritte: Gedenken als Weg in die Zukunft

Diese Erfahrung der Menschen in der Zeit des Nationalsozialismus ist heute noch präsent.

Vor wenigen Tagen war ich in Grafeneck, wo zwischen Januar und Dezember 1940 10.654 Menschen mit Krankheiten und Behinderungen systematisch umgebracht worden sind. Historiker haben ihre Namen und Geschichten nach und nach aus den Kellern der Archive ans Tageslicht befördert. Fast jedes einzelne Schicksal steht vor Augen. Angehörige erkundigen sich heute nach den 1940 Ermordeten. Seinerzeit wurden sie übel angelogen. Im Museum wird das Denken hinter diesem Morden erkennbar. Krankheit und Behinderung waren als Lasten für den gesunden Volkskörper umdefiniert worden. Ärzte und Pfleger wähnten, den kranken Volkskörper mit den Morden zu heilen. Sie sahen den krassen Widerspruch zum Eid, den auch sie geleistet hatten, wohl nicht. Welcher der Täter von Grafeneck ist je für seine Taten zur Verantwortung gezogen worden?

Ein Teil dieser Täter hat in Auschwitz weitergemacht, in größerem Maßstab. In wenigen Tagen beginne ich eine Studienreise nach Polen in Auschwitz und Birkenau. Mich schreckt dieser Auftakt unserer Reise, sagt einer. Mich auch, denke ich. Auschwitz ist ein Ort des Schreckens. Und ein Ort der Umkehr. Man könne in den Lagern meditieren, sagt ein ökumenischer Weggefährte. Das müssen Exerzitien der Buße sein, denke ich.

Das Gebet aus dem Frauen-KZ Ravensbrück in Teil A beginnt mit den Worten »Friede sei den Menschen, die bösen Willens sind«. Solche Worte von Zeitzeugen machen mir Mut für diesen Gedenktag. Sie geben die Richtung vor. Sie unterstreichen, wie wichtig Gedenken ist. Dass der Weg in die Zukunft mit dem schwierigen Blick zurück beginnt, wird deutlich. »Angesichts dieser Schwierigkeit steht jede Gemeinschaft vor der Alternative: Entweder verzichtet sie … auf die genaue Identifikation und Zuweisung von Schuld. Dann geht sie mittelbar und langfristig der Lähmung und Auflösung durch das beschriebene Gefühl ›undefinierbarer Schuld‹ entgegen. Oder sie bemüht sich, aller Unbequemlichkeit ungeachtet, um die richtige Identifizierung und Zuweisung von Schuld. Dann muss sie ihren Gliedern auch das Annehmen und Ertragen von zugewiesener Schuld ermöglichen« (Herms, 3f.). Ich möchte mich und meine Gemeinde an diesem Tag bemühen.

Literatur: *Eilert Herms*, Schuld in der Geschichte, in: Ders., Gesellschaft gestalten. Beiträge zur evangelischen Sozialethik, Tübingen 1991, 1–24; *Otto Kaiser*, Anweisungen zum gelingenden, gesegneten und ewigen Leben. Eine Einführung in die spätbiblischen Weisheitsbücher, ThLZ.F 9, Leipzig 2003; *Christian Stäblein*, Predigen nach dem Holocaust. Das jüdische Gegenüber in der evangelischen Predigtlehre nach 1945 (APT 44), Göttingen 2004; *Elsa Tamez*, »Da hasste ich das Leben«. Eine Lektüre des Buches Kohelet, San José/Costa Rica 1998 bzw. Luzern 2001; *Evelina Volkmann*, Vom Judensonntag zum Israelsonntag. Predigtarbeit im Horizont des christlich-jüdischen Gesprächs, Stuttgart 2002.

Offenbarung 1,9–18:

»Ich hole dich da heraus!« – oder: Die Kraft des Heiligen

Adelheid Ruck-Schröder

I ... Eröffnung: Auf der Grenze des Sagbaren

In der Predigtperikope begegnet eine Seite der biblisch-christlichen Tradition, die im Protestantismus nicht gerade gepflegt wird: Die feurige Vision des Auferstandenen, die detaillierte Beschreibung des Heiligen bis an die Grenze des Sagbaren streckt den Seher nieder und stürzt mich in homiletische Verlegenheit. Christus als überwältigende Lichtgestalt, das bis in die Kleidung und Haarpracht hinein ausgemalte Bild des Auferstandenen, lässt mich homiletisch erst einmal zwei Schritte zurückweichen. Das apokalyptische Drehbuch, das in Offb 1,9–18 zur Aufführung kommt, fasziniert allenfalls in seiner Fremdheit. Finde ich als Predigerin eine Brücke in diese Bildwelt hinein, so dass ich unter ganz anderen geschichtlichen Vorzeichen heute mit diesem Text eine Predigt gestalten kann? Er fordert gerade die Nüchternen und Reflexiven unter den Predigenden heraus, am Letzten Sonntag nach Epiphanias einen homiletischen Versuch zu wagen und mit Hilfe der Epiphanie des Sehers Johannes die heutige Gemeinde gleichsam auf der Grenze des Sagbaren »ins Heilige zu führen« (Josuttis) – oder: genau diesem Versuch zu widersprechen.

II Erschließung des Textes: Die ungeheuerliche Beschreibung des Heiligen – eine apokalyptische Zeitansage

Für die Predigt zu Offb 1,9–18 ist zweierlei wichtig:

1. Nicht wir sind die Adressaten dieses Schreibens. Die Johannesapokalypse richtet sich vielmehr als Trost- und Mahnbrief an die bedrängten Gemeinden in Kleinasien am Ende des ersten Jahrhunderts zur Zeit der Regierung des Kaisers Domitian (81–96 n. Chr.). Ihnen spricht der Apokalyptiker Mut zu, den Ansprüchen der römischen Herrschaft entgegenzutreten und ihre Identität zu bewahren. Inmitten der Prachtstadt Ephesus mit ihrer Statue des Kaisers Domitian in vierfacher Lebensgröße meldet sich der Apokalyptiker zu Wort und behauptet: Rom hat keine Kraft. Allein der, von dem ich euch schreibe, beansprucht Kraft

und Macht. Er ist der Heilige. Vielleicht musste Johannes auf die Insel Patmos wegen seiner widerständigen Verkündigung fliehen (V. 9). Eine systematische Christenverfolgung unter Domitian lässt sich allerdings nicht nachweisen. »Wahrscheinlich führte aber die Intensivierung des Kaiserkultes in Gemeinden Kleinasiens zu lokalen Repressionen und Verfolgungen« (Schnelle, 449). Johannes fordert »ein Mindestmaß an Distanz gegenüber dem heidnischen Staat und seinen vielfältigen Formen der Religionsausübung«. Vermutlich gab es in den Gemeinden nämlich »Strömungen, die für eine gemäßigte Kooperation mit dem Kaiserkult votierten« (Schnelle, 448f.). Johannes wendet sich gegen solche Anpassung als subtile Form des Abfalls und fordert eine kritische Haltung der Geduld (V. 9).

2. Die Johannesapokalypse ist das letzte Zeugnis urchristlicher Prophetie. Damit ist ein Anspruch gesetzt, der für die Predigt fruchtbar gemacht werden kann. Kleinasien war ein Zentrum apokalyptischer Theologie, doch schon im zweiten Jahrhundert wurden prophetische Bewegungen an den Rand der Kirche gedrängt. Die Aufnahme der Apokalypse in den Kanon des Neuen Testamentes war wegen dieses Anspruchs umstritten. Der Verfasser der Apokalypse stellt sich in Offb 1,9–18 bewusst in die Tradition der alttestamentlichen Prophetenbeauftragung (Hes 1–3; Dan 10,8ff.). Von daher bezieht er seine Autorität. Er spricht explizit in der Kraft des Geistes Gottes (V. 10) und rekurriert in jedem Einzelzug auf zentrale alttestamentliche Überlieferungen von Epiphanie und Theophanie. Ähnlich wie Jesaja (Jes 30,8) erhält er den Auftrag: »Schreibe in ein Buch, was du siehst, und sende es an die sieben Gemeinden!« (V. 11) Sein Anspruch ist enorm: Er berichtet nicht nur über ein himmlisches Buch, er legt es vor und öffnet damit den Blick in die himmlische Welt.

Vor diesem Hintergrund hat Offb 1,9–18 zwei Zielrichtungen und Ansatzpunkte für die Predigt: *Zum einen* beeindruckt die Vision des Sehers als Gegenbild zum Kaiserkult. Nur wer es mit dem machtvollen Anspruch des Kaisers aufnimmt, gibt Hoffnung: Der auferstandene Christus als Richter und Weltherrscher ist ein mächtiges Gegenbild gegen den Zeitgeist und zugleich Grund für Hoffnung auf ein Überleben. In dieser Perikope tritt das Motiv des Lammes gegenüber dem des Herrschers zurück. Der Auferstandene hat Kraft. Er ist in der Lage, die Identität der Gemeinden in der Auseinandersetzung mit dem Zeitgeist zu stärken (V. 17f.).

Zum anderen geht der Apokalyptiker bis an die Grenze des selbst unter äußerlichem Druck Sagbaren. Er wagt es, das Ungeheuerliche zu tun und die Gestalt Gottes zu beschreiben. Diese Grenzüberschreitung lässt ihn »wie tot« zu Boden stürzen (s.u.).

In jeder Faser dieses Textes ist der Seher bemüht, den Richtigen zu beschreiben, nämlich den, der in der Autorität Gottes steht. Darauf kommt es dem Apokalyptiker an:

Alle Einzelzüge sollen Christus als Herrscher ausweisen und ihn mit der Kraft Gottes ausstatten: »Insgesamt wird eine überwältigend leuchtende Gestalt beschrieben« (Lichtenberger, 77). Sie führt ins Allerheiligste der Gotteserscheinung: Die Posaune erinnert an die Theophanie: Das Schofar erklingt als Zeichen der Gegenwart Gottes (Ex 19,16); es gehört in den Zusammenhang des Gerichts (4 Esr 6,23) und wird bei der Ankunft des Messias in der Heilszeit erschallen. Die Beschreibung »wie ein Menschensohn« folgt der Vision in Dan 10. Christus trägt das Herrschergewand und den Hohepriestergürtel (Ex 28,4). Weiß ist die Farbe der göttlichen Majestät (Dan 7,9), des Sieges, aber auch der Märtyrer. Die flammenden Augen kennzeichnen den Richter: Sie durchschauen alles (Dan 10,6); die goldenen Füße stellen die ganze Gestalt als übermächtig dar (Dan 10,6; Hes 1,27). Mit den sieben Sternen hat sie die Weltherrschaft in Händen. Das Bild des zweischneidigen Schwerts stammt aus Jes 11,4 und 49,2. Der Friedefürst und Gottesknecht hält Gericht – mit seinem Wort, nicht mit dem Schwert.

Der geheime Herzschlag der Perikope

Epiphanien führen zum Erschrecken. Wie Daniel (Dan 10,9) und Hesekiel (Hes 1,28) fällt der Seher angesichts der überwältigenden Vision »wie tot« zur Erde (V. 17). Hier geht es um Leben und Tod, sowohl in der Auseinandersetzung mit dem Kaiser als auch im Wagnis, die Kraft Gottes zu beschreiben und zu benennen. Der ohnmächtig zur Erde gefallene Seher wird vom Auferstandenen berührt und wiederaufgerichtet (vgl. Dan 10,10 und Hes 2,2f.). Mit dem Zuspruch »Fürchte dich nicht!« wird er in den Alltag zurückgeschickt (V. 17ff.). In dieser physischen Berührung und Begegnung zwischen Christus und dem ohnmächtigen Seher liegt der Herzschlag der Perikope. Die Worte des Auferstandenen spiegeln die Gewissheit der Apokalypse: »Ich bin der Erste und der Letzte und der Lebendige. Ich war tot, und siehe, ich bin lebendig von Ewigkeit zu Ewigkeit und habe die Schlüssel des Todes und der Hölle.« (V. 18) Diese göttliche Selbstprädikation (vgl. Ex 3) ist einerseits feierlich und kraftvoll und andererseits intim und inklusiv. Die Nähe des Heiligen richtet Menschen auf. Der kraftlose Seher und die kraftlosen Gemeinden werden in die Dynamik der Totenauferweckung hineingenommen. Diese berührende Wiederbelebung ist das Kraftzentrum der Apokalypse und Hoffnung für die bedrängten Gemeinden: »Fürchte dich nicht!«

III Impulse: Die Kraft des Heiligen richtet auf

Die am Beispiel der Apokalypse skizzierte Auseinandersetzung mit den gesellschaftlichen Strukturen der Zeit ist bleibend relevant. Während der Apokalyptiker Christus bis an die Grenze des Sagbaren in einem ›apokalyptischen Design‹ als Gegenbild zum hochstilisierten römischen Kaiser sieht, performen wir uns heute selbst bis zum Umfallen. Die Kraftlosigkeit und Ohnmacht, die unser eigener Druck zur Selbsterfindung auslöst, ist nicht weniger lähmend als die Auseinandersetzung der ersten Christen mit dem Anspruch des Kaiserkults. »Das spätmoderne Subjekt ist niemandem unterworfen. (…) An die Stelle des Fremdzwanges tritt ein Selbstzwang, der sich als Freiheit gibt.« (Han, 82) Diese Zeitdiagnose kontrastiere ich mit der Zeitdiagnose des Apokalyptikers. Damals wie heute geht es um eine hoffnungsvolle Vision. Auch wir brauchen Gegenbilder zum herrschenden Zwang zur Selbstoptimierung. Auf Instagram etwa posten User bewusst Gegenbilder zum herrschenden gnadenlosen Ideal der Selbststilisierung.

Eine Predigt zu Offb 1,9–18 kann die Vision des Sehers als ein kraftvolles prophetisches Gegenbild aufrufen. Die Einzelzüge der Vision des Heiligen setze ich in Kontrast zur verbreiteten Selbststilisierung auf Instagram. Die Schlüsselszene für die Predigt aber sind die Verse 17 und 18: Die Berührung durch den Auferstandenen richtet auf und gibt Kraft. Nicht ich muss mich optimieren. Wo ich erschöpft bin, hoffe ich darauf, dass der Auferstandene mich berührt und mich an seinen Weg erinnert: »Fürchte dich nicht. Ich war tot und siehe, ich lebe.« Dieser Weg ins Heilige ist nicht esoterisch, sondern ermutigend.

Literatur: *Brian K. Blount,* Revelation. A Commentary, Louisville 2014; *Byung-Chul Han,* Müdigkeitsgesellschaft. Burnoutgesellschaft. Hoch-Zeit, Berlin 2018; *Manfred Josuttis,* Einführung in das Leben. Pastoraltheologie zwischen Phänomenologie und Spiritualität, Gütersloh 1996; *Hermann Lichtenberger,* Die Apokalypse (ThKNT 23), Stuttgart 2014; *Udo Schnelle,* Die ersten 100 Jahre des Christentums, Göttingen ²2016.

B

Thomas Stahlberg

IV Entgegnung: Ein Buch mit sieben Siegeln?

Es ist sicher sehr hilfreich, sich exegetisch noch einmal gründlich zu vergewissern: *Wir* sind nicht die ursprünglichen Adressaten dieses prophetischen Textes. Völlig zu Recht verweist A deshalb auf die Andersartigkeit der historischen Situation im damaligen Kleinasien – denn im hiesigen Kontext ist es kaum mehr vorstellbar, dass jemand (so wie Johannes) wegen seines christlichen Glaubens angeklagt und in die Verbannung geschickt wird. Doch in anderen Ländern werden auch heute noch Christen verfolgt: Sie werden verhaftet und vertrieben, müssen viel Leid erdulden nur wegen ihres Glaubens. Dass das Christentum heute eine Weltreligion ist, das verdankt es eben nicht nur der Gewohnheit, sondern seinen Märtyrern, die ihr Leben riskiert haben oder bereit waren, eine harte Strafe auf sich zu nehmen. Prophetische Visionen wie die des Johannes mögen in solcher Bedrängnis neue Glaubenskraft vermitteln, bei uns allerdings können solche Bilder zunächst ebenfalls ›homiletische Verlegenheit‹ auslösen: *Ratlos vor der Apokalyptik* – so könnte man die Ausgangslage im Geiste von Klaus Kochs kleiner Streitschrift zusammenfassen.

Einen Ausweg sieht A in der kritischen Auseinandersetzung mit gesellschaftlichen Strukturen, die auch heute noch – nicht anders als damals der römische Kaiser – eine Tendenz zu Bemächtigung und Unterdrückung haben, gegenwärtig etwa in Gestalt lebensfeindlicher Leitbilder der Selbstoptimierung. Gegen sie soll der Ruf des Auferstandenen neu in Geltung gesetzt werden: »Fürchte dich nicht!« – Nach meiner Erfahrung können mit gleicher Plausibilität allerdings auch andere ›Leidensmächte‹ der Gegenwart benannt werden – näher am Text wäre nach meiner Einschätzung z.B. ungerechte Verurteilung, Isolation, Einsamkeit. Dem *Herzschlag* aber, den A durch alle Fremdheit hindurch herausspürt in dieser ermutigenden Erfahrung einer leibhaftigen Begegnung und Anrührung durch den Lebendigen, möchte ich in jedem Fall versuchen, auch für heutige Hörerinnen und Hörer spürbar werden zu lassen.

V Erschließung der Hörersituation: Den Text ›verbrauchen‹

Aus meiner Sicht kommt es für die Predigtsituation grundsätzlich nicht primär darauf an, den Text respektvoll in seiner Abständigkeit zu konservieren, sondern darauf, ihn produktiv für heutige Lebenserfahrungen zu gebrauchen. Der fremde Text soll mutig in den eigenen Kontext hineingestellt werden, damit seine vitale Kraft darin *für diesen Moment* zur Geltung kommen kann. Zudem ist die Fremdheit der visionären Erscheinung hier im Text ja auch nicht nur ein Problem, sondern zugleich eine Chance: Durch die Außeralltäglichkeit der Vision wird von vornherein deutlich, dass wir uns hier in einem kritischen Grenzbereich der Existenz befinden. Denn vieles, was dort im Text steht, kann man eben nicht einfach rational oder normal-logisch, sondern nur psychologisch in einem tieferen Sinn verstehen – als Reflex andrängender, bewegender Lebens- und Glaubenserfahrungen, die durchaus angemessen gerade in solchen fremdartigen Bildern ausgedrückt werden können.

a) »Ich war einsam und allein auf einer Insel …«

Die Offenbarungen des Johannes handeln von den Visionen eines Mannes, der verbannt worden ist in die Einsamkeit – und in seiner Isolation sieht er nun himmlische Erscheinungen und er hört himmlische Stimmen, fast wie Halluzinationen. Er ist ganz zurückgeworfen auf sich selbst – allein mit sich und seinen Ängsten und Sehnsüchten. Ein einsamer Mensch, dem nichts geblieben ist als die ferne Erinnerung an Heimat und Gemeinschaft; keine Geborgenheit im Miteinander, kein Wir-Gefühl in der Gruppe. Das kann bedingt sein durch äußere Einsamkeit: Wenn keine Menschen mehr da sind oder die Brücken zueinander abgerissen sind – wenn das Warten nicht mehr lohnt, wenn Stille ist den ganzen Tag und niemand mehr klingelt an der Wohnungstür.

Doch es gibt auch eine innere Einsamkeit: laut umgeben zu sein von Menschen, aber dabei trotzdem unverstanden und ohne Resonanz. Wenn in einer Ehe jeder für sich wie unter einer Glasglocke lebt; wenn ich aus Scham oder Zweifel meine Gedanken und Themen, meine inneren Fragen nicht ausdrücken kann, weil ich mich dann vermeintlich angreifbar mache; oder wenn niemand für mich da ist, der sich offen und sensibel zeigt gegenüber meinen inneren Gefühlen, obwohl ich vielleicht gerade besonders darauf angewiesen wäre.

b) »Was du siehst, das schreibe auf in ein Buch!«

Allein mit den eigenen Gedanken: kein einfühlsamer Blick, der mich versteht, keine menschliche Stimme, die mir Antwort gibt. Solche Einsamkeit kann einen Menschen kaputt machen, aber sie kann ihn auch öffnen für neue Erfahrungen, wenn es gelingt, die innere Spannung auszuhalten und sie kreativ zu wenden. So wie hier, wenn Johannes plötzlich (»am Tag des Herrn«, also an einem Sonntag) diese laute, unsichtbare Stimme hört, die zu ihm sagt: »Schreibe auf, was du siehst!« Das war sein erster Schritt heraus aus dieser Einsamkeit.

Schreiben hilft tatsächlich, wenn man niemanden hat, mit dem man reden kann. Es hilft, wenn man innerlich allein und unruhig ist, voller Gedanken und Fragen, und es tut gut, sich die Lasten von der Seele zu schreiben. Die berühmten Tagebücher der Anne Frank sind dafür ein Beispiel: Sie war ganz alleine in ihrem Versteck vor ihren Verfolgern und vor den deutschen Behörden und konnte ihre Sorgen und Gedanken wenigstens dem Tagebuch anvertrauen.

Aber nicht erst in solchen äußeren Extremsituationen können wir das Tagebuch als eine Hilfe entdecken, als einen Ort, wo wir uns anvertrauen können – jeder Jugendliche weiß, wie unglücklich und unverstanden man sich in der Welt fühlen kann, einsam mitten unter Menschen; und wie gut es dann tut, wenn man (abseits von den anderen) ein paar Dinge für sich selbst aufschreibt: Erlebtes vom Tage, Träume, Anklagen, Gedanken über das Leben. Man schreibt für sich selbst – und doch zugleich für einen ›fiktiven Anderen‹ (Henning Luther), und erschafft damit einen inneren Raum der Distanznahme.

c) »Er aber legte seine Hand auf mich«

Manchmal sind Tagebücher wie ein Gespräch mit Gott, der unsichtbar hinter den Zeilen hört. Hier jedoch *wird* Gott sogar sichtbar! Der Menschensohn, der dem Johannes erscheint, ist wie ein moderner Engel: Es ist der verwandelte Jesus, der nun der himmlische Christus ist – mit seinen Vollmachtsprädikationen: der Überwinder des Todes und der Hölle, der unsterbliche Herrscher in Gottes ewigem Reich. Doch das Wichtigste ist hier: Er ist da, seine Präsenz ist spürbar. Das ist der zweite Schritt heraus aus der Einsamkeit: der Glaube daran, dass wir nicht allein sind mit den Ängsten des Lebens – sondern dass da eine unsichtbare gute Macht um uns ist, die mit für uns kämpft und die stärker ist als unsere Angst.

Dieser Auferstandene hier – das ist eine ganz und gar überweltliche Erscheinung, fast wie ein Alien: Von dem konkreten Menschen, als welcher Jesus einst durch Galiläa zog und dann ohnmächtig zu Tode kam, ist kaum noch etwas zu sehen. Dieser himmlische Menschensohn jetzt ist ein stählerner Held, der unverwundbar ist. Er erinnert mehr an die Superhelden aus heutigen Zeichentrick-Serien: Füße aus Metall, Augen wie Feuerblitze, die Zunge wie ein zweischneidiges Schwert. Und dennoch ist er kein gefährlicher außerirdischer Zombie, sondern zugleich ein geläutertes Wesen, eine Zaubergestalt wie aus einem guten Märchen: mit Sternen in der Hand und einem goldenen Gürtel, mit einer Stimme wie Wasserrauschen, einem sonnenstrahlenden Gesicht und schneeweißen Haaren. Weisheit, Wärme und Macht verbinden sich in dieser Erscheinung zu einer positiven Einheit.

Dieser Menschensohn ist ein starker Held, der einerseits Furcht und Schrecken einflößen kann – aber der andererseits genau deshalb beschützt und aufhilft, beruhigt. Er ist stark – stärker als die Probleme, stärker als alle bösen Mächte – und er hat ein Gespür für das menschliche Leiden. Im Grunde kann man sagen, er ist die personifizierte Antwort auf die Frage, ob wir ›von guten Mächten‹ umgeben sind – im Sinne des einschlägigen Zitats von Albert Einstein: ›Die wichtigste Entscheidung, die wir treffen, ist, ob wir glauben, in einem freundlichen oder einem feindlichen Universum zu leben.‹

VI Predigtschritte: »Fürchte dich nicht!«

Werkstück Predigt (Predigtschluss)

»Ich habe die Schlüssel zum Totenreich« – das heißt: Ich hole dich da heraus! Bei mir geht niemand verloren. Johannes ist nun nicht mehr allein in seiner Einsamkeit: Er bekommt Unterstützung, und er bekommt Verstärkung, richtig körperlich: Denn der Auferstandene legt seine Hand auf ihn – und dadurch fließt Johannes wieder Hoffnung und Zutrauen zu. Heraus aus der Isolation: durch diese leibliche Berührung, durch die Nähe dieser guten Kraft.

Und so ist es auch bis heute: Manchmal sagen einfache, gute Gesten mehr als viele Worte – eine Umarmung, ein freundlicher Blick, oder eben eine segnende Hand. So kommt Gott uns menschlich nahe: durch die Wärme und die Liebe von Menschen, die an uns glauben und die es gut mit uns meinen. Dass auch wir dann merken: Wir fühlen uns vielleicht manchmal allein – aber wir sind nicht einsam auf unseren Wegen. Sondern da ist Liebe und Vertrauen Gottes, das uns wieder Kraft gibt für den nächsten Schritt – auch für den nächsten Schritt hin auf die Menschen zu.

So hat auch Johannes schließlich seine einsame Zeit auf der Insel überstanden: Er hat ein großes Buch geschrieben, mit seinen berühmten Visionen, und er hat damit zugleich bis heute vielen Menschen Kraft und Hoffnung in schweren Zeiten gegeben, dass sie auch diese Zusage Gottes für sich gehört haben: »Fürchte dich nicht! Ich bin der Erste und der Letzte und der Lebendige.«

Septuagesimae (3. Sonntag vor der Passionszeit)

A

Matthäus 20,1–16: Von Leistung, Lohn und Liebe

Stephanie Krause

I Eröffnung: Die Frage nach dem Lohn

Unvergessen die Diskussion in einer Konfirmandengruppe über das Paradies: wo es sei (so genau könne das keiner wissen, irgendwo oben wahrscheinlich?); wer da hineinkomme (die oft in die Kirche gehen?) und was man dafür tun müsse (die Zehn Gebote halten?); was der Himmel zu tun habe mit unserem Leben hier und jetzt (??). Auf den Vorschlag hin, dass Gott womöglich am Ende aus Liebe alle Menschen im Himmel haben wolle, reagieren drei Mädchen mit großer Empörung: Das sei ja mehr als ungerecht; denn wo bleibe da der Vorteil für die, die hier schon im Leben vor dem Tod extra ›an Jesus glauben‹ und ›mit ihm leben‹?!

Selbst wenn wir davon ausgehen, dass nur wenige Gottesdienstbesucherinnen und -besucher die Sache des Glaubens darum verfolgen, weil sie sich im Jüngsten Gericht davon einen Vorteil versprechen, so ist doch das Prinzip von Leistung und Verdienst, Einsatz und Lohn in vielen Bereichen des gesellschaftlichen Lebens durchaus das vorherrschende: ›Was bringt es mir?‹ – ›Was habe ich davon?‹ – ›Was bekomme ich dafür?‹ – und: ›Bekomme ich an anderer Stelle für denselben Einsatz Anderes oder mehr?‹ Wenn Lohn zu großen Anteilen von der bewerteten Leistung abhängig gemacht wird, kann dies – mir ist das Beispiel eines Bankberaters vor Augen, der einen potenten Kunden an eine andere Bank verlor und damit große Teile seines leistungsbezogenen Lohns – zu Existenz bedrohenden Schwierigkeiten führen. Wo Leistung allerdings gelingt, lässt sich daraus auch verlässlich der jeweils zustehende Lohn berechnen. – Im familiären Bereich wäre an das Prinzip ›Pflichterfüllung als Voraussetzung für Liebe‹ zu denken.

II Erschließung des Textes: Zuverlässig und frei

Die Parabel von den Arbeitern im Weinberg lässt sich in *sechs Teile* gliedern.

1. V. 1a leitet die folgende Erzählung als Himmelreichsgleichnis ein.

2. Es folgen nach der Zeitangabe (»früh am Morgen«, V. 1b) fünf Gänge eines Hausherrn (oikodespotēs) auf den Marktplatz, um Tagelöhner einzustellen für seinen Weinberg (ampelōs) (V. 1b–7). Die Bildwelt ist den Zuhörern des Gleichnisses vertraut. Einerseits gehört ein mittelgroßer landwirtschaftlicher Betrieb zur alltäglichen Umwelt im antiken Israel. Andererseits sind der Weinberg und der Besitzer als Bild für Gott und sein Volk längst vorauszusetzen (vgl. Luz, 147). In V. 8 wird der Hausherr entsprechend als »o kyrios tou ampelōnos« bezeichnet werden (vgl. Luz, 148). Den ersten Gang kennzeichnet die Übereinkunft von Hausherr und Arbeitern über einen Denar als Tageslohn (V. 2). Beim zweiten Gang (V. 3–5a) gibt der Hausherr den Arbeitern sein Wort: »Ich will euch geben, was recht (dikaios) ist.« (V. 4) Der dritte und der vierte Gang (V. 5) werden nicht auserzählt. Erst für den fünften Gang (V. 6.7) wird wieder von einem Gespräch zwischen Hausherrn und Arbeitern erzählt, das für die Zuhörer bzw. Leser die Funktion hat, mit ihrer Aufmerksamkeit eine kleine Weile bei diesen Arbeitern zu verweilen. Wer sind sie? Was können sie auf die Frage des Hausherrn antworten? Warum stehen sie so kurz vor dem Ende des Arbeitstages ohne Arbeit da? Auch eine kurze Identifizierung mit diesen Arbeitern ist in diesem Moment möglich – und falls nicht, stellt sich die Frage: Mit welcher Gruppe Arbeiter fühle »ich« mich eher verbunden? Die Antwort, die diese Arbeiter dem Hausherrn geben (V. 7), gibt nicht wirklich Aufschluss über den Grund, warum sie so spät am Tag keine Tätigkeit haben. Ist es Sorglosigkeit? Oder Verantwortungslosigkeit? Sind sie die Schwächsten und Kränksten, sodass sie einfach (wie mancher Schüler beim Mannschaften-Wählen in der Sport-Stunde) übriggeblieben sind bis zum Schluss? Von einem etwaigen Lohn für die eine verbleibende Arbeitsstunde wird nicht gesprochen. Dennoch lassen sie sich auf eine Anstellung noch ein.

3. Mit der Zeitangabe »Als es nun Abend wurde« (V. 8) ist der Arbeitstag beendet. Auf die Prozedur der schrittweisen Einstellung der Arbeiter folgt die schrittweise Ausbezahlung.

4. Die Ausbezahlung (V. 9.10) erfolgt gegenläufig zur Einstellung. Die Erwartung wird geweckt: Etwas Außergewöhnliches wird sich ereignen. Außerdem stellt diese Reihenfolge sicher, dass die zuerst Eingestellten mitbekommen, was ihre später dazugekommenen Kollegen als Lohn erhalten: einen Denar (V. 9) (vgl. Luz, 148). Geht in diesem Moment das Rechnen in den Köpfen los? In den Köpfen der früher Eingestellten? In den Köpfen der Hörer, der Leser, der Predigthörer? ›Wenn eine Arbeitsstunde schon einen Denar wert ist, was bekommt man dann für zwei? Für fünf? Für den ganzen Tag?‹

5. V. 11–15 schildern noch einmal im Detail, was sich mit der Auszahlung des Lohns an die zuerst Eingestellten ereignet: Die Enttäuschung schlägt um in Ärger, der Ärger verschafft sich Luft gegen den Hausherrn selbst. Dieser erklärt sein Verhalten und bleibt doch zugleich ganz frei: »Habe ich nicht Macht (exestin moi, vgl. exousia = Vollmacht) zu tun, was ich will, mit dem, was mein ist?« (V. 15)

6. »So werden die Letzten die Ersten und die Ersten die Letzten sein.« Mit diesem Satz (V. 16) beschließt der Evangelist Matthäus die Parabel von den Arbeitern im Weinberg. Er greift damit den Schluss des vorangehenden Gesprächs zwischen Jesus und seinen Jüngern (Mt 19,27–29.30) auf und verbindet die beiden Perikopen miteinander. Die Parabel von den Arbeitern im Weinberg gerät so zum zweiten Teil der

Antwort Jesu an seine Jünger auf die Frage des Petrus: »Wir haben alles verlassen und sind dir nachgefolgt; was wird uns dafür zuteil?« (Mt 19,27)

Der erste Teil der Antwort ist eine Verheißung (Mt 19,28.29). Ist die abschließende Aussage »Aber viele, die die Ersten sind, werden die Letzten und die Letzten werden die Ersten sein« (Mt 19,30) hier noch gänzlich als Trost zu verstehen an den Jüngerkreis bzw. die durch das Bekenntnis zur christlichen Gemeinde zu »Letzten« gewordene Leserschaft des Matthäusevangeliums? Oder soll schon hier die Verheißung aus der Macht der Vorherberechenbarkeit herausgelöst und für die Jünger bzw. Leser unverfügbar gehalten werden?

Wie aber ist schließlich Mt 20,16 (»*So* werden die Letzten die Ersten und die Ersten die Letzten sein.«) auf die Parabel von den Arbeitern im Weinberg zu beziehen? Häufig wurde der Vers mit der Gegenläufigkeit der Reihenfolgen von Einstellung und Ausbezahlung der Arbeiter in Verbindung gesetzt. Mir scheint der Skopus der Parabel aber – aufgespannt zwischen der ersten Gruppe Arbeiter, die exakt das erhalten, in was sie vertraglich eingestimmt hatten, und der letzten Gruppe, die aus reiner Freiheit und vollmächtiger Güte exakt dasselbe erhalten – in einer weiterreichenden Aussage zu liegen, nämlich: Gott ist zugleich zuverlässig und gerecht *und* in seiner Vollmacht frei. Ein Berechnen dessen, was welchem Arbeiter zustünde, bleibt ausgeschlossen. Erzählt wird von der unberechenbaren reinen Güte, in der sich das Schenken an kein Maß zu halten hat (vgl. Klaiber, 78; Luz, 151).

III Impulse: Die Freiheit schwappt über

a) Befreit aus dem Zusammenhang von Leistung und Wert

Werkstück Predigt

Ist das nun gerecht? Oder ungerecht?

Am Ende stehen sie alle da mit ihrer Münze in der Hand. Aber wie unterschiedlich viel mussten sie dafür tun!? Einen ganzen Tag lang haben sie gearbeitet, die früh aufgestanden waren, früh schon am Platz gestanden hatten und sich hatten einstellen lassen. ›Einen Denar für den ganzen Tag? Das ist in Ordnung‹, hatten sie sich gedacht und eingewilligt. ›Man kann sich ernähren damit für diesen einen Tag. Und die Kinder noch mit. Das ist okay. Man kommt ins Schwitzen in der Hitze des Tages. Aber es lohnt sich ja auch.‹

Eine Stunde haben sie geschafft, die ganz zuletzt noch zur Arbeit erschienen waren. ›Dafür eine ganze Münze?‹ Damit hätten sie nicht mehr gerechnet an diesem Tag. ›Selber schuld!‹, hätte man ihnen vorwerfen können. ›Was habt ihr euch bei der Arbeitssuche nicht besser präsentiert?! Irgendwas hättet ihr aber doch finden müssen!‹ Aber nun? Keine Vorwürfe. Und vor allem: ›Eine ganze Münze in der Hand. Es wird reichen zum Sattwerden heute Abend. Und für die Familie auch. Wer hätte damit heute noch gerechnet?‹

Was ist gerecht, liebe Gemeinde? Auch in unserer Gesellschaft wird das diskutiert …

[Wer mag, könnte hier beispielsweise die vier Konzepte der Sozialen Gerechtigkeit ausführen, die miteinander ausbalanciert werden müssen, damit ein stabiles Zusammenleben in einer Gesellschaft möglich wird: Leistungsgerechtigkeit, Chancengerechtigkeit, Bedarfsgerechtigkeit, egalitäre Gerechtigkeit (vgl. Internet).]

Wenn das Gerechtigkeit ist, was sich zwischen dem Hausherrn und den verschiedenen Gruppen der Arbeiter an diesem Tag und an diesem Abend ereignet (vgl. dikaios, V. 4), so ist es eine Gerechtigkeit, die frei macht. Diejenigen, die sich (wie die erste Gruppe) in einem mündlichen Vertrag gehalten fühlen, werden bestärkt, sich auf das Zugesagte auch zu verlassen, frei von Angst. Was sie getan haben, wird gesehen und gewürdigt. Es ist gut, dass es sie gibt, die ihre Zeit und ihre Mühe in den Weinberg geben. Er ist es wert. Alle aber sind darüber hinaus befreit aus dem Zusammenhang von Leistung und Wert, von Leistung und Lohn.

b) Ausbruch aus dem Leistungszwang

Als Josef Ratzinger 2005 vom Konklave zum Nachfolger Papst Johannes Paul II. gewählt wurde, stellte er sich der Öffentlichkeit auf dem Petersplatz mit den folgenden Worten vor: »Liebe Schwestern und Brüder! Nach einem großen Papst Johannes Paul II. haben die Herren Kardinäle mich gewählt, einen einfachen und bescheidenen Arbeiter im Weinberg des Herrn …« (Internet). Hier ist der Arbeiter im Weinberg zum Bild für die eigene Identität geworden – eine Identität, die sich freimachen muss von dem zu großen Anspruch und Vorbild des Vorgängers; die sich, um einen eigenen neuen Schritt im Leben zu gehen und eine eigene neue Aufgabe übernehmen und annehmen zu können, unter die gütige Vollmacht des Herrn des Weinbergs stellt.

Literatur: *Walter Klaiber,* Das Matthäusevangelium, Bd. 2, Neukirchen-Vluyn 2015; *Ulrich Luz,* Das Evangelium nach Matthäus, Bd. 3 (EKK I/3), Zürich 2007.

Internet: *Bundesamt für politische Bildung,* http://www.bpb.de/politik/grundfragen/deutsche-verhaeltnisse-eine-sozialkunde/138445/soziale-gerechtigkeit?p=all; *Papst Benedikt,* https://de.wikipedia.org/wiki/Konklave_2005, beide abgerufen am 31.05.2019.

Maximilian Baden

IV Entgegnung: Laute, Leise, Stumme

Da sitzen drei Konfirmandinnen, die sich darüber ärgern, dass ihre Leistungen im Paradies nicht gewürdigt werden. Da sitzen drei Konfirmanden, die sich freuen, weil auch die Menschen in den Himmel kommen, die gar nicht viel geleistet haben. Da sitzen aber noch drei. Drei, die schweigen.

Was der Lohn für die erbrachte Arbeit sein wird, ist die Frage der Lauten. Derjenigen, die sich regelmäßig melden und durch hohe Ansprüche zu hohen Leistungen angespornt werden. Die Angst davor, die Arbeit nicht zu schaffen, ist die Sache der Leisen. Derjenigen, die immer etwas länger brauchen. Und die Erfahrung, gar nicht zu verstehen, wie der Arbeitsauftrag lautet, ist die Angst der Stummen. Derjenigen, die nur dabeisitzen und das Gefühl haben, dass um sie herum eine andere Sprache gesprochen wird.

Die Herausforderung, vor die uns dieses Gleichnis in der Gegenwart stellt, besteht darin, die von A beschriebenen Attribute Gottes »zuverlässig und gerecht und in seiner Vollmacht frei« (A II) zu einer Erfahrung werden zu lassen. Wie kann dies zu einer Antwort werden für diejenigen, die sich ganz andere Fragen stellen als ihren Zugang zum Paradies?

V Erschließung der Hörersituation: Von der Welt abgehängt

Der Schlusssatz des Predigttextes »So werden die Ersten die Letzten und die Letzten die Ersten sein« wurde von der Band *Wir sind Helden* aufgenommen. In dem deutschsprachigen Lied »The Geek (shall inherit)« geht es um die Erfahrung, keinen richtigen Platz im Leben zu finden: ›Bist du zu schlau, um nicht unangenehm aufzufallen / und nicht schön genug, um damit durchzukommen? / Weißt du genau, wie es ist, immer rauszufallen / nur nicht weit genug, woanders anzukommen?‹ Mit diesen Fragen öffnet das Lied. Im Refrain werden sie aufgenommen: Es wird dazu aufgefordert, sich nicht zu verändern, sondern zu bleiben, wie man ist. Das wird mit biblischem Anklang darin begründet, dass gelte: ›Die Letzten sollen die Ersten sein‹ – bzw. mit dem englischen Pendant ›the geek shall inherit the earth‹ (der Streber soll die Welt übernehmen). 2007 nimmt *Judith Holofernes*, die Frontfrau der Band und Texterin der meisten Lieder, damit ein Lebensgefühl auf: Junge Menschen eifern Stereotypen nach, ohne auf ihre Individualität zu achten. Die Fragen des Liedes beschreiben in der von Sozialen Medien geprägten Welt stärker denn je das Aufwachsen. Täglich flimmern Vorbilder über die Bildschirme – eher Karikaturen als kantige Persönlichkeiten.

Keinem Stereotyp so recht entsprechen zu können, ist das Lebensgefühl, das *Wir sind Helden* aufnehmen. Wer den vorgegebenen Rollen – seien es Helden oder Versager – nicht entspricht, gehört nicht dazu. Das Lied beschreibt das Gefühl, aus allen Kategorien herauszufallen, ohne einen eigenen Ort zu finden. Es spricht diejenigen an, die sich *abgehängt* fühlen. Die Folge dieses Gefühls ist Schmerz: ›Es tut weh, so zu sein, wie du solltest. Es tut weh, zu sein, wie du bist.‹ Die stereotypen Ansprüche der Umwelt werden als *eigene Konstrukte* identifiziert. ›Es tut weh, so zu sein, *wie du denkst*, dass du solltest.‹ Darin besteht wohl auch die Auflösung im Lied. Diesen Ansprüchen wird der Stachel genommen, indem sie als *fremde und imaginierte* Ansprüche benannt werden. Es ist nicht nötig, so zu sein: ›Es tut gut, so zu sein, wie du denkst, dass du möchtest. Wenn du sagst: ›Herr, lass diesen Knilch an mir vorübergehen!‹‹ Dem fremden Anspruch wird die Individualität gegenübergestellt – nicht ohne zu bemerken, dass auch das Eigene zu finden, keine leichte Aufgabe ist.

Sich abgehängt zu fühlen, ist nun keineswegs dem Aufwachsen vorbehalten. Hier liegt nur der Schwerpunkt des Liedes. Ein gegenwärtiges Beispiel können die rasanten Entwicklungen im Bereich der Informationstechnologie sein. Menschen, die nicht damit aufgewachsen sind, haben zunehmend Probleme, den aktuellen Stand der Technik nachvollziehen zu können. Auf eine Gottesdienstgemeinde geblickt, kann das Gefühl verschiedene Altersgruppen ansprechen: Die einen haben ihren Platz im Leben noch nicht gefunden, die anderen haben ihn möglicherweise verloren.

In diese Situation spricht nun das Gleichnis. Der Zusammenhang zwischen dem Lied und der Pointe des Predigttextes liegt vor allem in dem aufgenommenen und abgewandelten Schlussvers: Diejenigen, die abgehängt wurden, werden mal diejenigen sein, die die Welt übernehmen. Das ist die Botschaft des Liedes von *Wir sind Helden*: ›Die Verletzten sollen die Ärzte sein. Die Letzten sollen die Ersten sein.‹ Das mag zwar Trost und möglicherweise sogar Ansporn für diejenigen sein, die am Anfang ihres Lebensweges stehen. Allerdings ist zu erwarten, dass für Seniorinnen die Aussicht darauf, in Zukunft die Welt zu übernehmen, eher unrealistisch erscheinen dürfte – hier ist die von A aufgeworfene Frage nach dem Paradies möglicherweise virulenter.

Das Gleichnis geht über das Lied hinaus. Es beschreibt nicht nur die Umkehrung der Verhältnisse, sondern deren Aufhebung. Die Arbeiter im Weinberg werden ja *unabhängig* von der getanen Arbeit entlohnt und nicht im umgekehrten Verhältnis. Eine Rolle in der Welt erfüllen zu müssen – so könnte man das Gleichnis in die Gegenwart sprechen lassen –, ist *für und bei Gott* keine Kategorie. Es ist schlichtweg egal für Gott. Dieser Zuspruch kann für Jugendliche auf der Suche nach einem Platz in der Welt eine Befreiung sein – ähnlich dem Anspruch des Liedes. Wer nicht versucht, einem unrealistischen Bild hinterherzulaufen, läuft auch nicht Gefahr, daran zu scheitern. Vielmehr besteht die Chance, in Freiheit den eigenen Weg zu finden. Dieser Zuspruch kann aber auch für Menschen, die bereits ihren Lebensweg ein gutes Stück weit beschritten haben, eine Befreiung sein. Es geht nicht mehr und ging nie darum, ein bestimmtes Bild erfüllen zu müssen. Die Aufhebung der bestehenden Ungerechtigkeiten im Reich Gottes ist ein Trost, der Gefahr läuft, zu vertrösten. Der Lösungsvorschlag von *Wir sind Helden* besteht in der Hoffnung, dass irgendwann die Geeks die Welt beherrschen. Das Evangelium geht darüber hinaus und richtet den Blick auf das Reich Gottes.

Was im Lied als eigene Leistung erscheint, ist aus theologischer Perspektive mit der göttlichen Gnadenzusage zusammenzubringen. Nicht wir selbst befreien uns von Rollenerwartungen, sondern wir sind von Christus zur Freiheit befreit (Gal 5,1) – eben auch von diesen Ansprüchen. Das Gleichnis kann so gedeutet werden, dass es das Befreiungsmoment mit dem Reich Gottes verbindet. Nicht nur diejenigen, die ihre Rolle erfüllen, die ihre Arbeit fleißig erledigen, sich in die Gesellschaft gut einfügen können, haben Anteil an dieser Verheißung. Welche Leistung wir erbringen, spielt für Gott keine Rolle. Auch die Aufgabenstellung gar nicht zu verstehen, ist in Ordnung.

VI Predigtschritte – Vom Abgehängten zum Befreiten

Das Lied von *Wir sind Helden* ist eher unbekannt. Es wäre daher zu überlegen, ob man den Liedtext (oder einzelne Ausschnitte) zur Verfügung stellen kann. Die Intention der Predigt wäre es, die Befreiung von vorgegebenen Rollenmustern im bereits angebrochenen Reich Gottes auf der Erde zu verdeutlichen. Im Gottesdienstgeschehen könnte dies anhand einer Tauferinnerung erlebbar werden – zum Beispiel durch den Zuspruch: ›Du bist getauft in/auf den Namen Jesu Christi, er hat dich von allen Erwartungen befreit.‹ – Darüber hinaus kann die Grundsituation als Ausgangspunkt genommen werden. Es bieten sich beispielsweise Narrationen über Personen an, die sich abgehängt fühlen. Hier kann sowohl von Jugendlichen erzählt werden, die nach ihrem Platz in der Welt suchen, als auch von älteren Menschen, die ihren Platz in der Welt verloren haben.

Als Aufbau der Predigt kann der Aufbau des Liedes genutzt werden:

- Situationsbeschreibung (Aus den Rollen herausfallen; abgehängt sein)
- Ausdruck des Schmerzes (Es tut weh …)
- Zuspruch von Selbstvertrauen (Das Reich Gottes ist schon angebrochen)
- Zuspruch der Hoffnung (Das Reich Gottes wartet auf Vollendung)

Die zweite Strophe des Liedes (s.u.) dient als Einstieg und kann Ausgangspunkt für weitere Beschreibungen der Gemeindesituation sein. Die Spannung zwischen Situationsbeschreibung und Schmerz einerseits sowie Selbstvertrauen und Hoffnung andererseits kann der Predigt Tiefe verleihen und muss daher nicht aufgehoben werden.

Werkstück Predigt (Einstieg)

›Nicht deine Zeit, nicht deine Füße, nicht dein Beat, nicht deine Leute. Deine Welt nicht und nicht mal dein Schmerz. Du musst hier nicht dazugehören, aber such' dir, was zu dir gehört. Du musst nicht tanzen, aber beweg dein Herz!‹

Wie fühlt es sich an, wenn das alles nicht zu dir gehört? Wenn deine Schritte in der Welt wackelig sind, weil dir die Schuhe nicht recht passen wollen? Wenn du anderen ständig auf die Füße trittst, weil alle anderen einen Tanz aufführen, den du gar nicht kennst? Wenn alle in einem Rhythmus sind, den du gar nicht hören kannst? Es tut weh, wenn alle anderen lachen, obwohl dir zum Weinen ist. Es tut weh, wenn alle anderen hierhin schauen, obwohl du dich dort drüben viel wohler fühlst. Es tut weh, nicht dazu zu gehören.

Musik: *Wir sind Helden,* »The Geek (shall inherit)«, Album: Soundso, 2007.

Sexagesimae (2. Sonntag vor der Passionszeit)

Hesekiel 2,1–5(6–7)8–10; 3,1–3:

›Schmecket und sehet!‹ – Vom Sehnen, das in uns wohnt

A

Ernst Michael Dörrfuß

I Eröffnung: »… wer Ohren hat zu hören, höre!« (Mk 4,9)

Ums Hören geht es sechzig Tage vor Ostern, am Sonntag Sexagesimae. Genauer gesagt geht es ums Hören auf Gottes Wort, seine gute Weisung für das Leben, das Evangelium von Jesus Christus, das uns als frohe Botschaft im Hier und Jetzt ansprechen will. Auf Gottes Wort, das wir immer nur im Zusammenhang mit ›Menschenwort(en)‹ haben, als Schrift gewordenes oder verkündigtes, gepredigtes Wort. Gottes Wort, das die für den zweiten Sonntag vor der Passionszeit vorgesehenen liturgischen Texte auf unterschiedliche Weise vorstellen: Dem betenden Ich des 119. Psalms zufolge erweist sich dieses Wort als »meines Fußes Leuchte und ein Licht auf meinem Weg« (Ps 119,105). Die alttestamentliche Lesung weiß von der Verheißung, die der lebendige Gott dem aus seinem Mund hervorgehenden Wort mitgibt: Es soll »tun, was mir gefällt«, und ihm wird »gelingen, wozu ich es sende« (Jes 55,11). Die Epistel nennt dieses Wort nicht nur »lebendig«, sondern »kräftig und schärfer als jedes zweischneidige Schwert« (Hebr 4,12), während das als Evangelium zu Wort kommende Gleichnis vom Sämann (Lk 8,4–8) »von dem Geschehen des Hörens auf Jesu Worte als Hören auf Gottes Stimme, die Tora«, spricht (Schottroff, 166).

An die Seite dieser – und der beiden anderen für Sexagesimae auch in der letzten Perikopenordnung schon vorgesehenen Predigttexte (Mk 4,26–29; Apg 16,9–15) – treten jetzt dem ausführlichen Berufungsbericht des Hesekielbuches entnommene Verse. Sie haben – wenn auch anders abgegrenzt – wieder Aufnahme in die Reihe der Predigttexte gefunden: Bis 1977 gehörten Hes 2,3–8; 3,17–19 zu den Predigttexten des ersten Sonntags nach Trinitatis. Auch in diesen Versen geht es prominent ums Hören und es geht ums Weitersagen. Gegenüber den anderen für Sexagesimae vorgesehenen Texten neu ist die Aufforderung, dieses Wort buchstäblich zu essen, sich Gottes Wort einzuverleiben. Was es mit dieser besonderen Pointe auf sich hat, möchte ich in meiner Predigt entfalten – und den Text vor allem auf dieses Motiv hin befragen.

II Erschließung des Textes: Der Mensch ist, was er isst

Die Perikope findet sich im zweiten Teil des Berufungsberichtes Hesekiels (1,28–3,15). Der Prophet mit dem Namen ›Gott wird stärken‹ tritt ausweislich seiner Buch gewordenen – oder vielleicht schon immer Buch gewesenen – Botschaft zur Zeit des babylonischen Exils in Babylonien auf. Im Namen des Gottes Israels sagt er dessen Analyse der Wirklichkeit des Volkes Israel weiter und reflektiert die durch die Katastrophe der Zerstörung Jerusalems sowie die ›babylonische Gefangenschaft‹ ausgelöste Krise theologisch.

Durch das Motiv der Sendung zum Weitersagen verbunden, stellen die drei Abschnitte (2,1–5; 2,6–7; 2,8–3,3) unterschiedliche Bilder vor Augen. Wie im Hesekielbuch fast durchgängig üblich wird der Prophet als »Sohn eines Menschen« / »Menschenkind« / »Sohn der Menschheit« angesprochen – und durch diese Anrede gleich im *ersten* Abschnitt als von dem im Buch auftretenden Himmelswesen unterschiedener, bedürftiger Mensch charakterisiert. Hesekiel wird vom ›Geist‹ auf die Füße gestellt und mit Geist-Kraft erfüllt. »Ein eigener Mensch sein zu können heißt, das Entscheidende empfangen zu haben.« (Ebach, 20) So ist der Prophet befähigt zuzuhören, sich senden zu lassen, um weiterzusagen, was er verstehend gehört hat. Im Zentrum seiner Botschaft steht die Ansage, wie es – aus der Perspektive des Gottes Israels – um das Volk Gottes – bezeichnet mit dem Plural ›Nationen‹ – wirklich steht. Dieses Volk hat sich, so die Analyse, immer neu als ›Haus (der) Widerspenstigkeit‹ erwiesen – das heißt ebenso illoyal wie hart- und kaltherzig gegenüber Gott und Mensch. Ihm wird das Gericht angesagt, ihm wird im Fortgang des Buches eine Perspektive im Sinn von »Neuorientierung und Umkehr«

(Sedlmeier, 98) eröffnet – aller unmissverständlicher Deutung der Vergangenheit sowie ernüchternder Gegenwartsanalyse zum Trotz.

Im *zweiten* Abschnitt tritt die Ermutigung »Fürchte dich nicht!« in den Vordergrund, die allen zu erwartenden Widerständen und aller frustrierenden Verständnislosigkeit ihre Macht nehmen soll und kann. Dabei verbindet sich mit der Ermutigung weder eine Erfolgsgarantie noch eine Verheißung des Gelingens. Das Ziel der prophetischen Rede ist nicht deren messbarer Erfolg. Es geht um deren »Dass«!

Mit seiner wiederholten Aufforderung zu essen benennt der *dritte* Abschnitt ein Grundbedürfnis menschlicher Existenz, das beide Teile der Bibel facettenreich thematisieren. Auch damit erweist sich ›die Schrift‹ als durch und durch realistisches, ja ›weltliches‹ Buch.

Wer zu essen hat, kann leben, umgekehrt gehört der das Leben bedrohende Nahrungsmangel zu den existenziellen Erfahrungen, die in biblischen Texten greifbar werden. Immer neu wird daran erinnert: Essen ist keine Selbstverständlichkeit, sondern gute Gabe Gottes (Ps 145,15f.). Mit der Nahrungsaufnahme kann sich Erkenntnisgewinn verbinden (vgl. Gen 3,6f.), andere Texte wissen von den tödlichen Folgen (unmäßigen) Essens zu sprechen. Gegessen wird im Alltag und beim Fest. Essen schafft Gemeinschaft – unter Menschen ebenso wie zwischen Gott und Mensch.

Essen (und Trinken) kann für Leben überhaupt und kann für ein erfülltes Leben vor und mit Gott stehen. Jes 55,1f. zufolge lädt Gott selbst ein, kostenlos – gratis! – zu essen und zu trinken. Wer immer dieser Einladung folgt, wird satt an Leib und Seele – weil sich Essen und Trinken nicht allein mit Wein, Milch und Brot verbindet, sondern auch mit dem prophetischen Gotteswort. Das ist der biblischen Überlieferung zufolge elementar und lebensnotwendig (vgl. Dtn 8,3; Mt 4,4) – und lässt sich ganz buchstäblich einverleiben, verinnerlichen. Davon ist in Jer 15,6, in Apk 10,8–11 und eben im Hesekielbuch die Rede, das neben einer »Reihe merkwürdiger, mitunter sogar beklemmender ›Mahlzeiten‹« (Poser, 116), die schwerlich zum Leben dienen, in seinem weiteren Verlauf auch Mahlzeiten schildert, bei denen deren lebensfördernde und gemeinschaftsstiftende Aspekte im Vordergrund stehen. In Hes 3 isst der Prophet allein. Was er isst, ist schwer verdaulich: ganz buchstäblich – wer vermag es schon, eine ganze Pergamentrolle zu verzehren? – und im Blick auf die Inhalte. Beidseitig beschrieben, also übervoll ist die Rolle. »Es ist nicht an Klagelieder zu denken, die auf der Rolle verzeichnet sind, sondern an göttliche Gerichtsdrohungen, die der Prophet zu verkündigen hat.« (Zimmerli, 77) Verzehrt wird also nicht leicht Eingängiges, auch wenn die Schriftrolle ausweislich Hes 3,3 im Mund des Propheten »so süß wie Honig« werden wird. Davon, dass das, was im Mund süß ist, bitter werden und schwer im Magen liegen kann, weiß später, wieder durch und durch lebenserfahren und realistisch, Apk 10,10 zu reden.

III Impulse: Seid Esser des Wortes, nicht Hörer allein

Mit dem Bild des ›Einverleibens von Gottes Wort‹ möchte ich die Hörerinnen und Hörer hineinnehmen in meine Predigt. ›Einverleibt‹ lässt sich mit diesem Wort leben – und auch sterben. Wobei dem Bild vom Einverleiben die Erfahrung zur Seite tritt, dass Gottes Wort den Menschen widerständig begegnet. Es lässt sich nicht einfach aneignen und schon gar nicht vereinnahmen. Vor dem Hintergrund der Beauftragung Hesekiels steht vor Augen: Menschen können über dieses Wort nicht einfach verfügen. Deshalb gilt es, in mindestens zweifacher Hinsicht unerschrocken zu sein und es zu bleiben: im Blick auf die Sperrigkeit und Widerständigkeit des Wortes ebenso wie im Blick auf mögliche Widerständigkeiten der Mitmenschen, ihre Sticheleien und Bisse. Als Menschen, die sich – wie auch immer – Gottes Wort einverleiben, sind wir beauftragt und herausgerufen, uns in Bewegung setzen zu lassen. Es mit beiden Füßen auf dem Boden gestärkt, aufgerichtet und ausgerichtet zu tun. Mit der Zeitung in der einen und der Bibel in der anderen Hand. Wobei sich aus dem Schrift und Buch gewordenen Wort Gottes in aller Regel keine direkten Handlungsanweisungen für unsere Gegenwart ableiten lassen. Sehr wohl aber können sich Leserinnen und Hörer im Vertrauen auf die Leitung durch Gottes Geist daran machen, allein und gemeinsam mit anderen danach zu fragen, was dem Willen Gottes im Hier und Heute entspricht.

Schon Lázló Márton Pákozdy benennt in seiner Meditation von 1965 den Rückzug »in die jeweils naheliegende Innerlichkeit und auf den Kultus« sowie den Versuch, sich »von der neuen nationalistischen Welle mittragen zu lassen«, als Gefährdungen (Pákozdy, 235f.).

Und es ist gleich, ob wir als auf Gottes Wort Hörende selbst »ein Buch werden« wollen (Oz, 38), ob wir auf den Spuren Heinrich Heines die Bibel als ›portatives Vaterland‹ mit uns tragen, sie im Herzen bewegen, uns ihrem Anspruch ebenso stellen wie allem Zuspruch, einziehen in die durch die Texte eröffneten Lebens- und Freiheitsräume. So oder so können wir Mitmenschen und Mitwelt Anteil geben am Ergebnis unseres Durchkauens des vielfältig lebendigen, nährenden und dem Leben dienenden Wortes Gottes.

Literatur: *Jürgen Ebach*, Ezechiel isst ein Buch – Ezechiel ist ein Buch, in: Ders., »Iss dieses Buch!«. Theologische Reden 8 (NF 2), Wittingen 2008, 11–24; *Amos Oz*, Eine Geschichte von Liebe und Finsternis, Frankfurt am Main 2008; *Lázló Márton Pákozdy*, 1. Sonntag nach Trinitatis. Hesekiel 2,3–8a; 3,17–19, in: GPM 19 (1964/65), 234–239; *Ruth Poser*, ›Das Gericht geht durch den Magen‹. Die verschlungene Schriftrolle (Ez

2,8b–3,3) und andere Essensszenarien im Ezechielbuch, in: Essen und Trinken in der Bibel. FS Rainer Kessler, hg. v. Michael Geiger u.a., Gütersloh 2009, 116–130; *Luise Schottroff*, Die Gleichnisse Jesu, Gütersloh 2005; *Franz Sedlmeier*, Das Buch Ezechiel. Kap. 1–24, NSK.AT 21/1, Stuttgart 2002; *Walther Zimmerli*, Ezechiel. 1.Teilbd. Ez 1–24 (BXIII/1), Neukirchen-Vluyn ²1979.

Wilhelm Gräb

B

IV Entgegnung: Die Transformationserfahrung

Dass es an uns ist, uns offen zu halten für die Gottesbegegnung, damit sie uns ergreifen und verwandeln kann – auf diese Lesart des Textes hat mich A gebracht. Gut kann ich ihm darin folgen – ausgehend von einer Zusammenschau der Texte dieses Sonntags –, wie wichtig das Hören ist. Dann verweist A zudem darauf, wie stark dieses Bild von der Einverleibung des Schrift gewordenen Gotteswortes auf uns wirken kann. Auch das Sehen ist wichtig. Im Bild gesprochen wird das Gotteswort, selbst wo es eine bedrohliche Nachricht enthält, dem, der Mund und Ohren nicht verschließt, zur süßen Honigspeise.

A sucht nach dem Transfer dieses Berichts von der Berufung des Hesekiel zum Exilspropheten in Situationen, in denen Menschen auch heute von Gottes Wort erreicht und verwandelt werden. Das gefällt mir. Aber dabei geht A mir noch zu wenig auf den Erlebnisgehalt dessen ein, was Hesekiel bei seiner Berufung widerfährt. Zu schnell sind die Wort-Gottes-theologischen Formeln parat, um die Botschaft der Predigt über diesen Text auf die einer jeden ihrem Auftrag gemäßen Predigt festzulegen. Von einem Wort Gottes, auf das Hesekiel zu hören und das er aufgrund seiner Berufung zum Propheten an andere weiterzusagen hätte, ist in diesem Text so gar nicht die Rede. Ebenso eindrücklich wie verstörend ist, dass dieser Text von einer das Menschenkind Hesekiel überwältigenden und niederschmetternden wie dann auch aufrichtenden und beglückenden Transzendenz- und Transformationserfahrung berichtet. Dem will ich weiter nachgehen. Denn auch heute sehnen sich viele Menschen danach, eine solche Erfahrung machen zu können, in der sie über sich hinaus, dann aber auch anders als zuvor wieder zu sich zurück kommen.

V Erschließung der Hörersituation: Ermutigung zur Ambiguitätstoleranz

Natürlich müssen wir dazu auch den ersten Teil des Berufungsberichtes in den Blick nehmen, Hes 1. Da öffnet sich der Himmel und der ins Exil entführte Hesekiel gerät in den überwältigenden Widerschein des feurigen Glanzes des auf seinem Thron sitzenden göttlichen Weltenherrschers. Das ist ganz großes Kino, fantastische Dichtung sowie in den Formen und Farben der reichen Religionskultur Babylons schwelgende Malerei in einem. Wir sehen Bilder von vier geflügelten Wesen, aus Mensch und Tier kombiniert. Sie tragen das Himmelsgewölbe, unter dem der Thron Gottes wie auch dieser selbst in Menschengestalt umrisshaft sichtbar wird.

Was Hesekiel passiert ist, nennen wir heute eine Transzendenzerfahrung. Auch wir machen hin und wieder solche Erfahrungen. Mir ›sträuben sich die Nackenhaare‹, ich habe eine ›Gänsehaut‹ bekommen, es ›lief mir heiß und kalt über den Rücken‹, sagen wir dann vielleicht. Zumeist sind es heute die Traum- und Fantasiewelten in Filmen, Büchern oder Computerspielen, die den Sinn für das, was unendlich größer ist als wir selbst, in uns wecken.

Nicht so spektakulär, aber kaum weniger eindringlich, kann es auch geschehen, dass wir von einem Gedicht, einem Bild, einer Landschaft, einer Idee, einer Melodie innerlich berührt und ergriffen werden. Dass wir uns innerlich angesprochen fühlen, das kann ebenso im Hören einer Predigt geschehen. Dann sind wir vielleicht sogar zu Tränen gerührt.

Diesen Vorgängen gemeinsam ist zum einen, dass sie uns widerfahren und dabei letztlich unverfügbar bleiben. Zum anderen sind diese Vorgänge immer ambivalent, vieldeutig. Oft können wir gar nicht genau sagen, warum sie uns affizieren und was sie uns bedeuten.

Worte müssen erst noch gefunden werden. Ist es wirklich die Stimme Gottes, die aus der himmlischen Erscheinung spricht? Und was eigentlich hat sie uns zu sagen? So vieldeutig die visionären Erscheinungen des Göttlichen immer bleiben, so uneindeutig ist zunächst auch noch das Wort, das aus ihnen spricht. Um Klarheit zu gewinnen, sind wir auf die Arbeit unseres menschlichen Verstehens, Deutens und Interpretierens angewiesen.

Hesekiel wird auf seine Füße gestellt. Der Gott will mit ihm reden. Rückfragen sind nötig und erlaubt. Inzwischen ist das Gotteswort zudem Schrift geworden. Mit der Schrift aber ist ein direktes Gespräch gar nicht möglich. Dafür hat sie den Vorteil, dass sie ein Gegenüber bildet, mit dem wir uns lange und anhaltend auseinandersetzen können. Dafür liefert uns der Bericht von der Berufung des Propheten Hesekiel ein starkes Bild: »Iss diese Schriftrolle und geh hin und rede zum Hause Israel.« Das klingt krass, hat aber eine unmittelbare Evidenz. Denn Texte, an denen wir schwer zu kauen haben und die keineswegs leicht zu verdauen sind, erweisen sich oft als besonders nahrhaft. Sie lassen einen so schnell nicht wieder los. Sie geben zu denken und das Gefühl, mit ihnen wirklich weiterzukommen. Wer mit biblischen Texten zu predigen hat, kennt das ohnehin: dass Predigtperikopen, die zunächst keinen Zugang zu eröffnen scheinen oder Widerspruch provozieren, oft auf die besten Gedanken und den Weg zu einer guten Predigt bringen. Dann eröffnet sich die Chance, dass diese Predigt das Wort von Gott so sagt, dass es mich innerlich erreicht, dass es mich überzeugt, auch wenn ich ihm zunächst energisch widersprechen wollte. Es geht mir wie dem Hesekiel: Was zunächst ungenießbar schien, schmeckt plötzlich süßer als Honig. Es tut innerlich wohl. Es baut auf und gibt Kraft. So ist es, wenn die Schrift zum richtenden und rettenden Wort Gottes wird.

Gestern Abend, nachdem ich diese Sätze geschrieben hatte, stieß ich in der ›Frankfurter Anthologie‹ auf die Zeilen eines Gedichtes von Les Murray, die mir wie ein Kommentar zur Aktualität des Berufungsberichtes aus dem Hes vorkamen. Ich will hier einige Zeilen daraus zitieren. »Religionen sind Gedichte. Sie bringen unseren Tages- und Traumgeist in Einklang, unsere Gefühle, Instinkte, den Atem und die uns angeborene Gestik in das einzig vollkommene Denken: Dichtung. Nichts ist gesagt, bis es in Worten hinausgeträumt ist und nichts ist wahr, was nur in Worten wahr ist .... Man kann eine Lüge nicht beten, hat Huckleberry Finn gesagt; man kann sie auch nicht dichten. Es ist derselbe Spiegel: beweglich, aufblitzend nennen wir es Dichtung, um eine Mitte verankert nennen wir es eine Religion, und Gott ist die Dichtung, die in jeder Religion gefangen wird, gefangen, nicht eingesperrt. Gefangen wie in einem Spiegel, den er anzog, da er in der Welt ist, wie die Poesie im Gedicht ist, ein Gesetz gegen jeden Abschluss. Es wird immer Religion geben, solange es Dichtung gibt oder einen Mangel an ihr.« (FAZ, 4.5.19)

VI Predigtschritte: Mit Worten der Schrift leben

Wie schön wäre es, Gott zu begegnen, ihm ins Gesicht zu schauen, seine Stimme zu hören, zu wissen, wie er ist, was er tut und von uns will. Bei Hesekiel scheint es so gewesen zu sein. Er wurde in himmlische Sphären versetzt und hat Gottes Stimme gehört. Das ist auch für uns Anlass genug, darauf zu achten, wo uns dergleichen ebenfalls schon widerfahren ist oder noch widerfahren wird. Gott ist in der Welt, indem er sie in seinen Händen hält. Auch wenn wir nicht wie Hesekiel in den unbeschreiblichen Lichtglanz des Himmelgewölbes blicken, auch wenn die Stimme Gottes nicht direkt zu uns sprechen sollte, immer wieder stoßen wir darauf, dass wir, jeder und jede auf eigene Weise, Teil sind eines ins Unendliche sich erstreckenden, mit unserem Verstand letztlich gar nicht fassbaren Wirklichkeitsgeschehens. »Es ist ein Sehnen tief in uns, o Gott ...« – Dich als den tragenden Sinn des Ganzen erkennen zu können und der Weisung zu folgen, mit der Du uns als Deine Geschöpfe in Dienst nehmen willst.

Doch am Ende zeigt sich, auch Hesekiel hat nur durch einen dunklen Spiegel gesehen und die göttliche Stimme ließ ihn ohne klare Botschaft zurück. Was ihm blieb, war die Schrift, die er sich einverleiben sollte. Die

Schrift – ist sie Dichtung oder Wahrheit? Wird sie uns zum Wort Gottes, zu dem Wort, das uns hören lässt, wo und wie Gott in der Welt und für uns da ist? Das ist eine Frage, die sich immer wieder aufdrängt. Ebenso unabweisbar ist der Wunsch, die Antwort möge eindeutig sein. Da lauert geradezu die fundamentalistische Versuchung, die darin besteht, diejenigen Bibelworte mit Gottes Wort gleichzusetzen, die die eigene politische oder moralische Einstellung bestätigen.

Auch von der Kirche wird immer wieder erwartet, dass sie mit einer Stimme spricht und allgemein verbindliche Antworten auf die Fragen des Glaubens gibt. Doch der Bericht von der Berufung des Hesekiel zeigt uns: Jeder Einzelne ist wichtig. Jede macht ihre eigenen Erfahrungen, die als Gotteserfahrungen gedeutet werden können. Die dichten Worte, die solche Deutung ermöglichen, finden sich in der Hl. Schrift. Sie decken auf, wie Gott in der Welt ist. Sie zeigen uns, dass er uns durchs Leben begleitet und was er dabei von uns will. Solche Worte machen die Schrift zu Gottes Wort, indem sie die Welt in sich spiegeln.

Hin und wieder fallen solche Worte uns zu. Wir suchen nach ihnen, weil wir an Weggabelungen unseres Lebensganges stehen. Manchmal werden sie uns als Segensworte zugesagt. Dann wieder stoßen wir auf sie, weil auch die große Literatur sie zitiert oder sie in die Bildwelten der Kunst, die Klangwelten der Musik und die multimedialen Erzählungen des Kinos eingegangen sind. Vermutlich sind es bei den meisten von uns nur wenige solche Bibelworte, von denen wir sagen können, dass sie uns durchs Leben tragen. Aber diese wenigen sind die, die wir uns einverleibt haben.

Liedvorschläge: EG 197 »Herr öffne mir die Herzenstür«; EG 165 »Gott ist gegenwärtig«; Durch Hohes und Tiefes 112 »Da wohnt ein Sehnen tief in uns«.

Lukas 18,31–43:

Sehend werden

Kord Schoeler

I Eröffnung: »Denn wir wollen alle sehend werden«

Die Jünger fassen es einfach nicht, der Blinde aber »wird sehend«, wie Martin Luther übersetzt. Die einen wie der andere erkennen nicht, was vor Augen liegt. Dieses Thema verbindet die beiden Textabschnitte. »Sehend werden« sagt oder schreibt man sonst nicht. Geläufiger würde man davon sprechen, dass jemand »wieder sehen kann«; so formulierte die Revision der Lutherübersetzung von 1975. Es ist hier wie dort vom Sehen in einem tieferen Sinn die Rede.

Ingeborg Bachmann greift den Ausdruck »Sehend Werden« in gleichem Sinn auf: »Der Schriftsteller ... wünscht, sich Gehör zu verschaffen. Und doch erscheint es ihm eines Tages wunderbar, wenn er fühlt, dass er zu wirken vermag – um so mehr, wenn er wenig Tröstliches sagen kann vor Menschen, die des Trostes bedürftig sind, wie nur Menschen es sein können, verletzt, verwundet und voll von dem großen geheimen Schmerz, mit dem der Mensch vor allen anderen Geschöpfen ausgezeichnet ist. Es ist eine schreckliche und unbegreifliche Auszeichnung. Wenn das so ist, dass wir sie tragen und mit ihr leben müssen, wie soll dann der Trost aussehen und was soll er uns überhaupt? Dann ist es doch – meine ich – unangemessen, ihn durch Worte herstellen zu wollen. Er wäre ja, wie immer er aussähe, zu klein, zu billig, zu vorläufig. So kann es auch nicht die Aufgabe des Schriftstellers sein, den Schmerz zu leugnen, seine Spuren zu verwischen, über ihn hinwegzutäuschen. Er muß ihn, im Gegenteil, wahrhaben und noch einmal, damit wir sehen können, wahr machen. Denn wir wollen alle sehend werden.« (Bachmann, 75)

Wollen wir das wirklich? »Sehend werden«? Bachmann spricht diese Worte zu schwer versehrten Menschen, nämlich als sie 1958 den Hörspielpreis der Kriegsblinden entgegennimmt. Müssen andere auch an ihren Schmerz heran, um klar zu sehen? Geht es nicht mal ein bisschen positiver? Muss immer dieser Gekreuzigte im Mittelpunkt stehen, vorn auf dem Altar und bald wieder – es ist Estomihi – sieben Wochen lang? Der Predigttext führt einiges zu diesen Fragen vor Augen.

II Erschließung des Textes: Wie Lukas erzählt

Sollen wir über zwei Geschichten predigen? Die Perikope vereint ja zwei in sich abgeschlossene Erzählabschnitte: V. 31–34 und 35–43. Auch Lukas lässt die beiden Abschnitte – anders als Markus – aufeinander folgen. Er behandelt sie als Variationen über das unmögliche und das ermöglichte Erkennen. Im Abschnitt von der Leidensankündigung in der Version des Markus erschaudern die Begleitenden schon zu Beginn und schrecken vor dem Weg mit Jesus nach Jerusalem zurück (Mk 10,32). Lukas ersetzt diese Reaktion durch das Unverständnis der Jünger am Ende der Szene (V. 34). Lukas nennt als Gegner Jesu nur die Römer, nicht aber Hohepriester und Schriftgelehrte. Ohne den Prozess und die Verurteilung zum Tod zu erwähnen, geht er unmittelbar auf die Misshandlungen zu und malt sie aus. »Den Evangelisten interessiert ... die Härte der körperlichen Gewalt gegen Jesus« (Bovon, 247). Dem Verspottet- und Angespuckt-Werden fügt Lukas die Beschimpfung mit maßloser Frechheit hinzu. Vor der Tötung werde Jesus schließlich ausgepeitscht. Lukas betont mit den Erniedrigungen und Folterungen »Ereignisse, welche die Phantasie anregen und einem das Herz schwer machen« (Bovon, 244). Er führt die erschütternde Sinnlosigkeit des Sterbens Jesu vor Augen und versucht, sie erzählerisch spürbar zu machen.

Das knappe »und am dritten Tage wird er auferstehen« (V. 33) tilgt den schlimmen Eindruck kaum, und mit diesem Sinnangebot, das Jesus macht, kommen die Zwölf nicht überein (V. 34). Denn dass hier etwas, wie er in V. 31 voranstellt, »zum Ziel kommt, zur Erfüllung, was durch die Propheten geschrieben ist« (V. 31), macht ihnen das brutale Leiden keineswegs annehmbar. Es wird, dick unterstrichen, dreimal gesagt: »Und sie verstanden davon überhaupt nichts, und dieses Gerede blieb ihnen verborgen, und sie erkannten das Gesagte nicht« (V. 34).

Gegenläufig ist die Erzählung von der Heilung des Blinden bei Jericho. Der Mann fragt »Was ist hier los?« (V. 36), bekommt Antwort und versteht sofort. Sein Verständnis bricht geradezu aus ihm heraus in seinem Schrei nach Hilfe. Wenn dies Jesus, der Nazoräer (vgl. Bovon, 252 und 257f.), ist, dann kommt nur eines mit der Bedeutung des Augenblicks überein: der Ruf »erbarme dich meiner« (V. 38). Die Umstehenden verstehen das gerade nicht, sie wissen es vermeintlich besser und herrschen ihn an. Er wird aber noch lauter, klarer, unbeirrbar. Jesus führt nun in einer mehrschichtigen Interaktion sowohl den Blinden an seine Heilung als auch die Umstehenden an die Erkenntnis heran, worauf es hier ankommt. Nicht nur der Mann gewinnt das Augenlicht zurück, auch die anderen werden sehend: »Und als die ganze Menge das *sah*, stimmte sie das Gotteslob an« (V. 43).

In beiden Textabschnitten geht es beim Sehen um mehr als darum, einen Sachverhalt zu erfassen. Den Jüngern ist, was auf Jesus zukommt, zu schmerzhaft, so unerträglich, dass sie sich Sinn und Ziel des Leidens Jesu eben noch nicht vom Durchblick der Propheten klären lassen können, und wir werden als Leserinnen oder Hörer von Lukas an diesen Schmerz herangeführt. Wenn der blinde Mann das Augenlicht wiedererlangt, geschieht mehr, als dass seine Augen wieder funktionieren. Lukas verwendet das Wort *anablepein*. Wie Bovon ausführt, liegt darin die Rückkehr zum Heil ursprünglichen Sehens und Erkennens Gottes und seiner selbst (vgl. Bovon 259f.). Auch Paulus erlangt in Damaskus sein Augenlicht wieder (Apg 22,13), und es wird sein Auftrag sein, »die Augen zu öffnen« (Apg 26,18). »Der Blinde erlangt das wieder, was der Schöpfer seinen Geschöpfen ursprünglich gegeben hat« (Bovon, 260).

III Impulse: »Die Wahrheit ist dem Menschen zumutbar«

Den Schmerz nicht leugnen, seine Spuren nicht verwischen, nicht über ihn hinwegtäuschen: Was Ingeborg Bachmann als Aufgabe der Schriftstellerin beschreibt, das genau macht Lukas mit dem entsetzlichen Schmerz der Jünger. Er hilft, den Schmerz wahrzuhaben, macht ihn »noch einmal, damit wir sehen können«, wahr (Bachmann, 75).

Und ebenso beim Blinden: Vermutlich werden sich Menschen aller Zeiten in dem ›Schrei doch nicht so! Schrei hier nicht so rum!‹ wiedererkennen. Denn alle haben gelernt, sich zu beherrschen, sich vom Schmerz nicht hinreißen zu lassen, damit er nicht übermächtig werde. Aber sie übersehen damit auch ihre tiefe Bedürftigkeit, jenen »großen geheimen Schmerz« (Bachmann, 75). Weil der sich aber auch unerkannt meldet, werden Hörerinnen und Hörer erzählerisch an die Seite des blinden Mannes geführt: ›Komm, schrei noch lauter! Du wirst sehen, dass du sehen willst! Der Nazoräer Jesus wird dein Bedürfnis aufdecken, dich fragen: ›Was willst du, soll ich tun?‹ und wird dir sagen: ›Blick auf! Schrei lauter! Lass nicht nach!‹

»Und jener geheime Schmerz macht uns erst für die Erfahrung empfindlich und insbesondere für die der Wahrheit. Wir sagen sehr einfach und richtig, wenn wir in diesen Zustand kommen, den hellen, wehen, in dem der Schmerz fruchtbar wird: Mir sind die Augen aufgegangen. Wir sagen das nicht, weil wir eine Sache oder einen Vorfall äußerlich wahrgenommen haben, sondern weil wir begreifen, was wir noch nicht sehen können. Und das sollte die Kunst zuwege bringen: daß uns, in diesem Sinne, die Augen aufgehen.« (Bachmann, 75)

Werkstück Predigt (Predigtanfang)

Liebe Gemeinde,

kann man schwarz sehen und hell zugleich? Kann es gut sein, eine unausweichliche Katastrophe genau ins Auge zu fassen? Oder auch eine vergangene? Kann es helfen, einem Schmerz Raum zu geben? Kann das Kreuz ein Lebenszeichen sein? Das zieht einen doch so runter! Es überdeckt alles Positive, alle guten Gedanken! So lauten die Einwände.

Und mehr noch: Wer hält das aus, sich die drohende Klimakatastrophe in allen schon bekannten Einzelheiten vor Augen zu führen? Ist doch schon traurig genug, dass kaum noch Vögel singen! Oder: Wer hält das aus, wie der geliebte Großvater die Wohnungen von verschleppten Jüdinnen geplündert, die guten Stücke mitgebracht und zuhause das Wohnzimmer damit geschmückt hat? Wer erträgt, dass wir zu so etwas fähig sind? Wozu soll es gut sein, sich daran zu erinnern?

Kann man das Dunkle an sich heranlassen und hellsichtig werden? Manche können es. Greta Thunberg, die in Stockholm als Erste ›Fridays for Future‹ demonstrierte, ist für viele so ein Mensch, und sie macht anderen Mut. Oder: Die bundesdeutsche Gesellschaft hat sich nach und nach erinnert, hat sich erzählt, wozu die eigenen Angehörigen fähig waren, hält die Erinnerung aufrecht, ermöglicht auch für die Jüngeren wieder und wieder Erschrecken und Schmerz – und hält in gleichem Maß das Bild eines liberalen, toleranten, respektvollen und zugewandten Menschen aufrecht.

Wie die Hellsichtigkeit in der Offenheit für den bitteren Schmerz wurzelt, macht unser Predigttext in zwei Szenen deutlich ...

Lieder: EG 37 »Ich steh an deiner Krippen hier« (Strophen 3 u. 4); Durch Hohes und Tiefes 113 »Du verwandelst meine Trauer in Freude«.

Literatur: *Ingeborg Bachmann*, Die Wahrheit ist dem Menschen zumutbar. Rede zur Verleihung des Hörspielpreises der Kriegsblinden, in: Dies., Die Wahrheit ist dem Menschen zumutbar. Essays, Reden, Kleinere Schriften (Neuausgabe 1981), München/Zürich [5]1990; *François Bovon*, Das Evangelium nach Lukas. 3. Teilband: Lk 15,1–19,27 (EKK III/3), Düsseldorf/Zürich/Neukirchen-Vluyn 2001.

B

Friedrich Brandi

IV Entgegnung: Wider die Häppchen Bibellektüre

Die kleinen Häppchen Bibellektüre, an die wir uns durch die Vorgaben der Perikopenordnung schon gewöhnt haben, sind verführerisch. Verführerisch, weil sie Sinnabschnitte suggerieren, die es so gar nicht gibt, legt man allein den biblischen Urtext zugrunde. In vielen Gottesdiensten, in denen bemühte, aber nur mäßig informierte Lektoren zur Lesung der Epistel, des Evangeliums und manchmal auch des Predigttextes ans Pult treten, werden diese Überschriften gerne mitgelesen, weil sie schließlich gedruckt in der Heiligen Schrift stehen. Das führt auch schon mal zu dem Kuriosum, dass die Lektorin das Gleichnis »Vom verlorenen Sohn« liest, die Predigerin aber vom »barmherzigen Vater« predigt. Und in unserem Fall führen die Überschriften auch in die Irre, weil »die dritte Ankündigung von Jesu Leiden und Auferstehung« den ersten Teil des Predigttextes in einen ganz anderen Kontext stellt, nämlich zu der »ersten Leidensankündigung« in Lk 9,18–22 und der »zweiten« Lk 9,43b–45. Wem diese Zählung zu verdanken ist, bleibt dem Gros der Theologen verborgen; es wird halt hingenommen.

Liest man die Bibel jedoch fern jeder textkritischen Analyse, ergibt sich hier ein anderer Zusammenhang, der meines Erachtens nicht nur viel interessanter, sondern auch homiletisch herausfordernder ist. Ich halte es mit dem großartigen und leider fast vergessenen Franz Fühmann, der keiner weltanschaulichen Verlockung des 20. Jahrhunderts widerstehen konnte und wollte. Er schreibt in *Meine Bibel. Erfahrungen*: »Es ist Herder, der unvergleichliche Enthusiast des Alten Testaments, gewesen, der (in den ›Briefen an Theophron‹) jungen Theologen geraten hat, die Bibel ›nicht vermischt‹ zu lesen, sondern jeweils ein einzelnes ihrer Bücher, um dessen besondere Gestalt zu fassen.« (Fühmann, 145) Das gilt gleichermaßen für das Neue Testament.

Deswegen richtet sich auch mein einziger Widerspruch, der sich nach der Lektüre von A bei mir regt, gegen die exegetisch natürlich nicht ganz falsche Behauptung, dass wir es bei Lk 18,31–43 mit »zwei in sich abgeschlossenen Erzählabschnitten« (A II) zu tun hätten. Warum? Weder der griechische Originaltext noch die letzte von Luther autorisierte Bibelübersetzung von 1545 sehen Unterteilungen der einzelnen Kapitel, geschweige denn Überschriften vor. Letztere wurden meiner Kenntnis nach so und so erst im 19. Jahrhundert aus vermutlich didaktischen Gründen eingefügt, aber sie werden heute als so selbstverständlich angesehen, dass ihnen fast schon ein kanonischer Stellenwert zukommt. So nehme ich mir die von Franz Fühmann empfohlene und vom Textbefund legitimierte Freiheit heraus, Lk 18,31–43 als eine Einheit anzusehen.

V Erschließung der Hörersituation. Äußere Zeichen und inneres Auge

Hier knüpfe ich gerne an A an. Mit der wunderschönen Passage aus Ingeborg Bachmanns *Die Wahrheit ist dem Menschen zumutbar* ist man sofort beim Hörer und bei der Hörerin: »Denn wir wollen alle sehend werden.« Nach dem Lesen des Predigttextes wird zuallererst vermutlich die Blindenheilung hängenbleiben. Nicht nur weil sie so anschaulich erzählt ist, sondern vor allem, weil Wunder immer wunderbar sind und sich jeder danach sehnt. Die lassen niemanden kalt. Aber sie lenken eben auch ab von dem, was Jesus in die Welt bringen wollte. Luise Rinser beschreibt in ihrer fiktiven Jüngerinnen-Biografie *Mirjam* anschaulich, wie Jesus nicht als Arzt, der Blinde und Aussätzige heilt, gesehen und verstanden werden möchte, sondern als Prediger vom Reich Gottes. Dafür will er die Augen seiner Zeitgenossen öffnen, die Wunder seien so etwas wie schmückendes Beiwerk. Rinser legt dieses Wort in Jesu Mund: »Sie fordern äußere Zeichen, weil ihr inneres Auge blind ist. Es sind einige unter ihnen, die sehend werden.« (Rinser, 151)

Und damit wären wir auch bei dem zeitgenössischen Missverständnis der Heilungsgeschichten. Denn diese werden fast immer ihres symbolischen Gehalts beraubt und allein supranaturalistisch oder medizinisch verstanden. Sie werden als ›äußere Zeichen‹ von Jesu Vollmacht proklamiert und nicht mit dem ›inneren Auge‹ gesehen. Dabei geht es in diesem Text ja ganz offensichtlich um die Gotteserkenntnis. Das ließe sich wunderbar erläutern, indem in der Predigt – ausnahmsweise einmal! – der griechische Urtext zitiert wird. Der Blinde ruft nämlich genau das, was zu Beginn eines jeden Gottesdienstes auch gerufen wird: eleeison me – Kyrie eleison, Gott möge sich unser, also seiner Schöpfung, erbarmen. Das führt ins Zentrum des Sonntags Estomihi, der seinen Namen ja der Bitte um die Nähe Gottes verdankt. Aber können wir diese erkennen? Oder wie tritt Gott in unser Leben?

Das erste Wort, das in unserem Predigttext von Jesus zitiert wird, ist: »Seht.« Der Evangelist, der hier Jesu wörtliche Rede komponiert hat, weist damit auf das entscheidende Kerygma hin, das den Jüngern damals noch verborgen war. Aber Lukas schreibt ja für die nachösterliche Gemeinde, also auch für die nachösterliche Gottesdienstgemeinde von heute. Auch diese sollte die Selbstverständlichkeiten des bereits mehrmals gefeierten Osterfestes einmal zur Seite legen und genau ›sehen‹, worauf sie zugeht und was das mit dem Leben im 21. Jahrhundert zu tun hat.

Die Herausforderung der Predigt wird also darin bestehen, von der Blindheit der Jünger zu reden, ohne gleich das Osterfest herbeizuzitieren – wohl wissend, dass es eben auch nicht mehr wegzudenken ist. Es müsste deutlich gemacht werden, dass es uns heute ähnlich wie den Jüngern damals geht: Die Erkenntnis dessen, was nach einer totalen Krise kommt, bleibt verschlossen, solange die Krise nicht durchlebt worden ist. Einem um den Tod eines nahen Menschen Trauernden einfach mit der Osterbotschaft zu kommen, hat für mich den gleichen Stellenwert wie einem mitten in einer Krise Steckenden zu sagen: ›Wer weiß, wozu es gut ist.‹ Tja, das weiß man eben erst im Nachhinein – und das auch nur im Idealfall. Ich erinnere hier an den großartigen Aufsatz von Henning Luther, Die Lügen der Tröster. Die Kunst des Seelsorgers ist es, das Leiden des Anderen auszuhalten und eben keine vorschnellen Trostfloskeln herbeizuzaubern.

Es kann an Estomihi also nur darum gehen, das Unverständnis und die Blindheit zu thematisieren – ja natürlich, ganz ohne einen vagen Blick auf die ›Heilung‹, also auf Ostern zu werfen, wird man nicht auskommen. Aber meines Erachtens muss an diesem Tag und mit diesem Text die Solidarität mit den Jüngern hergestellt werden: Wie die Jünger sind auch wir blind für das, was uns erwartet, weil die wirklich existenziellen Krisen (allzu oft) unseren Denk- und Gefühlshorizont übersteigen. Es gilt, die Krise auszuhalten, mitzugehen. »Was willst du, was ich für dich tun soll?« (V. 41) Mehr kann und sollte man nicht sagen.

Die Botschaft von der Auferstehung – nun also doch Ostern – sollte sich nicht in der Phrase erschöpfen, dass mit dem Tod noch lange nicht alles vorbei ist. Vielmehr ist mit Ostern etwas gegeben, das uns befreit von dem, was unsere Augen ebenso wie den Verstand verschließt – so, wie auch den Jüngern später auf ihrem Weg nach Emmaus zunächst die Augen verschlossen waren – dieser Vorgriff sei bei der Betrachtung der vorösterlichen Vorfastenzeit erlaubt. Ob und wie sich die Lebenswirklichkeit der beiden Wanderer nach Emmaus nach dieser schicksalhaften Begegnung verändert, wissen wir nicht. Es wird auch gar nicht erzählt, weil das nämlich zweitrangig ist. Entscheidend ist vielmehr, dass durch die Begegnung mit dem Auferstandenen das Leben dieser beiden Jünger in ein anderes Licht gerückt wird. »Es wurden ihnen die Augen geöffnet.« (Lk 24,31) – heißt es. Auch das eine Blindenheilung. Ostern, so könnte man sagen, rückt die Unvollkommenheit unseres Daseins auf Erden in ein anderes Licht, in das Licht Gottes. Unser Denk-Horizont wird erweitert, erst dadurch werden wir sehend. Aber, wie schon gesagt, es ist Estomihi und noch nicht Ostern. Es gilt, bei den Jüngern zu bleiben und deren Blindheit auszuhalten. Die Predigt sollte um die Blindheit herum komponiert werden.

VI Gedanken zu einer Predigt. Der mitleidende Gott

Meine Predigt beginnt mit Ingeborg Bachmann: »Es kann nicht die Aufgabe eines Schriftstellers sein, den Schmerz zu leugnen, seine Spuren zu verwischen, über ihn hinwegzutäuschen. Er muss ihn, im Gegenteil, wahrhaben und noch einmal, damit wir sehend werden, wahr machen. Denn wir wollen alle sehend werden.« (Bachmann, 75) Das gilt gleichermaßen für den Theologen und Seelsorger. Es grenzt schon fast an ein Verbrechen, wenn man einer leidenden Frau oder einem trauernden Mann sagt: ›Wer weiß, wozu das gut ist.‹ Das hilft nichts und stößt eher tiefer ins Leiden. Denn wer trauert oder leidet, der kann und will sich nicht vorstellen, was möglicherweise nach der Krise kommt. Ja natürlich, die Sehnsucht nach der Befreiung aus dem Leid oder der Erlösung aus der Bedrängnis ist riesengroß – aber schnelle Trostworte taugen da nichts. Selbst die Jünger können mit den Worten ihres Meisters nichts anfangen, dass es nach der brutalen Marter und dem grausamen Tod eine Auferstehung geben soll. Sie sind blind für diese Verheißung …

Im Fortgang der Predigt werde ich die eine oder andere Geschichte von Menschen erzählen, die sich nach dem Ende ihres Leidens sehnen bzw. gesehnt haben. Ich werde erzählen, wie sie blind für das waren, was außerhalb ihres unmittelbaren Leidens geschehen ist. Und dass der Schlüssel zu so einer Blindenheilung allein die Begleitung ist: »Was willst du, dass ich für dich tun soll?« Möglicherweise werde ich das Alleinstellungsmerkmal des Christentums hervorheben und davon erzählen, dass Gott in Jesus zu einem mitleidenden Gott wird. Das ist der Trost des christlichen Glaubens.

Und zum offenen Schluss zitiere ich mit einer erläuternden Einleitung dazu Rainer Maria Rilke: »Du, Nachbar Gott, wenn ich dich manchesmal / in langer Nacht mit hartem Klopfen störe, – / so ists, weil ich dich selten / atmen höre / und weiß: du bist allein im Saal. / Und wenn du etwas brauchst, ist keiner da, / um deinem Tasten einen Trank zu reichen: / Ich horche immer. Gib ein Zeichen. / Ich bin ganz nah. / Nur eine schmale Wand ist zwischen uns, / durch Zufall; denn es könnte sein: / ein Rufen deines oder meines Munds – / und sie bricht ein / ganz ohne Lärm und Laut. / Aus deinen Bildern ist sie aufgebaut. / Und deine Bilder stehen vor dir wie Namen. / Und wenn einmal das Licht in mir entbrennt, / mit welchem meine Tiefe dich erkennt, / vergeudet sichs am Glanz auf ihren Rahmen. / Und meine Sinne, welche schnell erlahmen, / sind ohne Heimat und von dir getrennt.« (Rilke, 201f.)

Literatur: *Ingeborg Bachmann*, Die Wahrheit ist dem Menschen zumutbar. Rede zur Verleihung des Hörspielpreises der Kriegsblinden, in: Dies., Die Wahrheit ist dem Menschen zumutbar. Essays, Reden, Kleinere Schriften (Neuausgabe 1981), München/Zürich [5]1990; *Franz Fühmann*, Meine Bibel. Erfahrungen. in: Ders., Das Ohr des Dionysios. Erzählungen, Rostock 1985, 113ff.; *Henning Luther*, Die Lügen der Tröster.

Das Beunruhigende des Glaubens als Herausforderung für die Seelsorge, in: PTh 33 (1998), 133ff.; *Rainer Maria Rilke,* Die Gedichte. Frankfurt am Main 1986; *Luise Rinser,* Mirjam. Frankfurt am Main 1983.

Invokavit (1. Sonntag der Passionszeit)

A

1 Mose 3,1–19(20–24): Gottesanrede

Heinz-Dieter Neef

I Eröffnung: Aller Anfang ist schwer.

Die Perikope ist Bestandteil der biblischen Urgeschichte Gen 1,1–11,26. Diese erzählt die Geschichte Gottes mit der ganzen Menschheit von ihren Anfängen an. Dies geschieht aus Gottes und der Menschen Perspektive. Seitens der Menschen ist diese Geschichte geprägt durch ein immenses Anwachsen der Sünde (Gen 3,6; vgl. noch 4,8; 6,1–4; 6,5; 11,1–9). Gott reagiert auf die Sünden seiner Menschen mit Strafen, aber auch mit Begnadigung. So besteht die Strafe für den Ungehorsam Adams und Evas in den Geburtsschmerzen für Eva, der mühevollen täglichen Arbeit für Adam und der Vertreibung aus dem Garten Eden für beide (Gen 3,14–17.24; vgl. noch 4,12; 6,5–7). Das Besondere im Handeln Gottes liegt darin, dass er die Schärfe der Strafen mindert, denn Adam und Eva bleiben trotz der Gebotsübertretung am Leben und bekommen von Gott sogar Kleidung (Gen 3,21; vgl. noch 4,15; 9,1 17). Jedes Mal wird hinter den Strafen für die Menschen Gottes bewahrender Heilswille offenbar. Die Gnade wird mit dem Anstieg der Sünden noch mächtiger (Röm 5,20). Die Begriffe für Heil, Gnade und Vergebung fehlen zwar in Gen 1–11, aber der Sache nach sind sie durchaus greifbar.

II Erschließung des Textes: »Mensch, wo bist du?«

In literarischer Hinsicht wird Gen 3,1–19(20–24) traditionell dem Jahwisten zugeordnet. Dabei handelt es sich um ein umfangreiches Geschichtswerk, das sehr unterschiedliche Quellen und Überlieferungen aufnimmt und verarbeitet: u.a. Mesopotamische Traditionen; Vätertraditionen sowie Mose- und Wüstentraditionen. Zur Entstehung dieses Geschichtswerkes haben sowohl weisheitliche als auch levitische Kreise beigetragen. Eine Datierung fällt aufgrund der Fülle der verarbeiteten Überlieferungen schwer, das Geschichtswerk ist auf jeden Fall eine gewachsene Größe, deren Hauptteile meiner Ansicht nach in der Zeit Hiskias (um 700 v. Chr.) entstanden sein könnten. Neuerdings ist die Rede vom Jahwisten in den Hintergrund getreten, man spricht jetzt allgemein und wenig präzise vom ›nicht-priesterschriftlichen (Geschichts-)Werk (nP)‹ (vgl. Schüle).

Gen 3 kann in zwei Abschnitte unterteilt werden: V. 1–7: Gebotsübertretung – V. 8–24: Bestrafung und Vertreibung.

V. 1–7: Die Verführung geschieht durch die Schlange (V. 1). Diese wird in der Auslegung unterschiedlich interpretiert: als Verkleidung des Satans (Johannes Calvin); als Metapher für die Begierde des Menschen (Talmud); als Symbol für die kanaanäische Fruchtbarkeitsgottheit (O. Loretz) oder als zum Tier herabgestufte mythologische Gestalt (H. Gunkel). Sie wird als Gottesgeschöpf und kluges Tier (V. 1a) beschrieben (Mt 10,16). Sie ist insofern ein besonderes Tier, als sie durch Gift einen Menschen töten und sich durch Häutung gleichsam verwandeln kann. Im Hebräischen wird sie als maskulines Tier angesehen: »*der* Schlang(e)«. In V. 1 wird alles Schwergewicht auf das Tun der Schlange gelegt.

In dem Gespräch zwischen der Frau und der Schlange geht es um Gottes Gebot (V. 2–5). Das Gebot Gottes ist leicht zu befolgen. Der Mensch und seine Frau können von allen Bäumen des Gartens essen, nur von dem einen nicht, damit sie nicht sterben. Beide sind versorgt und zugleich vor Gefährdung bewahrt. Die Schlange weist Gottes Gebot zurück und unterstellt ihm Missgunst. Wenn beide von der Frucht essen, werden ihre Augen geöffnet und sie werden sein wie Gott und »Gutes und Böses« erkennen. Letzteres kann als Leitmotiv in Gen 2f. angesehen werden (Gen 2,9.17; 3,5.22); das Wortpaar ist im Sinne von ›Allwissenheit‹ zu deuten.

Die Verführungsszene wird in V. 6f. abgeschlossen. Es geht um den Reiz des Verbotenen; zwei Motive sind hier eingeflossen: das Motiv des Begehrens (vgl. Ex 20,17) sowie die Möglichkeit der – gefährlichen – Grenzüberschreitung. Diese Gefährdung betrifft die Frau und den Mann als Gemeinschaft. Es geht hier nicht um die Aussage, die Frau sei der Verführung leichter zugänglich als der Mann. Mit der Übertretung sind die Unbefangenheit und die Unschuld der beiden Menschen verloren gegangen.

ad V. 8–10: Mit dem Essen der Frucht hat sich bei den Menschen etwas verändert, sie schämen sich voreinander und verstecken sich vor Gott. Im Mittelpunkt steht die Gottesfrage: »Wo bist du?« (V. 9) Dies ist die erste direkte Anrede und Frage Gottes an den Menschen in der Bibel und der Menschheitsgeschichte. Sie zeigt, dass sich Gott um den von ihm geschaffenen Menschen kümmert. Mit dieser Frage ruft Gott den Menschen aus seiner Angst und Verlorenheit heraus.

ad V. 11–13: Der Mensch gibt sein Vergehen ohne Zögern zu. Der Mann verweist auf die Frau und die Frau verweist auf die Schlange. Eine Begründung dafür, warum die Schlange das Paar verführt hat, wird nicht gegeben. Der Erzähler will damit zeigen, dass die Herkunft des Bösen nicht erklärt werden kann.

ad V. 14–19: Die Strafsprüche sind einem Straf- und Rechtsakt vergleichbar: Entdeckung der Tat – Vernehmung – Verteidigung – Urteil. Es fehlt ihnen der direkte Bezug zu dem Vergehen. Sie beschreiben die jetzige Existenzform der Frau, des Mannes und der Schlange. Sie sind als Ätiologie der Wirklichkeit zu verstehen, die durch ein urgeschichtliches Ereignis erklärt wird. Im Leben der Frau als Trägerin des Lebens (Gen 3,20), Mutter und Ehefrau können Schmerz, Lasten und Mühen nicht ausgeblendet werden. Das Leben des Mannes ist geprägt von der Sorge um das tägliche Brot. Es ist ein Kampf gegen Hungersnöte, Katastrophen und Feinde aller Art. V. 15 wird seit der Alten Kirche gerne als Prot(o)evangelium, d.h. als Weissagung auf Christus (und Maria) verstanden. Der Same der Frau wird auf Christus gedeutet, der den Kopf der Schlange zertrat (vgl. EG 39 »Kommt und lasst uns Christus ehren«, Strophe 5).

ad V. 20–24: V. 23 kann als Ziel der Erzählung angesehen werden: Der Mensch wird aus dem Garten vertrieben; V. 23 bezieht sich damit zurück auf Gen 2,8. Mit der Vertreibung erfährt der Mensch die Begrenztheit seines Lebens und damit geht die Gottunmittelbarkeit des Menschen verloren.

Der Weg von der Übertretung des Gottesgebotes (Gen 3,6) bis hin zur Vertreibung aus dem Garten Eden bringt bei allem Schmerz Klarheit in das Leben der Menschen (Gen 3,23). Er ist ein fehlbares Wesen, zu seinem Menschsein gehört das Übertreten und Missachten von Grenzen. Die letzte und unüberwindbare Grenze ist der Tod. Bis dahin liegen die mühevolle Arbeit sowie Schmerz und Entbehren vor ihm. Gen 3 macht aber unmissverständlich klar: Die Anrede Gottes an den Menschen »Adam, wo bist du?« bleibt trotz des Vergehens bestehen, Gott gibt ihn nicht auf, er überlässt ihn nicht sich selbst.

III Impulse: Leben in Christus

Eröffnung – Im Zentrum von Paris südlich der Seine, nahe den Gebäuden der Universität Sorbonne gibt es den Park ›Jardin du Luxembourg‹. Er ist eine Oase der Ruhe und ein Paradies für Erwachsene und Kinder inmitten der lärmenden Großstadt. Freilich, um 20 Uhr abends gehen Polizisten durch den Park, machen mit Trillerpfeifen auf sich aufmerksam, rufen ›fermeture‹ und bitten die Besucher höflich, aber bestimmt, den Park zu verlassen. Auf diese Weise wird der Park vor Missbrauch geschützt.

Das Paradies von Adam und Eva – Es war ein Lebensparadies ohne Mangel und Armut, mit sprudelndem Leben, ohne Sünde und Tod. Hier gibt es alles, was Adam und Eva zum Leben brauchen. Lediglich von einem Baum dürfen sie nicht essen! Dieses Verbot ist eigentlich leicht zu befolgen, aber sie lassen sich von der Schlange verführen. Sie erliegen der Versuchung und essen von der verbotenen Frucht.

Wo bist du? – Wenn wir so nach unseren Kindern oder Freunden fragen, dann steckt meist die Sorge dahinter, dass diese sich verirrt und verrannt haben. In unserer Erzählung geschieht Ähnliches: Gottes Frage ist eine Frage aus tiefer Sorge und keine Drohung. Der Mensch antwortet darauf und beginnt sofort mit seiner Rechtfertigung. Er erkennt sein Fehlverhalten, will es aber nicht zugeben.

Jesus Christus – Im Schlussteil der Predigt sollte das Thema der Passion aufgenommen werden (Invokavit). Jesus hat allen Versuchungen widerstanden (Evangelium: Mt 4,1–11). Er hat mit seinem Wirken an die Stelle von Missgunst und Neid die Botschaft der Liebe und des Respektes vor dem Leben und das bedingungslose Vertrauen zu Gott gesetzt. Seine Botschaft lässt sich wie folgt formulieren: Verzehrt euch nicht vor Sorgen, denn Gott hat euch überreich versorgt. Macht nicht alles mit euch selbst aus, sondern bringt eure Schuld vor Gott. Gott ruft euch an und fragt nach jedem Einzelnen von euch: ›Mensch, wo bist du?‹

Werkstück Predigt

Der heutige Sonntag ist der erste Sonntag der Passionszeit. Er heißt ›Invokavit‹ und das heißt: »Er ruft mich an!« Es ist das Wort aus Ps 91,15, wo es heißt: »Er ruft mich an, darum will ich ihn erhören. Ich bin bei ihm in der Not, ich will ihn herausreißen und ihn zu Ehren bringen.« – ›Mensch, wo bist du?‹ So ruft er uns an. Wir brauchen uns beim Hören dieses Rufes nicht wie Adam und Eva zu verstecken, sondern wir können darauf mit Dank und Freude reagieren. ›Ich bin hier, mein Gott, ich danke dir, dass du mich finden willst!‹ Dieser uns suchende Gott weist uns auf das Schicksal seines Sohnes. Wir werden auf das erlösende Handeln Christi gewiesen, der uns mit seinem Leben und Werk von unserer Schuld befreit hat und uns so ermöglicht, Grenzen zu erkennen, demütig und gehorsam zu werden, Gott zu lieben und den Nächsten wie uns selbst. In der Urgeschichte wird gefragt »Mensch, wo bist du?« Die neutestamentliche Antwort darauf lautet: ›In Christus!‹

Literatur: *Andreas Schüle*, Die Urgeschichte (Genesis 1–11), Zürich 2009.

Birgit Weyel

B

IV Entgegnung: Trauerarbeit

Was hier im Modus der großen Geschichtserzählung entworfen wird, verstehe ich als einen Erklärungsversuch, die anthropologische Situation des Menschen zu deuten. Es geht um den Versuch, mit Fragen umzugehen, die Menschen schon immer beschäftigt haben: nicht als spekulative Gedankenspiele, sondern vielmehr existenziell in der Suche nach Trost. Warum müssen Menschen leiden und Schmerzen empfinden? Warum ist das Leben oft so unglaublich mühsam? Wie kommt es, dass wir Menschen oft so uneinsichtig sind und uns die Schuld lieber gegenseitig zuschieben, als selbst Verantwortung für unsere Taten zu übernehmen? Warum gibt es oft so wenig Solidarität zwischen den Menschen, die sich doch eigentlich verstehen und gegenseitig zur Seite stehen müssten?

A versteht die Erzählung als eine »Ätiologie der Wirklichkeit« (A II) und tatsächlich, diese Ur-Geschichte lässt sich lesen als Versuch, diese Fragen in eine Erzählung aufzunehmen und dabei die Verzweiflung und die Sinnlosigkeit nicht überhand gewinnen zu lassen. So gesehen könnte man die Vertreibung aus dem Paradies als den Entwurf einer Trauerarbeit über die Schattenseiten des Lebens lesen. Denn diese Fragen stellen wir ja überhaupt nur darum, weil wir zugleich eine große Sehnsucht in uns tragen nach »Unbefangenheit und Unschuld« (A II), nach einer Welt, in der das Böse keinen Ort hat und in der wir uns »versorgt und zugleich vor Gefährdung bewahrt« (A II) wissen. Die Sehnsucht nach dem Paradies und die Wirklichkeit unseres Lebens bringen diese Fragen hervor, die Unruhe in uns, die Trauer über das, was nicht (mehr) ist. A arbeitet heraus, dass Gott sich auch jenseits von Eden um seine Geschöpfe kümmert. Er versteht die Gottesanrede an den Menschen als Ausdruck seiner »tiefen Sorge« (A III) um den Menschen, als Zeichen seiner »Gnade« (A I). »Gen 3 macht aber unmissverständlich klar: Die Anrede Gottes an den Menschen ›Adam, wo bist du?‹ bleibt trotz des Vergehens bestehen, Gott gibt ihn nicht auf, er überlässt ihn nicht sich selbst.« (A II)

Die Herkunft des Bösen kann letztlich nicht geklärt werden. Die Verführungsszene antwortet nicht wirklich plausibel auf die Frage nach dem Woher und Warum. Gerade darin ist die Erzählung realitätsnah, dass sie die Sinnlosigkeit der Sünde und den Irrsinn der Verführung deutlich macht. Bestrafung und Vertreibung, die, wie A zeigt, konsequent das Resultat eines regelrechten Gerichtsverfahrens sind, sprechen allerdings den Menschen auch auf seine Verantwortlichkeit an. Die Gottesanrede »Wo bist Du?« spricht den Menschen als verantwortliches Geschöpf an, das sich nicht verstecken kann, aber auch nicht verstecken muss. »Sie [die Erzählung] zeigt, dass sich Gott um den von ihm geschaffenen Menschen kümmert. Mit dieser Frage ruft Gott den Menschen aus seiner Angst und Verlorenheit heraus.« (A II) Ein anrührendes Detail dieser Sorge um den Menschen ist, dass Gott für die beiden Menschen Kleider schneidert. Ich stelle mir vor, wie er Maß nimmt, Nähte verstärkt und liebevoll darauf achtet, dass die Felle nicht zu sehr die Haut reizen. Zugegeben, das ist eine eher anthropomorphe Vorstellung, aber die Erzählung lädt dazu ein. Die gnädige Sorge Gottes um den Menschen steht für die Kontinuität der Gottesbeziehung auch in der harten Wirklichkeit ein.

V Erschließung der Hörersituation: Wirklichkeitsgewinn

Erst vor kurzem, am 5. März 2017, war Gen 3,1–19 zuletzt Predigttext, ebenfalls am Sonntag Invokavit. Die Predigtstudie von Jörg Schneider und Gabriele Hartlieb ist nach wie vor sehr lesenswert. Durch die prominente Bildsprache und die Komplexität des narrativen Entwurfs von Gen 3 scheint mir die entscheidende Herausforderung für die Predigt zu sein, wie ich einen Erfahrungsbezug herstelle, der nicht gleich auf alle möglichen Erfahrungen (und damit letztlich auf keine) zielt. Die Gottesanrede spricht den Menschen auf seine Verantwortlichkeit an, ohne ihm die gnädige Sorge zu entziehen. »Mensch, wo bist Du?« Hier kommt der erwachsene Mensch in den Blick, der sich zwar nicht selbst vor Gott rechtfertigen kann noch muss, aber Verantwortung für sein Leben übernimmt und darauf auch ansprechbar ist. Die kurze Schrift von Sigmund Freud zu ›Zwangshandlungen und Religionsübungen‹ (1907) kommt mir in den Sinn. Freud beschreibt den Mechanismus von Zwang und Verbot, Versuchung und Schuldbewusstsein, der die Erwartungsangst vor Bestrafung zur Folge hat. Die Pointe seines Textes liegt in der Parallelität von religiösen Zeremoniellen und pathologischen Zwangshandlungen. Die psychischen Dynamiken von Verdrängung (Verstecken) und Angst (Scham) sind ein Problem, das dazu führen kann, Verantwortung abzugeben bzw. erst gar nicht übernehmen zu wollen. Dietrich Stollberg hat dies mit Blick auf die Seelsorge treffend formuliert:

»Manche Leute meinen: Der Seelsorger ist ein Mann, der aufgrund seiner Kenntnis der göttlichen Offenbarung stellvertretend für andere weiß, was gut und böse ist. Darum kann er einem auch raten, was zu tun oder zu lassen sei. So meinen manche Leute, und sie haben nicht ganz unrecht damit, hat sich doch die Kirche zuzeiten selbst so verstanden, hat sie doch jenen, die sich ihr anvertrauen, die Verantwortung abgenommen: Haltet euch nur an das, was wir euch sagen, so werdet ihr selig werden! Beichtkinder kamen demütig zu Beichtvätern, um zu bekennen, zu bereuen, Vergebung zu empfangen und Weisungen entgegen zu nehmen. Und viele gingen getröstet ja geheilt von dannen. Andere freilich kamen geängstigt und versklavt aus dem Beichtstuhl. Die pervertierte väterliche Autorität hatte ihnen nicht das Evangelium, sondern das Gesetz gebracht.« (Stollberg, 9)

Positiv gewendet kann man die Paradieserzählung als einen Realitätsgewinn lesen: Die Wirklichkeit ist hochgradig ambivalent, menschliches Handeln hat Konsequenzen, positive wie negative. Es hat keinen Sinn, Utopien gärtnerisch einzuhegen und Paradiesvorstellungen nachzuhängen, sondern es gilt das Leben unter den Bedingungen der Endlichkeit mit allen Disteln und Dornen, ohne die es auch keine Rosen gibt, anzunehmen. Ich würde daher in der Predigt dafür werben, die Anrede Gottes »Mensch, wo bist Du?« als Ermutigung zur Verantwortung zu verstehen und diese in ihrer Ambivalenz von Gelingen und Misslingen zu beschreiben versuchen.

VI Predigtschritte: Möglichkeitsraum

Unser je eigenes Leben ist ein Möglichkeitsraum, in dem wir Verantwortung übernehmen, Aufgaben übernehmen, einem Beruf nachgehen und in Beziehung mit anderen Menschen sind. Auch wenn manches misslingt und wir Fehler machen, einander etwas schuldig bleiben, so hat dieses Leben doch auch seine eigene Würde, in dem sich viele Beispiele für die empfangene Gnade entdecken lassen. Überall gibt es Zeichen der Liebe und Versöhnung zu entdecken, in jedem Leben, und sei es noch so kurz und unspektakulär, jeder und jede von uns ist von Gott angesprochen als sein Geschöpf, das seinen unverwechselbaren Ort hat, das sich müht und vor sich hin werkelt. Wir werden von Gott als verantwortliche Geschöpfe angesprochen, als Geschöpfe, denen er seine Fürsorge zusagt, jede und jeder von uns an seinem Ort, auch jenseits von Eden. Und ganz unabhängig davon, wo und in welchem Maße wir Verantwortung zu übernehmen bereit sind. Unser Tun zwischen Disteln und Dornen hat seine eigene Würde.

Veit, der verwundete und traumatisierte Soldat, und Margot, eine junge Frau mit ihrem kleinen Kind, verbringen am Mondsee im Salzkammergut »Unter der Drachenwand« das letzte Kriegsjahr 1944/45. Arno Geiger beschreibt ihr bedrohtes Leben, collagenhaft unterbrechen Briefe und Notizen, Schreckensnachrichten und grausames Erleben, die Erzählung. Als ›der Brasilianer‹, ein kauziger und regimekritischer Mitbewohner am Ort, der lange Zeit in Brasilien gelebt hat und von seiner Rückkehr träumt, für ein halbes Jahr ins Gefängnis muss, übernehmen Veit und Margot die Pflege seines Gewächshauses. Das Leben ist alles andere als idyllisch, die Bedrohung ist ständig präsent: »Die ersten beiden Maiwochen waren weitgehend trocken, es grünte, und die Obstbäume begannen zu blühen. Gleichzeitig ging die Zeit der Gewitter los, und wenn so ein Gewitter niederging, zahlte es sich aus. Der Regen brauste, dass man den Donner fast nicht hörte, dafür zitterte das Bett. Und wenn dann ein Blitz durch mein Zimmer fuhr, lief es mir kalt über den Rücken. Und immer hatte ich Angst, dass Hagel kommt. Jedes Wölkchen am Himmel fürchtete ich. Mir fiel auf, seit ich Verantwortung für die Gärtnerei übernommen hatte, waren meine Ängste mehr geworden. Ständig fragte ich mich, wie wird jenes gehen, und was wird morgen sein.« (Geiger, 191)

Das Leben unter der Drachenwand hat nichts von einem ideologisch gefärbten Heldentum. Mühe und Angst prägen den Alltag. Und doch übernehmen die beiden die Verantwortung für das Gewächshaus des Inhaftierten, nicht um sich selbst zu bereichern und zu ernähren, sondern dem Brasilianer nach seiner Rückkehr den Ertrag auszuzahlen.

Werkstück Predigt

»Mensch, wo bist Du?« Gott spricht uns als verantwortliche Geschöpfe an, die sich nicht vor ihrem Schöpfer verstecken können, aber es auch nicht müssen. Unsere Angst und unser Unvermögen trennen uns nicht von Gott. Denn er sorgt für uns, bleibt uns treu und hält uns doch nicht klein. »Mensch, wo bist Du?« Die Anrede Gottes ist als Wahrnehmungshilfe gemeint, Verantwortung zu übernehmen, ohne uns zu überfordern oder uns vor ihr verstecken zu wollen. Gott sorgt für uns, er bleibt bei uns mit seinem schöpferischen Tun, das uns zugute kommt. Wir haben die Gnade doch bereits empfangen. Sie liegt nicht in Macht, Ruhm, Erfolg, Triumph, sondern in dem, was menschliches Leben mit seinen Höhen und Tiefen ausmacht. So vieles lässt sich entdecken.

Literatur: *Arno Geiger*, Unter der Drachenwand. Roman, München 2018; *Jörg Schneider/Gabriele Hartlieb*, in: Predigtstudien III/1 (2016/2017), Freiburg im Breisgau 2017, 151–157; *Dietrich Stollberg*, Mein Auftrag – Deine Freiheit, München 1972.

Römer 5,1–5(6–11):

Nochmal nachgefragt: Erfahrung mit der Erfahrung

Wiebke Köhler

I Eröffnung: Wie geht Erinnern?

Eine betende Person bittet Gott in Psalm 25 in Erinnerung an eigenes Versagen und die Schuld, die damit verbunden ist, den Fokus weg von der Schuld hin auf die Barmherzigkeit zu richten. »Gedenke nicht der Sünden meiner Jugend und meiner Übertretungen, gedenke aber meiner nach deiner Barmherzigkeit, Herr, um deiner Güte willen.« (Ps 25,7) Erinnern braucht Anlässe; Erinnerungen suchen Adressaten: Wer kann und will das wissen? Wen geht das etwas an? Warum und woher kommt mir das jetzt? Eine klassische gottesdienstliche Situation öffnet eine Möglichkeit, den Erinnerungen Raum zu geben. Man sitzt gemeinsam in der Bank und ist doch ganz bei sich und Gott bietet sich als Gegenüber an. Er lässt sich bitten, er gerät in den Blick und sein Verhältnis zu uns und sein Umgang mit uns wird zum Thema. Am Sonntag Reminiszere wird Gott selbst aufgerufen sich zu erinnern, wie er handelt, welche Akzente er setzt, wie er mit sich reden lässt. Es ist eine komplexe gedankliche Bewegung auf ihn hin.

»Das ist aber das Gericht, dass das Licht in die Welt gekommen ist ...« (Joh 3,19a, aus dem ›neuen‹ Evangelium des Sonntags) Gottes Erinnern, sein Gedenken wirft ein neues Licht auf unsere Erinnerungen, Erfahrungen, Erlebnisse. Sie werden transparent für ihn und alles, was wir von ihm erhoffen. Passionszeit ist sicherlich eine Zeit der Reflexion über dieses Licht, das die Welt einer neuen Perspektive aussetzt. Gericht heißt hier, angesichts des Gekreuzigten neue Perspektiven zu gewinnen, eine Möglichkeit der Re-Vision, der neuerlichen Inaugenscheinnahme zu finden. Denn die »Erfahrungen, die man ... mit Gott und mit sich selber und seiner Welt macht, verlängern ... nicht die lange Reihe unserer sonstigen Welt- und Lebenserfahrungen. Aber sie sind Erfahrungen mit diesen weltlichen Erfahrungen. Das hat mich dazu veranlasst, den Glauben als eine *Erfahrung mit der Erfahrung* zu bestimmen«, schreibt Eberhard Jüngel (s.u. Internet).

Die Kontemplation der Gottesdienstbesucher und -besucherinnen weist Suchbewegungen auf, es sind Bewegungen um das eigene Ich. Was zeigen mir meine Erinnerungen eigentlich? Sie sind keineswegs unveränderlich abrufbare Datensätze meiner Biografie. Höchst veränderlich, manchmal unverfroren heftig, manchmal überraschend neuartig. Sie kommen und gehen ganz willkürlich, ausgelöst im Jetzt, anhand von Assoziationen, seltsamen Signalen – Geschmack, Geruch, Lichtwirkung, Ähnlichkeiten, Tönen – gewissermaßen Berührungen aller Arten. Wie kann ich mich verstehen im Trubel meiner inneren Bilder? Johannes 3,21 schlägt vor, sich der Wahrheit des Glaubens anzuvertrauen: »Wer aber die Wahrheit tut, der kommt zu dem Licht, damit offenbar wird, dass seine Werke in Gott getan sind.«

II Paulinische Erfahrung: Was wirkt Glauben auf Dauer?

Der Text der Epistel sollte sich in der Auslegung auf den ersten Teil der Perikope beschränken: Röm 5,1–5 beziehen sich auf die Kernaussage in Röm 3,21–26 und reflektieren die Entfaltung der Wirkung von Glaubensgerechtigkeit. Sie verwirklicht »Frieden mit Gott« (Röm 5,1). Friede beschreibt hier den Charakter des Gottesverhältnisses, nicht etwa eine innere »Ausgeglichenheit des Gemüts« (Käsemann, 124). In diese Qualität unseres Verhältnisses zu Gott sind wir durch Jesus Christus mit hineingenommen worden. Als Voraussetzung bezeichnet Paulus hier mit ›Charis‹ unseren »Stand in der Gnadenmacht« (Käsemann, 124), auf den wir im Glauben an Christus vertrauen. Dieser Status der Gnade macht auch möglich, dass wir ganz selbstbewusst und rückhaltlos der Hoffnung auf Gottes kommende Herrlichkeit vertrauen, so, dass sie Ausdruck unserer Identität wird, insofern »›Ruhm‹ ein ›Existential‹ menschlichen Daseins« ist, »nämlich Ausdruck menschlicher Würde und Freiheit« (Käsemann, 125).

Paulus nennt die überschwängliche Bezugnahme auf den Status der Gnade ›Rühmen‹. Es verherrlicht Gottes Handeln, das uns eine neue Existenz geschenkt hat und die Verlorenheit an die Mächte unserer Zeit grundsätzlich außer Kraft setzt. Paradoxerweise gehört dazu auch, dass man so die Schwierigkeiten der aktuellen Lebenssituation als Beginn einer positiven Entwicklung verstehen kann. Hoffnung keimt im Gegenüber zu all dem, was nicht der Herrlichkeit Gottes entspricht. Ihr Glanz macht die aktuellen Widrigkeiten transparent und lässt schließlich Geduld und Durchhaltevermögen wachsen. Dieser sogenannte Kettenschluss der Verse 3–5a zeigt, wie sich eine Widerständigkeit gegen den Augenschein der Plausibilitäten des aktuellen ›Äons‹ entfaltet. Die Hoffnung auf die Herrlichkeit Gottes kann sich nicht erschöpfen, kann nicht zerstört werden, wird sich durchtragen. Sie ist keine menschliche Fähigkeit, sondern bezogen auf die besondere Qualität der gläubigen Herzen. »Ergießt sich Gottes Liebesmacht in unsere Herzen, so ergreift sie uns im Zentrum unserer Personalität (…). Gedacht ist wohl an das Taufgeschehen, in welchem denn auch nach durchgängiger Anschauung des Urchristentums der Geist vermittelt wurde (…). Wo Gottes Liebe so zentral und total nach uns gegriffen hat, gehören wir nicht mehr uns selber, hat sich Existenzwandel vollzogen.« (Käsemann, 127)

So können an diesem Text Aspekte des Glaubens als ›Erfahrung mit der Erfahrung‹ entwickelt werden:

»*Zugang zum Glauben in dieser Gnade, in der wir stehen*«, das ist der Mut, neue Formen der Gnade im Normalen zu entdecken, das Gewohnte würdigen, Ungewöhnliches in Erwägung zu ziehen, sich Fremdes einzuladen.

»*Frieden mit Gott haben*«, das kann die Sichtung innerer Bilder ermöglichen. Bedrängnisse sind auf allen Ebenen aktiv. Es gibt die traumatischen Erfahrungen, die verdrängten und doch wachsenden Ängste, die schamvollen Erinnerungen an Kränkung, Versagen, Trotz, Beleidigt-Sein. Es ist eine dynamische Sache, eine wachsende Übung im Vertrauen auf den Frieden mit Gott.

»*Sich rühmen der Hoffnung auf die Herrlichkeit*«, das kann eine Art selbstbewussten Trotz ausprägen, ein Anwachsen der Kraft, die Vertrauen immer wieder in Erwägung zieht und Gott das letzte Wort überlassen will.

»*Sich rühmen der Bedrängnisse*«, das kann den Aufstand proben, den Widerstand gegen Kälte und Gefühllosigkeit, gegen die schamlose Ungerechtigkeit und eklatante Lügen. Aber auch die Müdigkeit zu bekämpfen, Abbauprozesse wahrzunehmen und zu würdigen, Schwäche nicht verleugnen.

III Impulse: Wie öffnet sich mein Blick nach vorne?

Es besteht der Anspruch, sich in der Gegenwart als Christen zu profilieren und einen genuinen gesellschaftlichen Beitrag zu leisten. Aber wir werden weniger und wir wollen nicht in einem überholten Allmachts- und Allzuständigkeitswahn gefangen bleiben, wollen nicht mehr autoritär agieren. So sind wir heute, wie immer, wie seit den Zeiten des Paulus, auf der Suche nach dem, was unseren Glauben angemessen sichtbar und relevant werden lässt. Paulus beschreibt in Röm 5,1–5 die Entfaltung einer Identität des/der Glaubenden. Sie bildet sich, indem individuelle Erfahrungen (»Bedrängnisse«) in einem übergreifenden Heils- und Sinnzusammenhang gesehen werden. In diesem Rahmen gelingt ›framing‹ und ›reframing‹ in der Kraft der Liebe Gottes, die unsere Herzen flutet. Es ist eine Identität des Sich-immer-neu-Verstehens, der liebevollen und kritischen Aneignung der eigenen Erfahrungen: des eigenen Versagens, der eigenen Klischees, des eigenen Stolzes. Es ist ein Prozess, in dem sich unsere Identität immer neu durch Verflüssigungs- und Begeisterungserfahrungen stärken lässt (VV. 3–5). Dabei präsentiert Paulus das Ziel schon am Beginn in V. 1.: durch Jesus Christus gerechtfertigt und mit Gott im Frieden sein. Sie ist ein Zirkel – diese Erfahrung mit der Erfahrung …

Werkstück Predigt

Was der US-Bürger Nate Roman im vergangenen Jahr auf seinem Facebook-Account schrieb, ist wirklich lesenswert: »Ich möchte mit euch gerne eine Erfahrung teilen: Heute, während ich auf Arbeit war, hat ein Fremder mein Haus betreten. Es ist möglich, dass ich vergessen habe die Hintertür abzuschließen, denn sie haben beim Betreten nichts kaputt gemacht. Außerdem vergesse ich immer meine Alarmanlage scharf zu stellen, unglücklicherweise passierte das auch, so dass ich auch keine Videoaufnahmen habe, obwohl es Kameras gibt. Und jetzt kommt der seltsame Teil: Sie haben nicht nur gar nichts weggenommen, jedenfalls ist mir nichts aufgefallen, sondern der Zweck dieses Besuchs war, meine Badezimmer und Schlafzimmer zu putzen. Die Betten waren gemacht, der Teppichboden gesaugt, die Toiletten geputzt und mein Klopapier war mit Origami-Rosen garniert. Es gab keine Zettel oder unheimliche Dinge oder so. Meine beste Erklärung bis jetzt ist, dass ein Reinigungsservice sich in der Adresse geirrt hat. Es bleibt allerdings seltsam und ein bisschen unheimlich, ich weiß wirklich nicht, was ich davon halten soll.« (s.u. Internet)

Eine wirklich gleichzeitig amüsante und rätselhafte Erfahrung. Beim Zeitunglesen am Frühstückstisch dachte ich, vielleicht wäre es schön, wenn jemand ungefragt und heimlich zu mir kommt und aufräumt, putzt und Harmonie verbreitet, so wie die Heinzelmännchen zu Köln in dem bekannten Gedicht. Aber dann konnte ich Nate Roman auch gut verstehen – das ist schon unheimlich, wenn ohne Einverständnis im eigenen Privatbereich jemand Fremdes für Ordnung und Sauberkeit sorgt. Innere und äußere Balance hängen ja immer miteinander zusammen. Und für beides möchten wir selbst sorgen. Wir wären entmündigt, wenn jemand uns die Sorge darum ungefragt aus der Hand nehmen würde. Im heutigen Predigttext beschreibt der Apostel Paulus, wie sich der Glaube an Jesus Christus auswirkt auf uns, auf unsere Persönlichkeit und unser Leben:

[Verlesung des Predigttextes]

Eine »Erfahrung mit der Erfahrung« nennt der evangelische Theologe Eberhard Jüngel das, was mit dem Glauben bei uns geschieht. Und wie es sich im Einzelnen damit verhält, entfaltet Paulus hier, er zeigt uns in diesen fünf Versen, wie wir uns durch den Glauben entwickeln und entfalten. Wie es gelingt, mit Gottes Hilfe das eigene Leben zu verstehen, sich als Christin und Christ vom eigenen Glauben herausfordern zu lassen, in ihm geborgen zu sein und auch immer wieder mit ihm zu wachsen.

Literatur: *Ernst Käsemann,* An die Römer (HNT 8a), Tübingen [4]1980.

Internet: *Nate Roman,* https://www.sueddeutsche.de/panorama/einbruch-usa-marlborough-nate-roman-1.4461358; *Eberhard Jüngel,* Besinnung auf 50 Jahre theologische Existenz, http://www.thlz.com/artikel/13686/?inhalt=heft%3D2003%23r205, beide abgerufen am 31.05.2019.

B

Cornelia Coenen-Marx

IV Entgegnung: Unter Druck – eine Stimme der Hoffnung

Jana Simons Buch »Unter Druck« beschreibt die gesellschaftlichen und politischen Veränderungen in unserem Land aus der Perspektive ganz verschiedener Menschen vom Staatssekretär bis zur Krankenschwester. Aber »etwas kommt in allen Gesprächen sehr häufig vor«, sagt die Autorin: »Angst, Angst vor der Zukunft, vor Verlust, Abstieg, Armut, Alter, Krankheit, politischer Spaltung und Instabilität der Welt.« (Simon, 12) »Die Konzerne trainieren dich, immer effizienter, immer mehr zu arbeiten (…). Krank werden geht eigentlich nicht«, sagt Jörn Reichenbach (Name geändert, CCM), ein Ingenieur, der wegen eines Magengeschwürs zusammengebrochen und länger ausgefallen war. Verglichen mit ihren Eltern, meint Simon, hätten die Reichenbachs heute mehr Arbeit, aber weniger Freiheiten (vgl. Simon, 252). Es ist diese Erinnerung an uneingelöste Freiheits- und Aufstiegsversprechen, die die Zukunft so ausweglos erscheinen lässt, dass Jörn seiner Frau Kathrin wie im Scherz empfiehlt, ihn vor ein Auto zu stoßen, wenn sich Pflegebedürftigkeit abzeichnet. Die Gewissheit, bei Schwäche und Krankheit versorgt zu sein, ist vielen verloren gegangen. Simon begleitet die Krankenschwester Bozena Block vom Pflegedienst »Home instead« einen Tag lang und fühlt sich am Ende selbst so, »als hätte einem jemand die Faust in den Magen gerammt, so stark, dass es einem die Luft nimmt« (Simon, 240). Es ist schlimm, in Deutschland alt und krank zu sein, schreibt sie – und noch schlimmer, dabei einsam zu sein. Vor Gericht, in Talkshows wie im Bundestag ist der assistierte Suizid zu einem Streitthema geworden. Da kommt zur Sprache, was sonst nur noch sprachlos macht: Bedrängnis und Trübsal. Wie reden wir so von der Hoffnung, dass »Gottes Glanz die aktuellen Widrigkeiten transparent macht« (A II)? Sich zuerst einmal auf fremde Stimmen einzulassen, könnte ein Weg sein:

›Wenn Martin Luther King seiner Angst gehorcht hätte, wäre Barack Obama nicht Präsident geworden‹, sagte kürzlich ein Rapper in einem Interview. ›Wenn ich singe, vergesse ich meine Angst, weil das Ziel wichtiger ist als meine Angst.‹ Ich denke an die jungen Männer, die sich von nichts schrecken lassen – nicht von schwankenden Booten, nicht von stacheldrahtbewehrten Mauern und Zäunen, von Hunger und zähnefletschenden Hunden –, die immer wieder aufbrechen in ihr gelobtes Land – nach Deutschland, nach Europa. Was für ein langer Atem! Den Menschen, die Jana Simon schildert, ist er verloren gegangen. Es gelingt ihnen nicht mehr, »die Schwierigkeiten der aktuellen Lebenssituation als Beginn einer positiven Entwicklung zu verstehen« (A II) – im Gegenteil: Alle Gedanken kreisen um den abnehmenden Wohlstand, die gefährdete Sicherheit, die Bedrohung durch Fremde. ›Ihr da oben sorgt Euch um das Ende der Welt, wir um das Ende des Monats‹, ist einer der Slogans der Gelbwesten in Frankreich.

Bei ›Fridays for Future‹ immerhin registriere ich den »Widerstand gegen Kälte, Gefühllosigkeit und schamlose Ungerechtigkeit« (A II): Sie schauen über das Monatsende hinaus und sorgen sich um die Zukunft der Erde. ›Ich wollte alles tun, was in meiner Kraft liegt, um Aufmerksamkeit auf die Klimakrise zu lenken‹, sagt Greta Thunberg (Anne Will, 31.3.19), als sie von den Anfängen der Bewegung erzählt. Wer an dieser Zuversicht teilhaben will, muss aufstehen aus der Kirchenbank, wo die Gedanken umeinander wirbeln, muss Menschen begegnen, deren Horizont sich mitten in Bedrängnissen geweitet hat. Bei Ärzte ohne Grenzen. In der Flüchtlingshilfe. In einer überstandenen Alkoholkrise, bei einer Krebserkrankung. Sie können erzählen vom »Anwachsen der Kraft« (A II) im Angesicht der Bedrängnisse – vielleicht sogar im Gottesdienst. »Als Georg Merz, der Herausgeber der Münchner Lutherausgabe, Germanisten bat, das Deutsch der Reformation ins heutige Deutsch zu übersetzen, machten sie deutlich, dass ›rechtfertigen‹ auf ›recht fährtig‹ zurückzuführen sei: zu einer Fahrt gut gerüstet sein« (Foitzik, 175). Tatsächlich geht es »nicht um abstrakte Bekenntnisse, sondern um erfahrbare Zusagen« (Foitzik, 175), eine Hoffnung, die über den Tag hinaus blicken lässt und gerade so Kraft gibt, den Tag zu bestehen.

V Erschließung der Hörersituation: ›Ich steh hier und singe‹ – eine unerwartete Kraftquelle

Der jüngst verstorbene, dreimalige Formel-1-Weltmeister Niki Lauda widmete den Laureus Sports Award für sein Lebenswerk allen Verlierern – schließlich sei es das Verlieren gewesen, aus dem er für die Zukunft gelernt habe. Als er 1976 bei einem Unfall auf dem Nürburgring fast in seinem Rennwagen verbrannt wäre, hatte er schon einmal die Letzte Ölung bekommen. Sechs Wochen später war er wieder auf der Rennstrecke. In einem Interview erzählt er, wie er sich – gegen das Gefühl unendlicher Sterbemüdigkeit – für das Leben entschieden hatte. Und ein Freund macht deutlich, dass er zwar physisch immer unter den Folgen gelitten hätte, psychisch und mental aber habe der Umgang mit den Schmerzen ihn offenbar stärker gemacht (ARD-Tagesschau 21.5.19). Von eigenen Fehlern profitieren und im Scheitern neue Stärke gewinnen – nicht nur im Sport geht es darum, einen Standpunkt zu gewinnen, der einen freien Blick erlaubt.

Robert Enke, dem gefeierten Torwart von Hannover 96, ist das nicht gelungen. Über seine schweren Depressionen hatte er kaum sprechen können. Am Ende sah er keinen Ausweg als den Suizid. Sein Tod brach ein Tabu und machte Depressionen zu einem öffentlichen Thema. Tausende zogen durch die Stadt, gedachten seiner im vollbesetzten HDI-Stadion und machten Depressionen öffentlich zum Thema. Vielleicht hätte es Enke geholfen, wenn das vorher geschehen wäre.

Auch Paulus ist nicht der Held, der immer wieder ›volle Pulle aufwärts‹ rast, wie Niki Lauda noch wenige Wochen vor seinem Tod versprach. Paulus kannte Depressionen, Verzweiflung und Zeiten absoluter Dunkelheit. Aber als er wie blind vor Damaskus lag, sah er alles in neuem

Licht. Licht, das von oben in sein Leben fiel. Ich denke an die Szene, in der Paulus und Silas im Gefängnis singen (Apg 16,23ff.): Die Kraft des Gesangs weitet nicht nur ihre Lungen, sondern den ganzen Raum. Er verbindet sie mit den anderen Gefangenen, mit der betenden Gemeinde. Was dann geschieht, liegt nicht in ihrer Macht: Ein Erdbeben lässt ihre Fesseln springen, die Mauern beben, der Wind der Freiheit weht hinein und eröffnet noch einmal neue Möglichkeiten. Die beiden fliehen nicht, sie bleiben und legen ihr Leben in die Hand des Aufsehers, der sich, selbst von Angst befreit, taufen lässt.

Diese Geschichte erzählt greifbar von dem Raum der Gnade, dem Sanctissimum Gottes, der in allen Bedrängnissen wachsen lässt. Auch wenn die Mauern sich wieder schließen, Zugänge versperrt sind, das Leben sich in Sackgassen verirrt: In diesem inneren Raum sind wir geborgen. Dabei geht es nicht um einen Rückzug aus der Wirklichkeit, sondern um ein anderes Verhältnis zur Wirklichkeit, »in der die Selektion, die unsere Interessen uns vorschreibt, entmächtigt wird« (Sölle, 20). In abstrakten Begriffen erzählt Paulus in Römer 5 eben diese Befreiungsgeschichte, die über die Verfolgten hinaus in die Welt zielt, auch auf die Verfolger. Paulus' Lebenszeugnis »stellt seine Verfolger vor die Alternative, entweder ihr menschliches Antlitz zu verlieren oder auszubrechen aus der tödlichen Maschinerie der Verfolgung« (Arens, 138). Das »pathische Zeugnis« ist zugleich prophetisch: Es klagt eine gerechte und menschenfreundliche Lebensordnung ein und zeigt für einen Augenblick die neue Welt (vgl. Arens, 135). Denn bei Gottes Frieden geht es ja nicht um die »Ausgeglichenheit des Gemüts« (A II), es geht um ein neues Verhältnis zu Gott, aber auch zur Welt.

In dem Licht, das von oben »ausgegossen ist in unser Herz« kann Kirche ein Hoffnungsraum sein, wo unter Druck der Kopf frei wird, die Seele aufatmet. Im Singen und Schweigen, in Gesprächen und Geschichten, die bezeugen, dass nicht einmal der Tod den Zugang zum Leben versperren kann. Kirche kann ein Spielraum sein, der die bloßen Eigeninteressen überschreitet – an der Tafel oder im Familienzentrum. Hoffnung für die Hoffnungslosen – das ist vielleicht der wichtigste USP der Kirche.

VI Predigtschritte: Räume offen halten

›Offenbar erleben wir derzeit nicht nur eine fossile, sondern auch eine psychologische Energiekrise‹, schreibt »Spiegel online« am 10.4.19. ›Was uns hinsichtlich der Zukunft am meisten fehlt, ist die Antriebsenergie der Zuversicht und damit der Treibstoff des Lebens.‹ Es geht nicht um naiven Optimismus, um ›positives Denken‹, sondern um die Hoffnung, die sich auch unter Druck bewährt. ›Man möchte am liebsten eingreifen, den Himmel wenigstens einen Spaltbreit offen halten, damit nicht alles in die Hoffnungslosigkeit versinkt‹, schreibt Weihbischof Herwig Gössl (Woche für das Leben 2019). Er erzählt von einer Ausstellung mit Bildern, die Menschen vor einem Suizidversuch gemalt hatten. ›Ich kann mich noch gut erinnern, wie man beim Betrachten gleichsam den Weg ins Dunkel mitverfolgen konnte (...). Als würde der freie Blick zum Himmel von Bild zu Bild immer mehr eingeengt bis am Schluss alles in Dunkelheit und Düsternis getaucht war.‹

Paulus beschreibt die gegenteilige Erfahrung: Er erzählt vom Licht der Liebe Gottes, das in unser Herz ausgegossen ist, von der Hoffnung, die sich auch unter Druck bewährt, von Sinnerfahrungen in scheinbar ausweglosen Situationen. Deswegen schließen wir uns im Gebet mit den Verfolgten und Bedrängten zusammen und gedenken der Leidenserfahrungen von Christen in aller Welt. Von Menschen wie ihnen lernen wir als Kirche, Räume offen zu halten – gedankliche, soziale und Gemeinschaftsräume –, damit Menschen Freiheit spüren und Alternativen für ihr Leben entwickeln können.

Literatur: *Edmund Arens*, Christopraxis, Grundzüge theologischer Handlungstheorie, Freiburg im Breisgau 1992; *Karl Foitzik*, in: Predigtstudien II/1 (1997/1998), Stuttgart 1997, 174–177; *Jana Simon*, Unter Druck, Frankfurt am Main 2019; *Dorothee Sölle*, Den Rhythmus des Lebens spüren, Freiburg im Breisgau 2001.

Okuli (3. Sonntag der Passionszeit)

A

Lukas 9,57–62:

Trilogie der Nachfolge

Wibke Janssen

I Eröffnung: Dekonstruktion

Drei, zwei, eins, null: Nichts bleibt! Jesus lehnt alle Möglichkeiten einer Beheimatung in der Welt konsequent ab: Heimat als Ort, der sicher ist und mich gut schlafen lässt, Heimat in Ritualen wie der Bestattung des eigenen Vaters und Heimat in den Herzen der Meinen. Selbst die Heimat, die im Rückblick liegt (Wo komm ich her?) wird verwehrt. Der Boden unter mir bröckelt, Wegränder bröseln, Weggefährten bleiben zurück. Zunächst bleibt nichts über, wenn ich mich für den Weg der Nachfolge entscheide. Worauf kann ich meine Füße setzen? Was gibt Halt? Warum sollte ich ihn gehen?

Der Sonntag Okuli bringt die Augen ins Spiel, qua Namen mit Verweis auf Ps 34,16. Auch in der Perikope kommt an profilierter Stelle das »schauen« vor (V. 62). Im Psalm sind Menschen und Gott durch Blicke verbunden: »die auf ihn sehen, werden strahlen vor Freude« (V. 6) und »die Augen des Herrn merken auf die Gerechten« (V. 16). Bei Lukas ist schließlich die Perspektive entscheidend und insgesamt geht es um einen ungeschönten Blick auf die Konsequenzen der Nachfolge.

Meine Augen sind mein ›Fenster zur Welt‹. Wie ich diese betrachte und empfinde, hängt auch von dem Rahmen ab, durch den ich schaue: in Rückblick oder Ausblick, durch eine rosa Brille, einen Spiegel (1 Kor 13,12), Gitter (›Herr, deine Liebe ist wie Gras und Ufer‹). Mir kommt die neue umstrittene U-Bahn Station am Ground Zero in den Sinn: Sie heißt ›Oculus‹: ein Versuch, mit dem neuen Zugang zum Ort der Katastrophe einen neuen Blick auf das Areal zu schaffen. Schafft der Schritt in die Nachfolge einen neuen Rahmen um meine Sicht in die Welt, eine Art ›Reframing‹ (s.u. Internet)?

II Erschließung des Textes: Ich bin dann mal weg

Die drei Dialoge zur Nachfolge gehören zur Eröffnungssequenz des sogenannten ›Reiseberichtes‹ oder der ›Wegphase‹ des Lukasevangeliums (vgl. Böttrich, Kap. 4). Die Profilierung des Wegmotivs im Kontext von Nachfolge wird als eher erzählpragmatisch (vgl. Wolter, 367f.) oder als leitmotivisch bedeutsam (Böttrich: »Theologia Viatorum«, Kap. 8.7.) angesehen. In der Perikope wird im Rekurs auf Lk 9,51 unterstrichen, dass die Szenen »auf dem Wege« geschehen (V. 57). Das kann biografisch gedeutet werden: »Nachfolge zu leisten heißt, die Geborgenheit der Kindheit zu verlassen, heißt, als erwachsener Mensch in die ungastliche Welt hinauszugehen, welche die vorausgehende Perikope evozierte« (Bovon, 35) oder ekklesiologisch: »Die Ausbreitung des Evangeliums, in deren Zuge die Kirche entsteht, erscheint als ein Prozess fortwährender Grenzüberschreitungen.« (Böttrich, 8.7) Der Weg ist hier allerdings nicht selbst das Ziel, sondern Jerusalem und der Blick geht nach vorn (V. 62), in die Zukunft (vgl. Wolter, 18).

Der Begriff ›Nachfolge‹ impliziert die Bereitschaft, einem Lehrer zu folgen und dessen Leben zu teilen (vgl. Wolter, 372). Die Anonymität der ›Schüler‹ schafft Offenheit für Identifikation in zwei Einstiegsvarianten: gerufen werden (V. 59) oder ansprechen (VV. 57 u. 61). Die Trilogie in stilisierter Sprache lässt an Initiationen und Erkenntnisvermittlung auch aus anderen Religionen denken. Schon mit dem ersten Bildwort in V. 58 wird dann »der enthusiastische Kandidat … dem Schock der notwendigen Destabilisierung ausgesetzt« (Bovon, 35). Der Schritt in die Nachfolge führt in räumliche Heimatlosigkeit: kein Nest, keine Höhle, kein Ruhekissen. Die nächste Sequenz zerstört die Illusion, es könnte bei Beheimatung in vertrauter Sitte und Kultur bleiben. Obwohl Bestattung im Judentum von der Tora gebotene Pflicht ist (vgl. Wolter, 373) und vielleicht auch ein Herzensanliegen: In der Nachfolge sind andere

Prioritäten gefordert. Das in ihr zu verkündende Reich Gottes führt in die Realität des Lebens, alles andere bleibt im Schatten des Todes und ist zu ›lassen‹ (vgl. Wolter, 373; Bovon, 36). Auch die dritte Runde enthält eine Absage an ein Abschiedsritual, das hier der Sicherung sozialer Bindungen unter Lebenden dienen soll. »Die Gottesherrschaft bindet sich nicht an ein bestehendes Sozialgefüge, sondern sie suspendiert selbst die elementarsten sozialen Bindungen.« (Wolter, 373) Begründet wird die harte Forderung in V. 62 mit einem »erfahrungsweisheitlichen Bildwort« (Wolter, 374). Niemand würde beim Pflügen nach hinten schauen. Die Erfahrung zeigt, dass so die Furche krumm und der Pflug durch übersehene Hindernisse gefährdet wird. Nachfolge heißt ackern in Konzentration und unmittelbarer Entschlusskraft. Hinzu kommen Gefahren und Mittellosigkeit (im Anschluss, Lk 10,3f.). Die Entschiedenheit, die hier zur Eignung und Tauglichkeit für eine Existenz im Herrschaftsbereich Gottes gefordert wird, ist radikal und schwer zu vermitteln. Wer von uns kann das leisten?

Ein bisschen Spielraum bleibt: Es gibt einen Unterschied zwischen den unmittelbaren Weggefährten und -gefährtinnen des irdischen Jesus und später in die Nachfolge Gerufenen: »Jesusnachfolge im strengen Sinne ist den Christen zur Zeit des Lukas nicht mehr möglich.« (Rusam, 200) Lukas geht es um die Umkehr der Sünder und Sünderinnen von ihren Verfehlungen (vgl. Böttrich, 8.2) und darum, das Machbare auch wirklich zu tun: »Wer zwei Hemden hat, der soll dem geben, der keines hat; und wer zu essen hat, tue ebenso.« (Lk 3,11) Auch Zachäus gibt nicht alles, was er hat, sondern die Hälfte davon (Lk 19,8f.). Hier öffnet sich noch eine andere Perspektive: Bei den Konsequenzen des Weges in der Nachfolge geht es nicht nur um einen geistlichen Erkenntnisprozess, sondern auch ganz praktisch darum, an die Seite der Armen, Einsamen und Verlorenen gestellt zu sein und mit ihnen zu teilen (Not und Brot; vgl. Rusam, 200f.; Böttrich, 8.4).

III Impulse: Familienexterne Nachfolge

Das Thema ›Nachfolge‹ begegnet im echten Leben bei Thronen und Familienunternehmen. Der Prozess des Übergangs gilt als heikel und wird breit diskutiert und beratschlagt. Auch im wirtschaftlichen Kontext beginnt Nachfolge mit ›Abgeben‹ (vgl. nachfolge-in-deutschland.de). Ein Nachfolgomat hilft, Form, Takt und Profil der persönlichen Nachfolge zu finden (vgl. nachfolg-o-mat.org). So flussdiagrammmäßig funktioniert es mit der Nachfolge im Sinne Jesu leider nicht, und doch können seine pointierten, gereihten Ansagen wegweisend sein. Ich komme ›völlig losgelöst‹ jedenfalls um persönliche Entscheidungen nicht herum und bin herausgefordert, meine Verortung, meine Haltung, meine Bindungen im Angesicht des Reiches Gottes zu prüfen und muss dann tun, was ich tun muss. Ein spannendes Gegenbeispiel zur Bestattungsfrage (V. 59f.) fände sich bei ›Antigone‹ (von Sophokles oder Jean Anouilh), die zugunsten ›höherer Werte‹ genau umgekehrt dazu kommt, zu bestatten, wo es untersagt ist.

Reizvoll ist ein Weg mit der facettenreichen Heimatlosigkeit, in die die Worte Jesu (zunächst) führen. Der Verlust von Heimat führt schon etymologisch klassisch ins ›Elend‹. Heimat ist aktuell durchaus angesagt: Lokale Produkte werden wertgeschätzt, Manufakturen mit regionalem Handwerk entstehen und es gibt neu ein Ministerium, das die Heimat im Titel führt. »Ein Ministerium für Geborgenheit?«, fragt spitz Ann-Kristin Tlusty bei ZeitOnline (s.u. Internet) und schlägt damit die Brücke zur notwendigen Skepsis gegenüber dem Heimatbegriff. Spätestens wenn Heimat auf Besitzheimat reduziert wird und zur Abgrenzung genutzt, um eine eindimensionale Deutungshoheit zu beanspruchen, dann wird es gefährlich. Immer schon haben Dichter das Gefühl von Heimatlosigkeit in der Welt als menschliche Konstante gedeutet. Bernhard Schlink formuliert: »Manchmal heißt es, es habe vor unserer Zeit andere Zeiten gegeben, in denen die Orte des Lebens unverrückbar waren und Gemeinschaft und Zugehörigkeit, Anerkennung und Schutz sich von selbst verstanden. Ich glaube es nicht; die Erfahrung, in dieser Welt, aber nicht von dieser Welt zu sein, ist so alt wie das Christentum, und die Erfahrung von Heimatverlust, Heimatsuche und Heimatlosigkeit so alt wie das Judentum.« (Schlink, 49)

Die Heimatlosigkeit, die im Gespräch mit Jesus im Lukasevangelium entsteht, ist positiv zu deuten. Sie wehrt falsch verstandener Heimat im Keim. Sie setzt den richtigen Rahmen um die Suche des Menschen nach unzerstörbarer Verwurzelung und Himmelreich zugleich. Sie öffnet den Weg, in den vergänglichen Heimaten auf unserem Lebensweg und ohne sie unterwegs zu sein in das Reich Gottes: ›Wo gehn wir denn hin? Immer nach Hause.‹ (Novalis) Das könnte sehr spekulativ werden. Gut, dass wir mit dem Ruf in die Nachfolge in die Solidarität mit den Heimat- und Besitzlosen gewiesen sind und tun dürfen, was wir tun müssen.

Werkstück Predigt (Predigteinstieg)

I. Drei, zwei, eins, null. Nichts bleibt. Ich stelle mir vor wie die, die mit Jesus ziehen wollen, unsicher auf dem Weg stehen bleiben. Sollen sie den nächsten Schritt mit ihm wirklich wagen? Wie die Dominosteine fallen der Reihe nach die Verlässlichkeiten, die wir im Leben brauchen und lieben. (...) Was schließlich bleibt, ist Heimatlosigkeit in jeder Hinsicht ...

II. Heimat ist angesagt. Regionale, am liebsten lokale, Lebensmittel boomen, und das nicht nur aus ökologischem Bewusstsein, sondern auch, weil es das Herz erfreut, wenn der Kürbis aus der Nachbarschaft kommt und man die Felder vor Augen hat, auf denen er gewachsen ist. Limonade oder Craft Beer kommt aus Brauereien vor Ort.

Weitere Schritte:

III. Heimat ist gefährlich

IV. Heimatlosigkeit als Chance

V. Heimat pragmatisch: Wenn ich versorge oder versorgt werde, wenn ich teile, Besitz oder Zeit, wenn ich ackere und darauf achte, dass für alle etwas wachsen kann, dann bin ich unterwegs in der Nachfolge und zu Hause zugleich.

Literatur: *François Bovon,* Das Evangelium nach Lukas (EKK 3/2), Neukirchen-Vluyn 1996; *Dietrich Rusam,* Das Lukasevangelium, in: Martin Ebner/Stefan Schreiber (Hg.), Einleitung in das Neue Testament, Stuttgart 2008, 184–207; *Bernhard Schlink,* Heimat als Utopie, Frankfurt am Main 2000; *Michael Wolter,* Das Lukasevangelium (HNT 5), Tübingen 2008.

Internet: *Christfried Böttrich,* Art. Lukasevangelium, WiBiLex (2014); nachfolge-in-deutschland.de; nachfolg-o-mat.org; *Reframing,* http://methodenpool.uni-koeln.de/refraiming/frameset_refraiming.html; *Ann-Kristin Tlusty,* www.zeit.de/gesellschaft/2019-05/leserumfrage-heimat-politik-gefuehle-horst-seehofer, alle abgerufen am 31.05.2019.

B Henning Theurich

IV Entgegnung: Es wird ernst

›Oculus‹ heißt A zufolge die neue U-Bahn-Station am Ground Zero in New York. Das passt gut zum Sonntag ›Okuli‹, der seinen Namen sowohl Ps 25,15, als auch Ps 34,16 verdankt; denn es gibt trotz allem Zuversicht, wenn am Ort des Grauens von ›9/11‹ gerade an Psalmworte wie diese gedacht wird. Dazu passt auch, dass die Fastenaktion der evangelischen Kirche in Deutschland während der Passionszeit diesmal unter dem Motto steht:

›Zuversicht! 7 Wochen ohne Schwarzsehen‹. Und das, obwohl es ja fast immer Gründe gibt, die Zukunft schwarz zu sehen und/oder sich selber schwarz zu ärgern.

Wie den Countdown zum Start einer Rakete, so empfindet A die Abfolge der drei Sprüche zur Nachfolge. Mir gefällt diese Metapher. Sie weckt in mir Gefühle wie: ›Jetzt gibt es kein Zurück mehr!‹ – ›Jetzt geht alles ganz schnell!‹ – oder auch: ›Jetzt verlierst du den Boden unter den Füßen!‹ Ich kann verstehen, dass A hier von »facettenreicher Heimatlosigkeit« (A III) spricht. Am meisten aber stört mich, wie unerbittlich Jesus hier ist. Für sich genommen sind die drei Sprüche Jesu in ihrer Radikalität einfach nur ärgerlich. Sie wirken mit ihrem hohen Anspruch eher entmutigend und reizen zum Widerspruch.

Der Schweizer Theologe Walter Lüthi dagegen hat sie als besonderen Ausdruck von »Jesu Seelsorgerlichkeit« gedeutet. Lüthi schreibt von Jesu »menschenfreundliche[r] Umsicht, Zartheit und Einfühlung«, womit er den drei Männern leidvolle Erfahrungen in seiner Nachfolge »erspart« habe (Lüthi, 329f.). Das stimmt. Es bleibt aber eine Tatsache, dass wir überhaupt nichts wissen über diese drei potenziellen Nachfolger, auch nichts darüber, wie sie sich möglicherweise danach verhalten haben. Vermutlich haben wir es, da es für Jesus ernst wird (Lk 9,51), weniger mit wirklichen Personen, als vielmehr mit beispielhaft extremen ›Prüfsteinen‹ zu tun. Und die können auch für uns heute leicht zu ›Stolpersteinen‹ werden, wenn es nicht gelingt, uns durch Jesus ermutigen zu lassen.

V Erschließung der Hörersituation: Widerspruch!

Selbst wenn Jesus nicht Urheber der drei Sprüche sein sollte, was aber wahrscheinlich ist, – zu V. 58 gibt es eine spätere Parallele bei dem antiken griechischen Schriftsteller Plutarch: »Die wilden Tiere, die in Italien leben, haben eine Höhle ..., doch die, die für Italien kämpfen und sterben, haben nichts außer Luft und Licht« (zit. bei Wolter, 372) – so stehen auch sie für Jesu poetische Sprachkraft. Aber jede der bis heute sprichwörtlichen Redensarten dürfte bei den Hörern gegenwärtig unterschiedliche Assoziationen hervorrufen und überwiegend auf Widerspruch stoßen.

1. V. 58: In der Regel und ohne Not leben Menschen nicht wie Tiere in der freien Wildbahn. Menschenwürdiges Wohnen ist Grundbedürfnis und Grundrecht in Einem.

›Wo sollen wir wohnen / fragen die menschen / wenn sich bodenrecht / messbar in bodenloses / unrecht verwandelt.‹ – Das schrieb der Schweizer Pfarrer und Schriftsteller Kurt Marti schon 1959 in einem seiner ›republikanische(n) gedichte‹. Angesichts der heute wieder in vielen Städten herrschenden Wohnungsknappheit und angesichts der vielen bei uns Asyl suchenden Menschen wie auch der sogenannten Erwerbsmigranten aus armen Ländern klingt dieser Spruch fast zynisch in den Ohren von Betroffenen. Sie alle – auch wenn sie nicht mit dem »Menschensohn« zu vergleichen sind –, alle sind sie doch ›Menschenkinder‹ und wissen wie dieser nicht, wo sie bleiben können. Außerdem erinnert die irreführende Tiermetaphorik im Spruch ungewollt daran, dass auch Füchse und Vögel in der ökologischen Krise und in Zeiten eines bedrohlichen Klimawandels nicht selbstverständlich geschützt werden, auch wenn sie noch nicht wie zahlreiche andere Arten vom Aussterben bedroht sind.

2. V. 60: Mit diesem Paradox verstößt Jesus gegen alle Regeln von Pietät. Tote zu bestatten, gehört auch für jeden Juden zu den barmherzigen Werken!

Aber genau diese Provokation durch Jesus beflügelt die poetische Phantasie von Dichtern. So hat Hans Rudolf Hilty ein so betiteltes ›Unmanierliches Neujahrsgedicht 1959‹ geschrieben: ›Lass die Toten die Toten begraben‹. Dort heißt es auch: ›Wenn die Angst aufhört / beginnt das Leben.‹ – Beeindruckt von diesem Gedicht hat Kurt Marti es in seine ›Anthologie moderner religiöser Lyrik‹ aufgenommen (Stimmen vor Tag, 94f.). Später hat er selber sich durch den paradoxen Spruch Jesu inspirieren lassen. In einem seiner »Leichenreden« genannten Gedichte heißt es in kongenialer Fortführung des paradoxen Spruches: ›die toten sind in den streik getreten ... wir müssen die arbeit selber besorgen.‹ – Und erst nach getaner Arbeit darf gefeiert werden beim ›Leichenmahl‹: ›wir wollen uns mit dem leben verbrüdern ... / so kommt denn und lasst uns zusammen / tafeln und trinken reden und lachen‹ (Leichenreden, 15). Man wird hier durchaus eine Anspielung auf Mahlzeiten mit Jesus sehen dürfen, die ihm bei seinen Gegnern bekanntlich den Ruf eines Fressers und Weinsäufers eingetragen haben (Lk 7,34). Schließlich gibt es von Marti noch ein weiteres Gedicht, in dem er sich ausdrücklich auf das paradoxe Jesus-Wort (Mt 8,21f.) bezieht. Es beginnt mit einem glatten Widerspruch: ›den vater begraben / ist kein verlorener tag‹. An anderer Stelle heißt es: ›auch wispert / aus trauernder weide / fröhlich die stimme / folge mir nach / und lass die toten / ihre toten begraben!‹ (geduld und revolte, 55) Damit gelingt es Marti, beim Paradox nicht nur wie Hilty im Jahreswechsel den Beginn eines angstfreien Lebens zu entdecken, sondern dieses Paradox in einen gelebten Widerspruch von Trauer und Fröhlichkeit zu verwandeln. Für mich ein deutlicher Hinweis darauf, wie vom Reich Gottes – mit Marti – zu predigen ist (Lk 9,60), nämlich »fröhlich« (vgl. 2 Kor 6,10).

3. V. 62: Der weise Spruch aus der Landwirtschaft leuchtet sofort ein. Besonders wenn man als Bauer beim Pflügen mehrere Ochsen hintereinander gespannt hat (vgl. 1 Kön 19,19), dann sollte man sich nicht umwenden nach dem, »was hinter ihm ist« (Lk 17,31f.): damit nichts schiefgeht und man sich hinterher nicht ärgern muss. Für sich genommen ist der Spruch also nicht ärgerlich, sondern durchaus vernünftig; er plädiert ja keineswegs für Rücksichtslosigkeit oder für Vergessen. Aber als Antwort auf die Bitte um Erlaubnis, sich zuvor zu Hause zu verabschieden (vgl. 1 Kön 19,20), ist er dann doch ärgerlich.

Die Metapher vom Pflügen bringt inhaltlich nichts Neues zu den beiden vorangehenden Sprüchen. Vielleicht konnte V. 62 auch deshalb in der Parallele bei Mt 8 wegfallen. Aber mit seinem die Trilogie bündelnden Richtungssinn empfiehlt sich V. 62 (Wochenspruch zu Okuli) als Überschrift zur Predigt. Alle bisher vorgebrachten Bedenken und Einwände werden aber entweder hinfällig oder sie relativieren sich im Blick auf den *Menschensohn* und das mit ihm angebrochene *Reich Gottes*. Von daher allein erklärt sich die Radikalität bei Jesus.

VI Predigtschritte: »Wer seine Hand an den Pflug legt …«

Werkstück Predigt (Anfang)

Liebe Gemeinde,

zwischen Jesus und seine Nachfolger passt sozusagen kein Blatt Papier. So eng scheint ihre Beziehung zu sein. Jedenfalls wenn man den drei Sprüchen folgt, mit denen Jesus seinen möglichen Nachfolgern antwortet. Ohne Zweifel: Die Hürden sind hoch. Jesus stellt an die, die ihm auf seinem Weg nach Jerusalem folgen wollen, hohe Ansprüche. Sind die aber überhaupt zu erfüllen? Schauen wir sie uns einmal näher an und beginnen wir – wie bei einem Countdown – von hinten, hier aus dem einfachen Grund, weil dieser Spruch uns die Richtung weist:

Wer die Hand an den Pflug legt und sieht zurück,
der ist nicht geschickt für das Reich Gottes.

Das klingt vernünftig. Wer wollte hier widersprechen? Man sollte immer erst vorher prüfen, ob man in der Lage ist, einen Plan auszuführen. Das sagt auch Jesus mit einem ganz profanen Beispiel (Lk 14,31ff.). Und das gilt auch für die Nachfolge.

Im Fortgang werden vor allem der zweite und der erste Spruch aus der ›Trilogie zur Nachfolge‹ behandelt. Die Widersprüche heute (V) werden dabei aufgehoben durch den *Menschensohn* und durch das mit ihm angebrochene *Gottesreich.*

Fulbert Steffensky (1973): »Ich habe keine privaten Erfahrungen mit Jesus. Ich weiß nicht, ob das mein Mangel ist oder einer der Vorteile Jesu: nämlich der, dass überall, wo sich Menschen seiner erinnern, die Trennwände niedergerissen werden und sie zu Brüdern, zu Freunden, zu einer Gruppe werden. Sein wichtigstes Vermächtnis ist doch, dass er uns geraten hat, miteinander Brot zu essen und Wein zu trinken« (Spämann, 55f.). Nachfolge heute geschieht erkennbar durch Teilnahme am sakramentalen Essen und Trinken von Brot und Wein, also beim *Abendmahl* oder *Herrenmahl*. Dabei ereignet sich der ›fröhliche Wechsel‹ (Martin Luther) zwischen Christus und den Christen. Und wie bei den Emmausjüngern heißt es von ihnen: »Da wurden ihre Augen geöffnet, und sie erkannten ihn« (Lk 24,31).

Liedvorschläge: Durch Hohes und Tiefes 356 »Lass uns den Weg der Gerechtigkeit gehen«; EG 229 »Kommt mit Gaben und Lobgesang«.

Literatur: *Walter Lüthi*, Das Lukasevangelium ausgelegt für die Gemeinde, Bd. I Kap. 1–10, Basel o.J.; *Kurt Marti*, republikanische gedichte, st. gallen 1959; *Ders. (Hg.)*, Stimmen vor Tag. Anthologie moderner religiöser Lyrik, München u. Hamburg 1965; *Ders.*, Leichenreden. Mit einem Vorwort von Peter Bichsel, Zürich 2001; *Ders.*, geduld und revolte. die gedichte am rand (Neuausgabe), Stuttgart 2002; *Heinrich Spämann (Hg.)*, Wer ist Jesus von Nazareth – für mich? 100 zeitgenössische Zeugnisse, München 1973; *Michael Wolter*, Das Lukasevangelium (HNT 5), Tübingen 2008.

Laetare (4. Sonntag der Passionszeit)

Jesaja 66,10–14:

Bei Trost sein – in trostlosen Umständen

A

Rainer Stuhlmann

I Eröffnung: Muttermilch – Lebens- und Freudenspenderin

1. Zwei Mütter

Eine mütterliche Metaphern liebende Theologie gebärt eine ungewöhnliche Selbstvorstellung Gottes. Von zwei Müttern ist die Rede: »Gott tröstet wie eine Mutter« – und ihr Trost ist das Schicksal der »Mutter Jerusalem«. Ist der neue Text in der Perikopenordnung nur Tribut an eine Feminisierung der Theologie? Oder hilft er, gefährlich liebgewordene männliche Gottesbilder zu sprengen, indem er ungewöhnliche biblische Gegenbilder ins Spiel bringt?

2. »Laetare!«: Vorfreude – Mitfreude – Schadenfreude

Die ersten Wörter des Textes sind Antiphon zum Wochenpsalm 84 und haben dem Sonntag den Namen gegeben »Laetare! Freue dich mit Jerusalem!« Es ist ›Halbzeit‹. Die Hälfte des siebenwöchigen Leidensweges ist geschafft. Noch trennen uns drei Wochen vom Siegesfest des Lebens. Laetare ist eine Oase, ein Trostort, ein Aufruf zur Vorfreude. Sie lebt von erinnerter Erfahrung, schon oft in der Wüste des Mangels genährt und getränkt worden zu sein, und gibt so Trost und Kraft, auf die versprochene Fülle zu warten.

»Freue dich mit Jerusalem!« höre ich als hermeneutische Platz-Anweisung für mich als Christen, diesen Text der jüdischen Bibel zu lesen. Er warnt mich davor, ihn mir unreflektiert anzueignen. Wir sind nicht Jerusalem! Die Anweisung zur Mitfreude öffnet mir die Augen für die, mit denen ich mich freuen darf, die Judenheit heute – innerhalb und außerhalb des Staates Israel und der realen Stadt Jerusalem.

Die letzten Worte des Textes warnen mich davor, den liebenden Gott zum ›lieben Gott‹ zu pervertieren. Leidenschaftlicher Liebe ist der Zorn nicht fremd. Die Angst vor destruktiven Gottesbildern darf nicht zu infantilen führen. Die Metaphern für »Mutter Jerusalem«, die ihre Kinder auf Händen trägt und auf den Knien schaukelt, dürfen nicht so auf den mütterlichen Gott übertragen werden, als könnten wir mit ihm Hoppereiter spielen. Ich suche nach anderen Muttererfahrungen, die Mütterlichkeit nicht auf Zärtlichkeit reduzieren. Mutterliebe tröstet, indem sie kämpft. Sie ist nicht nur verletzlich, sie wagt zu verletzen. Sie kennt die *Schadenfreude* (vgl. Deeg/Schüle, 205).

II Erschließung des Textes: Trost – das nährende Widerwort

1. Mangel lässt nach Überfluss lechzen

Die Botschaft des Propheten ist ein machtvolles Widerwort. Seine Bilder sind *Kontrastbilder* zu seiner trostlosen Wirklichkeit. Ruinen bestimmen das Leben. Eine Stadt in Trümmern hungert nach Wiederaufbau. Das Land lechzt nach Leben, nach Recht und Frieden. Es ist unfähig, seine ›Landeskinder‹ zu ernähren. Was wir ›Vaterland‹ und ›Vaterstadt‹ nennen, heißt hier ›Mutterland‹ und ›Mutterstadt‹. Wenn die Mutter hungert und dürstet, sind ihre Brüste leer, ist sie unfähig, ihre Kinder zu nähren. Das erschließt mir die Bilder, die satte Mitteleuropäer überraschen: »An Jerusalem dürft ihr saugen …« Mit dem millionenfachen Schrei »Mich dürstet« (Ps 22,16) kommt eine Kette von (jüdischen) Passionsgeschichten in meinen Blick, unter denen eine die Passion Jesu ist (Joh 19,28).

2. Frieden, der Unrecht zermalmt und wegschwemmt

Und die (nicht jüdischen) Völker? Die einst von Israel Tribut verlangten, müssen ihn zurückzahlen (V. 12; vgl. Deeg/Schüle 204f.). Die Umkehr der Verhältnisse sagt der Prophet an. Der Frieden, den er Zion verheißt, ist ein (ein)reißender, über die Ufer tretender Strom (V. 12). So gewaltig lässt der Gott Israels sich erkennen: seine Hand, die die tröstet, die ihm treu dienen (sein »Knecht« Israel), und seinen Zorn an seinen Feinden (V. 14). Der Zorn ent-feindet die Feinde, ohne sie zu vernichten, um sie zur Rechenschaft zu ziehen. So erweist er seine parteiliche Gerechtigkeit. Die Parteilichkeit einer liebenden Mutter, die Opfer und Täter scharf zu unterscheiden weiß und die Täter, die sich an Zions Kindern vergangen haben, nicht ungeschoren lässt. Sie tröstet, ohne zu vertrösten.

3. Der mütterliche Gott

Die Vorstellung von einer Schicksalsgemeinschaft zwischen Jerusalem und ihren Söhnen und Töchtern wagt der Prophet in revolutionärer Weise zu steigern. Ihr seid nicht nur Zions Kinder, sondern auch Gottes Kinder, weil Gott wie eine Mutter mit dem Schicksal ihrer Kinder verbunden ist. Gott gibt wie eine Mutter ihren Kindern Zuflucht, Lebenskraft und Lebenssaft. Aber Gott leidet auch wie eine Mutter mit ihren hungernden Kindern. Ihr Mitleiden ist ihr Trost.

Gott verhält sich wie eine Mutter. Seine Liebe ist Mutterliebe. Es heißt nicht: Gott ist eine Mutter oder eine Frau. Diese ungewöhnliche weibliche Sichtweise Gottes (vgl. Jes 49,15; Ps 131,2) hilft, festgelegte Gottesbilder zu sprengen. Denn Gott ist ebenso wenig ein Mann oder ein Vater. Er verhält sich wie ein guter Vater. Das Mutterbild für Gott liefert in der Bibel meist die Vorstellung der Vogelmutter (z.B. Ps 36,8; 63,8; Mt 23,37). Sie ermöglicht, Menschen im Gegenüber zu Gott freier, erwachsener und mündiger zu denken. Viele Küken stehen von Anfang an auf eigenen Füßen. Da gibt es keine Nabelschnüre, die an die Mutter binden, keine Brüste, von denen nur mit Mühe entwöhnt werden kann. Die Vogelmutter entlässt ihre Kinder von Anfang an in die Freiheit und bietet ihnen dennoch Schutz und Geborgenheit unter ihren Flügeln. Von der Vogelmutter muss ich keine Bevormundung befürchten. Sie lässt mich laufen. Ich darf ein ›freilaufendes‹ Geschöpf sein und meine eigenen Erfahrungen machen. Ich bin frei selbst für Torheiten und Bosheiten. Wenn die Krähen oder Elstern den Küken ans Leben wollen, wird die Glucke zur Kämpferin. Da spreizt sie die Krallen, schlägt mit den Flügeln und geizt nicht mit Schnabelhieben. Ihr eigenes Leben setzt sie aufs Spiel im Kampf gegen die Feinde ihrer Kinder. Das ist Mutterliebe, bereit zum Selbstopfer. Gott ist wie eine Mutter, die sich dem Leiden selbst aussetzt, das ihre Kinder getroffen hat. Die den Schnabelhieben standhält, die Federn lässt. Die am Ende für ihre Kinder blutet, wenn die Väter längst das Weite gesucht haben.

III Impulse: Dreifache Freude in trostlosen Umständen

1. Vorfreude stärkt die Sehnsucht

Vorfreude lebt von erinnerter Erfahrung. Gegen die beherrschenden *bad news* sind die *good news* bekannt zu machen, die trösten, indem sie Hoffnung stiften. Predigen gegen den deprimierenden medialen Mainstream! Täglich vermindert sich die Zahl der Menschen, die in extremer Armut leben, um 217.000; täglich erhalten 325.000 Menschen neuen Zugang zu Elektrizität, 300.000 zu sauberem Trinkwasser. So war z. B. kürzlich in der New York Times zu lesen. Was damals mit Mutter Zion begonnen hat, führt heute Mutter UNO mit ihren Töchtern weiter. Noch vor 50 Jahren waren mehr als 50% der Menschen Analphabeten, heute sind es weniger als 15% …

2. Umkehr führt zur Mitfreude

Bevor ich mich mit Israel freuen kann, ist der Tribut zu leisten, von uns aus der Völkerwelt. Einsicht, Reue, Umkehr. Nur wer sich so ent-feinden lässt, wird befähigt zu Dialog, Verständigung, Mitfreude und vielleicht am Ende auch zur Versöhnung. Nur im Angesicht heutiger (aus Gottes Gnade überlebender) Judenheit, kann ich den Text lesen und predigen, und dann dankbar wahrnehmen, dass das Israel versprochene Heil *auch* den Völkern gilt. Dann führt die Mitfreude zu beidem, zum Kampf gegen jede Form von Antisemitismus und zu solidarischer Kritik einer rechtsverletzenden Politik des Staates Israel.

3. Schadenfreude ist nicht gleich Schadenfreude

Die Mitfreude über die Rettung der Opfer führt zur Freude über den Schaden der Täter. Ich möchte dieser Herausforderung nicht ausweichen. Schadenfreude hat ihr (begrenztes) Recht.

Wenn das Unglück den Verbrecher, den Tyrannen, den Diktator ereilt, dann darf die ganze Welt lachen. Ein befreiendes Lachen, das mindestens für einen Moment den Täter hintan stellt und ganz und gar bei den Opfern ist. Schadenfreude ist die Waffe derer, die an der Seite der Opfer stehen. Je schlimmer die Lage, desto besser die Witze. Lachen, das die Mächtigen entwaffnet. Darum kann sich Mutterliebe auch in Schadenfreude äußern. Sie ist nicht nur erlaubt, sondern geboten. Im Himmel jedenfalls wird gelacht. Über den Wichtigtuer, wenn er zu Fall kommt, über den Gernegroß, wenn er stürzt (Ps 2,4).

Der mütterliche Gott ist parteilich. Er ist Anwältin seiner gequälten Geschöpfe gegen die, die sie quälen. Wie der mütterliche Gott so wird Jesus zum ›Tröster‹, zum Anwalt aller Opfer der Gewalt – an allen Orten und zu allen Zeiten. Und er ruft die, die ihm folgen, zu solchen Anwältinnen und Anwälten. Er möchte, dass seine Kirche eine Widerstandsbewegung wird. Gegen Unrecht und Gewalt. Für Gerechtigkeit und Frieden. Und da darf an den richtigen Stellen auch gelacht werden. Auch über sich selbst. Ein befreites und befreiendes vorzeitiges Osterlachen.

Werkstück Predigt

»An Jerusalem dürft ihr saugen … an den Brüsten ihres Trostes … reichlich trinken an ihrer Mutterbrust.« Wir verstehen diese gewagten Bilder nur, wenn wir uns die Situation vor Augen führen, aus der sie geboren sind. Wir kennen sie nur von Fotos aus den Elendsgebieten unserer Erde.

Frauen mit ihren hohlwangigen Babys auf dem Arm. Ihre Brüste hängen wie leere Hautsäcke an ihren ausgemergelten Körpern herab. Sie selber leiden Hunger und Durst – und sie leiden an ihrer Ohnmacht, ihren halbtoten Kindern nicht helfen zu können. Sie fühlen sich wie Rabenmütter, die ihre Kinder verhungern und verdursten lassen. Das Schicksal der Mütter und das Schicksal ihrer Kinder hängen zusammen.

In diese Situation des Mangels und der Armut hinein spricht der Prophet seine Trostbotschaft. Jerusalem, die noch zerstörte Ruinenstadt, Zion, der noch verwüstete Tempelberg sind für den Propheten wie eine Mutter, die Trost spendet, indem sie verzweifelt für das Überleben ihrer Kinder kämpft …

Literatur: *Alexander Deeg/Andreas Schüle*, Die neuen alttestamentlichen Perikopentexte, Leipzig 2018.

IV Entgegnung: Differenzierte Freude – verhaltener Trost

Kaum mit Lesen begonnen, macht mich der dritte Satz stutzig – die Frage: »Ist der neue Text in der Perikopenordnung nur Tribut an eine Feminisierung der Theologie?« (A I) Mein erster Eindruck schwindet im Lauf der Lektüre, die Frage wandelt sich in eine rhetorische, und ich kann A folgen und mich – abgesehen von wenigen Einwänden – von ihm überzeugen lassen.

Die »hermeneutische Platz-Anweisung« (A I) schützt in der Tat vor unreflektierter Aneignung des Textes. Ja, wir sind nicht Jerusalem! Wir gehören auch nicht zu denen, die ihren Frieden teilen, sich an ihren Brüsten sättigen, am Reichtum der Völker teilhaben. Aber wir könnten uns mitfreuen über einen Gott, der trotz seines Zorns die Treue hält; und dessen Trost in der Befreiung und Heimkehr seines Volkes, in der Überwindung von Not und Elend Gestalt gewinnt.

Ob es in V. 12 die Mutter Jerusalem ist, »die ihre Kinder auf Händen trägt und auf den Knien schaukelt«, ist nicht eindeutig; die Subjekte in V. 12c sind unbestimmt. Der doppelte Ausgang des Predigttextes in V. 14 – die Freude der getrösteten treuen Knechte und der Zorn Gottes gegen die Abtrünnigen in seinem Volk – lässt die Auswirkungen des Zorns offen. Dass dieser die Feinde entfeindet, »ohne sie zu vernichten« (A II), entspricht nicht den folgenden Versen.

Fraglich ist mir, ob in der Bibel »die Vorstellung der Vogelmutter« meist das »Mutterbild für Gott« (A II) liefert. Eine eindeutige ornithologische Geschlechtsbestimmung ist – bis auf Mt 23,37 – kaum möglich. A widerspricht zu Recht einer Definition Gottes als Mutter wie auch als Vater. Jeder Versuch, Gott zu definieren, verfügt über Gott, begrenzt ihn und legt ihn fest. Die Bibel hält das Bilderverbot ein, indem sie eine Vielzahl von Bildworten für Gott verwendet, ohne eines dieser Worte als alleingültig zu bewerten (vgl. Ebach, 75f.).

Die Schadenfreude als negative Spielart der Freude ist eine mögliche Reaktion auf den Wechsel Israels vom Tribut zahlenden zum Tribut empfangenden Volk (V. 12a; vgl. Jes 60, 16). Diese Freude basiert allerdings auf dem Vergeltungsprinzip ›Wie du mir, so ich dir‹; den Frieden kann es nicht fördern. Nicht übertragbar ist die Schadenfreude auf den mütterlich liebenden Gott. Der reagiert überlegen spottend und lachend (Ps 2,4; 37,13; 59,9).

V Erschließung der Hörersituation: Sie sollen getröstet werden

Ein überraschender Text, bis auf V. 13 eher fremd; mit Bildern, von denen eines recht drastisch ist (V. 11), auf das Hörerinnen und Hörer – insbesondere die jüngeren – bemerkbar reagieren könnten.

1. Mutter Jerusalems satter Trost

Nach jahrzehntelangem Exil befreit und heimgekehrt, in Trümmern, aber in Frieden zu leben und am Reichtum der Völker teilzuhaben – das ist Trost für erfahrenes Unrecht, Leid und Elend und zugleich Grund zur Freude. Der Trost der Mutter Jerusalem ist ein satter Trost, an dem man sich laben und erquicken kann. Für uns gehört Trost – von Trostpflaster und Seelentröster abgesehen – in die Sphäre des Wortes, des Zuspruchs. Der sättigende Trost wird in einem Bild beschrieben, das sich auf das Stillen von Säuglingen bezieht, aber aus dem Rahmen fällt: Von Innigkeit und Intimität zwischen stillender Mutter und ihrem Säugling ist nichts zu erkennen. Wen wundert's? Es sind Heranwachsende und Erwachsene, die in wiedergeschenkter Lebensfreude schwelgen, von deftigen Worten dazu eingeladen.

2. Gottes mütterlicher Trost

Wie einen seine Mutter tröstet, will Gott trösten. Erneut ein Bild: Gott verhält sich wie eine Mutter. Er ist nicht Mutter; er tröstet mütterlich. Er kann sich auch verhalten wie ein zärtlicher Vater (Hos 11,1–4; vgl. Wolff, 246 u. 558). Wie eine Mutter, ein Vater ist er ein Leben lang für seine Kinder da. Der Trost für sein Volk ist die Erfüllung seiner Verheißung: Ende des Exils und ein grünendes neues Leben in der alten Heimat für die treuen Knechte.

3. Gottes gerechter Zorn

Den Abtrünnigen im Gottesvolk drohen Zorn und Vernichtung (V. 14ff.). Es reicht nicht, diesem Volk geburtsbedingt anzugehören. Was zählt, sind Glaubens- und Lebenspraxis (vgl. Schüle, 203). Verschattet der Zorn das Bild vom mütterlich tröstenden Gott? Der von sich sagt: »Ich, ich bin euer Tröster (Jes 51,12), sagt auch: »Ich bin der Herr, der Recht liebt« (Jes 61,8). Der mütterlich tröstende ist auch der gerecht richtende Gott.

4. Tröstliche Worte – tröstende Erfahrungen – erfüllte Verheißungen

Wie tröstet Gott uns? Wir sind lebenslang seine Kinder und trostbedürftig, weil Verlusterfahrungen unseren Lebensweg begleiten: zerstörtes Spielzeug, Trennung in Freundschaften, Ehen, verlorene Arbeitsplätze, eingeschränkte Gesundheit – und als schwerster Verlust der Tod eines geliebten Menschen. Gottes Wort ist Trostwort (Jer 15,16) und Lichtwort (Ps 119,105) – erhellend, ausrichtend, aufrichtend, stärkend. Und es ist Gottes Gnade, die tröstet (Ps 109,21), wenn wir erleben, dass Zerbrochenes wieder zusammengefügt wird, dass wir bewahrt werden, genesen, Verlorenes wiederentdecken; wenn wir erfahren, dass Gott seine Verheißungen erfüllt: uns nicht mehr auferlegt, als wir tragen können und uns immer neuen Glauben und neues Vertrauen schenkt (vgl. Bonhoeffer, 569).

5. Trost und Vertröstung

Wie trösten wir? Der »Gott allen Trostes« tröstet uns, damit wir trösten können (vgl. 2 Kor 1,3–7, Epistel). Gott liegt daran, dass wir trösten. Er traut den Tröstenden einiges zu, denn Trost und Vertröstung liegen nah beieinander. Vertröstung beschwichtigt: ›Das wird schon wieder‹; sie verallgemeinert: ›Das ist schon vielen passiert‹; sie verharmlost: ›Das Leben geht weiter, das schaffen Sie‹ – Hiob hätte auf solches Reden geantwortet: »Ihr seid allzumal leidige Tröster!« (Hi 16,2). Trost ist wie ein gelebtes ›Ich bin bei dir‹; ein Hören, Mitfühlen, Mitschweigen, Mitleiden, Mitgehen (vgl. Pisarski, 50). Trost bedarf der Sensibilität – auch da, wo biblische Trostworte Menschen erreichen und trösten sollen; oder wenn Gott ins Gespräch gebracht wird, wo ›Glück gehabt‹, ›Schicksal‹, ›Nochmal gutgegangen‹ ihn verdrängen.

VI Predigtschritte: Bei Trost sein und sich freuen

1. Ein rauschhaftes Fest wird gefeiert, umgeben von Mauerresten und verkohlten Balken. Als würden die Feiernden an mütterlichen Brüsten saugen und so gesättigt, erquickt, erfreut werden.

Die Beschreibung des Festes mag befremden. Der Anlass: Gott wahrt seine Treue, er hält, was er verspricht. Den Bund mit seinem Volk gibt er nicht auf (vgl. Jes 54,10), sondern er erlöst es, lässt es heimkehren in das den Müttern und Vätern versprochene Land. Die Heimgekehrten sind bei Trost und voller Freude. Gott hat an ihnen ein Exempel seiner Treue und seines Trostes statuiert.

2. Gilt das nur für sein Volk? Können wir uns zweieinhalb Jahrtausende später rückblickend mitfreuen und bei Trost sein?

Wenn Gott beispielhaft handelt, dann muss sein Handeln nicht exklusiv auf Israel beschränkt bleiben; es kann auch ein Zeichen der Hoffnung für andere sein: »... ich will ... ihnen wieder Trost geben ... Friede denen in der Ferne und in der Nähe, spricht der Herr; ich will sie heilen.« (Jes 57,18f.) In der Ferne und in der Nähe – das kann man räumlich verstehen und auch zeitlich. Dann wirkt Gott in seiner Treue tröstend, befreiend auch andernorts in anderen Zeiten für andere Menschen zu deren Freude und zeitübergreifender Mitfreude mit seinem Volk.

3. Zu jeder Zeit tröstet Gott durch sein Wort und er tröstet durch Menschen – auch durch uns.

Dass wir trostbedürftig sind, wird niemand bestreiten. Wir erinnern uns an trostlose Situationen. Erinnerungen, bis in unsere Kindheit zurück, in denen auch die Menschen vorkommen, die uns getröstet haben.

Wir versuchten und versuchen es ja auch – zu trösten: weil eine Mitschülerin traurig war wegen einer schlechten Note; ein Freund nicht in der Fußballmannschaft mitspielen durfte; ein Ehepaar auseinanderging. Wir haben es versucht an Krankenbetten und wenn wir unser Mitleid ausdrücken wollten. Manchmal fehlten die Worte oder wir wussten uns nicht anders zu helfen, als zu beschwichtigen: ›Das wird schon wieder.‹ Manchmal sagen wir nichts, hören zu, halten aus, halten eine Hand. Das ist dann wie ein ›Ich bin bei dir‹; das ist Trost. Gott traut uns das Trösten zu.

Werkstück Predigt (Anfang und Ende)

›Bei Trost sein‹ – das bedeutet: bei Sinnen und Verstand sein. Ein Kompliment und erfreulich! Kommen zu Sinnen und Verstand unsere Gefühle hinzu, sind wir dann nicht auch ›bei Trost‹?

Der heutige Sonntag mitten in der Passionszeit hat mit Trost und Freude zu tun. Ein Trost ist, dass die Leidenszeit mit dem österlichen Fest des Lebens bald ein Ende hat. Bei diesem Trost zu sein, macht froh. »Lätare – Freue dich!« So heißt der Sonntag. »Freut euch mit Jerusalem!«, so steht es im Predigttext. Warum wohl?

(…)

Dass er nicht auf seinem Zorn beharrt, aber Gerechtigkeit liebt; dass er seine Verheißungen erfüllt; dass er tröstet, damit wir bei Trost sein können; das alles ist Grund zur Freude. Er war und bleibt ein Gott »der Geduld und des Trostes« (Röm 15, 5).

Deshalb: »Freut euch mit Jerusalem!« Freut euch mit den Getrösteten in eurer Zeit und Umgebung. Deshalb: »Lätare – Freue dich!«, dass du bei Trost sein kannst.

Lieder: »Wie eine Mutter sorgt« Nr. 59 in: *Huub Oosterhuis* »Du Atem meiner Lieder«, Freiburg im Breisgau 2009; EG 243 »Lob Gott getrost mit Singen«; EG 289 »Nun lob, mein Seel, den Herren«; EG 398 »In dir ist Freude«.

Literatur: *Dietrich Bonhoeffer,* Widerstand und Ergebung (DBW 8), München 1988; *Alexander Deeg/Andreas Schüle,* Die neuen alttestamentlichen Perikopentexte, Leipzig 2018; *Jürgen Ebach,* Das Alte Testament als Klangraum des evangelischen Gottesdienstes, Gütersloh 2016; *Waldemar Pisarski,* Anders trauern – anders leben, München ³1990; *Hans Walter Wolff,* Dodekapropheton 1 Hosea (BKAT XIV/1), Neukirchen-Vluyn ²1965.

Judika (5. Sonntag der Passionszeit)

A

Hebräer 13,12–14:
Draußen vor dem Tor – und doch behütet

Jürgen Ziemer

I Eröffnung: Predigen an Judika

Mit Judika beginnt die Passionszeit im engeren Sinne. Es sind Karfreitagsthemen, die sein Proprium prägen. Um Recht und Errettung bittet der Wochenpsalm 43 vor den »falschen und bösen Leuten«. Als »Lösegeld für viele« interpretiert der Wochenspruch aus dem Evangelium Dienst und Lebenshingabe des »Menschensohns« (Mk 10,45/Mt 20,28). Den alttestamentlichen Hintergrund bildet die ebenso berührende wie verstörende Erzählung von der »Bindung Isaaks« (1 Mose 22).

Ich habe mich immer ein wenig gefürchtet vor den Texten von Judika, denn sie fordern besonders dazu heraus zu sagen, wie denn der Tod Christi am Kreuz zu verstehen sei, ob und wodurch er sich von anderen Leidensgeschichten der Menschheit unterscheide und inwiefern darin ausdrücklich der Gedanke seiner Hingabe ›für uns alle‹ eingeschlossen sei. Kaum erschließt sich einer heutigen Predigtgemeinde ein Verständnis der Passion Christi als Opfer für unsere Sünden. Was geht denn in uns vor, wenn wir im Wochenlied zu Judika singen: »... dass er für uns geopfert würd, / trug unserer Sünden schwere Bürd / wohl an dem Kreuze lange.« (EG 76) Sollte man sich vielleicht ausdrücklich von der Sühnopferlehre verabschieden, wie es Klaus-Peter Jörns mit guten Gründen tut und empfiehlt (vgl. Jörns, 286ff.)? Ich bin da trotz allem zurückhaltend. Sie gehört zu unserer Glaubensüberlieferung, es ist nicht unsere Sache darüber zu verfügen. Vielleicht aber sollten wir diese Deutung respektvoll bewahren, solange sie uns eher Fragen als Antworten aufgibt.

Wie gelegen kommt mir da unser Predigttext! Er eröffnet – zumindest auf den zweiten Blick – ein anderes, für uns eher zugängliches Verständnis der Passion Jesu. Der Text aus dem Hebräerbrief, für den das Sühneritual am Versöhnungstag doch so eine hohe Bedeutung hat, beschreibt einen neuen Zugang zur Passion: »Lasst und hinausgehen vor das Lager und seine Schmach tragen.« (V. 13) Das zu entfalten, motiviert für die Predigt zu diesem Text. Und es ist doch auch notwendig, es immer wieder wenigstens zu versuchen, für das Zentrum des christlichen Glaubens eine Sprache zu finden, die Menschen von heute verstehen, und die das Geheimnis des Kreuzes ›für uns‹ in nachvollziehbarer Weise erschließt. Mit diesem Text kann es gelingen.

II Erschließung des Textes: Christologischer Ortswechsel – ein Weg weisender Text

Der Hebräerbrief hat darin seine charakteristische theologische Ausdrucksform, dass er den christlichen Glauben einfühlsam für eine Leserschaft interpretiert, die die Tradition des alttestamentlich-jüdischen Tempelkultes vor Augen hat. Es ist wichtig, sich die Argumentationsgänge in aller Kürze zu vergegenwärtigen: Es geht im ganzen Brief »an die Hebräer« um das Wort Gottes zu uns (Hebr 1,2): »lebendig und kräftig« (Hebr 3,12) und konkret in »Christus gestern und heute« (Hebr 13,8). Dessen soll die Gemeinde gewiss werden. Das zu stärken, wird der Kultus des Jom Kippur, des Großen Versöhnungstags, vom Briefautor aufgenommen und in einer Weise interpretiert, durch die sich »das Christusgeschehen als der wahre Sinn des alttestamentlichen Kultgeschehens« (Hegermann, 15) erweist. Die jüdische Opfertradition sieht der christliche Autor gleichsam aufgehoben in ein neues theologisches Paradigma des Heilsgeschehens. Diese wird »vom Geschick Jesu her neu bestimmt«, sodass das

»Kontinuum der Welt … nicht mehr in der Kontinuität des Kultus« liegt, »sondern in jenem Christus, der als der Hohepriester gelitten hat …« (Dieter Lührmann, zit. bei Gräßer, 382). Es ist wichtig, hier die Dialektik von Alt und Neu, von Anknüpfung und Erneuerung sensibel wahrzunehmen, um gegen zweifelhafte (antijüdische) Zungenschläge gewappnet zu sein.

In dem Predigttext aus dem letzten Kapitel des Briefes geht dessen Verfasser nun noch einen entscheidenden Schritt im Blick auf des Ort des Geschehens weiter: Das ›neue‹ Heilshandeln ereignet sich nicht mehr im ›Zelt‹ bzw. ›Lager‹ des Kultes, sondern dort, wo die Opferreste des alttestamentlichen Rituals verbrannt, ›entsorgt‹ werden, mithin am nicht heiligen Ort: draußen vor dem Zelt. Religionsgeschichtlich wie auch theologisch bedeutsam ist, dass hier also ein nichtreligiöser Vorgang nach dem Vollzug des Opferritus, nämlich das Wegschaffen der Tierkörper vom Altar weg nach draußen, symbolisch als »Präfiguration des Opfers Christi« (Gräßer, 383) gedeutet wird. Draußen vor dem Tor, außerhalb der heiligen Zone, am säkularen Ort, dort wo gelebt und gelitten wird, da ist der Ort Jesu, der Ort seines Leidens. Gemäß den Passionserzählungen der Evangelisten ist das Golgatha vor den Toren Jerusalems. Draußen aber ist das Leiden Jesu nicht als ein Ritual zu deuten – auch nicht als Urbild eines ›Messopfers‹ – , sondern da setzt Christus sich der Wirklichkeit der Welt aus, der Ungerechtigkeit und der Sünde, dort gibt er sich hin um der Liebe willen. Dort erleidet er Hohn und Spott und Schläge.

Und nun ist die Aufforderung an die Gemeinde, ihm nachzufolgen, so dass wir uns auch unsererseits aufmachen auf den Weg ›nach draußen‹, indem wir gleichsam unsere innerkirchliche Selbstgenügsamkeit überwinden und uns dem scharfen Zug aussetzen, der uns hier entgegenschlägt: »So lasst uns nun zu ihm hinausgehen vor das Lager und seine Schmach tragen.« (V. 13)

Ist der Weg hinaus schon der Weg, die »Schmach Christi« zu erleiden? Wie soll das gehen? Dem entsprechen wir ja doch wohl nicht schon dadurch, dass wir diese oder jene Form eines modernen Fastens praktizieren – so sinnvoll das auch sein mag. Die »Schmach Christi« zu erleiden, ist die andere Seite des Christusbildes im Hebräerbrief. Da wird Er zunächst gezeigt als der, der sich erniedrigt hat (Hebr 2,27), geworden ist »wie wir«, leidend an unserer »Schwachheit« und menschlichen Versuchbarkeit (Hebr 4,15). Wenn jetzt wir dazu aufgefordert sind, die »Schmach Christi« mit zu tragen, dann ist es eben jene menschliche Schwachheit und die Ohnmacht, die uns heute widerfährt, wenn wir als seine Zeugen in unserer Welt tätig sein wollen.

Wir sollten dabei durchaus auch an die Christen denken, die in ihren Ländern (z.B. Nordkorea, Iran, Nigeria) tatsächlich verfolgt sind. Ihr Leiden kann uns nicht gleichgültig sein und wird in unseren Fürbitten viel zu oft vergessen. Aber deren Erleben der »Schmach Christi« ist nicht das unsere, die wir in staatsvertraglich gut abgesicherten

Kirchen leben. Ich denke eher an die immer häufiger erfahrbare Folgenlosigkeit unseres christlichen Zeugnisses. »Wer glaubt dem, was uns verkündet wurde!«, heißt es im Gottesknechtslied (Jes 53,1). Das ist die Schmach Christi. Mitunter schlägt sie uns mit beißender Ironie entgegen, wenn etwa wie jüngst eine kirchliche Initiative zur Geschwindigkeitsbegrenzung kritisiert wird mit der Empfehlung, sich doch erst einmal darum zu kümmern, ihre Gotteshäuser wieder vollzukriegen. Das ist ein harmloses Beispiel, aber typisch. Wer hört noch unsere Stimme?

›Draußen‹ haben wir Anteil an der »Schmach Christi« (V. 13), und noch etwas anderes wird ›draußen‹ deutlich: die ganze Vorläufigkeit unseres Kirchenbetriebs. Wir sitzen hier ›draußen‹ nicht in den ›Fluchtburgen des Glaubens‹, die uns Schutz bieten bis zum Jüngsten Tage. Verständlicherweise treibt uns die Angst um, etwas zu verlieren, aber hier gibt es keine »bleibende Stadt«, von hier aus vielmehr gilt es, die »zukünftige« (V. 14) zu suchen. Ernst Käsemann hat die Gemeinde nach dem Hebräerbrief als das ›wandernde Gottesvolk‹ gezeichnet. Es geht nicht nur um einen einmaligen Akt des Hinausgehens, das ist die Struktur des Christseins ›draußen‹. Vielleicht spüren wir die Herausforderung heute deutlicher als je zuvor.

III Impulse: Lasst uns nach draußen gehen!

So würde ich meine Predigt gern beginnen:

»Blüh' auf, gefrorner Christ!« Angelus Silesius' wunderbarer Spruch (Silesius, 67) kommt mir in den Sinn. Mutter Courage hatte ihn auf ihre Weise gesungen: »Das Frühjahr kommt. Wach auf, du Christ!« (Brecht, 9) Die aufwachende Natur zieht uns nach draußen. Natürlich, wer möchte es nicht tun, wenn es irgend geht. »Blüh' auf, gefrorner Christ!« Aber es geht nicht nur um den Frühling. Es ist Passionssonntag, und der Text aus dem Hebräerbrief spricht in seiner ganz eigenen Weise von einem Zug nach draußen. Christsein geschieht nicht im Rückzug, im Beharren auf lieb und vertraut gewordenen Traditionen. »Lasst uns nach draußen gehen« (V. 13) ermuntert uns der apostolische Autor. Denn das genau ist auch der Weg Jesu gewesen, der ihn am Ende nach Golgatha führte – draußen vor die Stadt und mitten in die Welt ...

Ich höre an dieser Stelle auf; denn nun muss ich als Prediger entscheiden, in welche Richtung ich gehen will: Ob ich (1.) die Metapher vom ›wandernden Gottesvolk‹ (Ernst Käsemann) aufnehme, mit dem Ziel der Suche nach der »zukünftigen Stadt« (V. 14), die wir nur finden, wenn wir hier uns auf den Weg machen. Oder ob ich (2.) den Akzent auf die Christusnachfolge lege, auf die Bereitschaft, auch seine »Schmach« (V. 13) mitzutragen, wenn wir uns der eher feindlich gesinnten oder gleichgültig abweisenden ›Welt‹ aussetzen. Beides zusammen würde die Predigt vermutlich überfrachten. B wird Rat wissen.

Zur Gestaltung für Gottesdienst oder Predigt sei hingewiesen auf das schöne Lied nach Hebr 13,13, das Gottfried Schille gedichtet und Manfred Schlenker vertont hat: »Wir ziehen vor die Tore der Stadt. Der Herr ist nicht mehr fern« (Singt das Lied, 04). Der dritte Vers lautet: »Er ruft uns vor die Tore der Welt. / Denn draußen wird er sein, / Der draußen ein Krippe wählt / Und draußen stirbt auf dem Schädelfeld. / Er ruft uns vor die Tore der Welt: / Steht für die draußen ein.«

Literatur: *Bertolt Brecht,* Mutter Courage und ihre Kinder, Frankfurt am Main ^{70}2014; *Erich Gräßer,* An die Hebräer (EKK XVII/3), Neukirchen-Vluyn 1997; *Harald Hegermann,* Der Brief an die Hebräer, Berlin 1988; *Klaus-Peter Jörns,* Notwendige Abschiede, Gütersloh ^{2}2005; *Angelus Silesius,* Der cherubinische Wandersmann, Zürich 1979.

B

Wilfried Engemann

IV Anknüpfung: Eingefrorenes Leben auftauen?

Der sich aus dem Proprium des Sonntags nahelegende anthropologische Kern sind Ungerechtigkeits- und Unterlegenheitserfahrungen, die als ›Schmach‹ empfunden werden, Erfahrungen der Benachteiligung und des An-den-Rand-Gedrängt-Werdens – Erfahrungen, deretwegen man aufbegehren möchte (Judika, verschaffe mir Recht!) und die den Wunsch nach Überlegenheit aufkommen lassen können: Das Evangelium des Sonntags ist der »Rangstreit der Jünger« (Mk 10,35–45), der in ein Gespräch über Herrschen und Dienen mündet. Ohne explizit darauf einzugehen, hat A mit seiner Annäherung an den Text die Basis dafür gelegt, an solche Erfahrungen – mit ihren Ambivalenzen von Empörung und Gelassenheit, Selbstsorge und Hingabe – anzuknüpfen.

Jene Menschen in die Fürbitten aufzunehmen oder in einer Adaption des Tagespsalms (Ps 43) im Blick zu haben, die bis heute aufgrund ihrer Zugehörigkeit zum Christentum die »Schmach Christi« (V. 13) in Form von Unterdrückung und Verfolgung bis hin zum Tod erleiden müssen, leuchtet unmittelbar ein. Den von A wahrgenommenen Umstand, dass *hierzulande* die »Schmach Christi« *aus religiösen Gründen* kaum greifbar ist, würde ich aber noch stärker gewichten: Ist es nicht so, dass Kirche und Gemeinden gerade dadurch punkten und öffentliches Ansehen genießen, dass sie sich – teilweise als Dienstleistung für die gesamte Gesellschaft – um ›die da draußen‹ kümmern, dass sie an Orten präsent sind, ›wo gelitten wird‹, wo ›Schwachheit und Ohnmacht‹ dazu führen, dass Menschen Unrecht geschieht?

Bemerkenswerterweise bezog sich das am massivsten vorgetragene Argument der Vertreter der Evangelischen Kirche in Österreich gegen die

2019 erfolgte Abschaffung des Karfreitags als eines staatlichen Feiertags auf den verlässlichen Einsatz der Kirche für Schwache, Leidende und Entrechtete, quasi auf den von ihr kultivierten Weg draußen vor das Tor. Dies wird nicht als ›Schmach‹, sondern als – wohl auch moralisches – Privileg empfunden.

Um auf Seiten der Hörenden das Missverständnis auszuschließen, zu Karfreitag bzw. in der Passionszeit und überhaupt im Christentum ginge es immer vorrangig um *irgendwelche anderen da draußen vor dem Tor* und nicht um sie – die gerade Anwesenden selbst –, nehme ich das von A (vgl. III) vorgeschlagene Bild bzw. die Erfahrung der eingefrorenen Existenz auf, was ich situationshermeneutisch vertiefen möchte.

V Erschließung der Hörersituation: Unrechts- und Unterlegenheitserfahrungen

Eine große Gefahr von Predigten in der Passionszeit besteht darin, das von Text zu Text begegnende Leid als ›Leid in der Welt‹, als Leid »draußen vor dem Tor« (V. 12), kurz – als Leid *der anderen* anzusprechen. Weil es evident zu sein scheint, dass ›das Leid in der Welt wesentlich größer ist als unter uns Christen in den westeuropäischen Gemeinden, die sich vergnügt um Ostereier kümmern können‹ (Zitat aus einer Karfreitagspredigt 2019), werden die Anwesenden häufig für Dritte (Nicht-Anwesende) in die Pflicht genommen. Das kann den Effekt haben, dass deren *eigene* Unrechts- und Unterlegenheitserfahrungen (wie oben im ersten Absatz beschrieben) als Quelle von Frustration, Aggression, Selbstmitleid usw. nicht ernst genommen werden.

Damit es hier nicht zu Missverständnissen kommt: Natürlich ist es Aufgabe der Gemeinde bzw. eines jeden Gemeindeglieds, sich karitativ und solidarisch zu zeigen und mit ganzem Einsatz, mit Liebe, Kraft, Zeit und Geld immer wieder bis an die Grenze des Möglichen zu gehen, um Leid und Not zu lindern. Ich kenne aber keine Gemeinde, die sich nicht auf die eine oder andere Art und Weise dafür in Anspruch nehmen ließe. – Wer eine Predigt hört, sollte jedoch vor allem *selbst* etwas davon haben dürfen, dass er da ist, was wiederum die Erfahrung nicht ausschließt, gerade in der Hingabe, im Gewähren von Zuwendung und Hilfe, Glück und Befriedigung zu empfinden.

In der Predigt am Sonntag Judika – mit diesem Text auf dem Pult – würde ich aber gern dabei bleiben: Vor dem Tor, im Abseits, im Schatten, also am Zielpunkt des von A klar herausgearbeiteten Weges nach draußen, warten ›Menschen wie du und ich‹ – also die, die gerade da sind. Manche von ihnen sind, ohne unter harten Lebensumständen zu leben, hart geworden: Sie haben in ihrem Leben – z. B. in beruflicher oder familiärer Hinsicht – Züge abfahren sehen, die sie gern erreicht hätten; sie saßen am kürzeren Hebel, als in ihrem Leben wichtige Weichen gestellt wurden; sie werden dafür geschätzt, nicht lange zu überlegen, wenn kurzfristig jemand gebraucht wird, der einspringen kann ... Aber das alles hat nicht zwangsläufig dazu geführt, das eigene Leben gern zu bejahen, mit sich gut befreundet zu sein und sich auf den morgigen Tag zu freuen. Manchmal befällt sie sogar der Gedanke, dass das ›nicht gerecht‹ sei. – Judika!

Dass es gleichwohl nicht zynisch ist, Menschen angesichts solcher Erfahrungen die ›Christusnachfolge‹ (vgl. den 2. Vorschlag von A) als zumutbaren Weg vor Augen zu stellen, hat damit zu tun, dass diese Bewegung – die Christusnachfolge – eine doppelte Richtung hat. Der Hebräerbrief predigt: Christus folgt *mir* nach. Er sucht mich auf unter den Bedingungen, die mir zu schaffen machen und mir das Gefühl geben, – da draußen vor dem Tor – nicht mein Leben leben zu können, nicht teilzuhaben an dem, was die anderen eine ›Gegenwart mit Zukunft‹ nennen. In einer scheinbar eingefrorenen Situation erfahre ich Solidarität.

»Blüh' auf, gefrorner Christ!« Die Predigt könnte etwas dazu beitragen, eine eingefrorene Lebenssituation aufzutauen. Dass es dem »gefrornen Christen« (A) warm wird, setzt die Erkenntnis und Erfahrung voraus, dass die Hingabeseite seines Lebens nicht auf einem rigorosen Umgang mit sich selbst oder gar dem Opfer der Selbstliebe beruht. Christus zu mir nach draußen kommen zu sehen und ihn nach mir fragen zu hören, als Herz erwärmende Bewegung zu predigen – auftauend und dazu ermutigend, es nicht nur mit der Freundschaft zu sich selbst neu zu versuchen, sondern auch die Zukunft wieder offen zu sehen – das wäre ein lohnendes Predigtziel.

Diese Predigtperspektive – dessen sollte sich jeder und jede, der/die ihr folgt, bewusst sein – kann sich nicht auf eine Aktualisierung der *ganzen* Perikope berufen, worum es ja in der homiletischen Arbeit mit Texten auch nicht geht: Es ist zwar keine Verfälschung, sich mit Bezug auf Heb 13,12–14 der Solidarität Gottes angesichts von Ungerechtigkeits- und Unterlegenheitserfahrungen zu vergewissern, aber das verstärkende Zusatzargument aus Vers 14 – etwas salopp formuliert: ›Wir haben das Ganze sowieso bald hinter uns und *das Eigentliche* noch vor uns‹ – wird in *dieser* Predigt (so) nicht in Anspruch genommen. Ich kann nicht gleichzeitig predigen, dass es jetzt und ›hier draußen‹ ums Leben geht, und gleichzeitig hinzufügen, dass es so wichtig auch nicht ist, da es ohnehin nur um Vorläufigkeiten gehe. Dass wir hier *keine bleibende Stadt* haben, ist im Text als Trost gemeint, um sich mit der Schmach *arrangieren zu können.* Die hier angedeutete Predigt arrangiert sich damit *nicht.*

VI Draußen vor dem Tor – ein lebenswerter Ort. Überlegungen zur Predigt

Im Blickpunkt meiner Predigt stehen Menschen, denen Unterlegenheitserfahrungen – resultierend unter anderem aus der oft »unbewussten oder machtlosen Übernahme von stigmatisierenden Fremdbewertungen in die Selbsteinschätzung« (Somm, 73) – nicht fremd sind. Das empfinden sie als Schmach, denn es tangiert ihr Recht und ihre Würde. Ich plädiere für eine Predigt, die die Bewegung ›hinaus vor das Lager‹ nicht in einen Kondeszendenz-Appell zur christusgemäßen Selbsthingabe der Gemeinde übersetzt, sondern – in einer bestimmten Hinsicht – die Lebensbedingungen *der Anwesenden selbst* thematisiert. Das könnte in folgenden Perspektiven (und in dieser Reihenfolge) geschehen:

1. Lebensweltlicher Bezug (Problemanzeige): Die Hörerinnen und Hörer kommen als Menschen in den Blick, die sich – ohne deswegen als »Sozialfall« zu gelten – insofern mit »Abseitserfahrungen« arrangiert haben, als sie von ihrer Subjektstellung im eigenen Leben kaum Gebrauch machen. Sie sind in ihrem Empfinden und Streben nicht oder nur halb beteiligt an dem, was in ihrem Leben und mit ihnen geschieht. Das ist einerseits keine ungewöhnliche, manchmal temporäre und nicht zu dramatisierende Erfahrung; wenn sie sich andererseits verstetigt, führt sie dazu, sich dem eigenen Leben zu entfremden – Grund genug, sich in einer Predigt damit zu befassen.

2. Hermeneutische Grundidee: Die Passion Christi punktuell auch als Akt der Solidarität im *Widersprechen* gegen Ausgrenzung bzw. Vereinnahmung (zwei Seiten derselben Medaille), im *Vertreten* des als richtig Erkannten und im *Durchstehen* zaghaft errungener Entscheidungen begreifen zu können, wäre der anthropologisch-theologische Schlüssel eines solchen Zugangs. Was wir sagen und tun, muss schlechterdings zu der Person gehören dürfen, die wir sind. Rechtsprechung, Judika, ist ohne die Person schützende Einsprüche nicht denkbar.

3. Zuspitzung: Wir haben hier keine bleibende Stadt? Ja, aber das heißt keineswegs, den temporären Ort, von dem ich wieder aufbrechen muss, nicht als Lebensort zu bewahren bzw. ›retten‹ zu müssen. Der Ort ›da draußen‹ ist wichtig genug, ihn als Lebensort zu erfahren und ihn sich aneignen zu können; das zu erkennen, dafür ist es – formuliert mit Bezug auf eine Erkenntnis des Arztes Nossrat Peseschkians über das Lernen – »nie zu früh und nie zu spät; es ist immer höchste Zeit« (Peseschkian, 36).

Literatur: *Nossrat Peseschkian,* Glaube an Gott und binde dein Kamel fest: Warum Religion unserer Seele guttut, Freiburg im Breisgau 2008; *Irene Somm,* Lokale Zugehörigkeit und Status. Zur Analyse lokaler Statusunsicherheiten bei urbanen Mittelklassemilieus, Gießen 2006.

Palmarum (6. Sonntag der Passionszeit)

A

Markus 14,(1–2)3–9:

Die Macht der Religion und eine Religion der Macht

Johannes Hendrik Cilliers

I Eröffnung: Starker Kontrast

Dieser Bibeltext ist Teil der typischen rhetorischen Struktur, die Markus durchweg in seinem Evangelium gebraucht: Man könnte es ein *Kontrast-Verfahren* nennen – von Ereignissen, Charakteren, Perspektiven und Werten. Demzufolge sollte er zusammen mit dem Bericht in Mk 12,41–44 über die arme Witwe, die ihre Gabe bringt, gelesen werden. Beide berichten von Frauen (arm, marginalisiert, machtlos) und stehen in starkem Kontrast zu den Mächtigen (Hohepriestern und Schriftgelehrten); und folglich sogar zu den Jüngern, die dachten, dass Jesus eine Art politischer/religiöser Macht verkörpern würde. Beide Geschichten bezeugen die wachsende Spannung zwischen Jesus und den damaligen Machthabern, die in Jesu Tod, Begräbnis und Auferstehung gipfeln. Kurz, der Text betont den Kontrast zwischen der sonderbaren, ausgegrenzten *Macht der Religion* (in den Gaben der ›Kleinen‹) und den Intrigen und Plänen (selbst Jesus zu töten) *einer religiösen Macht.* Zudem scheint es, dass dieser Kontrast von Anbeginn Teil der menschlichen Beziehung zur Religion war, die sich heute erneut in religiösen Konflikten und Kriegen fortsetzt. Die Frage ist: Dient (unsere) Religion der Menschenwürde, besonders der der Schwachen und Marginalisierten, oder dient sie den Plänen der Mächtigen?

II Erschließung des Textes: Wie Macht sich abspielt

Auf den ersten Blick scheint die Reaktion der Anwesenden vernünftig, nämlich, dass das teure Nardenöl, mit dem Jesus gesalbt wurde, hätte gebraucht werden können, um den Armen zu helfen. Es hätte ja für mehr als einen Jahreslohn verkauft werden können (ca. 300 Denarien)! Andererseits scheint es auch so, als ob Jesus irgendwie die Realität der Armut verewigt, wenn er sagt: Die Armen sind immer bei euch (V. 7). Diese zwei Interpretationen – *ein Appell an Altruismus* und das Annehmen eines *Armutsideals* – treffen nicht die Intention des Textes. Der Text verschärft die Kontraste, hier besonders zwischen den Mächtigen und den

Machtlosen, in Vorbereitung auf die Geschehnisse am Kreuz, wo dieser Kontrast kulminiert.

Die Begriffe ›Macht‹ und ›Machtlosigkeit‹ stehen im Mittelpunkt des Textes (eine breitere Definition findet sich bei Pasewark, 1–5). Einerseits erscheint die damalige religiöse Elite (Hohepriester und Schriftgelehrte) gleich zu Anfang der Erzählung; andrerseits erscheint die namenlose Frau später (obwohl ihre Taten mit diesem Evangelium in der ganzen Welt bekannt werden würden). Es ist eine bekannte historische Tatsache, dass die Kirche, vielleicht sogar ganz besonders die Kirche, zu den Ideologien der Macht hin tendiert, was Keshgegian *kyriarchy* (Keshgegian, 27) nennt. Die Kirche, die auf die ›Macht‹ Gottes zählt, scheint sich oft (in Strukturen, Ämtern und Theologie) als den Gipfel der Weisheit zu sehen, wenn nicht gar als Gott selbst. Sie behauptet eine dominierende und beaufsichtigende Position innerhalb der Vernetzungen der Mächtigen statt auf die Seite derer zu treten, die machtlos sind. Sie marginalisiert öfter, als für die Marginalisierten Partei zu ergreifen.

Die Kleinen sehen

Das Markusevangelium und speziell dieser Text fordert eine *Veränderung der Perspektive.* So viel ist klar: Geblendet vom Status quo der Mächtigen, kann man den Machtlosen gegenüber (denen Jesus sich anschließt) leicht blind sein. Dieser Text verlangt einen Perspektivenwechsel, eine Wiedergeburt der Sinne und speziell eine *Optik der Kleinen.*

Als Jesus in die Stadt Jerusalem reitet, schwingen die Menschen begeistert Palmblätter (Mk 11,1–11). Sechs Tage danach fordern sie seine Kreuzigung. Ein ernüchternder und ironischer Gedanke: Man kann den (angeblich mächtigen Jesus) bejubeln und doch versäumen, tiefer zu blicken, versäumen, die Zeiten und Bedeutung seines Auftretens richtig zu erfassen. Man kann ihn bejubeln, solange er in eine Agenda der Macht zu passen scheint.

Mk 14,1–9 handelt von Formung (und Umformung) oder Verlagerung der Perspektive. Es geht um Erkenntnis von ›Zeichen der Transzendenz‹ oder Einsichten in eine tiefere Dimension selbst der kleinen Dinge des Lebens. Es ist eine andere Auffassung der Realität verlangt, eine Erkenntnis des Evangeliums in Zeit und Raum der scheinbar Machtlosen, Marginalisierten, Unwichtigen. Der Text erinnert uns, dass das Evangelium Jesu als in dieser Welt aktiv gesehen werden *kann,* obwohl auf indirekte und oft schockierende Weise – selbst wenn das durch die Anwesenheit anscheinend unbedeutender Menschen oder Ereignisse geschieht. Der Text *unterbricht* das Machtspiel der Mächtigen und deutet auf das Elend der Machtlosen (vgl. Campbell/Cilliers, 39–40) hin.

Timing ...

Jedoch handelt dieser Text nicht nur von einer Unterbrechung, sondern auch von deren Zeitpunkt. Die Anwesenden wollen das Öl bewahren, um die Armen zu speisen; die Frau salbt Jesus im Vorgriff auf seine Grablegung. Die Anwesenden missverstehen den Moment, die Frau erhebt den Moment zum Sakrament. Sie spürt eine erlösende Gegenwart in diesem Moment; die Oberpriester und Schriftgelehrten planen den Mord des Gegenwärtigen. Das Timing hängt von der Beurteilung zwischen »allezeit ... nicht allezeit« ab V. (7). Dieser Begriff des Timings könnte als *Ahnung* beschrieben werden, d.i. Ahnung einer Gegenwärtigkeit in der Gegenwart (vgl. Kempen, 140–141). Das Ahnen integriert drei Begriffe, nämlich Spüren (d.i. Wahrnehmung als Weisheit), die Gegenwärtigkeit (d.i. Jesu Anwesenheit) und die Gegenwart (d.i. das Jetzt). Die Frau versteht den Moment mit Weisheit und ahnt den Tod und das Begräbnis Jesu, als Christus. Aber die Mächtigen spüren eine Bedrohung ihres Status quo, die Bedrohung muss so bald wie möglich beseitigt werden, jedoch so, dass diese Aktion nicht ihnen selbst gefährlich wird (vgl. V. 2).

III Impulse: Und niemand lacht

Das Thema der Predigt könnte sein: *Das (Un)Bedeutende sehen,* d.i. die Erkenntnis der Anwesenheit Jesu als Christus, sogar, und besonders, in den Handlungen der Kleinen.

Es wäre höchst interessant, Kirchengeschichte auf diese Weise zu lesen – im Hinblick darauf, wie oft die Kirche die Gegenwart Christi nicht erkannte, vielleicht nur, weil sie zu unbedeutend schien, nicht mächtig oder erhaben genug.

Man erinnere sich an Søren Kierkegaards ironischen Kommentar zu der Lutherischen Kirche Dänemarks seiner Tage. Der Bischof von Kopenhagen war ein Gelehrter mit eindrucksvollen Leistungen, geachtet sowohl als Theologe wie auch als Wissenschaftler. Kierkegaard beschreibt sein Auftreten wie folgt: »Es ist Sonntagmorgen und der Bischof soll in der Kathedrale predigen. In seinen liturgischen Gewändern betritt er die Kanzel. Sein ergrautes Haar verleiht seiner markanten und würdevollen Erscheinung einen Hauch von Weisheit. Die königliche Familie ist anwesend und Mitglieder der Dänischen Akademie der Wissenschaften füllen einige Sitzreihen. Wirft man den Blick auf den Rest der Gemeinde, sieht man Banker, Rechtsanwälte, Richter, reiche Kaufleute. Der Bischof beginnt zu reden. ›Liebe Brüder und Schwestern in Christo, heute Morgen ist mein Predigttext 1. Kor. 1:28. Siehe, Gott hat sich euch auserwählt, euch, die Verachteten und Ausgestoßenen der Erde.‹ Und niemand lacht« (Garff, 773).

Werkstück Predigt

Dient (unsere) Religion der Menschenwürde, besonders der der Schwachen und Marginalisierten, oder dient sie den Plänen der Mächtigen? Können wir mit der störenden Dimension des Evangeliums fertig werden?

Einige von uns könnten sich in der Lage von Ivan Karamazovs Großinquisitor befinden – auch eine mächtige Figur – in Fyodor Dostoevskys Roman *Die Brüder Karamazov*. Nach Eintritt in eine düstere Gefängniszelle und einem Blick in das Gesicht einer mysteriösen Gestalt, die die störenden Taten Jesu verübt und die gute Ordnung der Kirche bedroht hat, erschaudert der Großinquisitor, öffnet die Zellentür und sagt: »Geh, und komme nicht wieder, ... *komme nie wieder! ... Nie, nie!« (Dostoevsky, 262)*

Aber Jesus kommt immer zurück, wieder und wieder. Man kann ihn entweder sehen oder blind bleiben.

Literatur: *Charles Campbell/Johannes Hendrik Cilliers,* Was die Welt zum Narren hält. Predigt als Torheit, Leipzig 2015; *Fyodor Dostoevsky*, The Brothers Karamazov, übersetzt von Richard Peaver und Larissa Volokhonsky, New York 1990; *Joakim Garff, Soren Kierkegaard. Eine Biographie*, übersetzt von Bruce H. Kirmmse (Princeton) 2005; *Martin Kempen*, Coaching als abduktiver Prozess vor dem bleibenden Geheimnis. Die Theorie aus pastoralpsychologischer Perspektive, Frankfurt am Main 2015; *Flora A. Keshgegian*, Redeeming Memories. A Theology of Healing and Transformation, Nashville 2000; *Kyle A. Pasewark*, A Theology of Power. Being beyond Domination, Minneapolis 1993.

Carolyn Decke

B

IV Entgegnung: Die Macht der schönen Tat

Das markinische »Kontrast-Verfahren« (A I) zur Kennzeichnung der wahren weltverändernden Macht, die trotz allen Missbrauchs, Gott sei Dank, doch dem Religiösen je und je in einer konkreten Zeitansage innewohnt, ist von A konsequent und nachvollziehbar dargelegt. Im Zusammenhang eines aktuellen kirchlichen (Leitungs-)Handelns lässt sich natürlich darüber debattieren, inwieweit die Erscheinungsformen von Kirche (vgl. die Kirchentheorie z.B. von Jan Hermelink), etwa im Kontrast von ›emphatischer, aktiver Bewegung‹ als Handlung der namenlosen Frau auf der einen und der Pläne der Hohepriester und Gelehrten als religiöser Macht (›Institution‹) auf der andern sich versöhnen müssten, um Jesus nicht nur wieder und wieder zu erkennen, sondern auch gesellschaftspolitisch wirksam werden zu lassen. Dies ist ein interessantes Predigtthema etwa auf einer Synodentagung.

Es erhebt sich angesichts Kierkegaards Szene von der absurden Konfrontation der reichen Kopenhagener Kathedralgemeinde mit einem Bibeltext über die Erwählung der Verachteten und Ausgestoßenen (vgl. A III) wieder einmal die Frage, wie auch konfrontierende Texte denen als Evangelium zu verkünden wären, die nun mal gerade als Menschen in der Gemeinde sitzen. Interessant dazu, wie der damalige EKD-Ratsvorsitzende Wolfgang Huber anno 2005 die Salbungsszene als »Meeting Jesu im Hause Simons des Aussätzigen« vor der Jubiläumsversammlung der Rotarier in der

Kaiser-Wilhelm-Gedächtniskirche nach deren Prinzipien der Wohltat auslegt (s.u. Internet): »Rotarier prüfen das, was sie denken, sagen oder tun, an Hand von vier Fragen: Ist es wahr? Ist es für alle Beteiligten fair? Wird es Freundschaft und guten Willen fördern? Wird es dem Wohl aller Beteiligten dienen?«

In der Karwoche lässt sich der Ruf dieses Evangeliums nach Geistesgegenwart angesichts des Weges Jesu von Station zu Station erforschen. An jeder geschieht tatsächlich immer wieder Notwendendes. Damit werden der scheinbaren Ausweglosigkeit und Vergeblichkeit des Geschehens nach Golgatha hin, viele österliche Gesten von Menschlichkeit und Großzügigkeit entgegengesetzt. Offenbar ist das Erinnern dessen essentielles Evangelium und findet sich tatsächlich genauso sichtbar im Kleinen, in der schönen Tat, wieder wie im machtvoll verkündeten österlichen Sieg des Lebens über den Tod. Hier sehe ich die Relevanz des Textes für die Palmsonntagsgemeinde.

V Erschließung der Hörersituation: »... und nichts ist wahr, was nur in Worten existiert« (Les Murray, 64)

Am Palmsonntag versammeln sich gemeinhin nicht ausschließlich diejenigen, die an den Plänen der Mächtigen in Kirche und Gesellschaft mitschmieden, sondern (ältere) Frauen und (wenige) Männer, Goldkonfirmandinnen und -konfirmanden oder auch Jugendliche kurz vor ihrer Konfirmation, Menschen, die bewusst und spirituell in die Karwoche gehen wollen.

Sie bringen die Erfahrung mit ein, dass die Wirkmächtigkeit des christlichen Glaubens in ihrem Alltag nicht automatisch sichtbar ist, sie selbst jedoch als geheime Sehnsucht, sowie in der herausfordernden Neugier der säkularen Umwelt begleitet: ›Ja, wo kann ich Jesus als den Lebendigen erfahren?‹ – ›Welche Tat lässt mich glaubwürdig erscheinen?‹ – ›Wie kann ich damit die Welt zum Besseren verändern?‹

Angesichts der komplexen Machtverhältnisse in der modernen Welt erscheinen die Einflussmöglichkeiten der ›Kleinen‹, Marginalisierten und Namenlosen gering. Eine vermeintliche Ohnmacht, die manche in Europa wütend auf die Straße treibt oder gar Sündenböcke suchen lässt, die sich gegen das Gute verschworen hätten. Mit dem Gedanken des Textes, dass sich die Macht Gottes ja nicht in den Plänen irgendwelcher Einflussreichen zeigt, sondern vor allem in der Glaubwürdigkeit und im Handeln der beherzt Glaubenden, könnte ein Anstoß gegeben werden: Geistesgegenwart ist in jedem Menschen angelegt. Somit muss ich mich immer wieder neu entscheiden, welchem Geist ich mich zuordnen will: dem der Ohnmacht und Gleichgültigkeit oder dem der guten Tat im Angesicht Jesu? Die Geschichte zeigt: Diese eine Tat kann den Unterschied machen. Sie ist aber nicht für lau zu haben, sondern erfordert womöglich den Mut zur Anstößigkeit. Sie braucht das richtige Timing. Sie verlangt unter Umständen erhöhten Einsatz ab: Der namenlosen Frau kostet sie zwar nicht das Leben, aber einen beträchtlichen Teil des Vermögens. Sie ist gefordert in scheinbar ganz alltäglichen Situationen, in denen Gott mir Aufmerksamkeit zutraut.

Natürlich können in der Predigt auch größere Heldentaten als die des normalen Alltags zu Worte kommen, in denen etwa moderne Frauen ihre angestammte Rolle verlassen und die Welt verändert haben: die Friedensnobelpreisträgerinnen Malala Yousafzai aus Pakistan und die Jesidin Nadia Murad zum Beispiel, die als einfache Frauen bestehende Gewaltsysteme öffentlich hinterfragt haben oder Greta Thunberg, die als Schülerin eine machtvolle Bewegung für mehr aktives Klimabewusstsein ins Leben gerufen hat. Nicht jede und jeder von uns ist zu solchen öffentlichkeitswirksamen Taten fähig. Deshalb ist es gut, dass die Frau im Markusevangelium namenlos bleibt und ihre Salbungshandlung durch die konkreten Umstände zur prophetischen Geste wird, die sich dennoch in das Gedächtnis der Glaubenden einbrennen sollte.

Die Botschaft der Predigt wäre dann: Glaube, Liebe und Hoffnung als die Grundkoordinaten des Christlichen werden nur durch tätige Gesten wahr. Wo sie auf dem Spiel stehen, muss etwas im Geiste Jesu gewagt werden, als Gesten, die eine erlöste Zukunft beschreiben.

VI Predigtschritte: »Kirche macht, dass ich ungezogen sein will.« (Les Murray, 146)

»Wenn doch auch du (Jerusalem) an diesem Tag erkannt hättest, was zum Frieden dient.« (Lk 19,42) Dieser Seufzer Jesu könnte als Leitwort über der Karwoche stehen. Denn darum geht es: der Macht von Tötungsplänen, Verrat und Vernichtung die Gesten des Friedens und der Schönheit entgegenzusetzen. Wo begegnen wir (in diesen aktuellen Tagen/in unserem Alltag) diesen Mächten? Kommen uns folgende Reaktionen darauf bekannt vor?

1. Die der Vernunft: ›Ich kann ja nichts ändern.‹ – ›Es nimmt doch alles seinen Lauf.‹ – ›Die anderen sind stärker, einflussreicher, klüger.‹ Damit passen wir uns den lebensfeindlichen Mächten an und stärken sie.

2. Das Fernhalten: ›Man könnte, man sollte, man hätte.‹ (Jünger Jesu) Gerne abstrahieren wir Handlungsoptionen und schieben sie damit auf eine andere ferne Gelegenheit.

Der heutige Predigttext eröffnet eine dritte Möglichkeit:

3. Die spontane, ›ungezogene‹ Tat: [Lesung des Textes] … Die namenlose Frau unterbricht auf ihre Art das fatalistische Geschehen, überwindet die Vernunft und gibt mit ihrer liebevollen Geste dem Friedefürsten Jesus die Macht zurück. Mit dieser Tat nimmt sie die Osterbotschaft zeichenhaft vorweg.

Es tut gut, eine solche Geschichte am Beginn der Karwoche zu bedenken. Sie verweist auf die Kräfte, die auch in uns schlummern: das Mitfühlen, die Möglichkeit, Leid zu lindern, Leben zu stärken. Gott sei Dank gelingt dies immer wieder. Es gibt sie, die Männer und Frauen, die sich trauen: in Dörfern Flagge zu zeigen, wo Rechtsradikale die Macht übernehmen möchten, in Blogs gegenzuhalten, wenn Menschen verunglimpft werden, als Journalisten und Journalistinnen Unrecht öffentlich zu dokumentieren. (...) Aber auch am Sterbebett mit zu wachen, in Not Präsenz zu zeigen.

Was braucht es dazu? Strukturen können Menschen abhalten oder ermutigen, sich einzumischen. Vielleicht ist es eine der Hauptaufgaben christlicher Gemeinde, neben Seelsorge und Bildung auch Aufmerksamkeit und Mut zu fördern. Moderne Mentaltrainer lehren, dass selbstbewusstes und veränderndes Handeln zuallererst den freundlichen Blick auf sich selbst braucht, um von den Meinungen und Zuschreibungen anderer unabhängiger zu werden. Das Vorbild dazu kann nur Jesus heißen. Die namenlose Frau hat wahrlich als Glaubende gehandelt.

»Du salbest mein Haupt mit Öl ...« (Ps 23,5): Der Predigttext bietet eine sehr anschauliche und sinnliche Geschichte an, die reich an Emotionen ist. Es wäre schade, wenn dies nicht auch im Gottesdienst zum Tragen käme. Etwa in einem Streitgespräch zwischen »Vernunft« und »Gefühl« oder in der Zeugenschaft beherzter Menschen aus der Gemeinde (Sterbebegleiterin, Mitarbeitender der Flüchtlingshilfe, Erzieherin). Wo es üblich ist, könnte die heilsame (freiwillige) Erfahrung von Berührung mit in den Gottesdienst durch eine persönliche Segens- oder gar Salbungsgeste integriert werden. Psalm 23 zeigt auf, dass auch mir selbst im entscheidenden Moment zu Beginn des ›ewigen Lebens‹ diese stärkende Geste durch Gott selbst zu Teil werden wird.

Literatur: *Jan Hermelink*, Kirchliche Organisation und das Jenseits des Glaubens. Eine Praktische Theologie der evangelischen Kirche, Gütersloh 2011; *Les Murray*, Aus einem See von Strophen, Gedichte, Berlin/Hörby 2014.

Internet: *Wolfgang Huber*, Predigt am 20.03.2005, EKD.de/Publikationen/Predigen/, abgerufen am 31.05.2019.

2 Mose 12,1–4(5)6–8(9)10–14:

Befreiendes Gedenken – Gemeinsame Feier

A

Michael Bünker

I Eröffnung: Eine Kasualie besonderer Art

Der Gottesdienst am Gründonnerstag – zumeist am Abend dieses Werktags gefeiert – erfreut sich großer Beliebtheit, auch wenn die Zahl der Feiernden meist überschaubar ist. Die liturgische Vielfalt der Feier und ein oft mit ihr verbundenes gemeinsames Essen und Trinken machen aus dem Gründonnerstag eine Kasualie besonderer Art. Im Vordergrund steht meist die Gemeinschaft.

Die Selbstverständlichkeit, mit der die Perikopenordnung das letzte Abendmahl Jesu in die Tradition von Pessach stellt, wirft Fragen auf. Ist Jesu letztes Mahl überhaupt selbst ein Pessachmahl gewesen? Einige Argumente sprechen dafür, gewichtigere dagegen, vor allem die Chronologie. Johannes und Paulus gehen davon aus, dass Jesus noch vor dem Pessach gestorben ist. Dazu kommen Einsichten aus dem christlich-jüdischen Dialog, die gegenüber einer unreflektierten Übernahme jüdischer gottesdienstlicher Traditionen Zurückhaltung verlangen. Also kein Nachmachen eines Sederabends am Gründonnerstag! Zu groß ist die Gefahr der Missachtung des jüdischen Selbstverständnisses und des Versuchs »einer substituierenden Aneignung« jüdischer Traditionen (Leuenberger Kirchengemeinschaft, 80). Deshalb sollte auch der Text nicht durch Auslassung der Verse 5 und 9 gleichsam ›christlich‹ zurechtgestutzt werden, sondern im Ganzen die Grundlage der Predigt bilden.

Zwei Themen ergeben sich aus Exodus 12 für die Predigt: die Bewahrung in Gefahr und die Befreiung aus Sklaverei. Wie sich diese Themen – Bewahrung und Befreiung – mit dem ›Kasus‹ des Gründonnerstags verbinden lassen, ist die homiletische Herausforderung.

II Erschließung des Textes: Tag des Gedenkens

In Ex 12,1–14 sind zwei Textebenen miteinander verbunden. Zum einen geht es um die Ankündigung der zehnten Plage, mit der Gott den Pharao dazu zwingen will, die Israeliten ziehen zu lassen, und um die Vorbereitungen für den Auszug, der dann in Ex 12,21–42 berichtet wird.

Das ist die Erzählung eines vergangenen Geschehens. Die andere Ebene beschreibt die Einführung des Pessach/Mazzotfestes. Dabei geht es vorwiegend um Ordnungen, die vom Kalender (V. 2) bis zur Zubereitung der Speisen (V. 5) reichen. Den Abschluss bildet V. 14 als eingeschobener Kommentar zwischen der Pessachordnung (Ex 12,1–13) und den danach folgenden Anweisungen für die Mazzot (Ex 12,15–20). »Dieser Tag«, der Tag der Verschonung und Befreiung, soll von Generation zu Generation zum Tag des Gedenkens und zum »Fest für Gott« werden (V. 14).

Eine besondere Schwierigkeit dürfte für Hörerinnen und Hörer (nicht nur heute) die Schilderung der zehnten Plage darstellen. Wie kann Gott so grausam sein? Ein Blutritual schützt die Israeliten. Ähnliches hatten vielleicht schon jene Nomaden praktiziert, die das Hirten- und Frühlingsfest als erste gefeiert haben. Vor dem Weidewechsel sollte ein Verderben bringender Nachtdämon abgewehrt werden. Aber jetzt handelt Gott selbst. Das »ich« kommt in den VV. 12–13 gehäuft vor. Doch Gott geht an den mit Blut markierten Häusern der Israeliten vorüber und »nimmt Abstand« (V. 13), ihnen dasselbe anzutun wie den Ägyptern (so die Deutung des hebräischen Verbs pasach bei Utzschneider/Oswald, 255). Die Erzählung will vielleicht ausdrücken, dass solche Despoten wie Pharao erst dann zum Einlenken bereit sind, wenn sie dasselbe Leid, das sie anderen ohne Zögern und systematisch zufügen, auch am eigenen Leib erfahren. Aber es bleibt in jedem Fall die Konfrontation mit einer dunklen Seite Gottes.

Pessach war ursprünglich ein Frühlingsfest. Aber der Zusammenhang mit dem Kreislauf der Natur wird durch die Verortung in den Auszugserzählungen gleichsam ›historisiert‹ und mit einem einmaligen geschichtlichen Ereignis verbunden. Doch in der konkreten Situation des Auszugs ist durchaus noch nicht klar, wie sich das Fest in späterer Zeit entwickeln wird. Schon in der Zeit der endgültigen Fixierung der Überlieferung waren die Gegebenheiten andere, als sie für den nächtlichen Aufbruch angenommen werden müssen. Hier sind deutlich Spannungen zu erkennen. Wie passen etwa die Anweisungen zur Auswahl, Aufbewahrung und Schlachtung der Ziegen oder Schafe (VV. 3–6) zum überstürzten Aufbruch (V. 11), der wohl kaum die Zeit für mehrtägige Vorbereitungen gelassen haben dürfte? Es verschränken sich also mehrere Erzählebenen im Text. Konkrete historische Ereignisse und die Erinnerung daran verbinden sich mit Anordnungen für im Prinzip zeitlose Rituale und Feiern.

Zusammengehalten werden die verschiedenen Perspektiven durch das Motiv der Befreiung und Erlösung. Es geht einmal um »redemption as memory« und zugleich um »redemption as hope« (Childs, 305). Bis heute feiert das Judentum das Pessachfest in dieser doppelten Ausrichtung. Auf die bekannten vier Fragen des Jüngsten am Sedertisch (*Ma Nischtana*) ist nach der Pessach-Haggada zu antworten: »*Wir* waren Sklaven in Ägypten …« So wird durch das Gedenken das Vergangene in die Gegenwart geholt. Doch noch vor den Fragen und Antworten wird nach einem Segensgebet (Kiddusch) aus dem ersten Becher getrunken. Es ist der Becher der Freiheit. Nach den ersten Bissen der Erdfrucht (Sellerie oder Petersilie) wird dann die Schüssel mit den Mazzot erhoben und *Ha Lachma* gesagt. Dort heißt es: »Und sind wir heut' noch untertan, einst sind wir freie Leute.« (Hirsch-Haggada, 29) Das vergegenwärtigende Gedenken öffnet so den Blick in die Zukunft. Auf sie läuft alles hinaus. Pessach ist nicht so sehr ein Gestern, es »ist ein Heute und ein Morgen; das Heute ist noch Knechtschaft und Ägypten, das Morgen wird die Freiheit sein.« (Jacob, 311)

Diese Form des Gedenkens greift Jesus im Abendmahl auf. »Tut dies zu meinem Gedächtnis« (Lk 22,19) meint die Erinnerung an die Tischgemeinschaften Jesu und an seine Hingabe bis zum Tod am Kreuz. Seinen Tod verkündet die christliche Gemeinde, zugleich preist sie seine Auferstehung und blickt nach vorn auf seine Wiederkunft. Nur von vorne, nur von dem, der kommt, wird das Vergangene verständlich und so das Fest der Befreiten zur beglückenden Gegenwart.

III Impulse: Befreiung aus ungerechten Verhältnissen

Die Erzählung vom Auszug aus Ägypten und der Einsetzung des Pessachfestes halten fest: Gott hat das Elend seines Volkes gesehen, sein Schreien gehört und das Leiden erkannt (vgl. Ex 3,7). Er bewahrt es in der Bedrohung und befreit es aus der Sklaverei. Das Abendmahl Jesu ersetzt diese Tradition nicht und stellt sich nicht an seine Stelle. Es bestätigt vielmehr die Erfahrungen Israels. Wo immer heute Pessach oder das Abendmahl gefeiert werden, folgt aus der Dankbarkeit für die Befreiung die Verantwortung für die Notleidenden. Wenn am Sederabend der Korb mit den Mazzot erhoben wird, wird das *Ha Lachma* gesagt: »Siehe da, das Brot des Elends!« Hungernde, Bedürftige und Arme werden ausdrücklich eingeladen, am Sedertisch Platz zu nehmen. Auch das christliche Abendmahl hat immer eine diakonische Dimension. Es hält die Erinnerung an die Tischgemeinschaft Jesu mit den Armen lebendig.

Ein Leben, das auf Kosten anderer gelebt wird, das wachsende Ungleichheit produziert und in Kauf nimmt, dass Menschen auch heute in sklavereiähnlichen Verhältnissen leben und arbeiten müssen, wird angesichts des Tisches, um den Gott die Seinen versammelt, radikal in Frage gestellt. Die Befreiung meint auch die Befreiung aus der Gefangenschaft der Sünde, in solchen ungerechten Verhältnissen zu leben – wenn vielleicht auch gegen die eigene Absicht.

Beide Male – beim Pessach wie beim Abendmahl – stellt das gemeinsame Essen und Trinken einen Vorgeschmack für das kommende Heil dar. Der Friede Gottes wird in der Fülle der Güter der Schöpfung sichtbar. Er ist uns allen wie auch der gesamten Schöpfung verheißen. Dieser

Friede ist ein Geschenk, das wir immer schon empfangen. Bedrohung durch Gewalt, Unfreiheit und Unterdrückung, Sünde und Schuld stehen dem im Weg. Aber Gott überwindet sie. An seinen Kräften erhalten die Feiernden Anteil und werden gewürdigt, Trägerinnen und Träger von Gottes Gegenwart auf dieser Erde zu sein (vgl. Welker, 173).

Als Vorspruch zur Lesung des Predigttextes (Präfamen) könnte verwendet werden: »Um die Zeit von Ostern feiert das jüdische Volk das Passafest. Das Neue Testament deutet Jesus als das rettende Passalamm seiner Gemeinde. Im 2. Buch Mose wird erzählt, wie das Passafest entstanden ist.« (Duensing/Osten-Sacken, 34)

Literatur: *Brevard S. Childs*, Exodus. A Commentary, London 1974; *Friedrich Duensing/Peter von der Osten-Sacken*, Präfamina, Berlin 2011; *Hirsch-Haggada*. Die Haggada für Pessach, Basel/Zürich 1996; *Benno Jacob*, Das Buch Exodus, Stuttgart 1997; *Leuenberger Kirchengemeinschaft*, Kirche und Israel. Ein Beitrag der reformatorischen Kirchen Europas zum Verhältnis von Christen und Juden (Leuenberger Texte 6), hg. von Helmut Schwier, Frankfurt am Main ³2004; *Helmut Utzschneider/Wolfgang Oswald*, Exodus 1–15 (IEKAT), Stuttgart 2013; *Michael Welker*, Was geht vor beim Abendmahl?, Stuttgart 1999.

B

Sonja Beckmayer

IV Entgegnung: Platz für mehr

Die Predigtperikope sollte, wie A deutlich gemacht hat, nicht »›christlich‹ zurechtgestutzt« (A I), sondern ohne die möglichen Auslassungen genutzt werden. Dieser Text ist eine Herausforderung und sich ihr vollständig zu stellen angemessen. Dass sich jedoch nur zwei Themen, nämlich die »Bewahrung in der Gefahr« und die »Befreiung aus der Sklaverei« (A I), aus dem Text ergeben, kann man auch anders sehen. Diese beiden Themen sind sicherlich die Großthemen des Textes und die klassischen Themen, die ihm zugeordnet werden. Doch stecken in diesem Text auch andere Themen, etwa: ›Religion und Ritual‹ sowie ›gemeinschaftliches Handeln und Feiern‹. Diese Themen eröffnen weitere Felder, die sich auch für die Hörersituation fruchtbar machen lassen. Trotzdem bleibt die Herausforderung, über die Verbindung zum Gründonnerstag nachzudenken, ohne allein der Frage nach dem Verhältnis vom Abendmahl Jesu und dem jüdischen Pessach nachzugehen.

V Erschließung der Hörersituation: Was soll ich denn damit?

Der Text Ex 12 ist besonders in seinen Versen 2–13 widerständig für heutige Hörerinnen und Hörer. Er ist Teil eines lebensweltlich-kulturellen Kontextes, zu dem wir vielleicht stärker als in anderen biblischen Texten heute kaum noch einen Zugang haben: Kalenderangaben, Vorschriften zu Schlachtung, Verzehr und Bekleidung der Beteiligten, ein Blut-Ritus und ein Gott, der die Absicht hat, Kinder zu töten. Im heutigen Kalender finden sich religiöse Feste vor allem als Feiertage, geprägt wird der eigene Kalender aber zunehmend durch den Rhythmus von Arbeit und Urlaub. Die Schlachtung wird heute unter der Frage des Tierwohls diskutiert. Die Zubereitung von Fleisch geschieht nach eigenem Gusto, wenn nicht generell auf den Verzehr von Fleisch verzichtet wird. Bekleidungsvorschriften gelten immer weniger und weichen auch im religiösen Kontext zunehmend zurück. Der Kontakt mit Blut geschieht heute meist nur noch bei Verletzungen, die Idee, im rituellen Kontext mit Blut zu agieren, wirkt hingegen archaisch. Kinder zu töten, ist heute gar nicht mehr denkbar, auch nicht durch Gott, erst recht nicht im Angesicht der vielen Bilder von toten, verletzten und missbrauchten Kindern in Kriegsgebieten, auf der Flucht oder im heimischen Umfeld. Das alles passt so gar nicht in unsere Gegenwart.

Mit dieser deutlichen Fremdheit bricht Ex 12 zudem hinein in eine ganz andere Gestimmtheit, mit der man heute zum Gründonnerstagsgottesdienst kommt. Hier wird ein Gottesdienst am Abend eines Werktages gefeiert. Nach einem langen Arbeitstag muss man sich einmal mehr aktiv dafür entscheiden, hierher zu gehen. Die Erwartungen der Teilnehmenden dürften bei einer starken Gemeinschaft liegen, die sich dort einfindet und deren Teil man werden kann. Die Menschen, die sich wenig für Kirche und Gottesdienst interessieren, erwartet man hier eher nicht, eher bekannte Gesichter aus anderen Gottesdiensten und der Gemeindearbeit. Im Gottesdienst selbst findet diese Gemeinschaft einen besonders intensiven Ausdruck in der Feier des Abendmahles, welches gefeiert wird in der Erinnerung an das Abendmahl Jesu mit seinen Jüngern.

Unabhängig von der gewählten Form dieses Abendmahls von klassisch, über ein Feierabendmahl bis hin zu einem »christlichen Pessach« kann das Abendmahl am Gründonnerstag intensiver erlebt werden als das sonntägliche Abendmahl. Der Gründonnertag hat etwas Gemeinschaftstiftendes, etwas, in dem man sich aufgehoben fühlt, trotz oder wegen des bevorstehenden Karfreitags. Und dann dieser Text. Er irritiert, verstört. Natürlich geht es auch dort um Gemeinschaft und auch um eine Mahlgemeinschaft. Doch diese ganzen Vorschriften und der Blutritus – woran man sich da halten soll. Aber der Preis ist eben auch ein hoher: das Leben des Erstgeborenen und die eigene Freiheit. Hier geht es wirklich um etwas: Leben oder Tod eines Kindes, Freiheit oder Sklaventum. Das ist hart und entspricht nicht dem Gemeinschaftsgefühl, mit dem man in den Gottesdienst kam.

Für die Predigt braucht es Mut zur Widerständigkeit des Textes. Er fordert auch die Predigenden in besonderer Weise heraus. Wie stehe ich als Prediger oder Predigerin zum Alten Testament (vgl. Engemann, 144ff.)? In welcher Tradition verorte ich das christliche Abendmahl im Bezug zum jüdischen Pessach? Besonders die letzte Spur erleichtert es, in einen informierenden Predigtduktus (vgl. Zerfaß, 106) überzugehen. Man informiert die Gemeinde über die historischen Hintergründe des jüdischen Festes und berichtet von den gegenwärtigen Formen, mit denen es gefeiert wird. Diese Erklärungen sind sicherlich wichtig, gerade weil der Text so widerständig ist, und doch sollte sich die Predigt nicht hinter den (theologischen und religionspraktischen) Erklärungen verstecken. Der Text braucht einen größeren Kontext, um ihn einordnen zu können, und gleichzeitig sollte der Text nicht hinter dem Kontext verschwinden.

Auf der Makroebene ist Ex 12 ein stärkender Text. Gott rettet sein Volk, er nimmt es wahr und ist nicht bereit, ihm dasselbe anzutun wie seinen Feinden. Das Volk Gottes ist in großer Not und in dieser Not nimmt sich Gott seiner an. Diese Makroebene läuft aber Gefahr, durch die Fremdheit auf der Mikroebene zu verschwimmen, denn dort kann der Text die heutigen Hörenden verstören. Dies auch in der Predigt aufzunehmen, gehört ebenso dazu wie die theologisch geübtere Nutzung der Makroebene. Das beschriebene Ritual ist fremd und nicht mit dem vergleichbar, wie wir heute am Gründonnerstag Abendmahl feiern. Die Vorschriften sind verwirrend, wir sind es heute kaum noch gewöhnt, so detailreich instruiert zu werden. Vor allem nicht im religiösen Kontext, allenfalls noch bei der Bauanleitung eines Möbelstücks. Generell werden Vorschriften heute vielfach als beengend, denn als hilfreich wahrgenommen. Diese Mikroebene zu Gunsten der geläufigeren Makroebene zu vernachlässigen, nimmt eine Chance, mit der Widerständigkeit des Textes zu arbeiten und seine Probleme, seine Fremdheit zu benennen, noch einmal an ihnen deutlich zu machen, wie sehr sich unsere Lebenswelt gewandelt hat, um dann doch trotz dieser Widerständigkeiten im Text auf Grunderfahrungen zu kommen, die sich von Ex 12 über das Mahl Jesu bis heute durchziehen.

Je nach der Situation der Gemeinde und den zu erwartenden Menschen bietet es sich für die Predigt an, eines der folgenden Themen intensiver aufzunehmen und zu entfalten: Das *gemeinsame* Schlachten ist etwas, das eher ältere Menschen noch kennen. Wie der Ausdruck des ›Schlachtfestes‹ deutlich macht, hatte das Schlachten auch in Mitteleuropa einen Festcharakter. Am Schlachttag kamen viele zum Helfen. Meist haben die Männer geschlachtet, die Frauen Fleisch und Blut verarbeitet. Die Kinder waren mit dabei, mal bei der einen, mal bei der anderen Gruppe.

Am Schlachtfest waren die Familie und die Hausgemeinschaft beteiligt. Ebenso wie häufig die Nachbarn und Freunde. Man kam zusammen, arbeitete gemeinsam und beendete den Tag in der Regel mit einem gemeinsamen Essen.

Das *gemeinsame* Essen rückt in Zeiten, in denen Essen mehr denn je auch Lifestyle ausdrückt, im gesellschaftlichen Alltag mehr ins Bewusstsein. In Food-Blogs wird das Gekochte inszeniert und mit einer digitalen Gemeinschaft geteilt (s.u. Internet), Foodies tauschen sich in Foren beispielsweise über das beste Salz aus und in einer zunehmenden Single-Gesellschaft wird gemeinsames Kochen zum Event (s.u. Internet). Das gemeinsame Essen verbindet heute ebenso wie früher. Nicht zuletzt diesem Gefühl eines ›richtigen‹ Essens gehen die unterschiedlichen Formen des Abendmahls (auch am Gründonnerstag) nach, wenn sie neben Brot und Wein auch andere Speisen reichen.

Schließlich ist es das *gemeinsame* Gedenken, das auch die Anwesenden am Gründonnerstag in den Gottesdienst gebracht hat. Dieses gemeinsame Gedenken ist bereits in Ex 12,14 angelegt und trägt bis heute. Zusammenzukommen an einem Ort zu einer Zeit mit Menschen, die man kennt, und auch mit Menschen, die derselbe Anlass hierhergebracht hat, ist eine soziale Praxis, die man im religiösen wie im nicht-religiösen Umfeld kennt (vgl. Neijenhuis, 13). In dieser Feier gedenkt man gemeinsam wichtiger historischer Ereignisse, wie des Endes des 2. Weltkrieges, man gedenkt gemeinsam wichtiger gesellschaftlicher Ereignisse, wie des 11. September 2001, und man gedenkt gemeinsam bedeutender Familienereignisse, wie z. B. der Goldenen Hochzeit der Eltern. Der Gottesdienst ist ein religiöser Anlass, nicht nur für das gemeinsame Feiern, sondern auch des gemeinsamen Gedenkens, erst recht am Gründonnerstag. Mit dem Hören und Bedenken von Ex 12 entsteht eine Gemeinschaft auf unterschiedlichen Ebenen: unter den Anwesenden, mit den Abwesenden, mit der jüdischen Tradition, die unsere christlichen Wurzeln bildet. Es entsteht eine vielfältige Gemeinschaft im wohlwollenden Angesicht Gottes.

Literatur: *Wilfried Engemann*, Alttestamentliche Texte christlich predigen, in: Ders., Einführung in die Homiletik, Tübingen/Basel ²2011, 144–151; *Jörg Neijenhuis*, Liturgik. Gottesdienstelemente im Kontext, Göttingen 2012, 11–16; *Rolf Zerfaß*, Redetypen und Predigtstile, in: Ders., Grundkurs Predigen. Bd.1, Düsseldorf 1995, 103–112.

Internet: www.highfoodality.de; www.neoreach.com/top-food-bloggers/, beide abgerufen am 31.05.2019.

A

2 Korinther 5,(14b–18)19–21: Schicksalsgemeinschaft

Ursula Roth

I Eröffnung: Am Anfang – das Kreuz

Jeder Karfreitagsgottesdienst findet im Wirkungsbereich eines Bildes, genauer: einer Szenerie, statt. Ähnlich der an Weihnachten allgegenwärtigen Krippenszene schiebt sich am Karfreitag als erster ›Text‹ – genauer: als erstes Bild – die Kreuzigungsszene ins Blickfeld. Jeder Gottesdienstbesucher kennt die Ikonografie dieser Szene, ob nun von der Betrachtung eines Gemäldes oder einer Skulptur – ob aus unmittelbarer Anschauung oder mittels medialer Reproduktion (Buch, TV, Internet). In manchen Kirchen wird an Karfreitag die Kreuzigungsszene als Passions- bzw. Osterkrippe in Szene gesetzt, häufig ist auf der Vorderseite des Liedblattes ein entsprechendes Bild abgedruckt. Angesichts der Präsenz dieses ikonografischen Topos kommt dem Predigttext eine sekundäre, deutende Funktion zu – zumal sich dieser an diesem Tag selbst wie ein Kommentar zum Kreuzestod Christi liest. Die Predigt an Karfreitag ist nicht der Ort für dogmatische Erörterungen darüber, ob und inwiefern sich der Kreuzestod Christi mit Hilfe der Begriffe ›Sühnetod‹ bzw. ›Stellvertretung‹ fassen lässt. Stattdessen gilt es, die Hörerinnen und Hörer in die Begegnung mit der Kreuzigungsszene hineinzuführen, sie anzuregen, sich dieser Szene von Schmerz, Trauer und Leid auszusetzen, den Bezug zu solchen Momenten der eigenen Lebenswirklichkeit zu entdecken und das Deutungspotenzial der Szene auszuloten.

II Erschließung des Textes: Das Ziel – Versöhnung

Ich empfehle, der Predigt die Verse 14–21 zugrunde zu legen. Erst so kommt die Dynamik des Textabschnitts zur Geltung. Die Eingrenzung der Perikope auf die Verse 19–21 ist weder exegetisch noch homiletisch sinnvoll. Dasselbe gilt für die – durch die Perikopenordnung vorgesehene – Abtrennung von Vers 14a, der mit dem Motiv der Liebe Christi das Fundament der Gedankenfolge legt.

Der Abschnitt 2 Kor 5,14–21 ist eingebunden in die so genannte ›Apologie‹ (2 Kor 2,14–7,4). Das Vertrauensverhältnis zwischen Paulus und der Gemeinde in Korinth ist aufgrund eines Konfliktfalls brüchig geworden. Nun versucht er, seinen Auftrag als Apostel erneut zu legitimieren (vgl. Schmeller, 329). Er beschreibt ihn als Dienst der Versöhnung. Das Fundament dieses Dienstes sieht er in dem im Kreuzestod Christi grundgelegten Heilsgeschehen.

Der Textabschnitt beschreibt eine Bewegung in vier Schritten. 1) Am Anfang steht der Verweis auf die Liebe Christi (5,14a). In Folge dieser Liebe ist »einer für alle gestorben« (5,14b). – 2) Der Tod Christi »für alle« bewirkt eine »Schicksalsgemeinschaft« (Schmeller, 322ff.), die das Leben der Einzelnen von Grund auf erneuert: »Ist jemand in Christus, so ist er eine neue Kreatur« (5,17). – 3) Die Heilswirkung des Todes Christi beschreibt Paulus (5,18f.) als Gottes universale (!) Versöhnungstat: »Gott war in Christus und versöhnte die Welt mit sich« (5,19). – 4) Aus dieser Versöhnungstat ergibt sich ein ethischer Anspruch an Christen: Wir sind »Botschafter an Christi statt« und bitten »nun an Christi statt: Lasst euch versöhnen mit Gott!« (5,20).

Der Begriff der Versöhnung ist innerhalb der neutestamentlichen Schriften – neben den Deutungsmustern des ›Sühnetodes‹ oder des ›Loskaufs‹ – ein zentrales Interpretament für das Verständnis der Heilsbedeutung des Todes Christi. Es begegnet ausschließlich in den Briefen des Paulus und der Paulusschule. Den Gedanken der göttlichen Versöhnungstat entfaltet Paulus primär hier, in 2 Kor 5. Dabei fällt dreierlei auf:

1. Der Begriff der Versöhnung (katallagē) stammt aus dem alltäglichen Kontext. ›Katallagē‹ bezeichnet ursprünglich einen ›Tausch‹, einen Wechsel; mit dem kultischen Kontext sowie mit den Begriffen ›Sünde‹ und ›Sühne‹ hat er zunächst nichts zu tun (vgl. Schmeller, 329). Das Verb ›katallassō‹ bezieht sich vielmehr auf ein Geschehen zwischen zwei Parteien, durch das »das gestörte, feindliche Verhältnis zwischen ihnen aufgehoben und durch eine Relation des Friedens, der Freundschaft oder Eintracht ersetzt wird« (Breytenbach, 82). Als ›Versöhnung‹ kann etwa ein zwischen politischen Gruppen geschlossener Friedensvertrag bezeichnet werden oder auch die Rückkehr zerstrittener Ehepartner zu einem friedlichen Eheleben (vgl. Schmeller, 329). Der Gedanke des ›Tausches‹ wird schließlich in V. 21 als Tausch von Sünde und Gerechtigkeit rechtfertigungstheologisch gewendet (vgl. Schmeller, 320).

2. Dass sich Paulus im zweiten Korintherbrief dem Thema der Versöhnung zuwendet, hat auch mit den Verletzungen zu tun, die sein Verhältnis zur Gemeinde in Korinth belasten. Mit dem Versöhnungsbegriff lässt sich nicht nur das Verhältnis zwischen Mensch und Gott beschreiben, sondern auch die Wirkung, die sich von dorther für die Beziehung von Konfliktparteien generell ergibt (vgl. Bieringer, 77). Es liegt in der Dynamik des Textes, dass die im Kreuzestod Christi begründete Kraft der Versöhnung dazu drängt, als versöhnende, Frieden stiftende Kraft Wirklichkeit zu verändern.

3. Der Versöhnungsbegriff changiert eigentümlich zwischen aktiver und passiver Konstruktion: Nachdem der göttliche Versöhnungsakt in V. 19 als vergangenes Geschehen beschrieben wurde, zielt die Bitte »Lasst euch

versöhnen mit Gott!« auf die Annahme und Realisierung dieses Geschehens ab.

III Impulse: Die Bewegung des Textabschnitts ›nachspuren‹

Der Abschnitt aus dem zweiten Korintherbrief lädt dazu ein, sich auf die Bewegung des Textes einzulassen. Von der Betrachtung des Kreuzes führt der Weg über die Einsicht in die Heilswirkung des Todes Christi zum Aufruf, selbst Botschafterin und Botschafter der Versöhnung zu werden. Ziel der Predigt wäre zunächst, zur Betrachtung der Szene der Kreuzigung Christi anzuregen. Dabei ginge es weniger darum, den Gehalt der Szene intellektuell zu ergründen, als vielmehr darum, sich der Szene auszusetzen und den Bezug zur eigenen Lebenswirklichkeit zu entdecken. Das Bild von der Kreuzigung Christi ließe sich auf diese Weise transparent machen für eigene Erfahrungen von Leid, von Krankheit und Tod, von körperlichem und seelischem Schmerz, Trauer und Hoffnungslosigkeit, von Einsamkeit und Trostlosigkeit. Wenn das Bild zur Folie für eigene Erfahrungen und Gefühle wird, kann es gelingen auszuloten, inwiefern jeder und jede selbst in die dargestellte Szene der göttlichen Versöhnungstat ›verwickelt‹ ist.

Um in die Szenerie am Kreuz hineinzuführen, ist ein gemeinsamer Bezugspunkt hilfreich – der Verweis auf das zuvor gelesene Evangelium Joh 19, auf eine in der Kirche sichtbare Darstellung der Kreuzigung, auf eine allen Anwesenden vorliegende Abbildung (Liedblatt, Bildkarte).

Eine Darstellung, die wie kaum eine andere das moderne Bildwissen von der Kreuzigung Christi prägte, ist Matthias Grünewalds Gemälde der Kreuzigungsszene auf dem Isenheimer Altar. Es ist bis heute erstaunlich, welchen Eindruck das Altarbild in der ersten Hälfte des 20. Jahrhunderts auf die Zeitgenossen, vor allem auf Künstler, Theologen und Schriftsteller machte. Erst 1908 wurde der Altar durch eine bebilderte Einführung einem breiteren Publikum bekannt, 1918/1919 waren die Altarbilder in der Münchner Alten Pinakothek zu sehen. Tausende kulturell Interessierte zog die Ausstellung an, zahlreiche Tagebucheinträge und Briefwechsel zeugen von dem überwältigenden Eindruck, den die Bilder hinterließen. Für Thomas Mann gehörten sie »zum Stärksten, was mir je vor Augen gekommen« (s.u. Internet). Theologen wie Karl Barth oder Paul Tillich hängten Reproduktionen der Kreuzigungsszene über ihre Schreibtische, Bertolt Brecht entdeckte in der Szene das Grundprinzip seiner Theatertheorie; großen Einfluss hatte die Darstellung insbesondere auf Künstler des Expressionismus wie etwa Max Beckmann oder Paul Klee.

Die gemeinsame Betrachtung der Szene lässt die Betrachtenden nicht unverändert. Das probeweise Spiel mit den unterschiedlichen Positionen und Perspektiven auf das Geschehen (der Leidende am Kreuz, die Trauernden unter dem Kreuz, je nach Darstellung weitere Perspektiven: Johannes der Täufer, Soldaten, ›Publikum‹) lädt zum Wechsel der Perspektiven ein. Im Tausch der Blickrichtungen verändert sich der Blick auf das Leben und den Tod, auf die Erfahrung von Glück und von Leid, auf die Liebe und die Einsamkeit. Der gemeinsame Blick auf das Kreuz verbindet Menschen, überwindet Grenzen, schafft Nähe, Annäherung an das Leid des anderen, auch wenn sich dieses nicht wirklich teilen lässt.

Werkstück Predigt

Das Kreuzigungsbild, das Sie auf der Bildkarte sehen können, hat Matthias Grünewald im 16. Jahrhundert für den Altar des Antoniterklosters in Isenheim gemalt. Das Gemälde zeigt in düsteren Farben eine Szene voll von qualvollem Schmerz und erdrückender Trauer, von Verzweiflung und Einsamkeit. Eine Szenerie ohne Trost, ohne Hoffnung. Als ob alles aus ist und es einen Ostermorgen nie geben würde. Der Körper des Christus ist von Wunden und Geschwüren übersät, die an den Querbalken genagelten Hände sind im Schmerz verkrampft, die Lippen verkrustet, die Augen fast geschlossen, das Gesicht ganz im Schmerz gefangen. (...)

Besonders großen Eindruck hinterließ das Gemälde vor etwa 100 Jahren. Damals – kurz nach dem Ende des Ersten Weltkriegs – war es für zehn Monate in der Münchner Pinakothek ausgestellt. Das Bild zog große Besucherströme an; von überall her pilgerten kulturell Interessierte nach München, um sich selbst einen Eindruck von dem Altarbild zu machen. In Tagebucheinträgen und Briefen von Künstlern und Schriftstellern, aber auch in den Bildern des Expressionismus, etwa von Max Beckmann oder Paul Klee, lässt sich die große Resonanz auf das Bild bis heute nachvollziehen.

Ich finde es erstaunlich, was für einen starken Eindruck die Darstellung der Kreuzesszenerie bis heute hinterlässt. Ich schrecke vor der Drastik der Darstellung zurück und fühle mich mit den eigenen Erfahrungen von Leid und Schmerz dennoch angesprochen. Als ob mir das Bild zum Spiegel vergangener oder gegenwärtiger Momente des Schmerzes, der Trauer und der stillen Verzweiflung wird.

Literatur: *Reimund Bieringer*, Divine-Human Reconciliation in 2 Cor 5:18–21 in its Interpersonal Context. The Contextual Meaning of the katallásso/katallagé Terminology in 2 Corinthians, in: Paul-Gerhard Klumbies/David S. du Toit (Hgg.), Paulus – Werk und Wirkung, Tübingen 2013, 61–80; *Cilliers Breytenbach*, Versöhnung. Eine Studie zur paulinischen Soteriologie, Neukirchen-Vluyn 1989; *Thomas Schmeller*, Der zweite Brief an die Korinther, Teilbd. 1: 2 Kor 1,1–7,4 (EKK VIII/1), Neukirchen-Vluyn 2010.

Internet: *Thomas Mann,* zit. nach https://de.wikipedia.org/wiki/Isenheimer_Altar, abgerufen am 31.05.2019.

Martin Vorländer

B

IV Entgegnung: Es geht primär gar nicht um das Kreuz

A schreibt, 2 Kor 5,14–21 komme »eine sekundäre, deutende Funktion zu – zumal sich dieser selbst wie ein Kommentar zum Kreuzestod Christi liest« (A II). Das mag für uns heute so sein. Die mutmaßlich primäre Intention der Perikope war eine andere. Paulus ging es nicht darum zu erklären, warum Jesus am Kreuz sterben musste. Er wollte vielmehr in einem Konflikt mit der Gemeinde in Korinth sein Amt als Apostel begründen. »Es geht dem Text nicht um Soteriologie« (Schmeller, 340), meint Thomas Schmeller. Und Helmut Schwier warnt, die Perikope sei

»homiletisch rasch überfrachtet« (Schwier, 191). Mein spontaner Gedanke: Vielen Dank, dass diese Epistel an Karfreitag gepredigt werden soll, wenn es darin gar nicht primär um Karfreitag geht! Aber das entlastet zugleich. Ich als Prediger muss nicht mehr wollen als Paulus und meinen, die Heilsbedeutung des Kreuzes umfassend auslegen zu müssen. Ich stimme A zu: »Die Predigt an Karfreitag ist nicht der Ort für dogmatische Erörterungen.« (A I)

In den acht Versen des Paulus geht es um Liebe, Tod und Leben, um einen und alle, um Sünde und Gerechtigkeit, um uns und um die Welt. Und das alles unter dem Vorzeichen Versöhnung. Ich folge A (II) und nehme den ersten Teil von V. 14 zum Predigtabschnitt dazu. Damit hat die Liebe Christi das erste Wort. Der Fortgang des Verses klingt widersprüchlich: »dass einer für alle gestorben ist und so alle gestorben sind.« Welchen Sinn hat das Sterben des einen für alle, wenn am Ende trotzdem alle tot sind? Dieses Paradox lässt sich schwer über die juristische Kategorie ›Stellvertretung‹ oder über die kultische Vorstellung eines Sühneopfers auflösen. Einen Zugang zum Verständnis eröffnet mir der Begriff »Schicksalsgemeinschaft« (Schmeller, 322). Gott schickt Christus in das Leben hinein, das wir leben, und in den Tod, den wir sterben. »Er hat den, der von keiner Sünde wusste, für uns zur Sünde gemacht« (V. 21). Gott setzt Christus den Bedingungen aus, unter denen wir leben: dem Bösen, das wir tun, und dem Bösen, das uns widerfährt. Das schließt zusammen.

»Gott war in Christus« (V. 19). Dieser Satz ist stark und steil. Er drückt Identität und Differenz aus. Er unterscheidet Gott und Christus und setzt beide zugleich in eins. In diesem Menschen da am Kreuz war Gott. Der Vers kann auch anders übersetzt werden (»Gott versöhnte in Christus die Welt mit sich«). Das nimmt dem Satz die Wucht. Ich entscheide mich für die Fassung, wie sie in der Lutherbibel steht und als Predigtperikope vorgesehen ist: »Gott war in Christus.«

Den Begriff ›Versöhnung‹ erläutert A aus dem damals alltäglichen Kontext als Tausch oder Wechsel. In 2 Kor 5,14–21 geht dieser Tausch allein von Gott aus. Gott nimmt alles Böse auf sich und überlässt alles Gute uns und der Welt (V. 21). A hebt hervor, dass die Form des Versöhnens in der Perikope changiert zwischen Aktiv (Gott versöhnt, 5,19) und einem Passiv als Imperativ (»Lasst euch versöhnen!« V. 20). Die zweite Form nennen manche einen ›Tolerativ‹. Man könnte auch ›Akzeptativ‹ sagen – das Annehmen und Geschehen-Lassen einer Versöhnung, die bereits geschehen ist. Ich nehme dieses Changieren als Impuls für die Predigt, Versöhnen nicht auf eine Form festzulegen, sondern sie zu beschreiben und von ihr zu erzählen.

Ich teile das Predigtziel von A: die Hörerinnen und Hörer anregen, sich der Kreuzigungsszene von Schmerz, Trauer und Leid auszusetzen und darin die Leidensseiten des eigenen Lebens wiederzufinden.

V Erschließung der Hörersituation: Der Karfreitag spaltet

Der Karfreitag spaltet. ›Hoffentlich geht er schnell vorbei‹, sagt eine Freundin. ›Ich fand ihn schon als Kind schrecklich. Man durfte nicht singen, nicht lachen, nicht auf der Treppe hüpfen. Alles musste todernst sein.‹ Alle Jahre wieder demonstrieren einige gegen das Tanzverbot und die in Deutschland gesetzlich geschützte Stille des Tages. Auf der anderen Seite zieht der Karfreitag mehr Menschen an als andere Tage. Er ist der viertbestbesuchte Gottesdienst im Kirchenjahr (s.u. Internet). Wird Bachs Matthäuspassion aufgeführt, sind die Kirchen und Konzertsäle voll. Das erreicht nicht alle, aber mehr als sonst. Es scheint ein Bedürfnis zu geben, sich von dem berühren zu lassen, wovon der Karfreitag erzählt: Liebe mit Abschied vor Augen. Freunde, die einen im Stich lassen. Allein dem Schicksal ausgeliefert sein. Verzweifelt beten. Ungerechtigkeit, die zum Himmel schreit. Sinnloses Sterben, aber auch Zeichen der Treue bis in den Tod. Der Karfreitag spaltet. Da ist der eine, den viele eben noch begeistert umgeben haben. Jetzt hängt er allein oben am Kreuz. Da ist der eine, der eben noch sagte, »Gott und ich sind eins« (Joh 10,30), und jetzt am Kreuz schreit er: »Mein Gott, warum hast du mich verlassen?« (Mt 27,46) Das alles und mehr ruft die Passionsgeschichte Jesu wach. Offensichtlich wollen viele sich solchen Erfahrungen nicht allein aussetzen. Sie suchen die Gemeinschaft mit anderen im Gottesdienst oder über die Musik.

VI Predigtschritte: Gott war in Christus

Als Einstieg greife ich den Vorschlag von A auf: die Kreuzigungsszene vergegenwärtigen. Da oben am Kreuz hängt er. Eben noch haben sie ihn alle umringt, konnten nicht genug von ihm bekommen, wollten jedes Wort von ihm hören, ihm nahe sein. Jetzt hängt er da oben allein. Zwei Verbrecher neben ihm, eine Handvoll Getreuer unten am Stamm des Kreuzes. Helfen kann ihm keiner. Ihm, der so vielen geholfen hat. Er stirbt und ist so einsam wie alle, die sterben. Von diesem Menschen da oben am Kreuz sagt Paulus: In ihm war Gott.

Das ändert alles. Weil klar ist, auf welcher Seite Gott steht. Auf der Seite derer, denen Unrecht geschieht und die leiden. Sogar auf der Seite derer, die Schuld auf sich geladen haben und kaum damit leben können. Gott »hat den, der von keiner Sünde wusste, für uns zur Sünde gemacht« (V. 21). Gott in Christus teilt unser Schicksal. Das besteht aus Liebe und Glück, aber auch aus Schuld, Leiden und Tod, die spalten. Schuld macht einsam. Niemand kann einem die Schuld abnehmen. Wer leidet, dem können viele beistehen. Aber sie stecken nicht in seiner Haut, nicht in seinem Körper. Wer stirbt, den können andere begleiten, bei ihr oder ihm sein, die Hand halten. Aber am Ende ist da ein Körper, der stirbt, und ein Körper, der weiterlebt.

Gott war in Christus. Er tritt ein in unsere Schicksalsgemeinschaft. Paulus nennt das Versöhnung. Das meint damals einen Tausch oder einen Wechsel. Gott wechselt mit uns die Plätze, er tritt an unsere Stelle. Gott tauscht seine Ewigkeit mit unserer Sterblichkeit, unser Verfehlen des Lebens mit seiner Gerechtigkeit. Was bringt es, wenn Gott unser Schicksal teilt? Alles. Es hebt die Einsamkeit von Schuld, Leiden und Tod auf. Gott ist in dem Menschen, der schuldig wird, der leidet, der stirbt. Damit wir aufstehen zum Leben, so wie Gott den gekreuzigten Christus zum Leben auferweckt hat. Das meint Paulus damit, wenn er schreibt: »Auch wenn wir Christus nach dem Fleisch gekannt haben, so kennen wir ihn doch jetzt so nicht mehr.« (V. 16) Vor seiner Bekehrung hat Paulus Christus »nach dem Fleisch gekannt«, in ihm nur den Verbrecher und Gotteslästerer am Kreuz gesehen. Jetzt erkennt er: Gott war in Christus. Und Paulus sieht, wie Gott in anderen Menschen wirkt. »Darum kennen wir von nun an niemanden mehr nach dem Fleisch.« (V. 16)

»Gott war in Christus und versöhnte die Welt mit ihm selber und rechnete ihnen ihre Sünden nicht zu (...) Lasst euch versöhnen mit Gott!« Wie wirkt Versöhnung? Beispiele – Sie werden eigene haben:

- Vier junge Männer und eine junge Frau sitzen im Schneidersitz um ein frisches Grab. Am Grabkreuz hängt ein Foto. Es zeigt ihren Freund, mit 25 gestorben. Die fünf haben Bierflaschen dabei. Sie stoßen am Grab auf ihren Freund an und erzählen sich von ihm. Versöhnt sie das mit seinem Schicksal? Wohl kaum. Sein früher Tod bleibt ungerecht. Aber ihre Gemeinschaft am Grab macht das Schwere leichter.
- ›Ich dachte immer, Erbstreit wird's in unserer Familie nie geben‹, sagt ein Mann. ›Ich liebe meine Geschwister.‹ Aber dann sitzt die eine Enkelin am Sterbebett der Oma und hat deren Ring am Finger. ›Den hat mir die Oma geschenkt‹, sagt sie. ›Ja, weil du zufällig da warst‹, meinen die anderen, und der Streit geht los. ›Wir haben die Kurve gerade noch gekriegt‹, sagt der Mann. ›Aber seitdem denke ich anders über Erbstreit in der Familie.‹ Ein Gespür bekommen für Entzweiung, die einen treffen kann.
- Gott »rechnete ihnen ihre Sünden nicht zu« (V. 19). So geht Versöhnung bei Gott: dem anderen nicht vorrechnen, was er getan oder gelassen hat.

Der Schluss kann zum Lied »O Haupt voll Blut und Wunden« führen. Das beschreibt ebenfalls den Wechsel und die Schicksalsgemeinschaft zwischen Christus und mir. »Ich will hier bei dir stehen (...) im letzten Todesstoß, alsdann will ich dich fassen in meinen Arm und Schoß.« Und: »Wenn ich einmal soll scheiden, so scheide nicht von mir (...) so tritt du dann herfür.« (EG 85 Strophen 6 u. 9)

Werkstück Predigt

»Gott war in Christus«, schreibt Paulus. Gott war in diesem Menschen da am Kreuz. Gott war in dem Menschen, der leidet und stirbt. In dem Menschen, den sie als Verbrecher verurteilt haben. In dem Menschen, von dem sie gesagt haben: Der ist schuld. Und deswegen darf er nicht weiterleben. Gott war in dem Menschen, den seine Freunde im Stich lassen. Gott war in dem Menschen, der das Kostbarste mit anderen geteilt hat, seinen Leib und sein Blut, sein Leben und seine Liebe. Gott ist in den Menschen, die Böses erleiden. Gott nimmt sogar den Platz derer ein, die Schuld auf sich laden. Christus stirbt wie ein Schuldiger am Kreuz. Gott ist in den Menschen, die sterben. Gott war in Christus, den er auferweckt hat vom Tod, damit alle versöhnt leben, damit für die Welt eine neue Schöpfung beginnt.

Lieder: EG 85 »O Haupt voll Blut und Wunden« (insbesondere Strophen 1–3.6.9–10); EG 382 »Ich steh vor dir mit leeren Händen, Herr«.

Literatur: *Thomas Schmeller*, Der zweite Brief an die Korinther, Teilbd. 1: 2 Kor 1,1–7,4 (EKK VIII/1), Neukirchen-Vluyn 2010; *Helmut Schwier*, Alles von Gott und zu unserem Heil, in: GPM 64 (2010/2011), 191–196.

Internet: https://archiv.ekd.de/download/broschuere_2018_internet.pdf, abgerufen am 31.05.2019.

Osternacht

A

2 Timotheus 2,8–13:

Halt im Gedächtnis – inwendig und auswendig

Kay-Ulrich Bronk

I Eröffnung: Schroff und steil

Es ist nicht egal, was wir tun oder unterlassen. Unser Denken und Handeln sind von Bedeutung. Die Leitsätze, die unser Leben bestimmen, spielen eine Rolle – für uns und für andere. Was sind also die Fluchtpunkte meiner Lebenslinien, an denen ich mich ausrichte? Welche Verse sage ich mit meinem Leben auf? Was fordert mich und wovon will ich mich bestimmen lassen? Aber auch: Was nährt und stärkt mich?

Der Verfasser des zweiten Timotheusbriefes hat offenkundig sehr klare Vorstellungen. Er redet einem Timotheus ins Gewissen. Der Briefempfänger soll mit Christus sein: mit ihm sterben, dulden, bekennen und treu zu ihm stehen, im Gedächtnis halten, den, der von den Toten auferstanden ist. Hier weiß einer, was die Leitsätze sind, denen ein Christenmensch gehorchen soll.

Uns Heutige jucken die Ohren nicht nach dem Tonfall, in dem hier geredet wird. Zu schroff. Zu steil. Beängstigend. Der Autor droht. Wenn wir verleugnen, verleugnet Christus uns. Da rückt uns einer auf die Pelle. Das mögen wir nicht. Unsere religiöse Autonomie will geachtet sein. Evangelisch-Sein und Liberal-Sein reimen sich in unserer Kirche –

meistens. Wir wollen die darin aufbewahrte Freiheit nicht missen. Was können wir also mit einem so fordernden und gar nicht liberal klingenden Text anfangen? Was ist sein Recht?

II Erschließung des Textes: Kampf um Wahrheit und rechten Glauben

Der Kampfplatz des zweiten Timotheusbriefes ist die Gemeinde. Die Protagonisten sind ein Gemeindeleiter und einige Irrlehrer, Abweichler, die das paulinische Evangelium verfälschen oder unbeachtet lassen, jedenfalls der Wahrheit widerstehen (vgl. 2 Tim 3,6–9). Es geht um das rechte Bekenntnis, die richtige Theologie, das passende Okular für die Deutung des Christlichen. Das Pathos zielt aufs Ganze. Entweder oder. Heil oder Unheil. Ein Drittes scheint nicht möglich. Kompromisse einzugehen, wäre Verrat. Es geht darum, beim rechten Bekenntnis auszuharren und bei einem ethisch-praktischen Verhalten, das ihm entspricht, und – in minderen Graden aber doch wohl mitgemeint – sich auch in den Widrigkeiten und Härten des Lebens an das zu halten, was durch das paulinische Evangelium vermittelt worden ist (vgl. Weiser, 172f.). Der diese Forderungen tragende Grund ist Christus, der von den Toten auferweckt wurde, der wirkmächtig den Tod überwunden hat, nicht nur für sich selbst, sondern potenziell für alle, die sich im rechten Glauben – wie soll man es formulieren? – in die Wirklichkeit der Auferstehung Christi haben einberaumen lassen (vgl. 2 Tim 1,9f. und Weiser 164f.). Im »Gedächtnis halten« meint hier mehr als nur »erinnern«. Die Verse 10 bis 13 reden davon, dass man eine Wirklichkeit an sich geschehen und sie unabdingbar für sich gelten lässt.

»Wir sind allesamt zu dem Tod gefordert und wird keiner für den anderen sterben. Sondern ein jeglicher wird in eigener Person für sich mit dem Tode kämpfen. In die Ohren können wirs wohl schreien, aber ein jeglicher muß für sich selber bereit sein in der Zeit des Todes: ich werde dann nicht bei dir sein noch du bei mir. Hierbei muß jedermann selbst die Hauptstücke, die einen Christen angehen, gut wissen und (darin) gerüstet sein ...« (Luther, Bd. 4, 61). Luther meinte, dass, wenn es Spitz auf Knopf steht, es darauf ankäme, dass man seinen Katechismus gelernt hat, und zwar so, dass er heilsam und tröstlich in Leib und Seele wirkt. Das setzt aber Verbindlichkeit voraus, Unabdingbarkeit, Höchstgeltung.

Sind wir nach vielerlei mentalitätsgeschichtlichen Wandlungen solchen Anforderungen noch gewachsen: trotz der Säkularität des Denkens, trotz der geübten Achtung vor der Wahrheit anderer Überzeugungen, trotz der eingestandenen Zwiespältigkeit des eigenen Glaubens? Wir reflektieren unseren Glauben. Er soll aufgeklärt sein. Ist diese intellektuelle Redlichkeit aber womöglich nur durch eine feine Membran von Beliebigkeit getrennt? Wo verläuft die Grenze? Welche Leuchtkraft hat ein intellektuell gefilterter Glaube, wenn es dunkel wird im Leben? Wo Autonomie und Individualität – wer wollte sie missen – zu einem Motor der Frömmigkeit werden, wird Privatheit zum Fluchtpunkt aller ihrer Linien. Der Glaube könnte damit jedoch seinen angestammten Sitz im (öffentlichen) Leben verloren haben, wo er in Streit gerät und Sand im Getriebe ist. Wir, christliche Mitteleuropäer, riskieren ja nix. Gott sei Dank. (Andere Christenmenschen in dieser Welt sehr wohl und das sollte in der Predigt nicht unerwähnt bleiben.) Können wir eigentlich noch glauben, dass es bei unserem Bekenntnis ums Ganze oder wenigstens um *ein* Ganzes geht?

Schon unsere Sprache ist Stückwerk. Der Johannesprolog erzählt von dem fleischgewordenen Wort, das am Kreuz verblich (vgl. Joh 1,14). »Wenn der logos am Kreuz starb … verschied die Sprache, das schöpferische Sprachgeschehen Gottes, es versickerte die Verständlichkeit der Welt (…). So blutet die Sprache aus, und getötet wird der Gott selbst als vorstellbarer, sagbarer, zu glaubender Gott.« (Lehnert, 209f.) So geht auch Gewissheit verloren. Gewiss kann nur sein, wer von einem Größeren ergriffen ist, das er nicht wählen und also auch nicht wieder abwählen kann, damit er, wenn es eng wird in den Widrigkeiten des Lebens, in Schuld, Anfechtung, Angst und Sterben, wirklich gehalten ist. Extra me.

Was tun, wo wir nichts tun können? Wir können uns daran erinnern lassen, dass es dieses Größere gibt, davon singen und sagen, darüber grübeln, ihm Herz und Sinne hinhalten. Den Auferstandenen im Gedächtnis zu behalten bedeutete so, sich als Teil jenes großen Geschehens zu begreifen, das Jesus Christus ergriffen hat, und sich aufzusagen, dass wir deshalb mit ihm den Ängsten gestorben sind, mit ihm dann auch leben, mit ihm dann auch alle Widrigkeiten erdulden, die Sprachlosigkeit und die Gottesferne, mit ihm dann auch alle Anfechtungen beherrschen. Und es mag geschehen und es wird geschehen, dass wir an den Widrigkeiten unseres Lebens irrewerden und diesen fremden Glauben verleugnen, Christus verleugnen. Dann soll aber gelten, dass *er* sich dennoch als treu erweist, uns hält und stärkt, weil er nicht anders kann. Es ist sein Wesen.

III Impulse: »Als ob!«

In der Predigt wäre über das Verhältnis von Gewissheit und Zweifel und den Unterschied von allgemeinem Absolutheitsanspruch und individuellem Höchstgeltungsanspruch nachzudenken. Wir reden zu Menschen des 21. Jahrhunderts, deren religiöse Autonomie nicht mehr übersprungen werden kann. Wie reimt sich aber eine notwendende Verbindlichkeit darauf?

In einer etwas neben der Intention eines Abschnitts aus Barths Römerbriefkommentar liegenden Anwendung könnte man in der Predigt für eine ›Als-ob-Haltung‹ plädieren, in der Christus als Auferstandener vergegenwärtigt wird: »Preiset jetzt Gott an eurem Leibe, in denselben Lebensbedingungen, Funktionen und Verhältnissen, in denen ihr ihm jetzt Schande gemacht habt (…). Als ob ›Heiligung‹ eine menschliche Möglichkeit wäre! Als ob die Sünde nicht wohnte in dem sterblichen Leibe, mit dem ihr unauflöslich und unabgrenzbar eins seid. Als ob Zeit nicht Zeit, Mensch nicht Mensch, Dinglichkeit nicht Dinglichkeit wäre! Als ob ihr auch den linken Fuß schon nicht mehr im Grabe hättet! Als ob das Leibliche schon verschlungen wäre vom Leben und der Tod in den Sieg.« (Barth, 204)

Martin Luther wusste aus Erfahrung, dass Zweifel und Ängste zum Leben gehören und dass es in ihnen darauf ankäme, sich an die Verheißungen des Glaubens zu halten. In einer Osterpredigt sagt er: »Aber das tuts, daß diese Person, wahrhaftiger Gott und Mensch, in und durch sich selbst einen ewigen, herrlichen Sieg wider Sünde, Tod und Teufel erlangt hat. Und dieser Sieg soll mein sein, wenn ich nur an ihn glaube und ihn für die Person erkenne, welche mir und allen Gläubigen zugut solches ausgerichtet hat …« (Luther, Bd. 8, 186f.).

Aber wie dem näher kommen? Wie geht das: »Christus im Gedächtnis behalten«? »In Michelangelo Antonionis Film ›Blow up‹ von 1966 spielen zwei junge Leute Tennis auf einem umgitterten Platz. Aber sie haben weder Schläger noch Ball. Ein paar Gaukler und Musikanten sehen ihnen zu, verfolgen die Bahnen des imaginären Balls mit ihren Blicken, ihre Gesichter spiegeln Triumph und Enttäuschung der Spieler. Plötzlich landet der Ball weit jenseits des hohen Gitters auf dem Rasen. Die Spieler bitten einen Fotografen, der gerade dort steht, ihn zurückzuwerfen. Er tut es, die Spieler heben den ›Ball‹ auf und setzen ihr pantomimisches Spiel fort, und nun hört man sogar die harten Schläge des Ballwechsels.« (Eulenberger, 81)

Über den Ball lässt sich ebenso wenig sagen wie über die Wirklichkeit der Auferstehung. »Aber das Spiel ist da …« und die Botschaft von der Auferstehung Jesu ist da. »Das heißt: fangt an zu spielen, und dann werdet ihr merken, wie wirklich der Ball ist.« Fangt an, die Wirklichkeit der Auferstehung als Vorzeichen Eures Lebens einzuspielen, und erfindet dafür Worte und Gesten. »Wenn ihr vorher wissen wollt, ob der Ball da ist … wird es niemals ein Spiel geben.« (Safranski, zit. bei Eulenberger, 81) Wenn ihr auf die Frage nach Jesu Auferstehung erst eine rationale Antwort haben wollt, dann wird sie in Eurem Leben keine Kraft entfalten.

Werkstück Predigt

Christus im Gedächtnis zu halten, hieße vielleicht, so tun, als ob schon wirklich wäre, was uns verheißen ist. Ostern üben, österliche Freude spielen: montags, dienstags, mittwochs, donnerstags, freitags, beim Arbeiten, beim Einschlafen, beim Eisessen. Einen Alltagsrefrain haben: ›Ich werde leben, weil Christus lebt.‹ Eine Musik dazu finden, ein Gedicht dazu sagen, ein Glas darauf heben, ein Gebet dazu sprechen. Es geht ja um das Ganze meines Lebens.

Liedvorschlag: EG 357 »Ich weiß, woran ich glaube«.

Literatur: *Karl Barth*, Der Römerbrief 1922, Zürich 1984; *Klaus Eulenberger*, Nur die Stimme der Wahrheit kann trösten, Berlin 2010; *Christian Lehnert*, Der Gott in einer Nuß, Berlin ^{3}2017; *Martin Luther*, Acht Sermone 9.–16. März 1522, in: Luther Deutsch, Bd. 4, Göttingen 1991; *Martin Luther*, Predigt über Mk 16,1–8, in: Luther Deutsch, Bd. 8, Göttingen 1991; *Rüdiger Safranski*, Religiöse Sehnsucht – Sehnsucht nach Religion, in: Wilfried Ruff (Hg.), Religiöses Erleben verstehen, Göttingen 2002; *Alfons Weiser*, Der zweite Brief an Timotheus, Düsseldorf/Zürich 2003.

IV Entgegnung: Genötigt, um zu springen

Wie A sich dem Text annähert, finde ich angenehm aufrichtig. »... wie soll man es formulieren?« (A II) Diese Parenthese, eingeschoben in eine Gedankenfigur, die das Osterereignis nach bestem Wissen und Gewissen zu fassen versucht. Dieser Ansatz im Spannungsfeld von Glauben und Zweifeln ist mir sympathisch, und doch macht er mich nervös. Als bliebe A aus Respekt vor dem autonomen Menschen des 21. Jahrhunderts (vgl. A III) gemeinsam mit diesem an der Seitenlinie des Spielfelds stehen und verharre im Betrachten. Redliches Zögern als Sprachereignis. Und der Predigttext will es genau anders. ›Tritt ein! Beziehe Position!‹ Das »als ob« ist als dialektische Ermöglichungsform gedacht, und doch nimmt es dem Text die Pointe der Entschiedenheit. Das Osterbekenntnis des Timotheusbriefes nötigt mich in eine Entscheidung. Dabei ist solch existenzieller Sprung heute, auch darin widerspreche ich A, wohl kaum schwerer als früher, zumindest seit der Geist der europäischen Aufklärung uns aus der Heimeligkeit der Unmündigkeit unwiederbringlich vertrieben hat. Dass Glauben im Kern Vertrauen heißt, ist fast ein Allgemeinplatz geworden. Wer der Osterbotschaft folgt, muss springen – und weiß nicht, wie ihm geschieht. Weiß nicht, was darauf folgt. ›Möge eine Hand mich auffangen.‹ Vertrauen im vollen Risikobewusstsein, dass es ein Scheitern geben könnte. Es geht um Leben und Tod.

V Erschließung der Hörersituation: Gewissheiten – auf und unter der Haut

Das Risiko der ersten Christen war handfest konkret. Paulus hat es selbst erlebt. Um ihn herum wurden Christen verfolgt, ins Gefängnis geworfen, gefoltert und auch ermordet. Aus seinem religiösen Vorleben kannte er die Motive und Strategien der Verfolger. Als Christuserleuchteter war Paulus nicht nur üblen Anfeindungen und hartem Streit ausgesetzt, er selbst war verfolgt, saß im Gefängnis. Paulus hat immer gewusst: Es ging um Leben und Tod und um alles. Auch im zweiten Timotheusbrief ist diese Erfahrung präsent. In der DDR waren Christen Repressionen ausgesetzt, das ist nicht lange her. Aktuell erleiden Christen in Ägypten und Indien öffentliche Gewalt.

All das ist historisch oder geografisch entfernt. Hier und heute haben Christinnen und Christen praktisch nichts auszustehen. Die Not hat ihren Sitz im Leben der Zeitgenossen anderswo, in der innerlichen Orientierungslosigkeit, in einer Deutungsbeliebigkeit, die mitunter in Resignation und manchmal in Zynismus ausfließt. ›Wem kann ich trauen?‹ – ›Was zählt wirklich?‹ – ›Was hält mich, wenn ich falle?‹ Eine Art ›Patchworkhermeneutik‹ sichert nach allen Seiten hin ab, feste Gewissheit sieht aber anders aus. ›Was soll ich im Gedächtnis halten (2 Tim 2,8), und wie mache ich das?‹ Keinesfalls geht es hier ums Auswendiglernen, sondern darum, das wirklich Wesentliche inwendig präsent zu halten. Stets im Sinn zu haben, um danach zu leben.

Mit der Tattoo-Kunst feiert eine uralte Kulturform Renaissance. Tattoos ermöglichen Bekenntnis in Permanenz, weit über ästhetische Figuration hinausgehend. Ob Liebespartner, Kindernamen, Gruppenzugehörigkeit oder religiöse Symbolzeichen: Subkutan eingetragen und unabwaschbar erzählten Zeichen vom Standpunkt. Die Zeichen muss man lesen können. Oft bleiben sie dem distanzierten Betrachter verborgen, entweder textil verdeckt oder unentschlüsselbar. Für die, die sich tätowieren lassen, steckt hinter jedem Element eine Geschichte, die nicht vergessen werden darf. Erinnerung, die unter die Haut geht. »Halt im Gedächtnis« (V. 8).

In jüdischer Tradition helfen Gegenstände beim religiösen Erinnern. Mit dem Anlegen der Tefflin, der Gebetsriemen, folgen Juden der Weisung aus Dtn 6,8, die Worte Gottes an der Hand und an der Stirn zu tragen. An den Riemen sind Pergamentwürfel befestigt, auf denen vier biblische Texte notiert sind (mehr dazu: Basiswissen Judentum, 160). Gedächtnis-Marker, gegenständliche Merkhilfen, ähnlich dem katholischen Rosenkranz, der muslimischen Misbaha: Sie helfen, die eigene Spiritualität zur lebendigen Routine werden zu lassen, ohne dass die Zerstreuung des Alltags ablenkt oder die Langeweile sediert. Nur wenige evangelische Riten unterstützen dabei, das eigene Gebet zu verstetigen. Die ›Perlen des Glaubens‹ geben Anleitung, die tägliche Lese der Tageslosung gibt Rhythmus. Die Spuren der Taufe lesen sich nur in unsichtbaren Wasserzeichen. ›Was gibt Halt?‹ – ›Wie finde ich Gewissheit?‹

Es ist die Glaubensfestigkeit, die in 2 Tim 2 berührt. Auch wenn der Abschnitt auf Lehrdiskussionen rekurriert – ein wenig mehr Doketismus hier oder eine Prise Leidensmystik dort –, so treffen die Worte in dem »das ist gewisslich wahr« (V. 11). Was in der Taufe in das Christenleben eingeprägt ist, wird sich als letztlich tragendes Fundament erweisen. Mit Christus gestorben, werden wir mit Christus leben. Wie wir mit ihm erdulden, werden wir mit ihm erhoben. Im Leiden verbunden, erschließt Christus uns das Leben. Von gleichem Ernst, dass wir uns zu verantworten haben. Wer verleugnet, wird verleugnet. Und doch: Die Treue ist ›unkaputtbar‹. Denn Christus kann nicht anders. Sätze wie Kristall: klar, fest, verlässlich. Das gilt es im Gedächtnis zu halten.

VI Predigtschritte: Entschieden dem Tod entgegenstemmen

Wer so spricht, hat den Sprung schon hinter sich. Kein Zögern, kein Tasten. Das Motiv des jungen Kierkegaard, dessen Bedingungslosigkeit bis an die Schmerzgrenze geht. Dem kommoden Kopenhagener Kulturprotestantismus setzt er existenzielle Schroffheit entgegen und schreckt die Bürgerwelt aus dem Nachmittagsschläfchen auf. Die Verzweiflung relativiert sich ja auch nicht, nicht die Angst und nicht das Dilemma.

Deshalb ist auch die Antwort aus Glauben bedingungslos, ein Sprung ohne Sicherheitsplan.

Ich predige 2 Tim 2 als Gegenwort und belasse ihm die schroffe Fremdheit. In den Gegenworten, in den geistlichen Gegenwirklichkeiten liegt der Reiz der Osternacht. Gewissheiten lassen sich nicht ableiten, der autonome Geist der Moderne springt in das Risiko. Die Zumutung des leeren Grabes. Dass der wahre Mensch Jesus, aus Davids Geschlecht, dem Tod entkommen ist. Dass der Hingerichtete sich als Gesalbter, als Christus zeigt. Noch krasser: Dass wir, in seinen Tod getauft, im Letzten verbunden sind mit seiner Seligkeit. Frage: ›Wer soll so etwas glauben, bitte?‹ Antwort: ›Du. Du kannst es!‹

Vertrauen wider die Vernunft, Hoffen gegen alle Erwartung, Lieben, wo alle mit dem Kopf schütteln. Sich der Gewöhnung an den Tod entgegenstemmen und sich nach dem Leben ausstrecken. Die Würde behaupten. Die Hand reichen, auch wenn sie ins Leere greift. Wer die Logik dieser offensichtlich alogischen Welt- und Herzenshaltung begründen will, halte sich an die trotzige Treue Gottes, die sich in allen Irrungen und Wirrungen der Menschheit beständig in der Liebe hält, weil Gott nichts anderes kann und will. Wer auf die Geschichte Jesu schaut, findet dazu Anschauung ohne Ende. Der amoralische Zöllner, der zum Freund wird. Die Ehebrecherin, die eine unmögliche Möglichkeit zum Neuanfang erhält. Das Mahl mit den Freunden, der Verräter mit am Tisch. »Das tut zu meinem Gedächtnis« (Lk 22,19). Die Feier mit Brot und Kelch, die Erinnerung an Jesu urtiefe Menschenfreundlichkeit, und dass der Lebendige den Tod besiegt hat: Solches »halt im Gedächtnis« (V. 8).

Mit eben solcher alogischen Logik kämpft Friedensnobelpreisträger Denis Mukwege gegen sexualisierte Kriegsgewalt gegen Mädchen und Frauen, ein David gegen die Goliaths der menschenverachtenden Kriegsführung. Ebenso aussichtslos und doch unermüdlich schlagen die Aktivisten von ›Ärzte ohne Grenzen‹ immer wieder neu die Lager auf, um wider alle Vernunft die Würde des Menschen zu behaupten und dafür zu arbeiten. Die örtliche Hospizarbeit und die unermüdlichen Freiwilligen der Tafeln leisten humanitäre Résistance vor Ort. Gebunden an das Leid der Welt gewinnen die Widerstandskämpfer im Kleinen und im Großen eine innere Freiheit, die von ganz woanders her ihre Kraft erhält (vgl. Sölle, 21). Aus ihr speist sich der Mut, ins Risiko zu gehen und neuerliche Enttäuschung und mögliche Ermüdung in Kauf zu nehmen: für das Leben! Wer keine Gegenworte sagt, wer keinen Widerstand leistet, gibt der Logik des Todes recht. Wer aber selbst gebunden, wie Paulus, oder in der Solidarität mit den Geschundenen sich bewusst in ihr Leid verstricken lässt, wie Dr. Mukwege im Kongo oder Frau Hansen vom Besuchskreis nebenan, hat Teil an der Auferstehung und der Seligkeit in Christus Jesus.

Werkstück Predigt

Es geschieht am Ostersonntag des Jahres 1970, vor genau 50 Jahren. Seit Jahren kommen junge Menschen in das kleine französische Dorf Taizé. Viele, sehr viele. Anders als Woodstock, aber ich muss doch an das legendäre 68er-Happening denken. Sie schlafen in Zelten. Sie spielen Gitarre im Freien. Es sind Tausende. Das Besondere:

Sie suchen, sie fragen, sie beten. Frère Roger, Prior der Communität von Taizé, mit seinen fast 55 Jahren selbst kein junger Mann mehr, ist überrascht und fasziniert. Von der Tiefe, mit der die Jungen fragen, von dem Ernst, der sie treibt. Wie ehrlich sie sind. Er erkennt darin einen geistlichen Aufbruch, einen Frühling der Kirche. Knospen brechen auf. Der Frühling ist da. Das Fest ist bereitet. Frère Roger erkennt: ›Der auferstandene Christus kommt, um im Innersten des Menschen ein Fest lebendig werden zu lassen.‹ Dieses Osterwort breitete sich aus wie eine ansteckende Gesundheit. Immer mehr Menschen trafen sich seitdem in Taizé und auf den jährlichen Treffen in ganz Europa, um zu beten, um sich auszutauschen, um betend zu schweigen und um sich für das Handeln vorzubereiten. Der Auferstandene kommt. Geistlicher Frühling. Ostern 1970 beginnt ein aufregender langer Marsch, ein geistlicher Weg, auf den sich Zehntausende junger Menschen einlassen. Mitten unter ihnen: Christus, der Auferstandene …

Literatur: *Basiswissen Judentum,* hg. von Andreas Nachama, Walter Homolka und Hartmut Bomhoff, Freiburg im Breisgau 2019; *Dorothee Sölle,* Mystik und Widerstand (GW 6), hg. von Ursula Baltz-Otto und Fulbert Steffensky, Stuttgart 2007.

Ostersonntag

A

I Korinther 15,(12–18)19–28: Nun aber, werdet wach und steht auf!

Torsten Stelter

I Eröffnung: Steh auf, wenn Du am Boden bist!

»Steh auf, wenn Du am Boden bist! Steh auf, auch wenn Du unten liegst! Steh auf, es wird schon irgendwie weitergehn.« (*Die Toten Hosen*) Wenn ein ganzes Stadion in diesen Refrain einstimmt und diese Botschaft verkündigt, dann ist Ostern –Auf(er)stehung mitten im Leben.

Es wäre reizvoll, die Liturgie des Ostersonntagfestgottesdienstes mit dem Lied der Toten Hosen zu bereichern. Über Musikgeschmack lässt sich wunderbar streiten, über die Bedeutung von Ostern nicht. Oder doch? Welche Konsequenzen hat der Osterruf ›Der Herr ist auferstanden, er ist wahrhaftig auferstanden!‹, wenn Tote *wirklich* auf(er)stehen und mit diesem Bekenntnis, nach Paulus, alles steht und fällt?

II Erschließung des Textes: Denn was ist, könnte auch anders sein!

Anlass über das Thema Auferstehung zu schreiben, ist für Paulus die Bestreitung der allgemeinen Totenauferstehung durch »einige« Gemeindeglieder (V. 12b) in Korinth: Was ist, könnte ja auch anders sein! Dabei erfahren wir fast nur Paulus' Meinung und Argumente. Die Identität derer, die anderer Meinung sind, bleibt ebenso im Dunkeln, wie auch ihre Argumente. Deutlich ist nur, dass die Auferstehung Jesu *nicht* zur Disposition gestellt wird. Die Bibel verwendet für den Vorgang der Auferstehung und Auferweckung die gleichen Begriffe wie für das alltägliche Aufstehen (z.B. Mt 8,15; 9,25; Mk 2,12; Mk 16,6). Der Mensch wird erweckt oder wach und/oder steht auf. Ostern ist also eine Frage der ›Körper-Haltung‹. Menschen können nur ›auf(er)stehen‹, weil Gott sie ›auf(er)weckt‹.

Es geht um das, was Halt gibt, was mich wach werden und aufstehen lässt, wenn ich am Boden bin, mir Hoffnung und Mut schenkt, mich in die Vertikale bringt, wie eine Hand, die mich hochzieht, wenn ich unten im Grab bin. Der Stein ist von meinem Grab weggewälzt (vgl. Mk 16,3f., als Schweizer reformierter Theologe verwende ich die Zürcher Bibelübersetzung von 2007). Es ist etwas geschehen, eine promissio extra nos: Alle Toten werden auferstehen! Jetzt schon ist diese Wirklichkeit und Wahrheit körperlich erfahrbar, so Paulus! Diese Verheißung, zu der der Mensch nichts beitragen kann, hat Konsequenzen und genau davon handelt der Predigttext.

Bemerkenswert, dass die VV. 19–28 als Predigttext ausgewählt wurden. In allen Kommentaren und Bibelausgaben wird die Perikope in die VV. 12–19 und 20–28 unterteilt. Mit der paulinischen Einleitung »Nun aber« in V. 20 beginnt ein neuer Abschnitt.

Paulus ermutigt und stärkt die Gemeinde, er streitet nicht oder versucht andere Meinungen zu widerlegen: ohne allgemeine Auferstehung der Toten auch keine Auferstehung Jesu. Das eine ist ohne das andere nicht zu haben, so seine Position. Die Erwartung einer Auferstehung der Toten ist dabei nur eine von vielen Vorstellungen in biblischer Zeit über ein Leben nach dem Tod. Mit dem Glauben an die Auferstehung der Toten steht und fällt auch die Heilsbedeutung des Todes Jesu am Kreuz, so Paulus, und damit alles, was Kirche ausmacht. Wenn dieser Glaube bestritten wird, so wäre das nicht nur peinlich, sondern »erbärmlich« (V. 19).

Auferstehung ist kein jetzt schon vollendetes Ereignis, wie es einige Gemeindeglieder vielleicht in Korinth deuteten, noch ist sie allein auf die Zukunft aufgeschoben. Wer diese »einige« waren, bleibt umstritten: Mit dem Tod war für sie wohl nicht alles aus. Sie sind z.B. »Vertreter einer dichotomischen Anthropologie«, die »jede Vorstellung einer leiblichen Auferstehung ablehnen« (Böttrich, 463). Oder, »dass es … keine Auferweckung der Toten (mehr) gibt, weil diese als schon geschehen gilt …, weil sie spiritualisiert worden ist.« (Schrage, 113) Damit wird aber sowohl der eigene physische Tod als auch der Tod Jesu bedeutungslos.

Paulus versteht Auferstehung, der jüdisch-apokalyptischen Tradition folgend, *sowohl präsentisch als auch futurisch*, im Sinne eines Jetzt-Schon und Noch-Nicht, analog der Reich-Gottes-Predigt Jesu in den Evangelien (Lk 17,20f.). »Nun aber« ist Christus als »Erstling« von den Toten auferweckt worden (V. 20; vgl. Röm 8,29). Die ersten Früchte der Ernte werden Gott als Dank dargebracht und repräsentieren stets das Ganze. Im Bild gesprochen, beginnt nun, nach Paulus, die Ernte(zeit) in VV. 20–28, der Auftakt der eschatologischen Totenauferstehung: Jetzt in der Gegenwart, der Zwischenzeit, herrscht Christus als Erhöhter zur Rechten Gottes zeitlich begrenzt in Gottes Auftrag, bis er wiederkommt. Wenn Christus in Zukunft wiederkommt, stehen alle auf, der Tod wird endgültig besiegt, Christus übergibt alles an Gott zurück und Gott wird am Ende alles in allem sein. Dabei denkt Paulus keinesfalls an eine zeitlich lineare Abfolge. Er versteht die Auferstehung als ein ständiges schöpferisches Handeln Gottes am ganzen Menschen (vgl. Röm 4,17) und stellt sie in einen kosmischen Erneuerungsprozess hinein, der jetzt schon begonnen hat. Er verwendet hier nicht die Begriffe alt und neu oder Reich Gottes, sondern spricht im Bild der Adam-Christus-Typologie: Adam und Christus sind schöpfungstheologisch die Repräsentanten der alten und neuen Menschheit. Während Adam als kollektiver Körper der Menschheit den Tod (vgl. Röm 5,12) bringt, bringt der auferstandene kollektive Körper Jesu das Leben für alle.

Welche Konsequenzen resultieren nach Paulus aus dem Glauben an die Auferstehung der Toten?

1. Grund der Auferstehung ist die Christusverbundenheit der Einzelnen und der Gemeinde als Leib Christi im Jetzt und Hier.

2. Der Mensch ist der Sünde, den lebenszerstörenden (Todes-)Mächten weiterhin ausgeliefert, aber nicht mehr perspektiv- und hoffnungslos, da der Auferweckte als einzig Handelnder den Tod als letzten Feind besiegen und so alle Menschen vom Tode auferstehen werden.

3. Menschen finden jetzt schon Halt und eine aufrechte wache (Körper-)Haltung im Alltag, weil sie im Kleinen Auferstehungserfahrungen machen.

4. Diese Auferstehungs-Haltung zeigt sich im ethisch-politischen Widerstand gegen jegliche Form von Sünden- und Todesmächten, die alles Leben bedrohen und versklaven.

»Die Sätze des Paulus 15,22–29 hätten für römische Ohren nach militärischem Aufstand mit einem Messiaskönig an der Spitze geklungen. Menschen, die in der Welt Roms auf die Auferstehung der Toten hofften, hofften auf weltweite Gerechtigkeit.« (Schottroff, 289)

III Impulse: »Gott ist ein Gott der Lebenden«!

Beweisen lässt sich diese Gewissheit nicht, das versucht auch Paulus nicht, sondern nur glauben, hoffen und in Wort und Tat überzeugend verkündigen. So bleibt Christenmenschen nichts anderes übrig, als weiter zu warten und auszuhalten, dass die Spannung zwischen dem Schon-Jetzt und Noch-Nicht der Auferstehung der Toten noch nicht aufgehoben ist, dass Christus immer noch nicht wiedergekommen ist und dass Tod und Sünde scheinbar immer noch regieren. Zudem wissen Menschen immer noch nicht, was wirklich nach dem Tod oder der Endzeit auf sie wartet. Sie können, dürfen und sollen trotz allem weiterhin von ihren Auferstehungserfahrungen im Kleinen reden. Weil die Verheißung der lebensschaffenden schöpferischen Kraft Gottes da ist und gegen das Töten und den Tod protestiert.

Wie halte ich es mit der Auferstehung? Wann und wo habe ich in meinem Leben Auf(er)stehungserfahrungen gemacht? Von wem oder durch welches Erlebnis bin ich aufgerichtet worden? Wo entdecke ich in meinem Umfeld, auf der Welt, Leben mitten im Tod?

Bewusste Auferstehungs-Haltung im Gottesdienst: Stehen bzw. Aufstehen ist eine Alltagshandlung und ein Alltagswort, mit dem Menschen eine Haltung oder Handlung bezeichnen. Sie steht symbolisch für das (solidarische) Einstehen/Aufstehen gegen oder für etwas, z.B. für seine/ihre oder andere Meinung(en) oder jemand anderen. Sie zeigt Respekt anderen gegenüber, z.B. beim Aufstehen zur Begrüßung. Auch die Gemeinde steht zeitweise im Gottesdienst. Warum? Ist das eine Auferstehungs-Haltung?

Werkstück Predigt

Liebe Gemeinde,

ehrlich gesagt – stehe ich nicht gerne. Ich weiß, Sie denken jetzt wahrscheinlich, warum sage ich das und außerdem steht ein Pfarrer nun mal. Ja, aber ich stehe ungern – viel lieber sitze ich, mache es mir bequem, stehe ungern in der ersten Reihe und hätte gerne Menschen, die neben mir auch vorne stehen. Wenn man oder Frau alleine stehen muss, kann das auch eine Last sein. Ich bitte Sie jetzt nicht, ob jemand zu mir nach vorne kommen möchte und mir zur Seite steht, oder doch? Obwohl ich es gerne täte. Viel lieber bleibe ich oft genug sitzen, weil es bequemer ist. Stehe nicht auf, um anderen oder anderem Platz zu machen. Bin nicht wie Jesus Christus, der aufsteht und dem Anderen Platz macht.

Kennen Sie auch solche Erfahrungen, Gefühle und Gedanken? Eigentlich möchte ich das nicht, stehen oder gar angesprochen werden und dann aufstehen müssen? Vielleicht ist es ja ein Aufstehen-Dürfen. Manchmal fällt es leicht und manchmal unendlich schwer: das Stehen, Aufstehen, Auferstehen. Sollen wir tatsächlich sitzen bleiben und es uns an Ostern gemütlich machen? Hat der Osterruf ›Der Herr ist auferstanden, er ist wahrhaftig auferstanden!‹ keine Konsequenzen für unseren Alltag als Christenmenschen?

Lieder: EG 113 »O Tod, wo ist dein Stachel nun«; EG 526 »Jesus, meine Zuversicht«.

Literatur: *Christfried Böttrich*, Art. 6.1. Die Auferstehung der Toten, in: Friedrich W. Horn (Hg.), Paulus Handbuch, Tübingen 2013, 461–471; *Luise Schottroff*, Der erste Brief an die Gemeinde in Korinth (ThKNT 7), Stuttgart 2013; *Wolfgang Schrage*, Der erste Brief an die Korinther (EKK VII/4), Düsseldorf/Neukirchen-Vluyn 2001.

Musik: *Die Toten Hosen*, Steh auf, wenn du am Boden bist, Track 13 des Albums Auswärtsspiel, 2002.

IV Entgegnung: Tote Hose nach dem Aufstand?

»Steh auf, wenn Du am Boden bist«, holt A die Auferstehung in unser Leben – die Parole tönt gut beim Fussballspiel. Unsere Toten verschonen wir jedoch in der Regel mit solchen Appellen. Wir rechnen nicht damit, dass die Verstorbenen in unser Leben wiederkehren; vielleicht wollen wir es auch gar nicht. Vampir- und Zombiefilme lehren uns das Gruseln vor den Menschen, die den Tod nicht über sich siegen lassen. Merkwürdig, dass es keinen fröhlichen ›Pop-Mythos‹ gibt von den Toten, die wieder ins Leben kommen. Unsere Riten zur Bestattung sind deshalb auch symbolische Besiegelung des Abschieds. Wenn am Grab gesagt wird: Der Atem, der diesen Menschen belebt hat, kehrt zu Gott zurück. Dann heißt das auch: Er oder sie ist und bleibt an einem anderen Ort (und das ist ganz gut so).

›Steh auf!‹ – Jesus Christus hat dennoch keine Hemmung, den Toten Befehl zu geben (vgl. Mk 5,41; Lk 7,14; Joh 11,43). Sie hören auf ihn und erwachen zum Leben. Der zu ihnen spricht, wird selbst Tod und Auferstehung erfahren.

›Er ist wahrhaftig auferstanden.‹ Können wir damit (noch) etwas anfangen? Die Auferstehungserfahrung im Kleinen, von der A spricht, überträgt die ›Auferstehung‹ in unseren Alltag. Schon recht: Auch beim Lazarus und der Tochter des Jairus fand Auferstehung mitten im Leben statt – nicht am Ende der Tage. Doch mich provoziert die Identifikation des singenden Fußballstadions mit Ostern. Vielleicht, weil ich kein Fußballfan bin? Oder weil ich Sorge habe, dass von Fußballhymnen zu groß, von unserer Auferstehung zu klein gedacht wird?

Vom Gleichklang her leuchtet es ein: ›Aufstehen‹ – von den Toten, die nichts mehr tun und sich mit allem zufrieden geben. ›Aufstehen‹ als Gemeinschaft und für eine Sache, die einen verbindet und gut tut. Spielerisch im Fußballstadion. Politisch gegen die ›Todesmächte‹. Aber ich denke bei unserem ›Aufstehen‹ auch an die 2018/2019 komplett versackte Bewegung, die sich unter eben diesem Motto sammelte – und auf die Knie ging. Sahra Wagenknecht brach wortwörtlich unter der Aufgabe, linke politische Gruppierungen in einer Bewegung zu vereinigen, zusammen.

Unser Aufstehen endet beizeiten am Boden. Manchmal liegt der Gegner da, gegen den wir aufgestanden sind; manchmal wir selbst. Wer steht wofür auf? Vielleicht ist das entscheidend für die Frage, wie unser ›Aufstehen‹ endet und ob Segen drauf liegt.

IV Erschließung der Hörersituation: Möge der Bessere gewinnen

Aber zunächst geht es bei Paulus und auch bei den heute Predigenden um die etwas naive, aber so entscheidende Frage, ›ob es wohl wahr ist?‹ (Karl Barth). Einige Korinther haben so gefragt. Und wir heute sind mit dieser Frage nicht fertig. Ob es wohl wahr ist, dass Christus auferstanden ist? Und dass wir zum ewigen Leben auferstehen werden? Es vertraut nach einer Umfrage des INSA-Institutes aus dem Jahr 2017 ungefähr die Hälfte der Christen auf diesen zentralen Glaubenssatz (s.u. Internet), auf den doch nach Paulus zu bauen ist, damit unsere Predigt nicht ins Leere läuft. Vielleicht können wir uns damit beruhigen, dass die Statistik der Urkirche schlechter ausfiel, und an die Auferstehung niemand glaubte, als diese Botschaft neu in die Welt kam: »Und als die Jünger hörten, dass Christus lebe und der Maria Magdalena erschienen sei, glaubten sie nicht.« (Mk 16,11)

Markus wie Paulus schreiben nicht für eine Gemeinschaft, in der die Auferstehung Jesu akzeptierte Wahrheit ist. Sie schreiben an und für Menschen, die eben das nicht für wahr halten können. Markus konnte berichten, dass den Zweifelnden Jesus erschien, und der Augenschein den Glauben wirkte, den die bloße Nachricht nicht zu wecken vermochte. Doch dieser Christus ist gen Himmel gefahren. Er verlangt von uns Heutigen den Glauben auf's Hörensagen hin. Nur sind wir Menschen heute dieselben wie damals … und können es kaum fassen, dass wir auf ewig leben werden, weil dieser Eine aufstand von den Toten.

Wie also das Unglaubliche predigen? Ohne es in ›Glaubliches‹, also Banales und schon Gewusstes zu überführen? Oder auf der anderen Seite als bloße Absurdität vorzustellen, die wir – friss oder stirb – nun einmal schlucken müssen?

Wir können es über einen Seiteneinstieg probieren, der mir bei Paulus großes Gewicht zu haben scheint. ›It's the economy, stupid!‹ (Bill Clinton) – Reden wir über Gottes Kapital, über Macht und Besitz. Denn beim ›Aufstand Gottes‹, wie Paulus ihn uns vorstellt, geht es doch am Ende um Herrschaft und Sieg. Der Gott, der Christus in die Welt gesandt und ihm alles unter seine Füße getan hat, ist zu guter Letzt ›Alles in Allem‹. Gott sitzt mit unserem Christus im Regiment und wird seine Herrschaft offenbar machen, wenn alle *unsere* Gewalt vergeht und als letzte Macht der Tod besiegt wird.

Für unseren Alltag ist mit dieser Erzählung Antwort gegeben auf die Frage, wem unser Leben gehört. Mir selbst? Ja, mir selbst. Ich lebe dieses Leben, kein Anderer. Ich muss entscheiden, was ich in und mit diesem Leben tue. Aber vielleicht auch Anderen, meinen Nächsten? Ja, ein Stück weit auch den Anderen, für die ich da sein will und muss: dem Partner, den Kindern, den Eltern, den Geschwistern, den Freunden. Aber gehört mein Leben nicht auch dem Geld, der Arbeit, dem Erfolg? Ja, auch das. Wir brauchen Anerkennung und was zu beißen zwischen den Zähnen und verbringen mit der Organisation dieser Anerkennung und unserer Lebenshaltung einen Großteil unseres Lebens. Und letztlich gehört unser Leben doch dem Tod? Ja – leider. Denn ›seien wir ehrlich: Leben ist immer lebensgefährlich‹ (Erich Kästner). Es endet mit dem Tod, dem selbst der Gott, der Mensch wurde, nicht entging.

Paulus sagt neben dem und über dem: Unser Leben gehört dem Menschensohn, der für uns starb, und dem Gott, der ihn ins Leben holte. Jesus Christus ging in den Tod, und gab sein Leben gleichsam als Angeld, um anzuzeigen: Da kommt noch mehr. All unsere Leben gehen deshalb nicht allein ein in den Schlund des Todes, sondern haben ihr Ziel bei dem Gott, der den Tod besiegt und uns erworben hat. Diese Herrschaft über uns als eine zu beschreiben, die dem Menschen hilft und ihn frei macht von den Ansprüchen, die wir uns selbst auferlegen oder die andere auf uns erheben, wäre eine gute Aufgabe der Predigt. Es wäre schön, wenn der Mensch in unserer Rede aufleuchtet als ein herrlicher ›Besitz Gottes‹, auf den eben deshalb kein Anderer leichtfertig Ansprüche anmelden kann.

VI Predigtschritte: »In Dir ist Freude«

1. An dir wir kleben

»Grund der Auferstehung ist die Christusverbundenheit der Einzelnen und der Gemeinde als Leib Christi im Jetzt und Hier« schreibt A (II 1.). Der Mensch lebt in seinen Beziehungen den schönen Widerspruch von ›Ich will ich sein‹ und ›Wir sind unzertrennlich‹. Wir kennen die Konfliktlagen, die sich daraus ergeben: bei kleinen Kindern, die beginnen, auf eigenen Füßen zu stehen – und doch noch ihre Eltern brauchen; von Schulkindern, die sich in einer Gruppe Gleichaltriger mit den Ansprüchen Erwachsener auseinandersetzen; aus dem Aushandeln von ›Ich‹ und ›Du‹ in der Ehe und in Liebesbeziehungen. Was passiert, wenn in diese Beziehungskonstellation nun noch jemand hineintritt und den großen Anspruch anmeldet: Ihr gehört zu mir?

2. Im Tod und Leben

»Morgen sind wir tot« (1 Kor 15,32; Jes 22,13). Welche Ansprüche erheben Gott der Schöpfer und ›Gevatter Tod‹ auf unser Leben? Was wollen sie eigentlich mit und von uns? Ich stelle mir den ›Tod‹ vor als einen geflissentlichen Bürokraten, der tut, was er tun muss, aber nicht recht viel mit denen anzufangen weiß, die er in seinen Besitz bringt. Er weiß eben: Es gehört sich so. Gott selbst hat doch gesagt: Des Menschen Leben habe eine Grenze (vgl. Gen 3,22; Gen 6,3). Was diesem Tod wohl durch den Kopf geht, als ihm klar wird, dass die Menschen nicht ihm gehören, sondern *dem* Gott, der allem Befehl gibt und die Schöpfung segnet?

3. Nichts kann uns scheiden

Paulus beschreibt mit einem herrlichen Bild, wie es sein kann, dass wir vergehen, und doch Zukunft haben: Wie der Same zerbricht und erst dann was wächst – so vergehen wir, damit Neues daraus kommt; wir werden anders, als wir waren, und bleiben doch in unserem Leben verwurzelt. Wir verwandeln uns. Aber als zerbrechender Same wie als herrliches Gewächs gehören wir in Gottes Garten (1 Kor 15,50–57).

4. Halleluja!

Ein Schlussakkord und Gotteslob. Ein Augen- und Ohrenöffner, der die Welt fröhlich in den Blick nimmt, wie wir sie sehen: als Gottes geliebte Kinder, sein fröhlicher Besitz – auf ewig erkoren.

Werkstück Predigt

Was der Tod wohl mit uns vorhat, wenn er uns nach den Jahren, Tagen, Stunden, die uns hier auf Erden zustehen, besucht? Stellen Sie sich vor: Er kommt mit seinem Stundenglas, klopft mit seinen knochigen Fingern drauf und schaut uns fordernd an. Vielleicht hat er Sinn für's Drama und pocht auch noch mit seinem Sensenwurf auf den Boden.

Er ist sicher ungeduldig, uns zur rechten Zeit zu holen. Wir schinden es etwas raus, berichten ihm dies und das, zeigen, was wir haben; erzählen von unseren Kindern; oder erinnern uns an Tante Helga, und den guten alten Ludwig, die er ja nun erst grad' neulich geholt hat. Ob das gut ist, so viele Tote in so kurzer Zeit, aus so kleiner Sippe?

Doch der Tod hat seine Vorgaben und wenig Spiel für langes Geplänkel. Und nimmt uns raus aus diesem Leben, ›is ja nu dran‹.

Dem Tod entgehen wir nicht. Er ist unbestechlich und lässt sich nicht bequatschen. Ein braver Verwalter vergehenden Lebens. Er ist der große Gleichmacher. Die alten Totentänze aus dem Mittelalter zeigen Gute und Garstige, Heilige und Huren, Bettler und Bankiers in einem langen Reigen vereint, der Tod mittendrin, die Laute spielend.

Doch weiß er, der im Mittelalter so gern zum Tanz aufspielte, etwas Rechtes mit uns anzufangen?

Lieder: EG 398 »In dir ist Freude«.

Internet: Umfrage zur Auferstehung, https://app.evangelisch.de/inhalte/143217/15-04-2017/umfrage-nur-die-haelfte-der-christen-glaubt-auferstehung, abgerufen am 31.05.2019.

A

Ostermontag

Lukas 24,36–45:

Nur auf dem Papier oder doch mit Händen zu greifen?

Johannes Greifenstein

I Eröffnung: Wie das Leben zu uns kommt

Die Predigt am Ostermontag gewinnt besonderen Charakter durch ihren Termin. Die Osternacht und der Ostersonntag haben das Fundament gelegt: ›Der Herr ist auferstanden!‹ So weit, so gut. Aber auch: So weit, so vorläufig. Denn vielleicht ein wenig in der Art, wie das für Weihnachten gilt, wo zunächst die Geburt des Herrn im Zentrum steht, damit der Raum aber erst offen ist für die Frage: ›Wie ist denn der Herr in meinem Leben präsent?‹, beginnt am Ostermontag die Auseinandersetzung mit der Gegenwart des todüberwindenden ewigen Lebens inmitten des endlichen Lebens. Mit Lukas geht es nicht darum, wie wir zum Grab kommen, sondern wie das Leben zu uns kommt: ›Jesus lebt! Aber wo?‹

II Erschließung des Textes: Glaubensgabe

In der Literatur wird dem Text ein antidoketischer Impuls zugeschrieben: Der Auferstandene ist kein »Geist« (V. 37.39). Er fordert zu einer förmlichen Überprüfung auf (V. 39: ›Seht […]. Fasst mich an und seht‹). Dann isst er nicht *mit* ihnen, sondern »vor ihnen« (V. 43). Wie bei einer Aufführung zeigt er im Vollzug, dass er kein Geist ist – mit Sinn für modische Terminologie, die aber ihren eigenen Tiefensinn hat, könnte man von der ›Performanz der Auferstehung‹ sprechen: Auferstehung ins Leben muss sich als Leben im Leben zeigen.

Ich blicke von Jesus zu den Jüngern, wobei zu beachten ist, dass von ›Jüngern‹ oder auch den zuvor erwähnten »Elf« (V. 33) nicht die Rede ist – das hilft, von der Perspektive auf das ›damals‹ Geschehene fortzukommen. Jesus tritt, so kann man das forcieren, mitten unter irgendwelche Leute, und irgendwelche Leute sind auch wir, die wir hier und heute etwas davon haben wollen, dass Jesus auferstanden ist.

Erschrecken und Furcht (V. 37) sind eine starke Reaktion, wie man sie allenfalls ungefähr von Begebenheiten kennt, mit denen man nicht rechnet (›Das gibt es doch nicht!‹) – wobei diese Reaktion hier besondere

Intensität hat. Sie hat aber auch besondere Qualität, wenn man V. 41 dazunimmt: »Als sie aber nicht glaubten vor Freude und sich verwunderten.« Bleibt man absichtlich bei der Oberfläche des übersetzten Textes (wie die Predigthörenden), dann stellt sich die Frage nicht nur nach der Nuance des Wunderns gegenüber Furcht und Schrecken, sondern vor allem danach, weshalb man *vor Freude* nicht glauben sollte (›Ich traute meinen Augen nicht!‹). Ist es, wie wenn man beinahe zu sehr hofft, etwas wäre wahr? Wie wenn man sich bei einer entscheidenden Sache nicht zu früh freuen will, damit man nicht enttäuscht wird?

Auf die wohlvertraute Botschaft »Friede sei mit euch!« (V. 36) – die ja auch liturgisch ritualisiert ist – folgen Erschrecken und Furcht. Jesus, so kann man konstruktiv ausdeuten, muss geradezu darum werben, ihn als den wahrzunehmen, der er ist, und er sieht sich nachgerade genötigt, zu beweisen, dass man vor ihm keine Angst zu haben braucht. Ist das nicht das Gegenteil des Modells: ›Komm zu Gott, wenn es dir schlecht geht, bei ihm findest du Trost‹?

In einer Predigt Luthers begegnet einerseits die sozusagen richtige Reihenfolge: »Wer also erschrocken ist, der trete zu Christus.« (Luther, 317) Andererseits hat Luther durchaus gesehen, dass die Menschen gerade deshalb erschrecken, *weil* Jesus kommt. Er hat das als Kleingläubigkeit ausgelegt. »Der Trost und das Geschenk ist vorhanden, aber das Herz ist so klein, dass es ihn nicht fassen kann.« (Luther, 318) Aber liegt dann alles an mir? Nein, denn zugespitzt könnte man sagen: Es ist nur menschlich, an der Auferstehung zunächst zu scheitern, es braucht auch dafür noch die Zuwendung Jesu, um seine Zuwendung wirklich werden zu lassen. Es »wird Hilfe nicht dem Glauben zuteil, sondern besteht in der Gabe des Glaubens« (Schweizer, 249).

Ab V. 44 beginnt eine Rede, die, kurz unterbrochen (V. 45), ersichtlich bis V. 49 reicht. Nicht ohne Grund nimmt die Perikopierung des in Reihe V gebotenen Predigttextes zu Christi Himmelfahrt die Verse 44–49 in Klammern mit zu den Versen 50–53. In der Lutherbibel unterbricht die Abgrenzung des jetzigen Predigttextes die Verbindung von V. 44 und 45: »Da öffnete er ihnen das Verständnis, sodass sie die Schrift verstanden, und sprach zu ihnen …« –Wie soll man mit dem, was V. 44f. neu bietet, umgehen? Freilich gibt es die Option einer Zuordnung: Es sei die Gegenwart Christi, die zum rechten Bibelverständnis verhelfe, oder umgekehrt wolle die Bibel nichts anderes, als Jesus nahezubringen. Noch von seiner fleischlichen Präsenz und seinem Essen lesen wir immerhin in Texten. Man kann diese Perikope im Anschluss an den zuvor geschilderten Gang Jesu mit den Jüngern deuten (V. 13–35). Eine mögliche Brücke besteht im Übergang von V. 35 und 36: In der Erzählung von Jesu Gegenwart wird diese Gegenwart gleichsam performativ zur Realität, diese Realität wiederum macht deutlich, um was es bei allem Umgang mit der Bibel letztlich geht. Aber ist am Ostermontag – und wann sonst? – das Bibelverständnis ein existenziell relevantes Thema? Aufgrund dieser Bedenken fokussiere ich die VV. 36–43.

III Impulse: Vom Ewigen im Endlichen

Die Predigt hat nicht die Aufgabe, das todüberwindende Leben zu interpretieren, indem sie ›aufzeigt‹, wo Jesus ›auch in unser Leben‹ kommt. Sie hat eher die Aufgabe, unser Leben zu interpretieren, indem sie verdeutlicht, wo es auch in unserem Leben zu einer Gegenwart dieses Lebens kommt. Damit würde man auf eigentümliche Weise wiederholen, was Jesus gegenüber den Jüngern tut, nämlich nicht einfach nur anwesend zu sein, sondern es auch noch zu beweisen. Nun könnte man auf den ersten Blick meinen, mit einer Deutung von Begebenheiten unseres Lebens als Momenten einer solchen Präsenz laufe man in die Falle der Distanz: Warum nicht einfach über das Leben sprechen, sondern darüber, wie man es nun sieht? Doch bei genauerer Betrachtung kann man es als Analogie ansehen, dass wir eben wie die Jünger damals Unterstützung dabei brauchen, die Gegenwart des ewigen Lebens im endlichen mit den ›Augen des Glaubens‹ wahrzunehmen.

Für Lukas mag ein an der echten Menschlichkeit Jesu zweifelnder Doketismus das Problem gewesen sein. Etwas voreilig könnte man sagen: Heute ist es doch umgekehrt, weil sich nur noch die Frage stellt, was es bedeutet, dass einem Jesus ›geistig‹ oder geistlich nahe ist. Ich würde aber eine andere Perspektive verfolgen, die an das bemerkenswerte Bild vom Auferstandenen beim Essen anschließt und den Umstand übergewichtet, dass Jesus damit das selbstverständlich Menschliche mit uns teilt. Plakativ gesagt, platzt Jesus in die Alltäglichkeit hinein und bringt das Außergewöhnliche in den Horizont des Gewöhnlichen. Das ist überspitzt, wäre aber anschlussfähig an die Frage, ob es nicht so etwas wie einen ›aufgeklärten Doketismus‹ gibt, der nicht mit der Gegenwart Jesu im eigenen Leben rechnet. Ich würde das allerdings so umformen, dass es nicht zu eng an der Person Jesu orientiert bleibt, sondern etwa vom Leben, das den Tod überwindet, oder dem Leben aus Gott sprechen.

Schließlich muss die Rede vom Scheitern an der Auferstehung präzisiert werden, insofern damit keine Glaubenszumutung gemeint sein soll. Auch die Szene des Lukas könnte als solches Scheitern gewertet werden, weil ihr handgreiflicher Realismus (vgl. Holtzmann, 423) doch das unterbiete, was todüberwindenes Leben meint. Offensichtlich geht es nicht um ein Scheitern, sondern eine Grenze: Jesu Auferstehung ist für uns nicht mit Händen zu greifen, aber – wie soll man sagen? – im Herzen zu fühlen oder mit der Seele zu hoffen.

Würde die Predigt aber gänzlich auf eine sogenannte Gewissheit abstellen, bliebe eine zentrale Pointe außen vor: Was als Gegenwart Jesu in unserem Leben gedeutet werden kann, dürfte immer wieder so unerwartet sein, so sehr Anlass zum gemischten Gefühl aus Staunen und Freude führen und so sehr das Verhältnis von Zweifel und Zuversicht berühren wie bei Lukas. Deshalb kann ich mir vorstellen, den österlichen Auferstehungslobpreis mit einer Auferstehungsbitte zu verbinden und in der Predigt auf das als Tischgebet bekannte ›Komm, Herr Jesus, und sei unser Gast‹ zurückzugreifen.

Werkstück Predigt (Anfang)

Heute am Ostermontag ist Ostern vorbei und noch dageblieben. In der Osternacht gehen wir den Weg vom Dunkel ins Licht und vom Tod ins Leben. Dann ist der neue Morgen da und die Osterfreude spricht sich aus: Halleluja, der Herr ist auferstanden. »Gott aber sei Dank, der uns den Sieg gibt durch unsern Herrn Jesus Christus!« (1 Kor 15,57). Heute ist noch ein Feiertag und das heißt auch: Es ist *noch* Feiertag. Morgen schon nicht mehr. Wie geht Ostern weiter?

(Verlesung des Predigttextes)

Wie geht Ostern weiter? Davon erzählt die Geschichte aus dem Lukasevangelium. Sie erinnert mich an den Anfang des Tischgebets ›Komm, Herr Jesus, und sei unser Gast, und segne, was du uns bescheret hast.‹ Denn Jesus kommt hier zu Gast. Aber offensichtlich rechnet man nicht mit diesem Gast. Rechnet man mit ihm, wenn man darum bittet? ›Komm, Herr Jesus, und sei unser Gast!‹ Das ist das Gebet für diesen Ostermontag als noch einen österlichen Feiertag. Und das Gebet für dann noch einen. Noch einen. Und wieder einen.

Literatur: *Heinrich Julius Holtzmann*, Die Synoptiker (Hand-Commentar zum Neuen Testament. Erster Band. Erste Abtheilung), Tübingen/Leipzig [3]1901; *Martin Luthers* Evangelien-Auslegung, hg. von Erwin Mühlhaupt. Fünfter Teil. Die Passions- und Ostergeschichten aus allen vier Evangelien, Göttingen [4]1969, 317–321; *Eduard Schweizer*, Das Evangelium nach Lukas (NTD 3), Göttingen 1982.

Thorsten Moos

B

IV Entgegnung: Ostermontag – ein religionsphilosophischer Feiertag

Wie A will ich vom besonderen Charakter des Ostermontags ausgehen. Ich mag diese zweiten Feiertage, weil sie einen Schritt zurück erlauben, ein ruhiges Bedenken, was eigentlich geschehen ist am Tag zuvor. Allerdings steht für mich nicht die *applicatio* aufs eigene Leben im Mittelpunkt, von der hoffentlich zwischen leerem Grab und Eiersuchen schon einiges geschehen ist. Vielmehr scheint sich mir ostermontäglich der Glaube selbst zu begegnen: sich zu bestaunen und sich zu befragen, nach den Bedingungen und Gefährdungen der eigenen Möglichkeit. Ostermontag wäre dann so etwas wie ein religionsphilosophischer Feiertag.

Dafür scheinen mir auch die Verse 44f. unverzichtbar: nicht als lässliche Nebenbemerkung zum Bibelverständnis, sondern als treffliches, fast ironisches Spiel mit Unmittelbarkeit und Medialität. Der gebratene Fisch, noch triefend vom Fett, und die Schrift, das Papier mit den Buchstaben darauf, sind hier nahe aneinandergerückt. So nahe, dass wie auf dem Fischmarkt der Fisch eingeschlagen werden könnte in das beschriebene Papier – wenn es sich nur nicht um einen Fisch handelte, von dem mittels der Buchstaben auf dem Papier bloß die Rede ist. Der Doketismus ist, in den teilvirtualisierten Lebenswelten unserer Tage zumal, nicht nur ein

Problem von früher. Und so muss gefragt werden, inwiefern das todüberwindende Leben, von dem wir lesen, nur auf dem Papier steht – und inwiefern es nicht doch mit Händen zu greifen ist. Zu sprechen ist also von der *Leiblichkeit des Heils.*

V Erschließung der Hörersituation: Lebensbehauptung

Von dieser Leiblichkeit macht unser Text keine Abstriche. Auf tritt kein Geist, sondern einer, der deutlich gesehen und berührt werden kann, und der – Kernmerkmal des Lebens! – an den Stoffwechselkreisläufen in aller Öffentlichkeit teilhat. Wenn wirklich vom Leben gesprochen wird, dann ist nicht von der *Idee* des Lebens die Rede, die Herz und Seele erfüllte, sondern von einem Leben im Vollsinne, und das heißt: vom Leben lebendiger Leiber. Zu viel und zu schnell ist im modernen Christentum die Seele vom Leib getrennt, das verheißene und damit auch das gelebte Leben virtualisiert worden. Zu stark war die Befürchtung, irgendwelchen kruden Wundergeschichten aufzusitzen, magischen Taschenspielertricks, in denen vermeintlich Wasser zu Wein und vermeintlich Kranke gesund gemacht werden, und in deren letzter, absurder Steigerung eben auch vermeintlich Tote auferstehen müssen. Derlei ist für aufgeklärt Glaubende ebenso degoutant wie gebratener Fisch für eine vegan lebende Großstadtfamilie. Und so verdünnte sich die Lebenshoffnung hin zur Vorstellung, das todüberwindende Leben der Osterbotschaft sei eben irgendwie anders gestrickt als das Leben mit Fischessen und Verdauen, weniger hardwaremäßig, mehr so in der Software von Gedenken und Erinnerung und weiterlebender Botschaft.

Demgegenüber legt Lukas uns gebratenen Fisch vor, dessen Duft (oder Gestank, je nach Geschmack) jedenfalls das Leben in seiner Leiblichkeit geradezu aufdringlich hervortreten lässt. Wider besseres Wissen, denn ebenso wie heute wusste man damals, dass Tote nicht auferstehen, wider besseres Wissen also besteht er auf der Behauptung des österlichen Lebens. *Wenn der Tod nahe ist, muss das Leben behauptet werden.* Das ist für mich der Kern dieser Perikope – in der ganzen Doppeldeutigkeit dieser Formulierung. Das Leben behaupten heißt zum einen, es zu bewahren, gegen seine Gefährdungen zu verteidigen, es zu respektieren, zu leben – und zum anderen, von ihm zu sprechen, es präsent zu halten als Gegenstand von Erfahrung, Sehnsucht und Hoffnung. Ich denke an Situationen der Krankheit und der Todesnähe: Das hier erfahrene und erlittene wie das erhoffte Leben ist kein virtuelles, gedachtes, sondern vielmehr ein zutiefst leibliches Leben. Wer krank ist und auf Heilung hofft, lebt und leidet in seinem Leib (präziser: *als* sein Leib) und hofft für sich, also für seinen Leib. Will nicht abgespeist werden mit der Bitte um Kraft, das Leiden besser zu ertragen, gar zu akzeptieren; will hoffen dürfen auf Genesung, auf Linderung, auch wider besseres Wissen, vielleicht noch auf dem Sterbebett.

Mit Lukas, nach der Tradition: dem Arzt, wäre an Ostern also gegen die Entleiblichung der Hoffnung zu predigen. *Wenn der Tod nahe ist, muss das Leben behauptet werden.* Wachheit ist überall dort angebracht, wenn das Leben von Menschen als reduziert, beschädigt, unvollständig in den Blick kommt. Wenn die Rede ist von der Hinfälligkeit im Alter, der Versehrtheit chronisch Kranker, der Verlorenheit derer mit infauster Prognose, der Ermattung Sterbender: Überall dort, wo die Frage im Raum steht, ob das wirklich noch Leben ist, gilt es, einen Fisch zu braten. Das gelebte Leben ist immer Leben im Vollsinne; und zugleich ist dieses Volle, Ganze, nie von der Empirie dieses Lebens gedeckt. Von Leben zu sprechen, hat, nicht nur Grenzsituationen des Lebens, immer etwas Kontrafaktisches. So höre ich in der vermeintlich kruden Körperlichkeit dieser Perikope eine tiefgläubige Lust daran, das Leben kontrafaktisch zu behaupten: umso intensiver, je mehr es in Gefahr geraten ist, nur noch als defizient, unrichtig, ungelebt zu erscheinen. Das, was wir theologisch ›Gottesebenbildlichkeit‹ oder säkular ›Würde‹ nennen, und das, was als heiles, ganzes, volles Leben erhofft wird, ist gerade in Grenzsituationen gegen den Augenschein zu behaupten. Von daher ist noch die perimortale Fischmahlzeit Pflicht.

VI Predigtschritte: Aus Unmittelbarkeit und Vermittlung komponiert

Doch halt! Bevor der Fisch zu knusprig und die Rede vom Leben zu schwärmerisch wird, ist eine Erinnerung an das Ende des Textes angebracht. Der Text endet nicht auf dem Teller, sondern in der Schrift. Der Fisch ist ein erzählter Fisch, und Jesu Beweismahlzeit ist eine erzählte. Es ist die Schrift, das Medium, den Jüngern von Jesus eröffnet, weiterinterpretiert von Generation zu Generation. So hören wir davon, und erzählen es weiter. Nachdem der Bratfischdunst sich verzogen hat, bleiben Pergament und Papier. Und Fischgeruch steigt erst wieder vor unserer inneren Nase auf, wenn sich der Schriftsinn je und je neu erschließt. Alle religiöse Unmittelbarkeit bedarf der Vermittlung; das ist meisterhaft in diesen Text hineinerzählt.

So wird am religionsphilosophischen Feiertag des Ostermontags der Glaube ansichtig als eigenartiges Kompositum aus der Unmittelbarkeit des Fischessens und der Vermittlung durch historisch geprägte Formen, die – gerade im Falle von Ostern – abständig und spröde sind. Und so beinhaltet der Predigttext auch eine Rollenanweisung für die Predigerin bzw. den Prediger. In der spannungsvollen Diastase von gelebtem und behauptetem Leben gehört die Predigt auf die Seite des behaupteten Lebens. Sie hat nur das Wort. Ihr Bemühen um Leiblichkeit ist lediglich das

Bemühen um die Leiblichkeit des Ausdrucks. Der Leib selbst gehört den Predigthörenden und der Medizin, den Herrschenden und dem habitusprägenden Milieu, der Kochkunst und den Liebenden. Die Predigt, mag sie auch zuweilen protestantisch darunter leiden, lebt im Regiment zur Rechten, im Wort. Wie dieses im Leben Fleisch wird, Fisch oder veganer Brotaufstrich, das liegt jenseits der Predigt.

Das mag rezeptionsästhetisch trivial sein. In Bezug auf die österliche Verheißung ist es das nicht. Denn ebenso, wie sie vom Fisch spricht, aber keinen brät, wird sie von Hoffnung sprechen, ohne das, was den Glaubenden tatsächlich zur Hoffnung wird, zu bestimmen. Sie wird das Leben behaupten, aber es nicht definieren. Was Menschen angesichts der Beschädigungen ihres Lebens hoffen – Linderung, Heilung, Vergebung, Zeit, Genuss, Rückzug, Leben nach dem Tod, Stille, Versöhnung, Wiedersehen, Aufholen des Versäumten, vielleicht gar nichts mehr –, kann sie nicht, darf sie nicht festlegen wollen. Die krude Handgreiflichkeit der Szene öffnet sie für die verschiedenen Hoffnungsgehalte und deren Transformationen dort, wo das Leben behauptet werden muss. Und ihre fischfettige Leiblichkeit mag dazu mahnen, die leiblichen Aspekte der Hoffnung, etwa den der Heilung von Krankheit, nicht gegenüber einer vermeintlich höherwertigen ›innerlichen‹ Hoffnung zu diffamieren.

Als möglicher Teil einer Predigt einige Auszüge aus dem Buch »So schön wie hier kann's im Himmel gar nicht sein« von Christoph Schlingensief. Sie erzählen von den Transformationen leiblicher Hoffnung:

»Schutzengel, wenn ihr mich hört, ihr seid doch hier. Bitte macht, dass das gut ausgeht. Kein Tumor mehr im Bauch, bitte.« (Schlingensief, 46)

»Wenn ich nach der OP wieder aufwache, dann beginnt ein anderes Leben. Leben heißt dann, jeder Tag ist ein neuer Tag. Das ist dann der Tag. Und dann kommt der nächste. Und dann kommt der nächste.« (Schlingensief, 59)

»Immer wieder muss ich dabei an Afrika denken. Am Ende, wenn es denn sein soll, werden meine Freunde mit nach Afrika fahren, wir werden an meiner Oper bauen, und irgendwann wird man dafür sorgen, dass ich keine Schmerzen habe und etwas angenehmer wegjuckele. So stelle ich mir das vor. Und in Afrika gibt's auch viele Dämonen, die ich für mich einsetzen kann.« (Schlingensief, 106)

»Ich möchte gerne mehr Zeit für meine Frau haben. Und ich möchte mal raus in die Natur fahren, um eine Wanderung zu machen, oder vielleicht auch nur, um dazusitzen und zu gucken. Das sind meine Wünsche. Neben zehntausend anderen Wünschen, die alle mit Liebe und mit Gesundheit und Geborgenheit zu tun haben.« (Schlingensief, 123)

»Ich habe keinen Bock auf Himmel, ich habe keinen Bock auf Harfe spielen und singen und irgendwo auf einer Wolke herumgammeln. Einen Draht zu Gott habe ich trotzdem, das ist klar. Aber ich habe nicht dieses Vertrauen zu sagen: Gut, ich komme, nehmt mich auf zu euch.« (Schlingensief, 247)

Literatur: *Christoph Schlingensief*, So schön wie hier kann's im Himmel gar nicht sein. Tagebuch einer Krebserkrankung, München 2010.

Quasimodogeniti (1. Sonntag nach Ostern)

Jesaja 40,26–31:

»Weißt du, wie viel Sternlein stehen?«

A

Martin Kumlehn

I Eröffnung: Vom Osterjubel zum Zweifelglauben

Die Motive und Texte des ersten Sonntags nach Ostern sind geeignet, den Jubel des Auferstehungsfestes tief im *zweifel*bewährten Glauben zu verankern. Wiedergeboren zu lebendiger Hoffnung (1 Petr 1,3), buchstabieren wir an diesem Tag die Dialektik des religiösen Selbst- und Weltverhältnisses – *nicht sehen und doch glauben* (Joh 20,29, vgl. 1 Petr 1,8) – mit einem Text aus dem zweiten Jesaja nach. In ihm klingen sehr grundsätzliche Fragen des Gottesglaubens an: »Wer hat all dies geschaffen?« (V. 26, vgl. EG 324,4) – Warum habe ich oft das Gefühl, als gehe »mein Recht an meinem Gott vorüber?« (V. 27) – Wie kriegen die Müden, »die auf Gott harren, neue Kraft?« (V. 31, vgl. 2 Kor 12,9)

Der Gottesdienst am Sonntag Quasimodogeniti und die Predigt in ihm können dazu anleiten, die österliche Grunderfahrung, neuen Lebensmut zu gewinnen (vgl. EG 112,3), als dergestalt im Harren auf Gottes schöpferische Kraft verankert zu begreifen, dass die »nach der vernünftigen lauteren Milch« (1 Petr 2,2) begierigen Besucherinnen und Besucher des Gottesdienstes den unmittelbaren Zusammenhang von Daseinsgewissheit und religiösem Deutungsbewusstsein zu erfassen vermögen.

II Erschließung des Textes: Weißt du nicht? Hast du nicht gehört?

Deuterojesaja möchte unter den nach Babylonien verschleppten Israeliten die Hoffnung auf eine politische Wende verbreiten. Diese Hoffnung nährt sich vor allem aus den ersten militärischen Erfolgen des persischen Königs Kyros (vgl. Jes 41,25; 44,24–28; 45,1–5; 48,15); und mit ihr verbindet Deuterojesaja die Erwartung einer Rückkehr aus dem Exil. Nach den ersten, beinahe überschwänglichen Verheißungsworten (Jes 40,1–11) scheint der Prophet nun auf nüchterne, ja skeptische Einwände zu reagieren. In einer ganzen Reihe von Disputationsworten, die den ersten Teil des Deuterojesajabuches einleiten, setzt sich der Prophet in einer Mischung aus rationaler Argumentation und seelsorgerlicher Rede mit diesen Einwänden auseinander, die hauptsächlich um zwei Fragen kreisen:

1. Da ist zum einen der *Zweifel an der Macht Jahwes*: Hatte die Eroberung Jerusalems durch die Neubabylonier nicht eindeutig bewiesen, dass deren Götter stärker waren? War Jahwe überhaupt noch in der Lage, den Exilierten zu helfen? Deuterojesaja sucht diesen Zweifel zu entkräften, indem er auf konkrete aisthetisch-poetische Erfahrungen der Exilierten Bezug nimmt, die dem Glauben an Jahwes Macht in früheren Zeiten durch das Singen entsprechender Hymnen Ausdruck zu geben vermochten. Seine Verkündigung lässt Motive anklingen und nimmt sprachliche Wendungen auf, die an die Lieder erinnern sollen, welche die Weggeführten einstmals im Tempel und bei Prozessionen gesungen haben und die Jahwe als Schöpfer der Welt (V. 22.26.28) und als Herrn der Geschichte (V. 15–17.23–24) priesen. Indem Deuterojesaja seelsorgerlich geschickt an eben diese hymnische Psalmentradition anknüpft, gelingt es ihm, der zweifelnden Resignation eine starke, emotional imprägnierte Erfahrung entgegenzuhalten. Mit »der Wiedererweckung des Gotteslobes« (Westermann, 44) kann nämlich der argumentative Zweifel an der Macht Jahwes gebrochen werden. Die Erinnerung an die gemeinsam geteilte Erfahrung des hymnischen Lobens und Preisens der göttlichen Schöpfermacht gemahnt die der Predigt des zweiten Jesaja Zuhörenden daran, dass der Gottesglaube und damit die Überzeugung, dass »die Rechte des Herrn den Sieg behält« (Ps 118,16b), sich jenseits aller argumentativen Begründungen zunächst und vor allem als eine herzensinnige Gewissheit aufbauen, der das Ohr und die Stimme am nächsten sind (vgl. Jes 50,4).

Diese leibhaft-ganzheitliche Erfahrung der glaubensstiftenden und -prägenden Kraft des Singens macht sich im Übrigen auch der österliche Hymnus (EG 99; 100; 103; vgl. aber etwa auch »In dir ist Freude« EG 398 und »Großer Gott, wir loben dich« EG 331) zunutze – für mich persönlich liegt die emotive Überzeugungskraft des Auferstehungsglaubens ganz wesentlich in der mit Johann Herrmann *singend* zum Ausdruck gebrachten Hoffnung beschlossen, dass »kein Angststein liegt so schwer auf mir, er wälzt ihn von des Herzens Tür« (EG 111,11).

Der *Zweifel an Jahwes Macht* klingt in der Predigtperikope – die darum eigentlich mit V. 25 beginnen müsste – im Zusammenhang mit der Frage an, wer die Himmelskörper geschaffen habe (V. 26). Damit kommt Deuterojesaja auf eine ganz »spezielle Anfechtung der babylonischen Umwelt zu sprechen« (Albertz, 78), mit denen sich die Weggeführten konfrontiert sehen, gelten die Gestirne den Babyloniern doch als »die obersten, alles beherrschenden Götter«[,] … Marduk ist Sonnen-Gott, der König sein Priester und irdischer Stellvertreter, der Astralkult spielt in Babylonien eine gewaltige Rolle« (Westermann, 50). Aus der Beobachtung der Sternenkonstellationen werden Horoskope für die Geschicke des Einzelnen wie des Staates erstellt (vgl. Jes 47,13). Demgegenüber rückt Deuterojesaja in einem eindrücklichen Bild die Geschöpflichkeit der Himmelskörper in den Blick: Wie ein Heerführer ruft Jahwe die Sterne namentlich auf und lässt sie »in seiner großen Macht zum Appell antreten (vgl. Am 5,8)« (Albertz, 78). So unvergleichlich und einzigartig ist seine Macht, dass die in Babylonien als Götter verehrten Gestirne seinem Befehl gehorchen müssen – ganz ähnlich wird auch in 1 Mose 1,14–19, einem Text, der sich demselben Entstehungskontext verdankt, die bloße Geschöpflichkeit der Gestirne artikuliert.

Die Zweifel an Jahwes Fähigkeit zu helfen sollen also mit der die Predigtperikope eröffnenden Frage: »Wer hat all dies geschaffen?« (V. 26) zerstreut werden, indem die »numinose Qualität der Sterne« bestritten wird und dieselben zu Jahwes »Geschöpfen degradiert werden« (Albertz, 78). Während es zuvor (V. 15–17; V. 23–24) um die Frage »des Eingreifens Gottes in die Geschichte« ging, steht im Zusammenhang der Komposition der Bestreitungen (Jes 40,12–31) »hier das Lenken und Regieren der Sterne« im Vordergrund (Westermann, 50).

›Der gestirnte Himmel über mir‹ (Kant) verliert dabei freilich nichts von seiner Faszination, doch seine religiöse Deutung verlagert sich von der Anbetung der Himmelskörper als Gottheiten auf das staunende Innewerden der Größe und Weisheit des – unsichtbaren – Schöpfers. Deuterojesajas Verkündigung markiert insofern eine wichtige Etappe auf dem Weg der Rationalisierung und Subjektivierung des Gottesglaubens, die ihren Ausdruck z.B. in dem Kinderlied Wilhelm Heys findet, wo V. 26 wörtlich aufgenommen wird (EG 511 »Weißt du, wieviel Sternlein stehen«).

2. Aber tiefer als die Frage, ob Jahwe überhaupt (noch) helfen kann, sitzt der *Zweifel, ob Jahwe auch helfen will*? Darum geht es in den VV. 27–31. Das wörtliche Zitat V. 27b könnte so auch im Hiob-Buch stehen (vgl. etwa Hi 13,24). Aber auch die Anklänge an Formulierungen aus dem Klagelied des Einzelnen (z.B. Ps 13,2) oder des Volkes (z.B. Ps 44,25) sind offensichtlich. Neu und für Deuterojesaja typisch ist nun die Art und Weise, wie er diesen Zweifel, ob Gott helfen will, auszuräumen versucht. Zu dem erneuten Hinweis auf Gottes nie erlahmende Schöpferkraft (V. 28) tritt nämlich *nicht* die Erinnerung an »die großen Gnadentaten Jahwes an Israel (Exodus, Landnahme, Zion, Königtum)« – auf die sich zu berufen angesichts der desolaten Lage auch kaum sinnvoll wäre –, sondern an »Erfahrungen aus dem persönlichen Lebensbereich des einzelnen Israeliten: daß Gott die Schwachen und Todkranken stärkt und ihnen wieder aufhilft (Ps 30,3; 40,3, 116,6–8 [= Wochenpsalm, M.K.])« (Albertz, 79). Die Hoffnung – auch auf eine politische Wende zum Besseren –, weiß Deuterojesaja, gebiert sich aus der Erinnerung an die Momente *individuellen* Bewahrt- und Gehaltenseins in Krisensituationen. »Damit wird klar, warum Deuterojesaja die Klage der Exilierten in der Terminologie der Klage des Einzelnen (V. 27) aufgenommen hatte; näm-

lich um sie Vers 31 an das Vertrauensbekenntnis, das sie selber in ihren persönlichen Gebeten zu sprechen gewohnt waren, erinnern zu können.« (Albertz, 79)

III Impulse: Der Müden Kraft

Neue Kraft kriegen, nicht müde werden – das versteht sich nicht von selbst. Im Gegenteil. Normal und von unseren Alltagswahrnehmungen vielfach gedeckt ist eher die Erfahrung eines stetigen Erlahmens und beständigen Wenigerwerdens von Lebensmut, Motivation und Erwartung. Je älter eine/r wird, desto stärker macht sich häufig ein resignatives Grundempfinden bemerkbar: ›Was kann ich realistischerweise (noch) erwarten vom Leben, von Gott?‹ – »Wie neugeborene Kinder« (1 Petr 2,2) dem Wunder leise wie einem Vogel die Hand hinhalten (Hilde Domin), setzt der 1. Sonntag nach Ostern der drohenden Resignation entgegen. Der Lobgesang von Gottes Schöpfermacht und die Erinnerung an einstmalige Bewahrung (EG 317,3) können die Hoffnung wach halten und die Lebensmüdigkeit überwinden helfen.

Lieder: Durch Hohes und Tiefes 86 »Der Müden Kraft«; EG 324 »Ich singe dir mit Herz und Mund«; EG 317 »Lobe den Herren«.

Literatur: *Rainer Albertz,* Quasimodogeniti. Jesaja 40,26–31, in: Erhard Domay/Horst Nischke (Hg.), Gottesdienstpraxis Serie A, Reihe VI/4: Ergänzungsband Exegesen, Gütersloh 1983, 77–79; *Claus Westermann,* Das Buch Jesaja. Kapitel 40–66 (ATD 19), Göttingen [4]1981.

B Ralf Stroh

IV Entgegnung: Wo Erfahrung verunsichert, kann nur Erfahrung helfen

Der Hinweis, dass Deuterojesaja auf »konkrete aisthetisch-poetische Erfahrungen der Exilierten« (A II) zurückgreift, um ihren mit argumentativen Mitteln allein nicht auflösbaren Glaubenszweifeln zu begegnen, leuchtet mir ein. Wo immer Erfahrung verunsichert, kann Sicherheit nicht durch theoretische Konstrukte gewonnen werden, sondern nur durch den Hinweis auf andere Erfahrungen; Erfahrungen, die existenzielle Unsicherheit nicht verdrängen, sondern ernst nehmen, und zugleich Lebensmöglichkeiten eröffnen, die zuvor verschlossen waren. Ich möchte aber noch genauer verstehen, was es mit diesen Erfahrungen auf sich hat, die solche neuen Lebensmöglichkeiten eröffnen – auch für heutige Zeitgenossen. Daher möchte ich danach fragen, was genau mit dem abschließenden Gedanken von A gemeint ist: »Der Lobgesang von

Gottes Schöpfermacht und die Erinnerung an einstmalige Bewahrung (EG 317,3) können die Hoffnung wach halten und die Lebensmüdigkeit überwinden helfen« (A III).

V Erschließung der Hörersituation: Deuterojesaja im Anthropozän predigen

Der Erfolg der ›Grünen‹ bei den Europawahlen vom Mai 2019 hat es gezeigt: Die Herausforderungen des Klimawandels scheinen für jüngere wie ältere Menschen das zentrale Problem der Gegenwart zu sein. Zeitgleich finden sich seit langem quer durch die Bevölkerung zahlreiche Sympathiebekundungen für das Anliegen der ›Fridays for Future‹-Demonstrationen, die Verantwortlichen in der Politik zu ernsthafteren Bemühungen um den Klimaschutz zu bewegen.

War es bei Deuterojesaja die Heimatlosigkeit aufgrund von Deportation, so drängt sich gegenwärtigen Zeitgenossen die Ahnung auf, uns stünde ein Verlust der vertrauten Umwelt bevor, obwohl wir am selben Ort verbleiben – und ihn gleichwohl unter Umständen bald nicht mehr wiedererkennen könnten. Der Begriff des Anthropozän mag vielen noch fremd sein. Der Sache nach wird er ihnen jedoch immer vertrauter: Der Mensch gestaltet die Erde in einem Maße um, dass es scheinbar nur von seinem Willen abhängig ist, welches Schicksal der Schöpfung bevorsteht. Wie steht es vor diesem Hintergrund mit dem tröstenden Zuspruch Deuterojesajas? Wie überzeugend sind seine Verweise auf die Schöpfermacht Gottes?

Der zweite Jesaja nutzte den Hinweis auf Gottes Schöpfermacht, um die scheinbare Allgewalt der politisch Mächtigen zu relativieren. Auch ihre Macht ist begrenzt und – gemessen an der Allmacht des Schöpfers – nur gering. Was aber, wenn die Macht des Menschen scheinbar doch nicht so begrenzt ist, wie Deuterojesaja behauptet? Wenn es allem Anschein nach letztlich doch der Mensch ist, von dessen Handeln das Wohl und Wehe der Schöpfung abhängig ist? Tragen dann der Trost und die Ermutigung des zweiten Jesaja noch?

Der Theologe Reiner Preul hat 1997 sein Lehrbuch der Kirchentheorie mit einem Abschnitt beschlossen, der »Die Überlebensprobleme als Herausforderung an die Kirche« überschrieben ist. Darin zählt er drei Deutungsmodelle auf, mit denen versucht wird, angesichts der Möglichkeit eines durch menschliches Handeln herbeigeführten katastrophalen Endes der Menschheit die theologische Frage nach dem Geschichtshandeln Gottes zu beantworten (vgl. Preul, 385). Das erste Modell sieht diese Situation als Hinweis auf die Ohnmacht, wenn nicht gar die Nichtexistenz Gottes. Das zweite Modell sieht darin ein strafendes Handeln des gerade dadurch seine Macht über die ungehorsame Menschheit beweisenden

Gottes. Und das dritte Modell rechnet mit einem rettenden Eingreifen Gottes, der es nicht zu einer Katastrophe kommen lassen will – aber damit zugleich die Menschen aus ihrer Verantwortung entlässt und ihr Handeln vergleichgültigt.

Es ist lehrreich, diese drei Modelle mit ihrem jeweils leitenden Wirklichkeitsverständnis genauer in Augenschein zu nehmen. Entscheidender erscheint mir jedoch ein Hinweis, den Preul zuvor gegeben hat, als er die Frage aufwarf, was denn überhaupt die inhaltliche Basis einer jeden ethischen Urteilsbildung und des sie orientierenden Wirklichkeitsverständnisses bilde. Am Beispiel Albert Schweitzers macht Preul deutlich, dass alle ethische Orientierung – bei Schweitzer die Formel ›Ehrfurcht vor dem Leben‹ – aus einem spezifischen »Geschmack« (Preul, 380) am Dasein entspringt. Die Formel Schweitzers mag konkretisierungsbedürftig sein, aber – so Preul –: »Die Stärke der Schweitzerschen Grundeinsicht und ihre paradigmatische Bedeutung liegt vielmehr darin, daß sie ein Selbst- und Welterleben zum Ausdruck bringt, in welchem *religiöses Empfinden, ästhetische Wahrnehmung und ethischer Impuls unmittelbar und untrennbar miteinander verbunden sind*« (Preul, 380, kursiv i.O.). Nimmt man dies ernst, dann geht ethische Orientierung nie im intellektuellen Argument auf – weder heute noch zur Zeit des zweiten Jesaja. Es ist also ganz sachgemäß, wenn das intellektuelle Bemühen um ein möglichst genaues Verstehen der eigenen Lebenssituation eingebettet ist in ein aufmerksames Wahrnehmen der Gefühlslage, in der diese Situation erlebt wird, und in eine Pflege all jener Formen und Institutionen, in denen diese Gefühle für uns Gestalt gewinnen und zum Gegenstand der gemeinsamen Betrachtung werden.

»Auch dafür steht der Kirche der reiche biblische Sprachschatz zur Verfügung. Durch gemeinsame Symbolisierung der Gefühle kann der Einzelne aus seiner inneren Isolierung befreit und die Verdrängung unangenehmer Einsichten und Empfindungen auf schonende Weise aufgehoben werden. Die Erfahrung, dass es möglich ist, unangenehme Wahrheit und beängstigende Gefühle vor Gott in der Klage und im Gebet zuzulassen und auszuhalten, wird sich auch hier bewähren. Auf diese Möglichkeit sollte auch in öffentlichen Stellungnahmen hingewiesen werden; es ist nicht unwesentlich, wie die Menschen mit ihren Gefühlen umgehen und in welcher Sprache sie sie zum Ausdruck bringen« (Preul, 382).

Der Verweis auf die grundlegende Bedeutung des Gefühlslebens für die ethische Orientierung ersetzt nicht die intellektuelle Bemühung. Ganz im Gegenteil nötigt er zur verstehenden Anstrengung – aber eben zu einer konkreten verstehenden Anstrengung, die den ganzen Menschen im Blick hat, nicht nur seinen Intellekt. Dann erst ist auch eine Entscheidung zwischen den drei oben referierten Deutungsmodellen möglich. Genau deshalb bestehen ja auch die Disputationsworte, die den ersten Teil des Deuterojesajabuches einleiten, in einer bewusst gestalteten Mischung aus rationaler Argumentation und seelsorgerlicher Rede. Und genau deshalb ist auch der gottesdienstliche Rahmen, in dem über diesen Text des Deuterojesaja zu predigen ist, so gestaltet, dass beides zu seinem Recht kommt: das unverkürzte Lebensgefühl und das diesem nachsinnende und Handeln orientierende Verstehen. Und dann gelten die Worte, mit denen der Abschnitt A geschlossen hat: »Der Lobgesang von Gottes Schöpfermacht und die Erinnerung an einstmalige Bewahrung (EG 317,3) können die Hoffnung wach halten und die Lebensmüdigkeit überwinden helfen.«

VI Predigtschritte: Wie aus fernen Zeiten

Als Lied vor der Predigt wähle ich das bekannte »Weißt Du, wie viel Sternlein stehen« (EG 511). Ich erhoffe mir davon, dass dieses Lied die Gottesdienstgemeinde sowohl gedanklich einstimmt auf den Predigttext (dessen V. 26 im Lied aufgenommen wird) als auch für die emotionalen Aspekte des Textes sensibilisiert. Das Lied wird eher selten in Gottesdiensten gesungen, weil es meist nur als Kinderlied wahrgenommen wird, das für Erwachsene unpassend ist. Indem ich diese Irritation zu Beginn der Predigt anspreche, möchte ich den Weg bahnen zur Fragestellung: Warum tut es uns eigentlich gut, wenn wir solche ›Kinderlieder‹ singen? Ist das eine Flucht vor der Realität – oder vielleicht gerade das Gegenteil, eine Hinwendung zur unverkürzten Realität, zu der eben auch unsere Gefühle zählen?

Die Entfaltung des Predigttextes macht dann darauf aufmerksam, dass auch Deuterojesaja seine Gegenwart deutet unter Rückgriff auf etwas, das den fern der Heimat lebenden Israeliten in ihrer Mutlosigkeit wie ein ferner ›Kinderglaube‹ vorkommen mag: Erinnerungen an Lieder, die vorzeiten im Tempel und bei Prozessionen gesungen wurden und Jahwe als Schöpfer der Welt und Herrn der Geschichte verherrlichten.

Die oben erwähnte Formel von Albert Schweitzer, ›Ehrfurcht vor dem Leben‹, möchte ich dazu nutzen, um die religiöse Rede im Blick auf gegenwärtige Herausforderungen der menschlichen Weltgestaltung (Stichwort ›Anthropozän‹) zu profilieren nicht als Gegenüber zu naturwissenschaftlicher Expertise und politischem Sachverstand, sondern als deren beider Rahmen: Auch naturwissenschaftliche Expertise und politischer Sachverstand gründen in einem je spezifischen Lebensgefühl, das nicht verschwiegen werden sollte, nicht nur rein privat ist, sondern von höchster Relevanz für den öffentlichen Diskurs über die Weise, wie wir unser Zusammenleben gestalten wollen.

Werkstück Predigt (Was hat der Prophet Jesaja mit Eishockey zu tun?)

Wie nahe der Predigttext aus dem Buch des Propheten Jesaja uns Heutigen ist, wurde mir ganz unerwartet vor Augen geführt, als sich vor einigen Jahren die Konfirmandinnen und Konfirmanden ihre Segensprüche zur Konfirmation aussuchten. Einer der Konfirmanden wählte für sich den letzten Vers des heutigen Predigttextes aus: »Die auf den Herrn harren, kriegen neue Kraft, dass sie auffahren mit Flügeln wie Adler, dass sie laufen und nicht matt werden, dass sie wandeln und nicht müde werden.« (V. 31) Auf meine Frage, was ihm denn gerade an diesem Vers so gut gefalle, antwortete er: »Ich spiele Eishockey und bin ein Fan der Mannheimer Adler. Das passt!«

Literatur: *Brigitte Bertelmann/Klaus Heidel (Hg.),* Leben im Anthropozän. Christliche Perspektiven für eine Kultur der Nachhaltigkeit, München 2018; *Reiner Preul,* Kirchentheorie. Wesen, Gestalt und Funktionen der Evangelischen Kirche, Berlin/New York 1997.

Miserikordias Domini (2. Sonntag nach Ostern)

A

I Petrus 2,21b–25: Schafe, die zählen

Martin Zerrath

I Eröffnung: Eine bittere Gnade

Am Sonntag Miserikordias Domini hat der gute Hirte seinen Auftritt: Im Evangelium identifiziert sich Jesus mit ihm (Joh 10,11–16); Psalm 23 wird gelesen. Das biblische Hirtenbild wird vielen Gottesdienstbesucherinnen wohlvertraut sein, einigen zwiespältig. Gott/Jesus ist unser Hirte, wir sind seine Schafe. Für manche ist dieses Bild das A und O ihres Glaubens, während andere es als regressiv und infantil empfinden. So oder so: Weshalb auf diesen Hirten zu setzen sei, bedarf der Erläuterung.

Mit dem Predigttext kommt nun der »Hirte und Bischof eurer Seelen« (1 Petr 2,25) ins Spiel, der die Sache aber nicht leichter macht. Das liegt an der steilen Leidenstheologie, mit der das Pastoralmotiv hier verknüpft wird. Die Adressaten des ersten Petrusbriefes werden unterdrückt. Ihnen wird versichert, dass ihr Leiden bei näherem Hinsehen Gnade sei (V. 18) und Unterordnung das Gebotene (V. 13.18; vgl. 3,1). Der Verweis auf den Seelen-Hirten liefert dazu das christologische Gerüst: Christus nahm einst Leid und Unrecht bereitwillig auf sich; so wurde er zum »Vorbild« (V. 21) derer, die gegenwärtig leiden. Geduldetes Leid ist der Modus der Nachfolge (vgl. V. 21), stiftet Nähe zum Herrn und ist daher als Gnade qualifiziert.

Eine bittere Gnade, finde ich. Dabei geht es mir nicht darum, dass meine Predigt (zwei Wochen nach Ostern) schon wieder von Leid und Passion handeln soll. Der Rekurs auf Leidenserfahrungen kann der Osterbotschaft ja durchaus etwas (in den Widerständigkeiten des Lebens) Geerdetes verleihen. Gleichwohl frage ich mich beim Lesen des Predigttextes, wo hier der Widerstand bleibt, wenn von Leid und Unterdrückung die Rede ist. Bei aller protestantischen Liebe zur Dialektik von Knechtschaft und Freiheit: Mit einem – wie auch immer im Einzelnen gearteten – Interesse an Selbstbestimmung lässt sich das Unterordnungsgebot des ersten Petrusbriefes meiner Ansicht nach nicht vermitteln. Hinzu kommt die Pädagogisierung des Kreuzes (Vorbild/Nachfolge), die ein Gespür für das Dunkle und Rätselhafte am Leiden Jesu vermissen lässt. Kurzum: Der Weg zur Barmherzigkeit Gottes ist an diesem Sonntag verschlungen. Also los!

II Texterschließung: Überleben in der Fremde

1 Petr 2,21b–25 ist eine »Passionserinnerung« (Feldmeier, 115) und findet sich im Hauptteil des Briefes (2,13–4,6), der die christliche »Bewährung in der Gesellschaft« (Feldmeier 15) vielfältig durchdekliniert. In diesem Zusammenhang schließt die Predigtperikope an die vorherige Paränese der (zum Christentum konvertierten) Sklaven an (V. 18–20) und bringt sie zum Abschluss (mit 1 Petr 3,1 beginnt ein neuer Gedankengang). Das Scharnier zwischen Unterweisung und Passion ist das Wort »Berufung« (V. 21a): Stand gerade noch die ungerechte Behandlung der Sklaven durch deren »wunderliche Herren« (V. 18) im Mittelpunkt, wird nun ein stärkendes Band zum Gekreuzigten geknüpft. Es umfasst drei Elemente: Erstens habe auch Christus Unrecht erlitten, als er »ohne Sünde« (V. 22) gekreuzigt wurde; zweitens sei Christi Leiden durch eine bestimmte Haltung geprägt gewesen, durch den Verzicht auf Vergeltung (in V. 21f. in vierfacher Variation und in Aufnahme einiger Motive aus Jes 53) sowie die Delegation des Rechtes an den Richtergott (V. 23). In dieser Haltung habe Christus ein »Vorbild« (V. 21) gegeben. Drittens ist das Band zwischen Hier und Dort soteriologischer Natur: Das Selbstopfer Christi wirke »Heil« (V. 24), da es Lebenswege eröffnet, die ihrerseits auf »Gerechtigkeit« (V. 24) ausgerichtet sind. Das Hirtenbild spitzt den Gedankengang biografisch zu: Aus einst »irrenden Schafen« (V. 25) seien nun Bekehrte (Schafe) geworden.

Die Predigtperikope ist aus meiner Sicht historisch zu würdigen und theologisch zu kritisieren. Was die Würdigung betrifft, so ist auf die Anfeindungen zu verweisen, denen christliche Gemeinden Anfang des 2. Jahrhunderts im vorderasiatischen Raum ausgesetzt sind (vgl. Feldmeier 1–9). Der erste Petrusbrief umschreibt diese Situation mit zwei prägnanten Metaphern als »Feuersglut« (1 Petr 4,12) und »Fremde« (1 Petr 1,1.17; 2,11), in der Christinnen und Christen ihr Überleben zu meistern haben.

Jene Fremderfahrung kommt nicht erst im Verhältnis zum Staat zur Geltung (1 Petr 2,13–17), sondern bereits in den heimischen vier Wänden. Christliche Sklaven (1 Petr 2,18–20) und Frauen (1 Petr 3,1–6) sind hiervon besonders betroffen, da ihre Konversion auf Unverständnis bei den paganen Hausherren bzw. Ehemännern stößt. In dieser Situation lautet die Strategie des 1 Petr, »mit guten Taten den unwissenden und törichten Menschen das Maul [zu] stopfen« (1 Petr 2,15). Konfliktentschärfung soll durch moralische Integrität hergestellt werden. Daher wird »Unterordnung« (1 Petr 2,13.18; 3,1) zum paränetischen Leitmotiv. Um in der (heimischen) Fremde zu überleben, sollen Christinnen und Christen sich unauffällig verhalten und in die gegebenen Ordnungen einpassen.

Keine Anleitung zum Sklavenaufstand also (und auch keine Geschlechtergerechtigkeit)! Dies dem Brief anzukreiden, wäre aus meiner Sicht aber unhistorisch. Niemand will ja, mit dem ersten Petrusbrief in der Hand, eine Ethik für die Gegenwart entwerfen. Gleichwohl ist 1 Petr 2,21b–25 als ein Versuch zu würdigen, Christinnen und Christen in einer irritierenden, bedrohlichen Lage Trost zu spenden und mit der Erinnerung an die demütige und vertrauensvolle Haltung des Gekreuzigten für den weiteren Weg zu stärken.

Die Kritik richtet sich auf die Deutung des Leidens Jesu. Dass dieser in seinem Leiden ein »Vorbild« (V. 21) gewesen sein soll, mag zwar dogmatisch schlüssig klingen, halte ich aber für theologisch problematisch. Über Golgatha liegt ein letztes Rätsel, eine Ungewissheit angesichts der Frage, wie Jesus sein eigenes Leiden verstanden hat: Wollte er anderen tatsächlich ein Vorbild geben? Oder war er in tiefer Verzweiflung? Auch wenn der christliche Glaube bekennt, dass Gott im Kreuz gefunden werden will; und auch wenn Christus mir ein Bild im Leiden schenkt, so empfinde ich die behauptete Vorbildlichkeit doch als Einengung und Funktionalisierung des Kreuzes zu einer moralischen Lehrstunde. Das Bild von Jesus im Leiden ist mehrdeutiger und größer.

Man kann diese Kritik auch seelsorgerlich wenden: Jemand, der leidet, der vielleicht auch an einem widerfahrenen Unrecht leidet, braucht ein Gegenüber mit offenem Herzen. Dies bedeutet aber nicht, dass dieser Leidende zur Akzeptanz und Unterordnung unter das Gegebene ermuntert werden sollte. Dass Gott im Leiden ist, kann ja auch bedeuten, dass er der Stimme meines Leidens eine andere Stimme zur Seite stellt. Oder sie mir gar austreibt. Kurzum: Gott im Leiden – dies sei für alle erhofft; aber was das im Einzelnen bedeutet, das will ich Gott nicht vorschreiben.

III Impulse: Hirtengeschichten

Zurück zu Miserikordias Domini. Dies ist der Tag für Hirtengeschichten. Wie zeigt sich Gnade im Leiden? Davon ist zu erzählen – aus Gründen der Anschaulichkeit, aber auch, um zu zeigen: Was Gnade im Leiden bedeutet, ist offen, d.h., es liegt in Gottes Händen. Drei Narrativ-Vorschläge:

Die erste Erzählung begibt sich in die Situation der Sklavinnen und Sklaven damals. Es veranschaulicht die Aussichtslosigkeit der Situation und das stärkende Band, das 1 Petr 2 zu Christus hin knüpft.

Erzählung Zwei spielt in der Gegenwart und erzählt von einer Flucht: Die afghanische Geflüchtete in meiner Gemeinde. Sie war Muslima (und blieb es auch), kam aber trotzdem in unser Sprachcafé. Sie hat mir von ihrem sklavenähnlichen Leben in Afghanistan erzählt. Und von ihrem Entschluss, von Mann und Familie zu fliehen. Ihr Satz dazu: ›Gott will, dass ich glücklich bin.‹ Und so hat sie sich auf den Weg gemacht, der ihr Todesweg hätte werden können. Und ihr Lebensweg wurde. Das ist ihre Gnadenerfahrung gewesen.

Erzählung Drei berichtet von der Stimme des Leidens in mir selbst. Die so mehrdeutig im Konzert der Stimmen in mir mitmischt. Und sich gerne weit aufplustert und so tut, als sei sie das Ego selbst. Und dann Christus, der Stimmenflüsterer, der auch diese Stimme hört, sie wertschätzt, aber auch auf Abstand bringt. Und andere Stimmen in mir zum Erklingen bringt. Auch das ist eine Gnadenerfahrung.

Werkstück Predigt

Christus spricht: »Ich bin der gute Hirte.« Der Verfasser des 1. Petrusbriefes sieht das auch so und nennt Christus »den Hirten und Bischof eurer Seelen«. Wenn ich diese glaubensgewissen Hirtenworte höre, denke ich an einen älteren Mann aus meiner Nachbarschaft. Der hat mir mal, dabei fröhlich augenzwinkernd, gesagt: ›Herr Pastor, ich bin ja ein verlorenes Schaf!‹

Wie mehrdeutig diese Worte sind. Sie können bedeuten: ›Ich bin aus der Kirche ausgetreten.‹ Oder: ›Mich fängst du nicht so schnell ein! Ich glaube nicht, was ihr Pastoren sonntags so erzählt.‹ Und mit einer kleinen Akzentverschiebung kann es auch heißen: ›Ich *kann* dir nicht glauben. Ich würde es ja, aber es *geht* nicht. Nicht nach all dem, was passiert ist. Da ist mir unterwegs zu viel verloren gegangen. Ich bin ein verlorenes Schaf.‹

Für mich jedenfalls klingt in diesen Worten zweierlei an, zum einen Distanz und Ironie und zum anderen (gut versteckt, kaum noch zu entdecken) Sehnsucht. Und ich vermute, dass dieser Mann kein Einzelfall ist, wenn er so von sich spricht.

Lieder: Durch Hohes und Tiefes 226 »Geh unter der Gnade«; Durch Hohes und Tiefes 390 »Vorbei sind die Tränen«.

Literatur: *Norbert Brox*, 1. Petrus (EKK XXI), Neukirchen-Vluyn [4]1993; *Reinhard Feldmeier*, Der erste Brief des Petrus (THKNT 15/I), Leipzig 2005.

Andreas Kubik

B

IV Entgegnung: Sklaven, und doch ethische Subjekte

Es ist wahrlich schwer, das Evangelium in diesem Text zu finden. Die Schwierigkeiten hat A meines Erachtens zutreffend beschrieben. »Akzeptanz und Unterordnung« (A II) in Bezug auf das Leiden sollten in der Tat in der Predigt niemals einfach als christliche Tugend ausgegeben werden. So sucht A nach Wegen, Proprium des Tages und Predigttext zusammenzuschweißen. Er bietet drei »Narrative« (A III) an, die mir gangbar erscheinen.

Dennoch spüre ich, wie mein anfängliches Unbehagen damit noch nicht abgetragen ist. Gehe ich dem näher nach, so denke ich: Es liegt darin, dass für mich der Text hier nicht wirklich als Dritter im Bunde (neben den Hörenden und mir) behandelt ist. Es kann doch nicht sein, dass er ganz und gar in »Mahnungen an die Sklaven« – so die völlig missglückte Zwischenüberschrift in Luther 1984 – aufgeht. Eine andere Möglichkeit, stärker in den Text selbst hineinzukommen, ist vielleicht die Frage nach der Situation. Ein wackerer Kommunist würde wohl sagen: Wenn die christliche Botschaft etwas getaugt hätte, dann hätte sie zum Widerstand, ja zum Aufstand der Sklaven angeleitet (auch A vermisst ja den »Widerstand«). So sieht es der Verfasser des ersten Petrusbriefes nicht. Vielleicht scheut er die Gewalt, die daraus erwächst. Und dennoch höre ich hier noch etwas anderes als eine Schafstreue, die wegen des Vorbilds Jesu und wegen der Aussicht auf den Himmel einfach alles erträgt. Es soll doch eine bewusste Entscheidung der Sklaven sein, *diesen* Weg der Nachfolge zu gehen. Wer sich entscheidet, rückt damit in eine Subjektposition: Sie oder er sagt: Ich will das so, so finde ich es richtig. Vielleicht durchbricht sich so der Zirkel der Gewalt und der Unterdrückung. Vielleicht glaube ich es, dass die Sanftmütigen selig sind und sie das Erdreich besitzen werden (vgl. Mt 5,5). Der Briefschreiber spricht seine Adressatinnen und Adressaten doch als mündige ethische Subjekte an, nicht als die völlig irrelevanten Halbmenschen, die Sklaven in der Antike nun einmal waren (vgl. Roose, s.u. Internet).

Dass man gerade die konkrete Entscheidung, für die unser Briefschreiber plädiert, für alternativlos oder auch nur für vorbildlich halten soll, will ich nicht behaupten. Aber so viel scheint mir jetzt klar: Der Verfasser stellt sich die, die seinen Brief lesen, als solche vor, die bereits durch Jesus »heil geworden« (V. 24) sind und die deshalb ethisch etwas zu melden haben. Die Annahme erfahren haben und deshalb aus einer Position der Stärke heraus ihren Leidensweg gehen. Und die aus ihrem Glauben zugleich in ihrer – wie wir heute sagen würden – Resilienz gestärkt werden. Vielleicht ist das ein Pfad, den zu erkunden sich lohnt.

V Erschließung der Hörersituation: Als welche, die *zählen*

Wie denken wir von hier aus über die homiletische Situation *unserer* Hörerinnen und Hörer nach? Zwei Überlegungen scheinen nahe zu liegen, und trotzdem würde ich ihnen hier nicht nachgehen.

Die erste – in meinen Augen ein wirklicher Irrweg – besteht darin, dass wir uns unsere eigene Lebenssituation als Verfolgungssituation zurechtlegen. In der evangelischen

Jugendarbeit, aus der ich komme, war das Lied ›Gott lädt uns ein zu seinem Fest‹ populär. Dort heißt es in einer Strophe: »Und wenn sie höhnen / uns übertönen / wenn sie uns niederschrei'n / laden wir eben / durch unser Leben / still zu dem Feste ein.« Bei allem Respekt: Von unserer komfortablen Situation mit positiver Religionsfreiheit und einem durchaus noch vorhandenen Grundrespekt für ein authentisches Christentum aus kommen wir nicht zu etwas Vergleichbarem wie der Lage der Gemeinde des ersten Petrusbriefes. Das bisschen Spott, das man sich dann und wann anhören muss – *come on.*

Die zweite Überlegung besteht darin, der Gemeinde ins Gewissen zu reden, die weltweit verfolgten Christinnen und Christen stärker in den Blick zu nehmen. Das kann man machen, dann müsste aber deutlich werden, inwiefern dies tatsächlich als homiletische Situation der Hörenden interpretiert werden kann und sich nicht lediglich dem Interesse der Pfarrerin oder des Pastors verdankt. (Ich würde dieses wichtige Thema eher in gemeindlichen Informationsveranstaltungen behandeln lassen, und zwar am besten von jemandem, der sich damit gut auskennt.)

Stattdessen erscheint es mir sinnvoll, sich gar nicht groß an den speziellen Aufforderungen des Verfassers zu orientieren. Sie sind eben in *seine* Zeit und in *seine* Situationswahrnehmung hinein gesprochen. Gehen wir aber dem obigen Grundgedanken nach, so stellt sich die Frage: Was hindert uns heute, uns im Glauben und im Leben in eine Subjektposition stellen zu lassen? Wo könnten wir uns als ethisch ernstzunehmende Personen ansprechen oder gar erst konstituieren lassen? Was würde uns solchen Schwung geben, dass es uns leicht fiele, »mitleidig, geschwisterlich, barmherzig, demütig« (1 Petr 3,8), also ein Segen (1 Petr 3,9) zu sein?

Sensible Zeitdeuter weisen darauf hin, dass sich unter der Oberfläche der Subjektivierung, der Erfolgsorientierung, der *coolness* ein Unterstrom von Zweifeln, Ängsten, Unsicherheiten und Selbstverachtung verbirgt. Vielleicht sind es diese, die uns daran hindern, unseren Einsichten gemäß zu leben. Es ergibt sich so etwas wie eine Spirale des Selbst- oder Fremdanspruchs, des Scheiterns daran und dem Versuch, dies anderweitig zu kompensieren. Die amerikanische lutherische Pastorin Nadia Bolz-Weber hat in einem der – wie ich finde – überzeugendsten Bücher der letzten Jahre jene Unterströmung als »the pervasive lie of not enough« (Bolz-Weber, 7) bezeichnet. In einem Abendmahlsgottesdienst ließ Weber ihre Gemeinde ihre Selbstwahrnehmung auf Post-its schreiben (diese wurden später dann verbrannt): »I am not enough. / I am a failure. / I will never be loved for who I am. / I am fat and I don't deserve to be loved. / I am mediocre.« (Bolz-Weber, 178)

Das wäre dann die Aufgabe der Predigt: nicht das Nachbuchstabieren der ethischen Aufforderungen von vor 2000 Jahren, sondern ein analoger Zuspruch, der in unsere Zeit hinein die Menschen aufgreift und für sie entsprechende Überlegungen entwickelt. In der Kirche werdet ihr als solche angesprochen, *die in Frage kommen*, trotz ihres möglicherweise miesen Selbstgefühls.

VI Predigtschritte: Nicht richten, sondern aufrichten

Die Predigt entwickelt zunächst den obigen Gedanken, dass wir uns nicht mit dem Problem der Sklaverei befassen, sondern dass es uns heute darum geht, die Subjektposition der Adressaten zu stärken. Ihr eigentliches *Corpus* würde dann in einer umwandelnden Aneignung des Sprachstils des ersten Petrusbriefes bestehen. Ihn kann man eher als *Paraklesis* denn als *Paränese* bezeichnen: eine Mischung aus Ermahnung, Erinnerung und Trostzuspruch. Die Aufforderungen und ethischen Weisungen ergehen ja nicht einfach als von außen kommendes Gebot, sondern stellen gleichsam Konsequenzen der überschwänglichen Erfahrung von Ostern dar (vgl. 1 Petr 1,3). Sie begegnen den Adressaten nicht als etwas, was sie ethisch erst neu zu lernen hätten, sondern als etwas, das sie bei einigem Nachdenken selbst als Konsequenz des Glaubens ausbuchstabieren würden und es vielleicht auch schon getan haben. Es geht also um den ebenso ermahnenden wie stärkenden Zuspruch von eigentlich schon Bekanntem. Auf diese Weise wird es neu zirkuliert, und Gemeinde und Predigende versichern sich: Ja, so ist es, so wollen wir es sehen, und das und das soll für uns daraus folgen.

Die *Paraklesis* hat ihr Ziel in der Stärkung des Glaubens, dass Gott »aufrichten, stärken, kräftigen, gründen« (1 Petr 5,10) wird. Auch in der ethischen Weisung geht es darum, dass Kirche der Ort ist, »where people can be unburdened by this heaviness« anstatt »a place where even more weight is piled on« (Bolz-Weber, 178). Ihr seid jemand, ihr habt etwas zu melden, ihr habt keine Vorbedingungen zu erfüllen, bevor ihr *zählt*: Diesen Zuspruch soll die angepasste *Paraklesis* ausstrahlen.

Werkstück Predigt

Ein Sklave, das war vor allem jemand, der nicht zählte. Einige hatten recht gute Stellungen bei ihrer Herrschaft, andere wurden oft geschlagen, aber eins hatten sie alle gemeinsam: Als Personen interessierten sie nicht. Niemand wollte ihre Stimme hören. Niemand wollte wissen, wie sie die Dinge sahen. Man brauchte ihre Arbeitskraft, aber als Menschen waren sie egal.

Aber nicht so für unseren Briefschreiber. Er spricht sie an. Für ihn sind sie Menschen. Christus hat sie erlöst. Sie sind berufen. Sie *zählen*. Nichts fanden die alten Römer so lächerlich am Christentum wie dies, dass es eine Religion für Sklaven sei. Aber genau so ist es. Mann oder Frau, Sklave oder Bürger, Hautfarbe, sexuelle Orientierung: Hier zählt jeder. Hier treffen sich die, die »heil geworden« sind durch Jesus. Auch die, die es aus der Erfolgsspur gekegelt hat. Die finden, dass sie nicht genügen. Die sich wertlos fühlen. Die Ungeliebten. Darum sage ich euch: Ihr Unsicheren, greift nach der Stärke, die Gott euch gibt in Jesus Christus, der sich nicht zu schade war, für die Unbedeutenden ans Kreuz zu gehen. Ihr, die ihr euch als Versager fühlt, richtet eure Häupter auf und traut euch, wieder anzupacken: Gerade ihr tragt die Kirche, gerade euch hat sich Gott in Jesus Christus zugewandt. Ihr, die ihr meint, dass ihr egal seid: Mischt euch wieder ein als solche, die Gott heil gemacht hat. Denn ihr wart niedergedrückt, aber Gott hat euch wieder aufgerichtet und euch den Rücken gestärkt.

Literatur: *Nadia Bolz-Weber*, Shameless. A Sexual Reformation, New York 2019.

Internet: *Hanna Roose*, Art. Sklaverei (NT) [2010], in: Wibilex.de, aufgerufen am 31.05.2019.

Jubilate (3. Sonntag nach Ostern)

A

Johannes 15,1–8:

Erfolg ist kein Name Gottes

Anne Gidion

I Eröffnung: Vitalität, Schaffenskraft und Lebenssaft

Seit ein paar Jahren lebe ich in einem alten Fachwerkhaus mit Pfarrgarten. An der Rückwand des Hauses rankt ein Weinstock. Ich habe noch wenig Erfahrung, wie ich ihn so schneide, dass guter Wein wächst. Er hält sich selber an der roten Backsteinwand mit hellgrünen dünnen Fäden fest. Die wirft er an die Wand. Manchmal halten sie nicht und ich binde sie vorsichtig fest. Im Sommer wachsen helle süße fast kernlose Trauben. Klein und fest. Manchmal bin ich schneller als die Amseln und bekomme ein paar ab. Der Weinstock bleibt auch im Winter da. Knorrig und unerschütterlich. Und in jedem Frühjahr öffnen sich die Blätter an überraschenden Stellen. Und hängen die Reben immer neu.

Das Bildwort vom Weinstock und den Reben ist im Evangelium das letzte ›Ich bin‹-Wort. Als Pflanze redet Jesus. Die »Reben, die sie trägt, sind Teil ihrer selbst, sie braucht sie zum Leben« (Seel, 199). Und der Weingärtner muss pflegen – anders als mein Weinstock, der sich auch ungepflegt und notfalls fruchtlos Bahn bricht.

Wie kann dies Weinstockbild am Sonntag Jubilate Kraft entfalten? In der nachösterlichen Freudenzeit? Jubilate ist der Sonntag der Neuschöpfung. Die Natur jubelt – wie der wachsende Weinstock. Mit dem Wochenspruch »Ist jemand in Christus, so ist er eine neue Kreatur; das Alte ist vergangen, siehe, Neues ist geworden« (2 Kor 5,17) klingen die Themen des Wachstums und der Versöhnung an. Zum Textraum des Sonntags gehören die Schöpfungsgeschichte und die Rede von Paulus auf dem Areopag (Apg 17,22–34): »In Gott leben, weben und sind wir« (Apg 17,28). Der Kasus atmet Vitalität, Schaffenskraft, Lebenssaft. Dazu passt der Weinstock gut. Alles grünt und wächst. Werden die Trauben zahlreich und schmackhaft? Verbirgt sich im Text eine Anleitung für gärtnerisch-eschatologischen Erfolg?

II Erschließung des Textes: Imperativ oder Verheißung?

Die Bildrede vom Weinstock setzt unvermittelt an. In Joh 14,31 fordert Jesus die Jünger gerade auf, mit ihm weg zu gehen. Dann setzt er mit dieser grundsätzlichen Rede an – der zweiten Abschiedsrede im Johannesevangelium (Schnelle, 316). In der hebräischen Bibel finden sich viele Bilder von Israel als Pflanzung, die Gott gründet und versorgt, aber auch ausreißen und verbrennen kann (Ex 15,17; Ps 44,2f.; Jes 5,1–7). In Jer 2,21 u.ö. ist Israel der vom Gott gepflanzte Weinstock, der allerdings ›unrein‹ geworden ist. An die Stelle setzt Jesus sich bei Johannes nun selbst – in direkter Abhängigkeit vom Vater, dem Winzer, der sich kümmert. Und der »kritisch sichtet« (Dietzfelbinger, 95).

V. 3: »Ihr seid schon rein um des Wortes willen, das ich zu euch geredet habe« – deuten manche Kommentatoren als Einschub (so Dietzfelbinger, 96). Der Vater nimmt doch in V. 2 die Reben weg, die keine Frucht bringen. Und Jesus fordert die Jünger ausdrücklich auf, an ihm dran zu bleiben und Frucht zu bringen. – V. 4a kann unterschiedliche Nuancen der Übersetzung haben: Bleibt in mir – dann bleibe ich in euch. Oder: Bleibt in mir, damit ich in euch bleibe. Oder: Bleibt in mir, weil ich in euch bleibe.

Was also – Imperativ oder Verheißung? Befehl oder Versprechen? Der Abschnitt oszilliert zwischen beidem. An der grammatischen Entscheidung hängt die thematische Predigtentscheidung!

In V. 4 endet die Bildwelt aus der Natur. Mein Weinstock entscheidet nicht, ob er wächst. Er reckt sich nach Licht und Wärme. Die Reben können nicht außerhalb des Weinstocks wachsen, höchstens ein paar Tage in der Vase – ebenso rasch wie vergänglich. In V. 5 wird deutlich: Es geht nur verbunden. »Ich bin der Weinstock, ihr seid die Reben.« Die Reben sind Teil des Weinstocks – ohne ihn vertrocknen sie, ohne sie ist er dürr. Es gibt »kein Drittes« (Dietzfelbinger, 98), es gibt nur bleiben oder gehen. Leben oder vertrocknen. In den folgenden Versen zeigt sich die bedrohliche Seite des Bildwortes. Wer nicht …, der … – Und zugleich: Wenn ihr aber, dann … Alles hängt an der Entscheidung aus V. 4: Wenn auch da schon das ›wenn – dann‹ dominiert, dann hier erst recht. Wer dort lieber verspricht, als droht, wird es auch im weiteren Teil der Perikope tun.

III Impulse: Doch lieber ein Lob der Halbdistanz singen?

Eine Predigt in der nachösterlichen Freudenzeit am Sonntag Jubilate soll einen fröhlichen Grundton haben. Alles blüht, Christus ist gestorben und auferstanden. Die Tage werden immer länger, die Parks und Cafés sind voller Menschen. Zugleich schimmert Dunkles durch, in verschiedenen Schattierungen: Wer von Landwirtschaft lebt, fürchtet zu viel Trockenheit. Wer dicht am Wasser lebt, hat Angst vor Überschwemmung. Außerdem klingen Gerichtsdrohungen an – »wird weggeworfen«, »ins Feuer geworfen«, »verbrennen« (V. 6) – das klingt nicht heiter spätfrühlingshaft, sondern nach radikaler, drohender Gemeindezucht. Auch der Johannestext selbst schleppt seine Gewaltgeschichte mit sich – Christen haben sich legitimiert über diese Texte, haben das Volk Israel und das Judentum als überwunden dargestellt, sich als einzig wahre, einzig reine Religion (vgl. Seel, 199) an die Stelle gesetzt.

»Wenn ihr in mir bleibt und meine Worte in euch bleiben, werdet ihr bitten, was ihr wollt, und es wird euch widerfahren« (V. 7) – ja, aber, würde mir da mancher entgegenrufen – was ist dann mit all den unerfüllten Bitten. Am Bett der Frau im Wachkoma. Am Straßenrand neben dem 17-Jährigen, den es vom Motorroller gerissen hat.

Auch die innertrinitarische Rollenverteilung kann zu Beginn der Trinitatiszeit Thema sein – Jesus ist der Weinstock und der Vater der Gärtner? Und der beschneidet die Reben am Leib seines Sohnes, und entscheidet über Wohl und Wehe der Glieder? Während der Sohn verbindet, trennt der Vater?

Dies unerschütterliche und unerbittlich Wechselseitige ›Ihr in mir, ich in Euch‹ zieht mich an und stößt mich ab. ›Meiner Liebe entgehst Du nicht‹, sagt der Metzger Oskar am Ende von Ödön von Horváths ›Geschichten aus dem Wiener Wald‹ zu seiner hass-geliebten verlobten Marianne. Was ist das für eine Verbundenheit, die als Alternative nur Vernichtung kennt. Fast möchte ich an Jubilate ein Lob der Halbdistanz singen, die lebt und leben lässt.

Werkstück Predigt

›Ich bin in Dich‹. Ein Zettelchen, zugesteckt auf dem Pausenhof. Nico ist in Nana. So hieß das in der fünften Klasse, damals, selbst das Wort ›verliebt‹ haben wir nicht geschrieben vor lauter Peinlichkeit. Wenn Du in mich bist, bin ich auch in Dich – das war die Steigerung. Frühe Frühlingsgefühle in Sprachrudimenten.

Im Johannesevangelium spricht Jesus als Weinstock. Die er liebt, sind seine Reben. Und wer »in ihm« bleibt, in dem bleibt er auch. Das klingt nach liebender Verschmelzung, Sehnsucht nach Einswerden, Einssein und Einsbleiben. Mir bleibt die Luft weg.

Jesus, der Meister der Verbundenheit, schickt die Jünger los, zwei und zwei. Mit Hemd und einem Paar Schuhe. Er hat sie mitlaufen lassen, all die Zeit, damit sie dann endlich selber losgehen können. »Habt Ihr noch keinen Glauben?« (Mk 4, 40 u.ö.) Erstickend kommt er mir nicht vor. Eher schwebend ist seine Liebe und sein Schweigen immer wieder groß. Was er wachsen lässt, können sie wählen. Brot und Wein immer wieder neu.

Die Jüngerinnen und Jünger sind in vier Evangelien so eng verbunden mit Jesus, dass sie vor Frucht nur so überladen sein müssten. Wie die Apfelbäume im letzten Sommer. Davon allerdings berichten die Evangelien wenig. Die Jünger müssten wachsende Reben sein und sind in zentralen Momenten völlig fruchtlos. »Kinder, habt ihr nichts zu essen?« (Joh 21,5) Trotz intensivsten Verbundenseins.

Ist dies Verbundensein, dies »ich in euch, ihr in mir« eine Garantie für den Erfolg? Lässt sich an den strotzenden Früchten Glaubenserfolg ablesen? Ganze Bewegungen haben so argumentiert, von Calvin bis zum ›prosperity gospel‹. Oder gehören zum Verbundensein beide Hölzer, der Weinstock und der Kreuzstamm? Und ist Erfolg einfach »kein Name Gottes« (Buber) – noch nicht einmal am Sonntag Jubilate?

Lieder: EG 96 »Du schöner Lebensbaum des Paradieses«; Ergänzungsheft EG 11 »Ich bin das Brot, ich bin der Wein«.

Literatur: *Martin Buber,* Frankfurter Hefte 6 (1951), 195f.; *Christian Dietzfelbinger,* Das Evangelium nach Johannes, Teilband 2: Johannes 13–21, Zürich [2]2004, 95–101; *Udo Schnelle,* Das Evangelium nach Johannes (THNT 4), Leipzig [5]2016; *Aline Seel,* Jubilate: Joh 15,1–8, Trost statt Vertröstung, in: Studium in Israel e.V. (Hg.), Predigtmeditationen im christlich-jüdischen Kontext, Zur Perikopenreihe 1, Wernsbach 2014, 199–204.

B Angelika Obert

IV Entgegnung: Erfolg oder Erfüllung?

Die Fragen, die A im Blick auf den Text formuliert, sind auch meine Fragen. Auch mir geht es so: Anziehend ist das Bild vom Weinstock mit seinen Frucht tragenden Reben, abstoßend die Radikalität, mit der hier die Christusverbundenheit eingefordert wird und Verwerfung allen gilt, die es daran mangeln lassen.

Das ›Frucht bringen‹ spielt im Text eine wichtige Rolle und legt die Vorstellung von ›Erfolg‹ nahe, die A dann wiederum auch klug durchkreuzt. Meine Gedanken gehen aber in eine andere Richtung. Ich denke von Joh 15,11 her: »Solches habe ich zu euch gesagt, damit meine Freude in euch bleibe und eure Freude vollkommen werde.« In diesem Kontext scheint mir das Bild von der Frucht tragenden Rebe vor allem ein Versprechen »vollkommener Freude« zu sein, ein Bild für erfülltes Leben – Seligkeit. Die Frucht an der Rebe ist ja nicht ihr ›Erfolg‹, sie wächst einfach und darf auch als Ausdruck ihrer Voll-Kommenheit verstanden werden. Das volle Leben, nach dem ich mich sehne, sagt mir der Text, finde ich nicht im Machen, sondern im Bleiben – verbunden bleiben, in Beziehung bleiben, was dann auch ein Gehalten-Sein bedeutet.

Stärker als A interessiert mich die Frage, wie das überhaupt geht: nicht vom ›Tun‹ her zu leben, sondern mit einiger Bewusstheit beständig ›in Beziehung‹, d.h. in offener Wahrnehmung für das, was mir zukommt.

Da wir ja mit Dingen, Menschen und auch mit Gott in der Regel eher mit Ziel und Zweck Umgang pflegen, scheint mir hier die Herausforderung zu liegen: Erfülltes Leben ist Leben ›in Beziehung‹.

Im Text ist das Bezogensein auf Jesus als Gottes Sohn die Voraussetzung für unsere Beziehungs- bzw. ›Resonanz‹-Kraft überhaupt. Rebe an ihm als Weinstock zu sein, heißt ›in der Liebe zu bleiben‹. Auch das ist kein Tun, sondern die Kunst, sich von ihm lieben zu lassen. Das sagt sich leicht und lebt sich schwer. Die eigenen Verneinungen sind doch immer lauter als Gottes Ja. Insofern machen wir uns die Verwerfung, die Dürre und das Ausbrennen schon selbst. Das muss nicht als Drohung verstanden werden, es ist die Realität entfremdeten Lebens.

Einig bin ich mit A darin, dass Jesus keine »erstickende« Verbundenheit (A Werkstück) fordert, sondern seine Liebe loslassenden, befreienden Charakter hat. Nur denke ich, dass sich diese zutrauende Befreiung nicht nur darin zeigt, wie er seine Jüngerinnen und Jünger losschickt. Ich stelle es mir auch als eine Befreiung von den Zwängen und Antreibern vor, die das Leben in Freude verhindern: vom Hin- und Hergerissensein zwischen Anstrengung und Absacken, zwischen Pflicht und Gier. Was versprochen wird, ist ein Bei-sich-Sein, wie es nur möglich ist, wo das ›Ich‹ nicht mehr so wichtig ist.

V Erschließung der Hörersituation: Völle ist nicht Fülle

Hartmut Rosa hat für die heutige Daseinsweise den Begriff ›Alltagsbewältigungsverzweiflungsmodus‹ geprägt. Wir leben nicht nur mit der Vorstellung, alles im Griff haben zu müssen, sondern unser Glück auch machen zu können durch Zuwachs an Möglichkeiten. Die Work-Life-Balance nützt da gar nichts, denn der Optimierungsdruck betrifft ja auch das Life: mehr Fitness, mehr Bildung etc. Vielleicht auch mehr Yoga und was es sonst an Übungswegen für ›gelingendes Leben‹ gibt. Sie sind nicht verkehrt, ändern aber nichts am Prinzip des ›Immer mehr‹. Die voll gepackten Tage sind selten erfüllte Tage. Sie können zu Zeiten werden, in denen sich das Leben dürr und hohl anfühlt.

Erfüllung stellt sich ein, wo Zeit und Plan keine Rolle spielen. Ich erlebe sie, wenn ich ›in love‹ bin, überwältigt von Schönheit, vielleicht auch, wenn mir ein Stein vom Herzen fällt oder in zuversichtlicher Gemeinschaft. Das Glück hat mit Nähe, Verbundenheit, Befreiung zu tun. Die ersehnte ›Lebendigkeit‹ widerfährt mir, ich kann sie nicht machen. Wenn ich Ostern verstehe als Gottes unverbrüchliche Liebeserklärung, als Gewissheit, dass ich die ›neue Kreatur‹, die ich so gerne aus mir machen möchte, in gewisser Weise schon bin – traue ich mich dann, langsamer zu laufen, weniger zu machen, fröhlicher im Gegebenen zu sein? Ist es nicht das, was mir im Bild von der Rebe am Weinstock versprochen wird: ›Bleib in der Liebe‹?

Ohne ›Beziehungsarbeit‹ wird es allerdings schwer mit dem Bleiben. Wie viel Bezogensein gilt denn im Alltag auch der Christenmenschen dem Christus Jesus? Und was bedeutet da Bezogensein? Ist es das Gespräch mit dem großen Du? Das Hören auf seine Worte? Das immer wieder neue Lernen von ihm? Gehört auch dazu, die eigenen Sorgen, Wünsche, Ziele immer wieder loszulassen? Es ist nicht so, als ob es im ›Bleiben‹ nichts zu üben gäbe.

Und wo bleibt die Frucht? Sie wächst. Wo helle Herzen auftauchen, wird es nicht ganz dunkel bleiben. Auch wenn wir real in der Verbindung zu Christus mehr flackernde Funzeln sind als Reben am Weinstock, gebe ich den ›Jüngerinnen und Jüngern‹ eine Chance, dass was wächst, andern zugute. Gebe uns die Chance, dass wir uns nicht verlieren im Alltagsbewältigungsverzweiflungsmodus …

IV Predigtschritte: Bleiben – wie geht das?

Es geht um die Verbundenheit, die am ›Grund unserer Existenz liegt‹ (Hans-Peter Dürr). Das Bild von der Rebe am Weinstock drückt sie in viel versprechender Weise aus. Es wäre gut, wenn es der Gemeinde am Sonntag Jubilate auch sichtbar vor Augen steht. Dafür finden sich im Internet Angebote (Pixabay). Um nicht zu unterschlagen, dass es bei der ›Frucht‹ auch um Freude geht, erweitere ich den Predigttext um die Verse 9–11, mindestens um V. 11. Fordernd und drohend, wie er sich beim ersten Hören ausnimmt, möchte ich ihn nicht an den Anfang der Predigt stellen, sondern einführend vorbereiten. Eine Möglichkeit wäre es, mit den Ratschlägen für ›erfülltes Leben‹ anzufangen, die sich z.B. auf Youtube reichlich finden. Aber dann besteht die Gefahr, dass sie zur Negativfolie werden für die bessere christliche Botschaft. Das möchte ich vermeiden und setze darum an den Anfang die Schilderung eines ›erfüllten Moments‹, einer eigenen Erfahrung von Verbundenheit, die nicht zu kitschig geraten sollte. Sie führt zu der Frage: Warum verliert sich das immer wieder?

Daran schließt sich die Beschreibung des Zusammenhangs an, in den Joh 15 gehört: Erfülltes Leben haben die Jüngerinnen und Jünger mit Jesus erlebt, überwältigend war die österliche Erfahrung bleibender Verbundenheit mit dem ›Lebendigen‹. Aber dann verliert sich das in der Bedrängnis der Zeit. Christus wird zunehmend abstrakt, mehr Behauptung als Erfahrung. Tristesse, Angst und Streit stellen sich ein.

Dagegen setzt Johannes das ›Ich-bin-Wort‹ vom Weinstock als dringliche Einladung, in der Osterfreude zu ›bleiben‹. Aber wie macht man das?

Der Text gibt Hinweise: hören auf sein Wort, in seine Schule gehen, mit ihm im Gespräch bleiben. Ihn nicht fern, sondern ›da‹ wissen, unentwegt gewissermaßen im Vorzeichen von Gottes Ja zu »leben, weben und sein« (Apg 17,28), was natürlich unmöglich ist. Nur eben: Dass der Glaube nicht etwas ist, was man hat, sondern ein Modus des Bezogenseins, soll deutlich werden. Und dass sich damit das Versprechen verbindet: Es kann auch der Alltag von einem Grundton der Freude und Freundlichkeit durchzogen sein.

Werkstück Predigt (Einstieg)

Nach einer langen Reise allein war ich endlich gelandet in einem Vorort von London, wo Unterkunft auf mich wartete. Nun musste ich dahin finden. So stand ich rätselnd an einer Kreuzung über eine kleine Karte gebeugt, die ich nicht deuten konnte. Ein dunkelhäutiger Mann kam über die Straße: Ob er mir helfen könne? Er begleitete mich ein Stück, zog den Koffer, erzählte vom Schulweg seiner Tochter, vom Leben im Vorort. Ein bisschen anstrengend war die Unterhaltung für mich, so plötzlich auf Englisch. Aber ich merkte, wie ich dabei auflebte. Schön war's, wie völlig unerwartet aus einem wildfremden Passanten ein freundlicher Mitmensch wurde. Das kleine Erlebnis ist hängengeblieben, intensiver als all die Museumsbesuche, die dann noch folgten.

Aber ich hatte es nicht in Erinnerung an dem Morgen, als ich mich auf's Fahrrad schwang, um den fälligen Einkauf zu erledigen. Im Kopf hatte ich da die To-Do-Liste fürs Wochenende und vielleicht auch irgendwelche Gedanken zur heute-show vom Vorabend. Fast immer bin ich in lebhafte Selbstgespräche verwickelt mehr oder weniger blindlings unterwegs zur nächsten Erledigung. Ich hätte es mir nicht zugetraut, aber an diesem Morgen war es mal so: An der Kreuzung stieg ich vom Rad, obwohl ich Grün hatte. Denn da stand ein Mann vielleicht syrischer Herkunft und rätselte sichtlich erfolglos über einer kleinen Karte. Ob ich ihm helfen könne? Mit Hilfe vom Smartphone kamen wir weiter. Er erzählte mir von dem Kindersitz, den er für seine Enkelin kaufen wollte. Es war es das gleiche Gefühl wie damals in Sutton: ein wenig anstrengend, denn ich bin auch mit Google Maps nicht gut, vor allem aber belebend. Irgendwie erwärmt fuhr ich dann meiner Wege. Am Ende war diese Begegnung das Beste am ganzen Tag. Das kurze Anhalten. Und wie aus irgendeinem Passanten dann ein freundlicher Mitmensch wird – eine Verbindung entsteht, die Leben in die müden Adern pumpt.

A

2 Chronik 5,2–5(6–11)12–14: ›Met Hätz un Jeföhl‹

Frank Thomas Brinkmann

I Eröffnung: ›Singt!‹ ist der Kasus an Kantate!

Dass das westfälische Gemeindeglied im Wesentlichen stur, vor allem aber sensationell maulfaul und unmusikalisch ist, folgerichtig wenig Bereitschaft aufbringt, im Gottesdienst die Singstimme zu erheben, wurde mir vor Jahren schon von meinem Vikariatsmentor mitgegeben: ›Westfalia non cantat!‹, lautete sein Trostwort zur Lage, und auch heutzutage ist es noch populär, dieses hanebüchene Votum aus der stabilen Nische zwischen Mentalitätsphänomenologie, Brauchtumsforschung und Regionalpsychologie. Immer wieder wird es – gern von Kirchenmusikdirektoren, Posaunenchorleitern und Bachkantatenkennern mit bildungsbürgerlichem Milieuhintergrund – aufgegriffen, dann aber, um sein Gegenteil zu verdeutlichen: Selbst dem stoffeligsten Westfalen ist in der Tiefe seiner Seele klar, dass Musik ein Geschenk Gottes ist, eine gute Medizin gegen das Böse und ein grandioses Mittel der Verkündigung, weswegen er eigentlich immer schon bereit gewesen ist, ungehemmt sein fröhlich Herz zu öffnen und lauthals den Schöpfer zu loben. ›Hat sich halt nur noch nich' ergeben …‹

Der unkomplizierte Rheinländer, so wurde mir itzt in meiner aktuellen Wahlheimat erklärt, hat hingegen schon länger die Frage nach den Zusammenhängen von Lokalkolorit, Frömmigkeit und Sangeslust ad absurdum geführt, und zwar mit der doppelstrategischen Lösung, dass man einerseits das religiöse Liedgut (›Su lang mer noch am lääve sin‹) in den Straßenkarneval ausgelagert habe, andererseits die aufgrund mangelnder Gäste hohl klingenden Gotteshäuser am Sonntagmorgen mit den Klängen und Gesängen eines hauptamtlichen Superkantors füllt. ›Der singt so laut und schön, das reicht für uns mit …‹ Nun ja. Wer es jetzt noch mit einer Inspektion des ganz weiten Kasus-Feldes versuchen möchte, das für den Kantatesonntag zu vermessen wäre, wird u.a. konfrontiert

- mit allen gemeindeeigenen Folklorebands, die den Gottesdienstmorgen mit »neuem Liedgut« aufzufrischen suchen, fernerhin
- mit musikalisch tiefbegabten Christinnen und Christen, die sich online mit Lospreisliedchen vom *wunderbaren Jesus* blamieren (s.u. Internet), außerdem
- mit der dauerstrapazierten Anfrage nach der Vereinbarkeit von Sakralbauten und Musikstilrichtungen (Metal, Rap, Techno, Jazz), sowie schließlich
- mit Menschen, die weder ihren Musikgeschmack noch ihr Lebensgefühl im EG wiederentdecken können.

Und das ist nur der Anfang, ein aphoristischer Einstieg in die Frage, um welches Thema des Lebens es an *diesem* Sonn- bzw. Festtag – besonders in der Predigtperikope – geht.

II Erschließung des Textes: Pomp and Circumstances

Die Lade wird verlegt! Mitsamt Stiftshütte und sämtlicher Gerätschaft. Denn der Tempel, er ist endlich fertig, Salomo hat es geschafft. Ihm – und den unzähligen namenlosen Arbeitskräften, deren Lebenszeit sich mit der Regierungszeit des berühmten Davidsohnes überschneiden sollte – war es gelungen, das Projekt des Vaters zu vollenden. Das Zelt der Begegnung, ein zerlegbares, transportables Heiligtum, dessen Konstruktion wir im Exodusbuch (25–27, 36–39) derart detailliert beschrieben finden, dass wir seinen Vorhof mit Becken und Brandopferaltar ebenso wie den mit Räucheraltar, Leuchter und Schaubrottisch eingerichteten Innenraum plastisch vor unserem geistigen Auge haben (und uns fragen können, ob die veranschaulichte Mischkan womöglich nicht als Urbild, sondern als rückprojizierte Kopie des Tempels zu verstehen ist), – nun, dieses Zelt war in die Jahre gekommen und hatte seine Schuldigkeit getan. Es hatte den Israeliten seit ihrer Wüstenwanderung als Symbol der Präsenz ihrer Gottheit gedient, galt bis in die Zeit Davids, der das von Jebusitern eroberte Jerusalem zur Hauptstadt seines Reiches gemacht und Hütte mitsamt Lade dort installiert hatte, als zentrales Heiligtum, als optimaler Ort der Gottesbegegnung, als Zeichen von Macht und Beweglichkeit. Nun sollte diese flexible Behausung des mobilen JHWH in ein pompöses, starres Monument integriert werden, das nach geschätzter bzw. hochgerechneter Bauzeit von (merke!) sieben Jahren errichtet worden war – und dem nun, wohl auf Anregung des Höchsten selbst, die Idee einer ständigen Vertretung JHWHs eingeschrieben wurde. Es versteht sich, dass eine derart steile Umbettungsveranstaltung eine pompöse Zeremonie verlangte und eine Inszenierung brauchte, die eben nicht nur die Gravidität des religiösen Moments, sondern auch die Schwere des politischen Augenblicks verdeutlichen musste.

Zumindest lässt die Erzählung selbst noch keine anderen Schlüsse zu, es sei denn, man schließt sich einer sehr plausiblen jüngeren Forschungsthese von Israel Finkelstein und Neil Asher Silberman an, wonach biblische Darstellungen der davidischen und salomonischen Amtszeiten als Werke der Literatur anzusehen seien, die mit den archäologischen Funden aus jener Zeit nicht in Einklang stehen: Diese nämlich lassen ganz konkret mutmaßen, dass es weder ein Großreich noch irgendwelche repräsentativen Architekturen unter Salomo gegeben habe, sondern bloß ein bescheidenes, mit den beschränkten Mitteln eines historischen Israelkönigs errichtetes lokales Heiligtum, das man erst deutlich später narrativ aufge*pomp*t habe. Nun, was würde sich durch diese These ändern? Würde sie dazu anregen, die in vorliegender Predigtperikope narrativ konstituierte Gigantomanie zu reflektieren? Und welches Licht würde dann auf eine Szenerie fallen, in der eine monströse Schar von Sakralmusikern – man beachte nicht nur die 120 Trompetenspieler, sondern auch die eigenwillige Kombination von Blas-, Zupf- und Schlaginstrumenten – derart polyphon-symphonisch agieren, »als hörte man eine Stimme loben« (V. 13)?

Indes, die stärkste theologische Pointe zerbricht daran ja keineswegs. Denn gar nicht um die instrumentale Masse oder Qualität geht es, sondern um die einzig relevante Basiseinsicht, die aus der Tiefe der Erfahrung emporgetragen wurde: »Er ist gütig, und seine Barmherzigkeit währt ewig« (V. 13), dieses simple Grundthema mit unzweideutigem Sinngehalt, ob in musikalischen Improvisationen oder hysterischen Collagen variiert, war der Ermöglichungsgrund für die Wahrnehmung des unbeschreiblichen Folgephänomens bzw. für die Deutung sich anschließender Widerfahrnisse: War die Wolke eigentlich mit den Augen zu sehen oder in der Magengegend zu spüren? An welcher Stelle des Körpers, mit welchen Sinnen war zu erfühlen, dass die Herrlichkeit JHWHs das Haus erfüllt (und besessen) hatte? Was hat es damit auf sich, dass die Priester letztlich nicht zum Dienst hinzutreten konnten? Und hatte es nicht bei einem anderen Ladenumzug schon ähnlich spezielle Szenen gegeben?

III Impulse: Der ungehörige Tanz

Bekanntlich war der von Salomo initiierte Ladenumzug in 2 Chr 5 nicht der erste; auch den vorherig von David veranlassten können merkwürdige Begleitumstände attestiert werden (2 Sam 6; 1 Chr 15, 27–29). Insbesondere die Prozessionsszene, in der seinerzeit die Gotteslade aus dem Hause Obed-Edoms heraufgebracht wurde in die Stadt Davids (2 Sam 6,11–23), hat eine sehr spezielle Note; immerhin wird die Prozession angeführt von einem König, der nicht nur euphorisch-ekstatisch und *mit allem Gemächt / mit aller Macht vor dem Herrn* herumtanzt, sondern auch höchst leicht und unschicklich gekleidet ist. Verhalten und Kleidung in Kombination – das ist es wohl auch, was Saulstochter Michal nur mit Abscheu und Verachtung zu quittieren vermag: »Wie herrlich ist heute der König von Israel gewesen, als er sich vor den Mägden seiner Knechte entblößt hat, wie sich die losen Leute entblößen!« (2 Sam 6,20), hält sie ihm peinlich berührt entgegen. Das Gegenargument des David freilich rückt nicht nur beziehungstechnisch, sondern auch machtpolitisch und theologisch alle Stühle gerade: »Ich will vor dem Herrn tanzen, der mich erwählt hat vor deinem Vater und vor seinem ganzen Hause, um mich zum Fürsten zu bestellen über das Volk des Herrn, über Israel, und ich will noch geringer werden als jetzt und will niedrig sein in meinen Augen; aber bei den Mägden, von denen du geredet hast, will ich zu Ehren kommen.« (2 Sam 6,21f.) Gesagt, getan, wie Bibellesende wissen (sollten), auch wenn der Schlusskommentar des Erzählers theologisch alles andere als sensibel ist: »Michal, Sauls Tochter, hatte kein Kind bis an den Tag ihres Todes« (2 Sam 6,23).

Und worüber, wovon wäre nun zu predigen? Vom Erhabenheit einräumenden Sondersinn narrativer Übertreibungen (120 Trompeten), von zärtlichen Grundthemen des Glaubens (Ich hänge an Gott und bleib an ihm hängen, vgl. EG 112), von den Chancen vielfältiger Interpretationen und Variationen! Berührt und mitgerissen werden sollen Menschen mit unterschiedlichen Begabungen, Stimmungen und Stimmen, zur Sprache kommen mag auch die Einsicht, dass es so großartig vielfältige Ausdrücke und Ausdrucksmöglichkeiten für echte Gefühle gibt (und unsere Angebote da manchmal echt nicht ausreichen). Oh, und über Lieder, die im Karneval den Himmel, den Tod und den leeve Jott besingen, darf auch außerhalb der fünften Jahreszeit gesprochen werden.

Werkstück Predigt

Schon klar, liebe Gemeinde, wir sind nicht in Köln, es ist kein Karneval, und sie mögen mich seltsam finden. Aber Kantate ist heute, es geht um Singen, und es gibt diese kölsche Band Kasalla mit dem Song ›Alle Jläser huh‹, den singen viele Menschen laut mit. Sie grölen, es geht unter die Haut, hören Sie mal:

Auf all die Bilder, die lang verblichen sind / und die Chancen, die schon verstrichen sind. / Und eine Runde auf all die Stolpersteine, / die Fehler, Schrammen und den ganzen Schmu, das gehört dazu. / Darauf alle Gläser hoch! / Auf die Liebe und das Leben, / auf die Freiheit und den Tod. / Komm, wir trinken auch mit denen, die im Himmel sind, / alle Gläser hoch!

Frage an Euch: Ist das Religion? Fromme Weise? Gottgefälliger Gesang? Nun, zumindest ein Gegröle ›met Hätz un Jeföhl‹, getrieben von Leidenschaft, Sehnsucht, Traurigkeit und Rührung … – und bestimmt nicht das Schlechteste.

Internet: https://www.youtube.com/watch?v=kn4nL99Vb5A, abgerufen am 31.05. 2019.

Hans-Martin Gutmann

B

IV Entgegnung: Inszenierung des heiligen Raumes

Einen tollen, einen furiosen Text hast du vorgelegt, lieber Frank Thomas. Die Verschränkung zwischen gottesdienstlichem (Nicht)-Singen und Grölen der Leute beim Volksfest wird ebenso schön herausgearbeitet wie die Entgegensetzung. Das leuchtet mir ein. Eine Frage habe ich allerdings in der Wahrnehmung des biblischen Textes, die in Deiner Auslegung noch ein wenig kurz kommt: Welchen Sinn hat es, dass die Verfasser des Chronik-Textes mit 2 Chr 5,12–13 einen geradezu grandiosen musikalisch-hymnischen Aufmarsch in die überkommene Schilderung der Tempeleinweihung nach 1 Kön 8,1–11 einfügen?

Vieles ist in beiden Textfassungen überraschend übereinstimmend – sieht man einmal von der etwas wichtigeren Rolle ab, die die Chronik den Leviten gegenüber und innerhalb der Priesterschaft einräumt. Hier wie dort findet sich bei diesem für das ganze Gemeinwesen zentralen Fest die Aufzählung aller relevanten religiösen und politischen Leitungsrollen: Priester und Leviten, Älteste und König, dazu die ganze Gemeinde Israel. Hier wie dort opfern König und Volk auf dem Weg zum Heiligtum Hekatomben von Opfertieren. Hier wie dort werden architektonische Konstruktion und symbolisches Inventar des Tempelraumes hervorgehoben: So die Cherubim, die mit ihren ausgebreiteten Flügeln die Lade schützen. Hier wie dort wird die zentrale Rolle der Sicherung, besser der Begründung der königlichen Herrschaft Salomos betont: Gott hat seinen Vater David erwählt, genauso wie er diese Stadt – Jerusalem – und diesen Tempel erwählt hat. Und der König, also Salomon, verbindet mit der Einweihung des Tempels alle diese Erwählungs-Traditionen in seiner Person und seiner Rolle als König. Hier wie dort findet sich der Hinweis auf den einzigen und hoch bedeutungsvollen Inhalt des Innersten des Heiligtums: die Lade Gottes mit den beiden Tafeln der Gebote. Und die Verfasser der Chronik stellen sich auch in die Tradition der den deuteronomischen Redakteuren der Königsbücher so zentralen Forderung, die alleinige Geltung der Herrschaft dieses einen Gottes JHWH gegenüber allen anderen Göttern und anderen Mächten zu proklamieren. Und schließlich: Hier wie dort erfüllt eine Wolke das Haus Gottes JHWHs, so dass die Priester hier und in dieser Situation ihre Arbeit nicht verrichten können: Gott selbst bezieht in dieser Wolke sein Heiligtum, und Gott will im Dunklen wohnen.

Und jetzt dieser grandiose musikalisch-hymnisch orientierte Einschub. Fein gewandete Sänger, Musiker mit Zimbeln, Psaltern und Harfen, eine riesige Brass-Band, 120 Priester mit Trompeten, sozusagen eine Kirchentags-Posaunenchorbesetzung unserer Tage. Das muss eine schlechterdings beeindruckende, unmäßig laute, machtvolle musikalische Inszenierung gewesen sein. Und noch etwas kommt hinzu, ehe die Wolke Gott JHWHs das Heiligtum erfüllt: der Sprechakt aus dem Mund aller. Und jetzt wird nicht mehr zwischen musikalischen Rollen und der ganzen Gemeinde unterschieden, man kann sich das so vorstellen, dass aus tausendfacher Kehle dieser Lobruf laut wird: »Er (Gott) ist gütig, und seine Barmherzigkeit währt ewig.« (V. 13)

Was hat die Verfasser der Chronik bewogen, diese Szene in den aus den Königsbüchern überkommenen Reigen aus sozialen Rollen, Rauminszenierungen, Symbolen, Handlungen einzufügen? – Ich spekuliere. Die Inszenierung des heiligen Raumes braucht, um zum heiligen Raum wirklich zu werden, mehr als die Bereitstellung von Raumstrukturen, von Symbolen, von Leitungsrollen, von vorbereitend aufladenden Handlungen. In der Fluchtlinie der Erzählung: Selbst wenn all dies bereitet ist, zieht Gott in seiner Heiligkeit (repräsentiert durch die Wolke, die menschliches Handeln in diesem heiligen Raum unterbricht und unterbindet) in diesen Raum noch nicht ein.

Es braucht die Leiblichkeit. Es braucht diese Hunderte musizierender und in Gotteslob ausbrechender menschlicher Leiber, *nefesch* in der Einheit von Kehle, Körper, Leib, Seele. Es braucht die in brüllende Lautstärke ausbrechende, aber: die nicht chaotisch-ekstatisch, sondern »wie mit einer Stimme« (V. 13) lobende und musizierende Festgemeinde. Erst diese Verbindung von Leiblichkeit, musikalischer Inszenierung und einem Sprechakt, der die Gegenwart des heiligen Gottes wirklich trifft, eröffnet den Raum, dass Gott selbst in dieses Heiligtum einzieht.

V Erschließung der Hörersituation: Augenblicksglück

Natürlich hat A recht mit seinen Beobachtungen zur Sangeslust der Leute. Es stimmt doch: Während im Kirchenraum, zumindest in der allsonntäglichen Normalsituation, der Gesang der Gemeinde dünn vor sich hinplätschert, ertönt von den Kurven der Fußballgemeinde, bei Familienfesten, bei Vereinsfeiern u.a.m. der Gesang aus voller Kehle. Und, ja: ›grölend‹, spätestens nach dem zwölften Bier. Wer in einer dörflichen Gemeinde, wo das Pfingstfest und das Schützenfest oft auf den gleichen Termin fallen, lebt, kann – nach Besuch eines Pfingstmontagsgottesdienstes und abends dann bei einem Besuch der begeisterten Feier des neu erkorenen Schützenkönigs – buchstäblich ein Lied davon singen.

Aber: Am Heiligabend singen die Leute im gottesdienstlichen Raum. Nicht grölend, aber voll innerer Beteiligung. Sie wollen die vertrauten Lieder gemeinsam singen: ›Ich steh an deiner Krippen hier.‹ ›Vom Himmel hoch da komm ich her.‹ Und vor allem: ›O du fröhliche.‹ Seit Kindesbeinen an verbindet sich mit dem gemeinsamen Singen dieser Lieder im festlich geschmückten Kirchenraum, genauso wie mit der immer wieder gehörten und Wort für Wort bekannten Weihnachtsgeschichte nach dem Lukasevangelium die Sehnsucht: Es möchte doch wirklich wahr werden. Das neu geborene Kind. Neues Leben im alten vergammelten Stroh. Das Leben wird verwandelt. Alles Bedrückende, Bekümmernde, alles Zerstörerische hat zumindest für diesen Moment seine Macht verloren. Heiles Leben wird möglich. Die Inbrunst, die man in den Gesichtern vieler Normal-Nichtgottesdienstbesucher ablesen kann, weist auf die existenzielle Tiefe dieses Wunsches. Das muss nicht lange halten, hält es normalerweise auch nicht. Es ist Augenblicksglück. Der Augenblick der Dankbarkeit und der Hoffnung. Die Sehnsucht danach, dass das Leben heil wird, leiblich aufgespannt im Raum, hier und jetzt lebendig durch gemeinsamen Gesang. Zu Ostern kann man im Sechs-Uhr-Frühgottesdienst, wenn auch nicht so intensiv und so massenhaft, ähnliche Erfahrungen machen: ›Christus ist auferstanden. Er ist wahrhaftig auferstanden.‹ ›Nun lasst uns alle fröhlich sein.‹

Ich halte es nicht für sinnvoll, die profanen Spontangesänge den gottesdienstlichen Gesängen einfach entgegenzusetzen. Weder von den Phänomenen noch vom Inhalt her. ›You'll Never Walk Alone.‹ Was gibt es, auch von Gott her, anderes zu sagen? Ich denke: Der Gottesdienst macht ausdrücklich, was in der populäreren Kultur zwischen Fußball, YouTube und Kino immer mitschwingt: die Sehnsucht nach einem heileren Leben. Der evangelische Gottesdienst gibt – als Angebot, als Versprechen, als Verheißung – dieser Sehnsucht eine Erzählung und ein Gesicht, das diese Hoffnung tragen kann. Danach, dass die Mächte des Todes ihre Kraft verlieren. Danach, dass das Leben nicht umsonst war und nicht umsonst ist. ›Sie ist vierzig, und sie fragt sich: War das jetzt schon alles?‹

Musik definiert den Raum. Die Atmosphäre eines Raumes wird durch Musik gefüllt, so oder so. Musik bringt Gefühle zum Ausdruck und ins Fließen. Musik hüllt die Leiber in eine Atmosphäre, für deren Heilsamkeit wir – als diejenigen, die den Gottesdienst gestalten und leiten – sorgen müssen. Dies betrifft vor allem die Musik bei Kasualien, vor allem bei kirchlichen Trauungen und Bestattungsgottesdiensten. Hierüber ist in der Praktischen Theologie eine ausführliche Debatte geführt worden, und ich gehöre der theologisch und beziehungsstärkend vertretbaren Meinung an, dass man den Leuten in ihren Musikwünschen bei Kasualien weitgehend entgegenkommen sollte. Wer mit AC/DC gelebt hat, muss nicht mit Samuel Scheidt begraben werden. Das Gleiche gilt, denke ich, für Trauungen. Silbermonds ›Das Beste‹ muss ich als Pastor/in nicht mögen (›Du bist das Beste, was mir je passiert ist‹). Aber wenn die Brautleute das mögen und vielleicht sogar jemanden auftreiben, der an Klavier oder Gitarre die Gottesdienstgemeinde zum Mitsingen ins Schwingen bringt: Was könnte diesen Moment der Dankbarkeit und Sehnsucht besser auf eine Formel bringen?

VI Predigtschritte: Filme predigen

Wir sind jetzt aber nicht in einer evangelischen Trauung oder Bestattung, sondern im Sonntag Kantate. Wichtige Planungsperspektive für diesen Gottesdienst (wie, denke ich – stärker als oft erlebt –, für jeden Gottesdienst): Was die gottesdienstlichen Gesänge angeht, ist der Gottesdienst kein Ort, den musikpädagogischen Zeigefinger zu heben. Die Liedauswahl sollte sich nicht vor allem danach richten, was textlich gut zum Predigttext und zur Predigt passt, sondern mit mindestens der gleichen Intensität nach der Frage: Welche Lieder ›können‹ die Leute, und was singen sie gern? Ich schlage vor, in der Liedauswahl zudem einige Überraschungsmomente zu platzieren. Zur Eröffnung: »Macht hoch die

Tür« (EG 1). Nach der Predigt: »Lobe den Herren« (EG 317). Und zum Ausklang »Wir wollen alle fröhlich sein« (EG 100).

Die Predigt selbst hat die heilsame Kraft des Singens und der Musik im Zentrum, und ich schlage dafür eine etwas untypische Filmpredigt vor. Die ausgewählten Filme sollten nicht, auch nicht in Ausschnitten gezeigt werden, sondern jeweils durch ein Standbild (Beamer-Projektion) im Raum präsent werden. Die Filme sollen nicht gezeigt, sondern in ihrer zentralen Erzählbewegung erzählt werden: Vom Schmerz zur Sehnsucht. Von der Aussichtslosigkeit zu Hoffnung. Vom Scheitern zum Erfolg.

Das Mainstream-Kino hat aktuell und in jüngerer Zeit einige Blockbuster mit großem Erfolg unter die Leute gebracht, die genau diese Bewegung auf ihre jeweils unaustauschbare Erzählweise mitteilen. Ich denke an die aktuellen Streifen »A Star Is Born« (Bradley Cooper/Lady Gaga) und an den Queen-Film »Bohemian Rhapsody« (Brian Singer/Dexter Fletcher, mit Rami Malek). Und ich denke an die schon etwas älteren Filme »Brassed Off« (Mark Herman, 1996), der die lebenserhaltende Bedeutung einer Bergwerks-Blaskapelle erzählt, als die Grube geschlossen wird. Und schließlich »Wie im Himmel« (Kay Pollack, 2004), der erzählt, wie in einem dörflichen Chor durch das grenzenlose Engagement eines Chorleiters ein jeder seine Stimme findet, über alle Zerstörungen und Konflikte hinaus, und schließlich auch über den Tod hinaus.

Die Musik bringt in all diesen Filmen – zwischen Schmerz und Sehnsucht, Zerstörung und Hoffnung, in allen Ambivalenzen des Lebens – eine Bewegung zu einem heilsameren Ausgang zur Gestalt, als dies nach Lage der Dinge und Konflikte hätte erhofft werden können. Und die Predigt sollte schließlich in ihrem Ausgang das Erzählelement aus dem Predigttext stark machen: dass Gott JHWH als Antwort auf die Vereinigung der Leiber in gemeinsamer Musik und auf die Vereinigung der Stimmen im Gotteslob selbst in den Raum des Heiligen einzieht. Nicht als machtvoll-dramatische Heldengestalt, sondern in der Verhüllung der Wolke. Grandiositätssehnsüchte werden unterbrochen, aber für alle nur möglichen Gottesbilder in den Phantasien, Wünschen und Hoffnungen der Anwendenden wird Raum gelassen. Gott selbst kommt, hier und jetzt. Zu uns.

A

Matthäus 6,5–15:

Faszination ›Vater Unser‹

Tobias Sarx

I Eröffnung: In Beziehung treten mit dem Grund meiner Existenz

Der Name des Sonntags enthält eine Aufforderung. ›Rogate‹ – ›Betet‹. Beim Thema Gebet sind die Deutschen gespalten. Eine quantitative Studie kam im Jahr 2008 zu dem Ergebnis, dass 51 % der Deutschen das private Gebet »mindestens mit einer *mittleren* Intensität« pflegen, 47 % hingegen stehen in Distanz zum Gebet (Lunk, 11). Immerhin beten viel mehr Menschen als sonntags in die Kirche gehen, sodass in der Predigtvorbereitung davon ausgegangen werden kann, dass die Hörerinnen und Hörer an eigene Erfahrungen anknüpfen können. Vielleicht gelingt es aber auch, eine Brücke zu denjenigen zu schlagen, die dem Gebet kritisch gegenüberstehen. Schließlich hat sich niemand selbst erschaffen, und es hat Sinn, sich mit demjenigen in Beziehung zu setzen, der Grund dafür ist, dass ich existiere.

Der Predigttext ist nicht irgendein Bibelabschnitt über das Beten – beim ›Vater Unser‹ haben wir es mit *dem* zentralen Text schlechthin zu tun. Das ›Vater Unser‹ ist das am weitesten verbreitete Gebet des Christentums, jede/r Konfirmand/in muss es auswendig lernen. Ein Bestatter erzählte mir kürzlich, dass Angehörige selbst bei weltlichen Trauerfeiern immer wieder darum bitten, dass am Grab das ›Vater Unser‹ gemeinsam gebetet wird. Es scheint Trost und Halt selbst denjenigen zu vermitteln, die der Institution Kirche kritisch gegenüberstehen.

Eine schöne Tradition ist das Läuten der Vater-Unser-Glocke während des Gebets. Auf diese Weise werden Alte und Kranke zu Hause in die Gemeinschaft der Betenden mit hineingenommen. Sie wissen: Jetzt wird in der Kirche das ›Vater Unser‹ gebetet, und sie werden eingeladen, mitzubeten, auch wenn sie nicht dort sein können.

II Erschließung des Textes: Wie sollen wir beten?

Die Perikope beginnt mit einer doppelten Abgrenzung: Inszeniere dein Gebet nicht öffentlich, um gesehen zu werden, stattdessen gehe hinein in deine »Kammer« (*tameion* = versteckter, geheimer Raum, Vorratskammer, innerstes Gemach), »verschließe deine Türe« (*kleio*) und bete zu Gott, »der im Verborgenen ist« (*krypto*). Drei Mal wird der private und persönliche Charakter des Gebets betont, sodass der Eindruck entsteht, das in Vers 9 beginnende ›Vater Unser‹ gehöre nicht in den öffentlichen Gottesdienst. Schon die Alte Kirche betonte jedoch: Nicht der Ort ist das Entscheidende, sondern die Art (*tropos*) und die Intention des Betens (vgl. Luz, 425). Es ist also möglich, das ›Vater Unser‹ im Beisein anderer zu beten und sich innerlich trotzdem ganz persönlich mit Gott in Beziehung zu setzen. Gleichzeitig darf die Predigt dazu ermutigen, auch außerhalb eines Kirchraums zu beten. Dies ist einer zunehmenden Anzahl von Menschen fremd, aber genau hier liegt die Pointe der Verse 6–7.

Die zweite Abgrenzung (VV. 7–8) bezieht sich auf das Reden: Wer versucht, durch viele Worte (polylogia) die Erhörung des Gebetes zu erzwingen, handelt wie »die Heiden«. Gott weiß ohnehin, was wir brauchen – und zwar, bevor wir ihn bitten. Dennoch lohnt sich das Beten. Denn wenn ich bete, lerne ich, mich im Lichte Gottes zu betrachten. Und in dieser Betrachtung wächst die Gewissheit, dass das Gebet etwas zu ändern vermag.

In der pfarramtlichen Praxis begegnet mir oft eine tiefe Verunsicherung, wie in rechter Weise gebetet werden kann. Viele Menschen haben in ihrer Kindheit nicht mehr gelernt, zu beten. Das Problem ist den Evangelien nicht unbekannt. In der lukanischen Einleitung des ›Vater Unser‹ richtet ein Jünger die Bitte an Jesus: »Herr, lehre uns beten, wie auch Johannes seine Jünger lehrte.« (Lk 11,1) Dem ›Vater Unser‹ wohnt durch seinen Ort in beiden Evangelien ein didaktischer Charakter inne. Die Predigt kann auf diese Weise entlastend wirken: Niemand muss sich große Reden ausdenken, die er oder sie an Gott richtet. Auch eine großartige Inszenierung des Gebets ist fehl am Platze. Ein schlichtes, gesprochenes ›Vater Unser‹ reicht aus, um sich in ein rechtes Verhältnis zu Gott zu setzen. »So also« und nicht anders »sollt ihr beten« (V. 9a).

Im Text der Perikope fällt auf, dass Matthäus, anders als Lukas, auf das Gebet noch zwei Verse folgen lässt. »Denn wenn ihr den Menschen ihre Verfehlungen vergebt, so wird euch euer himmlischer Vater auch vergeben. Wenn ihr aber den Menschen nicht vergebt, so wird euch euer Vater eure Verfehlungen auch nicht vergeben.« (VV. 14–15) Aus den vielen Perspektiven des Gebets greift Mt nur eine einzige auf: »Vergib uns unsere Schuld, wie auch wir vergeben unseren Schuldigern.« (V. 12)

Es wäre unredlich, diese deutliche Schwerpunktsetzung in der Predigt zu verschweigen. Das Beten des ›Vater Unser‹ hat nur dann Sinn, wenn wir das Verhältnis, in das Gott uns durch Christus setzt, auch auf unsere Mitmenschen anwenden. Hier zeigt sich einmal mehr der persönliche Charakter des Gebets. Ich kann es zwar in einer großen Gruppe sprechen, aber ob ich derjenigen vergebe, die sich an mir versündigt hat, darüber entscheide ich ganz allein. Allerdings nicht aus eigener Kraft oder unabhängig von meiner Beziehung zu Gott: Indem ich Vergebung empfange, befähigt mich Gott, selbst zu vergeben. Aus diesem Zusammenhang wird deutlich, dass Vergebung keine menschliche Leistung ist, sondern im aktiven Tun eine empfangene Gabe Gottes bleibt. Es bleibt festzuhalten: Menschliches Handeln und das Gebet dürfen und müssen in Wechselwirkung zueinanderstehen.

III Impulse: Ein sicherer Ort

Es ist nicht möglich, in einer einzigen Predigt angemessen auf jede Bitte des ›Vater Unser‹ einzugehen. Insofern setze ich den Schwerpunkt bei den Rahmenversen des Gebets.

Damit die thematische Fülle des Vater Unser nicht gänzlich unter den Tisch fällt, könnte in den Gottesdienst das bei Konfirmandinnen und Konfirmanden beliebte Anspiel »Unterbrich mich bitte nicht! Ich bete.« integriert werden (der Text findet sich in verschiedenen Varianten im Internet oder gedruckt bei Lübking, 107). Zusätzlich zur Predigt am Sonntag Rogate wäre auch denkbar, an einer passenden Stelle des Kirchenjahres von der Perikopenordnung abzuweichen und eine Predigtreihe zu den einzelnen Teilen des ›Vater Unser‹ zu gestalten (Anregungen dazu finden sich bei Finze-Michaelsen).

Da das ›Vater Unser‹ fester Bestandteil der gottesdienstlichen Liturgie ist, lohnt es sich, in der Predigt darüber nachzudenken, warum wir Sonntag für Sonntag dasselbe beten – und über den Sonntag hinaus bei vielen Andachten, Kasualgottesdiensten, zum Abschluss von Seelsorgegesprächen und eben auch ganz privat im Hinterzimmer bei verschlossener Tür. Wir beten immer dieselben Worte. Der Sinn von fest definierten Ritualen ist, in Zeiten von Unsicherheit, Gefährdung, Bedrohung und Not Halt zu finden. Das ›Vater Unser‹ kann in diesem Sinne zu einem sicheren Ort werden: Es ist nicht nötig, eigene Worte zu finden. Das entlastet. Wir brauchen uns auch keine Gedanken um eine öffentlichkeitswirksame Inszenierung machen. Was andere denken, ist beim Beten des ›Vater Unser‹ nicht wichtig. Es braucht nur mich und Gott. Wesentlich beim Beten des ›Vater Unser‹ ist, dass ich mich – und niemand anderen – in Beziehung setze zu Gott, meinem Schöpfer. Im Gespräch mit Gott empfange ich einen neuen Blick auf mich selbst. Ich finde mein inneres Gleichgewicht wieder. Und wenn der Friede Gottes mein Herz zur Ruhe geführt hat, bekomme ich den Blick frei für meine Mitmenschen und für meine Umwelt. Die Verse 14–15 dürfen in der Predigt nicht außer Acht bleiben: Gebet erschöpft sich nicht in der Innerlichkeit, es nimmt meine Mitmenschen in den Blick, sogar diejenigen, die schuldig an mir geworden sind. Im Beten des ›Vater Unser‹ schöpfe ich Kraft, Vergebung auszusprechen. Dadurch werde ich von einer Last befreit, die mich fröhlich den Alltag bewältigen lässt. Welch ungeheures Potenzial liegt in diesem Gebet!

Werkstück Predigt

Bei Freunden von mir hängt ein großes Bild im Flur. Auf dem Bild ist ein Leuchtturm zu sehen. Genauer gesagt, der untere Teil des Leuchtturms. Riesige Wellen brechen sich am Fuß des Leuchtturms. Im tobenden Sturm sind die Felsen, auf denen er erbaut wurde, nicht zu sehen. Beim Betrachten spüre ich förmlich, wie der Wind um den Turm herum pfeift. Ich stelle mir vor, welche Kräfte an diesem Bauwerk zerren. Und doch bleibt es stehen. Es steht da seit vielen Jahrzehnten, es wird noch viele weitere Jahrzehnte stehen bleiben.

Liebe Gemeinde, das ›Vater Unser‹ ist ein Gebet, das die Christenheit seit 2000 Jahren durch die Stürme des Lebens begleitet. Jesus gab seinen Jüngern das Gebet, als diese ihn baten: ›Herr, lehre uns beten.‹ Wir sprechen es jeden Sonntag im Gottesdienst. Es hat seinen Platz in guten wie in schweren Zeiten – so wie der Leuchtturm bei jedem Wetter in den Himmel ragt.

Literatur: *Holger Finze-Michaelsen*, Vater unser – unser Vater: Entdeckungen im Gebet Jesu, Göttingen 2004; *Hans-Martin Lübking*, Kursbuch Konfirmation. Ein Arbeitsbuch für Konfirmandinnen und Konfirmanden, Gütersloh 2013; *Johanna Lunk*, Das persönliche Gebet. Ergebnisse einer empirischen Studie im Vergleich mit praktisch-theologischen Gebetsauffassungen, Leipzig 2014; *Ulrich Luz*, Das Evangelium nach Matthäus: Mt 1–7 (EKK I/1), Düsseldorf/Neukirchen-Vluyn ⁵2002.

Jennifer Marcen

B

IV Entgegnung: Privatheit und Popularität

Oh ja, einen »sicheren Ort« und »Trost und Halt« bietet das ›Vater Unser‹. Auch in seiner Emphase will ich A gerne zustimmen: »Welch ungeheures Potenzial liegt in diesem Gebet!«

Gerne lese ich die Fülle an hilfreichen Hinweisen, die A bietet. Leider bleiben diese untereinander etwas unverbunden, sodass die Zusammenhänge aus meiner Sicht zu wenig deutlich werden.

A betont in seiner exegetischen Erschließung mit Recht die Privatheit des Gebets zusammen mit der Ablehnung einer öffentlichen Inszenierung. Diese Betonung gewinnt an Fahrt, wenn die Abschnitte um das ›Vater Unser‹ herum hinzugezogen werden. Die Ratschläge zum rechten Almosengeben (Mt 6,1–4) und Fasten (Mt 6,16–18) betonen auffällig parallel die Ablehnung der narzisstischen *Verzweckung* des eigenen Tuns. Jesus ermahnt, nicht um der gesellschaftlichen Anerkennung willen zu spenden, zu beten oder zu fasten. Er betont dreimal deutlich (»wahrlich, ich sage euch: Sie haben ihren Lohn schon erhalten.«), es nicht den Heuchlern und Heiden gleichzutun und die eigenen Handlungen nicht an der öffentlichen Inszenierung und der Wirkung dieser auszurichten. Der Text zielt meiner Ansicht nach auf eine *Entzweckung* von Spende,

Gebet und Fasten. Sie sollen keinem Zweck dienen, sind nicht Mittel zum Zweck.

Ich will noch einen Gedanken stark machen, den A schon gefunden hat: die Beobachtung, dass das ›Vater Unser‹ selbst in kirchenfernen Kreisen als Gebet bei bestimmten Anlässen geschätzt wird. Es bietet Halt, Trost und sogar Vertrautheit – und zwar einer breiten Masse der Bevölkerung; trotz (oder wegen?) seiner möglicherweise inhaltlichen Abständigkeit. Es ist meines Erachtens die Vertrautheit der Worte, das gemeinsame Sprechen im immer gleichen Takt und immer gleicher Geschwindigkeit, die die Wirkung dieses Gebets für Kenner, Insider und Institutionskritiker ausmacht – und weniger sein Inhalt. Daher möchte ich A in seiner Idee, eine Predigtreihe zu den einzelnen Bitten des ›Vater Unser‹ anzubieten, vorsichtigerweise lieber nicht folgen. Meine Angst wäre, ein als Formel so prächtig ›funktionierendes‹ Gebet durch zu viel Erklärung zu destabilisieren. Das ›Vater Unser‹ – und kein anderer Text! – kann (oder muss sogar?) in seiner möglichen Unverstandenheit stehen gelassen werden. Es geht um das ›Beten überhaupt‹, das mit dem ›Gebet schlechthin‹ (A I) möglich wird, ohne dass die konkreten Inhalte eine große Rolle spielen würden.

V Erschließung der Hörersituation: Vertraute Fremdheit

Es gibt wohl kaum einen bekannteren biblischen Text als das ›Vater Unser‹. Bei vielen stellt sich sofort ein Gefühl von Vertrautheit ein, sie klinken sich beim gemeinsamen Sprechen für kurze Zeit in eine Gemeinschaft ein. Sicherlich wird ein beträchtlicher Teil der das ›Vater Unser‹ Betenden bzw. Mitsprechenden von intellektuellen Zweifeln ob des Inhalts, Gottesbildes oder einzelner Bitten ergriffen, wenn sie ihr Beten reflektieren. Doch bleibt eine existenzielle Sehnsucht, die sich selten so unhinterfragt Bahn bricht wie hier. Die Bedenken ob des Inhalts, wie er in der deutschen Übersetzung wiedergegeben wird, teilt sogar Papst Franziskus. Ende 2017 schlug er in einem Interview vor, den Wortlaut der 6. Bitte (»und führe uns nicht in Versuchung«) zu ändern, da es für ihn den Eindruck erwecke, als könne Gott Menschen aktiv in Versuchung führen – wie Satan. Die Reaktionen darauf waren jedoch, wenigstens in Deutschland, distanziert bis ablehnend. Katholische Bischöfe meldeten sich zu Wort, Tageszeitungen berichteten davon. Dennoch blieb das Interesse der breiten Masse an der Basis aus. Franziskus hatte versucht eine Debatte anzustoßen, die gar keine Korrelation mit dem Problembewusstsein der Menschen aufwies. Seine Idee versandete hierzulande entsprechend schnell. Dies zeigt: Dem ›Vater Unser‹ wird als dem wichtigsten christlichen Gebet von den Betenden eine so große Autorität beigemessen, dass es inhaltlich nicht in Frage gestellt wird – und ganz sicher nicht in seinem Wortlaut. Es gibt schlicht keinen Änderungsbedarf. Der Sinn des ›Vater Unser‹ ergibt sich aus seiner rituellen Funktion – und braucht daher die feste, unabänderliche Form.

Allerdings: Dass die inhaltlichen Zweifel und berechtigten inhaltlichen Anfragen das Vertrauen in dieses Gebet, das ›Funktionieren‹ des ›Vater Unser‹ nicht beeinträchtigen, darf auch irritieren. Wenn der Inhalt nicht die entscheidende Rolle spielt, wohl aber die Form, die Prägung, die Gemeinschaft, die Vertrautheit usw., dann drängt sich mir der unangenehme Verdacht auf, es könne sich ›nur‹ um eine Formel handeln – um eine magische Formel, deren Inhalt wir nicht verstehen, es auch gar nicht wollen, geschweige denn können, sie aber dennoch sprechen, weil sie eben eine Wirkung hat.

Doch trotz dieser Gefahr des sinnentleerten/inhaltsleeren Rituals bewährt sich das ›Vater Unser‹: Es ist niedrigschwellig, verlangt kein persönliches Bekenntnis, erfordert keine Kreativität oder kognitive Leistung. Die Betenden werden von alldem entlastet. Sie müssen niemanden beeindrucken mit diesem Gebet, weder die Nachbarin noch Gott. Das ist gerade in dieser Zeit entlastend, da es gesellschaftlich einen mindestens als solchen wahrgenommenen Druck gibt, sich selbst als authentisch bekennend (egal zu was), kreativ und kognitiv leistungsfähig darzustellen. Überhaupt ist unsere spätmoderne Gesellschaft von einer Aufforderung zur Selbstdarstellung gekennzeichnet. Es geht darum, sich als etwas Besonderes hervorzuheben und dafür von anderen, insbesondere in den sozialen Medien, Anerkennung zu bekommen. Ob dies gelingt, lässt sich an Likes und Followern ablesen. Andreas Reckwitz, Kulturwissenschaftler und Soziologe, spricht von einer »Explosion des Besonderen« (Reckwitz, 8). Demnach reicht es nicht mehr, sein Leben zu leben, es muss das Selbst authentisch »performed« werden. Es wird ein »Maßstab der Besonderung« (Reckwitz, 10) angelegt. Darin wird das Allgemeine und Standardisierte langweilig, reizlos, schlicht nicht erstrebenswert.

Das ›Vater Unser‹ bietet in seiner inhaltlichen Abständigkeit, die zugleich eine Offenheit bietet für alles, was uns gerade bewegt (vgl. liturgische Einleitungsformeln des ›Vater Unser‹) ein Gebetsgefühl, das uns gerade von diesem Verbesonderungszwang entlastet. Es ermöglicht, sich in das gemeinschaftliche Beten einzuklinken, und trotzdem, mehr oder weniger unabhängig vom Wortlaut, mehr oder weniger konkret eigene Gebetsanliegen in das ›Vater Unser‹ hineinzulegen.

VI Predigtschritte: Anfechtung und Bewährung

Für eine Predigt, die sowohl das besondere Gefühl von Vertrautheit, Halt und Sicherheit, das beim Beten des ›Vater Unser‹ sich einstellen mag, als auch die intellektuelle Infragestellung inhaltlicher Natur aufnehmen will, ist die Entlastung vom ›Performen‹ des eigenen Lebens der entscheidende Kniff.

Ich schlage vor, auf der Gefühls- und Erfahrungsebene zu beginnen. Das ›Vater-Unser-Feeling‹, das viele kennen werden, von vertrauter Sicherheit etc. soll beim Zuhören geweckt werden. Dies wird am besten mit der Beschreibung eigener Erfahrungen gelingen.

Auf diese emotionale Abholung kann die kognitive Infragestellung folgen: Warum eigentlich beten wir diesen Text? Immer und immer wieder? Was genau sagt er mir denn? Wem sagt dieser Text denn eigentlich was? Und was sollte das sein?

Von mir aus darf diese Anfechtung der eigenen Gebetspraxis gerne provokant sein. Der/die Hörer/in darf und soll ins Nachdenken geraten. Freilich darf es nicht bei der Anfechtung bleiben. Die Bewährung des ›Vater Unser‹ liegt in seiner Unmittelbarkeit, in der kognitiv nicht fassbaren Empfindung von Sicherheit, und besonders in der Entlastung von allen Zwängen der Kreativität, der Leistung, der Individualisierung. So gerne wir auch ›besonders‹ sind, hier müssen wir es nicht sein. Das ›Vater Unser‹ entlastet von dem inneren und äußeren Druck, nach außen etwas darzustellen. Es gilt, niemanden beeindrucken zu müssen – und ganz besonders nicht Gott. Er weiß, wessen wir bedürfen. Er ist uns ohnehin näher, als wir es uns selbst sind. Als Prototyp eines Gebets entlastet das ›Vater Unser‹ davon, eigene Worte finden zu müssen – solche, die mir nicht in den Kopf und nicht über die Lippen gehen wollen. Mit dem ›Vater Unser‹ kann ich beten, obwohl ich eigentlich nicht beten kann.

Das ›Vater Unser‹ bewährt sich, indem wir es beten. Die Ritualfunktion wird dabei zum Inhalt. Das wäre ein Clou der Predigt: die Würdigung des Gebetsinhalts innerhalb der Schranken des Gebetsgefühls. So gewinnt ein Meta-Inhalt an Substanz, der den einzelnen Bitten des ›Vater Unser‹ einen übergeordneten Sinn verleiht. Wir beten es als einen Text, den wir nicht verstehen, mit dem wir je nach Situation ganz andere Inhalte verbinden können, und doch bleibt ein Meta-Inhalt beständig: die Beziehung zum Unbedingten. Ein unsagbarer unbedingter Halt, in bedingten Worten, denen aber aufgrund ihrer Altehrwürdigkeit und ritualisierten Eingeführtheit eine Aura anhaftet, die eben diesen Unbedingtheitsbezug erlebbar machen. Es richtet uns auf etwas anderes auf, als nur uns selbst. Da, wo Worte fehlen, da, wo wir nicht mehr wissen, was wir sagen sollen, da müssen es nicht eigene Worte sein. Diese sind genug.

Als alternativer Predigteinstieg sei Predigenden, die gerne mit Impulsen aus der Gegenwartskultur arbeiten, die Indie-Rock-Band MADSEN mit ihrem Song ›Keiner‹ ans Herz gelegt, der eine treffende Gegenwartsdiagnose gelingt, in der die gefühlte Verpflichtung (und die bewusste Verweigerung) zur medialen Selbstdarstellung plastisch wird. Der Refrain lautet: ›Keiner, keiner, keiner hat's gesehen / Keiner hat's geliked oder geteilt, war das schön / Keiner, keiner, keiner ist gefolgt / Ich tat es nur für mich, denn ich hab' es so gewollt.‹

Literatur: *Andreas Reckwitz,* Die Gesellschaft der Singularitäten. Zum Strukturwandel der Moderne, Berlin [6]2018.

Christi Himmelfahrt

Johannes 17,20–26:

Vater und Sohn

A

Rajah Scheepers

I Eröffnung: Ist der Feiertag noch zu retten?

›Das glaubt doch keiner‹ – so schallt es mir Jahr für Jahr entgegen, wenn wir im Konfirmandenunterricht bei der Diskussion um das Apostolische Glaubensbekenntnis zu der Verszeile »aufgefahren in den Himmel« kommen. Zugegebenermaßen ist die Ablehnung nicht ganz so vehement wie gegen das Bekenntnis zur Jungfrauengeburt, aber es folgt diesem dicht.

Auch die Erwachsenen aus meiner Gemeinde können mit der Vorstellung einer ›Himmelfahrt‹ wenig anfangen, wie ja überhaupt das durchschnittliche deutsche Kirchenmitglied, folgt man aktuellen Befragungen, die zu dem Ergebnis kommen, dass diese Glaubensaussage selbst bei sich als gläubig bezeichnenden Menschen kaum Zustimmung findet.

Und kirchlich Distanzierte begehen an diesem Tag ohnehin ›Vatertag‹ und manche von ihnen feiern bierselig, vergnügt. Hat der ›Vatertag‹ die ›Himmelfahrt‹ kannibalisiert, so wie Halloween den Reformationstag? Werden wir ›Christi Himmelfahrt‹ bald nicht mehr in unseren Kalendern als Feiertag finden, sondern allenfalls einen Feiertag zum ›Vatertag‹? 2020 wird ja zusätzlich noch der 8. Mai anlässlich von 75 Jahre Kriegsende ein Feiertag sein und so könnten wir uns für ›Christi Himmelfahrt‹ vielleicht einen säkularen Feiertagsgrund erhoffen, um dann auch als Pfarrpersonal ein langes Wochenende zu haben?

Gibt es also Gründe, diesen Tag zu retten – im kulturellen Gedächtnis der Kirchen und des Landes? Der Predigttext hilft uns auf die Spur:

Verschmelzen wir Himmelfahrt und Vatertag! Denn der Predigttext ist ein intimes Gespräch zwischen Vater und Sohn, in dem es um die ganze Existenz geht. Wer bist Du mir als Vater? Und wer bin ich Dir als Sohn? Durchaus auch anschlussfähig für Vatertöchter …

II Erschließung des Textes: Ambivalente Empfindungen

Dieses ›Vater-Sohn-Ding‹ war weder damals einfach, noch ist es das heute. Seit Monaten liegt mir die Mutter eines Täuflings in den Ohren, damit bei der Taufe ihres Sohnes ›Father and Son‹ von Cat Stevens gespielt wird. Was ist das Besondere der Beziehung zwischen einem Vater und seinem Sohn? Und wie war das bei Jesus?

Johannes 17,20–26 ist das sogenannte ›Hohepriesterliche Gebet‹. Jesus bittet hier seinen Vater für die Anderen. Wer sind diese Anderen? Seine Brüder und Schwestern? Jesus beschreibt sie als diejenigen, die sein Vater ihm gegeben hat. Als diejenigen, die erkannt haben, dass er von Gott gesandt worden ist. Und als diejenigen, denen Jesus Gottes Herrlichkeit gegeben hat. Ich denke einerseits: ›Wow!‹ Und andererseits frage ich mich bange: ›Bin ich damit gemeint?‹ Für sie erbittet Jesus Folgendes: Sie sollen eins sein, und zwar eins untereinander und eins in Jesus und seinem Vater. Und Jesus bittet darum, dass diese Menschen immer bei ihm sein sollen. Jesus erbittet dies bei seinem Vater nicht nur um ihrer selbst willen, sondern diese Einigkeit hat einen bestimmten Zweck: Die Welt soll dadurch erkennen, dass Gott Jesus gesandt hat und dass Gott diese Menschen so liebt, wie er Jesus geliebt hat. Denn die Welt kennt Gott nicht. Alles gipfelt in der Aussage Jesu, er habe der Welt Gott verkündet, »damit die Liebe, mit der du mich liebst, in ihnen sei und ich in ihnen« (V. 26).

Ein schöner Gedanke, fürwahr. Jesus vertritt uns vor Gott. Wie ein Klassensprecher stellt er sich vor Gott und bittet für uns. Seine Liebe zieht uns dorthin, wo er ist. So wie es auch im Spruch des Tages heißt: »Wenn ich erhöht werde von der Erde, werde ich alle zu mir ziehen.« (Joh 12,32) Der Text berührt mich: Ja, ich möchte, dass Jesus für mich Fürsprache hält. Und für die Menschen, die mir am Herzen liegen. Außerdem will ich mitgezogen werden von Jesus. Gleichzeitig stemme ich mich mit den Füßen in den Boden und die Hände in die Hüften: Ich will nicht mit allen eins sein. Nicht mal mit all meinen Glaubensgeschwistern. Ich will auch nicht in den Himmel mitgezogen werden, jedenfalls nicht jetzt sofort. Ich möchte gerne noch etwas leben und habe noch Zeit bis zur Himmelfahrt.

Und ja, ich bin auch etwas neidisch. Neidisch auf diese intime Nähe zwischen Jesus und Gott. Auf dieses ›Vater-Sohn-Ding‹. Ich werde immer eine Tochter sein und nie diese Nähe zu meinem leiblichen oder meinem himmlischen Vater haben können, weil ich anders bin. Ich kann auch nicht diese Art von Nähe zu unserem Sohn haben wie mein Mann oder wie ich sie zu unseren Töchtern habe, weil ich eine Frau bin. Das verleitet mich zu dem Gedankenexperiment, in unserer Bibelstelle würde Gottes eingeborene Tochter Christa mit ihrer himmlischen Mutter reden – hätten wir dann seit 2000 Jahren Männer vom Priesterinnenamt ausgeschlossen, weil dieses ›Mutter-Tochter-Ding‹ nun mal auch biologische Konsequenzen nach sich zieht, wenn unsere Religionsgründerin eine Frau gewesen wäre und stets von und zu einer weiblichen Gottheit gesprochen hätte? Und was würde dann aus dem Vatertag an ›Christae Himmelfahrt‹ werden?

III Impulse: Vielleicht so …

Der Predigttext steht im Johannes-Evangelium unmittelbar vor Jesu Gefangennahme, vor seinem Leiden, Sterben und Auferstehen. Jesus weiß, dass er sterben wird und gleichsam wie in einem Testament vermacht er die Seinen Gott. Und vermacht umgekehrt Gott den Seinen. Was würde unser letztes Gebet erflehen, ehe wir sterben müssten? Und was hat Gott uns mit auf den Weg gegeben, was so wichtig ist, dass wir es in der Stunde unseres Sterbens erinnern?

Das Gebet Jesu zeugt von einer intimen Nähe zwischen Vater und Sohn. Kann ich dem folgen? Als leibliches Kind meiner Eltern, als getauftes Kind Gottes? Das Lied ›Father and Son‹ von Cat Stevens ist so eine Art Vermächtnis an den Sohn. Es bringt eine Nähe zwischen den beiden zur Sprache, die fast zur Identifikation des Vaters mit dem Sohn wird. Dieser Spur möchte ich folgen – wie kann ich das Verhältnis von Gottvater und Gottes Sohn in Worte und Bilder fassen? Und wie schreibe ich als Gottes Tochter mich ein in dieses intime Zwiegespräch zwischen Vater und Sohn?

Und dann noch das schwierige Thema ›Himmelfahrt‹. Vielleicht so: ›Himmelfahrt‹ bedeutet, dass der Himmel offen ist. Dass eine einmalige Verbindung entsteht: Eine senkrechte Linie wird zwischen Himmel und Erde geschrieben – die Aufwärtsbewegung Jesu Christi – und eine waagrechte Linie entsteht zwischen denen, die zurückbleiben. Die Zurückgebliebenen, so heißt es bei Lukas, beteten und waren voller Freude. Durch diese beiden Linien entsteht ein neues Kreuz, ein Kreuz, das an die Stelle des Holzkreuzes von Golgatha tritt. Ein dynamisches, ätherisches Kreuz, das uns mitnimmt und durcheinanderwirbelt.

Und der ›Vatertag‹? Christi Himmelfahrt wird seit dem Ende des 4. Jahrhunderts als 40. Tag nach Ostern gefeiert. Für viele heute ist es der ›Vatertag‹, in den neuen Bundesländern teilweise auch als ›Herrentag‹ begangen. Männer sind an diesem Tag unterwegs in der Natur, manchmal auch gemeinsam mit ihren Söhnen, haben Spaß und erleben vielleicht sogar ein wenig ›Himmel auf Erden‹? Übrigens kennen auch Muslime und Musliminnen die Himmelfahrt Jesu, was ein Anknüpfungspunkt für den interreligiösen Dialog sein kann. ›Vatertag‹ im biblischen Sinne könnte meinen, dass der Sohn wieder beim Vater ist und die Geschichte ein gutes Ende gefunden hat. Gott sei Dank – denn vergegenwärtigen wir uns, dass Jesus das hohepriesterliche Gebet im Bewusstsein spricht, dass sein Vater ihn opfern wird, damit »es vollbracht ist«, wie der johanneische Christus am Kreuz sagen wird (Joh 19,30), dann ist dies doch eine ziemlich drastische Situation, in der wir uns mit Jesus am Himmelfahrts-Vatertag 2020 befinden!

Werkstück Predigt

Als Juri Gagarin, der erste Mensch im All, 1961 nach seiner Rückkehr auf die Erde gefragt wurde, ob er Gott gesehen habe, antwortete er: ›Ich habe gesucht und gesucht – aber Gott habe ich nicht gefunden!‹

Nun – glauben wir das? Das Jesus Christus leiblich aufgefahren ist in den Himmel? So wie das auf vielen Gemälden der Kunstgeschichte zu sehen ist, nämlich dass die staunende Menge zurückbleibt, während von Jesus nur noch die Füße zu sehen sind?

Ohne Zweifel mutet der Evangelist Lukas uns hier einiges zu. Während die anderen Evangelisten Auferstehung und Himmelfahrt ›einfach‹ zusammen denken, erzählt Lukas zunächst von der Auferstehung, von den Emmausjüngern, von Jesu Erscheinungen vor seinen Jüngerinnen und Jüngern und am Ende seines Evangeliums dann schließlich von der Himmelfahrt. Durch dieses Auseinanderreißen wurde zwar ›Christi Himmelfahrt‹ zum eigenen Feiertag und bekam eine eigene Würde, aber vielleicht wäre es für den denkenden Menschen einfacher gewesen, die Pille ›Himmelfahrt‹ mit der Pille ›Auferstehung‹ zusammen zu schlucken und beides zusammen an Ostern eingeimpft zu bekommen? Also eine Mehrfachimpfung anstelle von lauter kleinen Piksen gegen den gesunden Menschenverstand?

Jedoch: Im Evangelium hat Jesus versprochen, uns mitzuziehen. Also – Leinen los! Jesus, zieh uns mit und zeig uns, wie das geht mit der Himmelfahrt. Bitte ein one-way-ticket! Wir wollen mit Dir nicht nur in den Himmel, in den uns Flugzeuge und Raketen bringen, wollen nicht nur Skyscraper sein, sondern Himmelsstürmer und Himmelsstürmerinnen. Heavenly creatures. Jesus, zieh uns mit zum Vater und lass uns teilhaben an dieser Nähe!

Das Lied des Tages, aus dem Ergänzungsheft zum EG bringt die Hoffnung in Worte und Töne: »Wir feiern deine Himmelfahrt« (EG.E 6), dort heißt es: »Nun bist du immer für uns da, entgrenzt von Raum und Stunde.« Ja, Himmelfahrt ist das Gegenkonzept zur Angst: »Du hast die Angst der Macht beraubt, das Maß der Welt verwandelt.« Die besondere Stimmung des Himmelfahrtstages lässt sich natürlich in einem Gottesdienst unter freiem Himmel am besten begehen.

IV Entgegnung: Dem ›Himmel‹ auf die Spur kommen

Der assoziative Zugang von A weckt meine Neugier. Das ›Hohepriesterliche Gebet‹ lese ich allerdings eher als ein sorgsam komponiertes ›Werkstück‹ johanneischer Theologie. Als Abschluss der Abschiedsreden thematisiert Joh 17,20–26 das Weggehen Jesu und dessen Bedeutung für die Jünger. Tod, Auferweckung und Erhöhung bzw. Verherrlichung Jesu verschmelzen (3,14; 6,62; 20,17). Sie werden zwar als gesonderte Aspekte erzählt und annähernd in einen zeitlichen Ablauf gebracht, beschreiben aber zusammen das Wesen Jesu und das, was die Gläubigen in ihm jetzt bereits finden können. Der Bezug des Predigttextes zum Gottesdienstanlass ist also nachvollziehbar. Durch ihn kann man am Himmelfahrtstag dem johanneischen Verständnis von ›Himmel‹ auf die Spur kommen und zugleich die eigene Vorstellung von Himmel deutlicher fassen.

V Erschließung der Hörersituation: »Wer glaubt denn so was?«

An Himmelfahrt haben wir es – darin stimme ich mit A überein – mit einer Fülle von Deutungsmöglichkeiten und Assoziationen zu tun. »We are / calmly alive, grateful for a little / light and shade by the Wöhrder See / and in life. There are still some who / believe that today our risen / Saviour ascended into Heaven«, so beschreibt der schottische Dichter Donny O'Rourke einen (deutschen!) Himmelfahrtstag im Freien und fährt fort: »About the cosmic I wouldn't know / but on this, the day on which / German fathers show their devotion / concerning the wonder and beauty of creation / this childless pagan has fewer / doubts than Thomas, confirmed / in the constancy of his long gone / dear dead father's love.« (O'Rourke, 68f.) Da kommt alles zusammen: das Naturerleben, zu dem dieser freie Tag im Mai einlädt, die Prägung durch den Vater-Tag und seine Rituale, die in Predigten meist verschwiegen oder kritisiert werden. Gerade sie aber lassen hier den Gedanken an den »Vater im Himmel« anklingen wie an den leiblichen »dear dead father«. Man kann etwas von der Abschiedsstimmung spüren, die mit dem Gedanken an den Himmel für viele Menschen verbunden ist. Zugleich aber hilft diese Stimmung, dass sich Vergangenes vergegenwärtigt und so an diesem besonderen Tag »the constancy of his … father's love« erfahrbar wird.

Aber so präsent die Stichworte aus dem Predigttext hier zu sein scheinen, so fraglich ist für viele das, was an Himmelfahrt geschieht. Der ›Spiegel‹ zeigt in seiner Osterausgabe 2019 auf dem Titelblatt hinter der

Schlagzeile »Wer glaubt denn so was?« einen in den Himmel fahrenden Jesus: barfuß, in weitem weißem Gewand und mit zum Himmel erhobenen Händen. Der Artikel zitiert unter der Überschrift »Der Himmel ist leer« die Ergebnisse einer Umfrage, nach der »Millionen Deutsche, die sich erstaunlicher Weise immer noch als Christen verstehen, ... sich vom heißen Kern des Glaubens mit seinen Geheimnissen und Mysterien weit entfernt« haben. (SPIEGEL 17/20.4.2019, 40–48, 42)

Dabei sind sich auch die Theologen einig, dass es, bei aller Unterschiedlichkeit der synoptischen wie der johanneischen Aussagen, an Himmelfahrt weniger um den Himmel geht als um das, was hier auf der Erde geschieht. »The body of Christ risen, ascended, glorified, is not some supernatural thing parked in some heavenly waiting-room for the next act in a sky spectacular; the Resurrection is not in it's essence a doctrine about another world. It is an affirmation of the supreme value of this world, the world we live in. The risen body of Christ is here and now, ... present in society in every attempt, however inadequate, to make of human community not some coercive uniformity, but a space in which people in their individuality and their vulnerability are given space and support.« (Duffy, 91f.)

Eine ältere Frau berichtet, dass sie in letzter Zeit wieder dazu übergegangen sei, vor dem Einschlafen ein altes Kindergebet zu beten: ›Vierzehn Engel um mich stehn ...‹ Sie stelle sich vor, wie diese Engel sie von allen Seiten berühren und schlafe dann beruhigt ein. ›Und‹, sagt sie, ›ich bete auch den Schluss: ›Drei, die mich weisen zu den himmlischen Paradeisen‹, den haben meine Eltern früher immer weggelassen, wohl, um uns keine Angst zu machen.‹ Dass man den Weg gezeigt bekommt zum Himmel nach dem Tod, das sei für sie ein tröstlicher Gedanke – obwohl sie das eigentlich keinem sagen könne. Mich als Seelsorgerin berührt weniger das, was hier über den zukünftigen Himmel ausgesagt wird, sondern dass dieser Trost jetzt schon wirkt und wie im Gespräch, im vorsichtigen Aussprechen, mein Gegenüber sich schon jetzt als geborgen und gehalten erlebt.

Wenn die Rede vom ›Himmel‹ bedeutet: Ich gehe nicht verloren mit meinem kleinen Leben, jetzt nicht und später auch nicht, es gibt ein Ziel, es gibt ein Gehaltensein, dann wendet der johanneische Himmelfahrtstext den Blick darauf, dass dieses Nicht-Verlorengehen schon jetzt erlebbar wird. Der Jesus des Johannesevangeliums entschwindet nicht in den Himmel, sondern lebt in der Einheit mit seinen Glaubenden. Der johanneische Himmel ist geprägt durch die Trias, die auch den Text bestimmt: den Zusammenklang von Einheit, Herrlichkeit und Liebe.

Für Ernst Käsemann wird gerade in Kapitel 17 deutlich, dass »Jesu Herrlichkeit, seine Liebe, die Offenbarung des Gotteswortes als der Wahrheit und des göttlichen Namens austauschbar« zusammengehören. »Sie bezeichnen das gleiche Geschehen unter verschiedenen Aspekten« (Käsemann, 107). Jesus ist »die Weltzugewandtheit Gottes in Person, insofern mit dem Vater eins und zugleich unser Herr, Helfer und Freund« (Käsemann, 110).

Die Herausforderung, etwas zu leben, was einerseits Gabe Gottes ist und sich dabei doch nicht von selbst versteht, sondern immer wieder neu gehört und ergriffen werden muss, ist spürbar im Reden von der Einheit. In der Erfahrung einer globalisierten Welt wird »Einheit« gehört als Leben mit allen Spielarten ökonomischer, politischer und digitaler und kultureller Interdependenzen und zugleich wachsender innerer Widersprüche, die diese Einheit in Frage stellen und zu zerreißen drohen. Da passt es gut, dass im November 2001 die Generalversammlung der Vereinten Nationen den 21. Mai zum ›Welttag der kulturellen Vielfalt für Dialog und Entwicklung‹ ausgerufen hat. Er soll das öffentliche Bewusstsein für kulturelle Vielfalt stärken und die Werte kultureller Vielfalt besser verständlich machen. In einer Zeit, in der kulturelle Vielfalt immer wieder als Bedrohung und Verunsicherung erlebt wird, braucht es solche Tage. Und es braucht vor allem eine Vielfalt von Erfahrungen mit dieser Buntheit.

Unter freiem Himmel und vor der Kulisse des Hauptportals der gotischen Lorenzkirche mitten in Nürnberg, in dem Jesus als segnender Weltenherrscher im Himmel thront, gab es aus Anlass der Europawahlen 2019 eine Veranstaltung unter dem Motto ›Unite & Shine‹ und ›Glänzen statt Grenzen‹. Theaterleute hatten eingeladen zu feiern, wie bunt und vielfältig diese Stadt ist. Eine Burlesque-Tänzerin begann mit dem Song eines jüdischen Komponisten, der in den dreißiger Jahren verboten wurde und erzählte dann von dem iranischen Studenten, der seit einiger Zeit in einem ihrer Kurse Bühnentanz lernt und es immer noch nicht fassen kann, dass er mit dem, was er so liebt, Musik und Tanz, hier öffentlich auftreten darf. Für einen Moment war es, als würde sich der Bogen des Lorenzer Portals, der das segnende Handeln Jesu umfasst, um all die legen, die sich da in ihrer Buntheit und Verschiedenheit vor der Kirche versammelt hatten, um zu tanzen, zu singen, Musik zu machen und sich gemeinsam lebendig zu fühlen.

Einheit, so sagt Ernst Käsemann im Blick auf Joh 17, »meint nicht Gleichheit, sondern Solidarität, also die spannungsvolle Verbundenheit der untereinander Verschiedenen« (Käsemann, 118). Man kann die spannungsvolle Verbundenheit von untereinander Verschiedenen wie Ernst Käsemann bezogen auf die Gemeinde als etwas Zukünftiges, »die endgültige Einigung der Gemeinde im Himmel« (Käsemann, 149), verstehen. Zugleich aber liegt in dieser spannungsvollen Verbundenheit, aus der ja auch die Gemeinde lebt, eine Verantwortung für die Welt. »Will die Gemeinde Gemeinde bleiben, will sie ihre in der Einheit zwischen Gott und Jesus wurzelnde Einheit bewahren, dann muß sie ihr Eins- und Füreinandersein zum Sein für die Welt werden lassen.« (Dietzfelbinger, 248) Das kann auch Solidarität mit den immer neuen Bemühungen einer Stadtgesellschaft bedeuten, Einheit in der Vielfalt zu leben.

VI Predigtschritte: Schwellenerfahrungen

Die Predigtgliederung kann sich orientieren an dem skizzierten Weg von den Erwartungen der Hörerinnen und Hörer am Himmelfahrtstag über die Frage, was dieser Predigttext dazu zu sagen hat und den Überlegungen zur spannungsvollen Einheit, die – wenn man sie aushält – einen immer wieder erleben lässt, dass ›der Himmel über die Schwelle tritt‹. Dazu passt dann der ›Morgen-Segen‹ von Sabine Naegeli, der am Ende der Predigt wie an anderer Stelle dieses Himmelfahrts-Festtags-Gottesdienstes stehen kann:

»Möge dann und wann / deine Seele aufleuchten / im Festkleid der Freude. / Möge dann und wann / deine Last leicht werden / und dein Schritt beschwingt / wie im Tanz. / Möge dann und wann / ein Lied aufsteigen / vom Grunde deines Herzens, / das Leben zu grüßen / wie die Amsel den Morgen. / Möge dann und wann / der Himmel / über die Schwelle treten.« *(Schmeisser, 35)*

Literatur: *Christian Dietzfelbinger,* Das Evangelium nach Johannes, Teilband 2: Johannes 13-21 (ZBK NT 4.2), Zürich ²2004; *Eamon Duffy,* Walking to Emmaus, London/New York 2006; *Ernst Käsemann,* Jesu letzter Wille nach Johannes 17, Tübingen 1971; *Donny O'Rourke,* From Poetry's Waiting Room / Aus dem Wartesaal der Poesie, übers. von Ulrike Seeberger, Nürnberg 2005. *Martin Schmeisser (Hg.), Morgenlicht und Abendstern, Eschbach 2003.*

Exaudi (6. Sonntag nach Ostern)

A Jeremia 31,31–34: Gottes Herzenssache

Christina Weyerhäuser

I Eröffnung: Leben in der Zwischenzeit

Übergänge gehören zu den menschlichen Grunderfahrungen des Lebens. Wenn das eine vorbei und das andere noch fern oder im Wachsen ist, entsteht eine Zeit des Dazwischen, eine Zwischenzeit, in der Raum ist für den Abschied vom Altvertrauten und die Vorbereitung des Kommenden bzw. das Einfühlen in die veränderte Situation. Wie Menschen Zwischenzeiten des Lebens wahrnehmen, ist unterschiedlich: in erwartungsvoller Vorfreude oder angstbesetzt und voller Unsicherheit. Das Noch-Nicht fordert uns heraus, besonders wenn nicht klar ist, wie lange es andauern wird. Zwischenzeiten verlangen in besonderer Weise nach Vergewisserung und Halt, wenn das bisher Vertraute nicht mehr greift und das Neue noch nicht tragfähig (genug) ist. Der Sonntag *Exaudi* markiert kirchenjahreszeitlich eine solche Zwischenzeit und macht menschliches Erleben zum Thema, das um die Verunsicherung und Bedürftigkeit in solchen Zeiten weiß. Etwas verloren steht dieser Sonntag zwischen Christi Himmelfahrt und Pfingsten. Mit der Himmelfahrt des auferstandenen Christus beginnt für die Jüngerinnen und Jünger eine Zwischenzeit, spannungsvoll und unsicher. Der, an den sie glauben, auf den sie ihre Hoffnung setzen, ist nicht mehr da. Zwar wissen sie um die Verheißung des Geistes, doch das Pfingstereignis ist noch nicht eingetreten. So entsteht für sie eine ›geistlose‹ Zeit des Dazwischen, Leben im Noch-Nicht.

Im Gedicht »Zwischenzeit« beschreibt Constanze A. in wohl gewählten Worten die Erfahrung der »trostlosen Unsicherheit«, wie sie auch die Jüngerinnen und Jünger machen, als »das eine vorbei und das andere noch fern« ist (s.u. Internet).

In diese Spannung hinein erklingt der Ruf aus Psalm 27,7: *Exaudi, Domine, vocem meam, qua clamavi ad te; miserere mei, et exaudi me!* Die lateinische Antiphon, namensgebend für den Sonntag, bringt die (er-)wartende Haltung des Beters zum Ausdruck und entspricht damit dem Proprium des Sonntags insgesamt. Schon deutlich auf Pfingsten ausgerichtet und bezogen, aber in der Haltung des Noch-Nicht erwartet die Gemeinde die Ausgießung des Heiligen Geistes als Zeichen von Gottes Zugewandtheit. Im Bewusstsein der menschlichen Bedürftigkeit, dass Vergewisserung und Halt gerade in unsicheren (Zwischen-)Zeiten nicht aus sich selbst heraus kommen, sondern von außen zugesprochen werden müssen, kündet der Predigttext Jer 31,31–34 vom Heilswirken Gottes, der sich den Menschen gnädig zuwendet, indem er sich und seine Lebensweisungen unverbrüchlich in die Herzen schreibt.

II Erschließung des Textes: Auf das Herz kommt es an

Die Predigtperikope Jer 31,31–34 beschreibt den neuen Bund, den Gott mit dem Hause Israel und dem Hause Juda schließen will. Dessen Ursache liegt nach Walter Groß »in der göttlichen Vergebung des sündhaften Bundesbruchs«, für die »eine Umkehr der Schuldigen nicht vorausgesetzt wird« (Backhaus/Meyer, z. St.). Somit handelt es sich um eine »reine Gnaden-Berit« (Groß, zitiert nach Backhaus/Meyer, z. St.), in der die Bindung zwischen Gott und den Menschen als Herzenssache ins Zentrum rückt, weil »an die Stelle einer Anzahl von Geboten (...) eine umfassende Grundhaltung vor Gott [tritt]« (Rüterswörden). Diese veränderte Grundhaltung vor Gott ergreift den Menschen auf existenzielle Weise und richtet ihn unverbrüchlich auf Gott aus. Indem Gott sein Gesetz in das Herz der Menschen gibt und in ihren Sinn schreibt, kann der neue

Bund »niemals mehr gebrochen werden« (Backhaus/Meyer, z. St.). Jer 31,31–34 zeichnet damit ein Bild von Gott, der die Menschen in ihrer Gebrochenheit gnädig ansieht und sich als verlässlicher Halt erweist, der ihnen in ihrer Bedürftigkeit nach Gotteserkenntnis entgegenkommt.

Damit antwortet Jer 31,31–34 auf eine menschliche Grunderfahrung, die darum weiß, wie nötig Halt und Vergewisserung sind, insbesondere wenn man sich in einer Situation der Anfechtung oder Verunsicherung befindet. Indem Gott sein Gesetz in das Herz der Menschen schreibt, können die Menschen gar nicht anders als ihn zu erkennen. Das Herz gilt nach altorientalischem Vorbild in der Körpersymbolik der Bibel vor allem als »Sitz der Vernunft und des Verstandes, des geheimen Planens und Überlegens und der Entschlüsse« (Schroer/Staubli, 35).

Die Perikope ist im sogenannten Trostbüchlein für Ephraim (Jer 30–31) verortet, in dem im Kontrast zum »dystopischen« Duktus des Jeremiabuches gerade keine »düstere Zukunft« (Poser, 278) gezeichnet wird. Vielmehr malt der Prophet eine hoffnungsvolle (utopische) Zukunft aus, in der »keiner den andern noch ein Bruder den andern lehren« (Jer 31,34) wird und »beide, Klein und Groß« den Herrn erkennen werden. Darin wird der Verheißungscharakter der Perikope in besonderer Weise deutlich, der mit dem Proprium des Sonntags Exaudi korreliert.

Eine wesentliche Pointe der Predigtperikope besteht meiner Ansicht nach darin, dass das Herz als Ort für Gottes Lebensweisungen in den Blick kommt. Mit dem Einschreiben des Gesetzes in die Herzen der Menschen bzw. der Stiftung eines neuen Bundes wird eine Beziehung zwischen Gott und Menschen hergestellt, die nicht mehr abbrechen kann, die Halt gibt und tragfähig ist. Gott zeigt sich als ein Gott, der sich seinem Geschöpf gerade in dessen Schwachheit zuwendet, einen Schlussstrich unter menschliches Scheitern zieht und einen Neuanfang setzt, indem er »ihnen ihre Missetat vergeben und ihrer Sünde nimmermehr gedenken« (Jer 31,34) will.

III Impulse: Gott macht sich zur Herzenssache

Eine Predigt über Jer 31,31–34 am Sonntag Exaudi lädt dazu ein, die (er-)wartende Haltung in den Zwischenzeiten des Lebens zum Thema zu machen. Die Grundfrage der Predigt könnte etwa lauten: ›Wo finde ich Halt, wenn ich in der Luft hänge?‹ Aus meiner Sicht bietet es sich an, die existenzielle Grunderfahrung des Lebens im Noch-Nicht als kirchenjahreszeitliches Proprium des Sonntags mit dem Verheißungscharakter der Predigtperikope zu verbinden. Ausgangspunkt für die Entfaltung der Predigt kann die Beschreibung einer konkreten (fiktiven) Lebenssituation sein (siehe Werkstück Predigt). Darauf aufbauend wird entfaltet, wie Zwischenzeiten des Lebens bewältigt werden können, wenn Gott und seine Lebensweisungen zur *Herzenssache* werden und der Mensch so (wieder) festen Boden unter die Füße bekommt. Diese Entfaltung vollzieht sich im ersten Schritt im Anerkennen der Bedürftigkeit nach Vergewisserung und Halt. Wo dies geschehen ist, stellt sich im zweiten Schritt fast unweigerlich die Frage danach, wie dieses Bedürfnis gestillt werden bzw. woraus Trost und Kraft geschöpft werden können, gerade in unsicheren Zwischenzeiten, wie sie die Jüngerinnen und Jünger zwischen Christi Himmelfahrt und Pfingsten erleben und wie sie auch die Protagonistin im Werkstück Predigt zu bewältigen hat.

An dieser Stelle ist es denkbar, Gottes Verheißung ins Spiel zu bringen und seine Zusage, dass er zu den Menschen hält, indem er sich und seine Lebensweisungen in die Herzen schreibt. Wer sein Herz in einer unsicheren Zwischenzeit des Lebens als von Gott und seinen Weisungen erfüllt wahrnimmt, ist in der Lage, daraus neue Kraft zu schöpfen und die Situation zu bewältigen. Was Menschen tief verinnerlicht haben, dringt nach außen durch und wird so zum handlungsleitenden Moment. Aus der Gnade der unverbrüchlichen Beziehung zwischen Gott und den Menschen erwächst das Bild einer hoffnungsvollen Zukunft, wie sie Jeremia ausmalt und wie sie mit der Ausgießung des Heiligen Geistes in Aussicht gestellt wird, der Menschen zu Geschwistern im Glauben macht und den Weg zur Gotteserkenntnis bereitet.

Werkstück Predigt (Anfang)

Liebe Schwestern und Brüder,

Tanja ist gerade 18 Jahre alt geworden, und seit wenigen Tagen hat sie ihr Abitur in der Tasche. Endlich! In die Freude über das Geschaffte mischt sich Unsicherheit. Von allen Seiten kommt diese eine Frage, die sie bald nicht mehr hören kann und die sie sich doch selbst am drängendsten stellt: Und, was machst du jetzt? Tanja weiß es nicht. Gerade noch waren ihre Tage durchgetaktet nach Stundenplan. Jetzt ist sie planlos auf sich allein gestellt. Mit Erwartungen konfrontiert, von außen und von innen. Du musst doch wissen, was du willst. Ja, wenn das nur so einfach wäre. Natürlich sind da Ideen in ihrem Kopf, aber Tanja hat Angst, eine falsche Entscheidung zu treffen. Da ist nun niemand mehr, der ihr sagt, was sie tun soll. Eine neue Freiheit, die sie überfordert. Sie hängt in der Luft, ohne festen Boden unter den Füßen. Ihr Inneres schreit förmlich nach Halt. Aber wo soll der herkommen?

Literatur: *Franz-Josef Backhaus/Ivo Meyer,* Das Buch Jeremia, in: Erich Zenger u.a. (Hg.), Einleitung in das Alte Testament, Stuttgart [8]2012, 548–577; *Walter Groß*, Zukunft für Israel. Alttestamentliche Bundeskonzepte und die aktuelle Debatte um den Neuen Bund (SBS 176), Stuttgart 1998; *Ruth Poser*, Der Sehnsucht Gottes verbunden, in: Predigstudien IV/1 (2017/18), Freiburg im Breisgau 2017, 278–281; *Silvia Schroer/ Thomas Staubli*, Die Körpersymbolik der Bibel, Darmstadt [2]2005.

Internet: *Constanze A.*, Zwischenzeit, https://www.e-stories.de/gedichte-lesen.phtml?97151; *Udo Rüterswörden*, Art. Bund (AT), in: WiBiLex 2006, https://www.bibelwissenschaft.de/stichwort/15777/, beide abgerufen am 31.05.2019.

IV Entgegnung: Das ›Warum?‹ des Neuen Bundes

A betont insbesondere die erwartende Haltung des ›Noch-Nicht‹ und verbindet dies mit der Verheißung, die in Jer 31,31–34 eindrucksvoll formuliert wird. Ich kann den Ausführungen und Gedanken von A gut folgen und halte sie für textgemäß und gut geeignet für eine Predigt. Gerade mit Blick auf menschliche Grunderfahrungen fehlt mir jedoch eine stärkere Betonung des Aspektes, *warum* es einen Neuen Bund überhaupt braucht. Dies scheint mir neben der Verheißung ein weiterer wesentlicher Punkt des Textes zu sein, der auch in der Dimension menschlicher Erfahrung anschlussfähig wird. Zudem werden darin die unterschiedlichen Perspektiven Mensch – Gott deutlich. Der Mensch würde nach der Logik des Alten Bundes immer wieder bundesbrüchig werden; durch die Neustiftung des Bundes durch Gott kann der Mensch aus diesem Bund nicht mehr herausfallen, wie A deutlich gemacht hat. Mir stellen sich Fragen wie: Ändert sich *der Mensch* durch den Neuen Bund? Oder ändert sich *die Logik des Bundes* – und damit Gottes Einstellung zum Bundesverhältnis mit den Menschen? Gedankliche Anknüpfungen finden wir hier zum Beispiel in der Sintflut-Erzählung, die eine Wandlung Gottes nahelegt – weil es gerade nicht der Mensch ist, der sich ändert: »Ich will hinfort nicht mehr die Erde verfluchen um der Menschen willen; denn das Dichten und Trachten des menschlichen Herzens ist böse von Jugend auf.« (Gen 8,21)

V Erschließung der Hörersituation: Gott sagt ›Trotzdem!‹

Ich möchte dem ›Noch-Nicht‹ von A deshalb ein ›Trotzdem‹ zur Seite stellen. Das *Trotzdem* Gottes, das insbesondere zwei anthropologische Grunderfahrungen anspricht: zum einen die Erfahrung, dass wir Menschen scheitern. Immer und immer wieder. Wir nehmen uns Dinge im Leben vor – und sie gelingen nicht. Wir setzen uns Ziele – und erreichen sie nicht. Wir stehen vor Herausforderungen, die von außen an uns herangetragen werden. In der Schule, auf der Arbeit, im Freundes- und Familienkreis. Und auch hier: Immer wieder erfahren wir, dass wir scheitern.

Zum anderen geht es um die Erfahrung der Unzulänglichkeit, die oft mit diesem Scheitern einhergeht, womöglich daraus resultiert, aber nicht dasselbe ist. Das Gefühl, dass wir ›nicht gut genug‹ sind. Das wir nicht in der Lage sind, das zu geben, was andere von uns verlangen oder brauchen. Das mag zum Beispiel in Beziehungen zutreffen, in denen sich die Partner auseinandergelebt haben und das Gefühl haben, einander nicht mehr zu genügen. Das mag das Erleben von Kindern oder Jugendlichen sein, die den (hohen) Ansprüchen ihrer Eltern nicht gerecht werden können.

Und freilich sind beide Erfahrungen – die des Scheiterns und der eigenen Unzulänglichkeit – anschlussfähig an die ›Zwischenzeiten‹, die A schildert. Vielleicht sind sie sogar gerade mit solchen Zeiten in besonderer Weise verbunden: Ist es nicht manchmal sogar so, dass Umbruchzeiten durch ein vorheriges Scheitern entstehen? Auch wenn nicht, sind vor dem Hintergrund der jeweils eigenen Biografie gerade diese Umbruchzeiten des Lebens die, in denen sich Unsicherheit Bahn bricht. Bin ich gut genug für das, was vor mir steht? Genüge ich den Ansprüchen und Anforderungen an das, was da kommt?

Diese Erfahrungen sind meines Erachtens prägend für das Menschsein *an sich*, man könnte die These aufstellen, dass die Struktur und Beschaffenheit der modernen Gesellschaft diese Gefühle und Erfahrungen geradezu provoziert. Diese Erfahrung wird im Text explizit angesprochen und vorausgesetzt: *Die Menschen* haben den Bund mit Gott gebrochen. Schon als Mose vom Berg Sinai mit den Gesetzestafeln heruntersteigt, tanzt das Volk um das Goldene Kalb. Das erste Gebot wurde gebrochen, bevor es überhaupt dem Volk verkündet wurde! (Ex 32) Die Menschen sind gescheitert am Bund. Und mehr noch: Wenn es nach den Maßstäben des Alten Bundes geht, können wir Gott nicht genügen. Weil wir fehlbare Menschen sind.

Es ist dieser erste Bund, geprägt von weltlicher Logik, in dem wir zum Scheitern verurteilt sind. Deshalb braucht es den neuen Bund, den Gott mit seinem Volk schließt. Der Neue Bund durchbricht die Logik unseres menschlichen Systems, in dem sich unsere Erfahrungen abspielen. Der neue Bund zieht uns in die Logik eines göttlichen Systems, in die Logik eines gnädigen, barmherzigen Gottes, der auf den sündigen Menschen blickt und sagt: ›*Trotzdem* bleibe ich bei dir.‹

Es gilt also, die gebrochene Perspektive des Menschen in den Kontext von Gottes Perspektive zu setzen, die uns in dem biblischen Text deutlich wird. Immer wieder werden wir scheitern. Nicht nur an unseren eigenen Ansprüchen, sondern auch an den Ansprüchen des Alten Bundes: an dem, was sich Gott eigentlich für menschliches Leben auf dieser Erde gedacht hat. Immer wieder werden wir uns nicht gut genug fühlen, gegenüber Mitmenschen und gegenüber Gott. Gottes Reaktion darauf ist aber nicht, dass er den alten Bund zu Bruch gehen lässt. Seine Reaktion ist das ›Trotzdem‹ des Neuen Bundes. Durch diesen Bund ändert sich der Mensch nicht! Es wird weiterhin ›Schuld‹ und ›Sünde‹ geben, das betont auch die vorliegende Perikope (V. 34). Und es wäre auch realitätsfern, das mit Blick auf menschliches Leben und Handeln – auch von Christen – in der Welt zu behaupten. Wenn Gott sein Gesetz in unser Herz schreibt (V. 33), so bedeutet dies also nicht, dass wir automatisch nun immer so handeln, wie es richtig wäre, weil wir das Gesetz verinnerlicht hätten. Natürlich, wir sind aus dem Glauben heraus darum bemüht – aber auch hier werden wir immer wieder an unsere Grenzen kommen. Wenn Gott sein Gesetz in unser Herz schreibt, so bedeutet das vielmehr, dass wir erkennen, wie Gott ist: Er rechnet uns unser Scheitern nicht an, sondern verspricht uns seine Treue und Gnade, *obwohl* wir fehlerhaft sind.

VI Predigtschritte: Auf dem Weg zu einer anderen Perspektive

Vor diesem Hintergrund ist ein möglicher Skopus der Predigt klar: Gott blickt mit gnädigen Augen auf uns Menschen, die wir im Leben immer wieder scheitern werden. Aufgabe der Predigt wäre, die Hörerinnen und Hörer mit auf einen Weg des Perspektivwechsels zu nehmen. Nach menschlichen Maßstäben werden wir immer wieder scheitern. Nach Gottes Maßstäben können wir in einem ganz entscheidenden Punkt nicht mehr scheitern: Wir können nicht aus seinem Bund der Gnade und Treue herausfallen, weil er sein *Trotzdem* über uns legt.

Eine Predigt mit dieser Intention läuft Gefahr, menschliches Leben sehr negativ darzustellen. Natürlich ist dies nur eine Seite des Bildes. Menschen sind ja durchaus in der Lage, im Sinne Gottes und der Nächsten zu handeln! Vermieden werden kann ein zu starkes Abfallen ins Negative, indem man in der Predigt die Erfahrungs- und Gefühlsebene betont: Situationen des Scheiterns kennt jeder, und oft haben sie zur Folge, dass wir uns ›nicht gut genug‹ *fühlen*. Gottes *Trotzdem* zeigt uns gerade in solchen Momenten, dass für ihn andere Maßstäbe gelten. Dass wir keine Bedingungen erfüllen müssen, um uns seiner Treue sicher zu sein.

Als Einstieg bietet sich – vor Verlesung der Perikope – die Anknüpfung an eine ganz alltägliche Situation an, um die Hörer und Hörerinnen gedanklich mit in den Text zu nehmen: Den Abschluss eines Vertrages (siehe Werkstück Predigt). Vor dieser Folie muss dann im Folgenden klar werden, was die *Unterschiede* sind zwischen einem Vertragsabschluss von Menschen untereinander und den im Text geschilderten Bundesschlüssen Gottes mit seinem Volk. Vor allem die Einseitigkeit sei hier zu nennen – der Mensch wird nicht nach seinem Einverständnis gefragt und kommt ›aus der Nummer mit Gott nicht raus‹. Das kann im Fortlauf der Predigt gerade mit der positiven Deutung der Unverbrüchlichkeit des Bundes in Beziehung gesetzt werden.

Konkret sollte dann auch die Frage nach dem »Warum?« des Neuen Bundes aufgeworfen werden – sie stellt sich schließlich ganz unmittelbar. Dieser Schritt ist wesentlich, damit bei den Hörenden ein Perspektivwechsel gelingen kann. Worin besteht die Notwendigkeit eines Neuen Bundes? Der Neue Bund ist notwendig, weil Gott die ewige Gemeinschaft mit den Menschen *will*. Mit dieser Zusage kann eine Predigt enden, denn sie gibt den Hörerinnen und Hörern den Perspektivwechsel mit: Gott bleibt den Menschen trotz all ihrer Erfahrungen des Scheiterns und Gefühlen der Unzulänglichkeit treu – weil er anders auf unser Leben blickt, als wir es selbst tun.

Unbedingt vermieden werden muss dabei, im Duktus der Predigt auf einen Unterschied von Judentum und Christentum abzuzielen. Der Neue Bund hat explizit die gleichen Adressaten wie auch der Alte Bund. Außerdem wiederholt V. 33 die Bundesformel (z.B. Ex 4,7; Ex 39,45), sodass der *Inhalt des Bundes* derselbe bleibt: Gottes Zusage, *seinem Volk* ein treuer Gott zu sein. Eine Öffnung ergibt sich nach christlichem Verständnis, ist aber in diesem Text nicht angelegt (vgl. Schmidt, 166).

Werkstück Predigt (Anfang)

Liebe Gemeinde,

wann haben Sie das letzte Mal einen Vertrag abgeschlossen? Vermutlich ist das noch nicht allzu lange her. Bei jedem Einkauf gehen wir einen Vertrag mit dem Geschäft ein, mit dem wir handeln. Wir schließen an der Kasse einen – mündlichen – Kaufvertrag. Manchmal ist es uns aber auch bewusster, dass es sich um einen Vertrag handelt. Beim Anmieten einer Wohnung etwa oder beim Abschluss einer Haftpflichtversicherung. Verträge können ziemlich viele Formen haben. Aber eines ist allen gemeinsam: Es gibt klare juristische Regeln, wann ein Vertrag rechtsgültig ist und wie man aus einem Vertrag auch wieder aussteigen kann.

Literatur: Werner H. Schmidt, Alttestamentlicher Glaube, Neukirchen-Vluyn ^{10}2007.

Vergleichstabelle zur neuen Predigtperikopenreihe I

1. Advent	Röm 13,8–12	Reihe II
2. Advent	Lk 21,25–33	Reihe I
3. Advent	Lk 3,(1–2)3–14(15–17) 18(19–20)	Reihe III
4. Advent	2 Kor 1,18–22	Reihe IV
H. Abend Christvesper	Hes 37,24–28	Reihe V Christnacht
H. Abend Christnacht	Sach 2,14–17	**NEU**
1. Weihnachtstag	Tit 3,4–7	Reihe II
2. Weihnachtstag	Mt 1,18–25	Reihe I Christnacht
1. S. n. d. Christfest	Hiob 42,1–6	**NEU**
Silvester	Hebr 13,8–9b	Reihe VI
Neujahr	Joh 14,1–6	Reihe III
2. S. n. d. Christfest	Jes 61,1–3(4.9)10–11	Reihe IV
Epiphanias	Eph 3,1–7	Reihe II
1. S. n. Epiphanias	Mt 3,13–17	Reihe I
2. S. n. Epiphanias	Jer 14,1(2)3–4(5–6)7–9	**Marginaltext**
3. S. n. Epiphanias	Apg 10,21–35	Reihe VI
Opfer des Nationalsozialismus	Pred 8,10–14.17	**NEU**
Letzter S. n. Epiphanias	Offb 1,9–18	Reihe IV
Septuagesimae	Mt 20,1–16	Reihe I
Sexagesimae	Hes 2,1–5(6–7)8–10; 3,1–3	**NEU**
Estomihi	Lk 18,31–43	Reihe V
Invokavit	1 Mose 3,1–19(20–24)	Reihe III
Reminiszere	Röm 5,1–5(6–11)	Reihe II
Okuli	Lk 9,57–62	Reihe I
Laetare	Jes 66,10–14	**NEU**
Judika	Hebr 13,12–14	Reihe VI
Palmarum	Mk 14,(1–2)3–9	Reihe III
Gründonnerstag	2 Mose 12,1–4(5)6–8(9)10–14	Reihe V
Karfreitag	2 Kor 5,(14b–18)19–21	Reihe II
Osternacht	2 Tim 2,8–13	Reihe VI
Ostersonntag	1 Kor 15,(12–18)19–28	Reihe VI / Reihe II Ostermontag
Ostermontag	Lk 24,36–45	Reihe III
Quasimodogeniti	Jes 40,26–31	Reihe VI
Miserikordias Domini	1 Petr 2,21b–25	Reihe II
Jubilate	Joh 15,1–8	Reihe I
Kantate	2 Chr 5,2–5(6–11)12–14	**NEU**
Rogate	Mt 6,5–15	ReiheV
Christi Himmelfahrt	Joh 17,20–26	Reihe V
Exaudi	Jer 31,31–34	Reihe IV

Perikopenverzeichnis

1 Mose 3,1–19(20–24) 166

2 Mose 12,1–4(5)6–8(9)10–14 209

Prediger 8,10–14.17 129

Jesaja 40,26–31 245
Jesaja 61,1–3(4.9)10–11 93
Jesaja 66,10–14 187

Jeremia 14,1(2)3–4(5–6)7–9 115
Jeremia 31,31–34 288

Hesekiel 2,1–5(6–7)8–10; 3,1–3 151
Hesekiel 37,24–28 45

2 Chronik 5,2–5(6–11)12–14 266

Hiob 42,1–6 73

Sacharja 2,14–17 52

Matthäus 1,18–25 66
Matthäus 3,13–17 107
Matthäus 6,5–15 274
Matthäus 20,1–16 144

Markus 14,(1–2)3–9 202

Lukas 3,(1–2)3–14(15–17)18(19–20) 31
Lukas 9,57–62 180
Lukas 18,31–43 159
Lukas 21,25–33 23
Lukas 24,36–45 238

Johannes 14,1–6 87
Johannes 15,1–8 259
Johannes 17,20–26 281

Apostelgeschichte 10,21–35 122

Römer 5,1–5(6–11) 173
Römer 13,8–12 17

1 Korinther 15,(12–18)19–28 230

2 Korinther 1,18–22 38
2 Korinther 5,(14b–18)19–21 216

Epheser 3,1–7 100

2 Timotheus 2,8–13 223

Titus 3,4–7 59

Hebräer 13,8–9b 80
Hebräer 13,12–14 194

1 Petrus 2,21b–25 252

Offenbarung 1,9–18 137

Anschriften

Herausgeberinnen und Herausgeber

Claussen, Johann Hinrich, PD Dr., Jg. 1964, Kulturbeauftragter der EKD, Abendrothsweg 34, 20251 Hamburg, E-Mail: JohannHinrich.Claussen@ekd.de

Engemann, Wilfried, Prof. Dr., Jg. 1959, Universitätsprofessor, Fichtnergasse 14, A-1130 Wien, E-Mail: wilfried.engemann@univie.ac.at

Gräb, Wilhelm, Prof. Dr. (Geschäftsführung), Jg. 1948, em. Universitätsprofessor, Burgfrauenstr. 79a, 13465 Berlin, E-Mail: wgraeb@t-online.de

Hiller, Doris, PD Dr., Jg. 1968, Seminardirektorin Predigerseminar Petersstift, Neuenheimer Landstr. 2, 69120 Heidelberg, E-Mail: doris.hiller@morata-haus.de

Oxen, Kathrin, Jg. 1972, Pfarrerin an der Gedächtniskirche, Lietzenburger Str. 39, 10789 Berlin, E-Mail: oxen@gedaechtniskirche-berlin.de

Spehr, Christopher, Prof. Dr., Jg. 1971, Universitätsprofessor, Theologische Fakultät der Friedrich-Schiller-Universität Jena, Fürstengraben 6, 07743 Jena, E-Mail: christopher.spehr@uni-jena.de

Stäblein, Christian, Dr., Jg. 1967, Propst der Evangelischen Kirche Berlin-Brandenburg-schlesische Oberlausitz, Georgenkirchstr. 69–70, 10249 Berlin, E-Mail: c.staeblein@ekbo.de

Weyel, Birgit, Prof. Dr., Jg. 1964, Universitätsprofessorin, Evangelisch-theologische Fakultät der Universität Tübingen, Liebermeisterstr. 12, 72076 Tübingen, E-Mail: birgit.weyel@uni-tuebingen.de

Redakteur

Kumlehn, Martin, PD Dr., Jg. 1965, Pastor, Kirchenstr. 7, 18059 Buchholz, E-Mail: Martin.Kumlehn@t-online.de

Mitarbeiterinnen und Mitarbeiter

Baden, Maximilian, Jg. 1989, Vikar, Osterstraße 3, 29348 Eschede, E-Mail: m.baden@me.com

Bähnk, Wiebke, Dr., Jg. 1965, Pastorin, Geistliche Begleiterin CCB, Ev.-Luth. Innenstadtgemeinde Itzehoe, St. Laurentii, Kirchenstraße 10, 25524 Itzehoe, E-Mail: w.baehnk@gmx.de

Beckmayer, Sonja, Dr., Jg. 1981, Wissenschaftliche Mitarbeiterin, Praktische Theologie, Johannes Gutenberg-Universität Mainz, August-Wolff-Straße 17, 65203 Wiesbaden, E-Mail: beckmayer@uni-mainz.de

Beese, Dieter, Prof. Dr., Jg. 1955, Landeskirchenrat i.R., Waldring 53, 44789 Bochum, E-Mail: Dr.Beese@t-online.de

Brandi, Friedrich, Dr., Jg. 1952, Pastor, Hasenhöhe 20, 22587 Hamburg, E-Mail: f-brandi@hamburg.de

Brinkmann, Frank Thomas, Prof. Dr., Jg. 1961, Universitätsprofessor, Karl-Glöckner-Str. 21H, 45394 Gießen, E-Mail: frank.t.brinkmann@evtheologie.uni-giessen.de

Bronk, Kay-Ulrich, Dr., Jg. 1957, Pastor, Direktor des Prediger- und Studienseminars der Ev.-Luth. Kirche in Norddeutschland, Domhof 30, 23909 Ratzeburg, E-Mail: k-u.bronk@predigerseminar-rz.de

Bünker, Michael, Dr., Jg. 1954, Bischof der Evangelischen Kirche A.B. in Österreich, Plankenbüchlergasse 14/3/20, A-1210 Wien, Email: bischof@evang.at

Cilliers, Johannes Hendrik, Prof. Dr., Jg. 1954, Professor of Homiletics and Liturgy, University of Stellenbosch, Bon Chretien 16, Die Boord, 7600 Stellenbosch, Südafrika, E-Mail: jcilliers@sun.ac.za

Claussen, Johann Hinrich, PD Dr., Jg. 1964, Kulturbeauftragter der EKD, Abendrothsweg 34, 20251 Hamburg, E-Mail: JohannHinrich.Claussen@ekd.de

Coenen-Marx, Cornelia, Jg. 1952, Pastorin, OKR a. D., Robert-Koch-Str. 113D, 30826 Garbsen, E-Mail: Coenen-Marx@seele-und-sorge.de

Decke, Carolyn, Jg. 1961, Pröpstin im Kirchenkreis Hamburg-Ost, Vahlenkampffweg 1, 21075 Hamburg, E-Mail: c.decke@kirche-hamburg-ost.de

Dembek, Jürgen, Jg. 1945, Oberkirchenrat i.R., Brunnenstr. 70, 47623 Kevelaer, E-Mail: j.dembek@icloud.com

Dörrfuß, Ernst Michael, Dr., Jg. 1960, Pfarrer, Leiter des Pastoralkollegs der Evangelischen Landeskirche in Württemberg, Bismarckstraße 12, 72574 Bad Urach, E-Mail: ErnstMichael.Doerrfuss@pastoralkolleg-wue.de

Engelhardt, Markus, Jg. 1961, Dekan, Habsburgerstr. 2, 79104 Freiburg im Breisgau, E-Mail: engelhardtpaulus@aol.com

Engemann, Wilfried, Prof. Dr., Jg. 1959, Universitätsprofessor, Fichtnergasse 14, A-1130 Wien, E-Mail: wilfried.engemann@univie.ac.at

Feydt, Sebastian, Jg. 1965, Pfarrer, Stiftung Frauenkirche Dresden, Georg-Treu-Platz 3, 01067 Dresden, E-Mail: sfeydt@frauenkirche-dresden.de

Friedrich, Marcus Ansgar, Dr., Jg. 1968, Pastor, Südermarkt 16, 24937 Flensburg, E-Mail: friedrich@nikolaikirche-flensburg.de

Gidion, Anne, Jg. 1971, Pastorin, Rektorin des Pastoralkollegs der Ev.-Luth. Kirche in Norddeutschland, Domhof 33, 23909 Ratzeburg, E-Mail: a.gidion@pastoralkolleg-rz.de

Gräb, Wilhelm, Prof. Dr., Jg. 1948, em. Universitätsprofessor, Burgfrauenstr. 79a, 13465 Berlin, E-Mail: wgraeb@t-online.de

Greifenstein, Johannes, Dr., Jg. 1980, Akademischer Rat, Ludwig-Maximilians-Universität München, Evangelisch-Theologische Fakultät, Geschwister-Scholl-Platz 1, 80539 München, E-Mail: Johannes.Greifenstein@lmu.de

Grözinger, Albrecht, Prof. Dr., Jg. 1949, em. Universitätsprofessor, Theologisches Seminar, Nadelberg 10, CH-4051 Basel, E-Mail: Albrecht.Groezinger@unibas.ch

Grözinger, Elisabeth, Dr., Jg. 1953, Pfarrerin und Psychotherapeutin, Lehranalytikerin am C.G. Jung-Institut Zürich, Thiersteinerrain 134, CH-4059 Basel, E-Mail: Elisabeth.Groezinger@unibas.ch

Gscheidle, Karl-Ulrich, Jg. 1957, Pfarrer, Kirchlicher Dienst in der Arbeitswelt, Evangelische Akademie Bad Boll, Neckarhalde 27, 72070 Tübingen, E-Mail: karl-ulrich.gscheidle@ev-akademie-boll.de

Gutmann, Hans-Martin, Prof. Dr., Jg. 1953, em. Universitätsprofessor, FB Ev. Theologie, Universität Hamburg, Gorch-Fock-Wall 7, #6, 20354 Hamburg, E-Mail: Hans-Martin.Gutmann@uni-hamburg.de

Hauck, Barbara, Jg. 1958, Pfarrerin, Leiterin »Offene Tür – Cityseelsorge an St. Jakob«, Brunnengäßchen 7, 90403 Nürnberg, E-Mail: cityseelsorge_nuernberg@t-online.de

Hiller, Doris, PD Dr., Jg. 1968, Pfarrerin, Seminardirektorin Predigerseminar Petersstift, Neuenheimer Landstr. 2, 69120 Heidelberg, E-Mail: Doris.Hiller@morata-haus.de

Horn, Friedrich Wilhelm, Prof. Dr., Jg. 1953, Universitätsprofessor, Stefan-Zweig-Straße 8, 55122 Mainz, E-Mail: fhorn@uni-mainz.de
Jaeger, Christof, Jg. 1971, Pastor, Dipl.-Psychologe und psych. Psychotherapeut, Leiter der Studentischen Telefonseelsorge in der ESG Hamburg, Grindelallee 43, 20146 Hamburg, E-Mail: Christof.Jaeger@esg.nordkirche.de
Janssen, Wibke, Dr., Jg. 1965, Pfarrerin, Liebfrauenschule Bonn, Graurheindorfer Straße 27, 53111 Bonn, E-Mail: wibke.janssen@ekir.de
Kast-Streib, Sabine, Jg. 1963, Pfarrerin, Kirchenrätin, Leiterin der Abteilung Seelsorge Geschäftsführende Direktorin des Zentrums für Seelsorge der Ev. Landeskirche in Baden, Am Steinweg 66, 76297 Stutensee, E-Mail: Sabine.Kast-Streib@ekiba.de
Kleist, Astrid, Jg. 1971, Pröpstin, Jakobikirchhof 22, 20095 Hamburg, E-Mail: kleist@jacobus.de
Köhler, Wiebke, Dr., Jg. 1963, Pastorin, Langer Wall 16A, 37574 Einbeck, E-Mail: wiebke.koehler@email.de
Koll, Julia, PD Dr., Jg. 1975, Pastorin, Soltauer Straße 19, 29525 Uelzen, E-Mail: julia.koll@evlka.de
Krause, Stephanie, Jg. 1975, Pfarrerin, Evang. Kirchengemeinde Stuttgart-Zazenhausen, Richbodstr. 18, 70437 Stuttgart, E-Mail: stephanie.krause@elkw.de
Kubik, Andreas, Prof. Dr., Jg. 1973, Universitätsprofessor, Universität Osnabrück, Institut für Evangelische Theologie, 49069 Osnabrück, E-Mail: akubikboltre@uni-osnabrueck.de
Kumlehn, Martin, PD Dr., Jg. 1965, Pastor, Kirchenstr. 7, 18059 Buchholz, E-Mail: Martin.Kumlehn@t-online.de
Kuntze, Simon, Jg. 1975, Pfarrer, Am Grünen Gitter 1, 14469 Potsdam, E-Mail: simon.kuntze@evkirchepotsdam.de
Kunz, Ralph, Prof. Dr., Jg. 1964, Universitätsprofessor, Theologische Fakultät der Universität Zürich, Kirchgasse 9, CH-8001 Zürich, E-Mail: KunzR@access.uzh.ch
Landmesser, Christof, Prof. Dr., Jg. 1959, Universitätsprofessor, Evangelisch-theologische Fakultät der Universität Tübingen, Liebermeisterstr. 12, 72076 Tübingen, E-Mail: christof.landmesser@uni-tuebingen.de
Lemme, Matthias, Jg. 1977, Pastor, Bei der Osterkirche 13, 22765 Hamburg, E-Mail: lemme@kirche-ottensen.de
Lobe, Matthias, Dr., Jg. 1962, Pastor, Bei der Flottbeker Kirche 4a, 22607 Hamburg, E-Mail: matthias_lobe@yahoo.de
Löhr, Miriam, Dr. des., Jg. 1980, Wissenschaftliche Mitarbeiterin am Institut für Praktische Theologie, Fachbereich Evangelische Theologie, Universität Hamburg, Gorch-Fock-Wall 7, #6, 20354 Hamburg, E-Mail: miriam.loehr@uni-hamburg.de
Magaard, Friedemann, Jg. 1965, Pastor, St. Marien Husum, Osterhusumer Str. 26, 25813 Husum, E-Mail: Friedemann.magaard@st-marien-husum.de
Marcen, Jennifer, Jg. 1986, Vikarin in der Erlöserkirche Dingolfing, Robert-Koch-Weg 4, 84130 Dingolfing, E-Mail: jennifer.marcen@elkb.de
Martens, Helge, Jg. 1957, Pastor, Johannes-Böse-Weg 1, 22419 Hamburg, E-Mail: helge.martens@gmail.com

Maysenhölder, Fabian, Jg. 1985, Vikar an der ev. Christuskirchengemeinde Böblingen, E-Mail: fabian.maysenhoelder@elkw.de.
Merle, Kristin, Prof. Dr., Jg. 1974, Universitätsprofessorin, Lehrstuhl für Praktische Theologie, Universität Hamburg, Gorch-Fock-Wall 7, #6, 20354 Hamburg, E-Mail: kristin.merle@uni-hamburg.de
Moos, Thorsten, Prof. Dr., Jg. 1969, Kirchliche Hochschule Wuppertal/Bethel, Hochschule für Kirche und Diakonie, IDM Institut für Diakoniewissenschaft und DiakonieManagement, Bethelweg 8, 33617 Bielefeld, E-Mail: moos@diakoniewissenschaft-idm.de
Morgenstern, Andrea, Dr. Jg. 1962, Pfarrerin am Evangelischen Seminar Blaubeuren, Klosterhof 8/1, 89143 Blaubeuren, E-Mail: morgenstern@seminar-blaubeuren.de
Neef, Heinz-Dieter, Prof. Dr., Jg. 1955, apl. Professor für Altes Testament, Evangelisch-theologische Fakultät der Universität Tübingen, Liebermeisterstr. 12, 72076 Tübingen, E-Mail: Heinz-Dieter.Neef@gmx.de
Nottmeier, Christian, Dr., Jg. 1974, Superintendent, Evangelischer Kirchenkreis Neukölln, Rübelandstr. 9b, 12051 Berlin, E-Mail: Christian.nottmeier@t-online.de
Obert, Angelika, Jg. 1948, Pfarrerin i. R., Dernburgstraße 37, 14057 Berlin, E-Mail: mail@angelika-obert.de
Petsch, Hajo, Prof. Dr., Jg. 1945, em. Universitätsprofessor, Schottenanger 13, 97082 Würzburg, E-Mail: hjpede@yahoo.de
Poser, Ruth, Dr., Jg. 1970, Wissenschaftliche Mitarbeiterin am Fachbereich Evangelische Theologie (Altes Testament) der Universität Marburg, Stresemannstr. 31, 35037 Marburg, E-Mail: ruth.poser@gmx.de
Roth, Ursula, Prof. Dr., Jg. 1967, Professorin für Praktische Theologie am Fachbereich Evangelische Theologie der Goethe-Universität Frankfurt am Main, Norbert-Wollheim-Platz 1, 60629 Frankfurt am Main, E-Mail: roth@em.uni-frankfurt.de
Ruck-Schröder, Adelheid, Dr., Jg. 1966, Pastorin, Studiendirektorin Predigerseminar Loccum, Kloster 2, 31547 Rehburg-Loccum, E-Mail: adelheid.ruck-schroeder@evlka.de
Sarx, Tobias, Dr., Jg. 1975, Pastor, Studienleiter am Prediger- und Studienseminar der Ev.-Luth. Kirche in Norddeutschland, Domhof 33, 23909 Ratzeburg, Email: t.sarx@predigerseminar-rz.de
Schaede, Stephan, Dr., Jg. 1963, Akademiedirektor, Münchehäger Str. 6, 31547 Loccum, E-Mail: stephan.schaede@evlka.de
Scheepers, Rajah, PD Dr., Jg. 1974, Hauptpastorin der Sankt Petri Kirche in Kopenhagen, Larslejsstræde 11, 1-5, DK-1451 København, E-Mail: hauptpastor@sankt-petri.dk
Schlag, Thomas, Prof. Dr., Jg. 1965, Universitätsprofessor, Theologische Fakultät der Universität Zürich, Kirchgasse 9, CH-8001 Zürich, E-Mail: Thomas.Schlag@access.uzh.ch
Schoeler, Kord, Dr., Jg. 1965, Pastor, Bogenstraße 28, 20144 Hamburg, E-Mail: k.schoeler@standreas-hamburg.de
Schult, Maike, Prof. Dr., Jg. 1969, Universitätsprofessorin, Philipps-Universität Marburg, FB Evangelische Theologie, Praktische Theologie, Lahntor 3, 35032 Marburg, E-Mail: maike.schult@uni-marburg.de

Spehr, Nina, Jg. 1984, Pastorin der Ev.-Luth. Kirchengemeinde Jena, Fritz-Krieger-Straße 1, 07743 Jena, E-Mail: nina.spehr@kirchenkreis-jena.de

Stahlberg, Thomas, Dr., Jg. 1960, Pfarrer, Beuthener Str. 39a, 55131 Mainz, E-Mail: th.stahlberg@gmail.com

Stelter, Torsten, Jg. 1970, Pfarrer, Kirchstrasse 74, CH-8810 Horgen, Email: stelter@refhorgen.ch

Stroh, Ralf, Dr., Jg. 1962, Theologischer Referent für Wirtschafts- und Sozialethik Zentrum Gesellschaftliche Verantwortung der EKHN, Albert-Schweitzer-Str. 113-115, 55128 Mainz, E-Mail: R.Stroh@zgv.info

Stuhlmann, Rainer, Dr., Jg. 1945, Pfarrer i. R., Deutz-Mülheimer-Str. 316, 51063 Köln, E-Mail: rainer.stuhlmann@ekir.de

Vorländer, Martin, Jg. 1972, Pfarrer, Medienhaus der EKHN GmbH, Postfach 10 33 52, 60103 Frankfurt am Main, E-Mail: m.vorlaender@ev-medienhaus.de

Wagner-Rau, Ulrike, Prof. Dr., Jg. 1952, em. Universitätsprofessorin, Wilhelm-Roser-Straße 29, 35037 Marburg, E-Mail: wagnerra@uni-marburg.de

Wegner, Margrit, Jg. 1974, Pastorin, Dom zu Lübeck, Mühlendamm 2-6, 23552 Lübeck, E-Mail: wegner@domzuluebeck.de

Weyel, Birgit, Prof. Dr., Jg. 1964, Universitätsprofessorin, Evangelisch-theologische Fakultät der Universität Tübingen, Liebermeisterstr. 12, 72076 Tübingen, E-Mail: birgit.weyel@uni-tuebingen.de

Weyerhäuser, Christina, Jg. 1987, Pfarrerin i.E. und Mitarbeiterin am Hans-von-Soden-Institut für Theologische Forschung der Philipps-Universität Marburg, Schiessersgarten 3, 55291 Saulheim, E-Mail: christinaweyerhaeuser@web.de

Wolf, Susanne, Jg. 1964, Pfarrerin, Neckarhalde 27, 72070 Tübingen, E-Mail: susanne.wolf@elkw.de

Theurich, Henning, Dr., Jg. 1943, Pfarrer i.R., Osloer Str. 101, 53117 Bonn, E-Mail: henning_theurich@web.de

Zerrath, Martin, Dr., Jg. 1974, Pastor, Studienleiter am Pastoralkolleg der Nordkirche Domhof 33, 23909 Ratzeburg, E-Mail: m.zerrath@pastoralkolleg-ratzeburg.de

Ziemer, Jürgen, Prof. Dr., Jg. 1937, em. Universitätsprofessor, Bernhard-Göring-Str. 14, 04107 Leipzig, E-Mail: ziemer@uni-leipzig.de

Zürn, Senta, Jg. 1974, Pfarrerin, Nürtinger Straße 31/2, 72663 Großbettlingen, E-Mail: Senta-Zuern@elk-wue.de